DIGITAL ENGINEERING

디지털 공학

이두성 · 고재원 · 김윤현 · 도경민 · 이현구 공저

북스힐

머리말

우리 사회는 이미 오래전부터 아날로그 시대에서 디지털 시대로 변화되었다. 디지털의 개념은 단순한 학문의 차원을 넘어, 이제 우리 사회의 전면에 실용되는 총체적인 개념으로 진화하였다.

디지털 공학은 전기, 전자, 컴퓨터, 통신 등 정보 기술 분야의 핵심적인 부분이며, 나아가 공학 전반에 걸친 기초적인 분야이다.

이 책은 오랜 기간 동안의 강의를 바탕으로 기초적인 디지털의 개념에서 전문적인 고급 수준에 이르기까지 독자들이 다양하게 응용할 수 있도록 체계적으로 구성하였다.

1장에서는 아날로그와 디지털 신호 및 시스템에 대해 이해하고, 이를 바탕으로 펄스 및 디지털 전자회로의 구성에 대해 살펴보고, 또한 디지털 컴퓨터에 대하여 기술하였다. 2장에서는 10진수, 2진수, 8진수, 16진수 등 다양한 수 체계에 대해 기술하였으며, 이들 수 체계 사이의 변환에 대해 알아보고, 컴퓨터 연산의 기본이 되는 보수에 대하여 설명하였다. 3장에서는 8421 코드, BCD 코드 등 기본적인 코드를 설명하였고, 아울러 에러 검출과 정정에 이용되는 여러 코드들에 대해서도 설명하였다. 4장에서는 AND, OR, NOT의 기본적인 논리 게이트의 성질과 연산에 대해 설명하였고, 부울 대수에 관한 내용을 기술하였다. 5장에서는 논리함수의 표준형, NAND 게이트와 SOP 형식, NOR 게이트와 POS 형식, 코드 변환 논리회로, 논리함수의 간소화 방법에 대하여 설명하였다. 6장에서는 Exclusive 논리와 관련하여 일치 회로, 비교기, 패리티 발생기 및 검사기, 코드 변환 회로 등에 대하여 설명하였다.

7장에서는 다양한 가산기와 감산기의 원리에 대해 설명하였으며, 연산논리장치에 대하여 기술하였다. 8장에서는 기본 게이트 회로, TTL, CMOS, TTL과 CMOS의 interface, open collector, wired logic, 3-state 회로, schmitt trigger 회로 등에 대하여 설명하였다. 9장에서는 멀티플렉서와 디멀티플렉서의 기본 동작에 대해 설명하였으며, 이를 토대로 다양한 응용에 대하여 기술하였다. 10장에서는 인코더와 디코더의 기능에 대해 설명하였으며 각종 코드 변환 기능에 대하여 기술하였다. 11장에서는 현재의 입력 신호와 과거의 상태 모두의 값에 따라 출력이 결정되는 것으로 내부의 기억 기능을 가지고 있는 여러 가지 종류의 플립플롭의 동작 원리와 응용에 대하여 기술하였다. 12장에서는 One Shot 멀티바이브레이터의 동작 원리와 종류 및 응용에 대하여 설명하였다.

13장에서는 카운터의 기본 원리에 대해 설명하였고, 동기식 카운터와 비동기식 카운터의 동작과 응용에 대하여 설명하였다. 14장에서는 레지스터를 구성하는 각 플립플롭의 기억 정보를 좌로 혹은 우로 자리 이동을 할 수 있도록 만든 시프트 레지스터(shift register)의 원리와 동작에 대하여 기술하였다. 15장에서는 기본적인 순서회로의 설계 방법과 절차, 순서회로에서 불필요한 상태를 줄이는 방법에 대해 설명하였고, 간단한 순서회로와 동기식 카운터와 비동기식 카운터 설계 방법에 대하여 기술하였다. 16장에서는 OP Amp, D/A 변환기의 기본 회로, 사다리형 D/A 변환기, D/A 변환기의 특성 등에 대하여 설명하였다. 17장에서는 기본적인 A/D의 구성과 각종 A/D 변환기에 대하여 설명하였다. 18장에서는 ROM, RAM을 비롯한 여러 메모리 소자의 특성과 동작에 대하여 설명하였으며 플래시 메모리에 대해서도 기술하였다.

각 장이 끝나는 부분에서 각 장의 내용을 검토할 수 있도록 연습문제를 풍부하게 삽입하였다. 이 책으로 디지털 공학의 개념을 학습하는 데 많은 도움을 얻길 바라며, 또한 다양하게 응용될 수 있기를 기대한다.

끝으로 이 책이 만들어질 수 있도록 많은 도움을 주신 북스힐 관계자 여러분께 진심으로 감사드린다.

2017년 2월 저자 씀

차 례

Chapter 01 | 개 요

디지털(digital)이란 말은 컴퓨터가 연산을 수행하는 방법, 즉 숫자를 센다는 뜻에서 유래되었으며, 그 어원은 디지트(digit)라는 단어이다. 디지트는 손가락의 의미를 갖고 있으며, 손가락을 이용하여 숫자를 센다는 뜻에서 유래되었다.

전자공학의 한 분야에서 파생된 디지털 공학은 진공관으로 만든 최초의 전자식 디지털 컴퓨터인 ENIAC(Electronic Numerical Integrator And Computer)의 탄생에서부터 활성화되기 시작하여 주로 컴퓨터시스템에 응용되어왔으나 최근에는 전자공학의 여러 분야, 즉 전화 시스템, 제어 시스템, 레이더 시스템, 항해 및 유도 시스템, 군용 시스템, 의료기기, HDTV, 위성통신 분야에 이르기까지 광범위하게 사용되고 있다.

이 장에서는 아날로그 신호와 디지털 신호, 아날로그 시스템과 디지털 시스템, 디지털 신호의 논리 레벨, 펄스, 조합논리회로와 순서논리회로, 디지털 집적 회로, 스위칭 소자 등에 대하여 알아본다.

1-1 아날로그 신호와 디지털 신호

아날로그 신호란 온도, 전압, 수량, 압력, 속도 등과 같이 시간이 경과함에 따라 연속적으로 변화해가는 신호로서 대개 자연 상태의 정보 그 자체라고 할 수 있다. 이에 비해서 디지털 신호는 정수(…, −3, −2, −1, 0, 1, 2, 3, …)와 같이 이산적인 값을 갖는 신호로서 불연속적으로 변화하는 신호를 말한다.

그림 1.1(a)의 아날로그 신호 파형은 어떤 임의의 순간에 존재하는 신호의 크기 그 자체가 정보로서의 의미를 갖는 데 비해서 그림 1.1(b)의 디지털 신호 파형은 전압이 높은 상태와 전압이 낮은 상태 또는 1과 0의 신호 상태와 같은 두 가지 상태로 정보를 나타낸다.

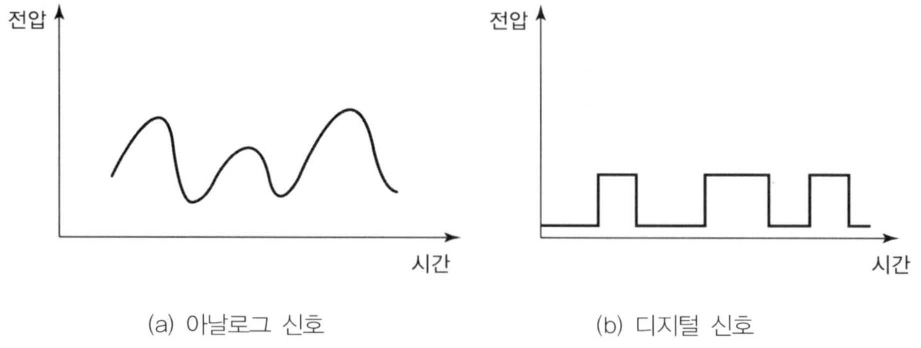

그림 1-1 아날로그 신호와 디지털 신호

아날로그 신호는 연속적(continuous)인 데 비해 디지털 신호는 이산적(discrete)인 신호이다. 따라서 연속적인 아날로그 신호는 양의 표현에 한계가 있으며, 측정에 따라 모호할 수 있으나 디지털 신호는 이산적으로 계수되기 때문에 모호함이 없다.

1-2 아날로그 시스템과 디지털 시스템

임의의 입력 신호를 받아 출력을 낼 경우 시스템(system)이라 하고, 입력에 대해 출력 형태를 결정하게 된다. 일반적으로 아날로그 신호를 입력받아 아날로그 출력을 내는 시스템을 아날로그 시스템이라 하고, 디지털 신호를 입력받아 디지털 출력을 내는 시스템을 디지털 시스템이라 한다.

아날로그 시스템에서는 연속적인 신호를 취급하므로 신호 입력과 출력이 일정한 비례 관계를 갖고 있는데, 비례 관계라 함은 직선적인 관계뿐만 아니라 비직선적인 증폭, 감쇠 또는 변조의 개념도 포함된 관계이다.

디지털 전자공학은 두 가지 상태만을 이용한 회로를 취급하며, 두 가지 상태는 서로 다른 두 개의 전압 레벨로 구분된다. 전자회로 내에서 두 가지 상태의 조합으로 숫자, 문자, 기호 등의 정보를 표현하며, 이때 입·출력되는 물리적인 양이나 정보는 모두 불연속적인 2진 신호만을 사용하게 된다. 전자회로를 구성하는 모든 회로의 입·출력신호가 모두 디지털 신호로 되어 있어 디지털적으로만 표시·조작되는 모든 장치들을 디지털 시스템이라 한다. 디지털 시스템은 1과 0의 입력에 대하여 출력 신호도 1과 0의 조합으로 나타나므로 회로의 특성이 논리적인 관계만 있고, 비례적인 요소는 없다. 이러한 차이를 나타낸 것이 그림 1-2이다.

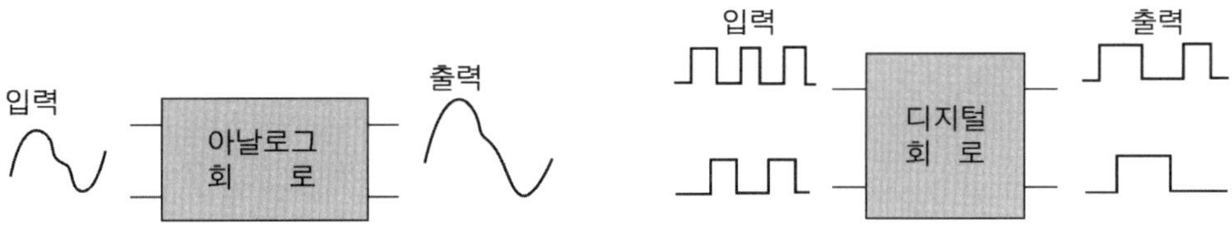

(a) 아날로그 시스템 (b) 디지털 시스템

그림 1-2 아날로그 시스템과 디지털 시스템

아날로그 시스템에 비해 디지털 시스템은 다음과 같은 장점이 있다.

1. 잡음에 강하다.
   아날로그 시스템은 외부 잡음이나 온도 변화 등에 민감하게 반응하는 데 비해 디지털 시스템의 신호는 이산적인 정보를 사용하기 때문에 잡음의 영향을 줄일 수 있다.

2. 설계하기 쉽다.
   사용되는 회로가 스위칭 회로이기 때문에 회로의 전류나 전압의 정확한 값은 중요하지 않고, 회로의 전류나 전압의 정확한 값이 아닌 일정한 범위를 설정하는 것만으로 ON 또는 OFF 상태를 쉽게 결정할 수 있다.

3. 정확성과 정밀도가 높다.
   디지털 시스템에서는 정보처리의 정확성과 정밀도를 높일 수 있으며, 아날로그 시스템에서는 다루기 어려운 비선형 처리나 다중화 처리 등도 가능하다.

4. 정보 저장이 쉽다.
   디지털 시스템에서는 정보를 저장하거나 가공하기 쉽다. 이것은 디지털 정보의 이산적인 특징에 기인한다.

5. 동작은 프로그램화될 수 있다.
   디지털 시스템은 프로그래밍으로 전체 시스템을 제어할 수 있어서 규격이나 사양 변경에 쉽게 대응할 수 있고, 기능 구현의 유연성을 높일 수 있다.

6. 많은 디지털 회로가 IC 칩으로 제조될 수 있다.

이러한 디지털 시스템의 장점들 때문에 기존의 아날로그 시스템이나 새로운 시스템을 대부분 디지털 시스템으로 구성하지만 시스템에서 관측하고, 동작·제어하는 정보의 물리적인 양은 대부분 아날로그 양이다. 아날로그 정보인 물리적인 양에 사람들이 좀 더 익숙하므로 디지털 시스템으로 처리한 정보라도 아날로그 형태로 다시 변환해야 한다.

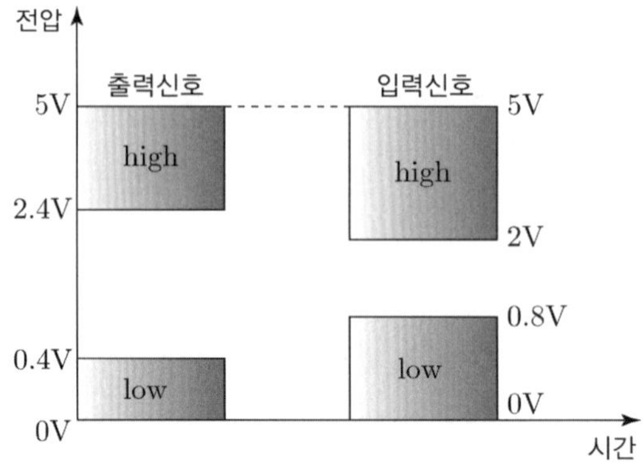

그림 1-3 디지털 신호의 논리 레벨

1-3 디지털 신호의 논리 레벨

디지털 신호는 high(전압이 높은 상태)와 low(전압이 낮은 상태) 또는 1과 0 상태와 같은 두 가지 상태로 정보를 나타낸다. 1과 0을 나타내기 위하여 사용하는 전압을 논리 레벨이라 하며, 실제 디지털 회로에서 high와 low는 규정된 최댓값과 최솟값 사이의 임의의 전압을 나타낸다. 그림 1-3은 디지털 회로의 일반적인 low와 high를 나타낸 것이다. 예를 들어 디지털 회로에서 입력 전압은 high가 2~5 V이고, low가 0~0.8 V이다. 2~5 V의 전압인 경우 회로는 high로 인식되고, 0~0.8 V의 전압인 경우 low로 인식되며, 0.8~2 V의 전압인 경우 불확정 상태로 된다. 그리고 출력 전압은 high가 2.4~5 V이고, low가 0~0.4 V이다. 2.4~5 V의 전압인 경우 회로는 high로 인식되고, 0~0.4 V의 전압인 경우 low로 인식되며, 0.4~2.4 V의 전압인 경우 불확정 상태로 된다.

1-4 펄스

디지털 신호는 일반적으로 low 상태와 high 상태를 반복하는 전압 레벨로 구성되어 있다. 이것을 펄스라 하며, 매우 짧은 시간(수 msec 이하) 동안에 어떤 안정된 값에서 다른 안정된 값으로 변화해가는 전압 파형을 의미한다. 그림 1-4(a), 즉 양의 펄스(positive-going pulse)는 전압이 low 상태에서 high 상태로 되었다가 다시 low 상태로 될 때 발생하는 것을 나타낸 것이고, 그림 1-4(b), 즉 음의 펄스(negative-going pulse)는 전압이 high 상태에서 low 상태로 되었다가 다시 high 상태로 될 때 발생하는 것을 나타낸 것이다.

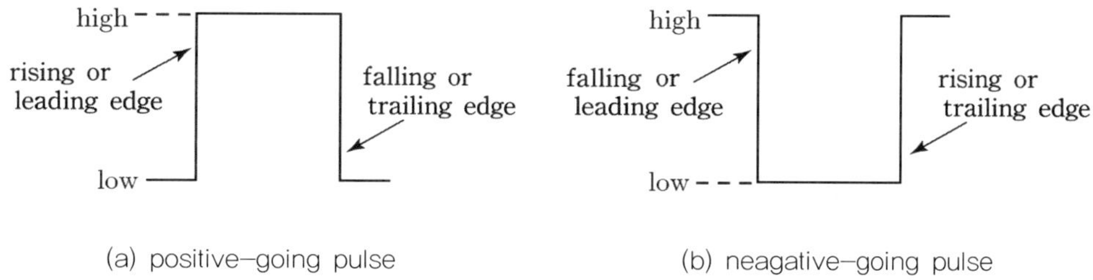

그림 1-4 이상적인 펄스

그림 1-4와 같이 펄스는 두 개의 에지(edge), 즉 상승 에지(rising edge)와 하강 에지(falling edge)로 구성되어 있다. 그림 1-4의 펄스는 상승 에지와 하강 에지에서 전압 레벨이 순간적으로 변화하기 때문에 이상적인 펄스이다. 펄스는 디지털 시스템에서 정보의 근간을 이루고 있으므로 펄스 파형에 대한 용어에 대하여 알아보자. 그림 1-5에 실제적인 펄스 파형을 개략적으로 나타냈다.

논리 0에서 논리 1로 변환하는 데 소요되는 시간을 상승시간(rise time: t_r), 논리 1에서 논리 0으로 변환하는 데 소요되는 시간을 하강시간(fall time: t_f)이라 한다. 실제로 펄스 진폭의 10 %에서 90 %까지 올라가는 데 소요되는 시간을 상승시간이라 하고, 90 %에서 10 %까지 떨어지는 데 소요되는 시간을 하강시간이라 한다. 그리고 펄스폭이 매우 좁은 펄스를 임펄스(impulse)라 하고, 펄스폭이 비교적 넓은 펄스를 구형파라 한다. 여기서 펄스 폭(pulse width: P_W)은 펄스 지속 기간의 크기로서 상승 에지와 하강 에지에서 각각 50 %가 되는 두 점 사이의 시간으로 정의한다.

펄스가 한 개만 존재할 때 단일 펄스(single shot 또는 one shot pulse)라 하고, 주기적 또는 비주기적으로 단속이 반복될 때 펄스 열(pulse train)이라 한다.

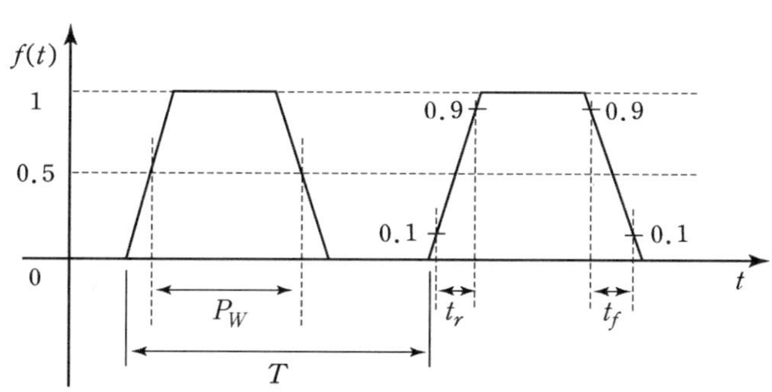

그림 1-5 실제적인 펄스 파형

펄스는 두 개의 전압 값, 즉 논리적으로 1과 0 사이에서 변화하기 때문에 디지털 시스템에서는 물리적으로 높은 값의 양을 논리 레벨 1로 하는 정논리 시스템과 물리적으로 높은 값의 양을 논리 레벨 0으로 하는 부논리 시스템이 모두 이용되고 있으나 일반적으로 정논리가 주로 사용되므로 이 책에서도 정논리의 관점에서 설명하기로 한다.

표 1-1 정논리와 부논리

물리량 \ 논리	정논리	부논리
high	1	0
low	0	1

1-5 조합논리회로와 순서논리회로

디지털 시스템은 하나 또는 다수의 디지털 입력과 출력을 가지며, 기능적으로는 조합논리회로(combinational logic circuit)와 순서논리회로(sequential logic circuit)로 구별된다. 조합논리회로는 현재의 입력에 의해서만 현재의 출력이 결정되는 가장 간단한 형태의 디지털 전자회로로 그림 1-6과 같이 n개의 입력 변수가 들어오면 2^n개의 조합에 따른 고정된 하나의 신호가 출력된다.

순서논리회로는 현재의 입력과 과거의 입력에 따른 출력에 의해서 현재의 출력이 결정되어지는 회로로서 조합논리회로에 기억장치가 결합된 형태를 취하고 있다. 가장 일반적인 회로의 형태가 카운터이며, 그 대표적인 것이 디지털 컴퓨터이다. 이러한 순서논리회로의 구성도를 그림 1-7에 나타내었다.

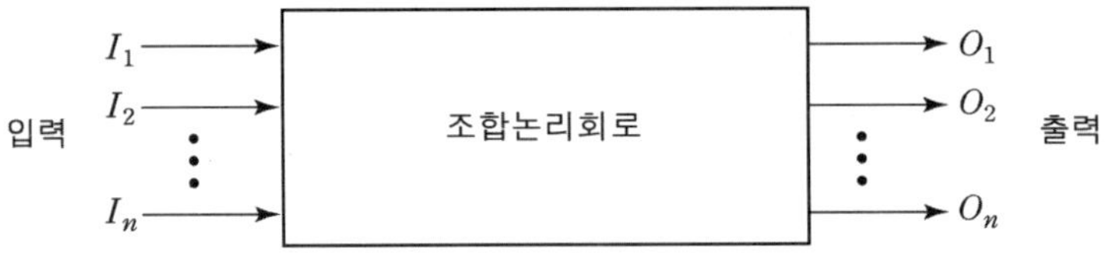

그림 1-6 조합논리회로

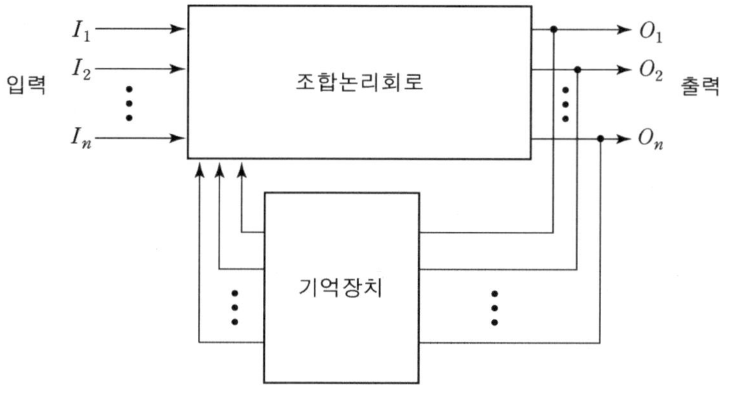

그림 1-7 순서논리회로

1-6 디지털 집적회로

디지털 시스템의 회로는 대부분 집적회로로 설계되며, 한 개의 칩 위에 완전한 기능을 가진 회로를 구성하는 데 필요한 여러 가지 부품, 즉 FET, 트랜지스터, 다이오드, 저항, 콘덴서, 저항 등을 반도체 처리 기법에 의하여 생성시킨 회로이다. 칩은 플라스틱 등의 패키지로 보호되며, 외부와는 핀으로 연결되어 IC의 형태를 이룬다. IC 패키지는 PCB에 장착하는 방법에 따라 삽입 장착형(DIP)과 표면 실장형(SMD)으로 구분한다.

집적회로의 기술이 발달함에 따라 하나의 실리콘 칩 위에 실현할 수 있는 논리소자의 수는 놀랄 만큼 늘어나게 되었으며, 디지털 집적회로 기술은 나날이 발전하고 있다.

여기서 집적회로(Integrated Circuit)에 대하여 알아보자.

집적회로는 크기가 작고, 가격이 싸고, 소비전력이 적고, 시스템의 크기가 작고, 고장률이 낮아 신뢰도가 높고, 그리고 외부 회로와의 연결 회로가 간단하다는 특징을 가지고 있다. 집적회로는 복잡성에 따라 SSI(Small Scale Integration: 소규모 집적), MSI(Medium Scale Integration: 중규모 집적), LSI(Large Scale Integration: 대규모 집적), VLSI(Very Large Scale Integration: 초대규모 집적), ULSI(Ultra Large Scale Integration: 극초대규모 집적) 등으로 분류되며 다음과 같다.

- SSI: 하나의 chip에 10개 이내의 등가 게이트가 포함된 회로이며, 기본 게이트와 Flip Flop 등이 여기에 속한다.
- MSI: 하나의 chip에 10개에서 100개 이내의 등가 게이트가 포함된 회로이며, 인코더, 디코더, 카운터, 레지스터, 멀티플렉서, 연산회로, 소형 메모리 등이 여기에 속한다.

- LSI: 하나의 chip에 100개에서 10,000개 이내의 등가 게이트가 포함된 회로이며, 메모리 등이 여기에 속한다.
- VLSI: 하나의 chip에 10,000개에서 100,000개 이내의 등가 게이트가 포함된 회로이며, 대규모 메모리, 대형 one chip computer, 대형 마이크로프로세서 등이 여기에 속한다.
- ULSI: 하나의 chip에 100,000개 이상의 등가 게이트가 포함된 회로이며, 16메가 이상의 집적도를 가진 DRAM 등이 여기에 속한다. 그러나 VLSI와 ULSI 사이의 정확한 구분은 애매 모호하다.

1-7 스위칭 소자

스위칭 소자란 두 개의 안정된 상태를 갖는 2진 소자, 즉 출력이 두 개의 서로 다른 불연속적인(discrete) 값을 갖는 소자를 말한다. 이러한 스위칭 소자로서는 계전기(relay), 다이오드(diode), 트랜지스터(transistor), 클라이스트론(klystron), 자기 코어(magnetic core) 등이 있다. 계전기는 두 가지 상태, 즉 닫힌 상태와 열린 상태로서 전원이 공급되고 안 되고 하는 것을 나타내며[그림 1.8(a)], 다이오드는 도전 상태(conducting state)와 차단 상태(non-conducting state)로 구분된다[그림 1.8(b)]. 트랜지스터는 high와 low의 출력전압에 따라 차단 상태(cut-off state)와 포화상태(saturated state)로 구분되며[그림 1.8(c)], 클라이스트론은 초전도 상태(super conducting state)와 비초전도 상태(non-super conducting state)로 구분된다. 그리고 자기코어는 좌방향(one direction)과 우방향(opposite direction)으로 구분된다.

이처럼 스위칭 소자의 출력이 두 개의 서로 다른 값을 가지므로 이를 응용한 디지털 시스템에서는 2진수(binary number)의 수체계를 사용하고 있고, 이에 대한 해석이 필요한 것은 당연하다.

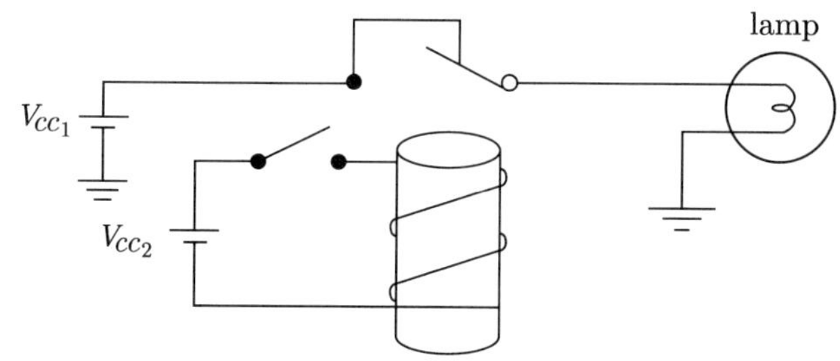

(a) 계전기를 이용한 스위칭 소자

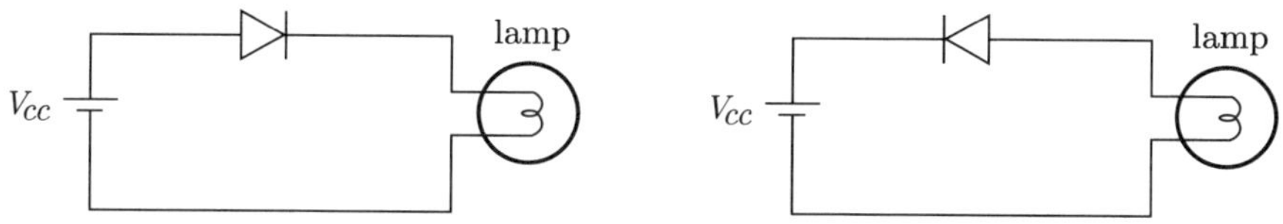

(b) 다이오드를 이용한 스위칭 소자

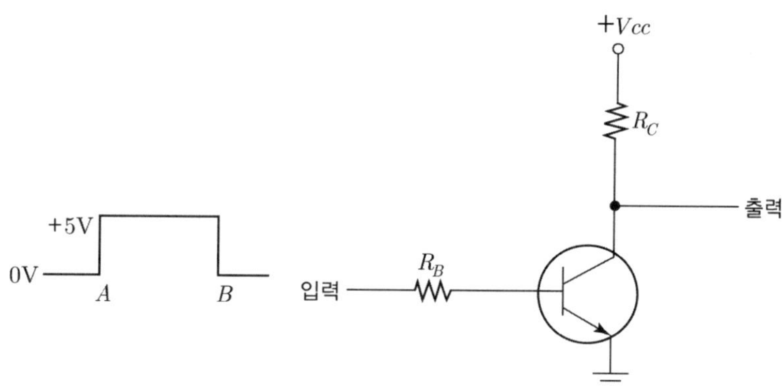

(c) 트랜지스터를 이용한 스위칭 소자

그림 1-8 스위칭 소자의 간단한 회로

Chapter 02 수체계

디지털 시스템과 컴퓨터 기기 등에서는 2진수가 가장 효율적인 수체계로 사용되고 있다. 이 장에서는 2진수와 10진수, 8진수, 16진수 사이의 관계 및 보수를 이용한 감산에 대하여 설명한다.

2-1 10진수

우리가 일상생활에서 많이 사용하는 10진수(decimal number)에 대하여 알아보자. 10진수에서는 0~9의 10개 기호를 기본적인 수의 요소로 사용하고 있으며, 각 자리의 위치에 따라 그 자리의 자릿값(weight)을 갖는 가중치 수체계(weighted number system)를 유지하고 있다.

임의의 자릿수를 갖는 수 N을 나타내면 다음과 같다.

$$N = d_{n-1} R^{n-1} + d_{n-2} R^{n-2} + \ldots + d_1 R^1 + d_0 R^0 + d_{-1} R^{-1} + \ldots + d_{-n} R^{-n}$$

여기서 R(기수: radix 또는 base)은 각 숫자항의 자릿값을 가지므로 각 숫자항의 자릿값이고, d(digit)는 각 자리에서의 임의의 숫자이다.

예를 들어 1952_{10}이라는 수는

$$(1 \times 1000) + (9 \times 100) + (5 \times 10) + (2 \times 1)$$

$$= (1 \times 10^3) + (9 \times 10^2) + (5 \times 10^1) + (2 \times 10^0)$$

이라는 수가 되고, 여기서 숫자 뒤에 있는 첨자는 진수의 기수를 의미한다.

4 자릿수의 임의의 10진 숫자 N_{10}을 나타내면

$$N_{10} = d_3 \cdot 10^3 + d_2 \cdot 10^2 + d_1 \cdot 10^1 + d_0 \cdot 10^0$$

이라는 수열의 합으로 나타낼 수 있다. 이 경우 10^3, 10^2, 10^1, 10^0은 각 자리의 자릿값이라 하고, 이 자릿값이 모두 10의 승수로 되어 있으므로 이것을 기수가 10인 수체계 또는 10진수

라 한다. 또한 각각의 자릿값에는 0~9 사이의 임의의 숫자를 갖는 d_3, d_2, d_1, d_0가 곱해져 있는데 4개의 임의의 숫자 중 가장 큰 자릿값을 갖는 d_3를 MSD(Most Significant Digit: 제일 윗자리 숫자)라 하고, 가장 작은 자릿값을 갖는 d_0를 LSD(Least Significant Digit: 제일 아랫자리 숫자)라 한다.

소수인 0.2538_{10}이라는 수는

$$(2\times10^{-1})+(5\times10^{-2})+(3\times10^{-3})+(8\times10^{-4})$$

로 표현된다.

2-2 2진수

자연계에는 상반되는 두 상태를 갖는 것이 많은데, 예를 들면 계전기(relay) 접점의 개방 상태와 단락 상태, 전압의 정과 부, 트랜지스터(transistor)의 전도 상태와 비전도 상태 등 물리적으로 상반된 현상을 수학적으로 취급하는 데 2진수를 이용한다. 2진수에서는 0과 1 두 가지의 수를 사용하며, 계수는 0, 1로 시작한다. 이때 두 개의 숫자를 모두 사용하였으므로 다른 자리로 올라가 10, 11로 계수를 계속한다. 2개의 숫자 조합이 모두 나타나면 다시 3번째 자리가 필요하며, 계속 계수를 하면 된다. 즉 0, 1, 10, 11, 100, 101, 110, 111, 1000, 1001, …으로 된다.

가중치 수체계에서 임의의 숫자 N을 나타낸 것과 같이 2진수에서도 이와 같은 표현이 가능하며, 2진수인 경우 R이 2이고, d는 0 또는 1이다.

예를 들어 2진수 1011_2은

$$(1\times2^3)+(0\times2^2)+(1\times2^1)+(1\times2^0)$$

으로 표현되며, 이 2진수의 값은 10진수로 11_{10}의 값을 갖게 된다.

2진수 임의의 숫자들은 비트(binary digit)라 하며, 이들 2진수에서의 각 자리에 대한 자릿값을 표 2-1에 나타내었다.

표 2-1 2진수에서 각 자리에 대한 자릿값

2진 자릿값	…	16	8	4	2	1	$\frac{1}{2}$	$\frac{1}{4}$	$\frac{1}{8}$	$\frac{1}{16}$	…
2의 승수	…	2^4	2^3	2^2	2^1	2^0	2^{-1}	2^{-2}	2^{-3}	2^{-4}	…

그리고 10진수와 2진수의 대응관계를 표 2-2에 나타내었다.

표 2-2 10진수와 2진수의 대응관계

2진수	10진수	지수 형식	2진수	10진수	지수 형식
1	1	2^0			
10	2	2^1	0.1	0.5	2^{-1}
100	4	2^2	0.01	0.25	2^{-2}
1000	8	2^3	0.001	0.125	2^{-3}
10000	16	2^4	0.0001	0.0625	2^{-4}
100000	32	2^5	0.00001	0.03125	2^{-5}
1000000	64	2^6	0.000001	0.015625	2^{-6}
10000000	128	2^7	0.0000001	0.0078125	2^{-7}
100000000	256	2^8	0.00000001	0.00390625	2^{-8}
1000000000	512	2^9	0.000000001	0.001953125	2^{-9}
10000000000	1024	2^{10}	0.0000000001	0.0009765625	2^{-10}

1 2진수를 10진수로 변환

1) 정수 부분

2진수를 표시하는 각 숫자항의 2진법 표시수에 그 자리를 제외한 나머지 자릿수만큼의 2의 승수를 곱하여 각각 더해준다.

◐ 예제 2-1

2진수 11011을 10진수로 변환하라.

✔ **풀이** 5자리의 2진수이므로 MSD의 자릿값은 2^4 이고, 그 이하는 2^3, 2^2, 2^1, 2^0 으로 된다. 따라서 자릿값을 곱한 숫자의 합은

$(1\times2^4)+(1\times2^3)+(0\times2^2)+(1\times2^1)+(1\times2^0)$

$=16+8+2+1$

$=27_{10}$

이 된다.

2) 소수 부분

소수점 이하의 자릿수를 갖는 2진수에서는 소수점 첫째자리의 숫자부터 세어서 그 지리의 2진수에 그 자릿수만큼의 2의 (−)승수를 곱하여 각각 더해준다.

◐ 예제 2-2

2진수 0.1011을 10진수로 변환하라.

✔ **풀이** 소수점 첫째자리의 자릿값은 2^{-1}, 둘째자리의 자릿값은 2^{-2} 으로 되며, 자릿수만큼의 2의 (−)승수의 자릿값을 가지므로 자릿값을 곱한 숫자의 합은

$(1\times2^{-1})+(0\times2^{-2})+(1\times2^{-3})+(1\times2^{-4})$

$=0.5+0.125+0.0625$

$=0.6875_{10}$

가 된다.

◐ 예제 2-3

2진수 1101.0101을 10진수로 변환하라.

✔ **풀이** 정수 부분은

$(1\times2^3)+(1\times2^2)+(0\times2^1)+(1\times2^0)=13_{10}$

이고, 소수 부분은

$(0\times2^{-1})+(1\times2^{-2})+(0\times2^{-3})+(1\times2^{-4})=0.3125_{10}$

이 되므로 이것을 합하면 13.3125_{10}가 된다.

2-3 2진수의 4칙 연산

2진수의 4칙 연산은 10진수와 같은 방법으로 수행하면 되나 기수가 2인 것이 다를 뿐이다.

1 덧셈 규칙

$0+0=0$

$0+1=1$

$1+0=1$

$1+1=0$ [자리올림(carry) 발생]

◐ 예제 2-4

다음의 2진수를 더하라.

① 1101_2+1011_2　　② $101.01_2+111.11_2$

✔ **풀이**

① $\begin{array}{r} 1101_2 \\ +1011_2 \\ \hline 11000_2 \end{array}$

② $\begin{array}{r} 101.01_2 \\ +111.11_2 \\ \hline 1101.00_2 \end{array}$

2 뺄셈 규칙

$$0-0=0$$

$$1-1=0$$

$$1-0=1$$

$$10-1=1$$ [자리내림(borrow) 발생]

예제 2-5

다음의 2진수를 빼라.

① 1010_2-0111_2 ② $110.11_2-101.10_2$

✔ 풀이 ①

$$\begin{array}{r} 1010_2 \\ -0111_2 \\ \hline 0011_2 \end{array}$$

②

$$\begin{array}{r} 110.11_2 \\ -101.10_2 \\ \hline 001.01_2 \end{array}$$

3 곱셈 규칙

$$0\times0=0$$

$$1\times0=0$$

$$0\times1=0$$

$$1\times1=1$$

◐ 예제 2-6

다음의 2진수를 곱하라.

① $1010_2 \times 1101_2$　　② $11.01_2 \times 10.01_2$

✔ **풀이**

①
$$\begin{array}{r} 1010_2 \\ \times 1101_2 \\ \hline 1010 \\ 0000 \\ 1010 \\ +1010 \\ \hline 10000010 \end{array}$$

②
$$\begin{array}{r} 11.01_2 \\ \times 10.01_2 \\ \hline 1101 \\ 0000 \\ 0000 \\ +1101 \\ \hline 111.0101 \end{array}$$

4 나눗셈 규칙

$$0 \div 1 = 0$$

$$1 \div 1 = 1$$

◐ 예제 2-7

다음의 2진수를 나누라.

① $11011_2 \div 11_2$　　② $11011_2 \div 100_2$

✔ **풀이**

①
$$\begin{array}{r} 1001 \\ 11 \overline{)\,11011} \\ -11 \\ \hline 11 \\ -11 \\ \hline 0 \end{array}$$

②
$$\begin{array}{r} 110.11 \\ 100 \overline{)\,11011} \\ -100 \\ \hline 101 \\ -100 \\ \hline 110 \\ -100 \\ \hline 100 \\ -100 \\ \hline 0 \end{array}$$

2-4 8진수와 16진수

디지털 시스템에서는 2진수를 기본으로 사용하지만 모든 정보를 2진수로 표현하려면 데이터의 양이 많아지는 문제점이 있다. 같은 정보를 표현하더라도 데이터의 양을 줄인다면 편리성이 증대될 것이다. 10진수라면 2진수보다는 데이터의 양이 더 줄어들게 되지만 2진수와 10진수는 복잡한 상호 변환 과정을 거쳐야 한다. 그러나 8진수와 16진수는 2진수와의 변환이 매우 간단하면서도 데이터의 양이 대폭 줄어드는 이점을 갖고 있다.

1 8진수

8진수에서는 0, 1, 2, 3, 4, 5, 6, 7의 8가지의 수를 사용하며, 계수는 0, 1, 2, 3, 4, 5, 6, 7로 시작한다. 이때 8개의 숫자를 모두 사용하였으므로 다른 자리로 올라가 10, 11, ⋯, 16, 17로 계수를 계속한다. 2개의 숫자 조합이 모두 나타나면 다시 3번째 자리가 필요하며, 계속 계수를 하면 된다. 즉 0, 1, 2, 3, 4, 5, 6, 7, 10, 11, 12, 13, 14, 15, 16, 17, 20, ⋯으로 된다.

8진수에서 각 자리에 대한 자릿값을 표 2-3에 나타내었다.

표 2-3 8진수에서 각 자리에 대한 자릿값

8진 자릿값	⋯	512	64	8	1	$\frac{1}{8}$	$\frac{1}{64}$	$\frac{1}{512}$	⋯
8의 승수	⋯	8^3	8^2	8^1	8^0	8^{-1}	8^{-2}	8^{-3}	⋯

1) 8진수에서 10진수로의 변환

2진수에서 10진수로의 변환 방법과 같으나 기수가 8이고, d가 0~7이 다를 뿐이다.

예제 2-8

$(62)_8$을 10진수로 변환하라.

✔ **풀이** $(62)_8 = (6 \times 8^1) + (2 \times 8^0) = 50_{10}$

◐ 예제 2-9

$(0.37)_8$을 10진수로 변환하라.

✔ **풀이** $(0.37)_8 = (3\times8^{-1}) + (7\times8^{-2})$

$$= (3\times0.125) + (7\times0.015625)$$

$$= 0.484375_{10}$$

2) 2진수와 8진수 사이의 진법 변환

(1) 2진수에서 8진수로의 진법 변환

8진수 0~7의 8개 상태를 2진수로 나타내려면 3개의 비트가 요구되며, 변환시키는 방법은 LSD 또는 소수점을 기준으로 하여 3비트씩 묶어서 나누고, 이 각각의 그룹을 8진수 0~7의 상태값을 대응시키면 된다.

◐ 예제 2-10

2진수를 8진수로 변환하라.

① 100110111101_2 ② 110111.011101_2

✔ **풀이**

① $\underbrace{100}_{4}\ \underbrace{110}_{6}\ \underbrace{111}_{7}\ \underbrace{101}_{5}$

$100110111101_2 = 4675_8$

② $\underbrace{110}_{6}\ \underbrace{111}_{7}.\ \underbrace{011}_{3}\ \underbrace{101}_{5}$

$110111.011101_2 = 67.35_8$

(2) 8진수에서 2진수로의 변환

8진수 각 자리의 수를 3비트의 2진수로 각각 변환시키면 된다.

예제 2-11

8진수를 2진수로 변환하라.

① $(416)_8$ ② $(375.42)_8$

✔ 풀이

① $\underbrace{100}_{4}\ \underbrace{001}_{1}\ \underbrace{110}_{6}$

$(416)_8 = 100001110_2$

② $\underbrace{011}_{3}\ \underbrace{111}_{7}\ \underbrace{101.}_{5.}\ \underbrace{100}_{4}\ \underbrace{01}_{2}$

$(375.42)_8 = 11111101.10001_2$

2 16진수

16진수에서는 0, 1, 2, 3, 4, 5, 6, 7, 8, 9, A, B, C, D, E, F 16가지의 수를 사용하며, 계수는 0, 1, 2, 3, 4, 5, 6, 7, 8, 9, A, B, C, D, E, F로 시작한다. 이때 16개의 숫자를 모두 사용하였으므로 다른 자리로 올라가 10, 11, …, 18, 19, 1A, 1B, 1C, 1D, 1E, 1F로 계수를 계속한다. 2개의 숫자 조합이 모두 나타나면 다시 3번째 자리가 필요하며, 계속 계수를 하면 된다.

즉 0, 1, 2, 3, 4, 5, 6, 7, 8, 9, A, B, C, D, E, F, 10, 11, 12, 13, 14, 15, 16, 17, 18, 19, 1A, 1B, 1C, 1D, 1E, 1F, 20, …으로 된다.

1) 16진수에서 10진수로의 변환

2진수에서 10진수로의 변환 방법과 같으나 기수가 16이고, d가 0~F가 다를 뿐이다.

예제 2-12

16진수를 10진수로 변환하라.

$FA.1B_{16}$

✔ **풀이** 정수 부분은 $(15\times16^{1})+(10\times16^{0})=250_{10}$이고,

소수 부분은 $(1\times16^{-1})+(11\times16^{-2})=0.10546875_{10}$이다.

정수 부분과 소수 부분을 더하면 250.10546875_{10}로 된다.

2) 2진수와 16진수 사이의 진법 변환

(1) 2진수에서 16진수로의 진법 변환

16진수 0~F의 16개 상태를 2진수로 나타내려면 4개의 비트가 요구되며, 변환시키는 방법은 LSD 또는 소수점을 기준으로 하여 4비트씩 묶어서 나누고, 이 각각의 그룹을 16진수 0~F의 상태값을 대응시키면 된다.

예제 2-13

2진수를 16진수로 변환하라.

① 101101110101_2 ② 1010011.1101111_2

✔ **풀이** ① $\underbrace{1011}_{B}\ \underbrace{0111}_{7}\ \underbrace{0101}_{5}$

$101101110101_2=B75_{16}$

② $\underbrace{101}_{5}\ \underbrace{0011.}_{3}\ \underbrace{1101}_{D}\ \underbrace{111}_{E}$

$1010011.1101111_2=53.DE_{16}$

(2) 16진수에서 2진수로의 변환

16진수 각 자리의 수를 4비트의 2진수로 각각 변환시키면 된다.

◐ 예제 2-14

16진수를 2진수로 변환하라.

① $4EF_{16}$ ② $9A.B3_{16}$

✔ 풀이 ① $\underbrace{4}_{0100}\ \underbrace{E}_{1110}\ \underbrace{F}_{1111}$

$4EF_{16} = 100111011111_2$

② $\underbrace{9}_{1001}\ \underbrace{A.}_{1010.}\ \underbrace{B}_{1011}\ \underbrace{3}_{0011}$

$9A.B3_{16} = 10011010.10110011_2$

2-5 10진수에서 다른 진수로의 변환

이 절에서는 10진수와 기수가 다른 수 사이의 변환에 대해서 알아본다.

1 10진수에서 2진수로의 변환

10진수를 2진수로 변환하는 데는 두 가지 방법이 있다.

▮ 방법 1 ▮

주어진 10진수 중에서 2의 승수에 해당하는 값을 찾아내어, 이것을 큰 것부터 차례로 빼가는 방법이다.

1) 정수 부분

예를 들어 35_{10}를 2진수로 변환시켜보자. 35에 포함되어 있는 최대 2의 승수 값은 $2^5 = 32$이고, 감산하면 $35 - 2^5 = 3$이 된다. 다음에 3에 포함되어 있는 최대 2의 승수 값은 $2^1 = 2$이고, 감산하면 $3 - 2^1 = 1$이 된다. 다음에 1에 포함되어 있는 최대 2의 승수 값은 $2^0 = 1$이고, 감산하면 $1 - 2^0 = 0$이 된다. 최대 2의 승수부터 2^0까지 차례대로 나열한 다음 계산과정에서 나온 2의 승수에 대한 임의의 숫자는 1로 놓고, 나오지 않은 2의 승수에 대한 임의의 숫자는 0으로 놓으면 된다.

2^5	2^4	2^3	2^2	2^1	2^0
1	0	0	0	1	1

따라서 $35_{10} = 10011_2$이 된다.

예제 2-15

11_{10}을 2진수로 변환하라.

풀이 $11 - 2^3 = 3$

$3 - 2^1 = 1$

$1 - 2^0 = 0$

따라서 $11_{10} = 1011_2$이 된다.

2) 소수 부분

10진 소수에도 그대로 적용할 수 있으므로 예제를 통하여 알아보자.

예제 2-16

0.75_{10}를 2진수로 변환하라.

풀이 $0.75 - 2^{-1} = 0.25$

$0.25 - 2^{-2} = 0$

따라서 $0.75_{10} = 0.11_2$이 된다.

그러나 이 방법은 수치가 큰 10진수를 변환시키는 경우 그 수의 최대 2의 승수를 찾아내야 하고, 2의 승수를 발견할 때마다 감산을 반복하는 작업이 번거롭다는 단점이 있으므로 방법 2에 제시한 방법을 사용한다.

▮ 방법 2 ▮

1) 정수 부분

10진 정수를 2진수로 변환하는 방법으로서 10진수를 반복해서 2로 나누는 방법이 있다. 10진수를 2로 나누어 나머지를 써두고, 그 몫을 다시 2로 나눈다. 이러한 과정을 몫이 0이 될 때까지 반복한 후 아래에서부터 위로 나머지를 읽어가는 방법이다.

◐ 예제 2-17

23_{10}을 2진수로 변환하라.

✔ **풀이**

제수	몫	나머지	
2	23		
2	11	⋯ 1	(LSD) ↑
2	5	⋯ 1	↑
2	2	⋯ 1	↑
2	1	⋯ 0	↑
	0	⋯ 1	(MSD)

2) 소수 부분

주어진 소수 값에 2를 곱한 다음, 그 결과 값이 1을 넘으면 1을 써두고, 1을 넘지 않으면 0을 써둔 다음 그 나머지 소수 값에 다시 2를 곱한다. 이것을 소수 값이 0이 될 때까지 반복한 다음, 위에서부터 읽어 내려가면 된다.

예제 2-18

0.1875_{10}를 2진수로 변환하라.

✔ **풀이**

$$\begin{array}{r} 0.1875 \\ \times \quad 2 \\ \hline \underline{0}.375 \\ \times \quad 2 \\ \hline \underline{0}.75 \\ \times \quad 2 \\ \hline \underline{1}.5 \\ \times \quad 2 \\ \hline \underline{1}.0 \end{array}$$

따라서 $0.1875_{10} = 0.0011_2$로 된다.

2 10진수에서 8진수로의 변환

10진수에서 2진수로의 변환과 동일한 방법이나 기수가 8인 것이 다를 뿐이다.

예제 2-19

53.375_{10}를 8진수로 변환하라.

✔ **풀이** 정수 부분과 소수 부분으로 나누어 8진수로 변환한다. 정수 부분을 8진수로 변환하면 다음과 같다.

$$\begin{array}{r|l} 8 & 53 \\ \hline 8 & 6 \ \cdots\cdots\ 5\ \text{(LSD)} \\ \hline & 0 \ \cdots\cdots\ 6\ \text{(MSD)} \end{array}$$

따라서 $53_{10} = 65_8$가 된다.

소수 부분을 8진수로 변환하면 다음과 같다.

$$\begin{array}{r} 0.375 \\ \times \quad 8 \\ \hline 3.000 \end{array}$$

따라서 $0.375_{10} = 0.3_8$이 된다.

그러므로 정수 부분과 소수 부분을 더하면 $53.375_{10} = 65.3_8$이 된다.

3 10진수에서 16진수로의 변환

10진수에서 2진수로의 변환과 동일한 방법이나 기수가 16인 것이 다를 뿐이다.

예제 2-20

735.1875_{10}를 16진수로 변환하라.

✔ **풀이** 정수 부분과 소수 부분으로 나누어 16진수로 변환한다. 정수 부분을 16진수로 변환하면 다음과 같다.

16	735		
16	45	…… 15	(LSD)
16	2	…… 13	↑
	0	…… 2	(MSD)

따라서 $735_{10} = 2DF_{16}$가 된다.

소수 부분을 16진수로 변환하면 다음과 같다.

$$\begin{array}{r} 0.1875 \\ \times \quad 16 \\ \hline 3.0000 \end{array}$$

따라서 $0.1875_{10} = 0.3_{16}$이 된다.

그러므로 정수 부분과 소수 부분을 더하면 $735.1875_{10} = 2DF.3_{16}$이 된다.

2-6 보수를 이용한 감산

음수를 나타내는 일반적인 방법은 숫자 앞에 (−)부호를 붙이는 것인데, 예를 들어 10진수인 경우 47의 음수는 −47이라 쓰는 것이다. 2진수를 사용하는 컴퓨터에서 음수를 표시하는 방법은 0과 1로써 정(+), 부(−)를 나타내는 것이다. 예를 들어 4비트로 구성된 데이터가 있을 때 MSD를 부호 비트로 하고, 나머지 3비트를 수치 데이터로 하였을 때 부호 비트가 0인 경우 정(+), 1인 경우 음(−)이라고 정하는 것이다. 이러한 표시 방법을 (부호+절대치)표시법이라 하며, 컴퓨터로 연산을 수행할 때 불편하다.

컴퓨터의 논리회로 기능은 부정(negation)과 덧셈(addition) 그리고 자리 이동(shift) 기능

그림 2-1 (부호+절대치) 표시법

만 갖고 있기 때문에 대수적인 뺄셈(subtraction)이 불가능하여 보수(complement)를 이용한 덧셈 방법에 의하여 뺄셈을 수행하는 방법이 사용된다. 컴퓨터로 음수를 취급하는 경우 1의 보수나 2의 보수를 사용하여 나타낸다. 그러면 보수의 개념에 대하여 알아보자.

1 10진수의 보수

10진수에서는 9의 보수와 10의 보수가 있으며, 각각에 대하여 알아보면 다음과 같다.

1) 9의 보수(9's complement)

어떤 10진 숫자의 9의 보수란 각 자리마다 9에서 그 숫자를 뺀 것을 말한다. 예를 들어 7_{10}의 9의 보수는 $9-7=2$가 된다. 이와 같이 보수를 이용하여 음수를 나타내는 것이다.

예제 2-21

59_{10}를 9의 보수로 표현하라.

✔ **풀이** $99-59=40$

그러면 9의 보수를 이용한 감산 방법에 대하여 알아보자.

(1) 자리올림이 발생하면 결과는 +값이고, 자리올림을 다시 감산 결과의 LSD에 더해 주어야 한다(이 자리올림을 end-around carry라 한다).

◐ 예제 2-22

75－42를 9의 보수를 이용하여 계산하라.

✔ **풀이**

```
   99              75
  −42             +57   (42의 9의 보수)
  ────            ────
   57             132
    ↑            + ↳1   (end−around carry)
42의 9의 보수     ────
                   33
```

(2) 자리올림이 발생하지 않으면 계산된 결과 값에 다시 9의 보수를 취하고, (－) 부호를 붙인다.

◐ 예제 2-23

42－75를 9의 보수를 이용하여 계산하라.

✔ **풀이**

```
   99              42
  −75             +24   (75의 9의 보수)
  ────            ────
   24              66   (−33의 9의 보수)
    ↑              ↓↓
75의 9의 보수      −33   [9의 보수를 취하고, (−)부호를 붙인다.]
```

2) 10의 보수(10's complement)

어떤 10진 숫자의 10의 보수란 9의 보수에 1을 더한 값을 말한다.

◐ 예제 2-24

62_{10}를 10의 보수로 표현하라.

✔ **풀이** 10의 보수를 구하는 두 가지 방법을 나타내었다.

① 9의 보수를 구한 후 더하기 1을 해주면 10의 보수가 된다.

```
  99
 -62
 ----
  37 (62의 9의 보수)
+  1
 ----
  38 (62의 10의 보수)
```

② 두 자리이므로 99+1=100에서 10진 숫자를 빼주면 10의 보수가 된다.

```
  100
 - 62
 -----
   38
```

그러면 10의 보수를 이용한 감산 방법에 대하여 알아보자.

(1) 자리올림(carry)이 발생하면 계산된 결과는 +값이고, 자리올림은 무시한다.

예제 2-25

75−42를 10의 보수를 이용하여 계산하라.

풀이

```
 100              75
 -42             +58  (42의 10의 보수)
 ----            ----
  58             133
  ↑              ↑     ∴ 33
42의 10의 보수    자리올림 무시
```

(2) 자리올림이 발생하지 않으면 계산된 결과 값에 다시 10의 보수를 취하고, (−)부호를 붙인다.

예제 2-26

42−75를 10의 보수를 이용하여 계산하라.

풀이

```
 100              42
 -75             +25 (75의 10의 보수)
 ----            ----
  25              67 (-33의 10의 보수)
  ↑               ↓↓
75의 10의 보수    -33 (10의 보수를 취하고, (-)부호를 붙인다.)
```

예제 2-27

다음의 빼기를 9의 보수와 10의 보수로 각각 계산하라.

① 85 − 27　　　　② 36 − 45

✔ **풀이** ① 27의 9의 보수는 72이고, 10의 보수는 73이다.

```
9의 보수 사용                          10의 보수 사용

   85                                    85
 + 72                                  + 73
 -----                                 -----
  157                                   158
+  └→1(end-around carry)                 ↑          ∴ 58
 -----                                 자리올림 무시
   58
```

② 45의 9의 보수는 54이고, 10의 보수는 55이다.

```
9의 보수 사용                          10의 보수 사용

   36                                    36
  +54                                   +55
  ----                                  ----
   90 (−9의 9의 보수)                     91 (−9의 10의 보수)
   ↓↓                                    ↓↓
  − 9 [9의 보수를 취하고,                − 9 [10의 보수를 취하고,
       (−)부호를 붙인다.]                     (−)부호를 붙인다.]
```

2 2진수의 보수

2진수에서의 보수는 1의 보수와 2의 보수가 있으며, 1의 보수와 2의 보수는 (부호+절대치) 표시법과 같다. MSD, 즉 부호 비트가 0이면 (+)부호를, 1이면 (−)부호를 나타낸다. 음수의 크기를 나타내는데 1의 보수와 2의 보수를 이용하는 것이다. 표 2-4에 4비트로 표현된 (부호+절대치), 1의 보수, 그리고 2의 보수를 나타내었다.

표 2-4 4비트 2진수의 정과 부 표시

10진수	부호+절대치	1의 보수	2의 보수
−8			1000
−7	1111	1000	1001
−6	1110	1001	1010
−5	1101	1010	1011
−4	1100	1011	1100
−3	1011	1100	1101
−2	1010	1101	1110
−1	1001	1110	1111
0	0000	{1111, 0000}	0000
1	0001	0001	0001
2	0010	0010	0010
3	0011	0011	0011
4	0100	0100	0100
5	0101	0101	0101
6	0110	0110	0110
7	0111	0111	0111

1) 1의 보수(1's complement)

어떤 2진 숫자의 1의 보수는 각 단위 자릿수에서 1은 0으로, 0은 1로 바꾼 수와 같다. 표 2-4에서 알 수 있듯이 0은 +0(0000)과 −0(1111)의 두 가지 형태로 표현되므로 수의 표시 범위는 −7에서 +7로 된다. 그리고 1의 보수를 이용한 연산에서 부호 비트(MSD)는 수로 취급된다.

예제 2-28

다음의 2진수를 1의 보수로 표현하라.

① 1101010 ② 0.101101

✔ **풀이** ① 각 자리에서 1은 0으로, 0은 1로 교환하면 된다.

0010101

② 소수 부분만 있는 경우, 소수점 이하 부분만 1은 0으로, 0은 1로 교환하면 된다.

0.010010

그러면 1의 보수를 이용한 감산 방법에 대하여 알아보자.

(1) 자리올림이 발생하는 경우 (피감수>감수)

자리올림이 발생하면 결과는 +값이고, 자리올림은 end-around carry한다.

예제 2-29

2진수의 빼기를 1의 보수를 사용하여 구하라.

① 0110－0011 ② 0.1101－0.1010

✔ **풀이**

①
```
  0110
 +1100 (0011의 1의 보수)
 -----
 10010
 +└──→1 (end-around carry)
 -----
  0011
```

②
```
  0.1101
 +0.0101 (0.1010의 1의 보수)
 -------
  1.0010
 + └──→1 (end-around carry)
 -------
  0.0011
```

◐ 예제 2-30

2진수의 빼기를 1의 보수를 사용하여 구하라.

100110－1001

✔ **풀이** 피감수의 자릿수가 감수의 자릿수보다 작은 경우를 제외하고는 감수와 피감수의 자릿수를 맞추어 풀어야 한다. 즉, 100110－1001은 100110－001001로 하여 풀어야 한다.

```
   100110
 + 110110  (1001의 1의 보수)
 ─────────
  1011100
+  └────→1 (end-around carry)
 ─────────
   011101
```

(2) 자리올림이 발생하지 않는 경우 (피감수＜감수)

자리올림이 발생하지 않으면 계산된 결과 값에 다시 1의 보수를 취한 뒤에 (－)부호를 붙인다.

◐ 예제 2-31

2진수의 빼기를 1의 보수를 사용하여 구하라.

① 0011－0110　　　② 0.1010－0.1101

✔ **풀이**

```
①      0011
      +1001   (0110의 1의 보수)
     ──────
       1100   (－3의 1의 보수)
  (－) 0011   [1의 보수를 취하고, (－)부호를 붙인다.]

②    0.1010
    +0.0010   (0.1101의 1의 보수)
    ───────
     0.1100   (－0.0011의 1의 보수)
 (－) 0.0011  [1의 보수를 취하고, (－)부호를 붙인다.]
```

2) 2의 보수(2's complement)

1의 보수에 1을 더하거나 LSD로부터 좌측으로 가면서 첫 번째 1이 나올 때까지는 그대로 쓰고, 그 다음 자리부터 1은 0으로, 0은 1로 교환해 주면 된다. 표 2-4에서 알 수 있듯이 0은 0000 한 가지 형태로만 표현되므로 수의 표시 범위는 −8에서 +7로 된다. 그리고 2의 보수를 이용한 연산에서 부호 비트(MSD)는 수로 취급된다.

◐ 예제 2-32

다음의 2진수를 2의 보수로 표현하라.

① 1101010　　② 0.101101

✔ **풀이**

① 1 1 0 1 0 1 0
↓ ↓ ↓ ↓ ↓ ↓ ↓
0 0 1 0 1 1 0

② 0.1 0 1 1 0 1
↓ ↓ ↓ ↓ ↓ ↓ ↓
0.0 1 0 0 1 1

그러면 2의 보수를 이용한 감산 방법에 대하여 알아보자.

(1) 자리올림이 발생하는 경우 (피감수 > 감수)

자리올림이 발생하면 결과는 +값이고, 자리올림은 무시한다.

◐ 예제 2-33

2진수의 빼기를 2의 보수를 사용하여 구하라.

① 0110−0011　　② 0.1101−0.1010

✔ **풀이** ① 0110

```
   0110
 + 1101 (0011의 2의 보수)
 ------
  10011
  ↑
  자리올림 무시
```

② 0.1101

```
   0.1101
  +0.0110 (0.1010의 2의 보수)
  -------
   1.0011
   ↑
   자리올림 무시
```

예제 2-34

2진수의 빼기를 2의 보수를 사용하여 구하라.

100110－1001

✔ **풀이** 100110－1001은 100110－001001로 풀어야 한다.

```
   100110
 + 110111
 --------
  1011101
  ↑
  자리올림 무시
```

(2) 자리올림이 발생하지 않는 경우 (피감수＜감수)

자리올림이 발생하지 않으면 계산된 결과 값에 다시 2의 보수를 취한 뒤에 (－)부호를 붙인다.

예제 2-35

2진수의 빼기를 2의 보수를 사용하여 구하라.

① 0011－0110 ② 0.1010－0.1101

✔ **풀이** ①

$$\begin{array}{rl} 0011 & \\ +1010 & (0110\text{의 2의 보수}) \\ \hline 1101 & (-3\text{의 2의 보수}) \end{array}$$

(−) 0011 [2의 보수를 취하고, (−)부호를 붙인다.]

②

$$\begin{array}{rl} 0.1010 & \\ +0.0011 & (0.1101\text{의 2의 보수}) \\ \hline 0.1101 & (-0.0011\text{의 2의 보수}) \end{array}$$

(−) 0.0011 [2의 보수를 취하고, (−)부호를 붙인다.]

앞의 예제를 통하여 알 수 있듯이, 1의 보수는 자리올림이 발생하였을 때 LSD에 더해 주어야 하고, 0이 두 가지로 표현되기 때문에 불편하다. 그러므로 컴퓨터에서는 자리올림은 무시하고, 0이 하나로 표현되는 2의 보수를 사용하고 있다.

임의의 N 진수에 대한 보수는 $(N-1)$의 보수와 N의 보수가 있는데, 감산할 때 방법을 요약하면 다음과 같다.

① 자리올림이 발생하는 경우(피감수가 감수보다 큰 경우)

N의 보수 방법에서는 자리올림을 무시하고, $(N-1)$의 보수 방법에서는 자리올림을 end-around carry한다.

② 자리올림이 발생하지 않는 경우(피감수가 감수보다 작은 경우)

두 가지 방법 모두 계산된 결과 값에 다시 자신의 보수를 취한 다음에 (−)부호를 붙인다.

Chapter 02 연습문제

1. 다음의 2진수를 10진수로 변환하라.

① 10111 ② 0.10111
③ 11010.1101 ④ 1001.101

2. 다음의 8진수를 10진수로 변환하라.

① 536 ② 0.25
③ 35.75 ④ 124.15

3. 다음의 16진수를 10진수로 변환하라.

① FAD ② 0.CB
③ 29E.5 ④ 7B.F

4. 다음의 10진수를 2진수로 변환하라.

① 75 ② 0.1875
③ 53.75 ④ 115.375

5. 다음의 10진수를 8진수로 변환하라.

① 95 ② 0.75
③ 163.375 ④ 62.1875

6. 다음의 10진수를 16진수로 변환하라.

① 215 ② 0.1875
③ 79.375 ④ 152.125

7. 다음의 2진수를 8진수로 변환하라.

① 1101100011 ② 0.0111011
③ 10110101.10001 ④ 100110111.11011

8. 다음의 2진수를 16진수로 변환하라.

① 110110011011 ② 1111101101010

③ 0.10101101101 ④ 11011001.101101

9. 다음의 8진수를 2진수로 변환하라.

① 735 ② 0.462

③ 51.74 ④ 62.137

10. 다음의 16진수를 2진수로 변환하라.

① FAC ② 0.EDB

③ 93.A7 ④ D9.A5

11. 다음의 2진수를 더하라.

① 101101+101111 ② 0.111101+0.101111

③ 1001.1101+0111.1011 ④ 11010.11+101.011

12. 다음의 2진수를 빼라.

① 10111−1011 ② 10011−11101

③ 0.11011−0.01111 ④ 11010.1011−10011.0101

13. 다음의 10진수를 9의 보수와 10의 보수로 표현하라.

① 736 ② 1902

③ 0.815 ④ 28.47

14. 다음의 빼기를 9의 보수를 사용하여 구하라.

① 85−27 ② 31−96

③ 0.72−0.29 ④ 57.82−43.59

15. 다음의 빼기를 10의 보수를 사용하여 구하라.

① 27−85 ② 96−31

③ 0.29−0.72 ④ 43.59−57.82

16. 다음의 2진수를 1의 보수와 2의 보수로 표현하라.

① 10111 ② 1010
③ 0.1011 ④ 1001.01011

17. 다음의 빼기를 1의 보수를 사용하여 구하라.

① 110101－101110 ② 101110－110101
③ 101011－1011 ④ 1011－101011
⑤ 0.11011－0.01111 ⑥ 1011.0101－101.1101

18. 다음의 빼기를 2의 보수를 사용하여 구하라.

① 101110－101011 ② 110101－101110
③ 1101－110101 ④ 101011－1011
⑤ 0.01111－0.11011 ⑥ 101.1101－1011.0101

19. 다음 10진수의 빼기를 1의 보수를 사용하여 구하라.

① 32－45 ② 63－97
③ 47－23 ④ 74－15

20. 다음 10진수의 빼기를 2의 보수를 사용하여 구하라.

① 21－37 ② 54－86
③ 49－35 ④ 98－53

Chapter 03 | 코 드

10진수, 문자, 기호 등을 디지털 시스템에서 입력으로 받아 처리할 수 있도록 약속된 다른 진수나 기호로 변환하여 나타낸 것을 코드(code)라 한다. 예를 들어 10진수를 2진수로 변환하는 것을 부호화(encoding)라 하고, 2진수를 10진수로 변환하는 것을 복호화(decoding)라 한다. 이때 사용되는 코드로는 BCD(2진 부호화 10진수)가 있는데 대표적인 것이 8421 코드이며, 이 코드는 10진수와 2진수의 특성을 같이 갖는 변환 코드이다.

2진 부호의 최소 단위인 0과 1을 비트(bit)라 하고, 비트들로 코드를 구성하여 어떤 정보를 표현하는데 4비트를 니블(nibble), 8비트를 바이트(byte), 몇 개의 바이트들을 워드(word)라 한다. 그리고 워드는 half word(2 bytes), full word(4 bytes), double word(8 bytes)로 구분된다.

2진수로 코드화했을 때 비트 자리가 일정한 자릿값을 갖는 코드를 가중 코드(weighted code), 비트 자리가 일정한 자릿값을 갖지 않는 코드를 비가중 코드(unweighted code)라 한다. 가중 코드의 대표적인 예가 8421 코드이고, 비가중 코드의 예는 ASCII, EBCDIC, 그레이 코드(gray code), 3초과 코드(excess-3 code) 등이다.

이 장에서는 8421 코드, 3초과 코드, 그레이 코드, 교정용 코드, 해밍 코드(Hamming code) 등에 대하여 설명한다.

3-1 8421 코드

BCD 코드는 2진 부호화 10진(binary coded decimal) 코드로서 10진수로의 변환이 용이하다고 하는 장점이 있는 코드이고, 비트의 위치에 따라 자릿값을 가지고 있는 가중 코드(weighted code)이다. BCD 코드의 비트는 $8(2^3)$, $4(2^2)$, $2(2^1)$, $1(2^0)$의 자릿값을 가지고 있으므로 8421 코드라 하고, 특별한 규정이 없는 한 BCD 코드는 8421 코드를 의미한다. 8421 코드는 10진수 0에서 9까지의 수를 4비트의 2진수로 나타낸 것이다. 표 3-1에 10진수와 8421 코드의 대응 관계를 나타내었다.

표 3-1 10진수와 8421 코드의 대응 관계

10진수	8421 코드	10진수	8421 코드
0	0000	6	0110
1	0001	7	0111
2	0010	8	1000
3	0011	9	1001
4	0100	10	0001 0000
5	0101	100	0001 0000 0000

4개의 비트 조합은 16개의 수를 표현할 수 있는데 8421 코드에서는 이들 중 10개만 사용하고, 1010, 1011, 1100, 1101, 1110, 1111의 6개 코드는 사용하지 않는다. 0에서 9까지의 수를 4비트로 표시하면 8421 코드와 2진수는 같으나 9를 넘으면 8421 코드는 2진수와는 달라진다. 예를 들어, 10진수 10이 2진수로 1010으로 표시되지만 8421 코드로는 0001 0000으로 표시된다. 따라서 9를 넘는 수에 대해서는 8421 코드와 2진수는 서로 다르다. 10진수를 8421 코드로 변환할 때 10진수의 각 자리를 4비트의 2진수로 표시한다.

예제 3-1

다음의 10진수를 8421 코드로 변환하라.

① 36　　② 79.274　　③ 1952

✔ 풀이

① $\underbrace{0011}_{3}\ \underbrace{0110}_{6}$

36_{10} = 0011 0110

② $\underbrace{0111}_{7}\ \underbrace{1001}_{9}\ .\ \underbrace{0010}_{2}\ \underbrace{0111}_{7}\ \underbrace{0100}_{4}$

79.274_{10} = 0111 1001.0010 0111 0100

③ $\underbrace{0001}_{1}\ \underbrace{1001}_{9}\ \underbrace{0101}_{5}\ \underbrace{0010}_{2}$

1952_{10} = 0001 1001 0101 0010

1 8421 코드의 가산

8421 코드의 가산은 2진수의 연산규칙이 적용되지 않으며, 다음의 절차에 따른다.

1) 가산한 결과 4비트의 값이 9 이하이면 그 값이 가산한 결과의 8421 코드이다.

예제 3-2

다음의 10진수를 8421 코드를 사용하여 더하라.

① 2+4 ② 3+5

✔ 풀이

①
```
  0010
 +0100
 -----
  0110
∴ 6
```

②
```
  0011
 +0101
 -----
  1000
∴ 8
```

2) 사용하지 않는 1010에서 1111의 수가 가산 결과에 나타나면 상위 자리로의 자리올림이 생기도록 연산 결과를 +6 보정하여야 한다. 이것을 10진 보정이라 한다.

예제 3-3

다음의 10진수를 8421 코드를 사용하여 더하라.

① 7+6 ② 15+68

✔ 풀이

①
```
   0111
  +0110
  -----
   1101
  +0110 (결과가 10에서 15
  -----
 1 0011  일 때 6을 더한다.)
```

②
```
  0001 0101
 +0110 1000
 ----------
  0111 1101
      +0110
 ----------
  1000 0011
```

3) 하위 자리의 계산 결과가 자리올림이 생겨서 15를 넘었을 때도 자리올림이 발생한 자리에 +6 보정을 하여야 한다.

예제 3-4

다음의 10진수를 8421 코드를 사용하여 더하라.

① 9+8　　　② 18+49

✔ 풀이

①
```
   1001
  +1000
 ------
 1 0001
+  0110 (자리올림이 발생하였으므로
 ------
 1 0111   6을 더한다.)
```

②
```
 0001 1000
+0100 1001
----------
 0110 0001
    + 0110
----------
 0110 0111
```

2 8421 코드의 감산

감수의 10의 보수를 구하여 피감수에 더해 결과가 10 또는 15를 넘었을 때 +6 보정을 한다.

1) 피감수가 감수보다 크면 다음 단으로 자리올림이 발생한다. 그러면 계산된 결과는 +값으로 되고, 자리올림은 무시한다.

예제 3-5

다음의 10진수를 8421 코드를 사용하여 빼라.

① 7−2　　　② 52−18

✔ 풀이

① 2의 10의 보수 8
```
   0111
  +1000 (2의 10의 보수)
 ------
   1111
  +0110
 ------
 1 0101 (자리올림이
          있으므로 답은 +5)
```

② 18의 10의 보수 82
```
  0101 0010
 +1000 0010 (18의 10의 보수)
 ----------
  1101 0100
 +0110      (상위 자리에 6을 더한다.)
 ----------
1 0011 0100 (자리올림이
              있으므로 답은 +34)
```

2) 피감수가 감수보다 작으면 다음 단으로 자리올림이 발생하지 않는다. 그러면 계산된 결과값에 다시 10의 보수를 취한 뒤에 (−)부호를 붙인다.

◐ 예제 3-6

다음의 10진수를 8421 코드를 사용하여 빼라.

① 4−9 ② 18−52

✔ 풀이 ① 9의 10의 보수 1

```
  0100
 +0001   (9의 10의 보수)
 -----
  0101
 (−5)    (결과에 −를 붙이고,
          다시 10의 보수를 취함)
```

② 52의 10의 보수 48

```
  0001 1000
 +0100 1000   (52의 10의 보수)
 ----------
  0110 0000
     + 0110
 ----------
  0110 0110
  −(100−66=34)
```

3-2 3초과 코드(excess-3 code)

8421 코드의 단점은 감산일 때 보수를 만들기 어렵고, 감산 결과가 음수인 경우 다시 보수를 구해야 하는 문제를 해결하기 위해 개발된 코드 중의 하나가 3초과 코드이다. 3초과 코드는 8421 코드에 3을 더한 코드이다.

3초과 코드는 각 비트가 고정된 자릿값을 갖지 못하기 때문에 비가중 코드(unweighted code)라 하고, 0000, 0001, 0010, 1101, 1110, 1111이 나타나면 에러이다.

변환 방법은 10진수 각 자리에 3을 더한 후 2진수 4자리로 변환해주면 된다.

◐ 예제 3-7

10진수를 3초과 코드 수로 변환하라.

① 742 ② 95.48

✔ 풀이

```
①    7    4    2
   + 3    3    3
   --------------
    10    7    5
  1010 0111 0101
```

```
②    9    5.    4    8
   + 3    3.    3    3
   --------------------
    12    8     7   11
  1100 1000. 0111 1011
```

표 3-2에 10진 숫자에 대한 3초과 코드와 8421 코드의 변환 표를 나타내었다.

표 3-2

10진수	8421 코드	3초과 코드
0	0000	0011
1	0001	0100
2	0010	0101
3	0011	0110
4	0100	0111
5	0101	1000
6	0110	1001
7	0111	1010
8	1000	1011
9	1001	1100

3초과 코드는 각 비트를 반전시키면(1의 보수) 9의 보수를 얻을 수 있기 때문에 자기 보수 코드(self complementing code)라 한다. 어떤 3초과 코드 수의 1의 보수는 10진수 9의 보수와 같다는 것을 의미하며, 보수를 간단히 구하기 위해서 고안된 코드이다.

표 3-3

10진수	3초과 코드	1의 보수	9의 보수
0	0011	1100	9
1	0100	1011	8
2	0101	1010	7
3	0110	1001	6
4	0111	1000	5
5	1000	0111	4
6	1001	0110	3
7	1010	0101	2
8	1011	0100	1
9	1100	0011	0

예를 들어 10진수 3에 대한 3초과 코드는 0110이고, 이것의 1의 보수는 1001이 되므로 3초과 코드 수에서 10진수로 6에 해당한다(6은 3에 대한 9의 보수). 여기서 1의 보수는 논리회로에서 각 비트를 바꿈으로써 쉽게 만들 수 있다. 3초과 코드는 감산을 9의 보수를 이용하여 실행할 수 있으므로 매우 유용한 코드이며, 이러한 작업들은 컴퓨터 내에서 자동적으로 연산된다.

3초과 코드의 가산에 대하여 알아보자.

1) 가산한 결과 자리올림이 없을 때 결과가 6초과수가 되기 때문에 0011(3_{10})을 빼주어야 한다.

예제 3-8

10진수를 3초과 코드수로 변환하여 가산하라.

① 2+5　　② 43+36

✔ 풀이

```
① 2      0101   (2의 3초과 코드)
  +5    +1000   (5의 3초과 코드)
  ───   ─────
         1101   (7의 6초과 코드)
       − 0011   (−3)
        ─────
         1010   (7의 3초과 코드)
```

```
② 43     0111    0110  (43의 3초과 코드)
  +36   +0110    1001  (36의 3초과 코드)
  ───   ──────────────
         1101    1111  (79의 6초과 코드)
        −0011 − 0011   (−33)
        ──────────────
         1010    1100  (79의 3초과 코드)
```

2) 가산한 결과 자리올림이 생기면 상위 자리에 더하고, 자리올림이 생긴 자리의 수에는 3을 더해주어야 한다. 왜냐하면 8421 코드로 되기 때문이다.

예제 3-9

10진수를 3초과 코드수로 변환하여 가산하라.

① 3+9　　② 36+29

✔ 풀이

```
①              0110 (3의 3초과 코드)
              +1100 (9의 3초과 코드)
              ─────
         1     0010 (8421 코드)
     +0011   +0011
     ───────────────
      0100    0101 (12의 3초과 코드)
```

```
② 0110   1001  (36의 3초과 코드)
  +0101   1100  (29의 3초과 코드)
  ─────────────
   1100   0101
  −0011 +0011
  ─────────────
   1001   1000  (65의 3초과 코드)
```

3-3 그레이 코드(gray code)

2진수나 8421 코드 등은 수가 변할 때 동시에 여러 비트가 변할 수 있는데, 이처럼 여러 비트가 동시에 변화하면 에러가 발생할 확률이 높아진다. 이러한 단점을 보완한 것이 그레이 코드이며, 자릿값이 일정하지 않은 비가중 코드이다. 그레이 코드는 계속되는 수의 변화가 1비트만 변화시키면 다른 비트들의 변화 없이 다음 수의 코드로 넘어간다. 예를 들어 2진수의 경우 0111에서 1000으로 변할 때 4비트가 모두 변화하지만 그레이 코드에서는 0100에서 1100으로 1비트만 변화하게 된다.

연산 동작에는 부적당하지만 입출력 정보를 나타내는 코드로 사용할 때 에러가 적기 때문에 A/D변환기, 입・출력 장치, 기타 주변장치용의 코드로 이용된다. 표 3-4에 그레이 코드를 나타내었다.

표 3-4 그레이 코드

10진수	2진수	그레이 코드
0	0000	0000
1	0001	0001
2	0010	0011
3	0011	0010
4	0100	0110
5	0101	0111
6	0110	0101
7	0111	0100
8	1000	1100
9	1001	1101
10	1010	1111
11	1011	1110
12	1100	1010
13	1101	1011
14	1110	1001
15	1111	1000

1 2진수를 그레이 코드로 변환하는 방법

1) 2진수의 MSD는 그대로 그레이 코드의 MSD로 된다.

2) 2진수의 MSD와 왼쪽에서부터 두 번째 2진수를 더해서(또는 Exclusive OR해서) 두 번째 그레이 코드 수 자리에 놓되 자리올림은 생략하고, 같은 방법으로 차례로 연산해간다.

예제 3-10

2진수를 그레이 코드로 변환하라.

① 1101　　② 1011010111

✔ **풀이**

①
```
 + + +
1 1 0 1
↓ ↓ ↓ ↓
1 0 1 1
```

②
```
 + + + + + + + + +
1 0 1 1 0 1 0 1 1 1
↓ ↓ ↓ ↓ ↓ ↓ ↓ ↓ ↓ ↓
1 1 1 0 1 1 1 1 0 0
```

2 그레이 코드를 2진수로 변환하는 방법

1) 그레이 코드의 MSD는 그대로 2진수의 MSD로 된다.

2) 2진수의 MSD와 왼쪽에서부터 두 번째 그레이 코드의 수를 더해서(또는 Exclusive OR해서) 두 번째 2진수 자리에 놓되 자리올림은 생략하고, 같은 방법으로 차례로 연산해간다.

예제 3-11

그레이 코드를 2진수로 변환하라.

① 1 1 0 1 0　　② 1 0 1 1 1 1 0 1 0 1

✔ **풀이**

①
```
1 1 0 1 0
↓+↗↓+↗↓+↗↓+↗↓
1 0 0 1 1
```

②
```
1 0 1 1 1 1 0 1 0 1
↓+↗↓+↗↓+↗↓+↗↓+↗↓+↗↓+↗↓+↗↓+↗↓
1 1 0 1 0 1 1 0 0 1
```

3-4 에러 검출 및 교정용 코드

연산, 저장, 전송 등의 정보처리를 하는 디지털 시스템에서는 0과 1이 잘못되어 에러가 발생할 수 있다. 에러를 검출하고 교정하는 데 패리티 비트(parity bit)와 패리티 워드(parity word)를 사용한다. 에러를 간단히 검출하는 방법으로 패리티 검사를 사용하며, 패리티 검사는 주어진 워드 내에서 1의 개수가 홀수(odd)인가 짝수(even)인가를 검사하는 방법이다. 2진 데이터를 저장 또는 전송하기 전에 패리티 검사를 하여 패리티 비트를 추가하고, 수신한 후 또는 저장한 내용을 읽은 후 다시 패리티 검사를 하여 서로 다르다면 에러가 발생하였음을 알아내는 것이다.

코드에 패리티 비트를 붙이는 예로서 표 3-5에 8421 코드의 수에 홀수와 짝수 패리티 비트를 붙이는 방법을 나타냈으며, 패리티 비트는 코드의 앞이나 뒤에 붙는다. 짝수 패리티(even parity)에서는 패리티 비트를 포함하여 1의 개수가 짝수이고, 홀수 패리티(odd parity)에서는 패리티 비트를 포함하여 1의 개수가 홀수이다.

1 패리티 비트(parity bit)

디지털 시스템에서 1과 0의 에러가 발생했을 때 이것을 검출하기 위해 패리티 비트를 사용한다. 패리티 비트에는 홀수 패리티와 짝수 패리티가 있으며, 짝수 패리티를 만들려면 코드에서 1의 수를 세어 짝수일 때는 0을, 홀수일 때는 1을 붙이고, 홀수 패리티를 만들려면 코드에서 1의 수를 세어 짝수일 때는 1을, 홀수일 때는 0을 우측에 붙이면 된다.

예제 3-12

코드에 짝수 패리티 비트를 부가하라.

① 1010101 ② 0100110

✔ **풀이** ① 1010101 0

↑

패리티 비트(1의 개수가 짝수 개이므로)

② 0100110 1

↑

패리티 비트(1의 개수가 홀수 개이므로)

표 3-5 패리티 비트를 가진 8421 코드

10진수	8421 코드	홀수 패리티	짝수 패리티
0	0000	0000 1	0000 0
1	0001	0001 0	0001 1
2	0010	0010 0	0010 1
3	0011	0011 1	0011 0
4	0100	0100 0	0100 1
5	0101	0101 1	0101 0
6	0110	0110 1	0110 0
7	0111	0111 0	0111 1
8	1000	1000 0	1000 1
9	1001	1001 1	1001 0

2 패리티 워드(parity word)

패리티 비트는 에러를 검출하기 위해 사용하는 것이지만 한 워드 내에서 두 개 이상의 에러가 동시에 나왔을 때 에러를 검출할 수 없다. 하나의 에러를 검출하여 교정할 수 있도록 패리티 비트 외에 패리티 워드를 사용한다. 한 워드는 패리티 비트를 포함하여 8비트로 구성되고, 패리티 워드를 포함한 8개의 워드가 하나의 워드 그룹(word group)을 구성한다.

에러를 검출하고 교정하는 방법은 워드 그룹의 행과 열이 주어진 패리티인가 아닌가를 점검하여 아닌 행과 열이 만나는 지점의 0은 1로, 1은 0으로 교정해주면 된다.

예제 3-13

에러를 검출하여 교정하라.

```
0 1 1 1 1 0 0 1
0 0 0 0 0 1 1 1
1 0 0 0 1 1 1 1
0 1 1 0 1 1 1 0
0 0 1 1 1 0 0 1
0 1 0 1 1 0 0 0
1 1 1 1 0 0 0 1
1 1 1 1 1 0 0 0
```

✔ **풀이**

$$
\begin{array}{|cccccccc|}
\hline
0 & 1 & 1 & 1 & 1 & 0 & 0 & 1 \\
0 & 0 & 0 & 0 & 0 & 1 & 1 & 1 \\
1 & 0 & 0 & 0 & 1 & 1 & 1 & 1 \\
0 & 1 & 1 & 0 & 1 & 1 & 1 & 0 \\
0 & 0 & 1 & 1 & \textcircled{1} & 0 & 0 & 1 \\
0 & 1 & 0 & 1 & 1 & 0 & 0 & 0 \\
1 & 1 & 1 & 1 & 0 & 0 & 0 & 1 \\
1 & 1 & 1 & 1 & 1 & 0 & 0 & 0 \\
\hline
\end{array}
\leftarrow \text{parity word}
$$

↑ parity bit

홀수 패리티가 적용되었으므로 행과 열에서 1의 개수가 짝수 개인 곳을 찾아내면 5행, 5열이 되고, 만나는 지점의 1을 0으로 교정해주면 된다.

3-5 해밍 코드(Hamming code)

이 절에서는 에러를 검출한 후 교정까지 할 수 있는 해밍 코드에 대하여 알아본다. 해밍 코드는 패리티 비트를 정보 비트의 수에 따라 필요한 수만큼 사용하고, 그 코드 그룹의 적당한 장소에 놓는다. 이 패리티 비트의 조합에 의하여 에러 검출 및 교정을 수행하는 코드이며, 단일 에러 교정을 위해 다음과 같이 구성된다.

1 정보 비트가 4비트인 경우

패리티 비트의 수는 다음의 부등식을 만족하는 값이 된다. 패리티 비트의 소요 개수를 p 라 하고, 정보 비트의 개수를 n으로 한다.

$$n+p \leqq 2^p-1$$

여기서, 정보 비트 $n=4$ 이므로 $4+p \leqq 2^p-1$을 만족하는 p는 3이 된다.

그러므로 해밍 코드는 7비트로 구성되고, 패리티 비트의 위치는 2^p 자리(즉 1, 2, 4, 8)가 된다.

해밍 코드화된 워드의 구성은 다음과 같다.

해밍 코드 비트 자리: $H_1\ H_2\ H_3\ H_4\ H_5\ H_6\ H_7$

비트 표시: $P_1\ P_2\ D_1\ P_4\ D_2\ D_3\ D_4$

해밍 코드는 홀수 패리티와 짝수 패리티로 구성할 수 있는데, 만약 해밍 코드가 짝수 패리티를 취한다고 할 때 에러를 검사하기 위한 비트들을 선정하는 방법을 표 3-6에 나타내었다.

표 3-6 검사 비트와 에러 비트 선정표

패리티 비트 \ 비트 자리	$P_4\ P_2\ P_1$	에러 비트 위치
0	0 0 0	에러 없음
1	0 0 1	비트 1 에러
2	0 1 0	비트 2 에러
3	0 1 1	비트 3 에러
4	1 0 0	비트 4 에러
5	1 0 1	비트 5 에러
6	1 1 0	비트 6 에러
7	1 1 1	비트 7 에러

표 3-6에서 알 수 있듯이 P_1 패리티 비트 값을 결정하기 위한 검사 비트들은 H_1, H_3, H_5, H_7이 되고, P_2 패리티 비트 값을 결정하기 위한 검사 비트들은 H_2, H_3, H_6, H_7이 되며, P_4 패리티 비트 값을 결정하기 위한 검사 비트들은 H_4, H_5, H_6, H_7이 된다.

예제 3-14

짝수 패리티를 사용하여 데이터가 1010일 때 해밍 코드를 구성하라.

✔ **풀이**

$H_1\ H_2\ H_3\ H_4\ H_5\ H_6\ H_7$

$P_1\ P_2\ D_1\ P_4\ D_2\ D_3\ D_4$

1 0 1 0

$P_1+1+0+0$: $P_1=1$

$P_2+1+1+0$: $P_2=0$

$P_4+0+1+0$: $P_4=1$

데이터 1010에 대한 해밍 코드는 1011010이다.

◐ 예제 3-15

짝수 패리티로 구성된 해밍 코드 1011010을 전송해서 수신 측에서 1011000을 받았다고 했을 때 에러를 교정하라.

✔ **풀이** 표 3-6과 같은 에러 검사 방법에 따라 수행되는데, 짝수 패리티이면 0(true), 홀수 패리티이면 1(false)로 하여 다음과 같은 결과를 얻는다.

$H_1H_2H_3H_4H_5H_6H_7$

$P_1P_2D_1P_4D_2D_3D_4$

1 0 1 1 0 0 0

P_1: $H_1+H_3+H_5+H_7=1+1+0+0$: 0 (true)

P_2: $H_2+H_3+H_6+H_7=0+1+0+0$: 1 (false)

P_4: $H_4+H_5+H_6+H_7=1+0+0+0$: 1 (false)

$P_4P_2P_1=110$

6번째 비트가 에러이므로 1011010으로 된다.

이 방법은 2비트 이상의 에러 교정에도 확장 적용할 수 있는데 그런 경우에는 더 많은 패리티 비트가 소요된다.

◐ 예제 3-16

수신된 워드가 짝수 패리티를 사용하며, 0110101일 때 에러를 교정하라.

✔ **풀이** $H_1\ H_2\ H_3\ H_4\ H_5\ H_6\ H_7$

0 1 1 0 1 0 1

P_1 : 0+1+1+1 : 1 (false)

P_2 : 1+1+0+1 : 1 (false)

P_4 : 0+1+0+1 : 0 (true)

$P_4P_2P_1=011$

3번째 비트가 에러이므로 0100101로 된다.

2 정보 비트가 5비트인 경우

패리티 비트의 수는 다음의 부등식을 만족하는 값이 된다. 패리티 비트의 소요 개수를 p라 하고, 정보 비트의 개수를 n으로 한다.

$$n+p \leqq 2^p-1$$

여기서, 정보 비트 $n=5$이므로 $5+p \leqq 2^p-1$을 만족하는 p는 4가 된다. 그러므로 해밍 코드는 9비트로 구성되고, 패리티 비트의 위치는 2^p 자리(즉 1, 2, 4, 8)가 된다.

해밍 코드화된 워드의 구성은 다음과 같다.

$$H_1\ H_2\ H_3\ H_4\ H_5\ H_6\ H_7\ H_8\ H_9$$

$$P_1\ P_2\ D_1\ P_4\ D_2\ D_3\ D_4\ P_8\ D_5$$

해밍 코드는 홀수 패리티와 짝수 패리티로 구성할 수 있는데, 만약 해밍 코드가 홀수 패리티를 취한다고 할 때 에러를 검사하기 위한 비트들을 선정하는 방법을 표 3-7에 나타내었다.

표 3-7 검사 비트와 에러 비트 선정표

패리티 비트 / 비트 자리	$P_4P_2P_1$	에러 비트 위치
0	0 0 0 0	에러 없음
1	0 0 0 1	비트 1 에러
2	0 0 1 0	비트 2 에러
3	0 0 1 1	비트 3 에러
4	0 1 0 0	비트 4 에러
5	0 1 0 1	비트 5 에러
6	0 1 1 0	비트 6 에러
7	0 1 1 1	비트 7 에러
8	1 0 0 0	비트 8 에러
9	1 0 0 1	비트 9 에러

표 3-7에서 알 수 있듯이 P_1 패리티 비트 값을 결정하기 위한 검사 비트들은 H_1, H_3, H_5, H_7, H_9가 되고, P_2 패리티 비트 값을 결정하기 위한 검사 비트들은 H_2, H_3, H_6, H_7이 되고, P_4 패리티 비트 값을 결정하기 위한 검사 비트들은 H_4, H_5, H_6, H_7이 되며, P_8 패리티 비트 값을 결정하기 위한 검사 비트들은 H_8, H_9가 된다.

예제 3-17

홀수 패리티를 사용하여 데이터가 10100일 때 해밍 코드를 구성하라.

✔ **풀이** $H_1\ H_2\ H_3\ H_4\ H_5\ H_6\ H_7\ H_8\ H_9$

$P_1\ P_2\ 1\ P_4\ 0\ \ 1\ \ 0\ \ P_8\ 0$

$P_1 : P_1+1+0+0+0 :\quad P_1=0$

$P_2 : P_2+1+1+0 :\quad P_2=1$

$P_4 : P_4+0+1+0 :\quad P_4=0$

$P_8 : P_8+0 :\quad P_8=1$

데이터 10100에 대한 해밍 코드는 011001010이다.

예제 3-18

홀수 패리티로 구성된 해밍 코드 011001010을 전송해서 수신 측에서 011001000을 받았다고 했을 때 에러를 교정하라.

✔ **풀이** $H_1\ H_2\ H_3\ H_4\ H_5\ H_6\ H_7\ H_8\ H_9$

$0\ \ 1\ \ 1\ \ 0\ \ 0\ \ 1\ \ 0\ \ 0\ \ 0$

$P_1 :\ 0+1+0+0+0 :\quad 0\,(\text{true})$

$P_2 :\ 1+1+1+0 :\quad 0\,(\text{true})$

$P_4 :\ 0+0+1+0 :\quad 0\,(\text{true})$

$P_8 :\ 0+0 :\quad 1\,(\text{false})$

$P_8P_4P_2P_1=1000$

8번째 비트가 에러이므로 011001010으로 된다.

3-6 기타 BCD 코드

1 4비트 BCD 코드

표 3-8에 4비트 BCD 코드를 나타냈으며, 표에 나타낸 코드들은 그 명칭에 의해 주어진 자릿값을 가지고 있는 가중 코드이다. 자릿값이 음수인 코드는 자릿값 위에 ¯를 표시한다.

표 3-8 4비트 BCD 코드

10진수	5421 코드	7421 코드	$74\bar{2}\bar{1}$ 코드	2*421 코드
0	0000	0000	0000	0000
1	0001	0001	0111	0001
2	0010	0010	0110	0010
3	0011	0011	0101	0011
4	0100	0100	0100	0100
5	1000	0101	1010	1011
6	1001	0110	1001	1100
7	1010	1000	1000	1101
8	1011	1001	1111	1110
9	1100	1010	1110	1111

2*421 코드는 0과 1을 바꾸어주기만 하면 보수가 구해지는 자기보수코드이다.

예제 3-19

10진수 391을 다음의 코드로 나타내라.

① 5421 코드 ② 7421 코드

③ $74\bar{2}\bar{1}$ 코드 ④ 2*421 코드

✔ **풀이** ① $(391)_{10}$ = 0011 1100 0001

② $(391)_{10}$ = 0011 1010 0001

③ $(391)_{10}$ = 0101 1110 0111

④ $(391)_{10}$ = 0011 1111 0001

2 5비트 BCD 코드

5비트의 BCD 코드는 표 3-9와 같은 코드들이 있으며, 이 코드들은 특수 목적에 사용하기 위해서 만들어진 코드들이다.

표 3-9 5비트 BCD 코드

10진수	51111 코드	5 중 2 코드	시프트 카운터 코드
0	00000	00011	00000
1	00001	00101	00001
2	00011	00110	00011
3	00111	01001	00111
4	01111	01010	01111
5	10000	01100	11111
6	11000	10001	11110
7	11100	10010	11100
8	11110	10100	11000
9	11111	11000	10000

51111 코드는 가중 코드이고, 자기보수코드이다. 1에서 4까지의 코드는 0에서 1비트씩 1을 왼쪽으로 자리 이동시키면 되고, 5에서 9까지는 1비트씩 1을 오른쪽으로 자리 이동시키면 된다.

5 중 2 코드(2 out of 5 code)는 비가중 코드이고, 각 코드 값은 5비트 중 1의 개수가 반드시 2개 포함되는 코드로서 에러 검출이 쉬운 코드이다. 코드를 만드는 방법은 00000에 1을 계속 더해서 1의 개수가 2개가 되면 5 중 2 코드의 0(00011)이고, 5 중 2 코드의 1을 만들기 위해서 00011(0)에 1을 계속 더해서 1의 개수가 2개가 되면 그것이 1(00101)이 된다. 이러한 방법으로 5 중 2 코드를 만들면 된다.

시프트 카운터 코드(shift counter code)는 존슨 코드(Johnson code)라고도 하며, 비가중 코드이다. 시프트 동작에 의해 0에서 5까지는 1이 왼쪽으로 하나씩 증가하다가 6에서 9까지는 0이 왼쪽으로 하나씩 증가한다.

예제 3-20

10진수 746을 다음의 코드로 나타내라.

① 51111 코드 ② 5 중 2 코드

③ 시프트 카운터 코드

✔ **풀이** ① $(746)_{10}$ = 11100 01111 11000

② $(746)_{10}$ = 10010 01010 10001

③ $(746)_{10}$ = 11100 01111 11110

3 5비트 이상의 BCD 코드

5비트 이상의 BCD 코드로는 2진-5진(bi-quinary) 코드와 링 카운터(Ring counter) 코드가 있는데, 이 코드들은 가중 코드이고 에러 검출이 용이하다.

2진-5진 코드는 5043210의 자릿값을 가지므로 5043210 코드라고도 한다. 7비트로 10진수를 나타내며, 50의 자리에 1이 하나 존재하고 43210의 자리에 1이 하나 존재하기 때문에 항상 1의 개수가 2개인 코드이다.

링 카운터 코드는 10비트의 2진수 중 반드시 1개의 1로 10진수를 표현하기 때문에 LED 등을 사용하여 외부적으로 표현하는 곳에 사용된다. 링 카운터 코드는 10개의 자리를 필요로 하지만 이것은 코드에서 에러의 검출과 코드를 만들기 위한 전자회로의 구성이 용이한 장점이 있다.

표 3-10 5비트 이상의 BCD 코드

10진수	2진-5진(bi-quinary) 50 43210	링 카운터 코드(Ring counter code) 9876543210
0	01 00001	0000000001
1	01 00010	0000000010
2	01 00100	0000000100
3	01 01000	0000001000
4	01 10000	0000010000
5	10 00001	0000100000
6	10 00010	0001000000
7	10 00100	0010000000
8	10 01000	0100000000
9	10 10000	1000000000

◐ 예제 3-21

10진수 215를 다음의 코드로 나타내라.

① 2진-5진　　　　② 링 카운터 코드

✔ **풀이** ① $(215)_{10}$ = 0100100 0100010 1000001

② $(215)_{10}$ = 0000000100 0000000010 0000100000

3-7 알파뉴메릭 코드(Alphanumeric code)

정보의 처리를 위하여 숫자뿐만 아니라 문자, 특수 문자, 제어 명령 등을 표현하는 코드가 알파뉴메릭 코드이다. 알파뉴메릭 코드는 10진 숫자 10개, 영문 대・소문자 52개, 연산자 등의 특수 문자 및 제어 명령 등 100여 개 이상의 정보를 표현할 수 있어야 한다. 현재 많이 사용되고 있는 알파뉴메릭 코드는 ASCII(American Standard Code for Information Interchange: 정보처리를 위한 미국 표준 코드) 코드와 EBCDIC(Extended Binary Coded Decimal Interchange Code: 확장 2진 부호화 10진 정보 교환 코드) 코드가 있으며, 각각 7비트와 8비트로 정의되었다.

1 ASCII 코드

ASCII 코드는 컴퓨터 등에서 일반적으로 사용되는 알파뉴메릭 코드이다. 컴퓨터의 키보드는 ASCII 코드로 표준화되어 있으며, 숫자, 문자, 제어 명령 등이 들어오면 ASCII 코드로 변환된 후 컴퓨터에 입력된다. ASCII 코드는 7비트의 2진 코드로 표현된 128개의 문자와 기호로 구성되어 있다. 표 3-11에서 7비트 중 가로 3비트는 MSB를 나타내고, 세로 4비트는 LSB를 나타낸다. 표에서 주어진 문자의 MSB(위쪽)를 읽고 난 다음 LSB(왼쪽)를 읽으면 된다. 예를 들어 숫자 6을 ASCII 코드로 변환해보자. 6의 위쪽(MSB)은 011이고, 6의 왼쪽(LSB)은 0110이므로 0110110 또는 36_{16} 이 된다.

2 EBCDIC 코드

EBCDIC 코드는 표 3-12와 같이 확장 2진 부호화 10진 코드의 형태를 취하며, 8비트로 숫자, 영문자, 특수 문자 등을 표시한다. 표에서 주어진 문자의 좌측에 있는 16진수 또는 2진수를 읽으면 된다.

표 3-11 ASCII 코드

MSB / LSB	0 000	1 001	2 010	3 011	4 100	5 101	6 110	7 111
0 0000	NUL	DLE	SP	0	@	P	‘	p
1 0001	SOH	DC1	!	1	A	Q	a	q
2 0010	STX	DC2	”	2	B	R	b	r
3 0011	ETX	DC3	#	3	C	S	c	s
4 0100	EOT	DC4	$	4	D	T	d	t
5 0101	END	NAK	%	5	E	U	e	u
6 0110	ACK	SYN	&	6	F	V	f	v
7 0111	BEL	ETB	’	7	G	W	g	w
8 1000	BS	CAN	(	8	H	X	h	x
9 1001	HT	EM	)	9	I	Y	i	y
A 1010	LF	SUB	*	:	J	Z	j	z
B 1011	VT	ESC	+	;	K	[	k	{
C 1100	FF	FS	,	〈	L	\	l	|
D 1101	CR	GS	-	=	M	]	m	}
E 1110	SO	RS	.	〉	N	^	n	~
F 1111	SI	US	/	?	O	_	o	DEL

Control Characters					
NUL	NULL	FF	Form feed	ETB	End of transmission block
SOH	Start of heading	CR	Carriage return	CAN	Cancel
STX	Start of text	SO	Shift out	EM	End of medium
ETX	End of text	SI	Shift in	SUB	Substitute
EOT	End of transmission	SP	Space	ESC	Escape
ENQ	Enquiry	DLE	Data link escape	FS	File separator
ACK	Acknowledge	DC1	Device control 1	GS	Group separator
BEL	Bell	DC2	Device control 2	RS	Record separator
BS	Backspace	DC3	Device control 3	US	Unit separator
HT	Horizontal tab	DC4	Device control 4	DEL	Delete
LF	Line feed	NAK	Negative acknowledge		
VT	Vertical tab	SYN	Synchronous idle		

표 3-12 EBCDIC 코드(일부 나열)

2진수	16진수	알파뉴메릭 캐릭터	2진수	16진수	알파뉴메릭 캐릭터
:	:	:	:	:	:
1000 0001	81	a	:	:	:
1000 0010	82	b	1101 0000	D0	J
1000 0011	83	c	1101 0001	D1	K
1000 0100	84	d	1101 0010	D2	L
1000 0101	85	e	1101 0011	D3	M
1000 0110	86	f	1101 0100	D4	N
1000 0111	87	g	1101 0101	D5	O
1000 1000	88	h	1101 0110	D6	P
1000 1001	89	I	1101 0111	D7	Q
:	:	:	1101 1000	D8	R
1001 0111	97	p	1101 1001	D9	S
1001 1000	98	q	1110 0010	E2	T
1001 1001	99	r	1110 0011	E3	U
:	:	:	1110 0100	E4	V
1010 0000	A0		1110 0101	E5	W
1010 0001	A1		1110 0110	E6	X
1010 0010	A2	s	1110 0111	E7	Y
1010 0011	A3	t	1110 1000	E8	Z
1010 0100	A4	u	1110 1001	E9	:
:	:	:	:	:	0
1100 0000	C0		1111 0000	F0	1
1100 0001	C1	A	1111 0001	F1	2
1100 0010	C2	B	1111 0010	F2	3
1100 0011	C3	C	1111 0011	F3	4
1100 0100	C4	D	1111 0100	F4	5
1100 0101	C5	E	1111 0101	F5	6
1100 0110	C6	F	1111 0110	F6	7
1100 0111	C7	G	1111 0111	F7	8
1100 1000	C8	H	1111 1000	F8	9
1100 1001	C9	I	1111 1001	F9	:
:	:	:	:	:	

Chapter 03 연습문제

1. 다음의 10진수를 8421 코드로 변환하라.

① 746 ② 1952
③ 26.18 ④ 927.36

2. 다음의 8421 코드를 10진수로 변환하라.

① 10101 ② 1011100100110
③ 1010010.10011 ④ 1001111001.001101

3. 다음의 10진수를 8421 코드로 변환하여 더하라.

① 17+56 ② 73+86
③ 97+85 ④ 286+597

4. 다음의 10진수를 8421 코드로 변환하여 빼라.

① 29−15 ② 835−496
③ 26−79 ④ 392−719

5. 다음의 10진수를 3초과수로 변환하라.

① 49 ② 826
③ 6.375 ④ 915.72

6. 다음의 3초과수를 10진수로 변환하라.

① 11000111 ② 010110101000
③ 1110110.10011 ④ 10010110101.101101

7. 다음의 10진수를 3초과수로 변환하여 더하라.

① 12+54 ② 62+25
③ 597+729 ④ 927+795

8. 다음의 2진수를 그레이 코드로 변환하라.

① 101101 ② 1000111
③ 1111100111 ④ 101010101111

9. 다음의 그레이 코드를 2진수로 변환하라.

① 11111 ② 10101010
③ 1110111011 ④ 10010011001110

10. 다음의 각 바이트에 홀수 패리티를 붙여라.

① 11011000 ② 1010101
③ 10101101 ④ 1001001

11. 패리티 비트와 패리티 워드를 사용하여 에러를 찾아내어 교정하라.

①	②
10101010	10101011
01101100	01101101
00110101	11000101
00011101	10110110
11100010	00100110
11011101	10101011
10000011	01101101
01110010	10101011

12. 다음의 코드에서 에러를 검출하여 교정하라. 각 코드는 정보 비트와 짝수 패리티 비트를 포함하고 있다.

① 0111001 ② 1110100
③ 0011001 ④ 1100111

13. 다음의 코드에서 에러를 검출하여 교정하라. 각 코드는 정보 비트와 홀수 패리티 비트를 포함하고 있다.

① 110110101 ② 100010101
③ 011001010 ④ 101100010

14. 10진수 915를 다음의 코드 형태로 나타내라.

① 5421 코드 ② 7421 코드

③ 2*421 코드 ④ $74\bar{2}\bar{1}$ 코드

15. 10진수 82를 다음의 코드 형태로 나타내라.

① 51111 코드 ② 5 중 2 코드

③ 시프트 카운터 코드

16. 10진수 59를 다음의 코드 형태로 나타내라.

① 2진-5진 코드 ② 링 카운터 코드

17. 10진수 39를 다음의 코드 형태로 나타내라.

① ASCII 코드 ② EBCDIC 코드

18. 다음의 ASCII 코드를 디코딩하라.

1010011 1000101 1001111 1001001 1001100 1010101 1001110
1001001 1010110 0101110

19. 문제 18의 메시지를 16진수로 표현하라.

20. 다음의 컴퓨터 프로그램 문을 ASCII 코드로 표현하라.

10 OUTPUT X, Y

Chapter 04 | 논리게이트와 부울 대수

논리 게이트는 어떤 2진 논리 입력에 대한 1개의 출력이 2진 결과로 나타나는 회로이다. 기본 논리 게이트는 디지털 시스템을 구성하는 데 필수적인 요소이며, 디지털 시스템을 구성하기 위해서는 회로의 논리적인 연산, 입력의 조합, 출력의 형태 그리고 회로의 전기적 특성을 이해하는 것이 중요하다. 또한 논리 게이트의 특성에 따른 입・출력의 상태를 표시하는 진리표(truth table)에 대한 이해도 필요하다. 단일 명제의 결과가 참(true)이면 1, 거짓(false)이면 0이라고 약속할 때 0이나 1을 진리값(truth value)이라 하며, 0과 1은 수학적 의미가 없다. 단일 명제로 된 모든 진리값을 조합시켰을 때 복합 명제가 되는 진리값을 표시한 것이 진리표이다. 디지털 시스템에서는 물리적으로 높은 값의 양을 1로 정의하는 정논리 시스템과 0으로 정의하는 부논리 시스템이 모두 사용되고 있다. 일반적으로 정논리가 주로 사용되므로 이 책에서도 정논리의 관점에서 설명하기로 하고, 편의상 high 레벨을 1, low 레벨을 0으로 하기로 한다.

부울 대수(Boolean Algebra)는 1847년 영국의 수학자 부울(George Boole)이 "논리와 확률의 수학적 이론의 기초가 되는 사상 법칙의 연구"라는 논문에서 제시한 용어로, 논리 대수의 의미를 내포하고 있다. 부울 대수를 응용한 디지털 논리회로의 해석과 설계는 1938년 섀넌(Claude E. Shannon)의 "릴레이(relay)와 스위치(switch) 회로의 기호적 해석"이라는 논문을 통하여 릴레이와 스위치로 구성된 회로는 어떤 회로라도 수학적 표현으로 나타낼 수 있다는 것을 보여주었다.

이 장에서는 인버터와 버퍼, OR 게이트, AND 게이트, NOR 게이트, NAND 게이트, 부울 연산, 부울 대수의 법칙과 규칙, 드모르간의 정리, 게이트 회로에 대한 부울 대수식 등에 대하여 설명한다.

4-1 인버터와 버퍼

1 인버터(inverter)

인버터는 NOT 게이트(gate)라고도 하며, 반전 연산을 수행하는 논리회로이다. 즉, 0은 1로, 1은 0으로 변환시킨다. 인버터에 대한 표준 논리 기호를 그림 4-1에 나타내었다.

인버터 입력에 1을 인가하였을 때 출력은 0이 되고, 입력에 0을 인가하였을 때 출력은 1이 된다. 표 4-1은 인버터에 대한 진리표이다.

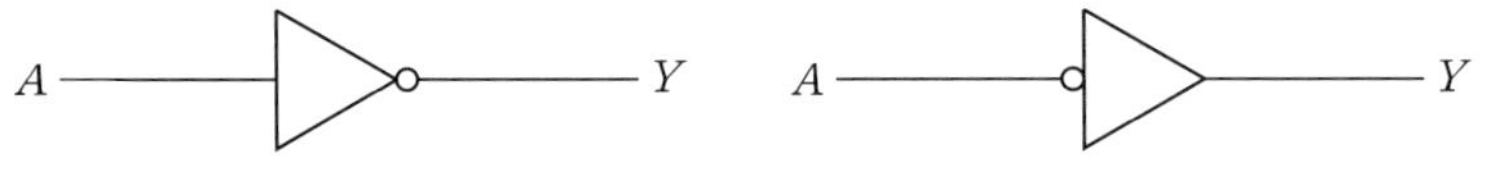

그림 4-1 인버터의 표준 논리 기호

표 4-1 인버터에 대한 진리표

A	Y
0	1
1	0

게이트에 대한 2진 입력의 가능한 모든 조합의 수는 $N=2^n$에 의해서 결정된다. 여기서 N은 가능한 모든 조합의 수이고, n은 입력 변수의 수이다.

입력 변수가 1개일 때: $N=2^1=2$

입력 변수가 2개일 때: $N=2^2=4$

입력 변수가 3개일 때: $N=2^3=8$

입력 변수가 4개일 때: $N=2^4=16$

입력 변수가 5개일 때: $N=2^5=32$

이 식을 이용하여 게이트의 입력 수에 의한 가능한 모든 조합의 수를 구할 수 있다.

예제 4-1

입력 변수가 2개, 3개, 4개일 때 각각의 진리표를 작성하라.

✔ **풀이** 각각의 진리표는 다음과 같다.

입력 변수 2개

A	B	Y
0	0	
0	1	
1	0	
1	1	

입력 변수 3개

A	B	C	Y
0	0	0	
0	0	1	
0	1	0	
0	1	1	
1	0	0	
1	0	1	
1	1	0	
1	1	1	

입력 변수 4개

$A\,B\,C\,D$	Y
0 0 0 0	
0 0 0 1	
0 0 1 0	
0 0 1 1	
0 1 0 0	
0 1 0 1	
0 1 1 0	
0 1 1 1	
1 0 0 0	
1 0 0 1	
1 0 1 0	
1 0 1 1	
1 1 0 0	
1 1 0 1	
1 1 1 0	
1 1 1 1	

그림 4-2는 펄스 입력에 대한 인버터의 출력을 나타낸 것으로 입력이 0일 때 출력은 1이 되고, 입력이 1일 때 출력은 0이 된다.

타이밍 선도(timing diagram)는 입력과 출력 파형의 시간 관계를 나타낸 그래프이다. 입력 펄스에 대한 출력 펄스의 시간 관계는 에지(edge)의 발생 시점이 적절하게 나타나도록 펄스를 정렬시킨 간단한 타이밍 선도로 나타낼 수 있다. 입력 펄스의 상승 에지와 출력 펄스의

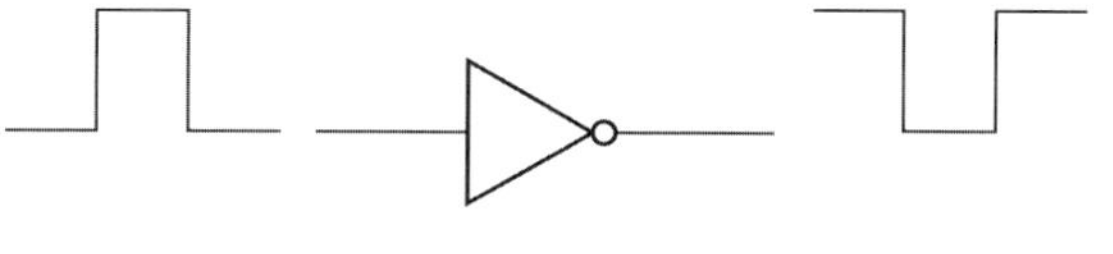

그림 4-2 인버터의 동작 예

하강 에지는 동시에 발생하며, 입력 펄스의 하강 에지와 출력 펄스의 상승 에지도 동시에 발

생한다. 타이밍 선도는 여러 개의 펄스로 구성된 디지털 파형들의 관계를 나타내는 데 매우 유용하다.

◐ 예제 4-2

그림 4-3의 펄스 파형이 인버터에 인가되었을 때 출력을 구하고, 타이밍 선도를 그리라.

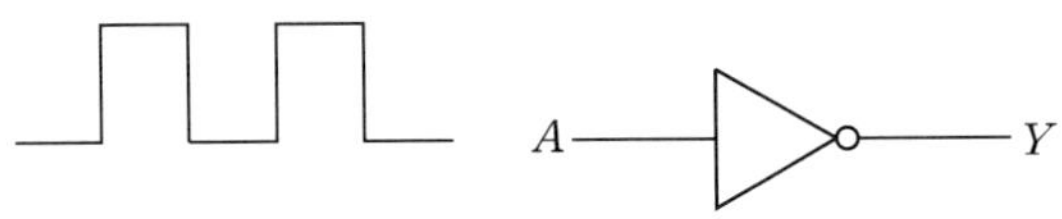

그림 4-3

✔ **풀이** 타이밍 선도는 그림 4-4와 같다.

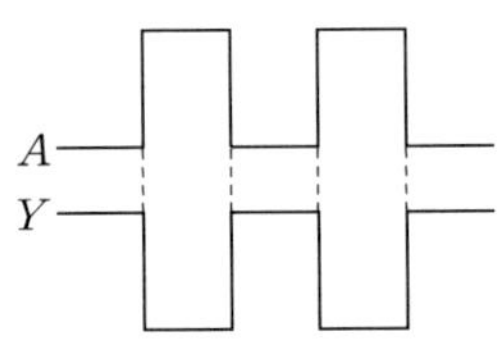

그림 4-4

부울 대수는 모든 변수를 문자로 표현하고, 변수의 보수는 문자 위에 (¯)를 붙여 나타내며, 각 변수는 0이나 1의 값을 갖는다.

인버터의 연산은 입력 변수를 A, 출력 변수를 Y라 할 때 다음과 같이 표현할 수 있다.

$$Y=\overline{A}$$

이러한 표현은 출력이 입력의 보수임을 나타내므로 $A=0$이면 $Y=1$이고, $A=1$이면 $Y=0$이다. $\overline{A}$는 A bar라고 읽는다.

인버터는 2진수의 1의 보수를 구하는 데 유용하게 사용된다.

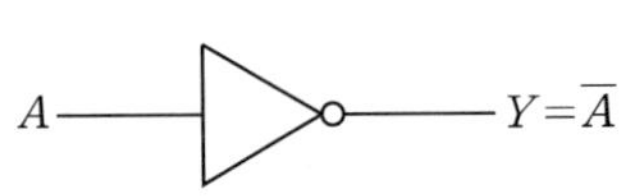

그림 4-5 인버터의 연산

2 버퍼(buffer)

버퍼는 인버터와는 반대로 입력과 출력의 상태가 동일하게 나타나는 논리회로이다. 즉, 입력에 1을 인가하였을 때 출력은 1이 되고, 입력에 0을 인가하였을 때 출력은 0이 된다.

버퍼는 디지털 회로에서 데이터 전송 중에 한 회로와 다른 회로 사이에 데이터를 그대로 보존한 상태에서 완충 목적으로 삽입하여 사용되며, 인터페이스 시 전압 레벨이 맞지 않는 경우나 자체 구동 전류 능력이 부족하여 큰 구동 전류가 필요한 경우 등에 사용된다.

버퍼의 표준 논리 기호는 그림 4-6과 같으며, 진리표는 표 4-2와 같다.

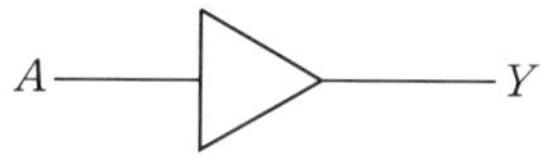

그림 4-6 버퍼의 표준 논리 기호

표 4-2 버퍼에 대한 진리표

A	Y
0	0
1	1

버퍼의 연산은 입력 변수를 A, 출력 변수를 Y라 할 때 다음과 같이 표현할 수 있다.

$$Y = A$$

표 4-2에서 알 수 있듯이 버퍼는 입력과 출력이 같으며, 그림 4-7과 같이 입력 파형과 출력 파형이 항상 같게 된다.

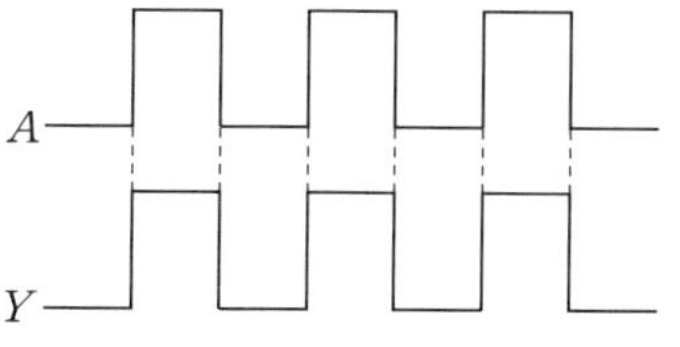

그림 4-7 버퍼의 펄스 연산

4-2 AND 게이트

AND 게이트는 모든 논리 기능을 구축하는 데 필요한 기본 게이트 중 하나로, 두 개 이상의 입력을 가지며 논리곱을 수행한다. AND 게이트는 두 개 이상의 입력과 하나의 출력으로 구성되어 있으며, 표준 논리 기호는 그림 4-8과 같다.

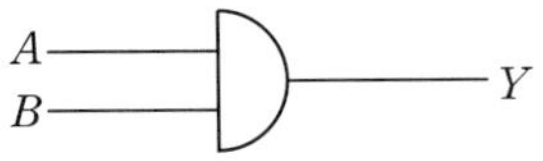

그림 4-8 2입력 AND 게이트의 표준 논리 기호

AND 게이트는 입력이 모두 1일 때만 출력이 1이 되고, 입력 중 하나라도 0이면 출력은 0이 된다. AND 게이트는 어떤 조건들이 모두 1인 경우를 판단하여 이것을 나타내기 위하여 1을 출력시키는 것이 기본적인 목적이다. 그림 4-8의 2입력 AND 게이트에서 입력을 A와 B, 출력을 Y라 할 때 AND 게이트의 연산은 2입력 AND 게이트 연산에서 A와 B가 모두 1이면 Y는 1이 되고, A 또는 B가 0이거나 A와 B가 모두 0이면 Y는 0이다. 2입력 AND 게이트에 대한 진리표는 표 4-3과 같으며, 입력이 더 많을 경우에도 쉽게 확장할 수 있다.

표 4-3 2입력 AND 게이트에 대한 진리표

A	B	Y
0	0	0
0	1	0
1	0	0
1	1	1

예제 4-3

3입력 AND 게이트에 대한 진리표를 작성하라.

✔ **풀이** 3입력 AND 게이트의 경우 8개의 입력 조합이 가능하고, 입력이 모두 1일 때만 출력이 1이 된다.

표 4-4

A	B	C	Y
0	0	0	0
0	0	1	0
0	1	0	0
0	1	1	0
1	0	0	0
1	0	1	0
1	1	0	0
1	1	1	1

AND 게이트의 논리 연산을 생각하면서 펄스 입력을 갖는 AND 게이트의 연산에 대하여 알아보자. 예를 들어 그림 4-9에서 t_1 시간 동안 입력이 모두 1이므로 출력은 1이 되고, t_2 시간 동안 입력 A는 1, 입력 B는 0이므로 출력은 0이 되고, t_3 시간 동안 입력 A는 0, 입력 B는 1이므로 출력은 0이 되고, t_4 시간 동안 입력이 모두 1이므로 출력은 1이 된다.

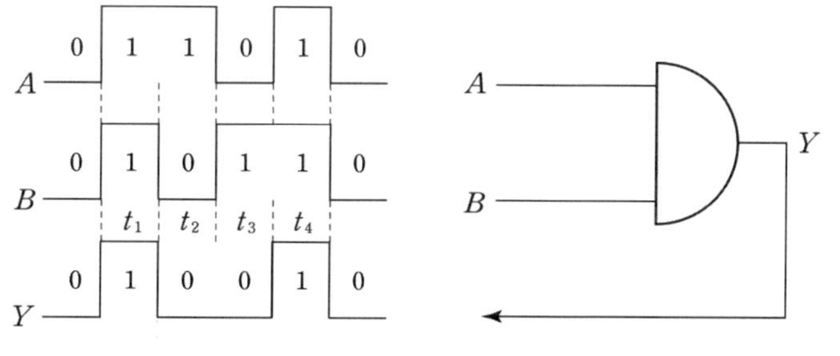

그림 4-9 2입력 AND 게이트의 펄스 연산

예제 4-4

그림 4-10에 나타낸 파형 A와 B가 AND 게이트 입력에 인가될 때 출력 파형을 구하라.

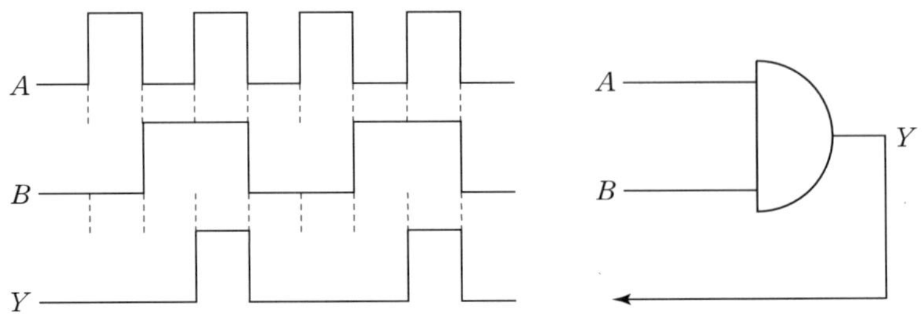

그림 4-10

✔ **풀이** 그림 4-10의 타이밍 선도와 같이 출력 파형 Y는 A와 B가 모두 1일 때만 1이 된다.

두 변수의 논리 AND 기능은 기호를 사용하여 $A \cdot B$와 같이 표현하거나 점 없이 AB로 표현되며, 부울 대수에서 승산(곱)은 다음과 같은 기본 규칙을 따른다.

$$0 \cdot 0 = 0$$
$$0 \cdot 1 = 0$$
$$1 \cdot 0 = 0$$
$$1 \cdot 1 = 1$$

2입력 AND 게이트의 연산은 입력 변수를 A와 B, 출력 변수를 Y라 할 때

$$Y = AB$$

와 같이 표현할 수 있다. 그림 4-11은 입력 변수와 출력 변수가 문자로 표시된 AND 게이트의 논리 기호를 나타낸 것이다.

입력 변수가 2개 이상인 경우, 각 변수에 새로운 문자를 사용함으로써 AND 표현식을 확장할 수 있다.

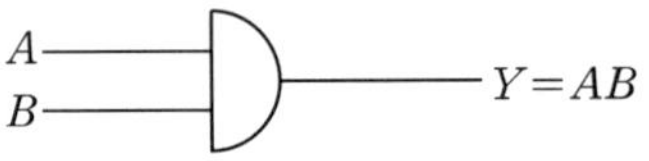

그림 4-11 AND 게이트의 부울 대수식

4-3 OR 게이트

OR 게이트는 모든 논리 기능을 구축하는 데 필요한 기본 게이트 중 하나로, 2개 이상의 입력을 가지며 논리합을 수행한다. OR 게이트는 2개 이상의 입력과 하나의 출력으로 구성되어 있으며, 표준 논리 기호는 그림 4-12와 같다. 2개의 입력을 가진 게이트가 그림 4-12에 나타나 있으나 OR 게이트는 그 이상의 입력도 가질 수 있다.

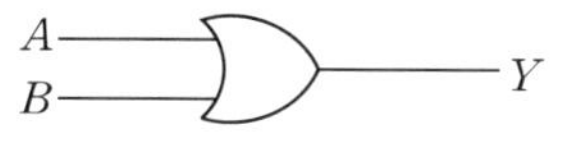

그림 4-12 2입력 OR 게이트의 표준 논리 기호

OR 게이트에서 입력 중 어느 하나라도 1이면 출력은 1이 되고, 입력이 모두 0일 때만 출력이 0이 된다.

그림 4-12에서 2입력 OR 게이트의 입력을 A와 B, 출력을 Y라 할 때 OR 게이트의 연산은 2입력 OR 게이트 연산에서 A 또는 B가 1이거나 A와 B가 모두 1이면 Y는 1이고, A와 B가 모두 0이면 Y는 0이다. 2입력 OR 게이트의 논리 연산을 표 4-5에 나타냈으며, 이 진리표는 2개 이상의 입력에 대해서도 확장할 수 있다. OR 게이트는 입력의 수에 관계없이 입력 중에 어느 하나라도 1이면 출력이 1이 된다.

표 4-5 2입력 OR 게이트에 대한 진리표

A	B	Y
0	0	0
0	1	1
1	0	1
1	1	1

예제 4-5

3입력 OR 게이트에 대한 진리표를 작성하라.

✔ **풀이** 3입력 OR 게이트의 경우 8개의 입력 조합이 가능하고, 입력이 모두 0일 때를 제외한 모든 출력은 1이 된다.

표 4-6

A	B	C	Y
0	0	0	0
0	0	1	1
0	1	0	1
0	1	1	1
1	0	0	1
1	0	1	1
1	1	0	1
1	1	1	1

OR 게이트의 논리 연산을 생각하면서 펄스 입력을 갖는 OR 게이트의 연산에 대하여 알아보자. 예를 들어 그림 4-13에서 t_1 시간 동안 입력 A와 B가 모두 1이므로 출력은 1이 되고, t_2 시간 동안 입력 A는 0이고 입력 B는 1이므로 출력은 1이 된다. t_3 시간 동안 입력 A와 B가 모두 1이므로 출력은 1이 되고, t_4 시간 동안 입력 A는 0이고 입력 B는 1이므로 출력은 1이 된다. t_5 시간 동안 입력 A와 B가 모두 0이므로 출력은 0이 되고, t_6 시간 동안 입력 A는 1이고 입력 B는 0이므로 출력은 1이 된다.

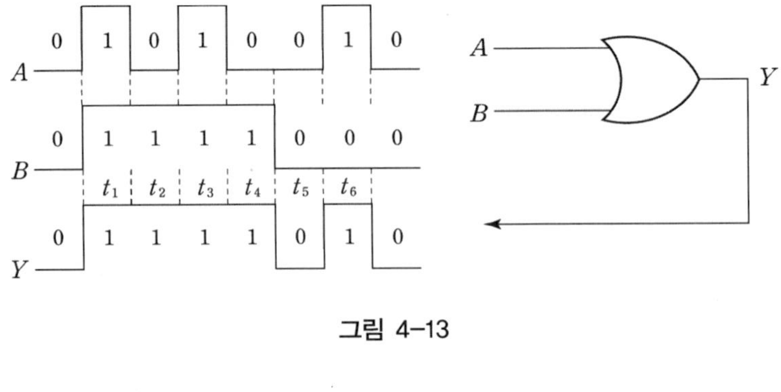

그림 4-13

◐ 예제 4-6

그림 4-14에 나타낸 파형 A와 B가 OR 게이트 입력에 인가될 때 출력 파형을 구하라.

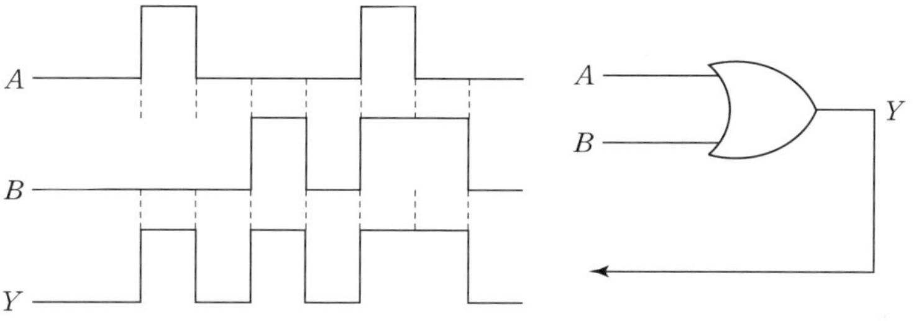

그림 4-14

✔ **풀이** 타이밍 선도에 나타낸 것처럼 2입력 OR 게이트의 출력 파형 Y는 입력 중에 하나라도 1이면 출력은 1이 된다.

두 변수의 논리 OR 기능은 + 기호를 사용하여 $A+B$와 같이 표현되며, 부울 대수에서 가산(합)은 다음과 같은 기본 규칙을 따른다.

$$0+0=0$$

$$0+1=1$$

$$1+0=1$$

$$1+1=1$$

부울 대수의 가산은 OR 기능과 같다. 2입력 OR 게이트의 연산은 입력 변수를 A와 B, 출력 변수를 Y라 할 때

$$Y=A+B$$

와 같이 표현할 수 있다. 그림 4-15는 입력 변수와 출력 변수가 문자로 표시된 OR 게이트의 논리 기호를 나타낸 것이다.

입력 변수가 2개 이상인 경우, 각 변수에 새로운 문자를 사용함으로써 OR 표현식을 확장할 수 있다.

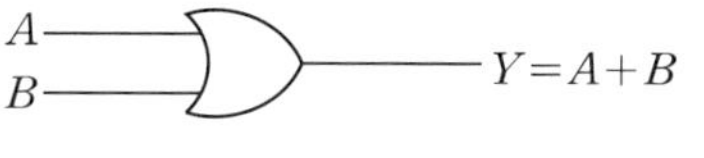

그림 4-15 OR 게이트에 대한 부울 대수식

4-4 NAND 게이트

NAND 게이트는 자체의 조합만으로도 AND, OR, 인버터 등의 논리 연산을 수행할 수 있는 매우 유용한 범용의 논리 소자이다.

NAND는 NOT AND의 약자로서 AND 연산의 출력이 반전되는 것을 의미하며, 그림 4-16에 NAND 게이트의 표준 논리 기호를 나타내었다.

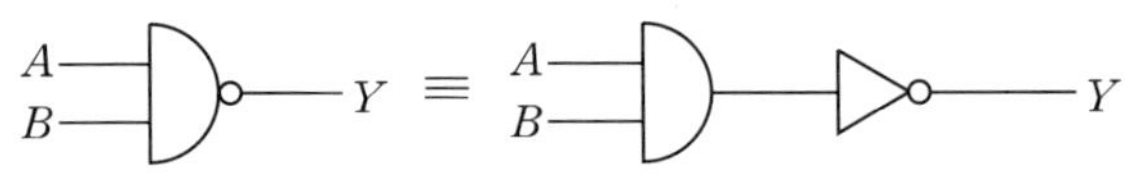

그림 4-16 NAND 게이트의 표준 논리 기호

NAND 게이트는 입력이 모두 1일 때만 출력이 0이 되고, 입력 중 하나라도 0이면 출력은 1이 된다. 그림 4-16에 나타낸 2입력 NAND 게이트의 입력을 A와 B, 출력을 Y라 할 때 NAND 게이트의 연산은 다음과 같다.

2입력 NAND 게이트 연산에서 A와 B가 모두 1이면 Y는 0이고, A 또는 B가 0이거나 A와 B가 모두 0이면 Y는 1이다. 이 연산의 출력은 AND 게이트의 출력과 반대이며, 표 4-7에 2입력 NAND 게이트의 진리표를 나타내었다.

표 4-7 2입력 NAND 게이트에 대한 진리표

A	B	Y
0	0	1
0	1	1
1	0	1
1	1	0

NAND 게이트의 논리 연산을 생각하면서 펄스 입력을 갖는 NAND 게이트의 연산을 예제를 통하여 알아보자.

예제 4-7

그림 4-17과 같은 A와 B 파형을 2입력 NAND 게이트에 인가했을 때 출력 파형을 구하라.

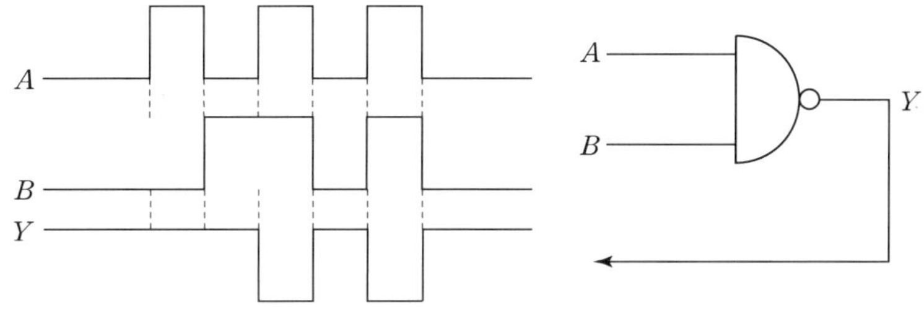

그림 4-17

✔ **풀이** 그림 4-17의 하단에 나타낸 것과 같이 A와 B가 모두 1인 구간에서만 출력 Y는 0이 된다.

표 4-7에서 알 수 있듯이 NAND 게이트는 하나 이상의 입력이 0일 때 1이 출력되는 OR 연산에 사용할 수 있다. 이와 같은 동작 모드를 인버트 OR(invert OR)이라 하며, 여기서 인버트는 0 상태가 활성 입력을 나타낸다.

NAND 게이트가 모든 입력이 1인 경우보다는 하나 이상의 0입력이 있는 경우를 찾아내어 쓰는 경우 NAND 게이트는 인버트 OR로 동작하며, 표준 논리 기호는 그림 4-18과 같다.

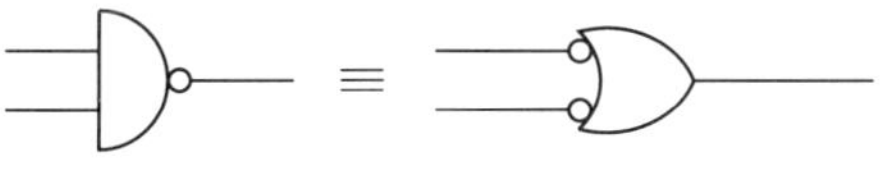

그림 4-18 NAND 게이트의 등가 연산

2입력 NAND 게이트의 출력에 대한 부울 대수식은

$$Y=\overline{A \cdot B}$$

이다. AND 위에 부정이 있는 것은 두 개의 입력 변수가 먼저 AND된 후에 보수가 되는 것을 뜻하며, 2개의 입력을 갖는 NAND 게이트 연산을 방정식 형태로 나타낸 논리 표현이다. 두 입력 변수의 가능한 모든 조합에 대하여 계산한 결과는 다음과 같다.

$$\overline{A \cdot B} = Y$$

$$\overline{0 \cdot 0} = \overline{0} = 1$$
$$\overline{0 \cdot 1} = \overline{0} = 1$$
$$\overline{1 \cdot 0} = \overline{0} = 1$$
$$\overline{1 \cdot 1} = \overline{1} = 0$$

주어진 기능에 대한 표현식이 구해지면 변수들의 가능한 모든 조합에 대한 연산 결과를 알 수 있다. 연산 결과로부터 각 입력 조건에 대한 논리회로의 출력을 정확히 알 수 있고, 회로의 논리 연산을 파악할 수 있다. 변수가 두 개 이상인 경우에도 각 변수에 새로운 문자를 사용함으로써 NAND 게이트 표현식을 구할 수 있다.

NAND 게이트가 범용의 논리 소자인 이유는 NOT, AND, OR, NOR 연산을 수행할 수 있기 때문이다. NOT 연산은 그림 4-19(a)와 같이 모든 입력을 연결시켜 하나의 입력으로 만들어주면 된다. AND 연산은 그림 4-19(b)와 같이, OR 연산은 그림 4-19(c)와 같이, 그리고 NOR 연산은 그림 4-19(d)와 같이 NAND 게이트만을 사용하여 수행할 수 있다.

그림 4-19(b)에서 NOT 게이트는 NAND 게이트의 출력을 반전시키므로 다음과 같이 AND 연산이 수행된다.

$$Y = \overline{\overline{AB}} = AB$$

그림 4-19(c)에서 두 개의 입력 변수 A와 B는 NOT 게이트에 의해 반전된 후 NAND 게이트에 입력되므로 드모르간의 정리(De-Morgan's theorem)에 의해 다음과 같이 OR 연산이 수행된다.

$$Y = \overline{\overline{A}\ \overline{B}} = A + B$$

그림 4-19(d)에서 NOT 게이트는 그림 4-19(c)의 출력을 반전시키므로 다음과 같이 NOR 연산을 수행한다.

$$Y = \overline{\overline{\overline{A}\ \overline{B}}} = \overline{A+B}$$

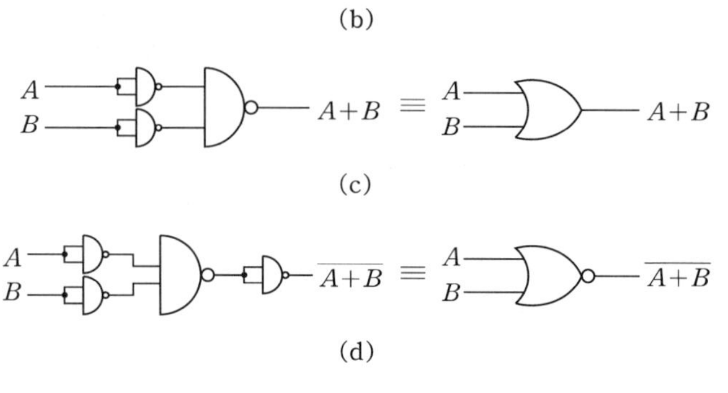

그림 4-19 NAND 게이트의 범용성

4-5 NOR 게이트

NOR 게이트는 자체의 조합만으로도 OR, AND, 인버터 등의 연산을 수행할 수 있는 매우 유용한 범용의 논리 소자이다.

NOR는 NOT OR의 약자로서 OR 연산의 출력이 반전되는 것을 의미하며, 그림 4-20에 NOR 게이트의 표준 논리 기호를 나타내었다.

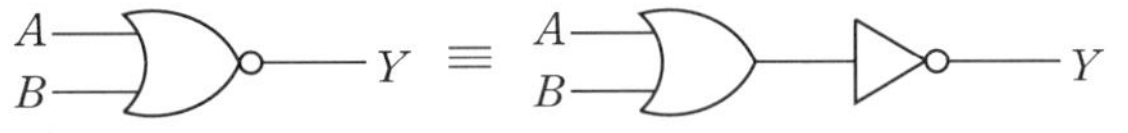

그림 4-20 NOR 게이트의 표준 논리 기호

NOR 게이트는 여러 개의 입력 중 하나라도 1이면 출력은 0이 되고, 입력이 모두 0일 때만 출력이 1이 된다. 그림 4-20에 나타낸 2입력 NOR 게이트의 입력을 A와 B, 출력을 Y라 할 때 NOR 게이트의 연산은 다음과 같다.

2입력 NOR 게이트 연산에서 A 또는 B가 1, 또는 A, B가 모두 1이면 출력 Y는 0이고, A와 B가 모두 0이면 출력 Y는 1이다.

이 연산의 출력은 OR 게이트의 출력과 반대이며, 표 4-8에 2입력 NOR 게이트의 진리표를 나타내었다.

표 4-8 2입력 NOR 게이트에 대한 진리표

A	B	Y
0	0	1
0	1	0
1	0	0
1	1	0

NOR 게이트의 논리 연산을 생각하면서 펄스 입력을 갖는 NOR 게이트의 연산을 예제를 통하여 알아보자.

예제 4-8

그림 4-21과 같은 파형이 2입력 NOR 게이트에 인가될 때 출력 파형을 구하라.

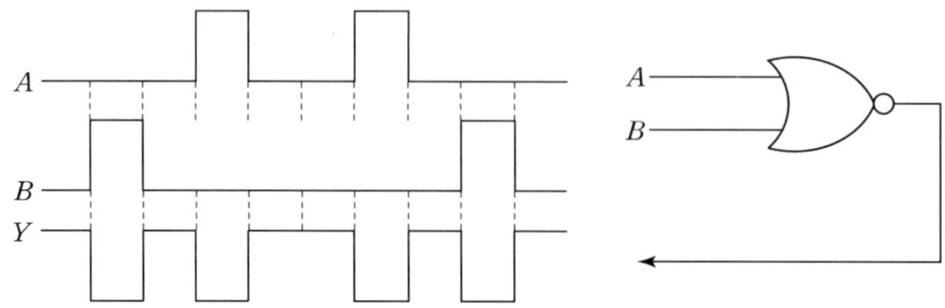

그림 4-21

✔ **풀이** 그림 4-21의 하단에 나타낸 것과 같이 하나의 입력이라도 1이 되면 출력 Y는 0이 된다.

NOR 게이트는 논리적인 동작 방법에 의해 다른 형태로 표현할 수 있다. 표 4-8에서 알 수 있듯이 NOR 게이트는 모든 입력이 0일 때 1이 출력되는 AND 연산에 사용할 수 있다. 이와 같은 동작 모드를 인버트 AND(invert AND)라 하며, 여기서 인버트는 0 상태가 활성 입력을 나타낸다.

NOR 게이트가 하나 이상의 1입력이 있는 경우보다는 모든 입력이 0인 경우를 찾아내어 쓰는 경우 NOR 게이트는 인버트 AND로 동작하며, 표준 논리 기호는 그림 4-22와 같다.

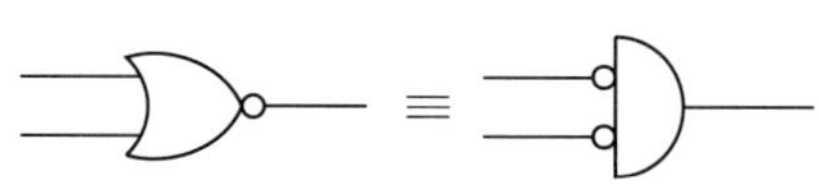

그림 4-22 NOR 게이트의 등가 연산

2입력 NOR 게이트의 출력에 대한 부울 대수식은

$$Y = \overline{A+B}$$

이다. OR 위에 부정이 있는 것은 2개의 입력 변수가 먼저 OR된 후에 보수가 되는 것을 뜻하며, 2개의 입력을 갖는 NOR 게이트 연산을 방정식 형태로 나타낸 논리 표현이다. 두 입력 변수의 가능한 모든 조합에 대하여 계산한 결과는 다음과 같다.

$$\overline{A+B} = Y$$
$$\overline{0+0} = \overline{0} = 1$$
$$\overline{0+1} = \overline{1} = 0$$
$$\overline{1+0} = \overline{1} = 0$$
$$\overline{1+1} = \overline{1} = 0$$

주어진 기능에 대한 표현식이 구해지면 변수들의 가능한 모든 조합에 대한 연산 결과를 알 수 있다. 연산 결과로부터 각 입력 조건에 대한 논리회로의 출력을 정확히 알 수 있고, 회로의 논리 연산을 파악할 수 있다. 변수가 두 개 이상인 경우에도 각 변수에 새로운 문자를 사용함으로써 NOR 게이트 표현식을 구할 수 있다.

NOR 게이트도 NOT, AND, OR, NAND 연산에 사용할 수 있다. NOT 연산은 그림 4-23(a)와 같이 모든 입력을 연결시켜 하나의 입력으로 만들어주면 된다. OR 연산은 그림 4-23(b)와 같이, AND 연산은 그림 4-23(c)와 같이, 그리고 NAND 연산은 그림 4-23(d)와 같이 NOR 게이트만을 사용하여 수행할 수 있다.

그림 4-23(b)에서 NOT 게이트는 NOR 게이트의 출력을 반전시키므로 다음과 같이 OR 연산이 수행된다.

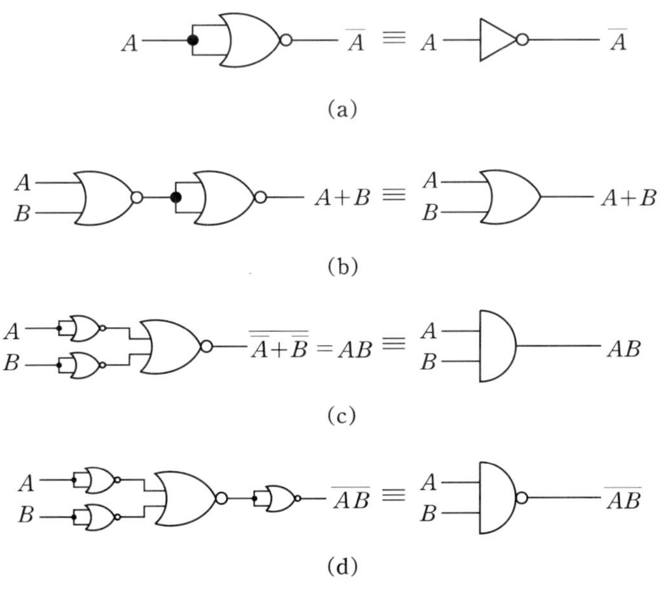

그림 4-23 NOR 게이트의 범용성

$$Y = \overline{\overline{A+B}} = A+B$$

그림 4-23(c)에서 2개의 입력 변수 A와 B는 NOT 게이트에 의해 반전된 후 NOR 게이트에 입력되므로 드모르간의 정리(De-Morgan's theorem)에 의해 다음과 같이 AND 연산이 수행된다.

$$Y = \overline{\overline{A} + \overline{B}} = AB$$

그림 4-23(d)에서 NOT 게이트는 그림 4-23(c)의 출력을 반전시키므로 다음과 같이 NAND 연산을 수행한다.

$$Y = \overline{\overline{\overline{A} + \overline{B}}} = \overline{AB}$$

4-6 부울 연산

부울 대수에서 변수는 논리적인 양을 나타내는 데 사용되는 기호로 대문자를 사용하며, 0 또는 1의 값을 가질 수 있다. 부울 대수식에서 0은 low 레벨을 나타내고, 1은 high 레벨을 나타낸다.

1 부정

변수의 부정(보수)은 그 문자 위에 bar(‾) 기호에 의해 표현되며, A로 표현된 변수에 대한 A의 부정은 $\overline{A}$ 이다.

$$\overline{0} = 1$$

$$\overline{1} = 0$$

변수 A의 부정은 A bar 또는 NOT A로도 읽으며, prime(′) 기호를 사용하기도 한다. 부정에 대한 진리표는 표 4-9와 같으며, 기본 게이트는 그림 4-24와 같다.

표 4-9 부정의 진리표

A	Y
0	1
1	0

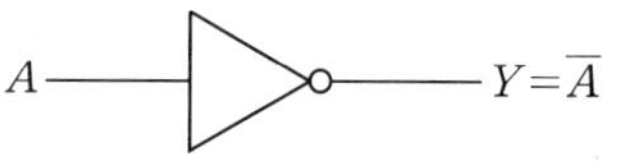

그림 4-24 부정에 대한 기본 게이트

2 논리곱

논리곱은 입력이 모두 1일 때 출력이 1로 되며, 두 입력을 A와 B라고 하면 출력 Y의 부울 대수식은 다음과 같다.

$$Y = A \cdot B$$

논리곱의 연산은 ·을 사용하거나 생략하며, $A \cdot B$ 또는 AB로 표시하고, A dot B, A and B, AB 등으로 읽는다. 논리곱에 대한 진리표는 표 4-10과 같고, 기본 게이트는 그림 4-25와 같다.

표 4-10 논리곱의 진리표

A	B	Y
0	0	0
0	1	0
1	0	0
1	1	1

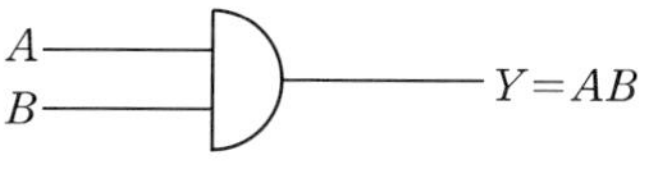

그림 4-25 논리곱에 대한 기본 게이트

◐ 예제 4-9

곱 항 $\overline{A}B\overline{C}D$가 1일 때 A, B, C, D의 값을 구하라.

✔ **풀이** 곱 항이 1이 되기 위해서는 그 항의 문자들이 모두 1이어야 한다. 그러므로 $\overline{A}$가 1이 되기 위해서는 $A=0$, $B=1$, $\overline{C}$가 1이 되기 위해서는 $C=0$, $D=1$이다.

$$\overline{A}B\overline{C}D=\overline{0}\cdot 1\cdot \overline{0}\cdot 1=1\cdot 1\cdot 1\cdot 1=1$$

3 논리합

논리합은 입력 중 하나 이상의 입력이 1이 되면 출력이 1이 되며, 두 입력을 A와 B라고 하면 출력 Y의 부울 대수식은 다음과 같다.

$$Y=A+B$$

논리합의 연산은 +를 사용하며, $A+B$로 표시하고, A or B로 읽는다. 논리합에 대한 진리표는 표 4-11과 같고, 기본 게이트는 그림 4-26과 같다.

표 4-11 논리합의 진리표

A	B	Y
0	0	0
0	1	1
1	0	1
1	1	1

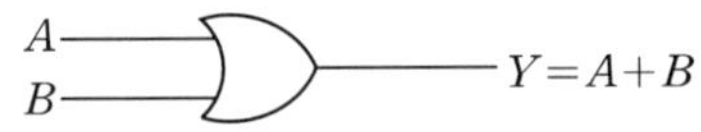

그림 4-26 논리합에 대한 기본 게이트

예제 4-10

합 항 $\overline{A}+B+\overline{C}+D$가 0일 때 A, B, C, D의 값을 구하라.

✔ **풀이** 합 항이 0이 되기 위해서는 그 항의 문자들이 모두 0이어야 한다. 그러므로 $\overline{A}$가 0이 되기 위해서는 $A=1$, $B=0$, $\overline{C}$가 0이 되기 위해서는 $C=1$, $D=0$이다.

$$\overline{A}+B+\overline{C}+D=\overline{1}+0+\overline{1}+0=0+0+0=0=0$$

4-7 부울 대수의 법칙과 규칙

1 부울 대수의 법칙

부울 대수의 기본 법칙에는 대수학에서와 같이 교환 법칙, 결합 법칙 그리고 분배 법칙이 있는데 이것을 표 4-12에 나타내었다. 이 장에서는 2개 또는 3개의 변수만을 이용하여 각각의 법칙을 설명하며, 변수의 수에 관계없이 이 법칙들을 사용할 수 있다.

표 4-12 부울 대수의 법칙

교환 법칙	
1. $A+B=B+A$	2. $A\cdot B=B\cdot A$
결합 법칙	
3. $A+(B+C)=(A+B)+C$	4. $A\cdot(B\cdot C)=(A\cdot B)\cdot C$
분배 법칙	
5. $A(B+C)=AB+AC$	6. $A+BC=(A+B)(A+C)$

부울 대수의 법칙(표 4-12)과 규칙(표 4-15)에서 좌우의 식을 잘 살펴보면 표 4-13과 같은 관계가 성립한다.

표 4-13 쌍대

모든 부울 대수식에서 +를 ·로 ·를 +로 0은 1로 1은 0으로 변환하고, 그리고 논리 변수는 그대로 둔다.

이때 좌우의 부울 대수식 사이에는 쌍대(duality) 관계가 있다고 하며, 좌측에 있는 부울 대수식을 우측에 있는 부울 대수식의 쌍대라 하고, 그 역도 성립한다. 즉, 쌍대란 부울 대수식에서 0과 1 그리고 +와 ·를 동시에 교환한 식은 반드시 성립한다는 것이다.
예를 들어 표 4-15에서 제시한 규칙 $A+0=A$의 쌍대는 $A \cdot 1=A$임을 알 수 있다.

1) 교환 법칙(commutative law)

두 개의 변수에 대한 논리합의 교환 법칙은 대수적으로 다음과 같이 나타낸다.

$$A+B=B+A$$

이 법칙은 변수들을 OR시키는 경우 순서에는 관계가 없음을 의미하며, 부울 대수 용어를 논리 회로에 적용하면 논리합은 OR 연산과 같다. 그림 4-27은 OR 게이트를 사용하여 교환 법칙을 설명한 것으로, 변수가 어느 입력 단에 인가되든 관계가 없음을 알 수 있으며, 기호 ≡는 등가임을 의미한다.

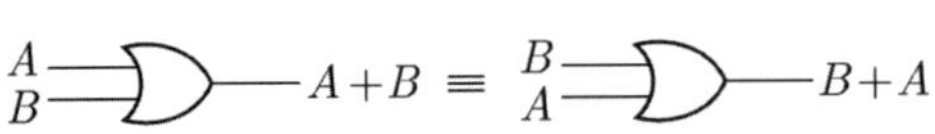

그림 4-27 논리합의 교환 법칙

2개의 변수에 대한 논리곱의 교환 법칙은 다음과 같다.

$$A \cdot B=B \cdot A$$

이 법칙은 변수들을 AND시키는 경우 순서에는 관계가 없음을 의미하며, 부울 대수 용어를 논리 회로에 적용하면 논리곱은 AND 연산과 같다. 그림 4-28은 AND 게이트를 이용하여 교환 법칙을 설명한 것이다.

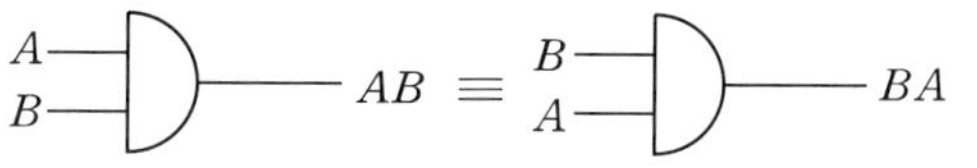

그림 4-28 논리곱의 교환 법칙

2) 결합 법칙(associative law)

논리합의 결합 법칙은 3 변수의 경우, 대수적으로 다음과 같이 나타낸다.

$$A+(B+C)=(A+B)+C$$

이 법칙은 3개 이상의 변수들을 OR시키는 경우 변수를 묶는 방법에 관계없이 결과가 같다는 것을 나타내며, 그림 4-29는 OR 게이트를 사용하여 결합 법칙을 설명한 것이다.

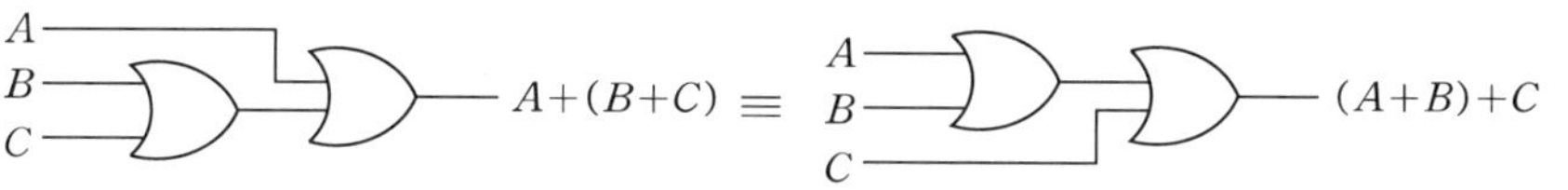

그림 4-29 논리합의 결합 법칙

논리곱의 결합 법칙은 3 변수의 경우, 다음과 같이 나타낸다.

$$A \cdot (B \cdot C)=(A \cdot B) \cdot C$$

이 법칙은 3개 이상의 변수들을 AND시키는 경우 변수를 묶는 방법에 관계없이 결과가 같다는 것을 나타내며, 그림 4-30은 AND 게이트를 사용하여 결합 법칙을 설명한 것이다.

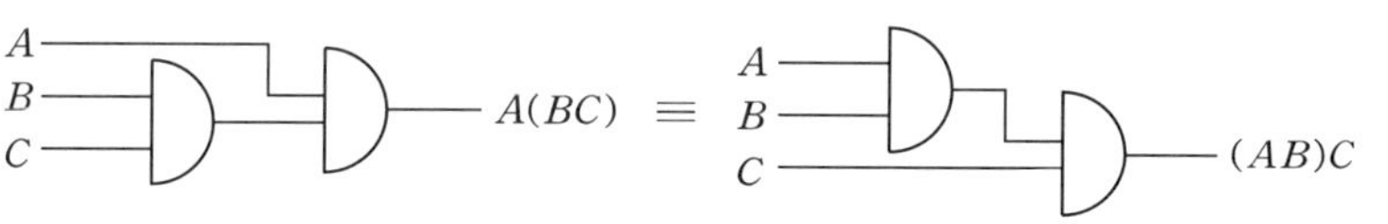

그림 4-30 논리곱의 결합 법칙

3) 분배 법칙(distributive law)

분배 법칙은 3 변수의 경우, 다음과 같이 나타낸다.

$$A \cdot (B+C)=A \cdot B+A \cdot C$$

이 법칙은 2개 이상의 변수를 OR한 후 다시 단일 변수와 AND하는 것은 단일 변수를 각각의 변수와 AND한 후 곱 항들을 모두 OR한다는 것과 같다는 것을 의미하며, 그림 4-31은 이 법칙을 게이트로 구현하여 설명한 것이다.

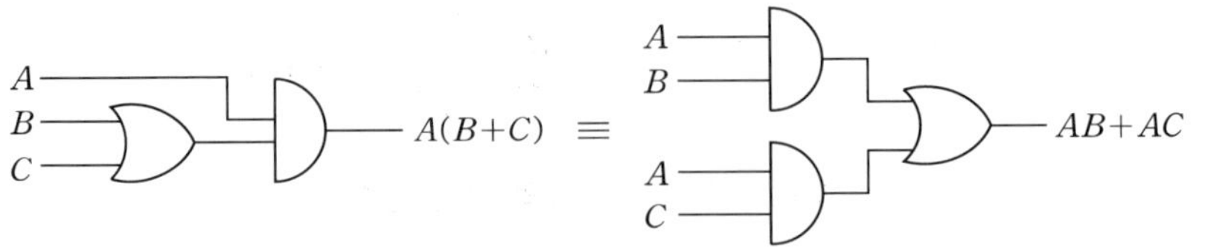

그림 4-31 분배 법칙

$$A+B\cdot C=(A+B)\cdot(A+C)$$

이 법칙은 다음과 같이 증명할 수 있고, 표 4-14와 같이 진리표로도 증명할 수 있다.

$$\begin{aligned}(A+B)\cdot(A+C) &= A\cdot(A+C)+B\cdot(A+C) && \text{: 분배 법칙}\\ &= A\cdot A+A\cdot C+B\cdot A+B\cdot C && \text{: 분배 법칙}\\ &= A+A\cdot B+A\cdot C+B\cdot C && \text{: 교환 법칙, 규칙 6}\\ &- A\cdot 1+A\cdot B+A\cdot C+B\cdot C && \text{: 규칙 2}\\ &= A\cdot(1+B+C)+B\cdot C && \text{: 분배 법칙}\\ &= A+B\cdot C && \text{: 규칙 2, 3}\end{aligned}$$

표 4-14

A	B	C	$A+B$	$A+C$	$(A+B)\cdot(A+C)$	$B\cdot C$	$A+BC$
0	0	0	0	0	0	0	0
0	0	1	0	1	0	0	0
0	1	0	1	0	0	0	0
0	1	1	1	1	1	1	1
1	0	0	1	1	1	0	1
1	0	1	1	1	1	0	1
1	1	0	1	1	1	0	1
1	1	1	1	1	1	1	1

2 부울 대수의 규칙

표 4-15는 부울 대수식을 계산하고, 간소화하는 데 유용한 13개의 기본 규칙을 나타낸 것이다.

표 4-15 부울 대수의 기본 규칙

1. $A+0=A$	2. $A \cdot 1=A$
3. $A+1=1$	4. $A \cdot 0=0$
5. $A+A=A$	6. $A \cdot A=A$
7. $A+\overline{A}=1$	8. $A \cdot \overline{A}=0$
9. $\overline{\overline{A}}=A$	
10. $A+A \cdot B=A$	11. $A \cdot (A+B)=A$
12. $A \cdot (\overline{A}+B)=A \cdot B$	13. $A+\overline{A} \cdot B=A+B$

규칙을 논리 게이트에 적용하여 살펴보고, 규칙 10에서 13까지는 간단한 규칙과 앞에서 설명한 법칙들을 이용하여 유도한다.

▮ 규칙 1 ▮ $A+0=A$

어떤 변수가 0과 OR되면 결과는 항상 그 변수와 같으며, 그림 4-32에 나타낸 것과 같이 변수 A가 0이면 OR 게이트 출력은 0이고, A가 1이면 출력은 1이 된다.

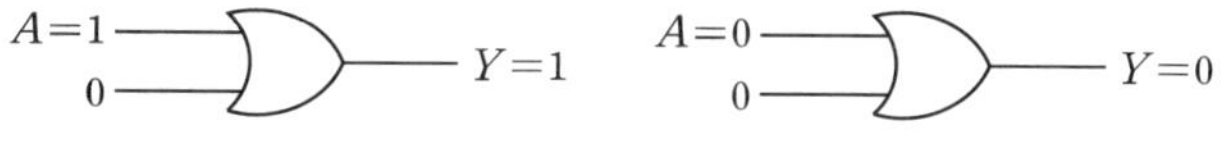

그림 4-32

▮ 규칙 2 ▮ $A \cdot 1=A$

어떤 변수를 1과 AND시키면 결과는 항상 그 변수와 같으며, 그림 4-33에 나타낸 것과 같이 변수 A가 0이면 AND 게이트의 출력은 0이고, A가 1이면 출력은 1이 된다.

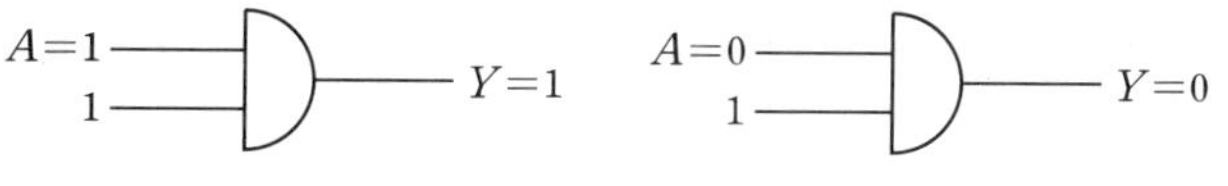

그림 4-33

▮ 규칙 3 ▮ $A+1=1$

어떤 변수가 1과 OR되면 결과는 항상 1이며, 그림 4-34에서와 같이 OR 게이트에서 한 입력이 1일 경우 다른 입력에 관계없이 출력은 항상 1이다.

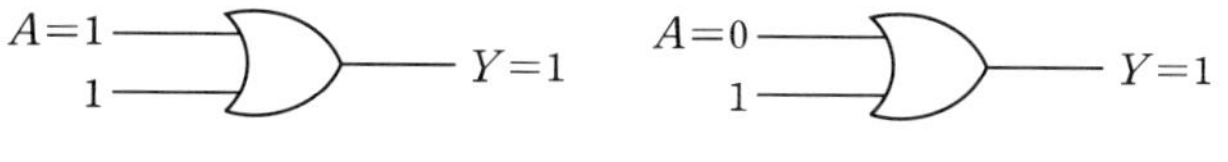

그림 4-34

▮ 규칙 4 ▮ $A \cdot 0 = 0$

어떤 변수를 0과 AND시키면 결과는 항상 0이며, 그림 4-35에 나타낸 것과 같이 AND 게이트의 한 입력이 0이면 다른 입력에 관계없이 출력은 항상 0이다.

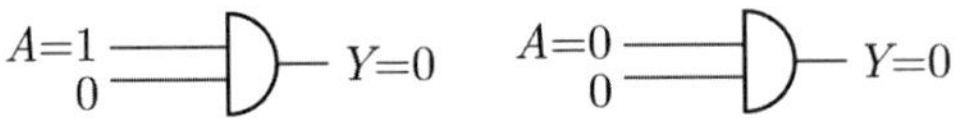

그림 4-35

▮ 규칙 5 ▮ $A + A = A$

어떤 변수를 자신과 OR시키면 결과는 항상 그 변수와 같으며, 그림 4-36에 나타낸 것과 같이 A가 0이면 $0+0=0$이 되고, A가 1이면 $1+1=1$이 된다.

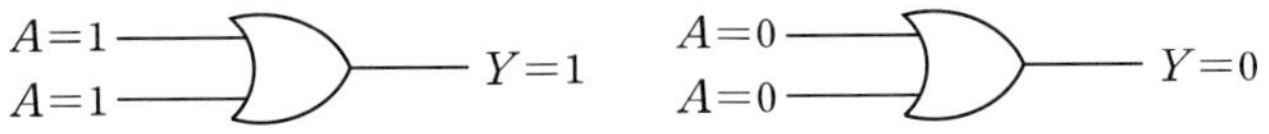

그림 4-36

▮ 규칙 6 ▮ $A \cdot A = A$

어떤 변수를 자신과 AND시키면 그 결과는 항상 그 변수가 된다. 그림 4-37에 나타낸 것과 같이 A가 0이면 $0 \cdot 0 = 0$이 되고, A가 1이면 $1 \cdot 1 = 1$이 된다.

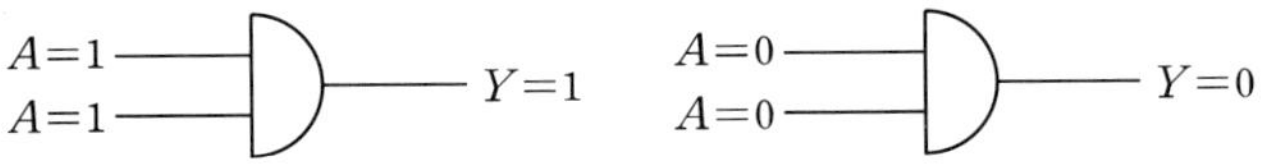

그림 4-37

▮ 규칙 7 ▮ $A + \overline{A} = 1$

어떤 변수를 자신의 보수와 OR시키면 그 결과는 항상 1이 된다. 그림 4-38에 나타낸 것과 같이 A가 0이면 $0+\overline{0}=0+1=1$이 되고, A가 1이면 $1+\overline{1}=1+0=1$이 된다.

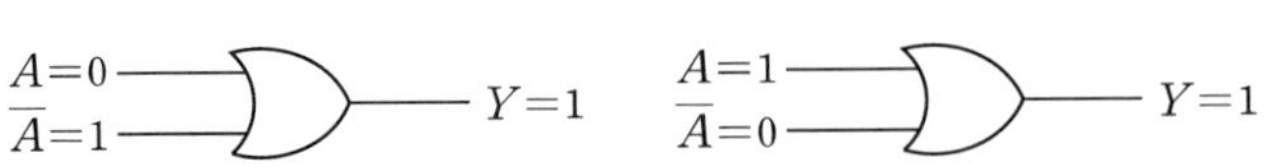

그림 4-38

규칙 8 $A \cdot \overline{A} = 0$

어떤 변수를 자신의 보수와 AND시키면 그 결과는 항상 0이 된다. 그림 4-39에 나타낸 것과 같이 A가 0이면 $0 \cdot \overline{0} = 0 \cdot 1 = 0$이 되고, A가 1이면 $1 \cdot \overline{1} = 1 \cdot 0 = 0$이 된다.

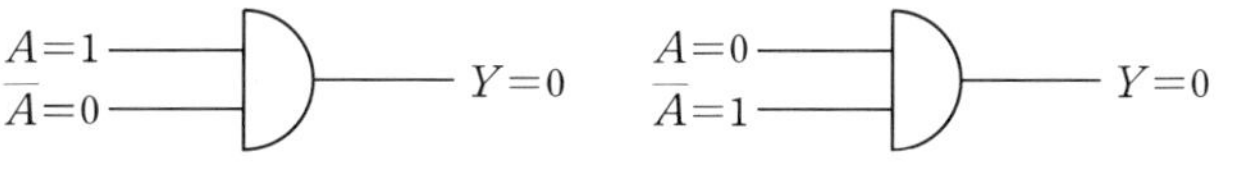

그림 4-39

규칙 9 $\overline{\overline{A}} = A$

어떤 변수를 두 번 보수를 취하면 그 결과는 그 변수 자체가 된다. 그림 4-40에 나타낸 것과 같이 변수 A에 보수를 취하면 $\overline{A}$가 되고, $\overline{A}$에 다시 보수를 취하면 원래의 변수 A가 된다.

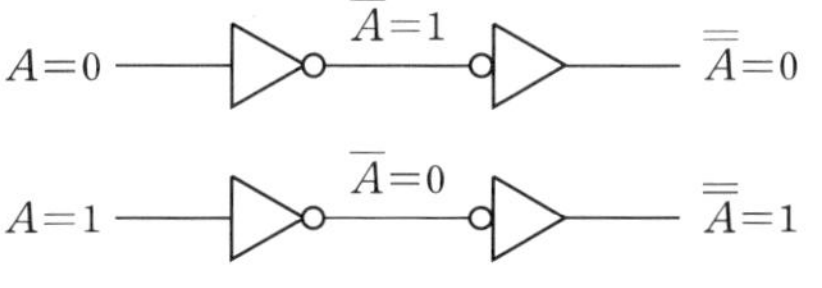

그림 4-40

규칙 10 $A + A \cdot B = A$

이 규칙은 다음과 같이 분배 법칙과 규칙 2, 4를 이용하여 증명할 수 있고, 표 4-16과 같이 진리표로도 증명할 수 있다.

$$
\begin{aligned}
A + A \cdot B &= A(1+B) && : \text{분배 법칙} \\
&= A \cdot 1 && : \text{규칙 3} \\
&= A && : \text{규칙 2}
\end{aligned}
$$

표 4-16

A	B	$A \cdot B$	$A+AB$
0	0	0	0
0	1	0	0
1	0	0	1
1	1	1	1

▮ 규칙 11 ▮ $A \cdot (A+B)=A$

이 규칙은 다음과 같이 분배 법칙과 규칙 2, 3, 6을 이용하여 증명할 수 있고, 표 4-17과 같이 진리표로도 증명할 수 있다.

$$A \cdot (A+B) = A \cdot A + A \cdot B \quad : \text{분배 법칙}$$
$$= A + A \cdot B \quad : \text{규칙 6}$$
$$= A(1+B) \quad : \text{분배 법칙}$$
$$= A \cdot 1 \quad : \text{규칙 3}$$
$$= A \quad : \text{규칙 2}$$

표 4-17

A	B	$A+B$	$A \cdot (A+B)$
0	0	0	0
0	1	1	0
1	0	1	1
1	1	1	1

▮ 규칙 12 ▮ $A \cdot (\overline{A}+B)=A \cdot B$

이 규칙은 다음과 같이 증명할 수 있고, 표 4-18과 같이 진리표로도 증명할 수 있다.

$$A \cdot (\overline{A}+B) = A \cdot \overline{A} + A \cdot B \quad : \text{분배 법칙}$$
$$= 0 + A \cdot B \quad : \text{규칙 8}$$
$$= A \cdot B \quad : \text{규칙 1}$$

표 4-18

A	B	$\overline{A}+B$	$A \cdot (\overline{A}+B)$	$A \cdot B$
0	0	1	0	0
0	1	1	0	0
1	0	0	0	0
1	1	1	1	1

규칙 13 $A+\overline{A}\cdot B=A+B$

이 규칙은 다음과 같이 증명할 수 있고, 표 4-19와 같이 진리표로도 증명할 수 있다.

$$A+\overline{A}\cdot B=(A+\overline{A})(A+B) \quad : \text{분배 법칙}$$
$$=1(A+B) \quad : \text{규칙 7}$$
$$=A+B \quad : \text{규칙 2}$$

표 4-19

A	B	$\overline{A}\cdot B$	$A+\overline{A}\cdot B$	$A+B$
0	0	0	0	0
0	1	1	1	1
1	0	0	1	1
1	1	0	1	1

4-8 드모르간의 정리와 컨센서스 정리

1 드모르간의 정리(DeMorgan's theorem)

드모르간의 정리는 수학자이며 논리학자인 드모르간이 제안한 정리로, 앞에서 설명한 쌍대 관계에 부정의 개념을 조합시켜 부울 대수식 사이에 논리합과 논리곱의 상호 교환이 가능하도록 한 정리로서 부울 대수식의 부정을 쉽게 구할 수 있다.

표 4-20 드모르간의 정리

1. $\overline{A+B}=\overline{A}\cdot\overline{B}$
2. $\overline{A\cdot B}=\overline{A}+\overline{B}$

드모르간의 정리(표 4-20)는 부울 대수식의 간소화나 변환 등에 많이 이용되는 정리로서 섀넌(Shannon)이 표 4-21과 같이 일반화하였다. 논리합으로 구성된 부울 대수식의 부정은 각각의 논리 변수를 부정한 변수의 논리곱과 같고, 논리곱으로 구성된 부울 대수식의 부정은 각각의 논리 변수를 부정한 변수의 논리합과 같다는 것이다.

표 4-21 일반화된 드모르간의 정리

부울 대수식의 부정은
+를 ·로
·를 +로
0은 1로
1은 0으로 변환하고, 그리고
각 논리 변수의 부정을 취한다.

그림 4-41은 드모르간의 정리를 등가의 게이트와 진리표를 이용하여 설명한 것이다.

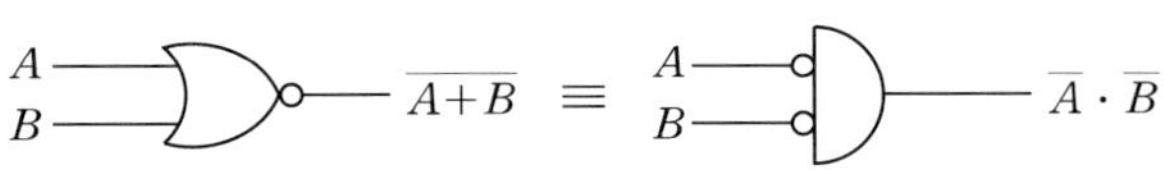

(a)

A	B	$\overline{A+B}$	$\overline{A}\cdot\overline{B}$
0	0	1	1
0	1	0	0
1	0	0	0
1	1	0	0

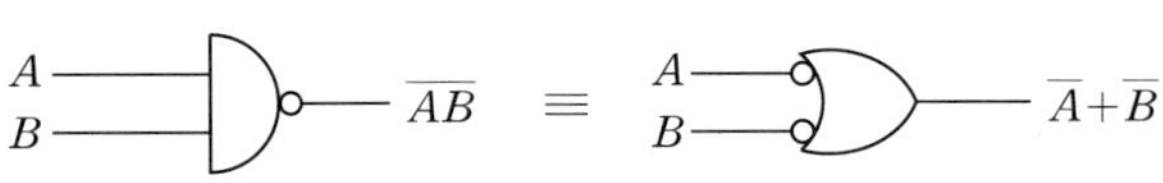

(b)

A	B	$\overline{A\cdot B}$	$\overline{A}+\overline{B}$
0	0	1	1
0	1	1	1
1	0	1	1
1	1	0	0

그림 4-41 드모르간의 정리

◐ 예제 4-11

부울 대수식의 부정을 구하라.

① $\overline{A}+B$ ② $\overline{AB}+\overline{C}$

③ $A(\overline{B+C})$ ④ $\overline{A}\ \overline{B}+AB$

✔ **풀이** 문제에서 부정을 구하는 방법은 다음과 같다.

+는 ・로, ・는 +로 변환하고, 모든 변수의 부정을 취하면 된다.

① $\overline{\overline{A}+B} = \overline{\overline{A}} \cdot \overline{B} = A \cdot \overline{B}$

② $\overline{\overline{AB}+\overline{C}} = \overline{\overline{AB}} \cdot \overline{\overline{C}} = ABC$

③ $\overline{A(\overline{B+C})} = \overline{A} + (\overline{\overline{B+C}}) = \overline{A} + B + C$

④ $\overline{\overline{A}\,\overline{B}+AB} = \overline{\overline{A}\,\overline{B}} \cdot \overline{AB}$

$= (\overline{\overline{A}} + \overline{\overline{B}})(\overline{A} + \overline{B})$

$= (A+B)(\overline{A}+\overline{B})$

$= A\overline{A} + A\overline{B} + \overline{A}B + B\overline{B}$

$= A\overline{B} + \overline{A}B$

◐ 예제 4-12

부울 대수식의 부정을 구하라.

① $\overline{A}B(\overline{C}+D)$ ② $(A\overline{B}+\overline{C}+D)+A\overline{B}CD$

✔ **풀이** +는 ・로, ・는 +로 변환하고, 모든 변수의 부정을 취하면 된다.

① $\overline{\overline{A}B(\overline{C}+D)} = \overline{\overline{A}B} + \overline{(\overline{C}+D)} = \overline{\overline{A}} + \overline{B} + \overline{\overline{C}}\,\overline{D}$

$= A + \overline{B} + C\overline{D}$

② $\overline{(A\overline{B}+\overline{C}+D)+A\overline{B}CD} = (\overline{A\overline{B}})\,\overline{\overline{C}}\,\overline{D}\,(\overline{A\overline{B}CD})$

$= (\overline{A} + \overline{\overline{B}})C\overline{D}(\overline{A} + \overline{\overline{B}} + \overline{C} + \overline{D})$

$= (\overline{A} + B)C\overline{D}(\overline{A} + B + \overline{C} + \overline{D})$

2 컨센서스 정리

컨센서스(consensus) 정리는 드모르간의 정리와 함께 부울 대수식을 간소화하는 데 유용한 정리이다. 그 개념은 어떤 부울 대수식이 주어졌을 때 그 부울 대수식 내의 두 개의 항에서 어떤 변수가 한 항에는 그 변수로, 다른 항에는 그 변수의 보수 형태로 주어졌을 때 두 개의 항에서 그 변수와 그 변수의 보수를 제거한 후 남은 변수들을 곱해서 생긴 항을 컨센서스 항이라 하며, 이 항이 부울 대수식에 존재하면 제거할 수 있다는 것이다.

예를 들어 $A\overline{B}$와 BC의 컨센서스 항은 AC가 되고, $AB\overline{C}$와 BCD의 컨센서스 항은 $(AB)(BD) = ABD$가 된다는 것이다. 이러한 컨센서스 정리를 부울 대수의 법칙과 규칙을 이용하여 증명해보자.

부울 대수식 $AB+\overline{A}C+BC$는 컨센서스 정리로부터 $AB+\overline{A}C$가 되고, 이것을 부울 대수의 법칙과 규칙을 이용하여 증명하면

$$\begin{aligned} AB+\overline{A}C+BC &= AB+\overline{A}C+(A+\overline{A})BC \\ &= (AB+ABC)+(\overline{A}C+\overline{A}BC) \\ &= AB(1+C)+\overline{A}C(1+B) \\ &= AB+\overline{A}C \end{aligned}$$

가 되어 컨센서스 정리가 성립됨을 알 수 있다.

위의 예처럼 컨센서스 정리는 부울 대수식에서 중복된 항을 제거하기 위하여 사용된다.

컨센서스 정리에 쌍대 관계를 적용하면 위의 예에서 증명한 부울 대수식은

$$(A+B)(\overline{A}+C)(B+C) = (A+B)(\overline{A}+C)$$

의 형태가 되므로 다음과 같은 설명이 가능하다. 먼저 하나의 변수가 포함된 항과 이 변수의 보수가 포함된 항을 부울 대수식으로부터 찾아서 그 변수와 그 변수의 보수를 제거한 후 남은 변수들을 합하여 생긴 항이 컨센서스 항이 되고, 그 항은 제거가 가능하다는 것이다. 예를 들어 $(\overline{A}+B+C)(A+C+D)(B+C+D)$에서 변수 A와 보수 $\overline{A}$가 두 개의 항에 존재하므로 그 나머지 변수들로 이루어진 합의 항, 즉 $(B+C)+(C+D) = B+C+D$는 컨센서스 항이 되므로 부울 대수식은 $(\overline{A}+B+C)(A+C+D)$가 된다.

부울 대수식에 컨센서스 정리를 이용하여 얻어지는 결과가 항들이 제거되는 순서에 따라 달라질 수 있는 것을 다음의 예제를 통하여 알아보자.

◐ 예제 4-13

부울 대수식 $\overline{A}\,\overline{C}D+\overline{A}BD+BCD+ABC+AC\overline{D}$ 를 간소화시키라.

✔ **풀이** ① $\overline{A}BD$와 ABC의 컨센서스 항은 BCD가 되므로 이 항을 부울 대수식으로부터 제거한다. 나머지 항들에는 컨센서스 항이 없으므로

$$\overline{A}\,\overline{C}D+\overline{A}BD+ABC+AC\overline{D}$$

② $\overline{A}\,\overline{C}D$와 BCD의 컨센서스 항인 $\overline{A}BD$와 BCD와 $AC\overline{D}$의 컨센서스 항인 ABC를 부울 대수식에서 제거하면 $\overline{A}\,\overline{C}D+BCD+AC\overline{D}$가 된다. ①에서와 같이 BCD를 컨센서스 항으로 하여 제거하면 부울 대수식은 네 개의 항으로 간소화되고, ②에서와 같이 BCD를 제거하지 않으면 세 개의 항으로 간소화된다. 그러므로 ②와 같이 간소화시켜야 한다.

앞의 예제에서처럼 컨센서스 항을 제거하여 간소화시키기도 하지만 반대로 컨센서스 항을 첨가하여 부울 대수식을 간소화시킬 수도 있다.

◐ 예제 4-14

부울 대수식 $ABCD+\overline{B}CDE+\overline{A}\,\overline{B}+BC\overline{E}$ 를 간소화시키라.

✔ **풀이** 제거할 수 있는 컨센서스 항을 가지고 있지 않으므로 $ABCD$와 $\overline{B}CDE$로부터 생기는 컨센서스 항 $ACDE$를 부울 대수식에 첨가시키면 다음과 같이 된다.

$$ABCD+\overline{B}CDE+\overline{A}\,\overline{B}+BC\overline{E}+ACDE$$

위 식에 컨센서스 정리를 적용하면 $ABCD$와 $\overline{B}CDE$를 제거할 수 있게 되므로 $\overline{A}\,\overline{B}+BC\overline{E}+ACDE$가 된다. 이때 $ACDE$는 더 이상 컨센서스 항이 아니며, 부울 대수식에서 제거할 수 없다.

4-9 부울 대수식의 작성

부울 대수의 법칙 및 규칙들을 이용하면 어떤 부울 대수식이라도 간소화시킬 수 있다는 것을 알았다. 부울 대수식의 간소화는 논리 게이트를 이용하여 실제로 논리회로를 구성할 때

그 회로 구성의 경제성이나 회로의 단순한 구성을 도모하기 위해서 수행되는 과정이다. 이러한 수행 과정의 하나인 진리표를 이용한 부울 대수식의 작성 방법에 대하여 알아본다.

1 진리표

어떤 논리함수 $f(A, B, C, \cdots)$가 있을 때 입력 변수 $A, B, C, \cdots$의 모든 조합에 대하여 출력이 어떻게 되는지 조사하는 표를 만들면 알아보기 쉽다. 이것을 진리표라 하며, 입력 변수가 2개면 4가지, 입력 변수가 3개면 8가지, 입력 변수가 n개로 되면 2^n가지 조합으로 된다.

부울 대수식을 이용하여 어떤 문제를 해결하려고 하는 경우에 우선 진리표를 작성해야 하고, 다음의 사항을 고려해야 한다.

① 문제의 조건으로부터 입력 변수의 수를 결정한다.

② 각 변수의 값, 즉 0과 1에 각각의 의미를 부여한다.

예제를 통하여 진리표 작성 방법에 대하여 알아보자.

예제 4-15

3개의 문이 있는데 이 중 2개 이상의 문이 동시에 닫힐 때만 불이 켜지는 회로가 있다. 이것을 진리표로 나타내라.

✔ **풀이** 여기서 입력 변수인 문을 각각 A, B, C라 하고, 문이 닫히는 상태와 불이 켜지는 상태를 1, 그 반대 상태를 0으로 하여 진리표를 작성하면 표 4-22와 같다.

표 4-22

A	B	C	Y
0	0	0	0
0	0	1	0
0	1	0	0
0	1	1	1
1	0	0	0
1	0	1	1
1	1	0	1
1	1	1	1

2 부울 대수식의 작성

예제 4-15에서 작성한 진리표를 이용하여 부울 대수식을 작성하기 위해서는 표 4-22에 곱의 항 난을 추가할 필요가 있다. 이것은 표 4-23의 우측 열로서 각 입력 변수 A, B, C의 0과 1에 대응하여 0이면 그 변수의 보수, 1이면 그 변수와의 논리곱으로 구성된 항이 기입되어 있는데 이것을 논리곱 항이라 한다.

표 4-23

행	A	B	C	Y	곱의 항
1	0	0	0	0	$\overline{A}\,\overline{B}\,\overline{C}$
2	0	0	1	0	$\overline{A}\,\overline{B}\,C$
3	0	1	0	0	$\overline{A}\,B\overline{C}$
4	0	1	1	1	$\overline{A}\,BC$
5	1	0	0	0	$A\overline{B}\,\overline{C}$
6	1	0	1	1	$A\overline{B}\,C$
7	1	1	0	1	$AB\overline{C}$
8	1	1	1	1	ABC

표 4-23에서 Y가 1로 되는 것은 4, 6, 7, 8행째의 입력 조건이 갖추어져 있을 때이므로 Y는 다음과 같이 4개의 곱의 합(sum of product)으로 나타낼 수 있다.

$$Y = \overline{A}\,BC + A\overline{B}\,C + AB\overline{C} + ABC$$

이와 같이 곱의 합으로 된 일반적인 형식은 부울 대수식의 표준 형식의 한 형태로서 그 각 항을 최소항(min-term)이라 한다. 이것을 간소화하면 다음과 같다.

$$\begin{aligned} Y &= (ABC + AB\overline{C}) + (ABC + A\overline{B}\,C) + (ABC + \overline{A}\,BC) \\ &= AB(C + \overline{C}) + AC(B + \overline{B}) + BC(A + \overline{A}) \\ &= AB + AC + BC \end{aligned}$$

예제 4-16

표 4-24에 나타낸 진리표로부터 부울 대수식을 작성하라.

표 4-24

A	B	C	Y
0	0	0	1
0	0	1	0
0	1	0	1
0	1	1	0
1	0	0	1
1	0	1	0
1	1	0	1
1	1	1	0

✔ **풀이** 출력 Y가 1일 때 입력 변수 A, B, C의 곱의 합 함수를 만들면 다음과 같다.

$$Y=\overline{A}\ \overline{B}\ \overline{C}+\overline{A}\ B\overline{C}+A\overline{B}\ \overline{C}+AB\overline{C}$$

여기서 출력 함수 Y를 부울 함수라 하고, 이 부울 함수를 간소화하면 다음과 같다.

$$\begin{aligned}Y&=\overline{A}\ \overline{C}(B+\overline{B})+A\overline{C}(B+\overline{B})\\&=\overline{A}\ \overline{C}+A\overline{C}\\&=\overline{C}(A+\overline{A})\\&=\overline{C}\end{aligned}$$

이상의 예에서는 곱의 합을 진리표에서 추출하여 부울 대수식을 만든 것이고, 합의 곱(product of sum)을 추출하여 부울 대수식을 만드는 방법도 있다. 예를 들어 표 4-25와 같은 진리표가 있을 때 출력 함수 Y의 부울 대수식은 다음과 같이 구한다.

표 4-25

A	B	Y	합의 항
0	0	1	$(A+B)$
0	1	0	$(A+\overline{B})$
1	0	0	$(\overline{A}+B)$
1	1	1	$(\overline{A}+\overline{B})$

① 입력 변수 A, B의 0과 1에 대응하여 0이면 그 변수, 1이면 그 변수의 보수와의 논리합 항을 만든다.

② 출력 함수가 0인 항만을 추출하여 이들의 논리곱을 만든다.

이 방법에 의해 표 4-25의 출력 함수 Y는 다음과 같이 나타낼 수 있다.

$$Y=(A+\overline{B})(\overline{A}+B)$$

이와 같이 합의 곱으로 된 일반적인 형식은 부울 대수식의 또 다른 표준 형식이 되며, 그 각 항을 최대항(max-term)이라 한다. $Y=(A+\overline{B})(\overline{A}+B)$은 앞에서 설명한 것과 같이 진리표에서 곱의 합 항을 취하여 만든 부울 대수식과 그 결과는 일치해야 한다. 그것을 확인하기 위해서 표 4-26과 같이 곱의 항을 만들면 출력 Y는

$$Y=\overline{A}\,\overline{B}+AB$$

로 된다. 한편 $(A+\overline{B})(\overline{A}+B)$에 분배 법칙을 적용하면 $\overline{A}\,\overline{B}+AB$와 일치하는 것을 알 수 있다.

$$Y=A\overline{A}+AB+\overline{A}\,\overline{B}+B\overline{B}=AB+\overline{A}\,\overline{B}$$

표 4-26

A	B	Y	곱의 항
0	0	1	$\overline{A}\,\overline{B}$
0	1	0	$\overline{A}B$
1	0	0	$A\overline{B}$
1	1	1	AB

◐ 예제 4-17

표 4-24로부터 합의 곱 형식에 의한 부울 대수식을 작성하라.

✔ **풀이** 합의 곱 항을 만들면 표 4-27과 같이 되기 때문에 이것으로부터 합의 곱을 만들기 위해서 출력 함수 Y가 0인 항에 주목한다.

표 4-27

A	B	C	Y	합의 항
0	0	0	1	$(A+B+C)$
0	0	1	0	$(A+B+\overline{C})$
0	1	0	1	$(A+\overline{B}+C)$
0	1	1	0	$(A+\overline{B}+\overline{C})$
1	0	0	1	$(\overline{A}+B+C)$
1	0	1	0	$(\overline{A}+B+\overline{C})$
1	1	0	1	$(\overline{A}+\overline{B}+C)$
1	1	1	0	$(\overline{A}+\overline{B}+\overline{C})$

$$Y=(A+B+\overline{C})(A+\overline{B}+\overline{C})(\overline{A}+B+\overline{C})(\overline{A}+\overline{B}+\overline{C})$$

이 부울 대수식을 간소화하기 위해서 드모르간의 정리를 이용하여 부울 함수 Y의 부정을 취하면 다음과 같다.

$$\begin{aligned}\overline{Y} &= \overline{A}\,\overline{B}C+\overline{A}BC+A\overline{B}C+ABC \\ &= \overline{A}C(B+\overline{B})+AC(B+\overline{B}) \\ &= \overline{A}C+AC \\ &= C(A+\overline{A}) \\ &= C\end{aligned}$$

그러므로 $Y=\overline{\overline{Y}}=\overline{C}$ 이다.

Chapter 04 연습문제

1. AND 게이트와 OR 게이트를 사용하여 $Y = AB + BCD$의 논리 회로를 만들라.

2. 인버터, AND 게이트, OR 게이트를 사용하여 $Y = A + \overline{B}\,C$의 논리 회로를 만들라.

3. 4입력 NAND 게이트와 인버터를 사용하여 10입력 NAND 회로를 만들라.

4. NAND 게이트만을 사용하여 $Y = A + \overline{B}C$ 의 논리 회로를 만들라.

5. NOR 게이트만을 사용하여 $Y = (A + B)(C + D)$의 논리 회로를 만들라.

6. 그림 4-42와 같은 논리 회로의 출력 Y를 구하라.

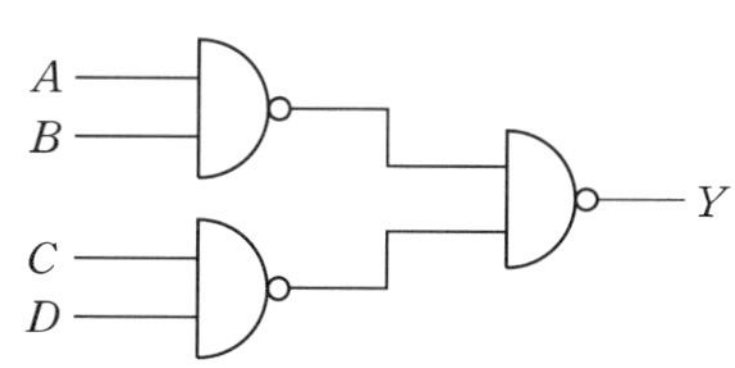

그림 4-42

7. 그림 4-43과 같은 논리 회로의 출력 Y를 구하라.

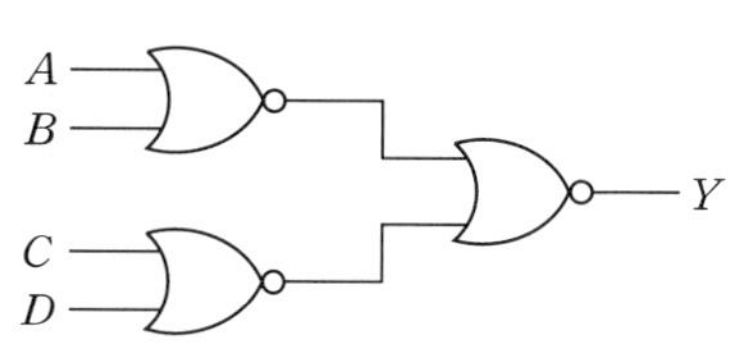

그림 4-43

8. 그림 4–44와 같은 논리 회로의 출력 Y를 구하라.

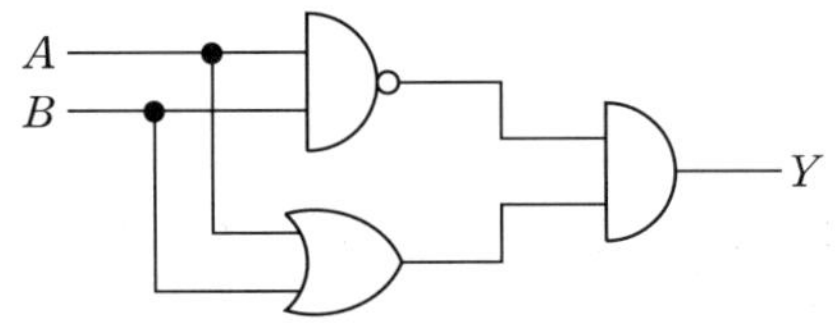

그림 4–44

9. 그림 4–45와 같은 논리 회로의 출력 Y를 구하라.

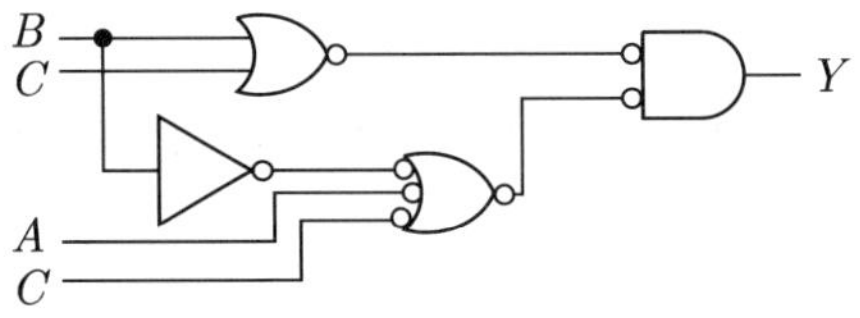

그림 4–45

10. 그림 4–46과 같은 논리 회로의 출력 Y를 구하라.

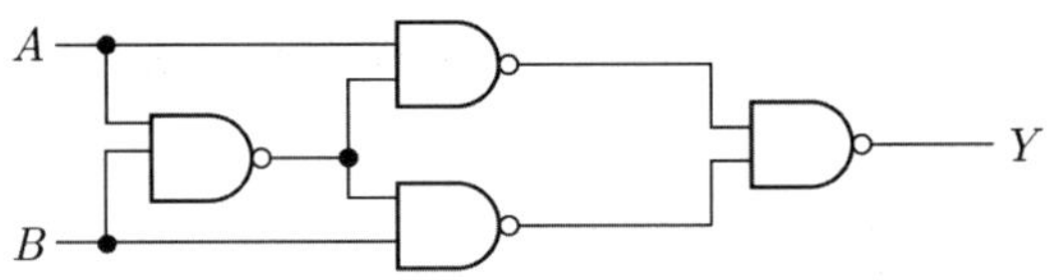

그림 4–46

11. NAND 게이트만을 사용하여 $A\overline{B}+\overline{A}B$의 연산을 수행하는 논리 회로를 구성하라.

12. $Y = AB + CD$의 논리 회로를

① AND, OR 게이트를 사용하여 그려라.

② NAND 게이트만을 사용하여 그려라.

③ NOR 게이트만을 사용하여 그려라.

13. 다음의 부울 대수식을 진리표로 나타내라.

① $AB+\overline{A}\,\overline{B}$　　② $A(\overline{B}+C)+\overline{A}B$

③ $(A+B)(\overline{A}+C)$　　④ $A+\overline{A}B$

14. 다음 부울 대수식의 쌍대를 구하라.

① $1\cdot A+B\overline{C}+0$　　② $A+BC=(A+B)(A+C)$

③ $A(\overline{A}+B)=AB$　　④ $(A+B)(\overline{A}+\overline{B})=A\overline{B}+\overline{A}B$

15. 다음 부울 대수식의 부정을 구하라.

① $A\overline{B}+\overline{A}B$　　② $\overline{A}\,\overline{B}+AB$

③ $0\cdot A+B\overline{C}+0$　　④ $(\overline{A}+B)(A+\overline{B})$

16. 다음의 부울 대수식을 진리표를 이용하여 증명하라.

① $A+BC=(A+B)(A+C)$　　② $(A+\overline{B})B=AB$

③ $(\overline{A}+\overline{B})(A+B)=\overline{A}B+A\overline{B}$　　④ $(\overline{A}+B)(A+\overline{B})=\overline{A}\,\overline{B}+AB$

17. 다음의 부울 대수식을 간소화하라.

① $(A+B)(A+C)+ABC$

② $\overline{(\overline{CD}+A)}+A+CD+AB$

③ $(A+\overline{B})(B+C)(A+C)$

④ $ABC+\overline{A}B+AB\overline{C}$

⑤ $\overline{A}+\overline{A}\,\overline{B}+BC\overline{D}+B\overline{D}$

⑥ $\overline{(A+B)}\;\overline{(\overline{A}+\overline{B})}$

⑦ $A+\overline{A}B+\overline{(A+B)}C+\overline{(A+B+C)}D$

⑧ $\overline{\overline{(\overline{A}+B)}+\overline{(A+\overline{B})}}+\overline{\overline{(\overline{A}B)}\;\overline{(A\overline{B})}}$

18. 다음의 부울 대수식을 컨센서스 정리를 이용하여 간소화하라.

① $AB+\overline{A}CD+AC+BCD$　　② $(\overline{B}+C)(B+\overline{C})(A+C)(A+B)$

③ $AB+AC+B\overline{C}+\overline{B}C+\overline{A}\,\overline{B}$　　④ $A\overline{B}+B\overline{C}+\overline{B}C+\overline{A}B$

19. 표 4-28에 나타낸 대로 부울 대수식 Y를 작성하고, 이것을 간소화하라.

표 4-28

A	B	C	Y
0	0	0	1
0	0	1	1
0	1	0	0
0	1	1	0
1	0	0	1
1	0	1	1
1	1	0	1
1	1	1	0

20. 표 4-29에 나타낸 대로 부울 대수식 X, Y, Z를 작성하고, 이것을 간소화하라.

표 4-29

A	B	C	X	Y	Z
0	0	0	1	1	0
0	0	1	0	1	1
0	1	0	0	1	1
0	1	1	1	1	0
1	0	0	1	1	1
1	0	1	0	0	1
1	1	0	0	0	0
1	1	1	1	0	0

Chapter 05 | 논리함수의 간소화

부울 대수의 법칙과 규칙들을 이용하여 논리함수를 간소화하는 과정은 상당한 숙련이 필요하다는 것을 알았을 것이다. 그것은 어떤 논리함수가 주어졌을 때 이 논리함수의 간소화된 부울 대수식을 구하기 위하여 부울 대수의 법칙과 규칙을 이용하여 간소화시키는 과정에서 어떤 법칙과 규칙을 사용하여야 가장 간소화된 형태를 갖게 될 것인지 확신하기가 매우 어렵다.

이 장에서는 논리함수의 표준형, NAND 게이트와 SOP 형식, NOR 게이트와 POS 형식, 코드 변환 논리회로, 누구나 숙련을 필요로 하지 않고 그 결과에 만족할 수 있는 논리함수의 간소화 방법인 카르노도(Karnaugh Map)에 의한 방법과 Quine McClusky의 검표법(Tabular Method)에 대하여 설명한다.

5-1 논리함수의 표준형

논리함수는 논리함수 내에 포함되어 있는 변수들의 다항식 표시 형식인 최소항의 합이나 쌍대의 형태인 최대항의 곱으로 나타낼 수 있다.

여기서 n개 변수로 이루어지는 n 변수의 최소항은 n개 문자들의 곱의 형태를 취하며, n 변수의 최대항은 n개 문자들의 합의 형태를 취한다. 그리고 최소항이나 최대항의 각 변수는 그 변수나 그 변수의 보수 형태로 단 한 번만 나타난다.

예를 들어 세 변수 A, B, C로 이루어지는 최소항의 합의 형태와 최대항의 곱의 형태를 나타내면 다음과 같다.

(1) $f(A, B, C) = \overline{A}\,\overline{B}C + \overline{A}B\overline{C} + A\overline{B}\,\overline{C} + A\overline{B}C$

: 표준 논리곱의 합 형식

(2) $f(A, B, C) = (\overline{A} + \overline{B} + C)(\overline{A} + B + \overline{C})(A + \overline{B} + \overline{C})(A + \overline{B} + C)$

: 표준 논리합의 곱 형식

이것을 각각 표준 SOP(sum of product) 형식 (1), 표준 POS(product of sum) 형식 (2)라

한다. 그리고 식 (1), (2)를 간소화하여 다음의 식 (3)과 (4)를 얻을 수 있다.

(3) $f(A, B, C) = A\overline{B} + \overline{B}C + \overline{A}B\overline{C}$

(4) $f(A, B, C) = (A+\overline{B})(\overline{B}+C)(\overline{A}+B+\overline{C})$

여기서 식 (3)과 식 (4)의 첫 번째 항에는 C가, 두 번째 항에는 A가 포함되어 있지 않은 것을 알 수 있다. 이와 같이 일부의 변수가 없는 논리식은 표준 형식이 아니라 단순히 곱의 합(SOP) 형식과 합의 곱(POS) 형식이라 한다.

예제 5-1

논리함수 $f(A, B, C, D) = A\overline{B}$가 있는데, 이것을 표준 SOP 형식으로 나타내라.

✔ **풀이** $f(A, B, C, D) = A\overline{B}$ 중에는 C와 D의 변수가 포함되어 있지 않으므로 이것을 포함시키려면 없는 변수를 1로 만들어 논리곱을 만들면 된다. 즉, $(C+\overline{C})(D+\overline{D})$와의 논리곱을 만들면 되는 것이다.

$$\begin{aligned} f(A, B, C, D) &= A\overline{B}(C+\overline{C})(D+\overline{D}) \\ &= (A\overline{B}C + A\overline{B}\,\overline{C})(D+D) \\ &= A\overline{B}CD + A\overline{B}C\overline{D} + A\overline{B}\,\overline{C}D + A\overline{B}\,\overline{C}\,\overline{D} \end{aligned}$$

예제 5-2

논리함수 $f(A, B, C, D) = (\overline{A}+B+\overline{C})(A+\overline{D})$가 있는데 이것을 표준 POS 형식으로 나타내라.

✔ **풀이** $f(A, B, C, D) = (\overline{A}+B+\overline{C})(A+\overline{D})$의 첫 번째 괄호 안에는 D의 변수가 포함되어 있지 않고, 두 번째 괄호 안에는 B와 C의 변수가 포함되어 있지 않으므로 이것을 포함시키려면 없는 변수를 0으로 만들어 논리합을 만들면 된다. 즉, 첫 번째 괄호에는 $D\overline{D}$와의 논리합 항을 만들어 분배 법칙을 적용하면 된다.

$$(\overline{A}+B+\overline{C}) + D\overline{D} = (\overline{A}+B+\overline{C}+D)(\overline{A}+B+\overline{C}+\overline{D})$$

두 번째 괄호에는 두 개의 변수 B와 C가 포함되어 있지 않으므로 이것을 포함시키려면 두 번째 괄호와 $B\overline{B}$와의 논리합 항을 만들어 분배 법칙을 적용하고, 그 결과에 각각 $C\overline{C}$와의 논리합 항을 만들어 분배 법칙을 적용하면 된다.

$$(A+\overline{D})=(A+\overline{D})+B\overline{B}=(A+B+\overline{D})(A+\overline{B}+\overline{D})$$
$$(A+B+\overline{D})=(A+B+\overline{D})+C\overline{C}=(A+B+C+\overline{D})(A+B+\overline{C}+\overline{D})$$
$$(A+\overline{B}+\overline{D})=(A+\overline{B}+\overline{D})+C\overline{C}=(A+\overline{B}+C+\overline{D})(A+\overline{B}+\overline{C}+\overline{D})$$

이상의 결과로부터 논리곱을 만들면 표준 POS 형식으로 되지만 만약 최종 항에서 공통의 항이 나오면 이것은 하나만 있으면 된다.

$$\begin{aligned} f(A,B,C,D)=&(\overline{A}+B+\overline{C}+D)(\overline{A}+B+\overline{C}+\overline{D})(A+B+C+\overline{D})\\ &(A+B+\overline{C}+\overline{D})(A+\overline{B}+C+\overline{D})(A+\overline{B}+\overline{C}+\overline{D})\end{aligned}$$

표준 SOP 형식이나 표준 POS 형식은 변수가 많아지면 논리식이 길어져 틀리기 쉬우므로 이것을 수치 형식으로 나타내면 편리하다.

예를 들어 다음의 표준 SOP 형식의 논리식을 $\sum$를 이용하여 나타내면

$$\begin{aligned} f(A,B,C,D)&=\underbrace{A\overline{B}CD}_{\substack{1011\\11}}+\underbrace{A\overline{B}C\overline{D}}_{\substack{1010\\10}}+\underbrace{A\overline{B}\,\overline{C}D}_{\substack{1001\\9}}+\underbrace{A\overline{B}\,\overline{C}\,\overline{D}}_{\substack{1000\\8}}\\ &=\sum(8,9,10,11)\end{aligned}$$

이 된다.

이와 같이 각 항의 변수가 그 변수면 1을, 그 변수의 보수면 0을 할당하여 이것을 2진수로 나타낸 후 $\sum$ 기호를 이용하여 나타내면 합한다는 의미를 갖게 하는 것이다. 또한 이것은 최소항이라는 용어를 사용하여 다음과 같이 표현할 수도 있다.

$$f(A,B,C,D)=m_8+m_9+m_{10}+m_{11}$$

◐ 예제 5-3

논리함수 $f(A,B,C,D)=\sum(1,5,7,12)$를 표준 SOP 형식으로 나타내라.

✔ **풀이**

$$\begin{aligned} f(A,B,C,D)&=\sum(1,5,7,12)\\ &=0001+0101+0111+1100\\ &=\overline{A}\,\overline{B}\,\overline{C}D+\overline{A}B\overline{C}D+\overline{A}BCD+AB\overline{C}\,\overline{D}\end{aligned}$$

이번에는 표준 POS 형식의 논리식을 수치 형식으로 나타내는 방법에 대하여 알아보자. 예를 들어 다음의 논리함수 $f(A, B, C, D)$를 Π 기호를 이용하여 나타내면

$$f(A, B, C, D) = (\overline{A}+B+C+\overline{D})(A+\overline{B}+\overline{C}+\overline{D})(A+B+C+\overline{D})$$

$$\downarrow\ \downarrow\ \downarrow\ \downarrow\ \ \downarrow\ \downarrow\ \downarrow\ \downarrow\ \ \downarrow\ \downarrow\ \downarrow\ \downarrow$$

$$\underbrace{1\ \ 0\ \ 0\ \ 1}_{9}\ \ \underbrace{0\ \ 1\ \ 1\ \ 1}_{7}\ \ \underbrace{0\ \ 0\ \ 0\ \ 1}_{1}$$

$$= \Pi(1, 7, 9)$$

가 된다.

각 항의 변수가 그 변수면 0을, 그 변수의 보수면 1을 할당하여 이것을 2진수로 나타낸 후 Π 기호를 이용하여 나타내면 곱한다는 의미를 갖게 하는 것이다. 또한 최대항이라는 용어를 사용하여 다음과 같이 나타낼 수도 있다.

$$f(A, B, C, D) = M_1 \cdot M_7 \cdot M_9$$

예제 5-4

논리함수 $f(A, B, C, D) = \Pi(0, 8, 15)$를 표준 POS 형식으로 나타내라.

풀이

$$\begin{aligned} f(A, B, C, D) &= \Pi(0, 8, 15) \\ &= (0000)(1000)(1111) \\ &= (A+B+C+D)(\overline{A}+B+C+D)(\overline{A}+\overline{B}+\overline{C}+\overline{D}) \end{aligned}$$

예제 5-5

논리함수 $f(A, B, C, D) = B+C$ 를 POS 형식의 수치 표현으로 나타내라.

풀이 $f(A, B, C, D) = B+C$를 표준 POS 형식으로 변환한 다음 수치 표현으로 나타내면 된다.

$$\begin{aligned} f(A, B, C, D) &= B+C = A\overline{A}+(B+C) \\ &= (A+B+C)(\overline{A}+B+C) \end{aligned}$$

$$\begin{aligned} (A+B+C) &= (A+B+C)+D\overline{D} \\ &= (A+B+C+D)(A+B+C+\overline{D}) \end{aligned}$$

$$(\overline{A}+B+C)=(\overline{A}+B+C)+D\overline{D}=(\overline{A}+B+C+D)(\overline{A}+B+C+\overline{D})$$

$$f(A,B,C,D)=\underbrace{(A+B+C+D)}_{0000 \to 0}\underbrace{(A+B+C+\overline{D})}_{0001 \to 1}\underbrace{(\overline{A}+B+C+D)}_{1000 \to 8}\underbrace{(\overline{A}+B+C+\overline{D})}_{1001 \to 9}$$

$$=\Pi(0,1,8,9)$$

예제를 통하여 알 수 있듯이 최소항의 표시가 최대항의 표시보다 직관적으로 알아보기 쉽다는 것을 알 수 있다.

표 5-1에 3변수로 이루어지는 논리식의 최소항과 최대항과의 관계를 나타냈으며, 여기서 최소항을 m_i, 최대항을 M_i로 나타내었다.

표 5-1

10진수 (i)	A B C	최소항 (m_i)	최대항 (M_i)
0	0 0 0	$\overline{A}\,\overline{B}\,\overline{C}=m_0$	$A+B+C=M_0$
1	0 0 1	$\overline{A}\,\overline{B}C=m_1$	$A+B+\overline{C}=M_1$
2	0 1 0	$\overline{A}B\overline{C}=m_2$	$A+\overline{B}+C=M_2$
3	0 1 1	$\overline{A}BC=m_3$	$A+\overline{B}+\overline{C}=M_3$
4	1 0 0	$A\overline{B}\,\overline{C}=m_4$	$\overline{A}+B+C=M_4$
5	1 0 1	$A\overline{B}C=m_5$	$\overline{A}+B+\overline{C}=M_5$
6	1 1 0	$AB\overline{C}=m_6$	$\overline{A}+\overline{B}+C=M_6$
7	1 1 1	$ABC=m_7$	$\overline{A}+\overline{B}+\overline{C}=M_7$

표 5-1로부터 최소항과 최대항의 관계를 알아보자. 최소항과 최대항 사이에는 쌍대 관계가 성립한다.

(1) 최소항의 부정은 최대항이 되고, 최대항의 부정은 최소항이 된다. 즉,

$$\overline{m_i}=M_i$$

$$\overline{M_i}=m_i$$

가 성립한다. 예를 들어

$$\overline{m_5} = \overline{A\overline{B}C} = \overline{A} + B + \overline{C} = M_5$$

가 되고,

$$\overline{M_2} = \overline{A + \overline{B} + C} = \overline{A}B\overline{C} = m_2$$

가 되므로 위의 관계가 성립한다.

(2) 서로 다른 최소항과의 곱은 0이 되고, 서로 다른 최대항과의 합은 1이 된다. 즉,

$$m_i \cdot m_j = \begin{cases} 0, & (i \neq j) \\ m_{i,} & (i = j) \end{cases}$$

$$M_i \cdot M_j = \begin{cases} 1, & (i \neq j) \\ M_{i,} & (i = j) \end{cases}$$

가 성립한다. 예를 들어

$$m_1 \cdot m_7 = (\overline{A}\,\overline{B}C)(ABC) = A\overline{A}\,B\overline{B}CC = 0$$

이 되고,

$$\begin{aligned} M_1 + M_7 &= (A + B + \overline{C}) + (\overline{A} + \overline{B} + \overline{C}) \\ &= (A + \overline{A}) + (B + \overline{B}) + (\overline{C} + \overline{C}) \\ &= 1 + 1 + \overline{C} \\ &= 1 \end{aligned}$$

이 되므로 위의 관계가 성립한다.

(3) 모든 최소항의 합은 1이 되고, 모든 최대항의 곱은 0이 된다. 즉,

$$\sum_{i=0}^{2^n-1} m_i = 1$$

$$\prod_{i=0}^{2^n-1} M_i = 0$$

이 성립한다. 예를 들어 3변수인 경우 표 5-1에서 보듯이

$$\begin{aligned} (A + \overline{A})(B + \overline{B})(C + \overline{C}) &= ABC + AB\overline{C} + A\overline{B}C + A\overline{B}\,\overline{C} + \overline{A}\,BC \\ &\quad + \overline{A}\,B\overline{C} + \overline{A}\,\overline{B}C + \overline{A}\,\overline{B}\,\overline{C} \end{aligned}$$

$$= \sum_{i=0}^{7} m_i$$

$$= 1$$

이 성립한다. 그리고 위의 논리식에 쌍대의 관계를 적용하면

$$\begin{aligned} A\overline{A} + B\overline{B} + C\overline{C} &= (A+B+C)(A+B+\overline{C})(A+\overline{B}+C)(A+\overline{B}+\overline{C}) \\ &\quad (\overline{A}+B+C)(\overline{A}+B+\overline{C})(\overline{A}+\overline{B}+C)(\overline{A}+\overline{B}+\overline{C}) \\ &= \prod_{i=0}^{7} M_i \\ &= 0 \end{aligned}$$

이 성립한다.

◐ 예제 5-6

다음과 같이 3변수로 이루어지는 최대항 형식의 논리함수 $f(A, B, C) = M_2 \cdot M_4 \cdot M_7$을 최소항 형식으로 변환하라.

✔ **풀이** $f(A,B,C)$의 부정을 구하면

$$\overline{f(A, B, C)} = \overline{M_2 \cdot M_4 \cdot {}_7} = \overline{M_2} + \overline{M_4} + \overline{M_7} = m_2 + m_4 + m_7$$

이 되고, 이 식에 다시 부정을 취하면

$$\overline{\overline{f(A, B, C)}} = m_0 + m_1 + m_3 + m_5 + m_6$$

이 된다. 따라서 최대항 형식의 논리함수 $f(A, B, C) = M_2 \cdot M_4 \cdot M_7$는 최소항 형식의 논리함수 $f(A, B, C) = m_0 + m_1 + m_3 + m_5 + m_6$이 성립한다. 그러면 최소항의 합 형식인 Σ 함수의 수치와 최대항의 곱 형식인 Π 함수의 수치는 상호 보수 관계에 있으며, Σ 함수 속에 포함되어 있는 수치는 Π 함수 속에는 포함되어 있지 않게 된다.

◐ 예제 5-7

$f(A, B, C) = \Sigma(1, 3, 6, 7)$인 논리함수가 있는데 이것을 $f(A, B, C) = \Pi(\quad\quad)$ 형식으로 나타내라.

✔ **풀이** $f(A,B,C) = \Sigma(1,\ 3,\ 6,\ 7)$로 진리표를 만들면 표 5-2와 같다.

표 5-2

10진수	ABC	f
0	0 0 0	0
1	0 0 1	1
2	0 1 0	0
3	0 1 1	1
4	1 0 0	0
5	1 0 1	0
6	1 1 0	1
7	1 1 1	1

표 5-2에서처럼 논리함수 f에 대한 SOP 형식은 Σ 수치에 해당하는 행의 f를 1로 놓은 값이 된다. 한편 POS 형식인 Π의 수치는 진리표의 $f=0$인 행에 의하여 결정되기 때문에

$$\overline{f(A,B,C)} = \overline{A}\,\overline{B}\,\overline{C} + \overline{A}\,B\,\overline{C} + A\,\overline{B}\,\overline{C} + A\,\overline{B}\,C$$

$$\overline{\overline{f(A,B,C)}} = f(A,B,C) = \underbrace{(A+B+C)}_{\substack{0\ 0\ 0 \\ 0}}\underbrace{(A+\overline{B}+C)}_{\substack{0\ 1\ 0 \\ 2}}\underbrace{(\overline{A}+B+C)}_{\substack{1\ 0\ 0 \\ 4}}\underbrace{(\overline{A}+B+\overline{C})}_{\substack{1\ 0\ 1 \\ 5}}$$

$$= \Pi(0, 2, 4, 5)$$

로 되며, 이것은 Σ 수치에 없는 수치이다.

예제 5-8

$f(A, B, C) = \Sigma(1, 3, 5, 7)$을 SOP 형식의 논리식으로 나타내고, 또 POS 형식의 논리식으로도 나타내라.

✔ **풀이**

$$\begin{aligned} f(A, B, C) &= \Sigma(1, 3, 5, 7) \\ &= \overline{A}\,\overline{B}C + \overline{A}BC + A\overline{B}C + ABC \\ &= \overline{A}C + AC = C(A + \overline{A}) \\ &= C \end{aligned}$$

Σ의 수치 이외의 것을 선택하면 Π의 수치가 얻어진다.

$$\begin{aligned} f(A, B, C) &= \Pi(0, 2, 4, 6) \\ &= (A + B + C)(A + \overline{B} + C)(\overline{A} + B + C)(\overline{A} + \overline{B} + C) \\ \overline{f(A, B, C)} &= \overline{A}\,\overline{B}\,\overline{C} + \overline{A}B\overline{C} + A\overline{B}\,\overline{C} + AB\overline{C} \\ &= \overline{A}\,\overline{C}(B + \overline{B}) + A\overline{C}(B + \overline{B}) \\ &= \overline{A}\,\overline{C} + A\overline{C} = \overline{C}(A + \overline{A}) \\ &= \overline{C} \\ f(A, B, C) &= \overline{\overline{f(A, B, C)}} = \overline{\overline{C}} = C \end{aligned}$$

5-2 NAND 게이트와 SOP 형식

인버터, AND, OR 게이트만 있으면 어떠한 논리식도 게이트 회로로 구성할 수 있으며, NAND 게이트는 그 자체만으로 어떠한 논리식도 논리회로로 구성할 수 있는 만능 게이트이다. 인버터, AND, OR 게이트로 구성된 논리회로와 NAND 게이트만으로 구성된 논리회로의 게이트 수가 같아도 NAND 게이트만으로 구성된 논리회로가 좋다고 할 수 있다. 왜냐하면 각각의 서로 다른 IC를 사용하면 IC의 개수가 늘어나게 되지만 NAND 게이트만으로 논리회로를 구성하면 IC의 수가 줄어드는 효과가 있다.

1 논리식의 변형

NAND 게이트만의 논리회로를 구성하기 위해서는 간소화된 논리식을 NAND만의 연산을 갖도록 변형함으로써 가능하다. 이것은 부울 대수의 규칙 중 2중 부정과 드모르간의 정리를 사용하여 변형한다.

예제 5-9

$Y = A\overline{B} + \overline{A}B$의 논리식을 NAND 게이트만을 이용하여 논리회로를 구성하라.

✔ **풀이** 주어진 논리식에 2중 부정을 취하고, 드모르간의 정리를 적용하여 변형하면 다음과 같고, 이것을 논리회로로 나타내면 그림 5-1과 같다. 그림에서 입력단 앞의 인버터는 버블을 사용한다.

$$Y = A\overline{B} + \overline{A}B = \overline{\overline{A\overline{B} + \overline{A}B}} = \overline{(\overline{A\overline{B}})(\overline{\overline{A}B})}$$

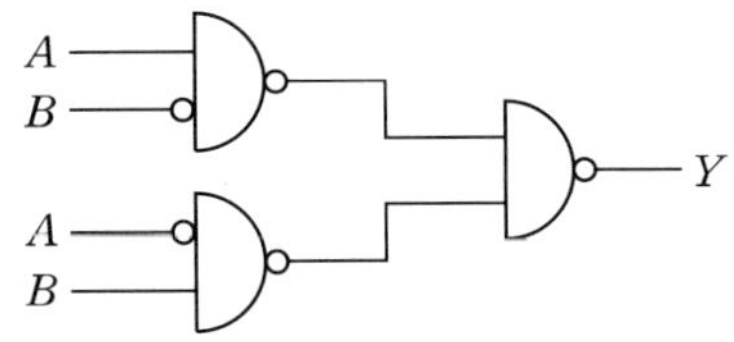

그림 5-1

예제 5-10

표 5-3의 진리표로부터 NAND 게이트만을 사용하여 논리회로를 구성하라.

표 5-3

A B C	Y
0 0 0	0
0 0 1	1
0 1 0	1
0 1 1	1
1 0 0	1
1 0 1	0
1 1 0	1
1 1 1	0

✔ **풀이** 진리표로부터 출력이 1인 항을 이용하여 SOP 형식의 논리식을 구하고, 이 논리식에 2중 부정을 취한 후 드모르간의 정리를 적용하면 다음과 같이 변형할 수 있다.

$$\begin{aligned} Y &= \overline{A}\,\overline{B}C + \overline{A}B\overline{C} + \overline{A}BC + A\overline{B}\,\overline{C} + AB\overline{C} \\ &= \overline{A}C(B+\overline{B}) + B\overline{C}(A+\overline{A}) + A\overline{C}(B+\overline{B}) \\ &= \overline{A}C + B\overline{C} + A\overline{C} \\ &= \overline{\overline{\overline{A}C + B\overline{C} + A\overline{C}}} \\ &= \overline{\overline{(\overline{A}C)}\ \overline{(B\overline{C})}\ \overline{(A\overline{C})}} \end{aligned}$$

변형된 식을 이용하여 NAND 게이트만으로 논리회로를 구성하면 그림 5-2와 같다.

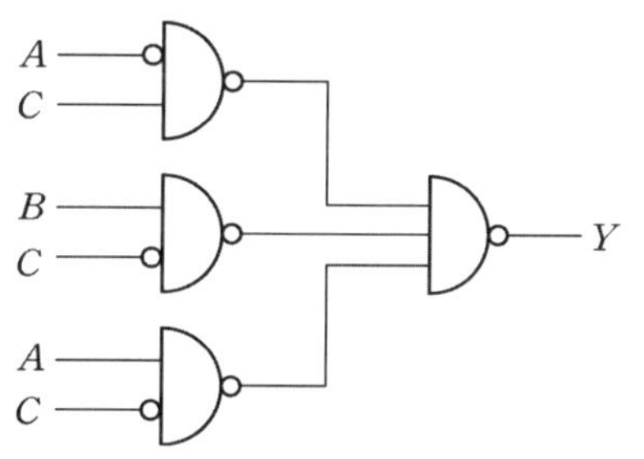

그림 5-2

2 등가의 게이트 변환

SOP 형식으로 표현된 논리식은 AND 게이트와 이것에 연결되는 OR 게이트를 이용하면 논리회로를 만들 수 있으나 NAND 게이트를 2단 이용하여 논리회로를 구성하면 간단하다. 1단은 AND 동작을 시키고, 2단째는 부논리 입력의 OR 동작을 시키면 된다.

예제 5-11

$Y = AB + \overline{A}\,\overline{B}$의 논리식이 있다.

① AND, OR, NOT 게이트를 이용하여 논리회로를 구성하라.

② NAND 게이트만을 이용하여 논리회로를 구성하라.

✔ **풀이** 그림 5-3 (a), (b)에 각각의 게이트로 실현한 논리회로를 나타내었다.

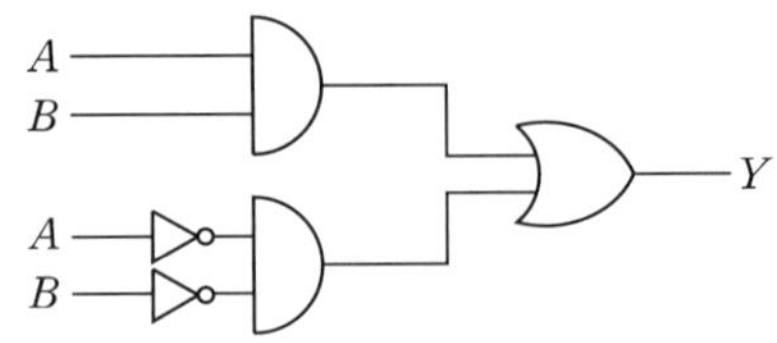

(a)

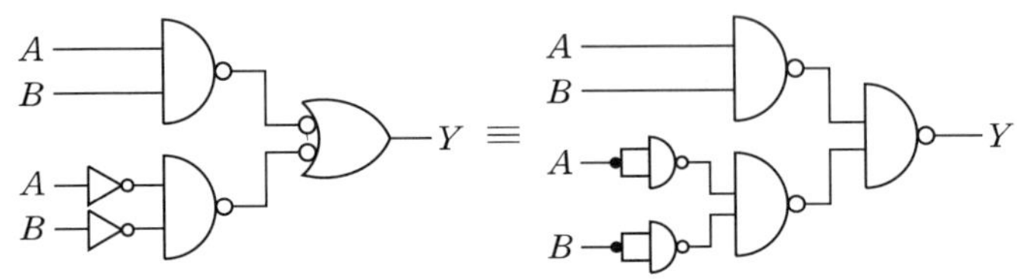

(b)

그림 5-3

5-3 NOR 게이트와 POS 형식

인버터, AND, OR 게이트만 있으면 어떠한 논리식도 게이트 회로로 구성할 수 있으며, NOR 게이트는 그 자체만으로 어떠한 논리식도 논리회로로 구성할 수 있는 만능 게이트이다. 인버터, AND, OR 게이트로 구성된 논리회로와 NOR 게이트만으로 구성된 논리회로의 게이트 수가 같아도 NOR 게이트만으로 구성된 논리회로가 좋다고 할 수 있다. 왜냐하면 각각의 서로 다른 IC를 사용하면 IC의 개수가 늘어나게 되지만 NOR 게이트만으로 논리회로를 구성하면 IC의 수가 줄어드는 효과가 있다.

1 논리식의 변형

NOR 게이트만의 논리회로를 구성하기 위해서는 간소화된 논리식을 NOR만의 연산을 갖도록 변형함으로써 가능하다. 이것은 부울 대수의 규칙 중 2중 부정과 드모르간의 정리를 사용하여 변형한다.

◐ 예제 5-12

$Y=(\overline{A}+B)(A+\overline{B})$의 논리식을 NOR 게이트만을 이용하여 논리회로를 구성하라.

✔ **풀이** 주어진 논리식에 2중 부정을 취하고, 드모르간의 정리를 적용하여 변형하면 다음과 같고, 이것을 논리회로로 나타내면 그림 5-4와 같다. 그림에서 입력단 앞의 인버터는 버블을 사용한다.

$$\begin{aligned} Y &= (\overline{A}+B)(A+\overline{B}) \\ &= \overline{\overline{(\overline{A}+B)(A+\overline{B})}} \\ &= \overline{\overline{(\overline{A}+B)}+\overline{(A+\overline{B})}} \end{aligned}$$

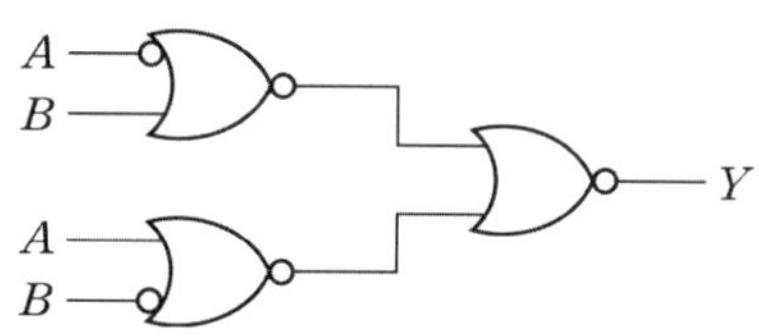

그림 5-4

◐ 예제 5-13

표 5-3의 진리표로부터 NOR 게이트만을 사용하여 논리회로를 구성하라.

✔ **풀이** 진리표로부터 출력이 0인 항을 이용하여 POS 형식의 논리식을 구하고, 컨센서스 정리를 이용하여 중복된 항을 첨가시켜 간소화한다. 간소화된 논리식에 2중 부정을 취한 후 드모르간의 정리를 적용하면 다음과 같이 변형할 수 있다.

$$\begin{aligned} Y &= (A+B+C)(\overline{A}+B+\overline{C})(\overline{A}+\overline{B}+\overline{C}) \\ &= (A+B+C)(\overline{A}+B+\overline{C})(\overline{A}+\overline{B}+\overline{C})(\overline{A}+\overline{C}) \\ &= (A+B+C)(\overline{A}+\overline{C}) \\ &= \overline{\overline{(A+B+C)(\overline{A}+\overline{C})}} \\ &= \overline{\overline{(A+B+C)}+\overline{(\overline{A}+\overline{C})}} \end{aligned}$$

변형된 식을 이용하여 NOR 게이트만으로 논리회로를 구성하면 그림 5-5와 같다.

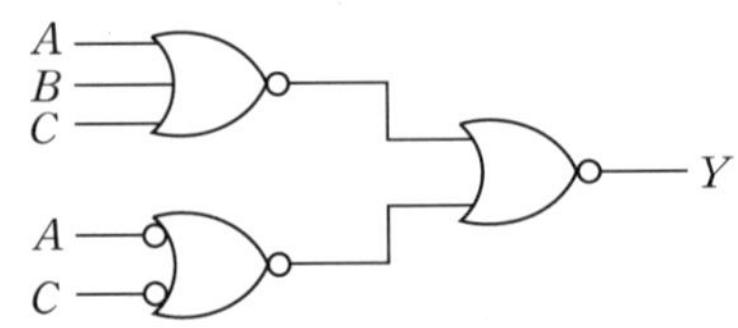

그림 5-5

2 등가의 게이트 변환

POS 형식으로 표현된 논리식은 OR 게이트와 이것에 연결되는 AND 게이트를 이용하면 논리회로를 만들 수 있으나 NOR 게이트를 2단 이용하여 논리회로를 구성하면 간단하다. 1단은 OR 동작을 시키고, 2단째는 부논리 입력의 AND 동작을 시키면 된다.

예제 5-14

논리식 $Y=(A+B)(C+D)$가 있다.

① OR, AND 게이트를 이용하여 논리회로를 구성하라.

② NOR 게이트만을 이용하여 논리회로를 구성하라.

풀이 그림 5-6 (a), (b)에 각각의 게이트를 이용하여 실현한 논리회로를 나타내었다.

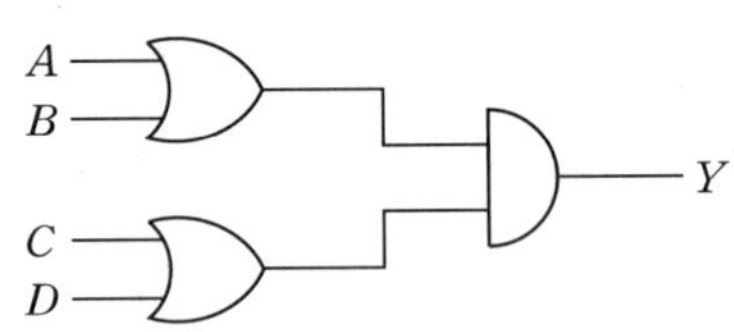

(a)

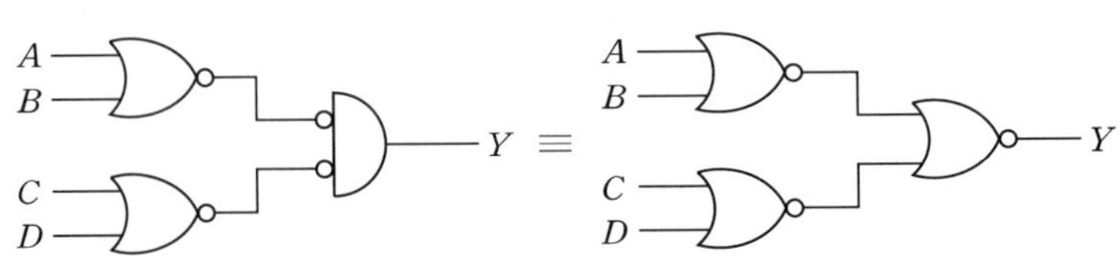

(b)

그림 5-6

5-4 카르노도(Karnaugh Map)

카르노도는 논리함수를 간소화시키기 위한 기술적인 방법의 일환으로 고안된 것으로서, 그 맵 구성은 기하 구조적인 개념을 이용하여 각 입력 상태의 조합을 카르노도에 표시함에 있어서 인접한 항과의 관계에서 1비트의 변수만 변화되도록 구성하였다. 카르노도를 구성하는 각 항들은 반드시 인접된 항들을 갖고 있고, 이 항들은 서로 인접되도록 기하 구조적으로 구성된 기하 도표이다.

예를 들어 1변수의 카르노도에서 하나의 변수 A가 취하는 값은 0과 1이므로 그림 5-7과 같이 두 개의 인접된 항으로 구성된다.

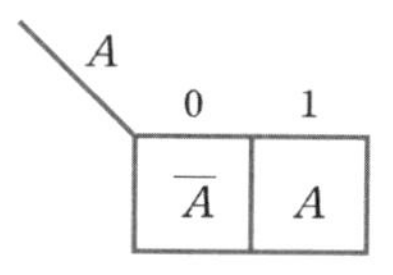

그림 5-7 1변수 카르노도

2변수 카르노도에서는 두 개의 변수 A, B가 취하는 값 역시 각각 0과 1이고, 이들 변수의 가능한 입력 조합은 $2^2=4$가지이므로 그림 5-8과 같이 4개의 인접된 항으로 구성되는 것을 알 수 있다. 여기에 각 입력 조합의 상태에 따른 출력 값 0과 1을 대입하여 카르노도를 구성하게 된다.

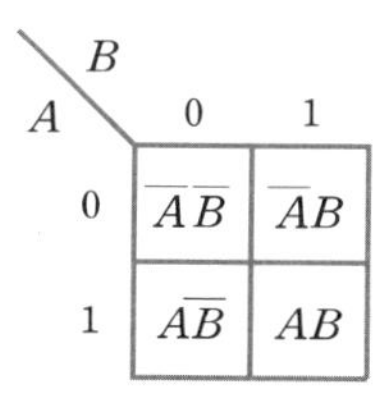

그림 5-8 2변수 카르노도

예를 들어 논리함수 $f(A, B)=1$인 입력 조합이 $f(A, B)=AB+\overline{A}\,\overline{B}$일 때의 카르노도는 그림 5-9와 같이 구성된다.

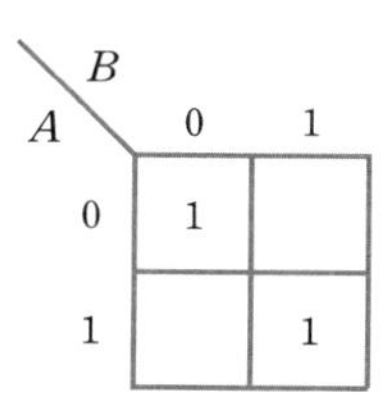

그림 5-9

이것을 2변수 SOP 또는 POS 형식의 카르노도라 하며, 같은 방법으로 3변수, 4변수 및 5변수도 구성할 수 있다. 앞에서 설명했듯이 표준 SOP 형식이나 표준 POS 형식의 논리함수를 만들어 진리표에서와 같이 함수를 구성하는 각 최소항에 대한 출력(0 또는 1)을 카르노도에 기계적으로 기입하고, 함수에 포함된 인접된 항들 간에 $A+\overline{A}=1$의 규칙을 적용함으로써 변수를 간단하게 간소화시킬 수 있는 방법이다. 이 방법은 특히 입력 변수가 5변수 이하인 경우에 효과적이며, 5변수를 넘게 되면 카르노도의 패턴을 인식할 수 있는 직관력이 떨어져 카르노도로부터 가장 간소화된 기본 형태를 취사선택하기가 어렵게 된다. 따라서 6변수 이상에서는 Quine McClusky의 검표법(Tabular method)을 사용한다. 다음에 2변수, 3변수, 4변수 및 5변수 카르노도의 실제적인 구성 방법 및 간소화 방법에 대하여 설명한다.

1 SOP 형식의 경우

1) 2변수 카르노도

2변수의 논리함수 $f(A, B)$의 카르노도에서는 입력 조합이 $2^2=4$가지이기 때문에 그림 5-8에 나타낸 것과 같이 4개의 인접한 항들이 존재한다. 여기서 4개의 각 항에는 각 변수마다 0과 1의 조합을 할당한다. 변수 A를 MSB, 변수 B를 LSB로 하는 2비트의 2진수로 치환하면 그림 5-10(a)와 같이 수치를 각 항에 기입할 수 있다. 이 수치는 SOP 형식의 $\sum(\ )$ 속의 수치에 대응하는 것이다. 예를 들면 $f(A, B)=\sum(0, 1, 3)$인 논리함수가 있을 때 이것을 카르노도에 기입하면 그림 5-10(b)와 같이 된다.

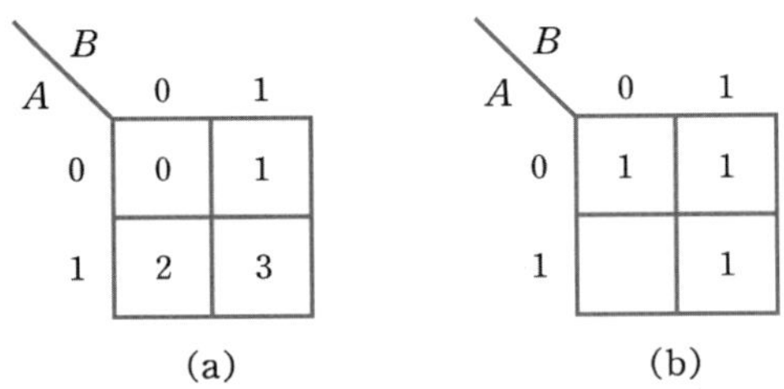

그림 5-10

논리함수를 카르노도로 간소화하는 방법은 다음과 같다.

(1) 표준 SOP 형식 또는 수치 표현으로 나타낸다.

(2) 카르노도의 해당 칸에 1이라고 기입한다.

(3) 수직, 수평으로 인접된 1의 항을 루프(loop)로 둘러싼다. 루프로 둘러싼 항의 수는 2^n개이어야 하며, 루프는 최대가 되도록 하여 간소화한다.

(4) 카르노도의 같은 단 양 끝에 있는 1의 항은 합하여 하나의 루프를 만들어 간소화한

다(rolling).

(5) 1은 여러 번 사용해도 되지만 반드시 한 번은 사용해야 한다.

(6) 각각의 루프로부터 SOP 형식의 논리식을 구한다.

(7) 0의 항이 적을 때는 POS 형식을 이용하여 간소화하는 것이 간단하고 유리하며, 1의 항이 적을 때는 SOP 형식을 이용하여 간소화하는 것이 간단하고 유리하다.

그림 5-10(b)에 대하여 루프를 만들면 그림 5-11과 같이 2개의 루프로 된다. 행의 루프는 $\Sigma(0,1) = \overline{A}\,\overline{B} + \overline{A}\,B = \overline{A}(B + \overline{B}) = \overline{A}$이며, 열의 루프는 $\Sigma(1,3) = \overline{A}\,B + AB = B(A + \overline{A}) = B$이다. 따라서 $f(A,B) = \overline{A} + B$로 간소화된다.

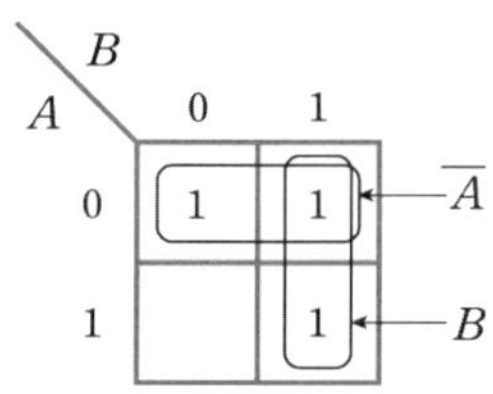

그림 5-11

예제 5-15

$f(A,B) = \overline{A}\,\overline{B} + A\overline{B} + AB$가 있을 때 카르노도를 이용하여 간소화하라.

✔ **풀이** 논리식대로 카르노도에 기입하면 그림 5-12와 같이 루프가 2개이므로 $f(A,B) = A + \overline{B}$로 된다.

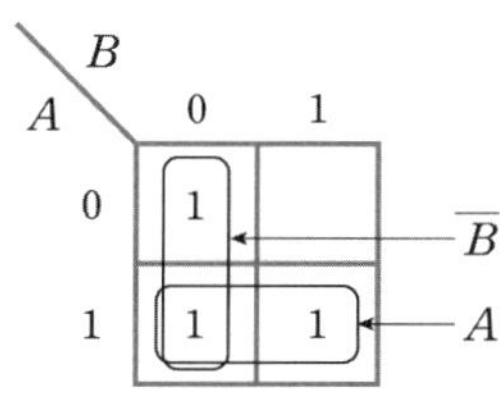

그림 5-12

2) 3변수 카르노도

3변수의 논리함수 $f(A, B, C)$의 카르노도에서는 입력 조합이 $2^3 = 8$가지이므로 그림 5-13(a)에 나타낸 것과 같이 8개의 인접한 항들이 존재한다. 여기서 8개의 각 항에는 각 변수마다 0과 1의 조합을 할당하는데 이때 BC 항의 0과 1의 배열 순서에 주의해야 한다. 각 항 사이에는 1비트만 변해야 하므로 3번째(11)와 4번째(10)를 반대로 하지 말아야 한다. 즉, 계속되는 수의 변화가 1비트만 바꾸어주면 다음의 코드 수로 넘어가는 그레이 코드를 사용하면 되는 것이다. 그래서 변수 A를 MSB, 변수 C를 LSB로 하는 3비트의 2진수로 치환하면 그림 5-13(b)와 같이 수치를 각 항에 기입할 수 있다. 이 수치는 SOP 형식의 $\sum(\ )$ 속의 수치에 대응하는 것이다.

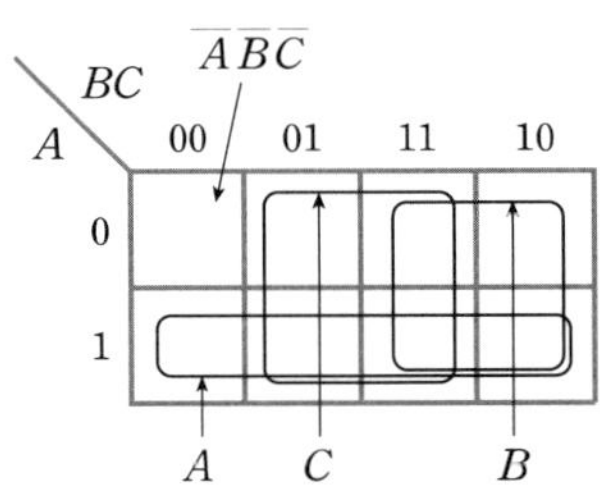

(a)

A \ BC	00	01	11	10
0	0	1	3	2
1	4	5	7	6

(b)

A \ BC	00	01	11	10
0	1		1	1
1	1		1	1

(c)

그림 5-13 3변수 카르노도

예를 들어 $f(A, B, C) = \sum(0, 2, 3, 4, 6, 7)$인 논리함수가 있을 때 이것을 카르노도에 기입하면 그림 5-13(c)와 같다. 그림 5-13(c)에 대해서 루프를 만들면 그림 5-14(a)와 같이 2개의 루프가 된다.

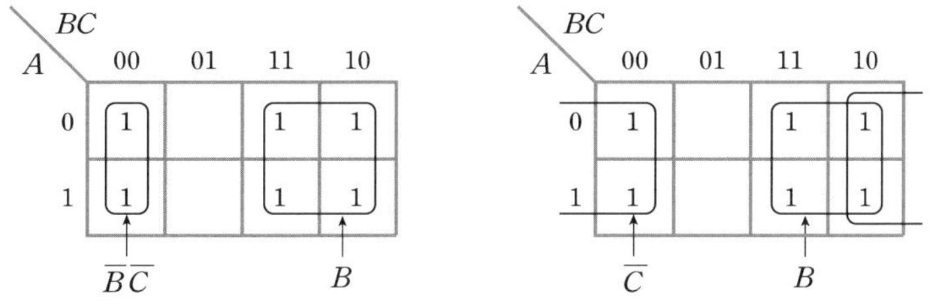

(a) $f(A,B,C)=B+\overline{B}\,\overline{C}$ (b) $f(A,B,C)=B+\overline{C}$

그림 5-14

왼쪽의 루프는 $\sum(0,4)=\overline{A}\,\overline{B}\,\overline{C}+A\overline{B}\,\overline{C}=\overline{B}\,\overline{C}$이며, 오른쪽 루프는 $\sum(2,3,6,7)=\overline{A}B\overline{C}+\overline{A}BC+AB\overline{C}+ABC=B$이다. 따라서 $f(A,B,C)=B+\overline{B}\,\overline{C}$로 간소화된다. 그러나 루프는 그림 5-14(b)와 같이 선정해야 한다. 같은 단 양 끝에 있는 1의 항은 합하여 하나의 루프를 만들어 간소화할 수 있다. 왼쪽의 루프는 $\sum(0,2,4,6)=\overline{A}\,\overline{B}\,\overline{C}+\overline{A}B\overline{C}+A\overline{B}\,\overline{C}+AB\overline{C}=\overline{C}$이며, 오른쪽 루프는 $\sum(2,3,6,7)=\overline{A}B\overline{C}+\overline{A}BC+AB\overline{C}+ABC=B$이다. 따라서 $f(A,B,C)=B+\overline{C}$로 간소화된다.

그림 5-14(a)보다 그림 5-14(b)가 더 간소화되어지는 것은 명백하기 때문에 루프는 가능한 한 크게 하는 것이 좋으며, 16, 8, 4, 2, 1개 순으로 묶는다.

◐ 예제 5-16

$f(A,B,C)=\sum(0,1,2,3,6)$을 카르노도를 이용하여 간소화하라.

✔ **풀이** 카르노도에 기입하면 그림 5-15와 같이 루프가 2개이므로 간소화된 결과는 $f(A,B,C)=\overline{A}+B\overline{C}$로 된다.

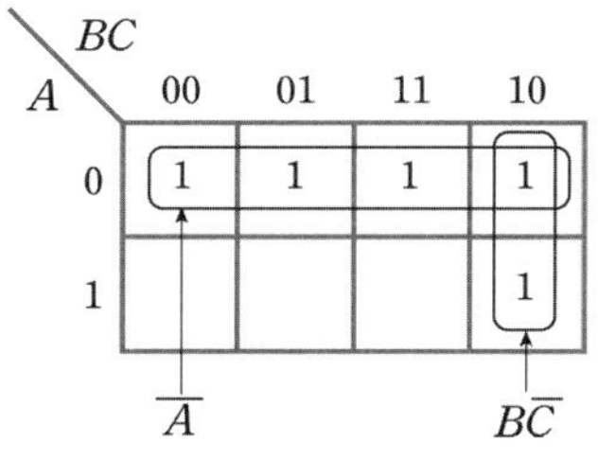

그림 5-15

예제 5-17

카르노도를 이용하여 다음의 논리함수를 간소화하라.

① $f(A, B, C) = \sum(5, 6, 7)$

② $f(A, B, C) = \sum(3, 4, 6, 7)$

✔ **풀이** ① 카르노도에 기입하면 그림 5-16(a)와 같이 루프가 2개이므로 간소화된 결과는 $f(A, B, C) = AB + AC = A(B + C)$로 된다.

② 카르노도에 기입하면 그림 5-16(b)와 같이 루프가 2개이므로 간소화된 결과는 $f(A, B, C) = A\overline{C} + BC$로 된다.

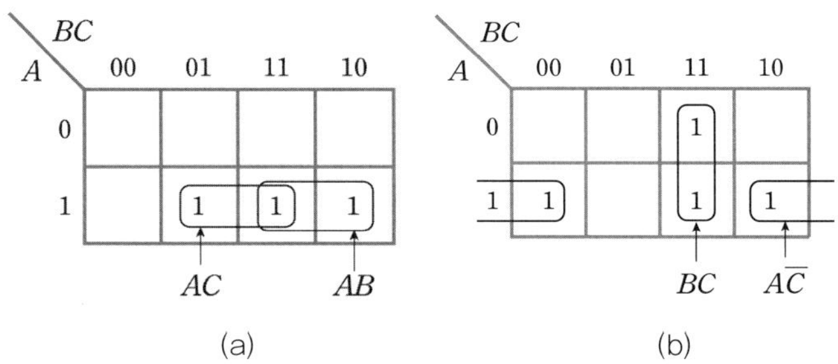

그림 5-16

예제 5-18

다음의 논리식을 카르노도를 이용하여 간소화하라.

① $f(A, B, C) = AB + \overline{A}C + BC$

② $f(A, B, C) = A\overline{B} + \overline{B}C + B\overline{C} + \overline{A}B$

✔ **풀이** ① 방법 1) 표준 SOP 형식으로 변환한 후 수치 표현으로 고쳐서 카르노도에 기입하면 그림 5-17(a)와 같이 루프가 두 개이므로 간소화된 결과는 $f(A, B, C) = AB + \overline{A}C$로 된다.

$$
\begin{aligned}
f(A, B, C) &= AB + \overline{A}C + BC \\
&= AB(C + \overline{C}) + \overline{A}C(B + \overline{B}) + BC(A + \overline{A}) \\
&= ABC + AB\overline{C} + \overline{A}BC + \overline{A}\overline{B}C + ABC + \overline{A}BC
\end{aligned}
$$

$$= ABC + AB\overline{C} + \overline{A}BC + \overline{A}\,\overline{B}C$$
$$= \sum(1, 3, 6, 7)$$

방법 2) 표준 SOP 형식으로 변환하지 않고, 주어진 논리곱 항을 카르노도에 기입하면 그림 5-17(b)와 같다. 카르노도의 해당 칸에 1이 2번 이상 기입된 경우 $1+1=1$의 개념을 도입하면 그림 5-17(a)와 같이 간소화할 수 있다.

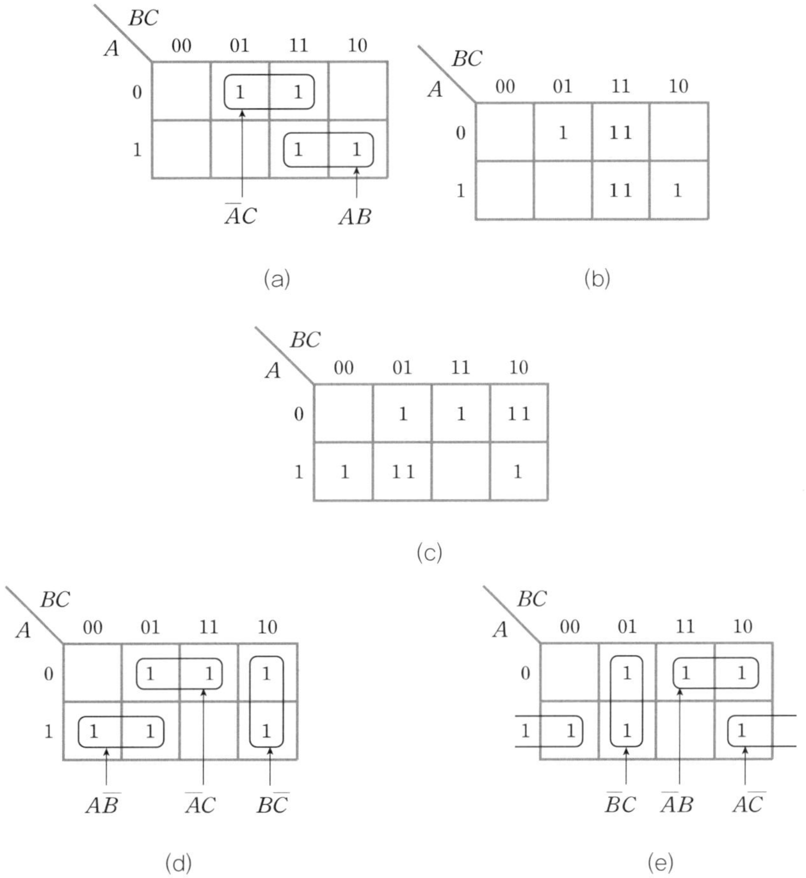

그림 5-17

② 표준 SOP 형식으로 변환하지 않고, 주어진 논리곱 항을 카르노도에 기입하면 그림 5-17(c)와 같다. 카르노도의 해당 칸에 1이 2번 이상 기입된 경우 $1+1=1$의 개념을 도입하면 그림 5-17(d), (e)와 같이 간소화할 수 있다. 간소화된 결과는 $f(A, B, C) = A\overline{B} + \overline{A}C + B\overline{C}$ 또는 $f(A, B, C) = A\overline{C} + \overline{A}B + \overline{B}C$로 된다.

3) 4변수 카르노도

4변수의 논리함수 $f(A, B, C, D)$의 경우, 그림 5-18과 같이 $2^4 = 16$개의 항을 가진 카르노도가 필요하다. Σ 형식의 논리식이면 직접 수치의 해당 칸에 1을 기입하고, 표준 SOP 형식이 아닌 경우 표준 SOP 현식으로 변환한 후 수치 표현으로 고쳐서 수치의 해당 칸에 1을 기입하여 간소화 한다.

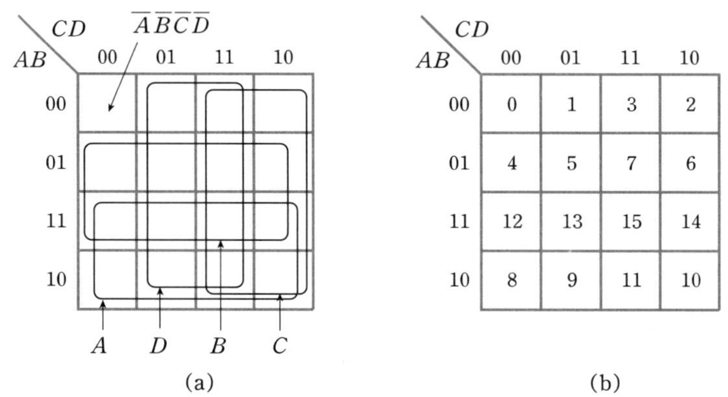

그림 5-18 4변수 카르노도

◐ 예제 5-19

그림 5-19의 카르노도로부터 논리식을 구하라.

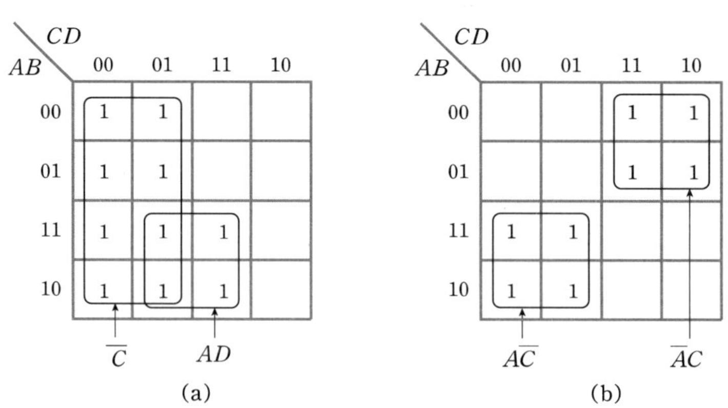

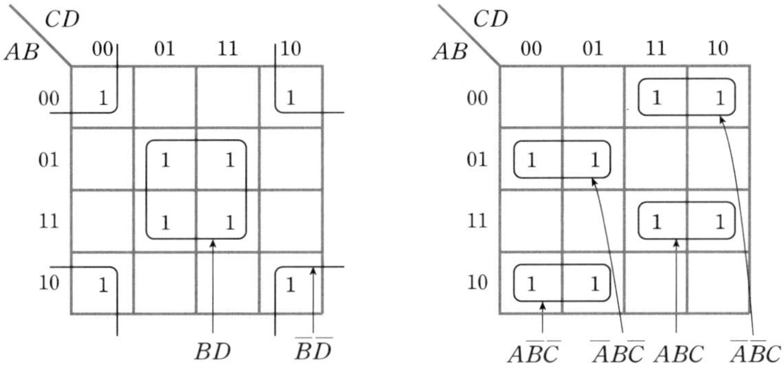

(c) (d)

그림 5-19

✔ **풀이** 그림 5-19로부터 논리식을 구하면 다음과 같다.

(a) $f(A, B, C, D) = \overline{C} + AD$

(b) $f(A, B, C, D) = A\overline{C} + \overline{A}\,C$

(c) $f(A, B, C, D) = BD + \overline{B}\,\overline{D}$

(d) $f(A, B, C, D) = \overline{A}B\overline{C} + A\overline{B}\,\overline{C} + \overline{A}\,\overline{B}C + ABC$

◐ 예제 5-20

논리함수 $f(A, B, C, D) = \sum(0, 1, 2, 3, 6, 7, 8, 9, 14, 15)$를 카르노도를 이용하여 간소화하라.

✔ **풀이** 그림 5-20으로부터 논리식을 구하면 다음과 같다.

$$f(A, B, C, D) = \overline{A}\,\overline{B} + BC + \overline{B}\,\overline{C}$$

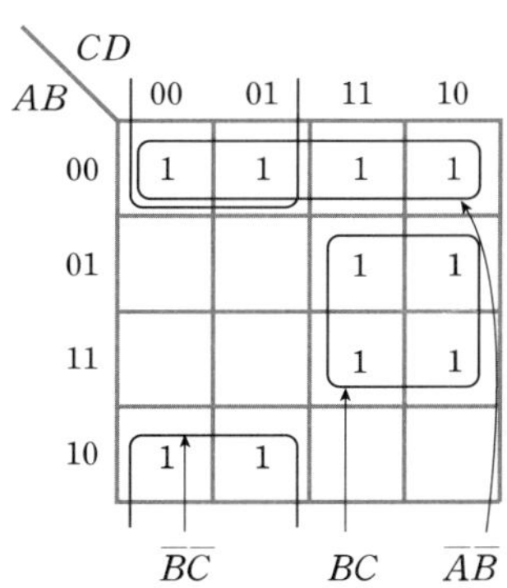

그림 5-20

예제 5-21

논리함수 $f(A,B,C,D)$가 있을 때 카르노도를 이용하여 간소화하라.

① $f(A, B, C, D)=\overline{A}\,\overline{B}CD+\overline{A}\,\overline{B}C\overline{D}+\overline{A}\,\overline{B}\,\overline{C}\,\overline{D}$

$+A\overline{B}\,\overline{C}\,\overline{D}+A\overline{B}CD+A\overline{B}C\overline{D}$

② $f(A, B, C, D)=\overline{A}\,\overline{B}\,\overline{C}\,\overline{D}+\overline{A}\,\overline{B}\,\overline{C}D+\overline{A}\,\overline{B}C\overline{D}$

$+\overline{A}B\overline{C}D+\overline{A}\,\overline{B}CD+A\overline{B}C\overline{D}$

③ $f(A, B, C, D)=\overline{A}B\overline{C}\,\overline{D}+B\overline{C}D+ACD+\overline{A}\,\overline{B}C+\overline{B}C\overline{D}$

④ $f(A, B, C, D)=\overline{A}\,\overline{C}+A\overline{B}+C\overline{D}+\overline{B}\,\overline{D}$

✔ **풀이** 그림 5-21로부터 논리식을 구하면 다음과 같다.

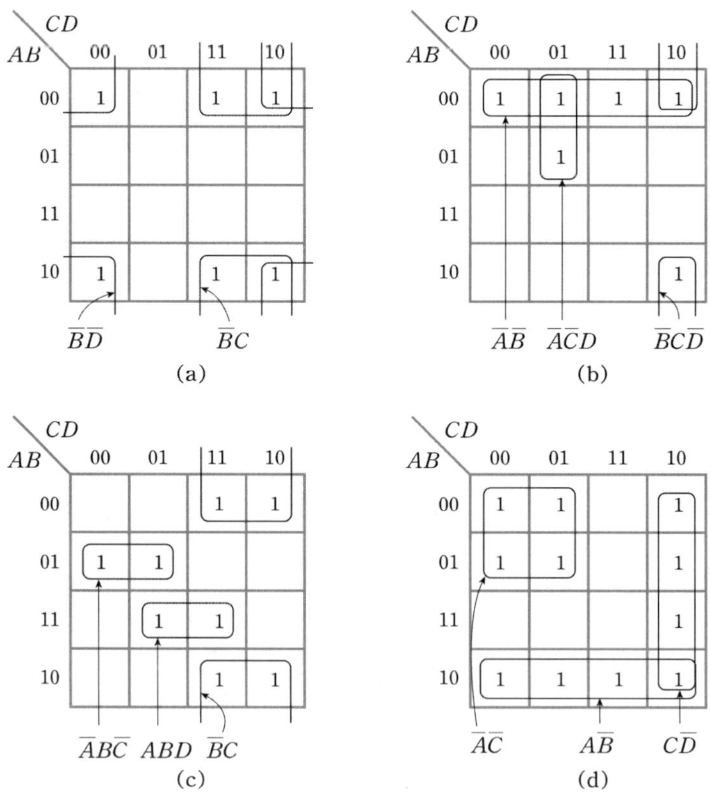

그림 5-21

(a)와 (b)는 수치 표현으로 변형하여 카르노도의 해당 칸에 1을 기입하여 간소화한다. (c)는 표준 형식으로 변환한 후 수치 표현으로 바꿔서 해당 칸에 1을 기입하여

간소화한다. 또는 $\overline{A}B\overline{C}\,\overline{D}$항은 0100칸에 1을 기입하고, $B\overline{C}D$항은 변수 B가 1인 행과 CD가 01인 열과 만나는 곳에 1을 기입한다. 이러한 방법으로 해당 칸에 1을 기입한 후 간소화하면 된다. (d)도 (c)와 같은 방법으로 간소화 한다.

① $f(A, B, C, D) = \overline{B}C + \overline{B}\,\overline{D}$

② $f(A, B, C, D) = \overline{A}\,\overline{B} + \overline{A}\,\overline{C}D + \overline{B}C\overline{D}$

③ $f(A, B, C, D) = \overline{A}B\overline{C} + ABD + \overline{B}C$

④ $f(A, B, C, D) = \overline{A}\,\overline{C} + A\overline{B} + C\overline{D}$

---

4) 5변수 카르노도

5변수의 논리함수 $f(A, B, C, D, E)$의 경우, 그림 5-22와 같이 $2^5 = 32$개의 항을 가진 카르노도가 필요하다. 각 행과 열은 그레이 코드로 적혀 있는데 각 항의 숫자는 최소항 번호와 같다. 예를 들어 3행 4열 항의 숫자는 11010이 되며, 10진수로는 26이 된다.

그림 5-22에서 인접된 항의 정의를 약간 수정해야 하는데 그 이유는 변수가 두 부분으로 나뉘어 있기 때문이다. 5변수의 카르노도는 2개로 된 4변수 카르노도로 나누어 생각해야 한다. 각각의 4변수 카르노도들은 중앙에 두 줄로 그어져 구분되어 있는데 각 4변수 카르노도마다 앞에서 정의한 인접된 항의 규칙이 적용되며, 알아두어야 할 것은 두 줄을 접는 부분으로 생각해야 한다는 것이다. 즉, 두 줄이 있는 곳을 접었을 때 서로 마주 보는 2개의 인접된 항도 인접된 항이 된다. 다시 말하면 인접된 항들은 주위의 인접된 항뿐만 아니라 두 줄을 접을 때 맞닿는 반대쪽의 항들도 인접된 항들이 된다. 그러면 예제를 통하여 간소화 방법을 알아보자.

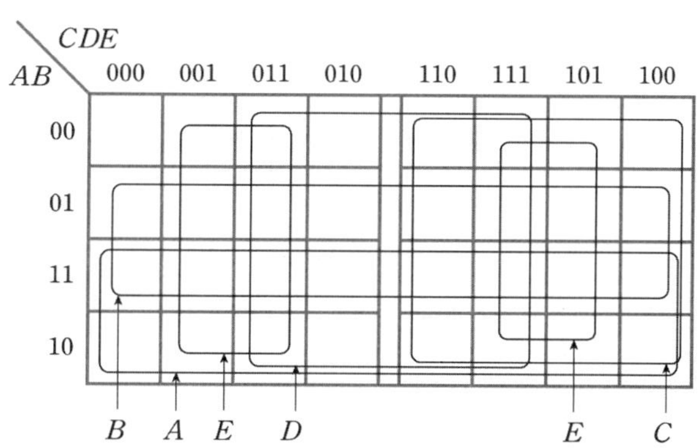

(a)

AB \ CDE	000	001	011	010	110	111	101	100
00	0	1	3	2	6	7	5	4
01	8	9	11	10	14	15	13	12
11	24	25	27	26	30	31	29	28
10	16	17	19	18	22	23	21	20

(b)

그림 5-22

예제 5-22

논리함수 $f(A, B, C, D, E) = \Sigma(1,\ 3,\ 5,\ 7,\ 9,\ 10,\ 11,\ 13,\ 14,\ 15,\ 16,\ 17,\ 20,\ 21,\ 24,\ 25,\ 26,\ 28,\ 29,\ 30)$를 간소화하라.

✔ **풀이** 이 논리함수의 카르노도를 그림 5-23에 나타내었다.

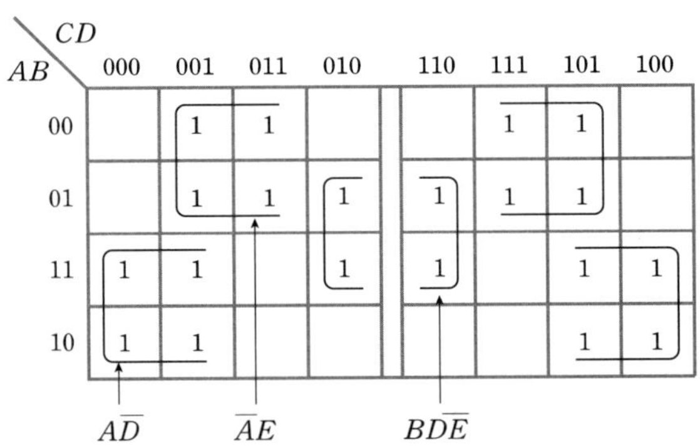

그림 5-23

가능한 한 최대의 인접된 항들을 묶어 간소화해야 하는데 위쪽의 4개 인접된 항들은 두 줄이 있는 곳을 접었을 때 반대쪽의 4개 항과 인접된 항을 이루어 $\overline{A}E$의 항으로 간소화된다. 같은 방법으로 중앙의 2개 인접된 항들도 반대쪽의 2개 항과 인접된 항을 이루어 $BD\overline{E}$로 간소화되고, 아래쪽의 4개 인접된 항들도 반대쪽의 4개 항과 인접된 항을 이루어 $A\overline{D}$로 간소화된다. 그러므로 $f(A, B, C, D, E) = \overline{A}E + A\overline{D} + BD\overline{E}$로 간소화된다.

2 POS 형식의 경우

1) 3변수 카르노도

POS 형식의 논리함수 $f(A, B, C)$를 간소화하려면 그림 5-24에 나타낸 카르노도를 이용하면 된다.

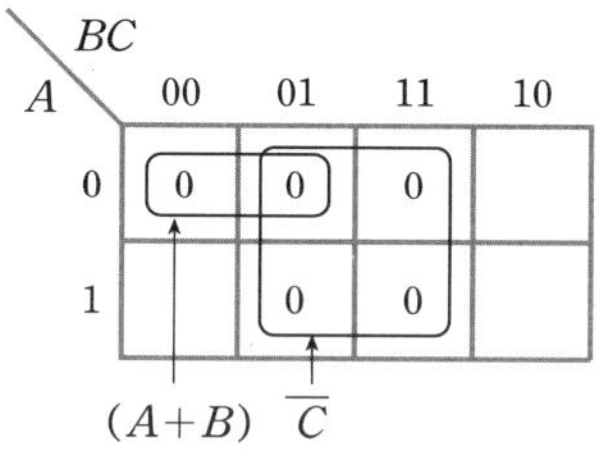

그림 5-24

논리함수 $f(A, B, C) = \Pi(0, 1, 3, 5, 7)$이 있을 때 카르노도의 수치 해당 항에는 1이 아니라 0을 기입한다. SOP 형식과 다른 것은 $(A+B+C)$가 $\overline{A}\,\overline{B}\,\overline{C}$ 항에 기입된다는 것이다. 각 항의 변수를 반전시켜 논리곱의 한 형태로 기입되는 것이다.

이 논리식에 루프를 만들면

$\Pi(0, 1) = (A+B)$와 $\Pi(1, 3, 5, 7) = \overline{C}$로 되기 때문에 간소화된 식은 $f(A, B, C) = \overline{C}(A+B)$로 된다.

예제 5-23

논리함수 $f(A, B, C) = \Pi(1, 3, 4, 6)$을 간소화하라.

✔ **풀이** 그림 5-25의 카르노도로부터 루프를 만들어 간소화하면

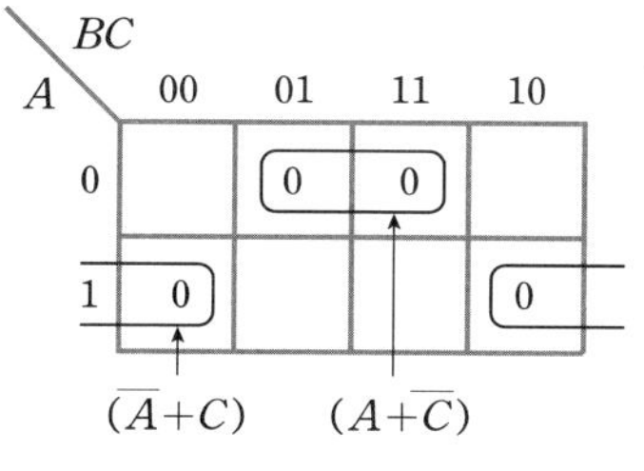

그림 5-25

$\Pi(1,3)=(A+\overline{C})$와 $\Pi(4,6)=(\overline{A}+C)$로 되기 때문에 간소화된 논리함수는 $f(A,B,C)=(A+\overline{C})(\overline{A}+C)$로 된다.

---

2) 4변수 카르노도

POS 형식의 논리함수 $f(A,B,C,D)$를 간소화하려면 그림 5-26에 나타낸 카르노도를 이용하면 된다.

논리함수 $f(A,B,C,D)=\Pi(0,1,4,5,14,15)$가 있을 때 카르노도의 수치 해당 항에는 1이 아니라 0을 기입한다. SOP 형식과 다른 것은 $(A+B+C+D)$가 $\overline{A}\,\overline{B}\,\overline{C}\,\overline{D}$ 항에 기입된다는 것이다. 각 항의 변수를 반전시켜 논리곱의 한 형태로 기입되는 것이다.

이 논리식에 루프를 만들면 $\Pi(0,1,4,5)=(A+C)$와 $\Pi(14,15)=(\overline{A}+\overline{B}+\overline{C})$로 되기 때문에 간소화된 식은 $f(A,B,C,D)=(\overline{A}+\overline{B}+\overline{C})(A+C)$로 된다.

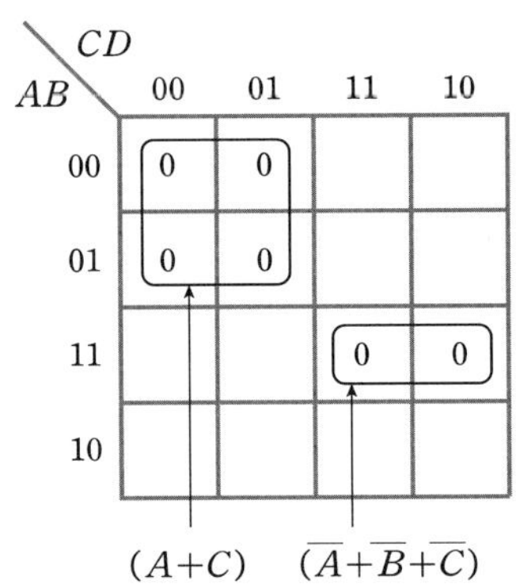

그림 5-26

◐ 예제 5-24

논리함수 $f(A,B,C,D)=\Pi(0,1,2,3,5,8,9,10,11,13,14,15)$을 간소화하라.

✔ **풀이** 그림 5-27의 카르노도로부터 루프를 만들어 간소화하면

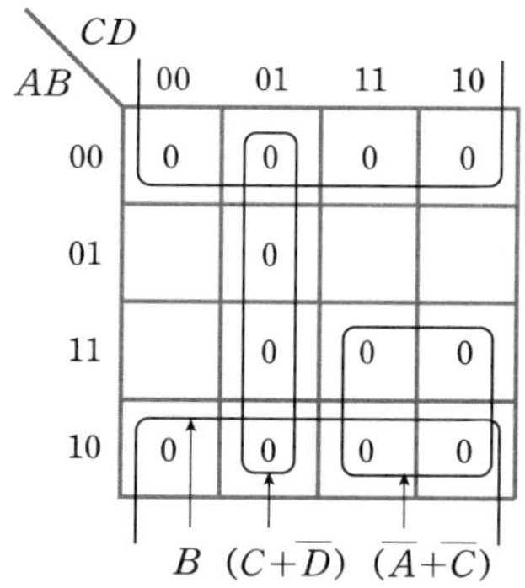

그림 5-27

$\Pi(0, 1, 2, 3, 8, 9, 10, 11) = B$, $\Pi(1, 5, 9, 13) = (C+\overline{D})$와 $\Pi(10, 11, 14, 15) = (\overline{A}+\overline{C})$로 되기 때문에 간소화된 논리함수는 $f(A, B, C, D) = B(C+\overline{D})(\overline{A}+\overline{C})$로 된다.

이상과 같이 논리식을 카르노도에 기입하는 경우 수치 표현인 $\Pi(\ \ )$ 형식이면 간단하지만 POS 형식의 논리식에서는 각 변수의 보수를 취하여 기입하고, 이것을 간소화한 후 다시 POS 형식으로 표현할 때 다시 보수를 취해야 하기 때문에 불편하다. 그러나 SOP 형식과의 관계를 이용하면 알아보기 쉽다. 예를 들어 예제 5-24의 그림 5-27을 이용하면 그림 5-28을 그릴 수 있는데 이것은 그림 5-27과 등가이다. 이것으로부터 SOP 형식의 논리

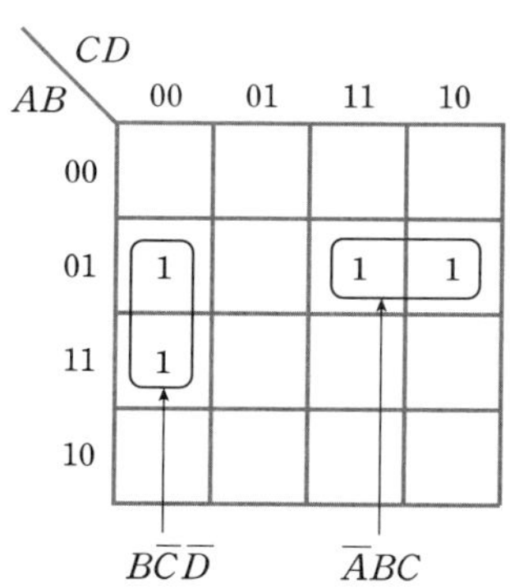

그림 5-28

식을 다음과 같이 간소화할 수 있다.

$$f(A, B, C, D) = \overline{A}BC + B\overline{C}\overline{D}$$

이것이 예제 5-24의 결과와 같다는 것을 검토하여 보면 쉽게 알 수 있다.

$$\begin{aligned} f(A, B, C, D) &= B(C+\overline{D})(\overline{A}+\overline{C}) \\ &= B(\overline{A}C+\overline{A}\,\overline{D}+\overline{C}\,\overline{D}) \\ &= \overline{A}BC+\overline{A}B\overline{D}+B\overline{C}\,\overline{D} \end{aligned}$$

컨센서스 정리를 이용하여 중복된 항을 제거하면

$$f(A, B, C, D) = \overline{A}BC+B\overline{C}\,\overline{D}$$

로 된다.

5-5 don't care에 의한 간소화

어떤 논리함수에서는 입력 변수의 어떤 조합에 대응하는 출력이 8421 코드의 경우처럼 절대로 생기지 않는 경우가 있다. 8421 코드는 표 5-4와 같이 입력 변수 A, B, C, D의 조합이 $10_{10} \sim 15_{10}$, 즉 $1010_2 \sim 1111_2$로 되는 조건은 발생하지 않는다. 그때의 논리 출력 f는 0과 1 어느 값이어도 상관없게 되므로 이것을 don't care라 하며, d 또는 ×로 표시한다. don't care는 카르노도를 이용하여 간소화할 때 매우 융통성 있는 역할을 한다.

표 5-4를 카르노도로 그리면 그림 5-29가 된다. 항 $10_{10} \sim 15_{10}$에 대응하는 위치에 d라고 기입하면 되고, 이 d를 이용하여 $f = C\overline{D} + \overline{C}D$로 간소화할 수 있다.

이때 $\sum(10, 13, 14)$는 1로 해석하고, $\sum(11, 12, 15)$는 0으로 해석한다. d는 필요에 따라서 SOP 형식에서도, POS 형식에서도 자유로이 이용할 수 있다.

표 5-4

10진	$A\ B\ C\ D$	f
0	0 0 0 0	0
1	0 0 0 1	1
2	0 0 1 0	1
3	0 0 1 1	0
4	0 1 0 0	0
5	0 1 0 1	1
6	0 1 1 0	1
7	0 1 1 1	0
8	1 0 0 0	0
9	1 0 0 1	1
10	1 0 1 0	d
11	1 0 1 1	d
12	1 1 0 0	d
13	1 1 0 1	d
14	1 1 1 0	d
15	1 1 1 1	d

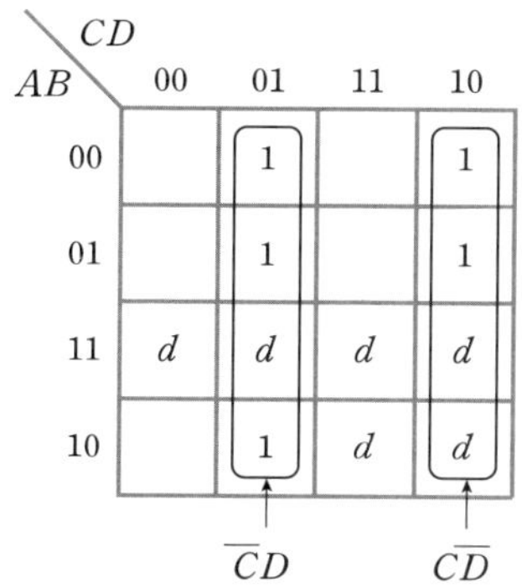

그림 5-29

don't care에 의한 간소화 방법은 다음과 같다.

(1) 실제 값 1을 포함하여 루프가 최대가 되도록 d를 포함시킨다.

(2) d 항만으로 루프를 만들 수 없다.

(3) 부정을 구할 때는 0과 d를 사용한다.

(4) SOP 형식에서 루프 안의 d는 1, 루프 밖의 d는 0으로 취급한다. 그리고 POS 형식에서 루프 안의 d는 0, 루프 밖의 d는 1로 취급한다.

예제 5-25

논리함수 $f(A, B, C, D) = \sum(2, 7, 8, 9, 12, 14) + d(3, 10, 13)$이 있다.

① SOP 형식으로 간소화하라.

② POS 형식으로 간소화하라.

③ SOP 형식과 POS 형식의 논리식은 같은가?

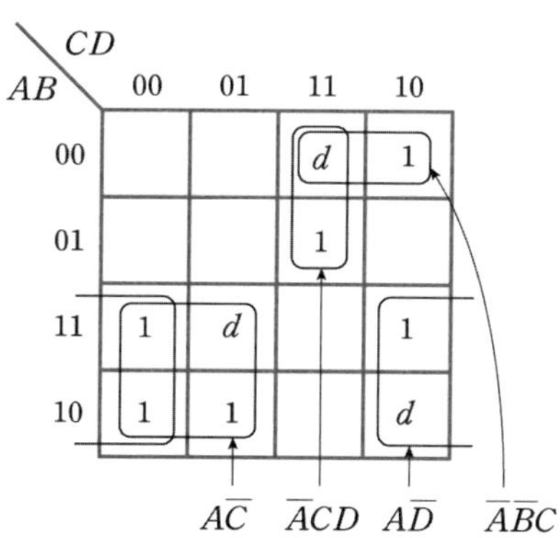

(a) SOP 형식

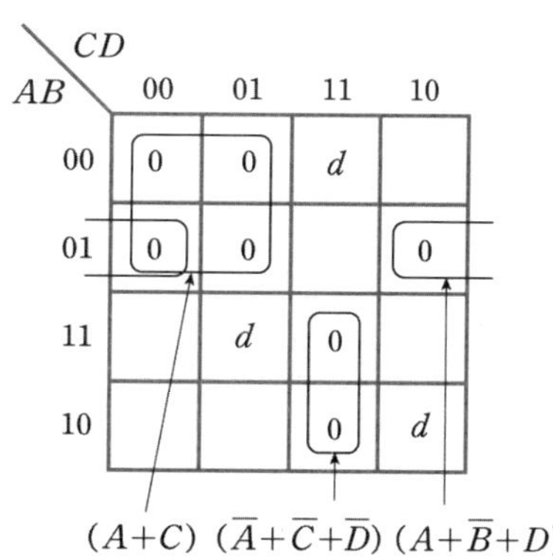

(b) POS 형식

그림 5-30

✔ **풀이** ① 그림 5-30(a)와 같이 d를 이용하면 루프를 크게 묶어 간소화할 수 있다.

$$f(A, B, C, D) = A\overline{C} + \overline{A}\,CD + A\overline{D} + \overline{A}\,\overline{B}\,C$$

② 그림 5-30(b)와 같이 루프를 묶으면 다음과 같이 간소화할 수 있다.

$$f(A, B, C, D) = (A + C)(\overline{A} + \overline{C} + \overline{D})(A + \overline{B} + D)$$

③ don't care 항을 이용할 때는 SOP 형식과 POS 형식은 다르다. 그것은 d의 사용 방법에 차이가 있기 때문이다.

◐ 예제 5-26

논리함수 $f(A, B, C, D) = \sum(0, 4, 5, 6, 7, 8, 9) + d(10, 11, 12, 13, 14, 15)$가 있다.

① SOP 형식으로 간소화하라.

② POS 형식으로 간소화하라.

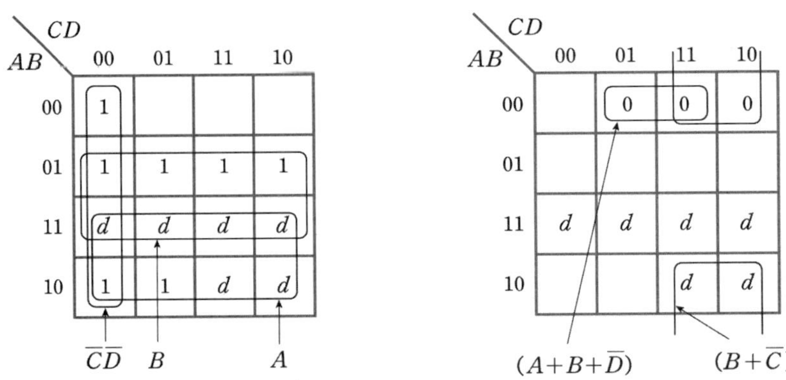

(a) SOP 형식 (b) POS 형식

그림 5-31

✔ **풀이** ① 그림 5-31(a)와 같이 d를 이용하면 루프를 크게 묶어 간소화할 수 있다.

$$f(A, B, C, D) = A + B + \overline{C}\,\overline{D}$$

② 그림 5-31(b)와 같이 루프를 묶으면 다음과 같이 간소화할 수 있다.

$$f(A, B, C, D) = (B + \overline{C})(A + B + \overline{D})$$

5-6 코드 변환 논리회로

1) 8421 코드에서 3초과 코드로의 변환

8421 코드와 3초과 코드를 대응시킨 진리표를 표 5-5에 나타내었고, SOP 형식의 표현은 다음과 같다.

표 5-5

10진	8421 코드	3초과 코드
	$ABCD$	$WXYZ$
0	0 0 0 0	0 0 1 1
1	0 0 0 1	0 1 0 0
2	0 0 1 0	0 1 0 1
3	0 0 1 1	0 1 1 0
4	0 1 0 0	0 1 1 1
5	0 1 0 1	1 0 0 0
6	0 1 1 0	1 0 0 1
7	0 1 1 1	1 0 1 0
8	1 0 0 0	1 0 1 1
9	1 0 0 1	1 1 0 0

$$W(A, B, C, D) = \sum(5, 6, 7, 8, 9) + d(10, 11, 12, 13, 14, 15)$$
$$X(A, B, C, D) = \sum(1, 2, 3, 4, 9) + d(10, 11, 12, 13, 14, 15)$$
$$Y(A, B, C, D) = \sum(0, 3, 4, 7, 8) + d(10, 11, 12, 13, 14, 15)$$
$$Z(A, B, C, D) = \sum(0, 2, 4, 6, 8) + d(10, 11, 12, 13, 14, 15)$$

이것을 카르노도에 기입하면 그림 5-32와 같고, 간소화된 논리식은 다음과 같다.

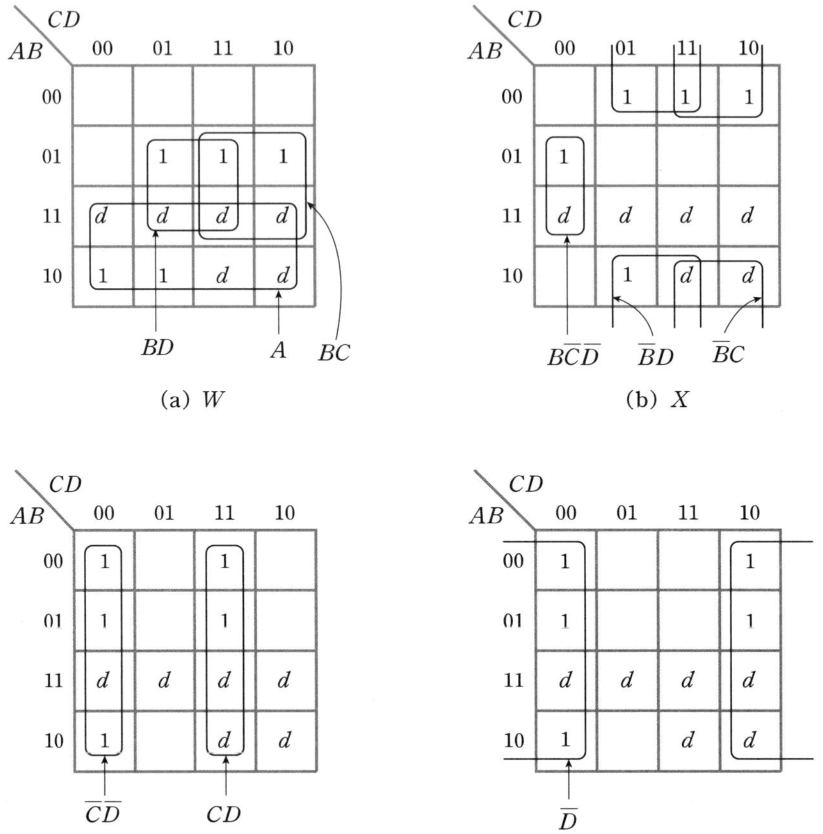

그림 5-32

$$W(A, B, C, D) = A + BC + BD = A + B(C + D)$$

$$X(A, B, C, D) = B\overline{C}\,\overline{D} + \overline{B}C + \overline{B}D = B\overline{(C + D)} + \overline{B}(C + D)$$

$$Y(A, B, C, D) = CD + \overline{C}\,\overline{D} = CD + \overline{(C + D)}$$

$$Z(A, B, C, D) = \overline{D}$$

이것을 논리회로로 구현하면 그림 5-33과 같다.

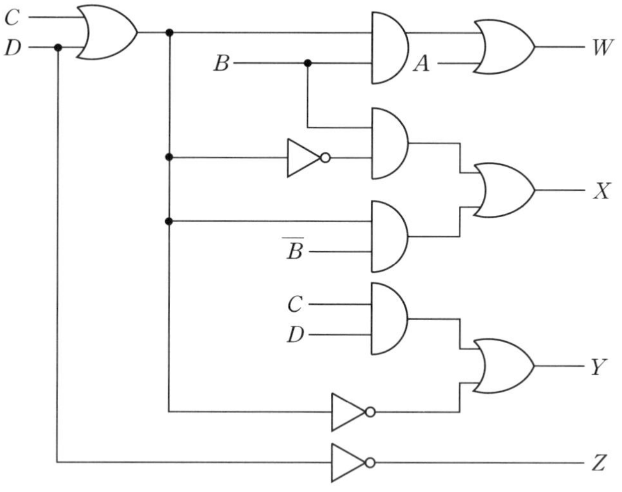

그림 5-33

2) 7-세그먼트 표시용 코드

7-세그먼트 표시장치는 그림 5-34와 같이 7개 표시용 소자의 세그먼트를 적절히 조합하여 10진 숫자를 눈으로 직접 볼 수 있게 만든 것이다.

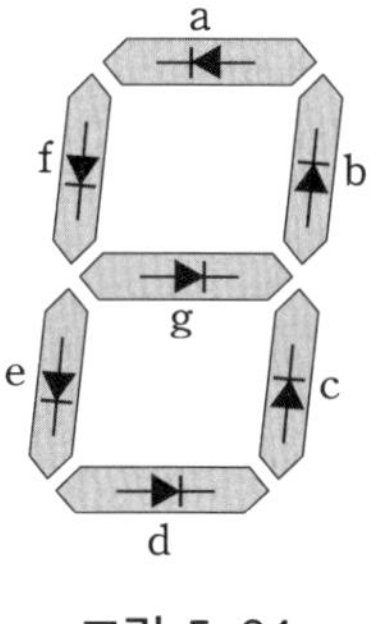

그림 5-34

디지털 회로에서 얻어진 4비트의 BCD 값은 8421 코드를 7개 출력선의 구동신호로 변환하여 등가적인 10진수를 표시할 수 있다. 표 5-6은 BCD 코드와 7-세그먼트 표시용 코드의 대응 관계를 나타낸 것이다.

표 5-6

10진	$ABCD$	$a\ b\ c\ d\ e\ f\ g$
0	0 0 0 0	1 1 1 1 1 1 0
1	0 0 0 1	0 1 1 0 0 0 0
2	0 0 1 0	1 1 0 1 1 0 1
3	0 0 1 1	1 1 1 1 0 0 1
4	0 1 0 0	0 1 1 0 0 1 1
5	0 1 0 1	1 0 1 1 0 1 1
6	0 1 1 0	0 0 1 1 1 1 1
7	0 1 1 1	1 1 1 0 0 0 0
8	1 0 0 0	1 1 1 1 1 1 1
9	1 0 0 1	1 1 1 0 0 1 1

이 변환회로는 4개의 입력과 7개의 출력을 갖고 있으며, 표 5-6에서 출력은 다음과 같이 표시된다.

$$a(A, B, C, D) = \sum(0, 2, 3, 5, 7, 8, 9) + d(10, 11, 12, 13, 14, 15)$$
$$b(A, B, C, D) = \sum(0, 1, 2, 3, 4, 7, 8, 9) + d(10, 11, 12, 13, 14, 15)$$
$$c(A, B, C, D) = \sum(0, 1, 3, 4, 5, 6, 7, 8, 9) + d(10, 11, 12, 13, 14, 15)$$
$$d(A, B, C, D) = \sum(0, 2, 3, 5, 6, 8) + d(10, 11, 12, 13, 14, 15)$$
$$e(A, B, C, D) = \sum(0, 2, 6, 8) + d(10, 11, 12, 13, 14, 15)$$
$$f(A, B, C, D) = \sum(0, 4, 5, 6, 8, 9) + d(10, 11, 12, 13, 14, 15)$$
$$g(A, B, C, D) = \sum(2, 3, 4, 5, 6, 8, 9) + d(10, 11, 12, 13, 14, 15)$$

이 함수 중에서 a를 카르노도에 기입하면 그림 5-35(a)와 같이 되며, 간소화된 출력 a를 논리회로로 표시하면 그림 5-35(b)와 같이 된다. 나머지 출력들도 같은 방법으로 하면 된다.

$$a(A, B, C, D) = A + CD + BD + \overline{B}\,\overline{D}$$

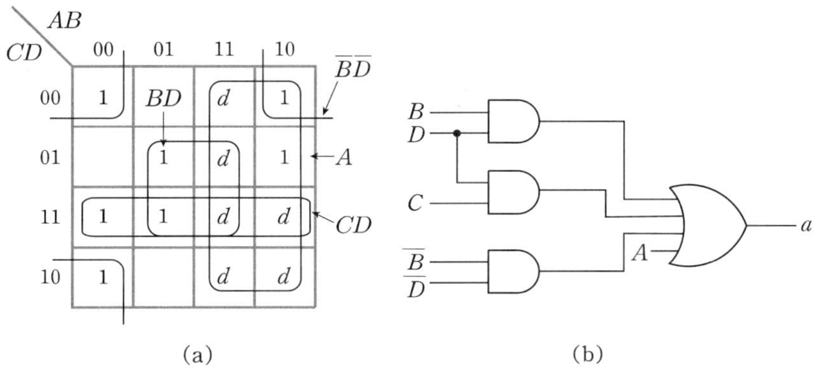

그림 5-35 출력 a에 대한 카르노도와 논리회로

5-7 검표법

카르노도를 사용하여 간소화하는 방법은 그 기하 구조적인 특성 때문에 6개 이상의 변수에 대해서는 가능한 한 가장 간소한 루프를 선택했다고 확신하기 어려운 한계에 봉착하게 된다. 그래서 이 절에서는 컴퓨터 프로그램으로도 응용할 수 있는 지정된 일련의 단계적인 대수 형식, 즉 $A+\overline{A}=1$이라는 정리를 이용한 기계적인 형태를 갖는 Quine McClusky의 검표법(Tabular method)에 대하여 설명한다.

간소화 과정을 간략하게 설명하면 먼저 입력 변수의 조합 형태에 따른 진리표를 만들고, $f=1$이 되는 최소항의 각 변수에 대한 2진 형태에서 1의 개수에 따른 그룹을 만들어 1의 개수가 적은 것부터 차례로 배열한다.

인접된 그룹 간의 최소항들이 1비트의 변수만 변화하는가를 살펴서 $A+\overline{A}=1$을 이용하여 변수를 간소화시키는 과정을 반복한다. 이러한 과정을 감축과정이라 하며, 이 감축과정에서 더 이상 감축되지 않는 항들을 주항(prime implicant)이라 한다. 이 주항들을 사용하여 진성주항(essential prime implicant)을 찾아내기 위한 선별표를 작성하여 진성주항을 찾게 되는데 그것이 바로 간소화된 결과가 된다.

이러한 과정을 예제를 통하여 알아보자.

예제 5-27

$f(A, B, C, D) = \sum(0, 1, 2, 5, 6, 7, 8, 9, 10, 14)$의 논리함수를 간소화하라.

✔ **풀이** 각 최소항에 대한 진리표는 표 5-7과 같다.

표 5-7

10진 \ 변수	$ABCD$	f
0	0 0 0 0	1
1	0 0 0 1	1
2	0 0 1 0	1
5	0 1 0 1	1
6	0 1 1 0	1
7	0 1 1 1	1
8	1 0 0 0	1
9	1 0 0 1	1
10	1 0 1 0	1
14	1 1 1 0	1

표 5-7로부터 $f = 1$이 되는 각각의 최소항에 대하여 표 5-8과 같이 1의 개수에 따른 그룹으로 나눈 다음에 1의 개수가 적은 그룹의 첫 번째 최소항부터 1이 하나 더 많은 인접 그룹의 항들과 각각 서로 비교하여 동일한 변수 중에서 하나의 변수만 변화한 항들의 쌍에는 각각 ∨ 표시를 한다. 변화한 변수는 제거하고, 그 자리를 -로 채운 다음 제1감축항 배열에 다시 1의 개수에 따른 그룹으로 재배치한다. 이때 ∨ 표를 받지 못한 항, 즉 감축에 참여하지 못한 항에는 ○ 표를 하여 주항(PI)이라는 표시를 한다.

예를 들어 표 5-7에서 1이 없는 그룹의 최소항 0000과 1이 1개 있는 그룹의 최소항 0001을 비교해보면 하나의 변수만 서로 다른 것을 알 수 있고, 그 변수 자리에는 $A + \overline{A} = 1$에 의해 000-항이 되어 제1감축항 배열 난에 기재된다. 이때 0000 항과 0001 항은 감축에 참여했다는 의미로 검표 난에 ∨ 표시를 한다. 같은 방법으로 1이 1개인 항들과 2개인 항들을, 2개인 항들과 3개인 항들을 서로 비교하여 제1감축항 배열 난에 기재한다. 만약 감축된 항의 형태가 같은 항이 2개 이상 나타나면 $A + A = A$를 이용하여 하나만 기재한다. 이러한 똑같은 과정을 제1감축항들에도 적용시켜 제2감축항 배열을 얻게 되는데 이 과정은 더 이상의 감축항이 나오지 않을 때까지 반복한다.

예를 들어 제1감축항의 1이 0개인 그룹과 1이 1개인 그룹의 0-01을 비교했을 때 한 변수만 변화될 수 있는 항이 없으며, 1이 1개인 그룹의 0-01과 1이 2개인 그룹의 4개 감축항과 비교했을 때 한 변수만 변화될 수 있는 항이 없으므로 0-01은 감축에 참여할 수 없는 주항이 되며, 제1감축항 배열의 검표 난에 ○ 표시를 한다. 따라서 표 5-8에서 ○ 표시가 있는 것은 모두 주항이 된다.

표 5-8 감축표

<table>
<tr><th rowspan="2">1의 그룹</th><th colspan="2">$f=1$ 최소항 배열</th><th rowspan="2">1의 그룹</th><th colspan="2">제1감축항 배열</th><th rowspan="2">1의 그룹</th><th colspan="2">제2감축항 배열</th></tr>
<tr><th>$ABCD$</th><th>검표</th><th>$ABCD$</th><th>검표</th><th>$ABCD$</th><th>검표</th></tr>
<tr><td>0</td><td>0 0 0 0</td><td>∨</td><td rowspan="2">0</td><td rowspan="2">0 0 0 -
0 0 - 0
- 0 0 0</td><td rowspan="2">∨
∨
∨</td><td rowspan="2">0</td><td rowspan="2">- 0 0 -
- 0 - 0</td><td rowspan="2">○
○</td></tr>
<tr><td>1</td><td>0 0 0 1
0 0 1 0
1 0 0 0</td><td>∨
∨
∨</td></tr>
<tr><td>2</td><td>0 1 0 1
0 1 1 0
1 0 0 1
1 0 1 0</td><td>∨
∨
∨
∨</td><td rowspan="2">1</td><td rowspan="2">0 - 0 1
- 0 0 1
0 - 1 0
- 0 1 0
1 0 0 -
1 0 - 0</td><td rowspan="2">○
∨
∨
∨
∨
∨</td><td>1</td><td>- - 1 0</td><td>○</td></tr>
<tr><td>3</td><td>0 1 1 1
1 1 1 0</td><td>∨
∨</td><td colspan="3"></td></tr>
<tr><td colspan="3"></td><td>2</td><td>0 1 - 1
0 1 1 -
- 1 1 0
1 - 1 0</td><td>○
○
∨
∨</td><td colspan="3"></td></tr>
</table>

이 주항들을 효과적으로 축소 결합시키기 위하여 표 5-9와 같이 감축표에서 얻은 주항들과 감축된 주항을 얻는 데 관련이 있는 최소항을 나열해서 상호 연관이 있는 교차점에 × 표시를 하여 작성한 것이 선별표이며, 표 5-9에 나타내었다.

표 5-9 선별표

주항 \ 최소항		0000	0001	0010	0101	0110	0111	1000	1001	1010	1110
	A B C D	0	1	2	5	6	7	8	9	10	14
1, 5	0 - 0 1		×		×						
5, 7	0 1 - 1				×		×				
6, 7	0 1 1 -					×	×				
0, 1, 8, 9	- 0 0 -	×	×					×	⊗		
0, 2, 8, 10	- 0 - 0	×		×				×		×	
2, 6, 10, 14	- - 1 0			×		×				×	⊗

선별표는 행의 왼쪽에 주항을 놓고, 주항 안에 포함된 −를 0과 1로 바꾼 최소항들을 열의 왼쪽에 기입해놓은 것이다. 주항 안에 −가 포함되어 있지 않으면 하나의 최소항과 교차하게 되고, −를 1개 포함하면 2개의 최소항과, n개 포함하면 2^n개의 최소항과 교차하게 된다.

어떤 최소항이 하나의 주항과만 교차할 때 이 주항을 진성주항이라 하고, ⊗로 표시한다. 그리고 주항에서 최소항과의 교차점들이 동일 열상에 있는 진성주항의 행과 비교해서 교차점이 하나 이상 있으면 이에 해당하는 주항은 절대 제거 가능 주항이 되고, 이 주항은 진성주항이 되지 못하므로 결과 값에서 제거된다.

예를 들어 표 5-9에서 주항 0−01, −0−0, 011−가 여기에 해당된다. 이때 얻어진 진성주항들은 간소화에 관여한 모든 최소항들을 포함해야만 하고, 만일 그렇지 못하다면 절대 제거 가능 주항을 제외한 나머지 주항 중에서 포함되지 못한 최소항을 갖는 주항 01−1을 포함시킴으로써 간소화된 결과 $f(A, B, C, D) = \overline{B}\,\overline{C} + C\overline{D} + \overline{A}BD$를 얻게 되는 것이다.

---

don't care 항들이 포함되어 있는 논리함수에 대한 간소화 방법은 다음과 같다. don't care 항들을 감축표에서 최소항의 배열에는 포함시키고, 선별표의 최소항 배열에서는 제외시킨 뒤, 앞에서 설명한 것과 같은 방법으로 간소화한다.

이 과정을 예제를 통하여 알아보자.

◐ 예제 5-28

$f(A, B, C, D) = \sum(0, 1, 4, 8, 11) + d(5, 9, 10, 12, 13)$인 논리함수를 간소화하라.

✔ **풀이** 각 최소항과 d에 대한 진리표는 표 5-10과 같다.

표 5-10

10진 \ 변수	$ABCD$	f
0	0 0 0 0	1
1	0 0 0 1	1
4	0 1 0 0	1
5	0 1 0 1	d
8	1 0 0 0	1
9	1 0 0 1·	d
10	1 0 1 0	d
11	1 0 1 1	1
12	1 1 0 0	d
13	1 1 0 1	d

don't care 항은 주항을 구하기 위한 감축과정에 참여시키므로 표 5-11의 감축표 최소항 배열에 포함된다.

표 5-11 감축표

1의 그룹	$f=1$ 최소항 배열 $ABCD$	검표	1의 그룹	제1감축항 배열 $ABCD$	검표	1의 그룹	제2감축항 배열 $ABCD$	검표	1의 그룹	제3감축항 배열 $ABCD$	검표
0	0 0 0 0	∨	0	0 0 0 -	∨	0	0 - 0 -	∨	0	- - 0 -	○
1	0 0 0 1	∨		0 - 0 0	∨		- 0 0 -	∨			
	0 1 0 0	∨		- 0 0 0	∨		- - 0 0	∨			
	1 0 0 0	∨	1	0 - 0 1	∨	1	- - 0 1	∨			
2	0 1 0 1	∨		- 0 0 1	∨		- 1 0 -	∨			
	1 0 0 1	∨		0 1 0 -	∨		1 0 - -	○			
	1 0 1 0	∨		- 1 0 0	∨		1 - 0 -	∨			
	1 1 0 0	∨		1 0 0 -	∨						
3	1 0 1 1	∨		1 0 - 0	∨						
	1 1 0 1	∨		1 - 0 0	∨						
			2	- 1 0 1	∨						
				1 0 - 1	∨						
				1 - 0 1	∨						
				1 0 1 -	∨						
				1 1 0 -	∨						

위의 감축표로부터 구해진 주항에서 진성주항을 구하기 위해 선별표를 작성하는데, 이때 don't care 항은 선별표의 최소항 배열에서 제외시킨다.

표 5-12 선별표

주항 \ 최소항		0000	0001	0100	1000	1011
	A B C D	0	1	4	8	11
8,9,10,11	1 0 - -				×	⊗
0,1,4,5,8,9,12,13	- - 0 -	⊗	×	×	×	

위의 선별표에서 동일한 열상에 진성주항의 행과 교차점이 2개 이상 있으면 이것에 해당하는 주항은 절대 제거 가능 주항이 되므로 선별과정에서 제거되어 간소화된 논리함수 $f(A, B, C, D)$는 진성주항, 즉 × 표시가 하나만 있는 행의 주항만 존재하게 된다. 이때 구해진 진성주항들은 선별표에 참여하였던 모든 최소항들을 나타낼 수 있어야 올바르게 간소화된 결과식이 된다.

$$f(A, B, C, D) = \overline{C} + A\overline{B}$$

Chapter 05 연습문제

1. 다음의 논리식을 표준 SOP 형식으로 나타내라.

① $f(A, B, C) = A + BC$

② $f(A, B, C) = AB + B\overline{C} + \overline{A}C$

③ $f(A, B, C, D) = A\overline{B}C + BC + BC\overline{D}$

④ $f(A, B, C, D) = \overline{B}C + AB\overline{C} + A\overline{C}D$

2. 문제 1을 $\Sigma($　　　$)$ 형식으로 나타내라.

3. 문제 1을 $\Pi($　　　$)$ 형식으로 나타내라.

4. 문제 3의 수치 표현을 표준 POS 형식으로 나타내라.

5. 다음의 카르노도로부터 SOP 형식의 논리식을 구하라.

①

A \ BC	00	01	11	10
0	1	1		d
1	d	1		1

②

A \ BC	00	01	11	10
0	1			1
1		1	1	

③

A \ BC	00	01	11	10
0	1		1	1
1	d	1		

④

A \ BC	00	01	11	10
0	1			1
1	1		1	

6. 다음의 카르노도로부터 SOP 형식의 논리식을 구하라.

①

$AB \backslash CD$	00	01	11	10
00	1	1	1	
01		1	1	
11			1	
10	1	1	1	

②

$AB \backslash CD$	00	01	11	10
00	1			1
01	1			1
11	1	1	1	1
10		1	1	

③

$AB \backslash CD$	00	01	11	10
00	d	1		1
01	1	d		
11				
10	1	d	1	d

④

$AB \backslash CD$	00	01	11	10
00	1		1	1
01			1	1
11	d	d	d	d
10		1	d	d

7. 다음의 논리함수를 카르노도를 이용하여 간소화하라.

① $f(A, B, C, D) = \sum(0, 1, 4, 5, 10, 11, 14, 15)$

② $f(A, B, C, D) = \sum(4, 5, 6, 7, 8, 9, 10, 11)$

③ $f(A, B, C, D) = \sum(2, 3, 4, 5, 10, 11, 12, 13)$

④ $f(A, B, C, D) = \sum(1, 2, 5, 6, 9, 10, 13. 14)$

8. 다음의 논리함수를 카르노도를 이용하여 간소화하라.

① $f(A, B, C, D) = \sum(0, 1, 2, 3, 4, 7, 8, 9) + d(10, 11, 12, 13, 14, 15)$

② $f(A, B, C, D) = \sum(0, 2, 3, 5, 6, 8, 9) + d(10, 11, 12, 13, 14, 15)$

③ $f(A, B, C, D) = \sum(0, 4, 5, 6, 7, 8, 9) + d(10, 11, 12, 13, 14, 15)$

④ $f(A, B, C, D) = \sum(2, 3, 4, 5, 6, 8, 9) + d(10, 11, 12, 13, 14, 15)$

9. 다음의 논리함수를 카르노도를 이용하여 간소화하라.

① $f(A, B, C, D) = \overline{A}\,\overline{B}C\overline{D} + \overline{A}\,\overline{B}\,\overline{C}\,\overline{D} + \overline{A}\,\overline{B}CD + A\overline{B}\,\overline{C}\,\overline{D} + A\overline{B}C\overline{D} + A\overline{B}CD$

② $f(A, B, C, D) = \overline{A}\,\overline{B}\,\overline{C}D + \overline{A}\,\overline{B}\,\overline{C}\,\overline{D} + \overline{A}\,\overline{B}C\overline{D} + AB\overline{C}D + \overline{A}B\overline{C}D + A\overline{B}\,\overline{C}D$

③ $f(A, B, C, D) = \overline{A}BCD + B\overline{C}D + ACD + \overline{A}\,\overline{B}C + \overline{B}C\overline{D}$

④ $f(A, B, C, D) = AB\overline{C}\,\overline{D} + \overline{A}\,\overline{C} + A\overline{B} + C\overline{D} + \overline{B}\,\overline{D}$

10. 다음의 카르노도로부터 POS 형식의 논리식을 구하라.

①

A \ BC	00	01	11	10
0	1			d
1	d	1		1

②

A \ BC	00	01	11	10
0	1			1
1		1	1	

③

A \ BC	00	01	11	10
0	d		1	1
1		1		

④

A \ BC	00	01	11	10
0				
1		1	1	

11. 다음의 카르노도로부터 POS 형식의 논리식을 구하라.

①

AB \ CD	00	01	11	10
00	1	1	1	
01		1	1	
11			1	
10	1	1	1	

②

AB \ CD	00	01	11	10
00	1			1
01	1			1
11	1	1	1	1
10		1	1	

③

AB \ CD	00	01	11	10
00	d	1		1
01	1	d		
11				
10	1	d	1	d

④

AB \ CD	00	01	11	10
00	1		1	1
01			1	1
11	d	d	d	d
10		1	d	d

12. 다음의 논리함수를 카르노도를 이용하여 POS 형식으로 간소화하라.

① $f(A, B, C, D) = \overline{A}\,\overline{B}C\overline{D} + \overline{A}\,\overline{B}\,\overline{C}\,\overline{D} + \overline{A}\,\overline{B}CD + A\overline{B}\,\overline{C}\,\overline{D} + A\overline{B}C\overline{D} + A\overline{B}CD$

② $f(A, B, C, D) = \overline{A}\,\overline{B}\,\overline{C}D + \overline{A}\,\overline{B}\,\overline{C}\,\overline{D} + \overline{A}\,\overline{B}C\overline{D} + AB\overline{C}D + \overline{A}B\overline{C}D + A\overline{B}\,\overline{C}D$

③ $f(A, B, C, D) = \overline{A}BCD + B\overline{C}D + ACD + \overline{A}\,\overline{B}C + \overline{B}C\overline{D}$

④ $f(A, B, C, D) = AB\overline{C}\,\overline{D} + \overline{A}\,\overline{C} + A\overline{B} + C\overline{D} + \overline{B}\,\overline{D}$

13. 다음의 논리함수를 카르노도를 이용하여 간소화하라.

① $f(A, B, C, D) = \Pi(0, 1, 2, 3, 4, 6, 8, 9)$

② $f(A, B, C, D) = \Pi(4, 5, 7, 10, 11, 12, 13, 15)$

③ $f(A, B, C, D) = \Pi(4, 5, 6) + d(10, 11, 12, 13, 14, 15)$

④ $f(A, B, C, D) = \Pi(2, 4, 7) + d(10, 11, 12, 13, 14, 15)$

14. 다음의 논리함수로부터 카르노도를 작성하고, SOP 형식과 POS 형식의 논리식을 각각 구하라.

① $f(A, B, C, D) = \sum(1, 2, 5, 6, 9) + d(10, 11, 12, 13, 14, 15)$

② $f(A, B, C, D) = \sum(0, 3, 4, 7, 8) + d(10, 11, 12, 13, 14, 15)$

15. 논리함수 $f(A, B, C, D) = \sum(5, 6, 7, 9, 10, 11)$가 있다.

① SOP 형식과 POS 형식으로 각각 간소화하라.

② SOP 형식과 POS 형식 중 어느 형식이 게이트의 수를 적게 할 수 있는가?

16. 엘리베이터가 4개의 센서 (S_1, S_2, S_3, S_4)로 동작하고 있다. 센서 S_1은 정상이고, 다른 3개의 센서 중 적어도 2개가 정상으로 동작하고 있을 때 엘리베이터가 동작한다.

① 엘리베이터가 동작하기 위한 조건을 진리표로 나타내라.

② 진리표로부터 SOP 형식과 POS 형식의 논리식을 구하여 간소화하고, 어느 형식이 게이트의 수를 적게 할 수 있는가 판단하라.

17. 논리함수 $f(A, B, C, D) = \sum(0, 4, 5, 11, 12, 13, 14, 15)$를 검표법으로 간소화하라.

18. 논리함수 $f(A, B, C, D) = \sum(1, 4, 6, 7, 8, 9, 10, 11, 15)$를 검표법으로 간소화하라.

19. 논리함수 $f(A, B, C, D) = \sum(2, 3, 7, 9, 11, 13) + d(1, 10, 15)$를 검표법으로 간소화하라.

20. 논리함수 $f(A, B, C, D, E, F) = \sum(20, 28, 52, 60)$를 검표법으로 간소화하라.

Chapter 06 | Exclusive OR 게이트와 그 응용

Exclusive OR 게이트와 Exclusive NOR 게이트는 4장에서 설명한 게이트들의 조합으로 구성되며, 많은 분야에서 중요한 역할을 하기 때문에 고유 기호를 가진 기본 논리 소자로 취급한다. Exclusive OR 게이트는 두 개의 입력만 가지고 있으며, 출력은 두 입력이 서로 반대일 때만 출력이 1이 된다. Exclusive NOR 게이트는 Exclusive OR 게이트의 출력과 반대임을 나타내는 버블이 있으며, 두 개의 입력이 같을 때만 출력이 1이 된다. 이 장에서는 일치 회로, 비교기, 패리티 발생기 및 검사기 그리고 코드 변환회로 등에 대하여 설명한다.

6-1 Exclusive OR 게이트

Exclusive OR 게이트는 배타적 논리합 또는 반일치 회로라고도 하며, 표준 논리 기호를 그림 6-1에 나타내었다.

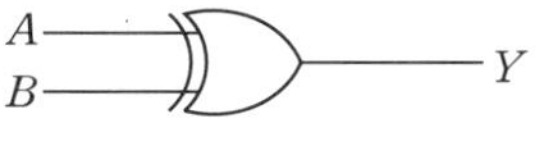

그림 6-1 Exclusive OR 게이트의 표준 논리 기호

Exclusive OR 게이트는 두 개의 입력만을 가지고 있으며, 출력은 두 입력이 서로 반대일 경우에만 1이 된다. 입력을 A와 B, 출력을 Y라 하면 Exclusive OR 게이트의 연산은 다음과 같다. Exclusive OR 게이트 연산에서 A가 0이고, B가 1이거나, A가 1이고 B가 0이면 Y는 1이 되고, A와 B가 모두 1이거나 모두 0이면 Y는 0이 된다.

Exclusive OR 게이트의 연산은 입력 변수를 A와 B, 출력 변수를 Y라 할 때

$$Y = A\overline{B} + \overline{A}B = A \oplus B$$

와 같이 표현할 수 있다. 그림 6-2는 입력 변수와 출력 변수가 문자로 표시된 Exclusive OR 게이트의 논리 기호를 나타낸 것이다.

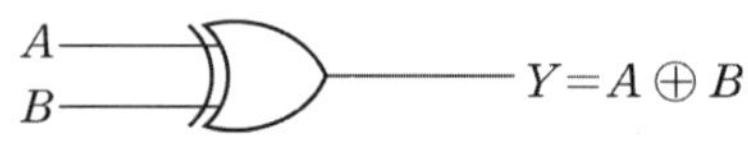

그림 6-2 Exclusive OR 게이트의 연산

이 연산의 출력은 두 입력이 서로 반대일 때 1이 되고, 입력 변수의 가능한 모든 조합에 대하여 계산한 결과는 다음과 같으며, 표 6-1에 Exclusive OR 게이트의 진리표를 나타내었다.

$$A \oplus B = Y$$
$$0 \oplus 0 = 0$$
$$0 \oplus 1 = 1$$
$$1 \oplus 0 = 1$$
$$1 \oplus 1 = 0$$

표 6-1 Exclusive OR 게이트에 대한 진리표

A	B	Y
0	0	0
0	1	1
1	0	1
1	1	0

예제 6-1

$Y = A\overline{B} + \overline{A}B$의 논리식을 변형하여 Exclusive OR 게이트 회로를 그리라.

✔ **풀이**

$$Y = \overline{\overline{A\overline{B} + \overline{A}B}} = \overline{(\overline{A} + B)(A + \overline{B})} = \overline{AB + \overline{A}\,\overline{B}} = (\overline{AB})(A + B)$$
$$= A(\overline{AB}) + B(\overline{AB}) = (\overline{A} + \overline{B})(A + B)$$
$$= \overline{A}B + A\overline{B}$$

이 회로들을 그림 6-3에 나타내었다.

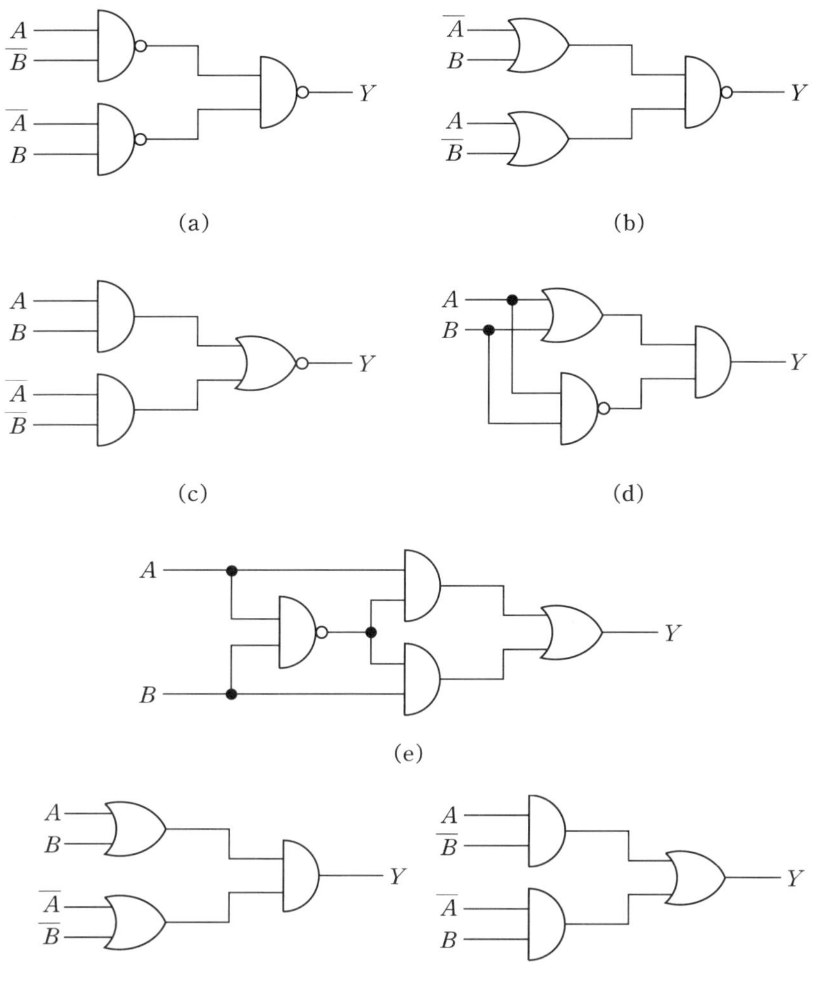

그림 6-3 각종 Exclusive OR 게이트 회로들

◐ 예제 6-2

Exclusive OR 게이트의 두 개의 입력 중 B 입력을 그림 6-4와 같이 제어 입력으로 사용하였다.

① 제어 입력을 0으로 했을 때 어떤 동작을 할까?

② 제어 입력을 1로 했을 때 어떤 동작을 할까?

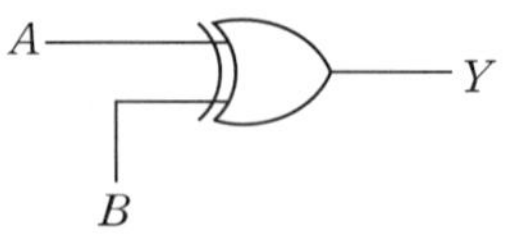

그림 6-4

✔ **풀이** ① B 입력은 항상 0이기 때문에 A가 0이면 입력이 같으므로 출력은 0이 되고, A가 1이면 두 입력이 서로 반대이므로 출력은 1이 된다. 그러므로 버퍼 동작을 한다.
② B 입력은 항상 1이기 때문에 A가 0이면 입력이 서로 반대이므로 출력은 1이 되고, A가 1이면 두 입력이 같으므로 출력은 0이 된다. 그러므로 인버터 동작을 한다.

Exclusive OR 게이트의 논리 연산을 생각하면서 펄스 입력을 갖는 Exclusive OR 게이트의 연산을 예제를 통하여 알아보자.

예제 6-3

그림 6-5에 주어진 입력 파형에 대한 Exclusive OR 게이트의 출력 파형을 구하라.

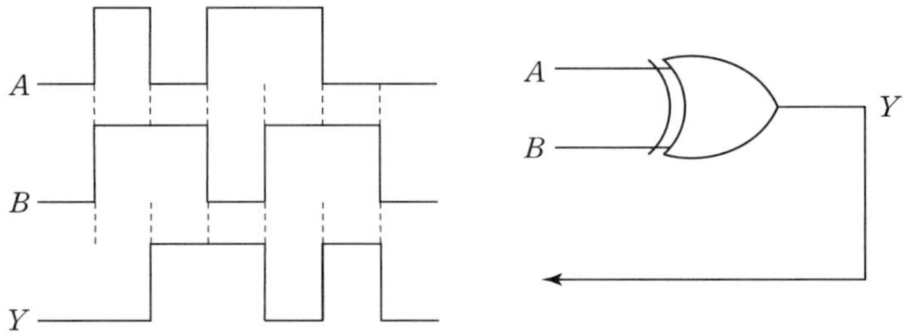

그림 6-5

✔ **풀이** 출력 파형은 그림 6-5의 하단에 나타냈으며, 두 입력이 서로 반대일 때만 출력이 1이 된다.

6-2 Exclusive NOR 게이트

Exclusive NOR 게이트는 일치회로라고도 하며, 표준 논리 기호는 그림 6-6과 같다. Exclusive NOR 게이트 기호의 출력에 있는 버블은 Exclusive OR 게이트의 출력이 반대임을 나타내며, 두 입력이 서로 반대일 때 출력은 0이 된다. 입력 변수를 A와 B, 출력 변수를 Y라 할 때 Exclusive NOR 연산은 다음과 같다.

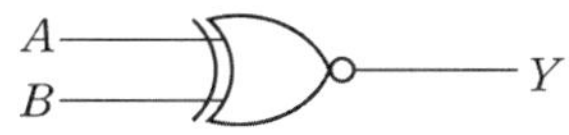

그림 6-6 Exclusive NOR 게이트의 표준 논리 기호

Exclusive NOR 게이트 연산에서 A가 0이고, B가 1이거나 A가 1이고, B가 0이면 Y는 0이 되고, A와 B가 모두 0이거나 모두 1이면 Y는 1이 된다.

Exclusive NOR 게이트의 연산은 입력 변수를 A와 B, 출력 변수를 Y라 할 때

$$Y = \overline{A\overline{B} + \overline{A}B} = AB + \overline{A}\,\overline{B} = A \odot B$$

와 같이 표현할 수 있다. 그림 6-7은 입력 변수와 출력 변수가 문자로 표시된 Exclusive NOR 게이트의 논리 기호를 나타낸 것이다.

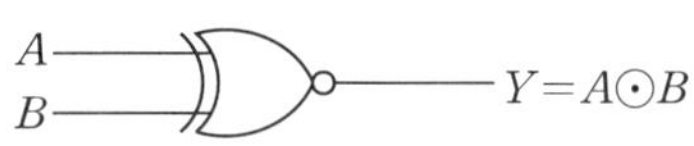

그림 6-7 Exclusive NOR 게이트의 연산

이 연산의 출력은 두 입력이 모두 같을 때 1이 되고, 입력 변수의 가능한 모든 조합에 대하여 계산한 결과는 다음과 같으며, 표 6-2에 Exclusive NOR 게이트의 진리표를 나타내었다.

$$A \odot B = Y$$
$$0 \odot 0 = 1$$
$$0 \odot 1 = 0$$
$$1 \odot 0 = 0$$
$$1 \odot 1 = 1$$

표 6-2 Exclusive NOR 게이트에 대한 진리표

A	B	Y
0	0	1
0	1	0
1	0	0
1	1	1

Exclusive NOR 게이트의 논리 연산을 생각하면서 펄스 입력을 갖는 Exclusive NOR 게이트의 연산을 예제를 통하여 알아보자.

예제 6-4

그림 6-8에 주어진 입력 파형에 대한 Exclusive NOR 게이트의 출력 파형을 구하라.

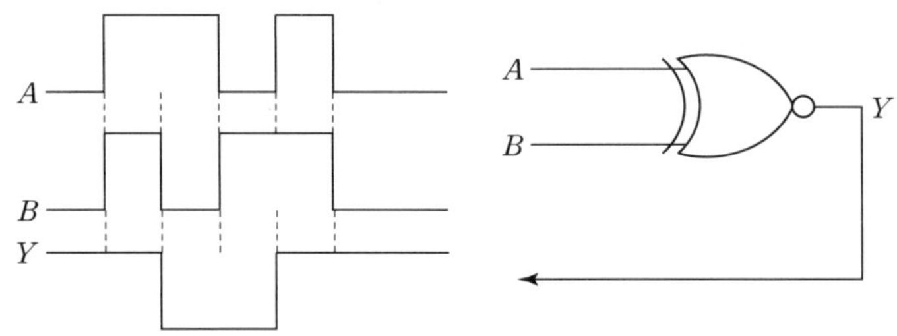

그림 6-8

✔ **풀이** 출력 파형은 그림 6-8의 하단에 나타냈으며, 두 입력이 같을 때만 출력이 1이 된다.

예제 6-5

2진수 2비트 $A(A_1\ A_0)$, $B(B_1\ B_0)$의 일치회로를 구성하라.

✔ **풀이** 두 개의 데이터 A, B의 A_1 자리와 B_1 자리, A_0 자리와 B_0 자리가 모두 일치하고 있는가를 조사하면 된다. 즉, $A_1 = B_1$이고, $A_0 = B_0$일 때 $A = B$가 된다. 따라서 Exclusive NOR 게이트 두 개, AND 게이트 한 개로 구성되며, 그림 6-9와 같다.

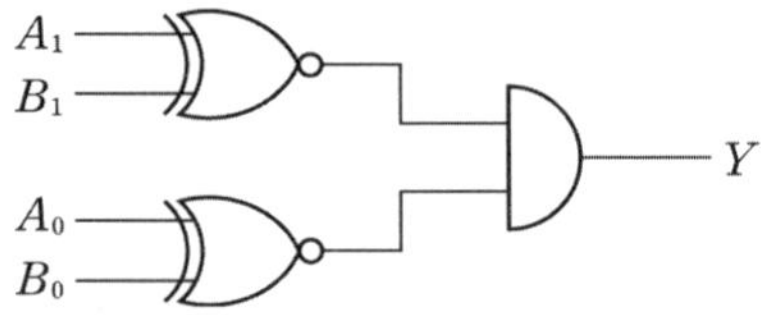

그림 6-9 2비트 일치회로

6-3 비교기

1 1비트 비교기

비교기(Comparator)란 두 개의 데이터 A, B를 비교하여 어느 것이 큰가, 작은가 또는 같은가를 판정하는 회로이며, Exclusive NOR 게이트를 사용한다. 즉, 1비트의 데이터 A, B가 있을 때 $A>B$인가, $A<B$인가, $A=B$인가를 판정하여 출력을 내는 것이 비교기이다.

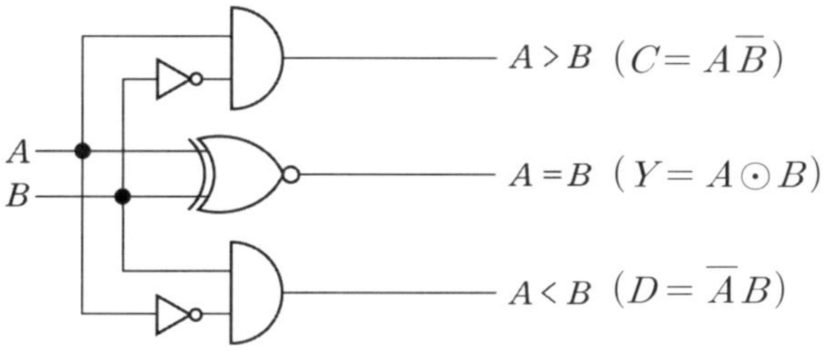

그림 6-10 1비트 비교기

1) $A>B$일 조건

Exclusive NOR 게이트 출력 Y가 0이면 두 개의 입력 A와 B가 같지 않기 때문에 A와 B의 크기를 비교해야 한다. $C=A\overline{B}=1$이면 A가 B보다 크다.

2) $A<B$일 조건

Exclusive NOR 게이트 출력 Y가 0이면 두 개의 입력 A와 B가 같지 않기 때문에 A와 B의 크기를 비교해야 한다. $D=\overline{A}B=1$이면 B가 A보다 크다.

3) $A=B$일 조건

Exclusive NOR 게이트 출력 Y가 1이면 두 개의 입력 A와 B는 같다.

이상의 세 가지 조건을 논리회로로 나타낸 것이 그림 6-10이다.

2 2비트 비교기

2비트의 데이터 $A(A_1\,A_0)$, $B(B_1\,B_0)$가 있을 때 $A>B$인가, $A<B$인가, $A=B$인가를 판정하는 세 가지 조건은 다음과 같다.

1) $A > B$일 조건

① A_1이 B_1보다 클 것. A_0와 B_0는 상관없다.

② A_1과 B_1이 같고, A_0가 B_0보다 클 것.

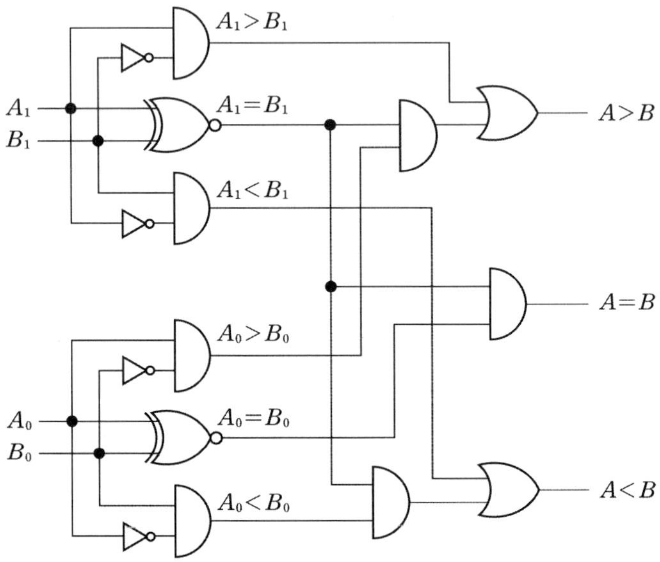

그림 6-11 2비트 비교기

2) $A < B$일 조건

① B_1이 A_1보다 클 것. A_0와 B_0는 상관없다.

② A_1과 B_1이 같고, B_0가 A_0보다 클 것.

3) $A = B$일 조건

A_1과 B_1이 같고, A_0과 B_0이 같을 것.

이상의 세 조건을 논리회로로 나타내면 그림 6-11과 같다.

3 4비트 비교기

4비트의 데이터 $A(A_3\,A_2\,A_1\,A_0)$, $B(B_3\,B_2\,B_1\,B_0)$가 있을 때 $A > B$인가, $A < B$인가, $A = B$인가를 판정하는 세 가지 조건은 다음과 같다.

1) $A > B$일 조건

① $A_3 > B_3$

② $A_3 = B_3,\ A_2 > B_2$

③ $A_3 = B_3,\ A_2 = B_2,\ A_1 > B_1$

④ $A_3 = B_3,\ A_2 = B_2,\ A_1 = B_1,\ A_0 > B_0$

2) $A < B$일 조건

① $A_3 < B_3$

② $A_3 = B_3,\ A_2 < B_2$

③ $A_3 = B_3,\ A_2 = B_2,\ A_1 < B_1$

④ $A_3 = B_3,\ A_2 = B_2,\ A_1 = B_1,\ A_0 < B_0$

3) $A = B$일 조건

$A_3 = B_3,\ A_2 = B_2,$

$A_1 = B_1,\ A_0 = B_0$

1), 2), 3)의 조건에 만족하는 논리회로를 설계하면 그림 6-12와 같다.

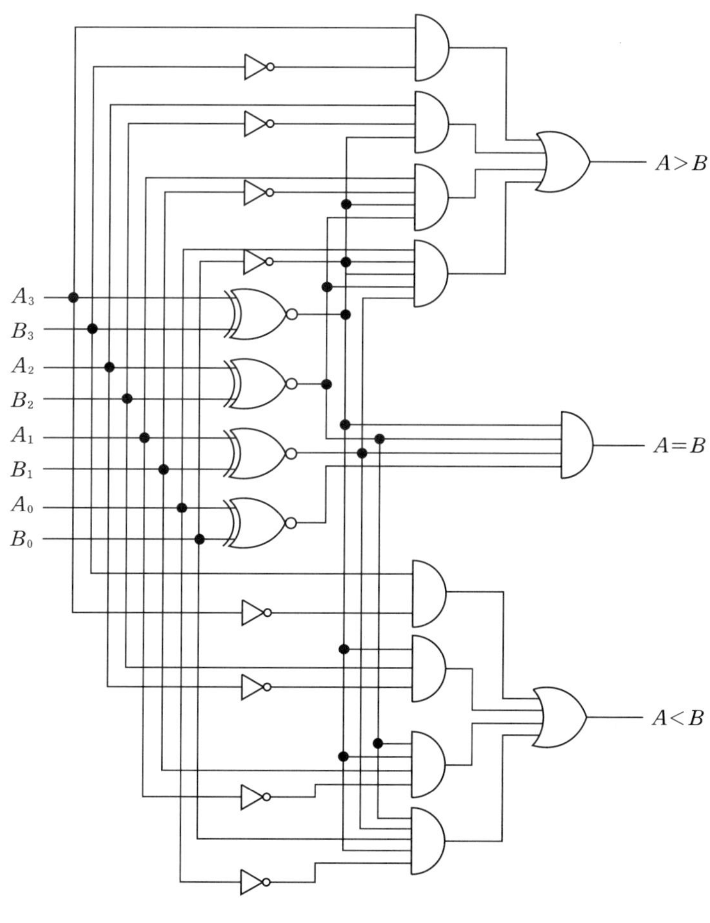

그림 6-12 4비트 비교기

4 74LS85(4비트 크기 비교기)

74LS85는 4비트 크기 비교기이며, 출력은 $A=B$, $A>B$, $A<B$인지를 나타낸다. 기능도는 그림 6-13과 같으며, 핀들은 기능에 따라 분류된다. 종속 입력(cascading input) 단자인 2, 3과 4번 핀은 4비트 이상의 입력을 갖는 회로에서 IC를 확장하기 위해 사용되는 확장 입력이다. 4비트 비교기로 사용할 때 2번과 4번 핀($I_{A>B}$와 $I_{A<B}$)은 접지되어야 하고, 3번 핀($I_{A=B}$)은 high여야 한다.

표 6-3은 74LS85의 진리표를 나타낸다. 이 IC는 입력으로 두 개의 4비트 수 $A_3\,A_2\,A_1\,A_0$

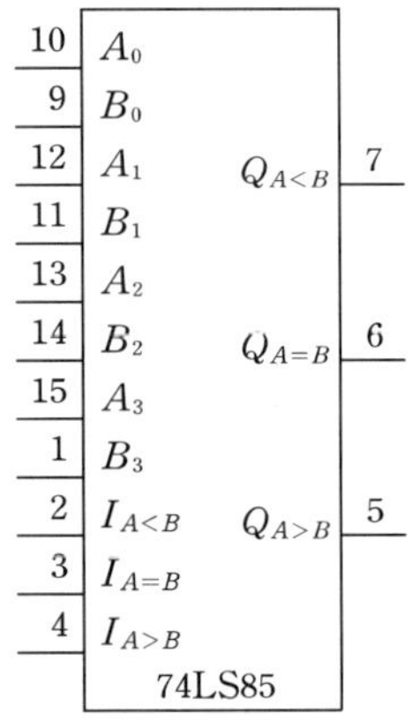

그림 6-13 74LS85 기능도

표 6-3

비교 입력				종속 입력			출력		
A_3, B_3	A_2, B_2	A_1, B_1	A_0, B_0	$A>B$	$A<B$	$A=B$	$A>B$	$A<B$	$A=B$
$A_3>B_3$	×	×	×	×	×	×	H	L	L
$A_3<B_3$	×	×	×	×	×	×	L	H	L
$A_3=B_3$	$A_2>B_2$	×	×	×	×	×	H	L	L
$A_3=B_3$	$A_2<B_2$	×	×	×	×	×	L	H	L
$A_3=B_3$	$A_2=B_2$	$A_1>B_1$	×	×	×	×	H	L	L
$A_3=B_3$	$A_2=B_2$	$A_1<B_1$	×	×	×	×	L	H	L
$A_3=B_3$	$A_2=B_2$	$A_1=B_1$	$A_0>B_0$	×	×	×	H	L	L
$A_3=B_3$	$A_2=B_2$	$A_1=B_1$	$A_0<B_0$	×	×	×	L	H	L
$A_3=B_3$	$A_2=B_2$	$A_1=B_1$	$A_0=B_0$	H	L	L	H	L	L
$A_3=B_3$	$A_2=B_2$	$A_1=B_1$	$A_0=B_0$	L	H	L	L	H	L
$A_3=B_3$	$A_2=B_2$	$A_1=B_1$	$A_0=B_0$	L	L	H	L	L	H

와 $B_3 B_2 B_1 B_0$를 비교하고, 입력되는 4비트 수의 상대적인 크기에 따라 5, 6 또는 7번 출력을 high로 한다. 만약 4비트 수 A가 B보다 크다면 출력 $Q_{A>B}$는 high가 되고, A와 B가 같다면 출력 $Q_{A=B}$는 high가 되고, A가 B보다 작다면 출력 $Q_{A<B}$는 high가 된다.

표 6-3에서 최상위 줄은 만약 A_3가 B_3보다 크고 다른 데이터 입력과 종속 연결된 입력(cascading input)이 고려되지 않으면 A는 B보다 커야 하며, 출력 $A>B$는 high가 된다. A_3가 B_3보다 작다면 A는 B보다 작으며, 출력 $A<B$는 high가 된다. 진리표의 세 번째와 네 번째 줄에서 A_3와 B_3가 같으면 A_2와 B_2를 비교한다. 그러면 출력은 그에 따라서 설정된다. 최하위 세 줄은 $A_3 A_2 A_1 A_0$와 $B_3 B_2 B_1 B_0$가 같을 때 출력이 어떻게 되는가를 보여준다.

예제 6-6

74LS85를 사용하여 $A=1101$과 $B=1011$을 비교하라.

✔ **풀이** $A>B$이므로 그림 6-14와 같이 5번 핀은 high가 되고, 6번과 7번 핀은 low가 된다.

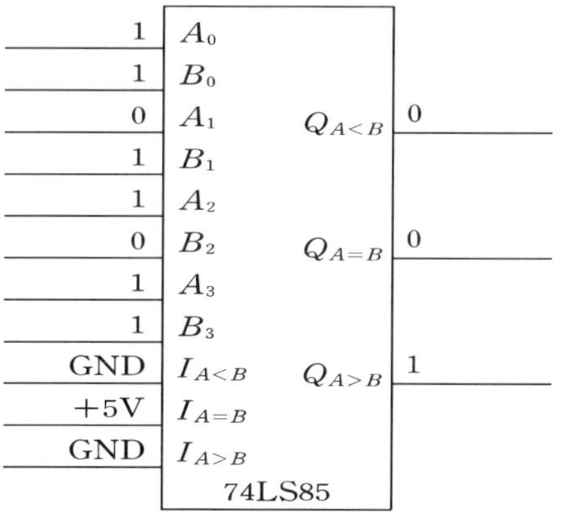

그림 6-14

6-4 패리티 발생기와 검사기

2진 코드의 패리티는 그 코드에서 1의 총 개수가 홀수인가 짝수인가를 구별하고, 1비트 에러 검출의 의미를 갖는다. 패리티 비트는 일반적으로 워드(word)의 맨 앞이나 맨 뒤에 붙여 사용하며, 짝수 패리티 코드에서는 패리티 비트를 포함하여 1의 총 개수가 항상 짝수이어야 하고, 홀수 패리티 코드에서는 1의 총 개수가 항상 홀수이어야 한다. 데이터 전송에서 전송 측은 전송 데이터에 패리티 비트를 추가하여 전송하고, 수신 측에서는 전송받은 패리티 비트를 보고 에러의 유무를 검사하게 된다. 전송 측에서 패리티 비트를 발생하는 회로를 패리티 발생기(parity generator)라 하고, 수신 측에서 패리티 비트를 검사하는 회로를 패리티 검사기(parity checker)라 한다.

1 패리티 발생기(parity generator)

표 6-4는 3개의 비트와 함께 홀수 패리티 비트를 전송하는 예를 나타낸 것이다. 표에서 A, B, C는 입력 변수이고, P는 전송 데이터 중에서 1의 개수가 홀수가 되도록 하였다.

표 6-4 홀수 패리티 발생

A	B	C	P
0	0	0	1
0	0	1	0
0	1	0	0
0	1	1	1
1	0	0	0
1	0	1	1
1	1	0	1
1	1	1	0

표 6-4를 수치 표현으로 나타내면 다음과 같다.

$$P(A, B, C) = \sum(0, 3, 5, 6)$$

이 논리함수는 카르노도로 간소화할 수 없으며, 정리하여 변형하면 다음과 같다.

$$\begin{aligned} P(A, B, C) &= \overline{A}\,\overline{B}\,\overline{C} + \overline{A}BC + A\overline{B}C + AB\overline{C} \\ &= (\overline{A}\,\overline{B} + AB)\overline{C} + (\overline{A}B + A\overline{B})C \\ &= (A \odot B)\overline{C} + (A \oplus B)C \\ &= (A \oplus B) \odot C \end{aligned}$$

3입력에 대한 홀수 패리티 발생 회로는 Exclusive OR 게이트와 Exclusive NOR 게이트로 구성할 수 있으며, 그림 6-15는 3입력 홀수 패리티 발생기의 논리도를 나타낸 것이다.

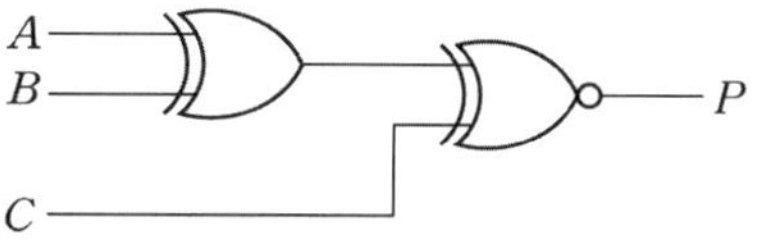

그림 6-15 3입력 홀수 패리티 발생기

◐ 예제 6-7

3입력 홀수 패리티 발생기에서 ABC가 111일 때 출력 P가 0이 되는 것을 확인하라.

✔ **풀이** 그림 6-16에 나타낸 것과 같이 0인 것을 확인할 수 있다.

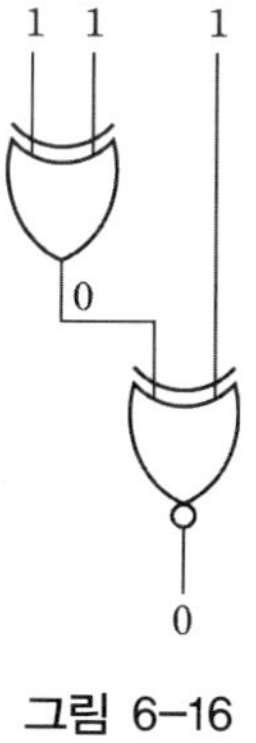

그림 6-16

표 6-5는 3입력에 대한 짝수 패리티를 나타낸 것이다. 표에서 A, B, C는 입력 변수이고, P는 전송 데이터 중에서 1의 개수가 짝수가 되도록 하였다.

표 6-5 짝수 패리티 발생

A	B	C	P
0	0	0	0
0	0	1	1
0	1	0	1
0	1	1	0
1	0	0	1
1	0	1	0
1	1	0	0
1	1	1	1

표 6-5를 수치 표현으로 나타내면 다음과 같다.

$$P(A, B, C) = \sum(1, 2, 4, 7)$$

이 논리함수는 키르노도로 간소화할 수 없으며, 정리하여 변형하면 다음과 같다.

$$\begin{aligned} P(A, B, C) &= \overline{A}\,\overline{B}C + \overline{A}B\overline{C} + A\overline{B}\,\overline{C} + ABC \\ &= (\overline{A}\,\overline{B} + AB)C + (\overline{A}B + A\overline{B})\overline{C} \\ &= (A \odot B)C + (A \oplus B)\overline{C} \\ &= A \oplus B \oplus C \end{aligned}$$

3입력에 대한 짝수 패리티 발생 회로는 Exclusive OR 게이트로 구성할 수 있으며, 그림 6-17은 3입력 짝수 패리티 발생기의 논리도를 나타낸 것이다.

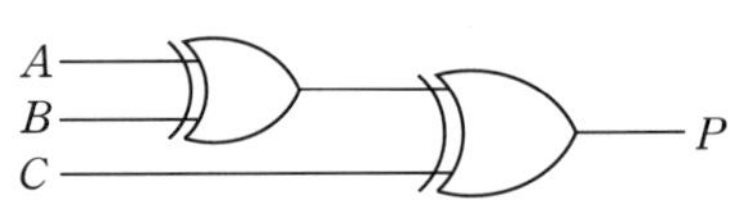

그림 6-17 3입력 짝수 패리티 발생기

예제 6-8

3입력 짝수 패리티 발생기에서 ABC가 110일 때 출력 P가 0이 되는 것을 확인하라.

✔ **풀이** 그림 6-18에 나타낸 것과 같이 0인 것을 확인할 수 있다.

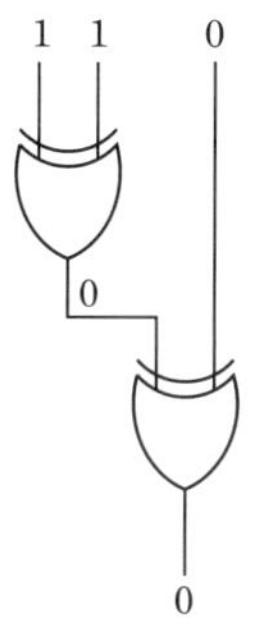

그림 6-18

2 패리티 검사기(Parity checker)

전송 측에서는 그림 6-15나 그림 6-17과 같은 패리티 발생기에서 패리티를 발생시켜 데이터와 함께 수신 측으로 데이터를 전송한다. 수신 측은 전송받은 데이터에서 에러의 유무를 검사할 때 전송 측에서 보낸 패리티 비트를 검사하여 확인한다. 이때 패리티 비트를 검사하는 회로를 패리티 검사기(parity checker)라 한다.

표 6-4와 같이 데이터를 보냈을 경우, 즉 입력은 3개이고, 홀수 패리티를 사용하여 전송했을 경우 수신 측에서의 패리티 검사기를 설계해보자. 표 6-6은 홀수 패리티 검사기에 관련된 진리표를 나타낸 것이다.

수신 측에서 전송받은 데이터가 A, B, C, P이므로 이것은 패리티 검사기 논리도의 입력이 된다. PC는 P와 A, B, C를 보고 전송받은 데이터에 에러가 있으면 PC는 1이 되고, 에러가 없으면 PC는 0이 된다. 예를 들어 $ABCP = 0110$이면 1의 개수가 홀수가 되려면 P 값이 1이어야 하는데 P 값이 0이기 때문에, 즉 전송받은 데이터에 에러가 있기 때문에 PC 값은 1이 된다.

표 6-6 홀수 패리티 검사

A B C P	PC
0 0 0 0	1
0 0 0 1	0
0 0 1 0	0
0 0 1 1	1
0 1 0 0	0
0 1 0 1	1
0 1 1 0	1
0 1 1 1	0
1 0 0 0	0
1 0 0 1	1
1 0 1 0	1
1 0 1 1	0
1 1 0 0	1
1 1 0 1	0
1 1 1 0	0
1 1 1 1	1

이 논리함수는 카르노도로 간소화할 수 없으며, 정리하여 변형하면 다음과 같다.

$$\begin{aligned}
PC(A, B, C, P) &= \sum(0, 3, 5, 6, 9, 10, 12, 15) \\
&= \overline{A}\,\overline{B}\,\overline{C}\,\overline{P} + \overline{A}\,\overline{B}CP + \overline{A}B\overline{C}P + \overline{A}BC\overline{P} \\
&\quad + A\overline{B}\,\overline{C}P + A\overline{B}C\overline{P} + AB\overline{C}\,\overline{P} + ABCP \\
&= \overline{A}\,\overline{B}(\overline{C}\,\overline{P} + CP) + \overline{A}B(\overline{C}P + C\overline{P}) \\
&\quad + A\overline{B}(\overline{C}P + C\overline{P}) + AB(\overline{C}\,\overline{P} + CP) \\
&= (\overline{A}\,\overline{B} + AB)(\overline{C}\,\overline{P} + CP) + (\overline{A}B + A\overline{B})(\overline{C}P + C\overline{P}) \\
&= (A \odot B)(C \odot P) + (A \oplus B)(C \oplus P) \\
&= A \odot B \odot C \odot P
\end{aligned}$$

Exclusive NOR 게이트로 4비트 홀수 패리티 검사기를 구현할 수 있고, 논리도는 그림 6-19에 나타내었다.

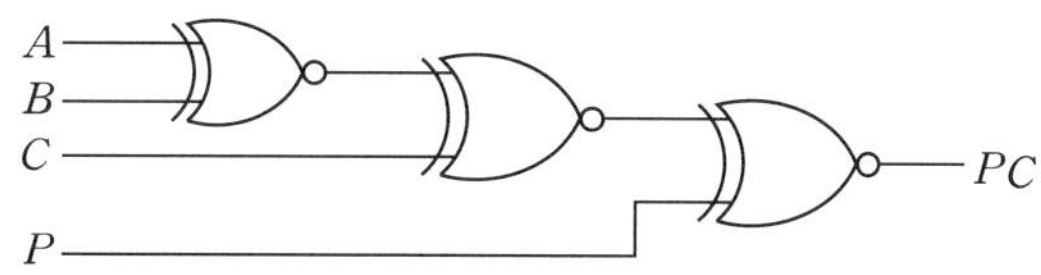

그림 6-19 4비트 홀수 패리티 검사기

예제 6-9

4비트 홀수 패리티 검사에서 $ABCP$가 1101일 때 출력 PC가 0이 되는 것을 확인하라.

✔ **풀이** 그림 6-20에 나타낸 것과 같이 0인 것을 확인할 수 있다.

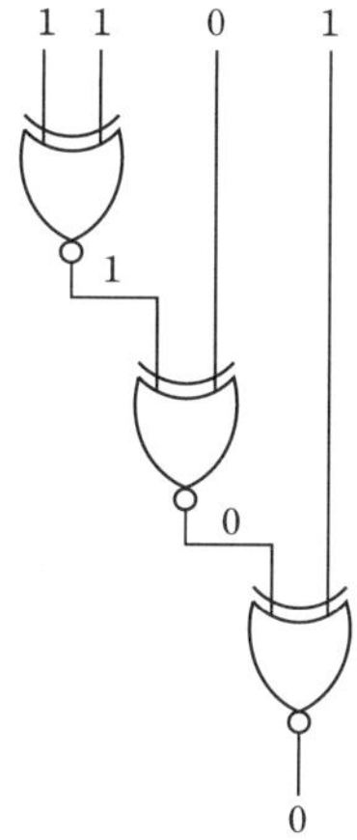

그림 6-20

표 6-5와 같이 데이터를 보냈을 경우, 즉 입력이 3개이고, 짝수 패리티를 사용하여 전송했을 경우 수신 측에서의 패리티 검사기를 설계해보자. 표 6-7은 짝수 패리티 검사기에 관련된 진리표를 나타낸 것이다.

수신 측에서 전송받은 데이터가 A, B, C, P이므로 이것은 패리티 검사기 논리도의 입력이 된다. PC는 P와 A, B, C를 보고 전송받은 데이터에 에러가 있으면 PC는 1이 되고, 에러가 없으면 PC는 0이 된다. 예를 들어 $ABCP=0010$이면 1의 개수가 짝수가 되려면 P 값이 1이어야 하는데 P 값이 0이기 때문에, 즉 전송받은 데이터에 에러가 있기 때문에 PC 값은 1이 된다.

이 논리함수는 카르노도로 간소화할 수 없으며, 정리하여 변형하면 다음과 같다.

$$PC(A, B, C, D) = \sum(1, 2, 4, 7, 8, 11, 13, 14)$$

$$
\begin{aligned}
PC(A, B, C, D) &= \overline{A}\,\overline{B}\,\overline{C}D + \overline{A}\,\overline{B}C\overline{D} + \overline{A}B\overline{C}\,\overline{D} + \overline{A}BCD \\
&\quad + A\overline{B}\,\overline{C}\,\overline{D} + A\overline{B}CD + AB\overline{C}D + ABC\overline{D} \\
&= \overline{A}\,\overline{B}(\overline{C}D + C\overline{D}) + \overline{A}B(\overline{C}\,\overline{D} + CD) \\
&\quad + A\overline{B}(\overline{C}\,\overline{D} + CD) + AB(\overline{C}D + C\overline{D}) \\
&= \overline{A}\,\overline{B}(C \oplus D) + \overline{A}B(C \odot D) + A\overline{B}(C \odot D) + AB(C \oplus D) \\
&= (\overline{A}\,\overline{B} + AB)(C \oplus D) + (\overline{A}B + A\overline{B})(C \odot D) \\
&= (A \odot B)(C \oplus D) + (A \oplus B)(C \odot D) \\
&= A \oplus B \oplus C \oplus D
\end{aligned}
$$

표 6-7

A B C P	PC
0 0 0 0	0
0 0 0 1	1
0 0 1 0	1
0 0 1 1	0
0 1 0 0	1
0 1 0 1	0
0 1 1 0	0
0 1 1 1	1
1 0 0 0	1
1 0 0 1	0
1 0 1 0	0
1 0 1 1	1
1 1 0 0	0
1 1 0 1	1
1 1 1 0	1
1 1 1 1	0

Exclusive OR 게이트로 4비트 짝수 패리티 검사기를 구현할 수 있고, 논리도는 그림 6-21에 나타내었다.

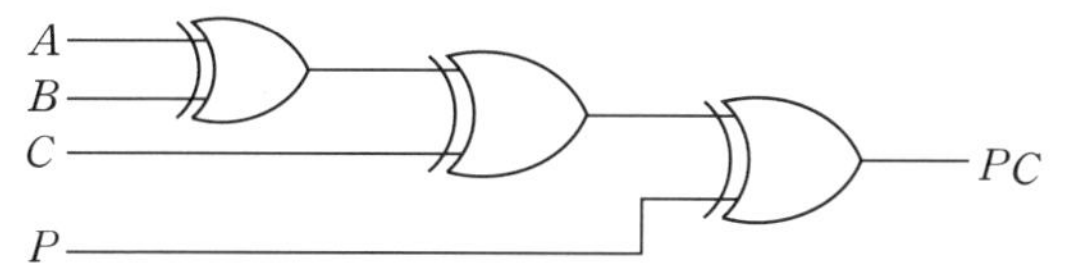

그림 6-21 4비트 짝수 패리티 검사기

◐ 예제 6-10

4비트 짝수 패리티 검사에서 $ABCP$가 0111일 때 출력 PC가 1이 되는 것을 확인하라.

✔ **풀이** 그림 6-22에 나타낸 것과 같이 1인 것을 확인할 수 있다.

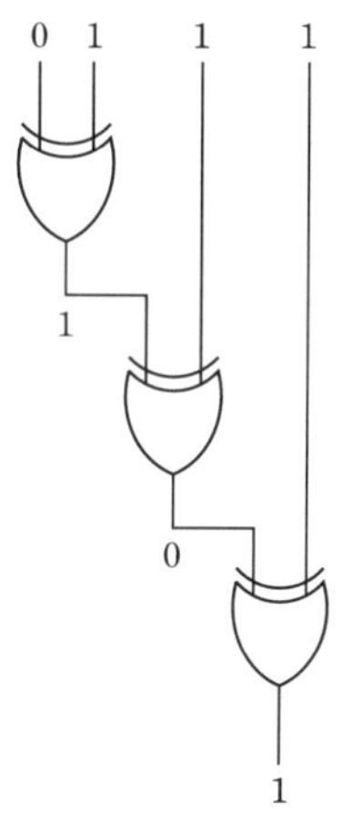

그림 6-22

6-5 코드 변환 논리회로

1) 2진수를 그레이 코드로 변환

2진수와 그레이 코드(gray code)의 관계를 표 6-8에 나타내었다. 2진수를 그레이 코드로 변환하는 회로는 Exclusive OR 게이트를 이용하면 간단히 구성할 수 있다.

표 6-8

Map 번호	2진수 $b_3\,b_2\,b_1\,b_0$	그레이 코드 $g_3\,g_2\,g_1\,g_0$	Map 번호
0	0 0 0 0	0 0 0 0	0
1	0 0 0 1	0 0 0 1	1
2	0 0 1 0	0 0 1 1	3
3	0 0 1 1	0 0 1 0	2
4	0 1 0 0	0 1 1 0	6
5	0 1 0 1	0 1 1 1	7
6	0 1 1 0	0 1 0 1	5
7	0 1 1 1	0 1 0 0	4
8	1 0 0 0	1 1 0 0	12
9	1 0 0 1	1 1 0 1	13
10	1 0 1 0	1 1 1 1	15
11	1 0 1 1	1 1 1 0	14
12	1 1 0 0	1 0 1 0	10
13	1 1 0 1	1 0 1 1	11
14	1 1 1 0	1 0 0 1	9
15	1 1 1 1	1 0 0 0	8

표 6-8에서 2진수 $b_3\,b_2\,b_1\,b_0$를 입력 변수로 하고, 그레이 코드 $g_3\,g_2\,g_1\,g_0$를 구하는 데 Map 번호는 좌측 것을 사용한다. 각각의 출력을 수치 표현으로 나타내면 다음과 같다.

$$g_3(b_3, b_2, b_1, b_0) = \sum(8, 9, 10, 11, 12, 13, 14, 15)$$

$$g_2(b_3, b_2, b_1, b_0) = \sum(4, 5, 6, 7, 8, 9, 10, 11)$$

$$g_1(b_3, b_2, b_1, b_0) = \sum(2, 3, 4, 5, 10, 11, 12, 13)$$

$$g_0(b_3, b_2, b_1, b_0) = \sum(1, 2, 5, 6, 9, 10, 13, 14)$$

이것을 카르노도를 사용하여 나타낸 것이 그림 6-23이다.

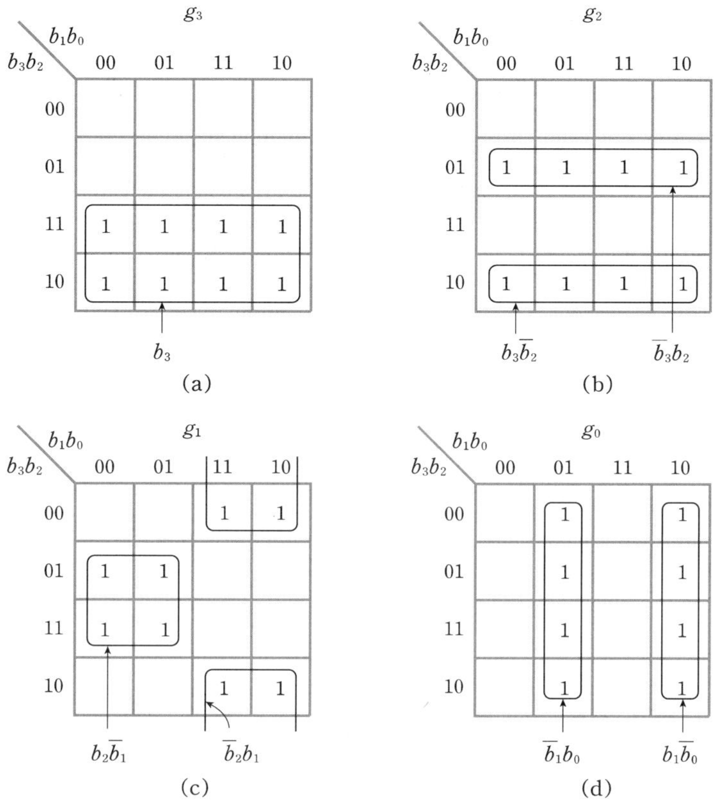

그림 6-23

간소화한 결과는 다음과 같다.

$$g_3(b_3, b_2, b_1, b_0) = b_3$$

$$g_2(b_3, b_2, b_1, b_0) = \overline{b_3}\, b_2 + b_3\overline{b_2} = b_3 \oplus b_2$$

$$g_1(b_3, b_2, b_1, b_0) = b_2\, \overline{b_1} + \overline{b_2}b_1 = b_2 \oplus b_1$$

$$g_0(b_3, b_2, b_1, b_0) = b_1\overline{b_0} + \overline{b_1}\, b_0 = b_1 \oplus b_0$$

이것을 논리회로로 실현하면 그림 6-24와 같다.

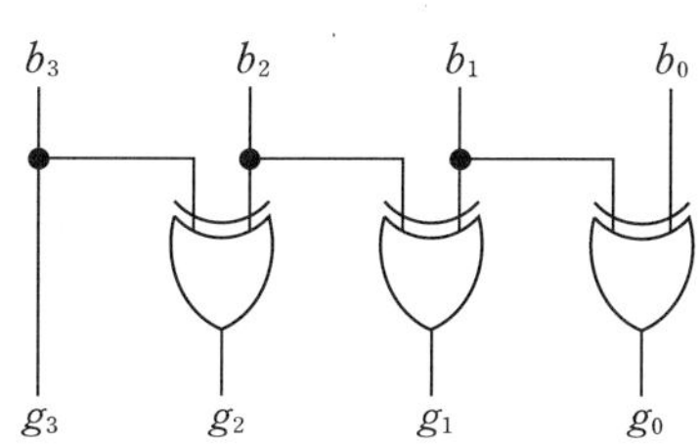

그림 6-24 2진수-그레이 코드 변환회로

예제 6-11

2진수 1101을 그레이 코드로 변환하라.

✓ **풀이** 그레이 코드로 변환하면 그림 6-25와 같이 1011로 된다.

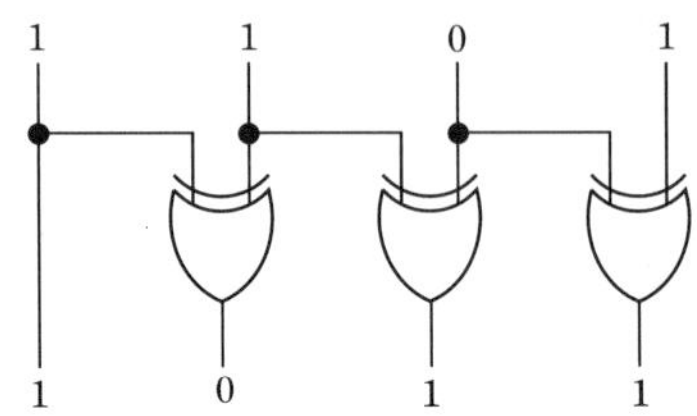

그림 6-25

2) 그레이 코드를 2진수로 변환

그레이 코드를 2진수로 변환하는 회로는 Exclusive OR 게이트를 이용하면 간단히 구성할 수 있다.

표 6-8에서 그레이 코드 $g_3g_2g_1g_0$를 입력 변수로 하고, 2진수 $b_3b_2b_1b_0$를 구하는 데 Map 번호는 우측 것을 사용한다. 각각의 출력을 수치 표현으로 나타내면 다음과 같다.

$$b_3(g_3, g_2, g_1, g_0) = \sum(8, 9, 10, 11, 12, 13, 14, 15)$$

$$b_2(g_3, g_2, g_1, g_0) = \sum(4, 5, 6, 7, 8, 9, 10, 11)$$

$$b_1(g_3, g_2, g_1, g_0) = \sum(2, 3, 4, 5, 8, 9, 14, 15)$$

$$b_0(g_3, g_2, g_1, g_0) = \sum(1, 2, 4, 7, 8, 11, 13, 14)$$

이것을 카르노도를 사용하여 나타낸 것이 그림 6-26이다.

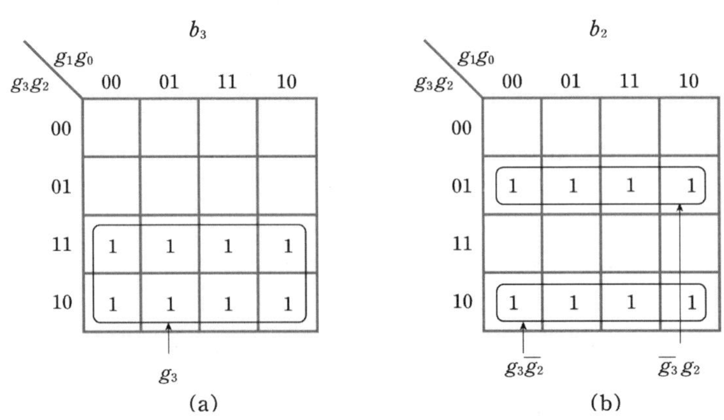

그림 6-26 (계속)

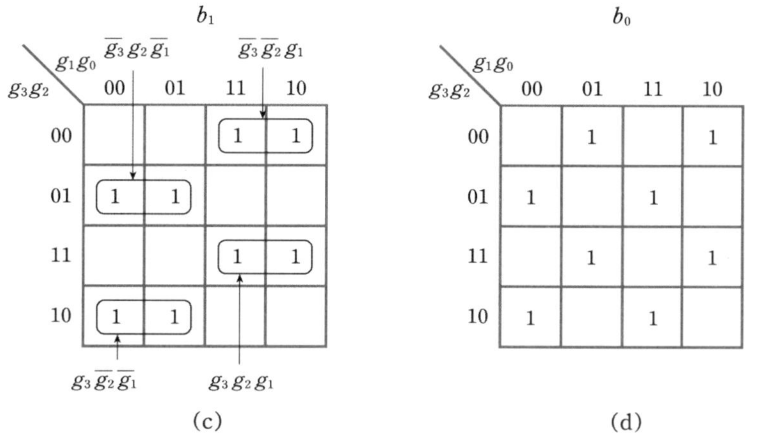

그림 6-26

간소화한 결과는 다음과 같다.

$$b_3(g_3, g_2, g_1, g_0) = g_3$$

$$b_2(g_3, g_2, g_1, g_0) = g_3\,\overline{g_2} + \overline{g_3}\,g_2 = g_3 \oplus g_2 = b_3 \oplus g_2$$

$$\begin{aligned} b_1(g_3, g_2, g_1, g_0) &= \overline{g_3}\,\overline{g_2}\,g_1 + g_3\,g_2\,g_1 + \overline{g_3}\,g_2\overline{g_1} + g_3\overline{g_2}\,\overline{g_1} \\ &= (\overline{g_3}\,\overline{g_2} + g_3\,g_2)g_1 + (\overline{g_3}\,g_2 + g_3\overline{g_2})\overline{g_1} \\ &= (g_3 \odot g_2)g_1 + (g_3 \oplus g_2)\overline{g_1} \\ &= g_3 \oplus g_2 \oplus g_1 = b_2 \oplus g_1 \end{aligned}$$

$$b_0(g_3, g_2, g_1, g_0) = g_3 \oplus g_2 \oplus g_1 \oplus g_0 = b_1 \oplus g_0$$

이것을 논리회로로 실현하면 그림 6-27과 같다.

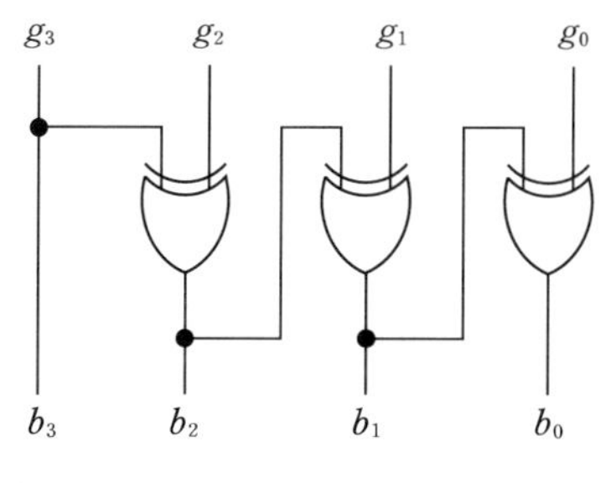

그림 6-27 그레이 코드-2진수 변환회로

예제 6-12

그레이 코드 1010을 2진수로 변환하라.

✔ **풀이** 2진수로 변환하면 그림 6-28과 같이 1100으로 된다.

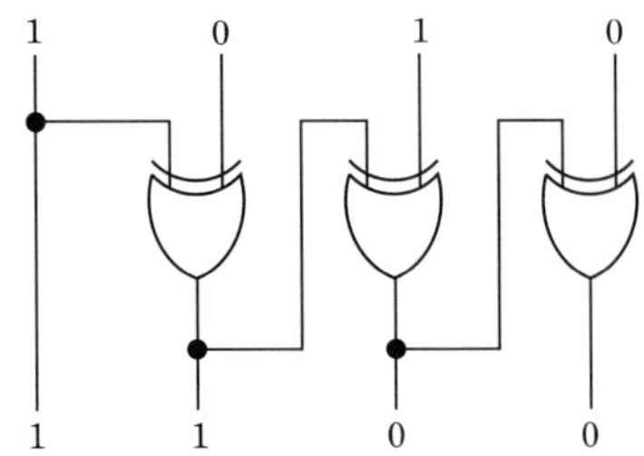

그림 6-28

Chapter 06 연습문제

1. 그림 6-29의 입력 파형에 대하여 Exclusive OR 게이트의 출력 파형을 그리라.

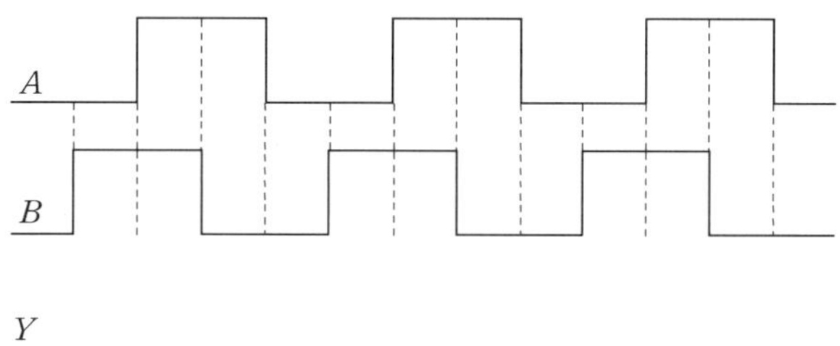

그림 6-29

2. 그림 6-30의 입력 파형에 대하여 Exclusive NOR 게이트의 출력 파형을 그리라.

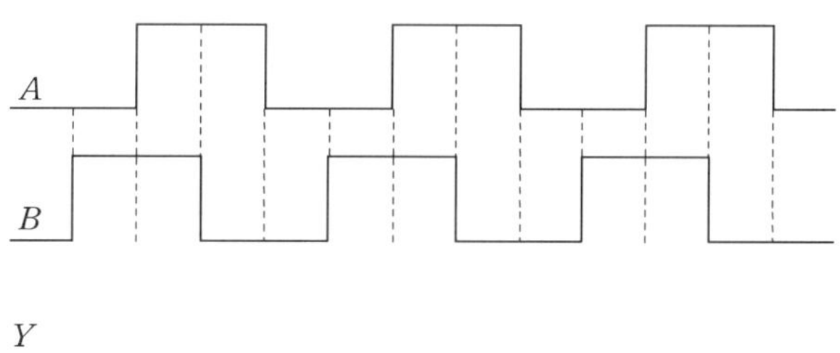

그림 6-30

3. 그림 6-11의 2비트 비교기에서 $A_1\ A_0 = 11$과 $B_1\ B_0 = 01$을 비교하라.

4. 그림 6-14의 4비트 비교기에서 $A = 1001$과 $B = 1101$을 비교하라.

5. 그림 6-15의 3입력 홀수 패리티 발생기에서 ABC가 101일 때 출력 P가 1이 되는 것을 확인하라.

6. 그림 6-17의 3입력 짝수 패리티 발생기에서 ABC가 100일 때 출력 P가 1이 되는 것을 확인하라.

7. 그림 6-19의 4비트 홀수 패리티 검사기에서 $ABCP$가 1001일 때 출력 PC가 1이 되는 것을 확인하라.

8. 그림 6-21의 4비트 짝수 패리티 검사기에서 $ABCP$가 1001일 때 출력 PC가 0이 되는 것을 확인하라.

9. 그림 6-24에서 2진수 1111을 그레이 코드로 변환하라.

10. 그림 6-27에서 그레이 코드 1000을 2진수로 변환하라.

Chapter 07 | 연산회로

산술 연산에서 대부분의 컴퓨터가 덧셈과 뺄셈만을 취급하는 것은 소프트웨어적으로 자리이동(shift)이란 논리 기능을 이용하여 곱셈과 나눗셈이 처리되기 때문이다. 2진수의 뺄셈은 감수를 1의 보수 또는 2의 보수로 변환한 후 가산기를 이용하여 수행하며, 계산 결과가 자리올림이 없으면 그 크기를 알기 위하여 다시 자신의 보수를 취해야 한다.

8421 코드의 가산은 계산 결과가 사용하지 않는 수, 즉 10에서 15 사이의 수 또는 다음 단으로 자리올림이 발생하면 +6 보정을 해야 한다. 감산에서는 감수의 10의 보수를 취한 후 피감수와 더해야 하며, 계산 결과 다음 단으로 자리올림이 발생하지 않으면 음수가 되고, 그 크기를 알기 위하여 다시 10의 보수를 취해야 한다.

실제로 4비트 전가산기 7483 IC를 이용하여 4비트 가/감산기, 8421 가산기 등을 구성할 수 있고, 74181 IC를 이용하여 16종류의 논리 연산과 32종류의 산술 연산을 할 수 있다. 이 IC들을 종속 접속하면 여러 비트의 연산이 가능하게 된다.

7-1 가산기

산술 연산은 모든 디지털 시스템에서 가장 중요한 정보 처리 과정이며, 그중 가산은 기본적인 연산 기능이다. 2진수 11+01을 예로 들면 크게 두 부분으로 나누어 생각할 수 있다.

(MSB)	(LSB)
1	1
+ 0	1
A 부분	B 부분

LSB인 B 부분은 두 개의 비트만 합하여 그 결과에 따라 합(sum)과 자리올림(carry)이 발생하지만, A 부분에 속한 비트들은 두 개의 비트뿐만 아니라 하위 자리에서 올라오는 자리올림까지 포함하여 가산하고, 그 결과에 따라 합과 자리올림이 발생한다. 따라서 B 부분과

같이 자신만의 연산에 의해 계산되는 가산을 반가산기(half adder)라 하고, A 부분과 같이 하위 자리에서 올라오는 자리올림까지 포함하여 연산하는 가산기를 전가산기(full adder)라 한다.

1 반가산기

반가산기란 1비트의 데이터 A와 B만을 가산할 수 있는 회로로서 이에 대한 진리표는 표 7-1에, 회로 및 논리 기호는 그림 7-1에 나타내었다.

표 7-1 반가산기의 진리표

A	B	S	C
0	0	0	0
0	1	1	0
1	0	1	0
1	1	0	1

반가산기는 하위 자리의 자리올림을 받아들일 수 없으므로 제일 아랫자리 가산에만 사용할 수 있다. 그림 7-1에서 입력 A와 B 중 어느 하나가 1일 때 합(sum: S)은 1이 되고, 자리올림(carry: C)은 0이 된다. A와 B가 모두 1일 때 합은 0이 되고, 자리올림은 1이 된다. 진리표로부터 합과 자리올림에 대한 논리식을 구하면 다음과 같다.

$$S = \overline{A}B + A\overline{B} = A \oplus B$$

$$C = AB$$

이 논리식으로부터 회로를 구성하면 그림 7-1(a)와 같이 합은 Exclusive OR 게이트 출력이 되고, 자리올림은 AND 게이트 출력이 된다.

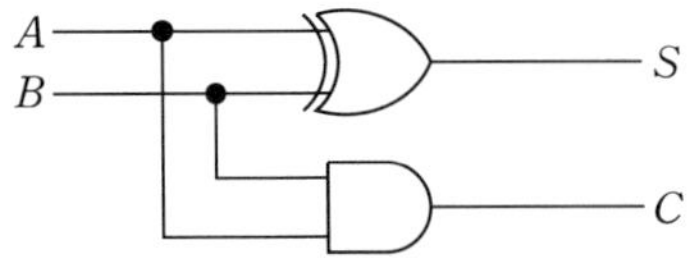

(a) 회로

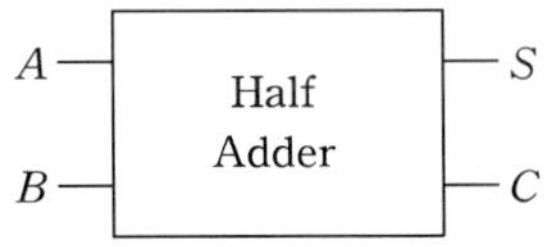

(b) 논리기호

그림 7-1 반가산기

◐ 예제 7-1

반가산기를 NAND 게이트만을 사용하여 구성하라.

✔ **풀이** 반가산기를 AND, OR, NOT 게이트를 이용하여 구성한 다음 결합용 게이트인 OR 게이트를 invert NAND 게이트로 치환하면 NAND 게이트만으로 반가산기를 구성할 수 있으며, 이것을 그림 7-2에 나타내었다.

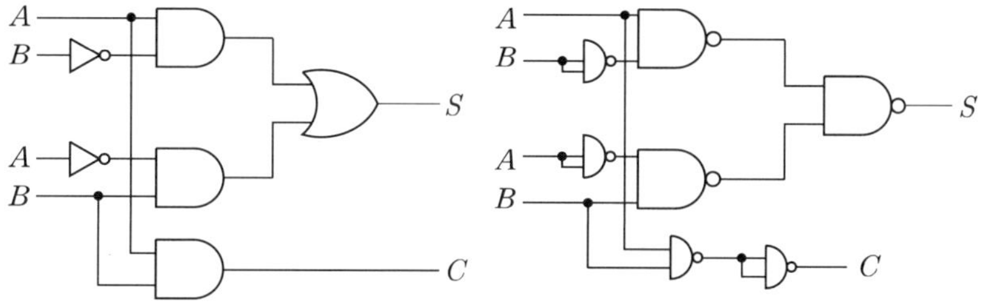

(a) AND-OR-NOT 구성 (b) NAND 구성

그림 7-2

2 전가산기

전가산기는 A, B 입력 외에 자리올림 입력도 동시에 가산할 수 있는 회로로서 두 개의 반가산기와 OR 게이트로 구성할 수 있으며, 임의의 자리의 가산에 이용할 수 있다. 표 7-2에 전가산기의 진리표를 나타내었다.

표 7-2 전가산기 진리표

A	B	C_i	S	C_o
0	0	0	0	0
0	0	1	1	0
0	1	0	1	0
0	1	1	0	1
1	0	0	1	0
1	0	1	0	1
1	1	0	0	1
1	1	1	1	1

출력 함수 S와 C_o의 부울 대수식을 간소화하기 위한 카르노도를 그림 7-3에 나타내었다.

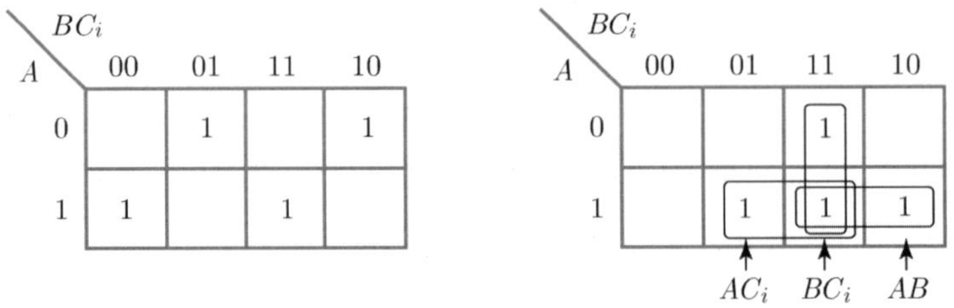

(a) S (b) C_o

그림 7-3

그림 7-3(a)에서 S는 간소화할 수 없으므로 부울 대수의 정리를 이용하여 정리하면 다음과 같이 된다.

$$\begin{aligned} S &= \overline{A}\,\overline{B}C_i + \overline{A}B\overline{C_i} + A\overline{B}\,\overline{C_i} + ABC_i \\ &= (\overline{A}\,\overline{B} + AB)C_i + (\overline{A}B + A\overline{B})\overline{C_i} \\ &= \overline{(\overline{A}B + A\overline{B})}C_i + (\overline{A}B + A\overline{B})\overline{C_i} \\ &= (A \oplus B) \oplus C_i \end{aligned}$$

그리고 자리올림 출력 C_o는 그림 7-3(b)에서 간소화된 논리식으로 다음과 같이 나타낼 수 있다.

$$\begin{aligned} C_o &= \overline{A}BC_i + A\overline{B}C_i + AB\overline{C_i} + ABC_i \\ &= AB + AC_i + BC_i \\ &= AB + C_i(A + B) \end{aligned}$$

또는 C_o에 $(A \oplus B)$항이 포함되도록 변형하여 나타내면 다음과 같다.

$$\begin{aligned} C_o &= \overline{A}BC_i + A\overline{B}C_i + AB\overline{C_i} + ABC_i \\ &= AB(C + \overline{C_i}) + (\overline{A}B + A\overline{B})C_i \\ &= AB + (A \oplus B)C_i \end{aligned}$$

이와 같이 $(A \oplus B)$항으로 고쳐서 S와 C_o를 논리회로로 구성하면 회로를 간소화할 수 있으며, 회로 및 논리 기호를 그림 7-4에 나타내었다.

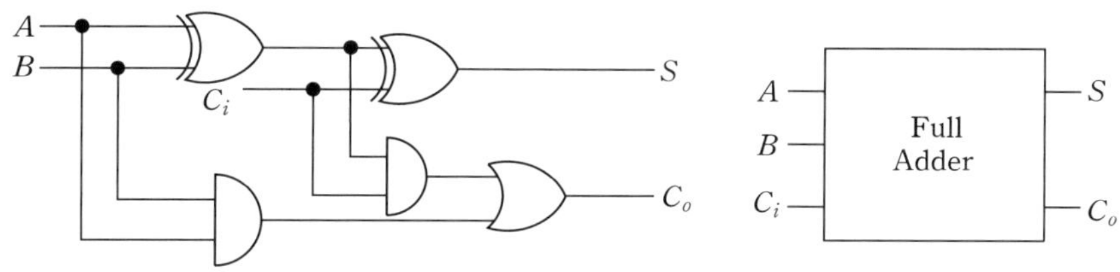

(a) 회로 (b) 논리기호

그림 7-4 전가산기

예제 7-2

전가산기를 NAND 게이트만을 이용하여 구성하라.

✔ **풀이** NAND 게이트만을 이용하여 구성하면 그림 7-5와 같으며, S와 C_o를 별도의 회로로 구성하였다.

$$S = \overline{A}\,\overline{B}C_i + \overline{A}B\overline{C}_i + A\overline{B}\,\overline{C}_i + ABC_i$$
$$C_o = AB + AC_i + BC_i$$

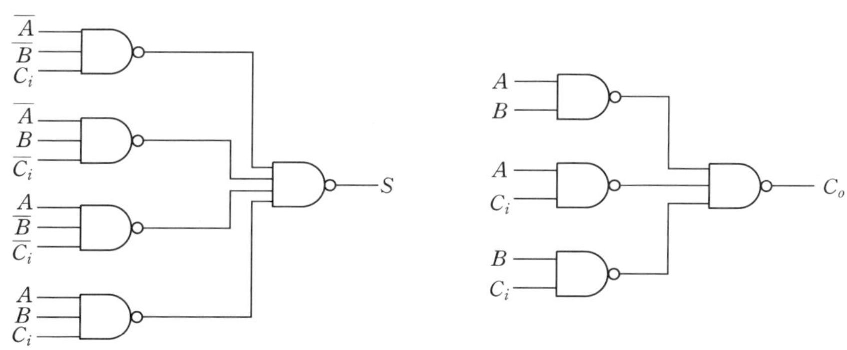

(a) S (b) C_o

그림 7-5

3 병렬 가산기

여러 비트로 된 두 개의 2진수를 더할 경우 같은 자릿수끼리 동시에 더하고, 여기서 생기는 자리올림을 다음 단 전가산기의 자리올림 입력(C_i)에 연결하는 방식을 병렬 가산기(parallel adder)라 한다. 여러 비트로 이루어진 두 개의 2진수를 더할 경우 각 열은 하나의 합과 0 또는 1의 자리올림을 발생시킨다. 다음의 2비트 2진수의 덧셈 연산에서 보는 것과 같이 발생된 자리올림은 바로 다음 상위 열로 보내진다.

$$\begin{array}{r} \text{첫 번째 열에서의 자리올림} \\ \downarrow \quad\quad\quad\quad\quad\quad \\ 1 \quad\quad\quad\quad\quad\quad \\ 01 \quad\quad\quad\quad\quad\quad \\ +\ 11 \quad\quad\quad\quad\quad\quad \\ \hline 100 \quad\quad\quad\quad\quad\quad \end{array}$$

두 번째 열에서 발생한 자리올림은 세 번째 열의 합이 된다. 2진수를 가산할 수 있는 논리 회로를 구성하려면 가산할 2진수의 비트 수만큼의 전가산기가 필요하다. 2비트의 수를 가산하려면 2개의 전가산기가 필요하고, 4비트의 수를 가산하려면 4개의 전가산기가 필요하다.

그림 7-6에 2비트 병렬 가산기를 나타내었다.

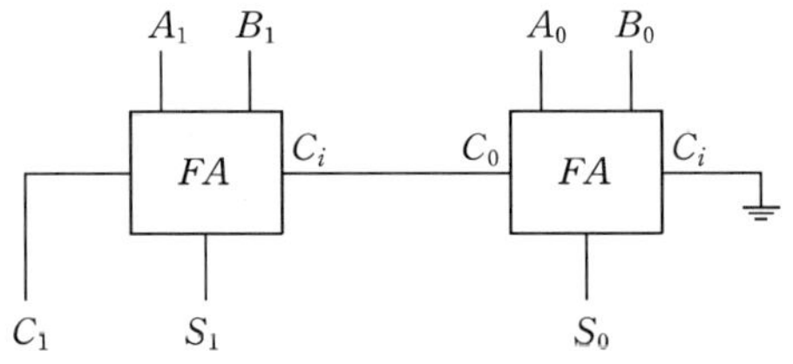

그림 7-6 2비트 병렬 가산기의 블록도

그림 7-6에서와 같이 각 전가산기의 자리올림 출력은 다음 상위 단 전가산기의 자리올림 입력이 된다. 2진수 가산에서 최하위 자리의 자리올림 입력은 없으므로 반가산기를 사용하거나 전가산기의 자리올림 입력을 접지로 하여 사용한다. 그림 7-6에서 A_0와 B_0는 가산하는 두 수의 LSB, 다음의 상위 비트는 A_1과 B_1, 합은 C_1, S_1, S_0으로 표시하였다. 가장 왼쪽 전가산기의 자리올림 출력 C_1은 합의 MSB가 된다.

예제 7-3

01 + 11 = 100을 병렬 가산기로 가산할 수 있는 논리 회로를 구성하라.

✔ **풀이**

$$\begin{array}{r} 01 \\ +\ 11 \\ \hline 100 \end{array} \qquad \begin{array}{r} A_1A_0 \\ +\ B_1B_0 \\ \hline C_1S_1S_0 \end{array}$$

그림 7-7에 2비트 병렬 가산기의 논리 회로를 나타내었다.

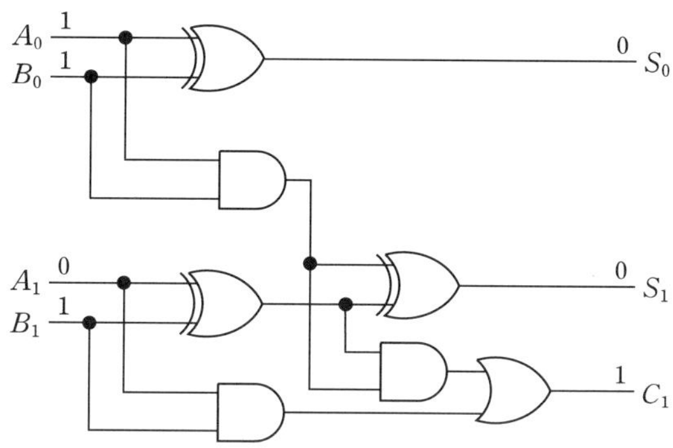

그림 7-7 2비트 병렬 가산기의 논리 회로

그림 7-8은 4개의 전가산기로 4비트 병렬 가산기를 구성한 것이다. LSB(A_0, B_0)는 가장 오른쪽의 전가산기에서 연산되고, 그 결과인 자리올림 출력이 왼쪽 전가산기의 자리올림 입력으로 연결된다. 이러한 방법으로 4개의 전가산기가 연결되어 MSB(A_3, B_3)는 가장 왼쪽의 전가산기에서 연산된다. 각 전가산기에서 발생하는 자리올림은 다음 상위 자리의 자리올림 입력에 연결한다.

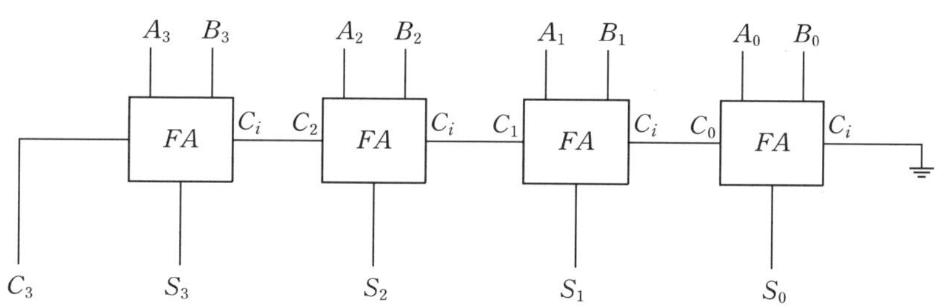

그림 7-8 4비트 병렬 가산기의 블록도

◐ 예제 7-4

4비트 데이터 $A_3A_2A_1A_0 = 1011$, $B_3B_2B_1B_0 = 1010$일 때 논리 데이터를 그림 7-9에 기입하라.

✔ **풀이** LSB의 자리올림 입력은 없으므로 접지하고, 가산결과는 그림 7-9에 기입한 것과 같이 $C_3S_3S_2S_1S_0 = 10101$로 된다.

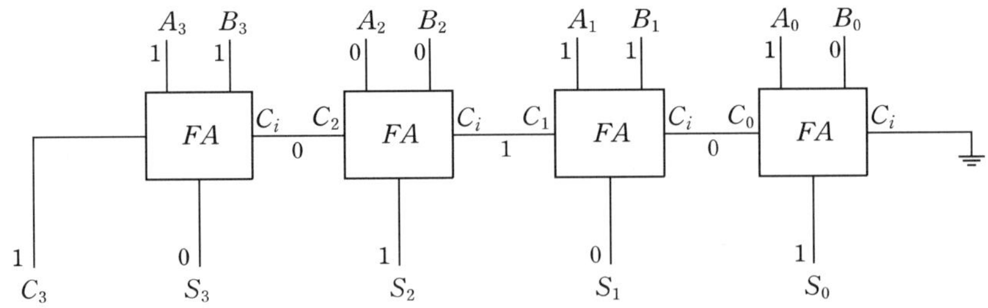

그림 7-9

그림 7-8은 리플(ripple) 가산기라 하는데 그 이유는 아랫단 가산기의 자리올림 출력이 윗단으로 파도처럼 전파되기 때문이다. 최악의 경우 LSB 단 가산기에서 발생한 자리올림 출력 C_0가 모든 가산기의 자리올림 출력 회로를 경유하여 MSB 단 가산기에서 자리올림 출력 C_3가 발생될 때까지 전달되어져야 한다. 이처럼 자리올림 출력의 전달 지연 시간은 가산되는 비트의 수가 많아짐에 따라 더 길어지므로 고속 가산에는 사용할 수 없다. 4비트 가산기는 병렬 가산기이므로 C_3는 2단으로 구성되어 있는 전가산기 4개를 경유하여 전파되므로 최종적인 합(S_3)이 구해질 경우 8개의 게이트 지연이 발생하므로 병렬 가산기에서 최대 지연은 게이트의 경유 수에 비례한다.

따라서 자리올림 전달 지연 시간을 단축하기 위하여 실제의 IC에서는 그림 7-10과 같은 별도의 회로를 만들어 MSB의 자리올림 출력 C_3를 입력 데이터 $A_3A_2A_1A_0$, $B_3B_2B_1B_0$으로부터 직접 얻도록 함으로써 전파 지연 시간을 줄이고 있는데 이것을 look ahead carry라 한다. 이 회로는 $C_o = AB + C_i(A+B)$를 이용하면 구성할 수 있다.

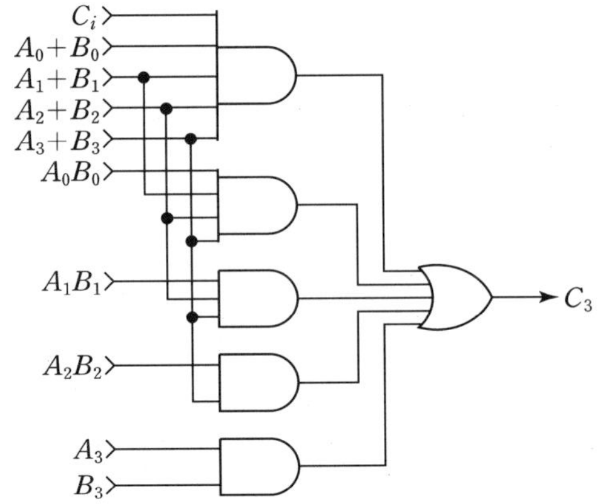

그림 7-10 C_3에 대한 look ahead carry 출력 회로

A_0B_0 가산기의 자리올림 출력 C_0는

$$C_0 = A_0B_0 + C_i(A_0 + B_0)$$

으로 되고, A_1B_1 가산기의 자리올림 출력 C_1은

$$\begin{aligned} C_1 &= A_1B_1 + C_0(A_1 + B_1) \\ &= A_1B_1 + [A_0B_0 + C_i(A_0 + B_0)](A_1 + B_1) \\ &= A_1B_1 + A_0B_0(A_1 + B_1) + C_i(A_0 + B_0)(A_1 + B_1) \end{aligned}$$

으로 되고, A_2B_2 가산기의 자리올림 출력 C_2는

$$\begin{aligned} C_2 &= A_2B_2 + C_1(A_2 + B_2) \\ &= A_2B_2 + [A_1B_1 + A_0B_0(A_1 + B_1) \\ &\quad + C_i(A_0 + B_0)(A_1 + B_1)](A_2 + B_2) \\ &= A_2B_2 + A_1B_1(A_2 + B_2) + A_0B_0(A_1 + B_1)(A_2 + B_2) \\ &\quad + C_i(A_0 + B_0)(A_1 + B_1)(A_2 + B_2) \end{aligned}$$

으로 되고, A_3B_3 가산기의 자리올림 출력 C_3는

$$\begin{aligned} C_3 &= A_3B_3 + C_2(A_3 + B_3) \\ &= A_3B_3 + [A_2B_2 + A_1B_1(A_2 + B_2) + A_0B_0(A_1 + B_1)(A_2 + B_2) \\ &\quad + C_i(A_0 + B_0)(A_1 + B_1)(A_2 + B_2)](A_3 + B_3) \\ &= A_3B_3 + A_2B_2(A_3 + B_3) + A_1B_1(A_2 + B_2)(A_3 + B_3) \\ &\quad + A_0B_0(A_1 + B_1)(A_2 + B_2)(A_3 + B_3) \\ &\quad + C_i(A_0 + B_0)(A_1 + B_1)(A_2 + B_2)(A_3 + B_3) \end{aligned}$$

으로 된다. 이렇게 하면 자리올림 출력 C_3는 단순히 게이트 3단의 지연 시간만 소요되므로 고속 연산이 가능하다.

7-2 감산기

n비트로 구성된 두 개의 2진수 감산은 피감수와 감수의 차에 의해서 결정된다. 예를 들면

(MSB)	(LSB)	
1	0	→ 피감수
− 0	1	→ 감수
A 부분	B 부분	

와 같이 크게 두 부분으로 나눌 수 있다. 피감수가 감수보다 작으면 바로 앞자리로부터 1을 빌려와야 하는데 이것을 자리내림(borrow: b)이라 한다. B 부분은 최하위 비트이므로 자리내림을 빌려올 수는 있어도 자리내림을 빌려줄 수는 없다. 그러나 A 부분은 자리내림을 상위 비트에서 빌려올 수도 있으며, 하위 비트에 빌려줄 수도 있다. B 부분과 같이 자리내림을 빌려줄 수 없는 감산을 반감산기(half subtractor)라 하고, A 부분과 같이 자리내림을 바로 아래 비트에 빌려줄 수 있는 감산을 전감산기(full subtractor)라 한다.

1 반감산기

반감산기는 1비트의 데이터 A와 B만을 감산할 수 있는 회로로서 입력 변수들은 피감수와 감수를 나타내며, 출력 변수들은 차(difference: d)와 자리내림(borrow: b)으로 나타낸다. 이에 대한 진리표는 표 7-3에 나타내었다.

표 7-3 반감산기 진리표

A	B	d	b
0	0	0	0
0	1	1	1
1	0	1	0
1	1	0	0

표 7-3에서 알 수 있듯이 (0-1)을 제외한 나머지 세 개의 계산은 일반적인 뺄셈과 별 차이가 없지만 (0-1)의 계산은 앞자리에서 1을 빌려 (2-1)로 계산된다는 것이다. 진리표에서 d와 b를 구하면 다음과 같다.

$$d = A\overline{B} + \overline{A}B = A \oplus B$$

$$b = \overline{A}\,B$$

이 논리식으로부터 회로를 구성하면 그림 7-11(a)와 같다.

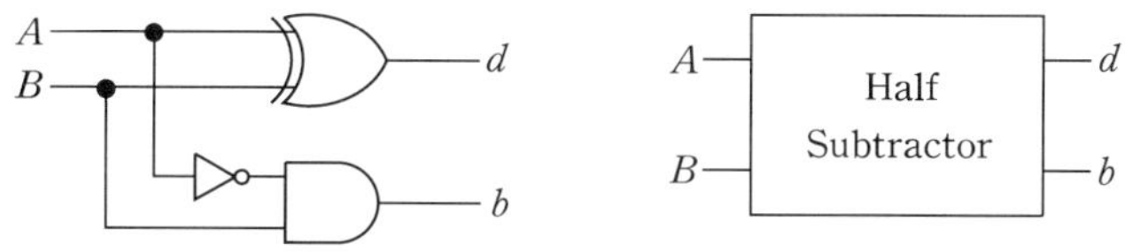

(a) 회로 (b) 논리 기호

그림 7-11 반감산기

예제 7-5

반감산기를 NAND 게이트만을 이용하여 구성하라.

✔ **풀이** 반감산기를 AND, OR, NOT 게이트를 이용하여 구성한 다음 결합용 게이트인 OR 게이트를 invert NAND 게이트로 치환하면 NAND 게이트만으로 반감산기를 구성할 수 있으며, 이것을 그림 7-12에 나타내었다.

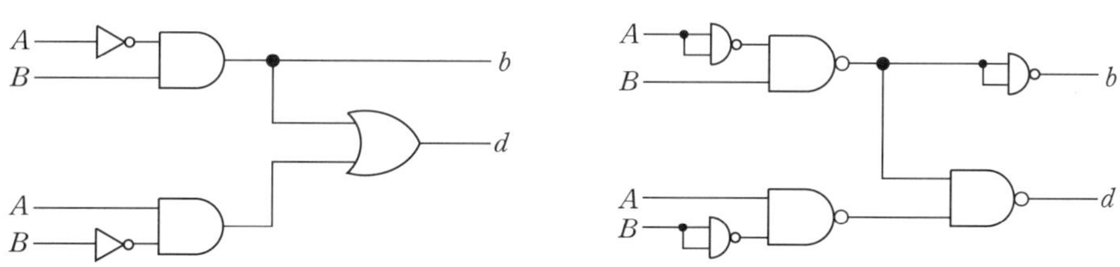

(a) AND-OR-NOT 구성 (b) NAND 구성

그림 7-12

2 전감산기

전감산기는 1비트의 데이터 A, B 두 입력 외에 앞단으로부터의 자리내림도 동시에 감산할 수 있는 회로로서 두 개의 반감산기와 OR 게이트로 구성할 수 있다. 표 7-4에 전감산기의 진리표를 나타내었다.

표 7-4 전감산기 진리표

A	B	b_i	d	b_o
0	0	0	0	0
0	0	1	1	1
0	1	0	1	1
0	1	1	0	1
1	0	0	1	0
1	0	1	0	0
1	1	0	0	0
1	1	1	1	1

출력 함수 d와 b_o의 부울 대수식을 간소화하기 위한 카르노도를 그림 7-13에 나타내었다.

그림 7-13(a)에서 d는 간소화할 수 없으므로 부울 대수의 정리를 이용하여 정리하면 다음과 같이 된다.

$$
\begin{aligned}
d &= \bar{A}\bar{B}b_i + \bar{A}B\bar{b_i} + A\bar{B}\bar{b_i} + ABb_i \\
&= (\bar{A}\bar{B} + AB)b_i + (\bar{A}B + A\bar{B})\bar{b_i} \\
&= \overline{(\bar{A}B + A\bar{B})}\, b_i + (\bar{A}B + A\bar{B})\bar{b_i} \\
&= A \oplus B \oplus b_i
\end{aligned}
$$

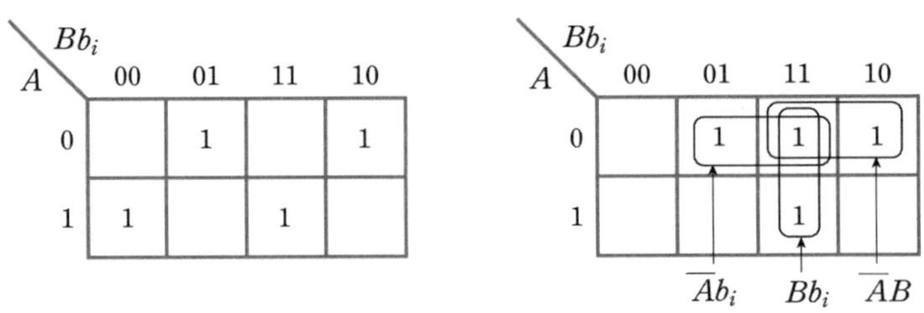

(a) d　　(b) b_o

그림 7-13

그리고 자리내림 출력 b_o는 그림 7-13(b)에서 간소화된 논리식으로 다음과 같이 나타낼 수 있다.

$$b_o = \overline{A}B + \overline{A}b_i + Bb_i$$

또는 b_o에 $(A \oplus B)$항이 포함되도록 변형하여 나타내면 다음과 같다.

$$\begin{aligned} b_o &= \overline{A}\,\overline{B}b_i + \overline{A}B\overline{b_i} + \overline{A}Bb_i + ABb_i \\ &= \overline{A}B(b_i + \overline{b_i}) + (\overline{A}\,\overline{B} + AB)b_i \\ &= \overline{A}B + (\overline{\overline{A}B + A\overline{B}})b_i \\ &= \overline{A}B + (A \odot B)b_i \end{aligned}$$

이와 같이 $(A \oplus B)$항으로 고쳐서 d와 b_o를 논리회로로 구성하면 회로를 간소화할 수 있으며, 회로 및 논리 기호를 그림 7-14에 나타내었다.

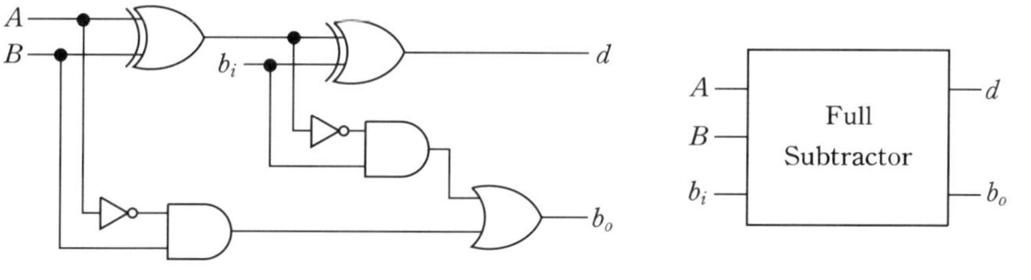

(a) 회로 (b) 논리 기호

그림 7-14 전감산기

◐ 예제 7-6

전감산기를 NAND 게이트만을 이용하여 구성하라.

✔ **풀이** NAND 게이트만을 이용하여 구성하면 그림 7-15와 같으며, d와 b_o를 별도의 회로로 구성하였다.

$$d = \overline{A}\,\overline{B}b_i + \overline{A}B\overline{b_i} + A\overline{B}\,\overline{b_i} + ABb_i$$

$$b_o = \overline{A}B + \overline{A}b_i + Bb_i$$

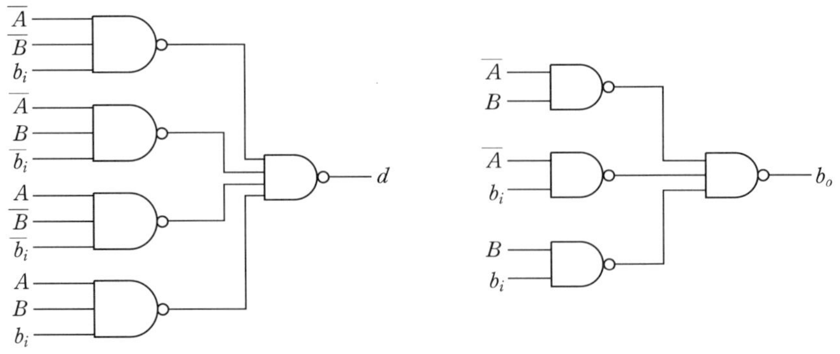

(a) d (b) b_o

그림 7-15

그러나 실제로 가산기와 감산기를 각각 준비해놓고 가산 명령과 감산 명령에 따라 전환하는 것은 불편하고 단가가 높게 되기 때문에 감산기를 구성하지 않고, 실제 회로에서는 2의 보수 회로를 가산기에 첨가하여 감산을 수행한다. 그러면 4비트 데이터의 감산을 예로 들어 2의 보수에 의한 감산 방법을 알아보자.

예제 7-7

4비트의 데이터 (a), (b), (c), (d)가 있다. 이것들을 2의 보수 형식으로 나타내라.

① 7_{10} ② -7_{10}

③ -8_{10} ④ -5_{10}

✔ **풀이** ① 7_{10}은 2진수로 변환하면 0111로 되고, MSB는 부호 비트이다. 부호 비트가 0이므로 +값을 나타낸다.

$$+7 = 0111$$

② -7_{10}을 2의 보수 형식으로 나타내려면 7의 각 비트를 반전(1의 보수)시킨 후 1을 더해주면 된다.

$$\begin{array}{r} +7=0111 \\ \overline{7}=1000 \\ +\quad\ \ 1 \\ \hline -7_{10}=1001 \end{array}$$

$+7=0111$
$\overline{7}=1000$ ……… 1의 보수
$+ \quad 1$
$-7_{10}=1001$ ……… 2의 보수

③ -8_{10}을 2의 보수 형식으로 나타내려면 8의 각 비트를 반전(1의 보수)시킨 후 1을 더해주면 된다.

$$\begin{array}{rl} +8=1000 & \\ \bar{8}=0111 & \cdots\cdots\text{ 1의 보수} \\ + \quad\quad 1 & \\ \hline -8_{10}=1000 & \cdots\cdots\text{ 2의 보수} \end{array}$$

④ -5_{10}를 2의 보수 형식으로 나타내려면 5의 각 비트를 반전(1의 보수)시킨 후 1을 더해주면 된다.

$$\begin{array}{rl} +5=0101 & \\ \bar{5}=1010 & \cdots\cdots\text{ 1의 보수} \\ + \quad\quad 1 & \\ \hline -5_{10}=1011 & \cdots\cdots\text{ 2의 보수} \end{array}$$

예제 7-8

2의 보수로 표현된 8비트의 데이터 10110011을 10진수로 변환하라.

✔ **풀이** MSB가 1이기 때문에 이것은 음수를 의미한다. 이 수의 크기를 구하려면 각 비트를 반전시킨 후 1을 더하면 된다.

$$\begin{array}{rr} 10110011 \rightarrow & 01001100 \\ & + \quad\quad 1 \\ \hline & 01001101 \end{array}$$

10110011은 −77이다.

2의 보수를 이용한 연산이 편리한 것은 부호 비트(MSB)도 수로 취급할 수 있기 때문이다.

예제 7-9

4비트의 데이터 5_{10}와 -7_{10}을 가산하라.

✔ **풀이** $5_{10}=0101$, $-7_{10}=1001$이다.

$$\begin{array}{r} 5_{10} \\ +(-7_{10}) \\ \hline -2_{10} \end{array} \qquad \begin{array}{r} 0101 \\ +\ 1001 \\ \hline 1110 \end{array}$$

1110의 MSB가 1이기 때문에 이것은 음수를 의미하며, 그 크기를 알려면 각 비트를 반전시킨 후 1을 더한다.

$$1110 \rightarrow \begin{array}{r} 0001 \\ +\ 1 \\ \hline 0010 \end{array}$$

즉, $5_{10}-7_{10}=-2_{10}$이다. 이 가산은 실질적으로 감산이지만 가산과 같이 계산한다.

예제 7-10

8비트의 데이터 52_{10}과 -31_{10}을 가산하라.

✔ **풀이** $52_{10}=00110100$, $-31_{10}=11100001$이다.

$$\begin{array}{r} 52_{10} \\ +(-31_{10}) \\ \hline 21_{10} \end{array} \qquad \begin{array}{r} 00110100 \\ +\ 11100001 \\ \hline 1\ 00010101 \end{array}$$

↑
자리올림 무시

답은 $00010101=21_{10}$이다. 이때 8비트를 넘는 자리올림 출력이 생기지만 2의 보수 연산에서는 무시해도 된다. 이와 같이 계산 결과가 양수 값으로 될 때는 자리올림이 반드시 발생하고, 계산 결과가 음수 값일 때는 자리올림이 발생하지 않는다.

대부분의 컴퓨터나 디지털 기기에서는 가산기를 사용하여 감산을 하고 있으며, 그 방법으로 2의 보수를 이용한다. 따라서 4비트 병렬 가산기를 감산기로 개조하려면 그림 7-16과 같이 감수 $B(B_3B_2B_1B_0)$의 각 비트 입력에 인버터를 삽입하고, 제일 아랫자리 가산기의 자리올림 입력 C_i에 1을 인가한다. 이것에 의해 데이터 B는 인버터를 거쳐 1의 보수로 변환되고, 또 제일 아랫자리 자리올림 입력에 1을 인가하면 감수 B의 2의 보수를 가산한 것과 같은 효과를 얻게 된다. 그리고 제일 윗자리의 자리올림 출력은 무시하면 되기 때문에 계산 결과는

$S_3S_2S_1S_0$으로 출력된다.

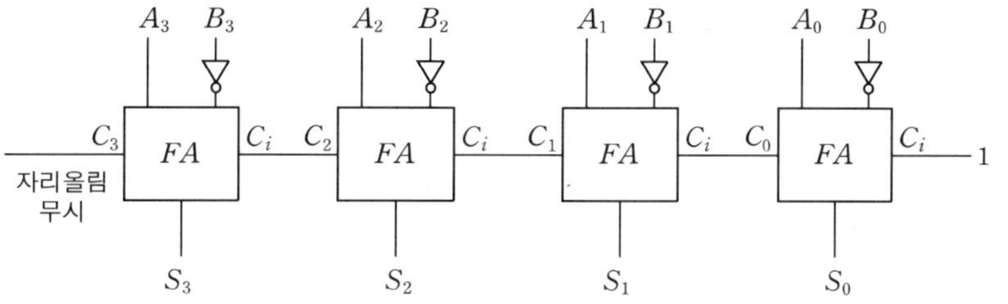

그림 7-16 4비트 감산기

7-3 4비트 전가산기

IC 형태로 나와 있는 4비트 가산기로는 74LS83과 74LS283이 있으며, 이들은 기능적으로는 같으나 핀 배열이 서로 다르다. 이 절에서는 74LS83을 사용하기로 하고, 논리 기호를 그림 7-17에 나타내었다.

74LS83에서 C_0가 자리올림 입력이고, C_4가 자리올림 출력이다. 그리고 가산 결과는 $\Sigma_4\Sigma_3\Sigma_2\Sigma_1$으로 출력된다.

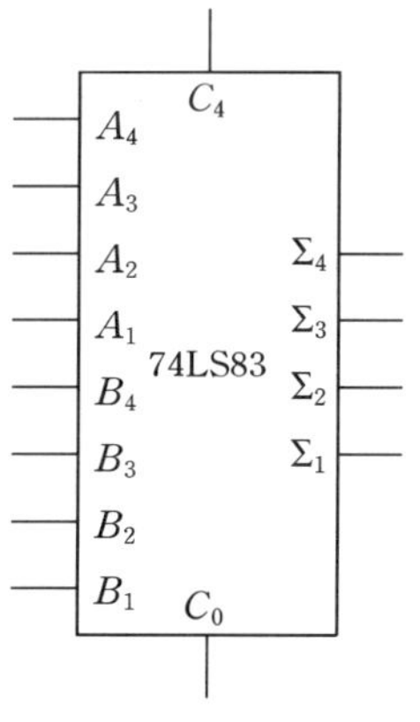

그림 7-17 74LS83의 논리 기호

예제 7-11

74LS83을 이용하여 $A=5_{10}$와 $B=7_{10}$을 더한 경우의 논리 데이터를 그림 7-18에 기입하라.

✔ **풀이** 자리올림 입력이 없으므로 자리올림 입력 C_0는 접지한다. $A=0101$, $B=0111$이므로 덧셈 결과는 1100으로 되며, 이것을 그림 7-18에 나타내었다.

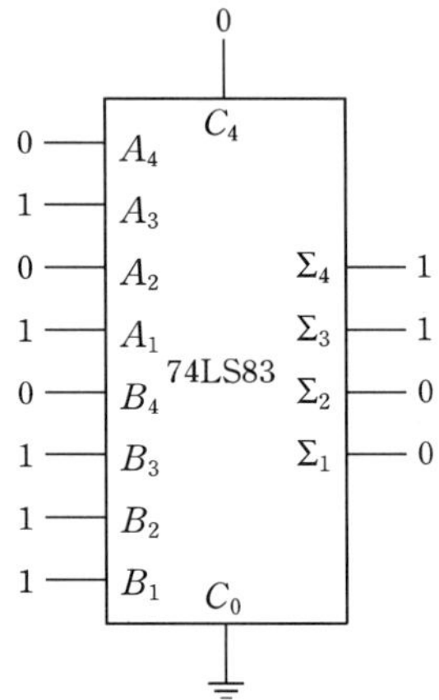

그림 7-18

74LS83을 여러 개 종속 접속하면 수 비트의 가산회로를 만들 수 있고, 이때 자리올림 출력 C_4는 상위의 자리올림 입력 C_0에 접속한다. 자리올림 출력 C_4는 look ahead carry 방식이므로 고속 연산이 가능하다.

예제 7-12

74LS83을 이용하여 8비트의 가산기를 구성하고, $A=110_{10}$과 $B=97_{10}$을 더한 경우의 논리 데이터를 그림 7-19에 기입하라.

✔ **풀이** 회로는 그림 7-19와 같이 연결하면 된다. 자리올림 입력이 없으므로 아랫자리의 자리올림 입력 C_0는 접지하고, 아랫자리의 자리올림 출력 C_4를 윗자리의 자리올림 입력C_0에 연결한다.

$A=01101110$, $B=01100001$이므로 덧셈 결과는 11001111로 되며, 이것을 그림 7-19에 나타내었다.

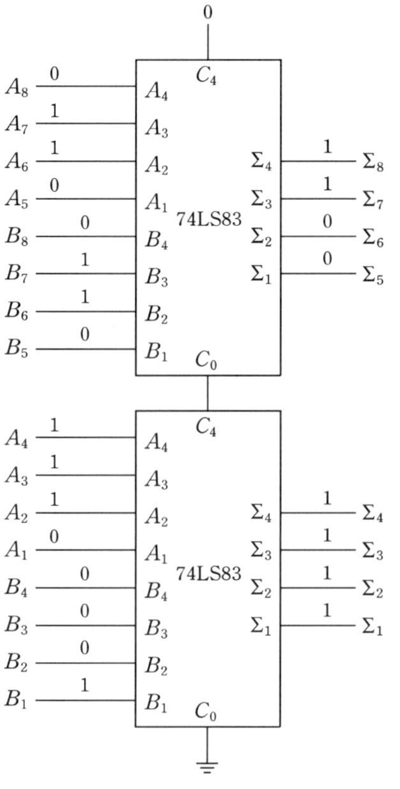

그림 7-19 8비트 가산기

2의 보수를 이용한 가/감산기도 74LS83을 이용하여 간단히 구성할 수 있으며, 그림 7-20은 4비트의 가/감산이 가능하도록 구성된 회로이다. 그림 7-20의 회로에서 스위치를 ON으

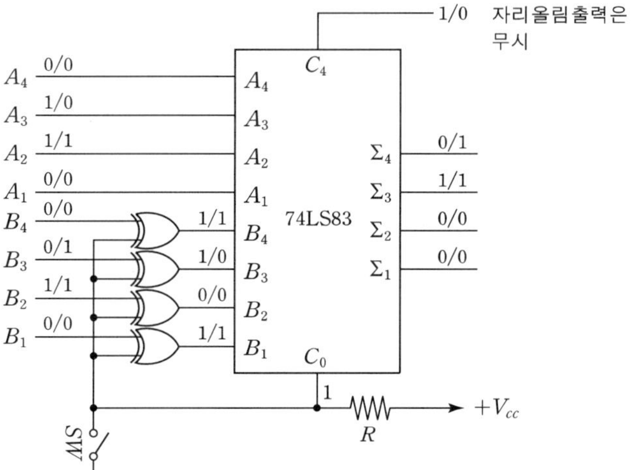

그림 7-20 4비트 가/감산기

로 하면 자리올림 입력 C_0가 0으로 되고, Exclusive OR 게이트는 버퍼로 동작하기 때문에 $A+B$의 가산이 행해진다. 반대로 스위치를 OFF로 하면 자리올림 입력 C_0가 1로 되고, Exclusive OR 게이트는 인버터로 동작하기 때문에 데이터 B는 2의 보수로 입력되어 감산 동작을 하게 되므로 $A-B$의 감산이 행해진다.

예제 7-13

그림 7-20을 이용하여 $6_{10}-2_{10}$를 한 경우에 대한 각 부분의 논리 데이터를 그림에 기입하라. 그리고 $2_{10}-6_{10}$을 한 경우에 대해서도 각 부분의 논리 데이터를 그림에 기입하라.

✔ **풀이** 그림 7-20에 기입한 대로이다. $A=0110$, $B=0010$이므로 답은 $0100=4_{10}$이고, C_4는 1로 된다. $2_{10}-6_{10}$일 때 자리내림이 발생하므로 C_4는 0으로 되고, 답은 1100, 즉 -4_{10}이다. 논리 데이터는 $6_{10}-2_{10}$ / $2_{10}-6_{10}$로 나타내었다.

이와 같이 감산기에서는 C_0 또는 C_4가 1일 때 자리내림이 없다는 것을 의미하고, C_0 또는 C_4가 0일 때는 자리내림이 있고, 감산 결과가 (−)인 것을 이해하는 것이 중요하다.

예제 7-14

74LS83으로 8비트 가/감산기를 구성하여 다음의 연산을 한 경우 각 부분의 논리 데이터를 그림에 기입하라.

① $-47_{10}+65_{10}$ ② $-47_{10}-65_{10}$

✔ **풀이** 그림 7-21과 같이 연결한다. 논리 데이터는 가산/감산으로 나타내었다.

① $-47_{10}=11010001$, $65_{10}=01000001$이기 때문에 A 입력에 −47, B 입력에 65를 인가한 후 스위치를 ON으로 한다. 답은 $00010010=18_{10}$이다.

② A 입력에 −47, B 입력에 65를 인가한 후 스위치를 OFF로 한다. 답은 $10010000=-112_{10}$이다.

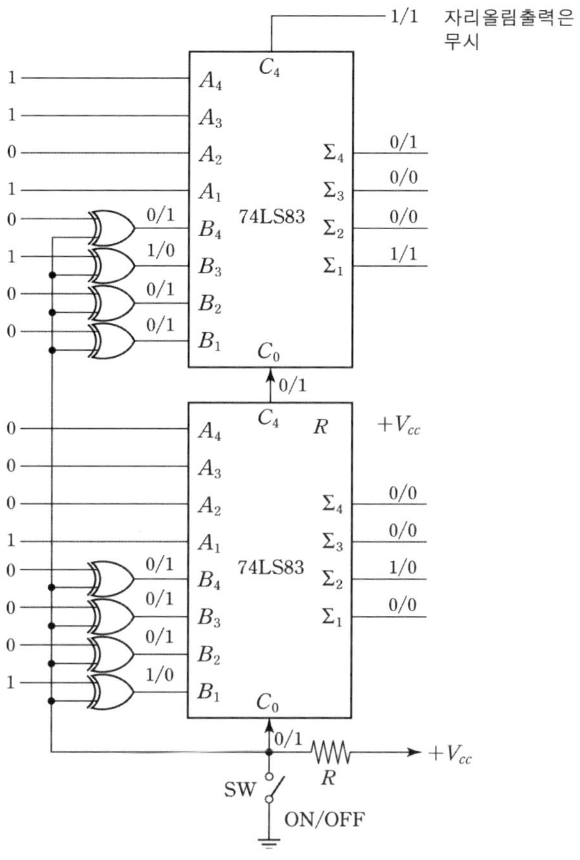

그림 7-21 8비트 가/감산기

연산 결과가 수의 표시 범위를 벗어났을 때 발생하는 overflow와 underflow에 대하여 알아보자.

overflow란 연산 결과가 레지스터나 가산기의 수용 가능 비트 수를 넘었을 때 발생한다. 예를 들어 4비트의 레지스터는 +7~−8까지의 수치 범위만 취급할 수 있다. 왜냐하면 4비트 데이터의 MSB는 부호 비트이므로 수치 비트는 3비트뿐이며, 그 최댓값은 0111(=7_{10})이고, 최솟값은 1000(=−8_{10})이다. 만약 0100(=4_{10})과 0101(=5_{10})을 가산하면 결과는 1001(=9_{10})로 되지만 MSB가 1이므로 이것은 음수로 판단되어 −7_{10}로 간주된다. 그 원인은 가산 결과가 +7_{10}을 넘었기 때문이다. underflow란 연산 결과가 −8_{10} 이하로 되었을 때의 상태를 말한다. 예를 들면 1011(=−5_{10})과 1010(=−6_{10})을 가산하면 결과는 −11_{10}로 되지만 4비트 레지스터에는 0101(=5_{10})로 되기 때문에 5_{10}로 간주된다. 이것은 가산 결과가 −8_{10} 이하로 된 것이 그 원인이다.

7-4 8421 코드의 가산

2진수를 사용하여 가/감산하는 것보다 2진 부호화 10진 형식으로 계산하는 것이 편리하다. 4비트의 8421 가산기를 구성하려면 두 개의 8421 입력 단자 8비트, 자리올림 입력 단자, 8421 합계 출력 단자 4비트, 그리고 9_{10} 이상으로 되었을 때 자리올림 출력 단자가 필요하다. 가장 간단한 8421 가산기는 그림 7-22와 같이 74LS83을 이용한 4비트의 8421 가산기이다.

8421 코드에서 배운 것과 같이 8421 가산에서는 가산 결과가 수의 표시 범위인 9_{10}를 넘든지(10_{10}~15_{10}) 또는 자리올림 출력이 있을 때(15_{10}를 넘었을 때) 6_{10}(=0110)을 더해야 한다.

그래서 그림 7-22에서 가산기 Ⅰ의 출력 $\Sigma_4\Sigma_3\Sigma_2\Sigma_1$을 조사하여 그 값이 10_{10}~15_{10}의 값으로 되어 있는지 또는 자리올림 출력이 있는지의 여부를 검출하여 그중 어느 하나인 경우에 가산기 Ⅱ에서 6_{10}(=0110)을 더하여 보정하는 것이다. 즉, 가산기 Ⅰ에서 Σ_4와 Σ_2가 동시에 1이든지 Σ_4와 Σ_3가 동시에 1이든지, 다음 단으로 자리올림이 발생하면 10진 보정(+6)을 하는 것이다. 이러한 논리 수행을 위한 논리식은 다음과 같다.

$$X = C_4 + \Sigma_4\Sigma_2 + \Sigma_4\Sigma_3$$

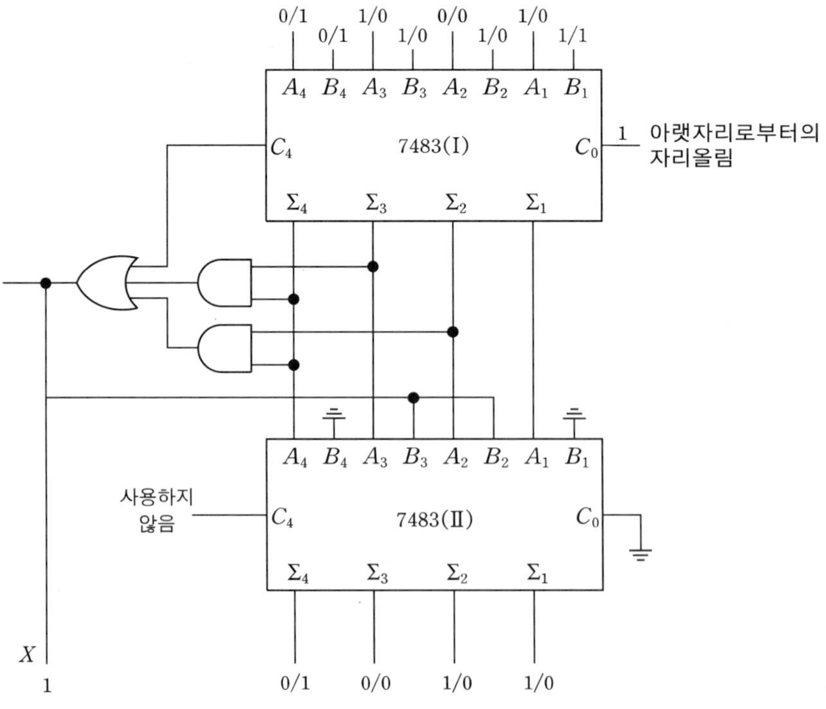

그림 7-22 8421 가산기

가산기 Ⅱ의 B_3와 B_2 입력에 X를 연결해주고, B_4와 B_1 입력을 접지시키면 $B_4B_3B_2B_1$에 0110이 인가되어 10진 보정을 하게 된다.

예제 7-15

그림 7-22의 8421 가산기에서 다음의 연산을 한 경우 각 부분의 논리 데이터를 그림에 기입하라. 여기서 자리올림 입력이 있는 경우, 즉 C_0는 1로 한다.

① $5_{10}+7_{10}$ ② $8_{10}+9_{10}$

✔ **풀이** 그림 7-22에 기입한 대로이다.

① $A_4A_3A_2A_1=0101$로 하고, $B_4B_3B_2B_1=0111$로 하였다.
답은 $5_{10}+7_{10}+1_{10}=13_{10}$으로 되기 때문에 가산기 Ⅱ의 출력은 $\Sigma_4\Sigma_3\Sigma_2\Sigma_1=0011$이고, 다음 단으로의 자리올림 출력이 1로 된다.

② $A_4A_3A_2A_1=1000$으로 하고, $B_4B_3B_2B_1=1001$로 하였다.
답은 $8_{10}+9_{10}+1_{10}=18_{10}$으로 되기 때문에 가산기 Ⅱ의 출력은 $\Sigma_4\Sigma_3\Sigma_2\Sigma_1=1000$이고, 다음 단으로의 자리올림 출력이 1로 된다.

①, ②의 가산기 Ⅱ에서 자리올림 출력은 사용하지 않고, 자리올림 입력은 접지시킨다. 그림에서 각 부분의 논리 데이터를 ①/②로 나타내었다.

7-5 3초과 코드의 가산

3초과 코드는 8421 코드에 3을 더한 코드이다. 3초과 코드의 가산에서는 두 개의 3초과 코드 수를 더했을 때 다음 단으로 자리올림이 발생하지 않으면 결과가 6초과수가 되기 때문에 3초과수로 만들기 위해서 0011(=3)을 빼주어야 한다. 여기서 빼기는 1의 보수를 사용하여 1100을 더해주면 된다. 그러나 다음 단으로 자리올림이 발생하면 결과가 8421 코드로 되기 때문에 3초과 코드로 만들기 위해서 결과에 3을 더해주어야 한다. 그림 7-23은 3초과 가산기이다.

두 개의 3초과수를 가산기 Ⅰ에서 더하면 보정되지 않은 합계 $\Sigma_4\Sigma_3\Sigma_2\Sigma_1$을 얻는다. 가산기 Ⅰ의 자리올림 출력($C_4$)의 유무에 따라 결과에서 3(0011)을 더하든지 빼든지 한다. 자리

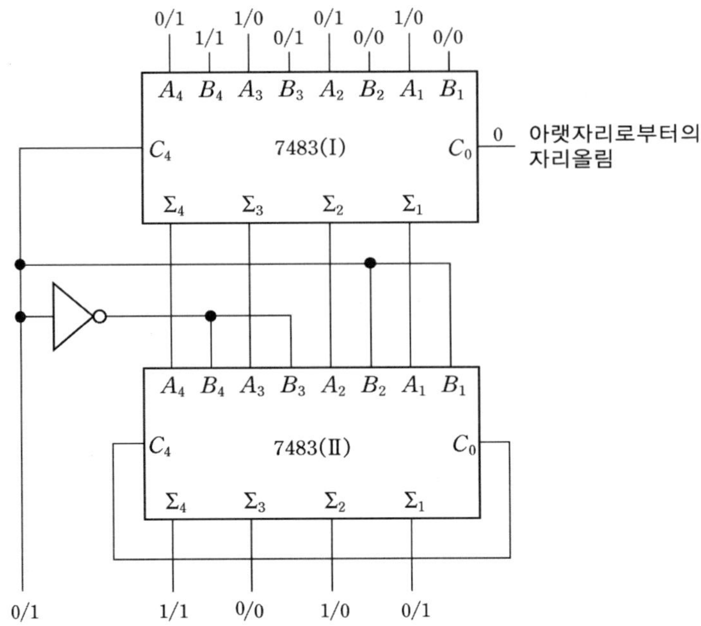

그림 7-23 3초과 가산기

올림 출력이 있을 때 C_4는 1이 되고, 가산기 II에서 $\Sigma_4\Sigma_3\Sigma_2\Sigma_1$과 $\overline{C_4}\,\overline{C_4}\,C_4C_4$(즉, 0011)를 더한다. 자리올림이 없을 때 C_4는 0으로 되고, $\overline{B_4}\,\overline{B_3}\,B_2B_1$는 1100이 된다. 1100은 0011의 1의 보수이므로 3을 뺀 것과 같은 의미가 된다. 가산기 II에서 end-around carry가 발생하여 올바른 3초과 코드의 가산을 해주게 된다.

예제 7-16

그림 7-23의 3초과 가산기에서 다음의 연산을 한 경우 각 부분의 논리 데이터를 그림에 기입하라. 여기서 자리올림 입력이 없는 경우, 즉 C_0는 0으로 한다.

① $2_{10}+5_{10}$ ② $7_{10}+9_{10}$

✔ **풀이** 그림 7-23에 기입한 대로이다.

① $A_4A_3A_2A_1=0101$로 하고, $B_4B_3B_2B_1=1000$으로 하였다.

가산기 I의 출력은 $\Sigma_4\Sigma_3\Sigma_2\Sigma_1=1101$이고, 다음 단으로의 자리올림 출력이 0이므로 결과에서 3을 뺀다. 즉, 1100을 더해주면 1001이 되고, 자리올림이 발생한다. 이 자리올림을 end-around carry하면 결과는 1010으로 된다.

② $A_4A_3A_2A_1 = 1010$으로 하고, $B_4B_3B_2B_1 = 1100$으로 하였다.
가산기 Ⅰ의 출력은 $\Sigma_4\Sigma_3\Sigma_2\Sigma_1 = 0110$이고, 다음 단으로의 자리올림 출력이 1로 된다. 결과가 8421 코드로 되기 때문에 결과에 3을 더해 3초과 코드로 만들어주면 결과는 1001로 된다.
①, ②의 가산기 Ⅰ에서 자리올림 입력은 접지시킨다. 그림에서 각 부분의 논리 데이터를 ①/②로 나타내었다.

7-6 연산논리장치

연산논리장치인 74181은 두 개의 4비트 2진 데이터를 가지고 16종류의 논리 연산과 32종류의 산술 연산이 가능하도록 만든 IC로서 그 구성도를 그림 7-24에 나타내었다.

그림 7-24의 아래쪽에 5개의 제어입력 단자가 있어서 이것으로 연산의 종류를 선택한다. mode 단자 M은 논리 연산인가 산술 연산인가를 선택하는 입력으로 이것을 H로 하면 논리 연산, L로 하면 산술 연산이 수행된다. 4가지의 선택입력 단자 $S_3S_2S_1S_0$는 16종류의 연산 중 하나를 선택한다. 74181 IC의 동작을 표 7-5에 나타내었다.

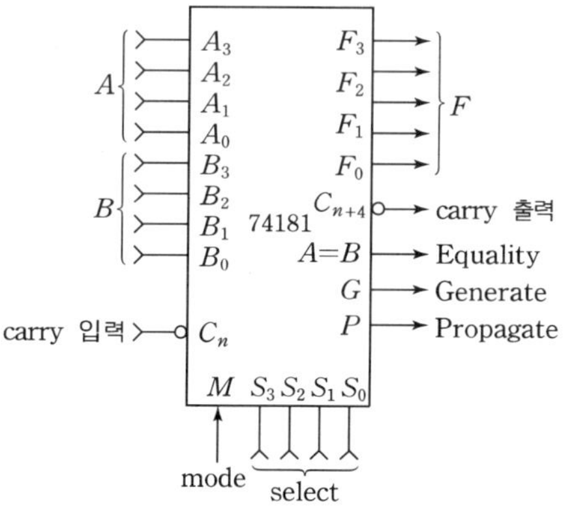

그림 7-24 74181의 구성도

표 7-5 74181의 동작표

SELECTION				ACTIVE HIGH DATA		
				M=H LOGIC	M=L ARITHMETIC OPERATIONS	
S_3	S_2	S_1	S_0	FUNCTIONS	$\overline{C_n}$ = H (no carry)	$\overline{C_n}$ = L (with carry)
L	L	L	L	$F=\overline{A}$	$F=A$	$F=A$ PLUS 1
L	L	L	H	$F=\overline{A+B}$	$F=A+B$	$F=(A+B)$ PLUS 1
L	L	H	L	$F=\overline{A}B$	$F=A+\overline{B}$	$F=(A+\overline{B})$ PLUS 1
L	L	H	H	$F=0$	$F=$ MINUS 1 (2's COMPL)	$F=$ ZERO
L	H	L	L	$F=\overline{AB}$	$F=A$ PLUS A$\overline{\text{B}}$	$F=A$ PLUS A$\overline{\text{B}}$ PLUS 1
L	H	L	H	$F=\overline{B}$	$F=(A+B)$ PLUS A$\overline{\text{B}}$	$F=(A+B)$ PLUS A$\overline{\text{B}}$ PLUS 1
L	H	H	L	$F=A\oplus B$	$F=A$ MINUS B MINUS 1	$F=A$ MINUS B
L	H	H	H	$F=A\overline{B}$	$F=A\ \overline{B}$ MINUS 1	$F=A\overline{B}$
H	L	L	L	$F=\overline{A}+B$	$F=A$ PLUS AB	$F=A$ PLUS AB PLUS 1
H	L	L	H	$F=\overline{A\oplus B}$	$F=A$ PLUS B	$F=A$ PLUS B PLUS 1
H	L	H	L	$F=B$	$F=(A+\overline{B})$ PLUS AB	$F=(A+\overline{B})$ PLUS AB PLUS 1
H	L	H	H	$F=AB$	$F=AB$ MINUS 1	$F=AB$
H	H	L	L	$F=1$	$F=A$ PLUS A*	$F=A$ PLUS A PLUS 1
H	H	L	H	$F=A+\overline{B}$	$F=(A+B)$ PLUS A	$F=(A+B)$ PLUS A PLUS 1
H	H	H	L	$F=A+B$	$F=(A+\overline{B})$ PLUS A	$F=(A+\overline{B})$ PLUS A PLUS 1
H	H	H	H	$F=A$	$F=A$ MINUS 1	$F=A$

출력에는 4비트의 출력 단자 $F_3F_2F_1F_0$, 자리올림 출력 $\overline{C}_{n+4}$, Equality 출력, Generate 그리고 Propagate 단자가 있다. 데이터 A와 B가 같은 경우, $A=B$ 출력인 Equality가 H로 된다. 가산의 경우, 자리올림 입력 C_n이 부논리 동작이기 때문에 $\overline{C}_n=L$이 자리올림 입력이 있는 것을 나타내고 있다. 또 자리올림 출력 $\overline{C}_{n+4}$도 부논리 동작이므로 $\overline{C}_{n+4}=L$이 자리올림 출력이 있는 것을 나타내고 있다. 예를 들어 가산 결과가 $F_3F_2F_1F_0=1111$을 넘으면 $\overline{C}_{n+4}$는 L로 된다.

감산의 경우 $\overline{C}_{n+4}$가 L일 때는 감산 결과가 정수 또는 0인 것을 나타내고, $\overline{C}_{n+4}$가 H일 때는 결과가 음수 또는 자리내림인 것을 나타낸다. 음수인 경우 $F_3F_2F_1F_0$는 2의 보수로 출력된다. 예를 들어 감산 결과가 -6이면 $F_3F_2F_1F_0=1010$이고, $\overline{C}_{n+4}$는 H로 된다.

◐ 예제 7-17

표 7-5의 동작표를 참조하여 $M=H$, $S_3S_2S_1S_0=1101$로 하고, $A=0110$, $B=1100$인 데이터를 인가했을 때 출력을 구하라.

✔ **풀이** M이 H이므로 $F=A+\overline{B}$의 논리 연산이 행해진다. $B=1100$이므로 $\overline{B}=0011$이다. 다음과 같이 각 비트마다 OR 동작을 수행하며, 그 결과는 $F=0111$.

$$\begin{array}{r} A=0110 \\ +\ \overline{B}=0011 \\ \hline F=0111 \end{array}$$

◐ 예제 7-18

예제 7-17에서 $M=L$로 바꾸면 어떻게 될까? 단, 자리올림 입력 $\overline{C}_n=H$로 한다.

✔ **풀이** $F=(A+B)$ PLUS A로 되어 있다. 여기서 $(A+B)$는 A와 B의 OR 동작을 의미하고, 여기에 A를 더한다는 것이다. 그리고 자리올림 입력은 0이기 때문에

$$\begin{array}{r} \text{A=0110} \\ +\text{B=1100} \\ \hline 1110 \end{array}$$

$(A+B)$는 1110으로 되고, 여기에 $A=0110$을 더하면

$$\begin{array}{r} 1110 \\ \text{PLUS}\quad 0110 \\ \hline 10100 \end{array}$$

↑

자리올림 (C_{n+4})

로 된다. 즉, 결과는 $F=0100$이고, $\overline{C}_{n+4}=L$로 된다.

Chapter 07 연습문제

1. 반가산기를 NOR 게이트만을 사용하여 구성하라.

2. 전가산기를 NOR 게이트만을 사용하여 구성하라.

3. 반감산기를 NOR 게이트만을 사용하여 구성하라.

4. 전감산기를 NOR 게이트만을 사용하여 구성하라.

5. 4비트의 데이터로 변환한 후 2의 보수 형식으로 나타내라.

① -2_{10}　　② -3_{10}

③ -6_{10}　　④ 4_{10}

6. 6_{10}과 -8_{10}을 4비트의 데이터로 변환한 후 가산하라.

7. 그림 7-8의 4비트 병렬 가산기에서 $A=1001$과 $B=0111$을 더한 경우의 출력을 구하라.

8. 그림 7-19의 8비트 가산기에서 $A=10011001$과 $B=01100101$을 더한 경우의 출력을 구하라.

9. 그림 7-20의 4비트 가/감산기에서 다음의 연산을 한 경우 출력을 구하라.

① $-7_{10}+5_{10}$ ② $-7_{10}-5_{10}$

10. 그림 7-22의 8421 가산기에서 다음의 연산을 한 경우 출력을 구하라.

① $6_{10}+8_{10}$ ② $9_{10}+7_{10}$

11. 그림 7-23의 3초과 가산기에서 다음의 연산을 한 경우 출력을 구하라.

① $3_{10}+4_{10}$ ② $6_{10}+8_{10}$

12. 표 7-5의 동작표를 참조하여 $M=H$, $S_3S_2S_1S_0=0110$으로 하고, $A=1001$, $B=0110$인 데이터를 인가했을 때 출력을 구하라.

13. 문제 12에서 $M=L$로 바꾸면 어떻게 될까? 단, 자리올림 입력 $\overline{C_n}=L$로 한다.

14. 표 7-5의 동작표를 참조하여 $M=L$, $S_3S_2S_1S_0=0100$으로 하고, $A=1010$, $B=0100$인 데이터를 인가했을 때 출력을 구하라. 단, 자리올림 입력 $\overline{C_n}=H$로 한다.

15. 다음의 부호를 가진 4비트 데이터를 그림 7-20의 4비트 가/감산기를 이용하여 연산한 결과 overflow되는 것은 어느 것인가?

① $2_{10}+4_{10}$ ② $3_{10}+6_{10}$

③ $(-3_{10})+(-5_{10})$ ④ $(-6_{10})+(-7_{10})$

Chapter 08 디지털 IC와 TTL 게이트 회로

디지털 IC 중에 TTL이 널리 사용되고 있으므로 이것을 중심으로 설명한다. 게이트 IC의 대부분은 TTL 74시리즈를 통해서 지식을 습득하게 되는데 그것은 TTL 회로를 배우면서 얻은 지식과 경험이 CMOS를 사용할 때도 거의 그대로 응용될 수 있기 때문이다. 실제적으로 CMOS는 TTL과 비교할 때 기능적으로나 핀 배치 면에서 같기 때문에 TTL에서 배운 회로를 그대로 CMOS에 적용할 수 있다.

이 장에서는 기본 게이트 회로, TTL, CMOS, TTL과 CMOS의 interface, open collector, wired logic, 3-state 회로, Schmitt trigger 회로 등에 대하여 설명한다.

8-1 기본 게이트 회로

게이트 회로는 구조적으로 저항, 다이오드, 트랜지스터, FET 등으로 구성되며, 이들은 IC화되어 있어서 가격이 싸고 사용하기 편리하다. 여기서는 기본적인 게이트 회로의 원리에 대하여 설명한다.

1 NOT 회로

NOT 회로는 저항과 트랜지스터만으로 구성된 RTL(resistor transistor logic) 회로이며, 그림 8-1에 나타내었다. 이 회로는 트랜지스터의 동작 원리에 의하여 입력 신호가 low(약 0.8 V 이하)이면 트랜지스터가 OFF되어 컬렉터 전류가 흐르지 않으므로 출력 전압은 high(약 5 V)로 된다. 입력 신호가 H(이하 high를 H, low를 L이라 한다.)로 되면 트랜지스터가 ON되어 컬렉터 전류가 흐르므로 출력은 L(약 0.2 V)로 된다. 이 회로는 입력 논리와 출력 논리가 역으로 되므로 NOT 회로 또는 인버터라 한다.

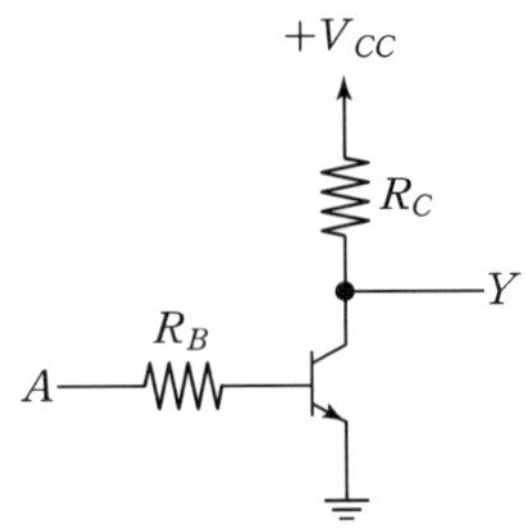

(a) 회로

A	Y
L	H
H	L

(b) 동작표

그림 8-1 NOT 회로

◐ 예제 8-1

NOT 회로를 이용하여 버퍼(buffer)를 구성하라.

✔ **풀이** NOT 회로를 그림 8-2와 같이 연결하면 초단 입력이 L일 때 그 출력은 H로 되고, 두 번째 출력은 L로 된다. 이 회로는 입력과 출력이 같은 논리로 되며, 지연 동작용이나 버퍼 동작용으로 사용한다.

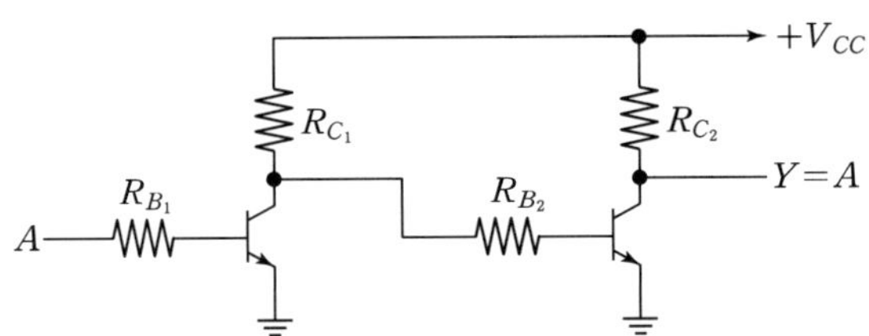

그림 8-2 NOT 회로를 2단 연결한 버퍼

2 OR 회로

OR 회로는 두 개의 다이오드와 저항으로 구성되며, 회로를 그림 8-3에 나타내었다. 다이오드 동작 원리에 의해 입력 중 어느 하나가 H(5 V)이면 다이오드에서 R을 통하여 접지로 전류가 흐르므로 출력은 H(약 4.3 V)로 된다. 두 입력이 모두 L일 때만 두 개의 다이오드는 차단되어 출력은 L(0 V)로 된다.

만약 3입력 이상의 OR 회로이면 입력 중 어느 하나라도 H이면 출력은 H로 된다. OR 동작을 논리식으로 나타내면 $Y = A + B$로 되며, 이것을 논리합이라 한다.

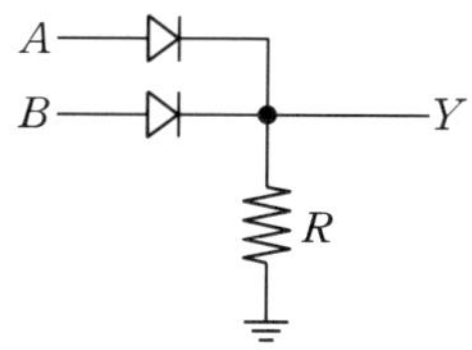

(a) 회로

A	B	Y
L	L	L
L	H	H
H	L	H
H	H	H

(b) 동작표

그림 8-3 OR 회로

예제 8-2

2입력 OR 회로에 그림 8-4와 같은 입력을 인가했을 때 출력을 도시하라.

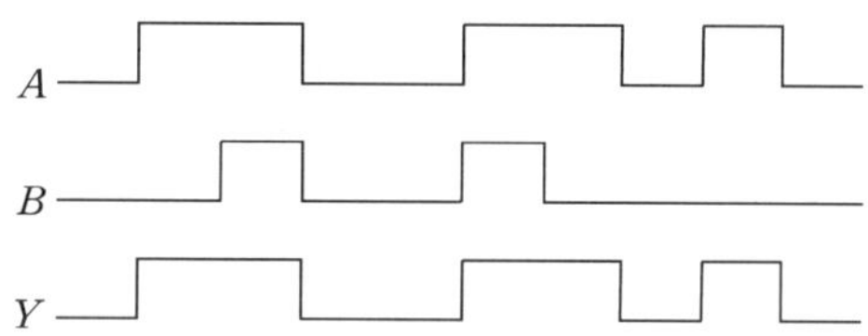

그림 8-4

✔ **풀이** A, B 입력 중 어느 하나라도 H이면 출력은 H로 된다. 이것을 그림 8-4의 하단 Y에 나타내었다.

예제 8-3

그림 8-5의 다이오드 OR 회로에서 출력 전압을 구하라.

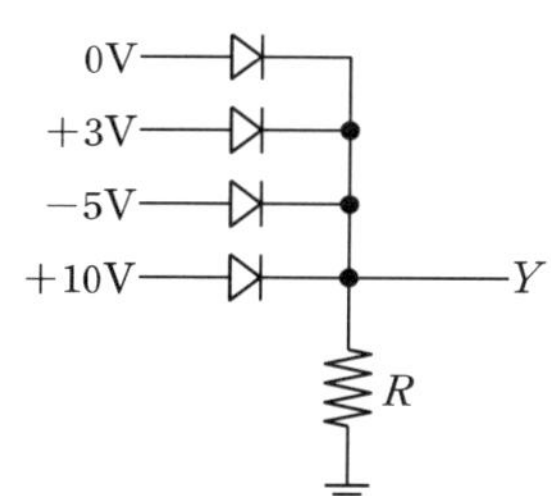

그림 8-5

✔ **풀이** 입력 전압과 접지 사이의 전위차가 제일 큰 입력 전압(+10 V) 쪽의 다이오드가 ON으로 되고, 출력 전압은 9.3 V[10 V−다이오드의 전압 강하(0.7 V)]가 된다. 이 출력 전압에 의하여 나머지 3개의 다이오드는 역바이어스가 되므로 OFF된다.

3 AND 회로

AND 회로는 두 개의 다이오드와 저항으로 구성되며, 회로를 그림 8-6에 나타내었다. 다이오드 동작 원리에 의해 입력 중 어느 하나가 L이면 V_{CC}에서 R을 통하여 L 입력인 다이오드로 전류가 흐르므로 출력은 L(약 0.7 V)로 된다. 두 입력이 모두 H일 때만 두 개의 다이오드는 차단되어 출력은 H(약 5 V)로 된다.

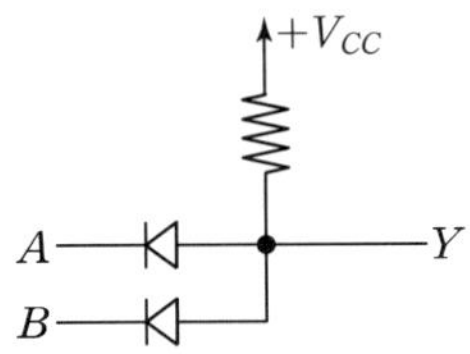

(a) 회로

A	*B*	*Y*
L	*L*	*L*
L	*H*	*L*
H	*L*	*L*
H	*H*	*H*

(b) 동작표

그림 8-6 AND 회로

만약 3입력 이상의 AND 회로이면 모든 입력이 H일 때만 출력이 H로 된다. AND 동작을 논리식으로 나타내면 $Y = A \cdot B$로 되며, 이것을 논리곱이라 한다.

예제 8-4

2입력 AND 회로에 그림 8-7과 같은 입력을 인가했을 때 출력을 도시하라.

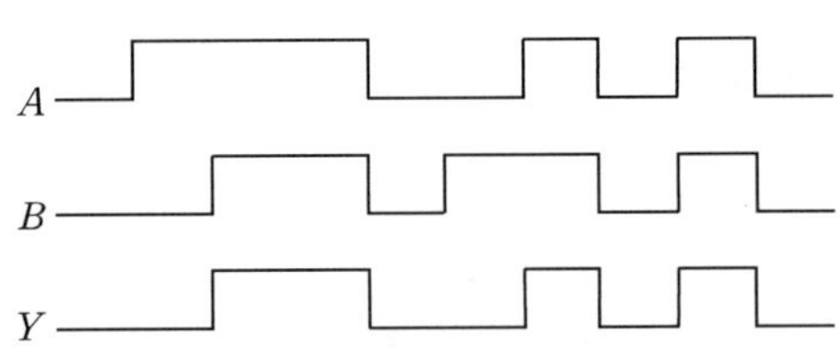

그림 8-7

✔ **풀이** A, B 입력이 모두 H일 때만 출력이 H로 된다. 이것을 그림 8-7의 하단 Y에 나타내었다.

예제 8-5

그림 8-8의 다이오드 AND 회로에서 출력 전압을 구하라.

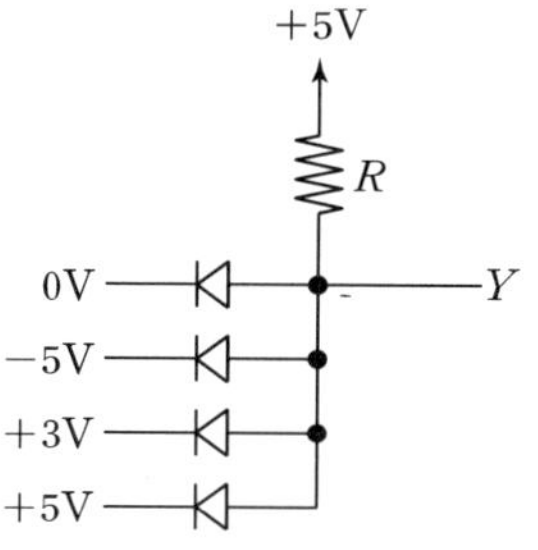

그림 8-8

✔ **풀이** 공급전원 (+5 V)과 입력 전압과의 전위차가 제일 큰 다이오드는 ON 상태가 된다. 즉, −5 V 쪽의 다이오드가 ON되어 출력 전압은 −4.3 V가 되며, 이 전압에 의하여 나머지 세 개의 다이오드는 역바이어스가 되므로 OFF된다.

4 NOR 회로

그림 8-9에 나타낸 회로는 다이오드 OR 회로와 트랜지스터 NOT 회로로 구성된 DTL(diode transistor logic) NOR 회로이다.

동작 원리는 입력 A, B 중 적어도 하나 이상의 입력이 H(5 V)이면 출력은 L(0.2 V)로 된다. 즉, A가 H이면 다이오드 D_1이 ON 상태가 되므로 트랜지스터의 베이스에는 약 4.3 V의 전압이 걸려 트랜지스터는 ON 상태로 되고, 출력 Y는 L(0.2 V)로 된다. 두 개의 입력이 모

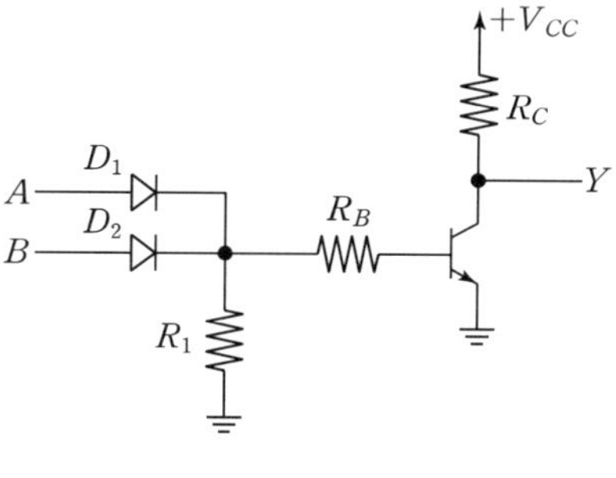

(a) 회로

A	B	Y
L	L	H
L	H	L
H	L	L
H	H	L

(b) 동작표

그림 8-9 NOR 회로

두 L이면 다이오드 출력이 0V으로 되어 트랜지스터는 OFF 상태로 되고, 출력 Y는 H(5 V)로 된다. NOR 회로는 OR 회로에 NOT 회로를 접속한 것이므로 논리식은 $Y=\overline{A+B}$이다.

5 NAND 회로

그림 8-10에 나타낸 회로는 다이오드 AND 회로와 트랜지스터 NOT 회로로 구성된 DTL NAND 회로이다.

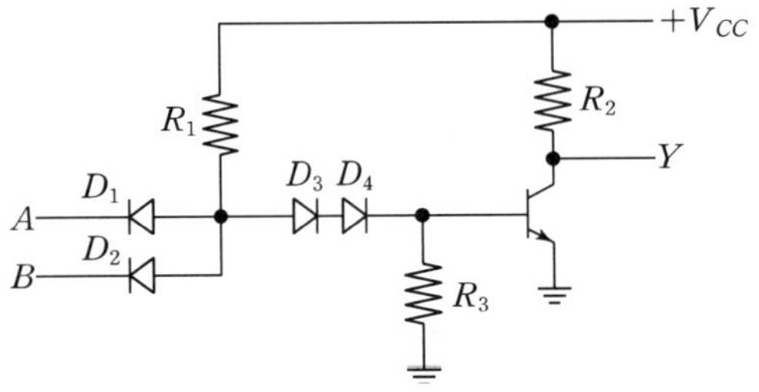

(a) 회로

A	B	Y
L	L	H
L	H	H
H	L	H
H	H	L

(b) 동작표

그림 8-10 NAND 회로

동작 원리는 A, B 중 어느 하나가 L이면 다이오드 D_1, D_2 중 어느 하나가 ON되어 트랜지스터의 베이스 전압은 0.7 V로 된다. 따라서 트랜지스터의 베이스에 전류가 흐르지 않아 컬렉터 출력은 H(5 V)로 된다. 그리고 입력 A, B가 모두 H인 경우에만 다이오드 D_1, D_2는 OFF되어, V_{CC}에서 R_1을 통하여 D_3, D_4, 트랜지스터의 베이스로 전류가 흐르며, 이것에 의해 출력 Y는 L(0.2 V)로 된다. NAND 회로는 AND 회로와 트랜지스터 NOT 회로를 조합한 것이므로 논리식은 $Y=\overline{A \cdot B}$이다.

8-2 게이트 IC의 평가

1 게이트 IC의 속도

게이트 IC의 속도는 인버터나 NAND 게이트의 전파지연시간(propagation delay time: t_{pd})으로 결정된다. 입력에 그림 8-11과 같은 구형파를 인가했을 때 출력 파형의 시간 지연을 관측하는 것이다. 입력 파형의 진폭이 50 %에서부터 출력 파형의 진폭이 50 %로 변화할

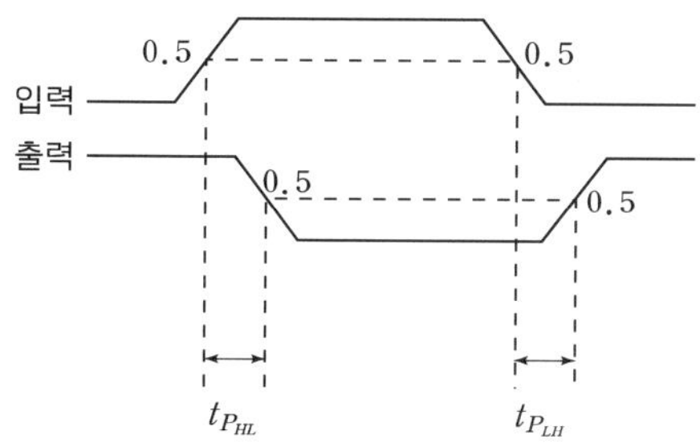

그림 8-11 전파지연시간

때까지의 시간 지연이 전파지연시간 t_{pd}이다. 실제로 전파지연시간은 그림 8-11과 같이 두 개의 시간 지연이 있다. $t_{P_{HL}}$은 출력이 high에서 low level로 변화할 때의 지연시간이고, $t_{P_{LH}}$는 low에서 high level로 변화할 때의 지연시간이다. 통상 두 개의 평균값$[(t_{P_{HL}}+t_{P_{LH}})/2]$을 그 IC의 속도로 취하지만 그 IC의 게이트로 만든 플립플롭의 최고 클럭 주파수로 속도를 나타내기도 한다.

2 IC의 전원 소비전력

IC의 소비전력 측정 방법은 각 게이트 회로 동작 시간의 50 %가 1상태이고, 50 %가 0 상태일 때의 전원 소비전력이다. 소비전력은 입력 주파수의 영향을 받는데, 예를 들어 CMOS는 저주파에서 소비전력이 매우 적고, 고주파에서는 소비전력이 증가한다.

소비전력은 전원의 비용을 고가로 할 뿐만 아니라 IC가 발열한다는 점을 고려해야 하고, 과열은 회로 고장의 제일 큰 원인이 되기 때문에 고장이 났을 때 수리와 보수 비용을 생각하면 소비전력이 IC 선택의 중요한 요소로 되는 것을 알 수 있다.

3 IC의 가격

IC의 가격은 제조량에 의존하고 있다. 가격이 싸더라도 그 IC를 사용할 때 전체적인 비용이 높게 되면 가격이 싸다고 할 수 없다.

4 IC의 fanout (출력분기수)

fanout이란 1개의 IC 출력에 의해 구동 가능한 부하 IC의 수를 말하며, 같은 종류의 다른 게이트 IC들을 몇 개까지 구동할 수 있는가 하는 능력으로 정한다. fanout이 크다고 하는 것은 구동회로를 사용하지 않고 부하에 여러 개의 IC를 접속할 수 있다는 것으로, CMOS가 가장 우수하다.

5 IC 사용의 편리함

디지털 기술은 빠르게 발전하고 있다. 특정한 부품을 급한 대로 쓸 수 없는 문제점 때문에 범용성이라는 것도 매우 중요하다. 여러 종류의 IC가 생산되고 있다는 것도 그 IC를 선정하여 사용할 때 기준이 되며, TTL이 이 기준에 적합하다.

8-3 TTL

TTL은 Texas Instrument사가 개발한 것으로 7종류(표준형, 저전력형, 고속형, 쇼트키형, 저전력 쇼트키형, advanced 쇼트키형, advanced 저전력 쇼트키형)가 있으며, NAND 게이트인 7400을 이용하여 이것을 설명한다. 표 8-1에 7400의 전파지연시간(동작속도)과 소비전력을 나타내었다.

표 8-1 7400의 전파지연시간과 소비전력

TTL의 종류	전파지연시간 [ns]	소비전력 [mW]
표준형(7400)	10	10
저전력형(74L00)	33	1
쇼트키형(74S00)	3	20
저전력 쇼트키형(74LS00)	9.5	2
advanced 쇼트키형(74AS00)	1.7	8
advanced 저전력 쇼트키형(74ALS00)	4	1.2
Fairchild의 advanced 쇼트키형(74F00)	3	5

1 TTL의 종류

1) 표준형 TTL(7400)

TTL IC 중에서 가장 널리 사용되고 있으며, 다른 6종류의 TTL 시리즈는 표준형을 개량하여 발전시킨 것이다.

TTL NAND 게이트인 7400의 내부 구조를 그림 8-12에 나타내었다.

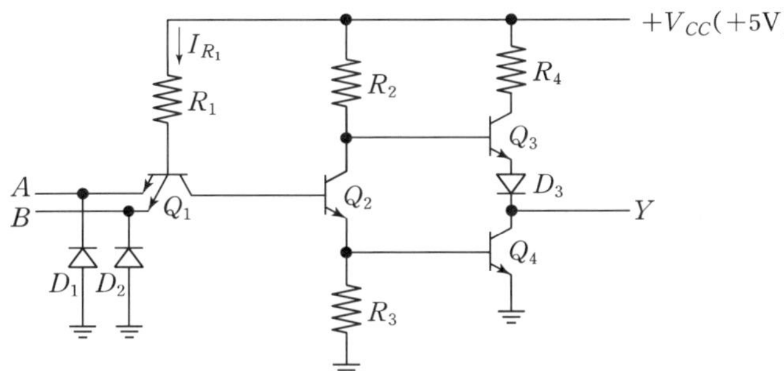

그림 8-12 TTL NAND 게이트

입력 A, B는 multi-emitter 트랜지스터인 Q_1에 인가되며, Q_1의 기본 동작은 등가적으로 그림 8-13의 다이오드 AND 회로와 같다.

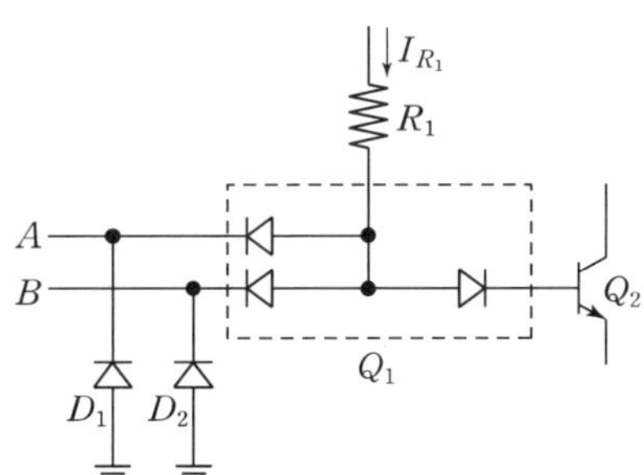

그림 8-13 multi-emitter 트랜지스터 Q_1의 등가 회로

NAND 게이트이기 때문에 두 개의 입력이 모두 low(0~0.8 V)인 경우와 high(2~5 V)인 경우의 동작에 대하여 알아보면 된다. Q_1의 컬렉터로부터 트랜지스터 Q_2의 베이스에 전류가 흐르면 totem-pole 트랜지스터인 Q_4가 ON되고, 전류가 흐르지 않으면 Q_3가 ON된다.

(1) 입력 A, B가 모두 high인 경우

전류 I_{R_1}은 V_{CC}로부터 R_1을 거쳐 Q_1의 베이스로부터 컬렉터로 흘러 Q_2의 베이스 전류로 되므로 Q_2가 ON된다. Q_2의 에미터 전류 중 일부는 Q_4의 베이스로 흘러들어 Q_4를 포화시킴과 동시에 Q_2의 컬렉터 전압, 즉 Q_3의 베이스 전압을 저하시키므로 Q_3는 OFF된다. 그 결과 출력 전압 Y는 low로 된다.

(2) 입력 A, B가 모두 low인 경우

전류 I_{R_1}은 V_{CC}로부터 R_1을 거쳐 Q_1의 베이스로부터 low 입력 신호원 쪽의 에미터로 흘러 Q_2와 Q_4는 OFF되어버린다. Q_2의 컬렉터 전압이 높게 되기 때문에 Q_3의 베이스에 전류가 흘러서 Q_3는 ON되고, 출력 전압 Y는 high로 된다.

트랜지스터 Q_3가 ON되면 출력은 high로 되고, Q_4가 ON되면 출력은 low가 된다. 여기서 Q_3를 pull up 트랜지스터라 하고, Q_4를 pull-down 트랜지스터라 하며, Q_3와 Q_4를 totem-pole 트랜지스터라 한다.

다이오드 D_1과 D_2는 입력 신호가 부전압으로 되었을 때 전류를 여기로 흘려 Q_1을 보호하는 동작을 하는 clamp 다이오드이고, D_3는 Q_4가 OFF될 때까지 Q_3가 ON되는 것을 막기 위한 것이다.

2) 저전력형 TTL(74L00)

표준 TTL의 소비전력을 줄일 목적으로 회로 정수를 수정하여 각 부분의 저항값을 10배로 크게 한 것이다. 이것에 의해 소비전류와 소비전력은 1/10로 감소하지만 동작 속도가 늦기 때문에 거의 사용하지 않는다.

3) 쇼트키형 TTL(74S00)

S TTL은 초기의 TTL 중에서 가장 고속이다. 각 트랜지스터의 베이스와 컬렉터 사이에 쇼트키 다이오드를 접속함으로써 트랜지스터의 포화 상태를 피해 동작 속도를 높였기 때문이다. 그 결과 전파지연시간은 3 ns로 줄어들어 고속으로 되었다.

4) 저전력 쇼트키형 TTL(74LS00)

쇼트키 다이오드를 사용함으로써 고속화를 도모함과 동시에 각 부의 저항값을 높게 잡아 저소비 전력화한 것으로서, 속도가 S형보다 느리고 소비전력은 표준형의 1/5이다.

5) advanced 쇼트키형(74AS00)

AS TTL은 빠른 속도를 위해 제작되었으며, 상승 시간을 줄이기 위하여 출력 회로에서 네트워크를 사용한다. AS TTL은 8 mW의 전력을 소모하고, 1.7 ns의 전파 지연이 일어난다.

6) advanced 저전력 쇼트키형(74ALS00)

ALS TTL은 정밀 제조 기술을 사용해서 LS TTL의 스위칭 속도를 올리고 소비전력을 줄일 수 있도록 제작되었다. ALS TTL은 약 4 ns의 전파지연시간과 게이트당 1.2 mW의 소비전력이 필요하다.

7) Fairchild의 advanced 쇼트키형(74F00)

Fairchild의 advanced 쇼트키 게이트인 FAST는 F를 써서 나타내며, 74F00은 Fairchild의 개선된 쇼트키 TTL 2입력 NAND 게이트를 4개 가지고 있다. F 게이트에서는 3 ns의 전파지연시간과 5 mW의 전력을 소모한다.

2 IC의 절대최대정격, 권장동작조건 그리고 전기적 특성

여기서는 표준형인 7400의 경우이다.

(1) 절대최대정격

절대최대정격이란 IC를 사용할 때 절대로 이 값을 넘어서는 안 되므로 표 8-2와 같이 지시하고 있다.

표 8-2 절대최대정격

전원 전압 V_{CC}	7 V
입력 전압 V_{IN}	−0.5 ~ 5.5 V
동작 시 주위 온도 T_A	0 ~ 70 ℃
보존 온도 T_{stg}	−65 ~ 150 ℃

(2) 권장동작조건

권장동작조건이라는 것은 IC를 사용할 때 이 조건에 따르도록 IC 제조업체가 권장하는 조건이다. 여기에는 표 8-3과 같이 전원 전압, 출력 특성 그리고 사용 온도 범위가 규정되어 있다. 여기서 주의할 것은 전원 전압 V_{CC}로 TTL에서는 4.75 ~ 5.25 V의 전압 범위에서 사용되어야 한다는 것이다.

표 8-3 권장동작조건

7400의 특성	min	typ	max
전원 전압 V_{CC}[V]	4.75	5	5.25
H level 시의 출력 전류 I_{OH} [mA]			0.4
L level 시의 출력 전류 I_{OL}[mA]			16
동작 시 주위 온도 T_A[℃]	0		70

(3) 전기적 특성

TTL 7400의 전기적 특성을 표 8-4에 나타내었다.

표 8-4 7400의 전기적 특성

항목 \ 종류	표준형	저전력형 (L)	쇼트키형 (S)	저전력 쇼트키형 (LS)	개량 쇼트키형 (AS)	개량 저전력 쇼트키형 (ALS)	Fairchild의 개량 쇼트키형 (F)	단위
V_{CC}	5	5	5	5	5	5	5	V
$V_{IH\min}$	2	2	2	2	2	2	2	V
$V_{IL\max}$	0.8	0.7	0.8	0.8	0.8	0.8	0.8	V
$V_{OH\min}$	2.4	2.4	2.7	2.7	2.5	2.5	2.5	V
$V_{OL\max}$	0.4	0.4	0.5	0.5	0.5	0.4	0.5	V
$I_{IH\max}$	0.04	0.01	0.05	0.02	0.02	0.02	0.02	mA
$I_{IL\max}$	−1.6	−0.18	−2	−0.4	−0.5	−0.1	−0.6	mA
$I_{OH\max}$	−0.4	−0.2	−1	−0.4	−2	−0.4	−1	mA
$I_{OL\max}$	16	3.6	20	8	20	8	20	mA
I_{CC}	2	0.2	3.75	0.4	1.6	0.24	1.9	mA

용어) V_{CC} : 공급 전원

$V_{IH\min}$: H level 시 입력 전압의 최솟값

$V_{IL\max}$: L level 시 입력 전압의 최댓값

$V_{OH\min}$: H leve 1시 출력 전압의 최솟값

$V_{OL\max}$: L level 시 출력 전압의 최댓값

$I_{IH\max}$: H level 시 입력 전류의 최댓값

$I_{IL\max}$: L level 시 입력 전류의 최댓값

$I_{OH\max}$: H level 시 출력 전류의 최댓값

$I_{OL\max}$: L level 시 출력 전류의 최댓값

I_{CC} : 게이트당 평균 소비 전류

3 TTL의 논리 레벨

TTL에서 논리 레벨은 입력의 경우 입력 전압이 0~0.8 V이면 L이고, 2~5 V이면 H이다. 0.8 V와 2 V 사이의 입력 전압은 어떤 값으로 해석될지 예측할 수 없다. 입력 전압이 이 범위에 있으면 논리 회로에 따라 H로 해석될 수도 있고, L로 해석될 수도 있다.

출력의 경우 출력 전압이 0~0.4 V이면 L이고, 2.4~5 V이면 H이다. 0.4 V와 2.4 V 사이의 출력 전압은 어떤 값으로 해석될지 예측할 수 없다. 출력 전압이 이 범위에 있으면 논리 회로에 따라 H로 해석될 수도 있고, L로 해석될 수도 있다.

4 잡음 여유도(noise margin)

잡음 여유도란 논리 출력 전압과 동일 논리라고 판정되는 입력 전압과의 차이다.

그림 8-14에서 H level 시 출력 전압의 최솟값 $V_{OH\min}$(2.4 V)과 입력 전압의 최솟값 $V_{IH\min}$(2 V)의 차이다. 즉, H level 시의 잡음 여유도는 $V_{OH\min} - V_{IH\min} = 2.4\text{V} - 2\text{V} = 0.4\text{V}$이다.

또한 L level 시 입력 전압의 최댓값 $V_{IL\max}$(0.8 V)와 출력 전압의 최댓값 $V_{OL\max}$(0.4 V)의 차이다. 즉, L level 시의 잡음 여유도는 $V_{IL\max} - V_{OL\max} = 0.8\text{V} - 0.4\text{V} = 0.4\text{V}$이다.

잡음 여유도는 그 값이 클수록 IC가 잡음에 강하다는 것을 의미하며, 7400에서는 잡음 여유도가 0.4 V이기 때문에 진폭이 0.4 V 이내인 잡음이 혼입되어도 논리 동작은 정상적으로 된다.

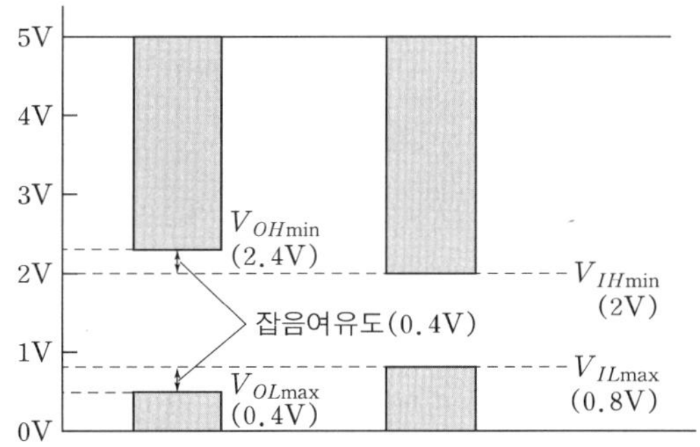

그림 8-14

예제 8-6

74LS00의 H level과 L level의 잡음 여유도를 구하라.

✔ **풀이** H level: $V_{OH\min} - V_{IH\min} = 2.7\text{V} - 2\text{V} = 0.7\text{V}$

L level: $V_{IL\max} - V_{OL\max} = 0.8\text{V} - 0.5\text{V} = 0.3\text{V}$

예제 8-7

74ALS00의 H level과 L level의 잡음 여유도를 구하라.

✔ **풀이** H level: $V_{OH\min} - V_{IH\min} = 2.5\text{V} - 2\text{V} = 0.5\text{V}$

L level: $V_{IL\max} - V_{OL\max} = 0.8\text{V} - 0.4\text{V} = 0.4\text{V}$

5 출력 분기수(fanout)

출력 분기수란 1개의 IC 출력으로 구동할 수 있는 부하 IC의 수이며, 출력 분기수보다 많은 수의 부하를 접속할 경우 버퍼를 삽입하든지 부하를 분할할 필요가 있다.

LS-TTL을 예로 들면 그림 8-15(a)에 나타낸 것과 같이 IC 출력은 최대 400 μA($I_{OH\max}$)의 전류를 낼 수 있으므로 IC 입력 측에서는 최대 20 μA($I_{IH\max}$)의 전류를 흡입하게 되는 셈이다. 즉, H level의 출력 분기수는 $I_{OH\max} / I_{IH\max} = 400\,\mu\text{A} / 20\,\mu\text{A} = 20$이므로 20개의 부하까지 접속할 수 있다.

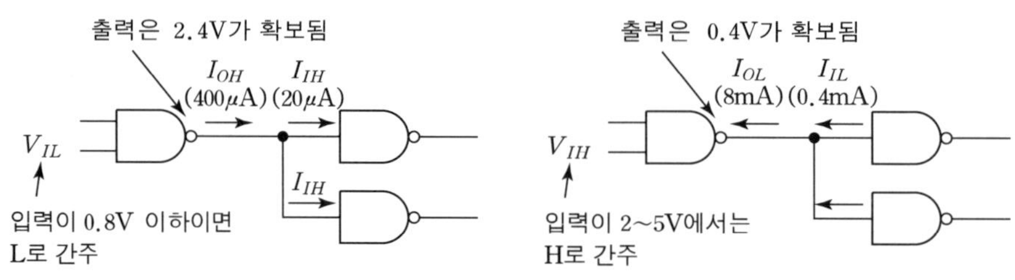

(a) 출력이 H level일 때 (b) 출력이 L level일 때

그림 8-15

그림 8-15(b)와 같이 IC 출력은 최대 8 mA($I_{OL\max}$)의 전류를 흡입할 수 있으므로 IC 입력 측에서는 최대 0.4 mA($I_{IL\max}$)의 전류를 낼 수 있다. 따라서 L level의 출력 분기수는 $I_{OL\max}/I_{IL\max} = 8\text{mA}/0.4\text{mA} = 20$으로 된다.

TTL에서는 H level과 L level의 출력 분기수가 같은 것과 같지 않은 것이 있는데 최악인 것은 L-TTL 뒤에 S-TTL이나 H-TTL 등을 접속하는 경우에 출력 분기수는 1로 된다.

예제 8-8

표준형은 LS-TTL을 몇 개 구동할 수 있는가?

✔ **풀이** H level: $I_{OH\max}/I_{IH\max} = 400\,\mu\text{A}/20\,\mu\text{A} = 20$

L level: $I_{OL\max}/I_{IL\max} = 16\,\text{mA}/0.4\,\text{mA} = 40$

H level과 L level의 출력 분기수가 다르기 때문에 이러한 경우 적은 것이 출력 분기수가 된다. 즉, 출력 분기수는 20이다.

예제 8-9

ALS-TTL은 S-TTL을 몇 개 구동할 수 있는가?

✔ **풀이** H level: $I_{OH\max}/I_{IH\max} = 400\,\mu\text{A}/50\,\mu\text{A} = 8$

L level: $I_{OL\max}/I_{IL\max} = 8\,\text{mA}/2\,\text{mA} = 4$

H level과 L level의 출력 분기수가 다르기 때문에 이러한 경우 적은 것이 출력 분기수가 된다. 즉, 출력 분기수는 4이다.

8-4 open collector 회로

순수한 TTL 회로에서는 AND/OR 회로를 만들 수 없기 때문에 이러한 문제를 해결하기 위해서 고안된 것이 open collector IC이다. 이 IC는 표준 TTL계 IC보다 출력 전류나 전압을 높게 사용할 수 있으므로 부하가 적은 릴레이 회로의 구동용으로 직접 사용할 수 있는 장점이 있다. 기존의 구동용 IC라는 것도 이러한 open collector 회로를 채택한 것이다. 또 open collector IC는 직접 출력을 pull-up 저항을 이용하여 결선시킴으로써 AND/OR 게이트를 사용하지 않고도 AND/OR 기능을 수행시킬 수 있는 장점이 있다.

그림 8-16은 open collector를 사용하여 TTL 인버터를 구성한 것이며, 다른 논리 회로도 open collector 출력으로 구성할 수 있다. 여기서 출력은 트랜지스터 Q_3의 collector이며, 이 출력에는 아무것도 연결되어 있지 않기 때문에 open collector라 한다.

적절한 high와 low의 논리 레벨 출력을 얻으려면 외부의 pull-up 저항을 Q_3의 컬렉터로부터 V_{CC}에 연결해야 한다. Q_3가 OFF되면 출력은 외부 저항을 통해서 V_{CC}까지 높아지고, Q_3가 ON되면 출력이 포화 트랜지스터를 통하여 접지에 연결된다.

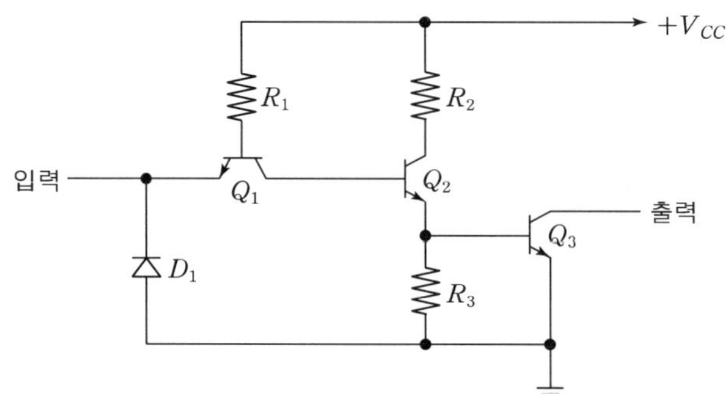

그림 8-16

8-5 wired logic

open collector IC를 이용하여 그림 8-17과 같이 세 개의 인버터를 직접 연결하면 다음과 같이 동작한다.

입력 A, B, C 중 어느 하나가 H이면 출력은 L로 되고, 또 세 입력이 모두 L일 때만 출력이 H로 되기 때문에 NOR 동작을 하고 있다. 입력을 정논리, 출력을 부논리라고 생각하면 OR 동작을 하고 있다.

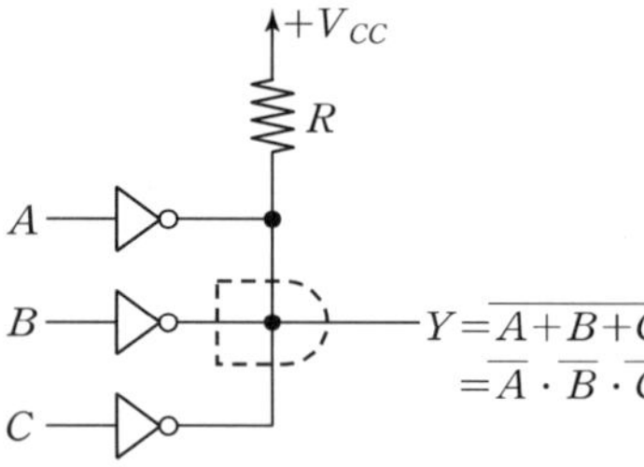

그림 8-17 wired OR/AND

이와 같이 하면 OR 게이트를 사용하지 않아도 결선에 의하여 OR 동작을 시킬 수 있으므로 이 방법을 wired OR라 한다. 그러나 바꾸어 생각하면 $\overline{A}$, $\overline{B}$, $\overline{C}$ 출력이 결선에 의하여 $\overline{A+B+C}=\overline{A}\cdot\overline{B}\cdot\overline{C}$의 AND 동작을 하고 있기 때문에 wired AND 회로라고도 한다.

이와 같이 open collector 출력을 하나로 묶어서 저항을 통하여 pull-up한 결선을 wired

OR/AND라 하며, 많은 게이트의 OR/AND 기능을 취하는 경우 또는 배선만으로 OR/AND 접속을 늘려가는 경우 등에 사용한다.

이러한 wired logic을 사용하면 IC의 수를 줄일 수 있고, 배선이 간단하다는 장점이 있다. 예를 들어 open collector형 NAND 게이트를 그림 8-18과 같이 결선한 회로에서 출력 단자 Y의 논리식과 이것에 드모르간의 정리를 적용한 논리식은 다음과 같다.

$$Y = (\overline{AB})(\overline{CD}) = \overline{AB + CD}$$

두 개의 출력을 결선하면 각각의 입력 신호를 AND-OR-INVERT한 것과 같은 기능을 갖는다.

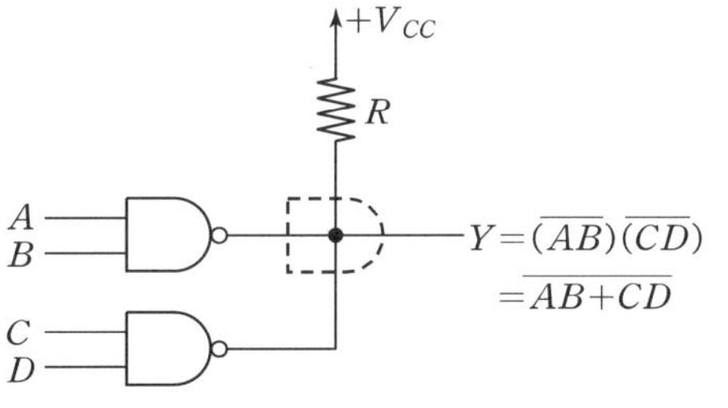

그림 8-18

그림 18-18에서 점선으로 표시된 기호는 각각의 NAND 게이트 출력들이 AND 결선과 같음을 강조하기 위한 기호이며, 두 출력을 함께 묶는 것을 wired AND라 한다. 그리고 변화된 논리식에서도 알 수 있듯이 NAND 게이트의 출력을 함께 결선한 것은 AND화된 입력들을 각 게이트에서 OR화하고, 전체의 OR 출력을 다시 반전시켜 만들어진 논리 출력으로 볼 수 있다.

이러한 wired logic은 잡음이 많고 속도가 느리며 회로 내의 에러를 찾아내기 어렵다는 문제점이 있으므로, IC가 많이 소요되는 대형 시스템에서는 사용하지 않는다.

예제 8-10

그림 8-19와 같은 회로의 출력을 구하라.

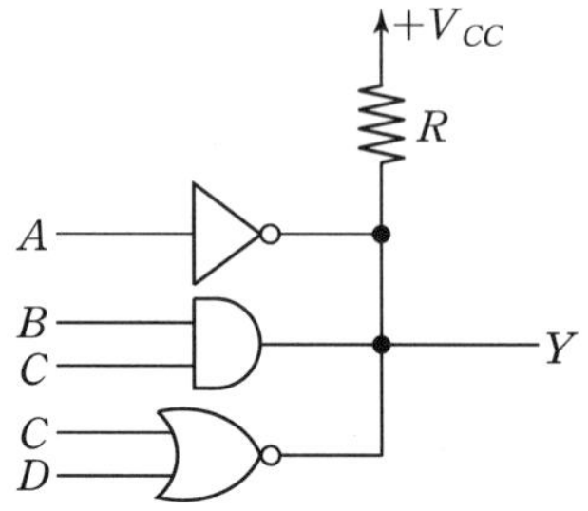

그림 8-19

✔ **풀이** wired logic의 출력은 각각의 출력을 AND하면 다음과 같이 된다.

$$Y=(\overline{A})(BC)(\overline{C+D})$$

예제 8-11

그림 8-20과 같은 회로의 출력을 구하라.

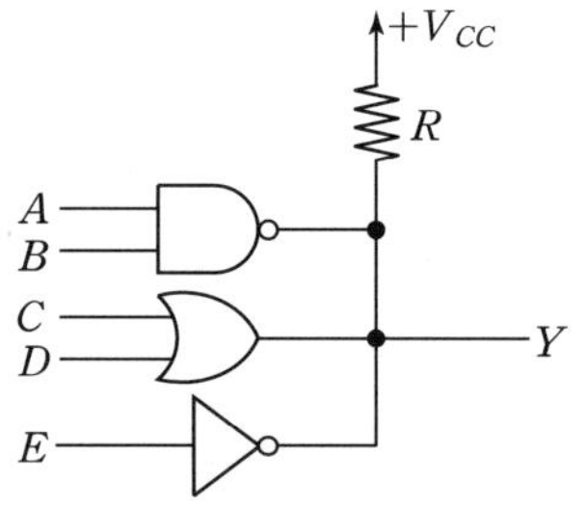

그림 8-20

✔ **풀이** wired logic의 출력은 각각의 출력을 AND하면 다음과 같이 된다.

$$Y=(\overline{AB})(C+D)\overline{E}$$

8-6 3-state 회로

3-state 회로는 제한된 속도, 낮은 잡음 여유도 그리고 유지 보수의 어려움 등 wired logic이 갖는 단점을 해결하기 위하여 고안된 회로로서, 이것은 totem pole과 open collector의 특징을 하나의 회로에 통합하여 세 가지 상태의 출력을 갖게 만든 게이트 IC이다.

3-state는 문자 그대로 H 상태, L 상태 그리고 high impedance의 세 가지 상태를 가지고 있다. 여기서 high impedance란 그 IC의 출력이 open되어 있음을 의미한다. 즉, 그 IC의 출력이 전기적으로 내부에서 분리되어 절연 상태에 있는 것이다. 따라서 출력은 high나 low 레벨로 되지 못하고 외부에서 주어진 상태를 따르게 된다.

3-state IC는 그림 8-21과 같이 통상의 입력 외에 제어입력단자 C를 갖고 있다. C 입력이 enable일 때 IC는 inverter 동작을 하지만 disable로 되면 출력은 high impedance 상태로 된다. 그림 8-21(a)에서 3-state 동작을 알아보자.

1 제어 입력 C가 H인 경우

Q_1의 에미터 E_2에는 H 입력이 인가되어 다이오드 D_2는 역바이어스 상태가 되므로 회로

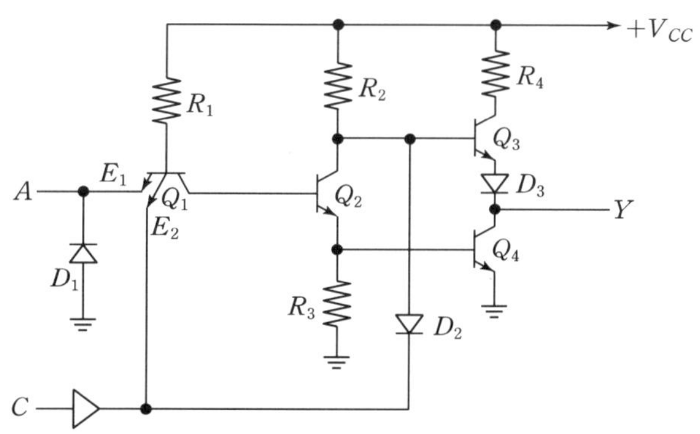

(a) 3-state inverter

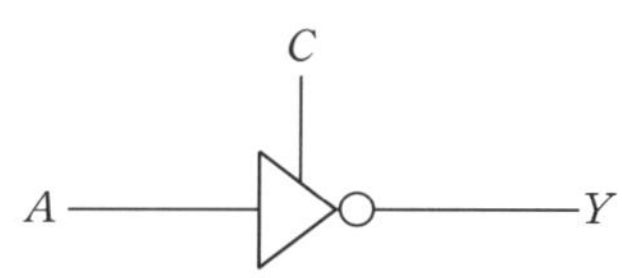

(b) 기호

C	A	Y
0	0	high impedance
0	1	high impedance
1	0	1
1	1	0

(c) 동작표

그림 8-21 3-state inverter

에 영향을 주지 않는다. 2입력 NAND 게이트에서 하나의 입력만을 사용하기 때문에 입력 단자 A에 인가된 입력은 반전되어 출력에 나타나며, inverter 동작을 한다.

2 제어 입력 C가 L인 경우

Q_1의 에미터 E_2가 L로 되기 때문에 Q_2는 OFF 상태로 되고, Q_2의 컬렉터 전압은 높아지지만 다이오드 D_2에 의하여 Q_2의 컬렉터 전압은 L로 억제되어 버린다. 그 결과 totem pole 트랜지스터 Q_3와 Q_4가 모두 차단 상태로 되며, 출력 단자는 내부와 격리되어 high impedance로 된다.

그림 8-21(b)는 3-state inverter 회로의 기호이고, 3-state 출력은 메모리나 bus driver, 멀티플렉서와 같은 장치에 이용되고 있다. 이 회로의 이점은 많은 신호를 전송할 때 하나의 신호선을 공용할 수 있기 때문이다.

그림 8-22(a)는 A, B, C 각 신호를 시간적으로 구분하여 1개의 신호선만을 이용하여 전송하는 회로이다. 그림 8-22(b)와 같은 타이밍으로 제어 입력 C_A, C_B, C_C를 인가해주면 시각 t_A에서는 A 입력이 신호선으로 출력되고, 시각 t_B에서는 B 입력이 신호선으로 출력되는 것이다. 그리고 A 신호가 신호선으로 출력되고 있는 시각에 제어 입력 C_B와 C_C는 L 레벨이기 때문에 B와 C는 high impedance 상태로 회로와 분리된 상태로 되어 있다.

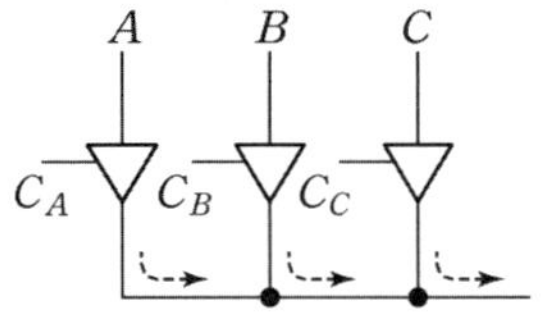

(a) 신호선

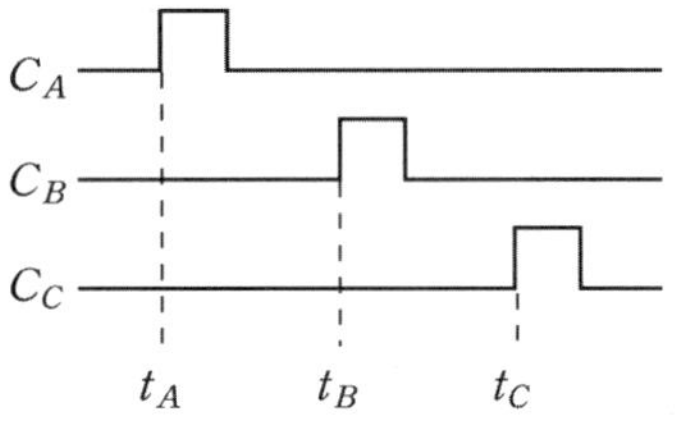

(b) 타이밍도

그림 8-22 1개의 신호선으로 A, B, C의 신호를 전송하는 방법

이와 같이 3-state IC를 사용하면 많은 신호를 시간적으로 분할함으로써 1개의 신호선만으로 전송이 가능해진다.

8-7 Schmitt 트리거 회로

Schmitt trigger 회로는 잡음을 포함하고 있는 펄스나 상승이 늦은 펄스를 파형정형하여 첨예한 펄스로 변환하는 역할을 하는 회로이다. 이 회로는 내부의 증폭도가 크기 때문에 변화가 가파르다는 이점 외에 다음과 같은 특징이 있다.

Schmitt trigger NAND 게이트에 그림 8-23(a)와 같은 잡음을 포함한 펄스 전압이 인가되어도 입력 전압이 V_{T+}가 될 때까지 반전하지 않고, V_{T+} 이상이 되는 순간 반전한다. 또한 입력 전압이 V_{T-}가 될 때까지는 반전하지 않고, V_{T-} 이하가 되는 순간 반전한다.

그림 8-23에서 보는 것과 같이 Schmitt trigger 회로는 두 개의 threshold 값, 즉 상위 threshold 전압 V_{T+}와 하위 threshold 전압 V_{T-}를 가지고 있다. 이 두 값의 차($V_{T+} - V_{T-}$)를 히스테리시스(hysteresis)라 하고, 이러한 성질이 잡음을 포함한 신호와 상승이 늦은 펄스를 파형정형하는 데 유용하다.

이렇게 하여 Schmitt trigger NAND 게이트의 출력 전압은 그림 8-23(c)와 같이 깨끗한 파형으로 된다. 입력 전압이 V_{T+} 이하에서 출력은 H이고, 입력 전압에 포함된 잡음은 출력에 영향을 주지 않는 것을 알 수 있다. 그러나 NAND 게이트 출력은 그림 8-23(b)와 같이 V_T 부근의 잡음이 민감하게 출력에 나타나 잡음의 영향이 크게 된다.

Schmitt trigger 게이트 IC는 일반적인 게이트 IC와 구별하기 위해서 게이트 속에 히스테리시스 기호(⎰⎱)를 기입한다. Schmitt trigger 동작을 하는 IC에는 inverter인 7414 등이 있으며, $V_{T+} = 1.7\text{V}$이고, $V_{T-} = 0.9\text{V}$이다. 그림 8-24에 7414의 전달 특성을 나타내었다.

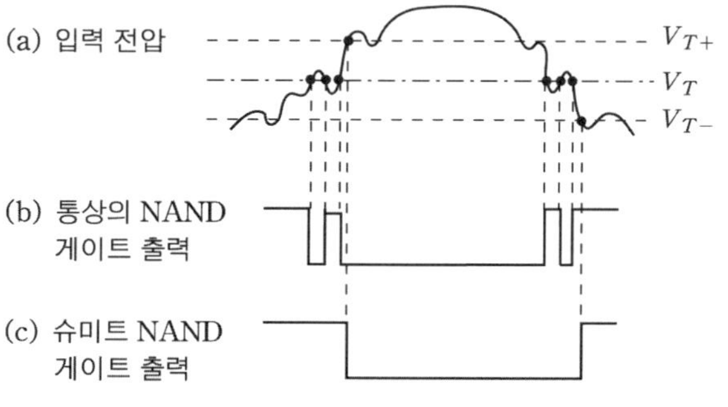

그림 8-23 Schmitt trigger 회로의 동작

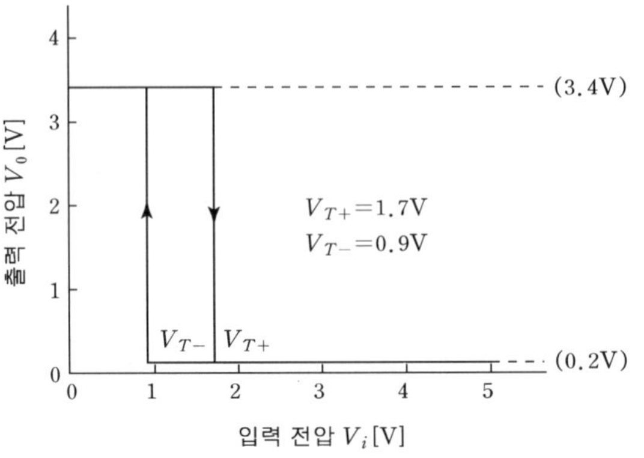

그림 8-24 7414의 전달 특성

예제 8-12

Schmitt trigger 인버터 7414에 그림 8-25(a) 같은 입력 전압을 인가했을 때 출력 파형을 그림 8-25(b)에 그리라. 단, $V_{T+} = 1.7\text{V}$, $V_{T-} = 0.9\text{V}$로 한다.

✔ **풀이** 그림 8-25(b)와 같이 된다. 입력 전압이 1.7 V를 넘으면 출력은 L(0.2 V)로 되고, 입력 전압이 0.9 V보다 작으면 출력은 H(3.4 V)로 된다.

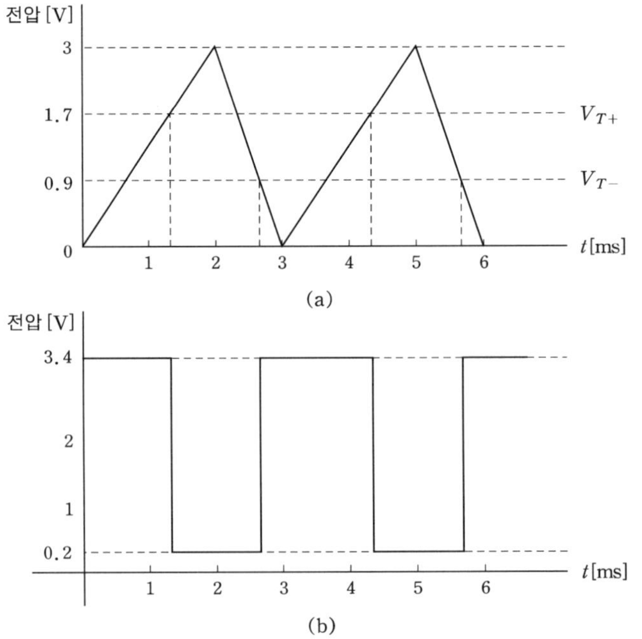

그림 8-25

8-8 CMOS

CMOS(Complementary Metal Oxide Semiconductor)는 동작 속도가 느리다는 단점이 있지만 소비전력이 적고, 잡음 여유도가 크고, 그리고 게이트의 집적도가 높다는 장점이 있다. 현재는 고속 CMOS(74HC series)가 개발되어 74LS series와 같은 정도의 속도가 얻어질 수 있게 되었기 때문에 널리 이용되고 있다.

CMOS는 p-channel과 n-channel 두 종류의 MOS FET(Field Effect Transistor)를 조합하여 만든 게이트 IC이다. 그리고 각각의 MOS FET는 enhancement mode를 이용하고 있으며, 그 특성과 기호를 그림 8-26에 나타내었다.

그림 8-26(a)는 p-channel MOS FET의 특성으로 $V_{GS} \fallingdotseq -2\,\mathrm{V}$에서 드레인(drain) 전류가 흐르기 시작하므로 이 전압을 threshold voltage V_T라 한다. 즉, gate와 source 사이의 전위차가 $-2\,\mathrm{V}$ 이상이 되면 OFF 상태가 되고, $-2\,\mathrm{V}$ 이하가 되면 ON 상태가 된다. 그림 8-26(b)는 n-channel MOS FET의 특성으로 $V_{GS} \fallingdotseq 2\,\mathrm{V}$에서 드레인(drain) 전류가 흐르기 시작한다. 즉, gate와 source 사이의 전위차가 $2\,\mathrm{V}$ 이상이 되면 ON 상태가 되고, $2\,\mathrm{V}$ 이하가 되면 OFF 상태가 된다.

예제를 통하여 pMOS와 nMOS의 동작에 대하여 알아보자.

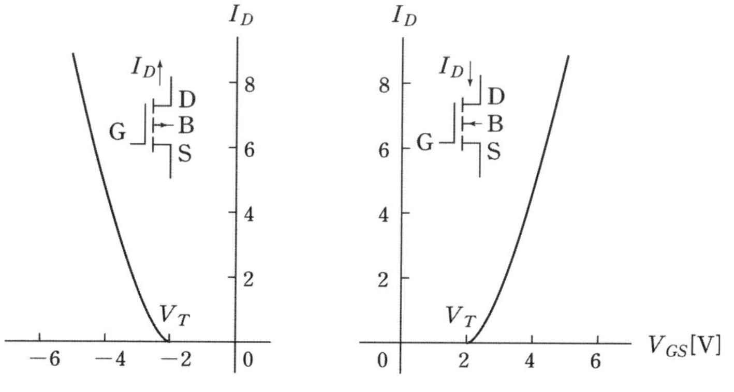

(a) p-channel MOS (b) n-channel MOS

그림 8-26 enhancement mode MOS FET의 기호 및 전달 특성

예제 8-13

그림 8-27과 같은 회로의 기능은 무엇일까?

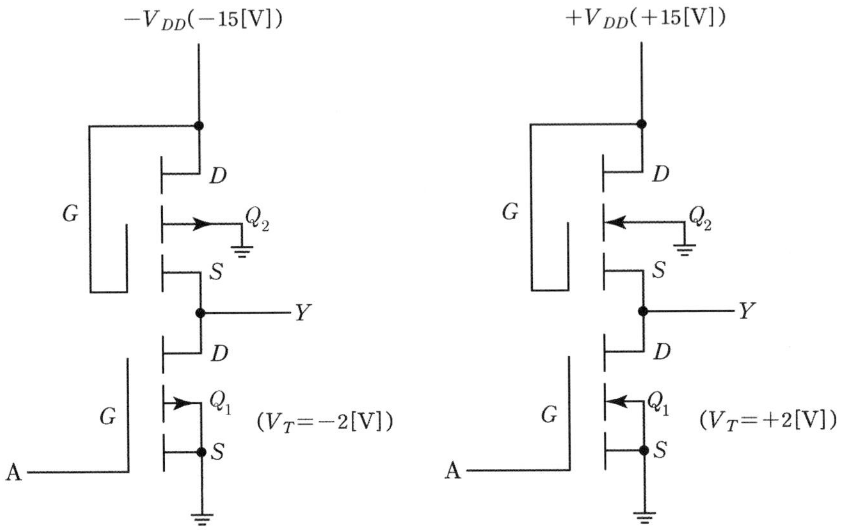

(a) pMOS inverter (b) nMOS inverter

그림 8-27

✔ **풀이** 진리표는 표 8-5(a), (b)와 같으며, 인버터 동작을 한다.

표 8-5

(a)

A	Y
−15 V	0 V
0 V	−15 V

(b)

A	Y
0 V	+15V
+15 V	0 V

예제 8-14

그림 8-28과 같은 회로의 기능은 무엇일까?

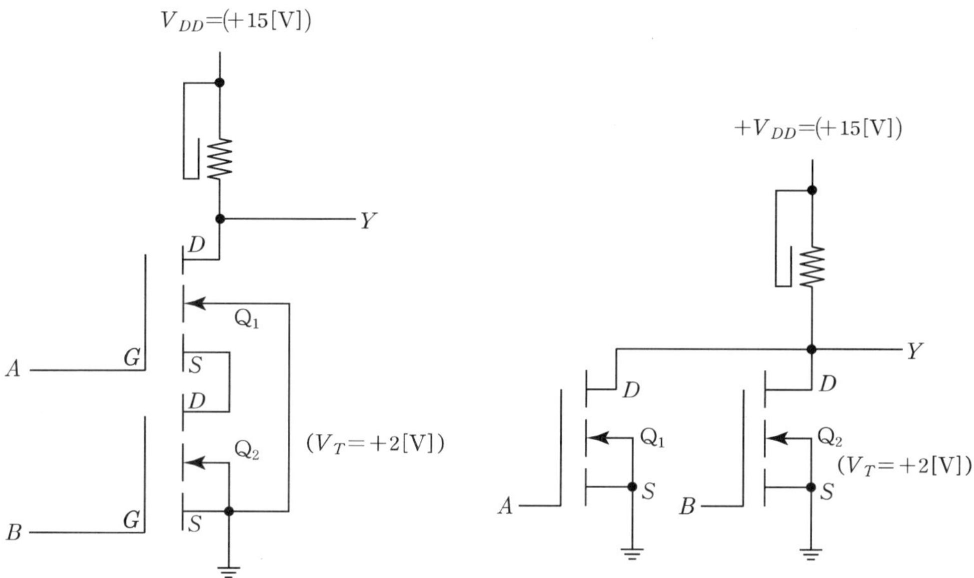

(a) nMOS NAND (b) nMOS NOR

그림 8-28

✔ **풀이** 진리표는 표 8-6 (a), (b)와 같으며, NAND와 NOR 게이트 동작을 한다.

표 8-6

(a)

A	B	Y
0 V	0 V	+15 V
0 V	+15 V	+15 V
+15 V	0 V	+15 V
+15 V	+15 V	0 V

(b)

A	B	Y
0 V	0 V	+15 V
0 V	+15 V	0 V
+15 V	0 V	0 V
+15 V	+15 V	0 V

1 CMOS inverter

그림 8-29에 나타낸 것과 같이 p-channel MOS FET와 n-channel MOS FET를 연결하면 CMOS 인버터가 되며, 그 동작은 다음과 같다.

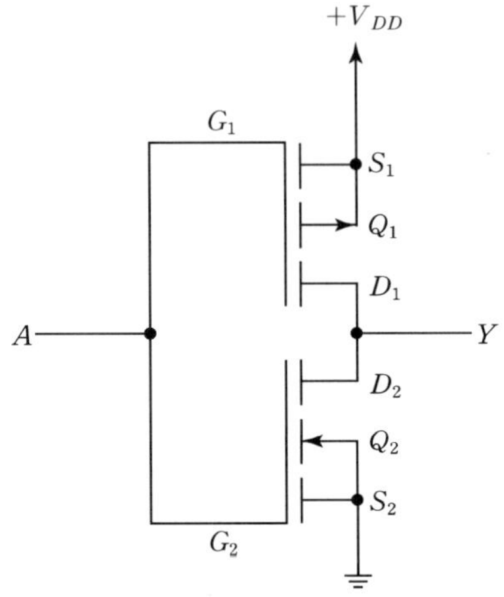

그림 8-29 CMOS inverter

입력 A에 $+V_{DD}$를 인가하면 p-channel MOS FET Q_1은 OFF되고, n-channel MOS FET Q_2는 ON되면서 출력 Y가 접지되어 결과적으로 0을 출력한다. 입력 A에 0[V]를 인가하면 Q_2는 OFF되고, Q_1은 ON되면서 출력 Y가 $+V_{DD}$로 연결되어 결과적으로 H($+V_{DD}$)를 출력한다. 그림 8-30에 이들의 동작 상태를 나타내었다.

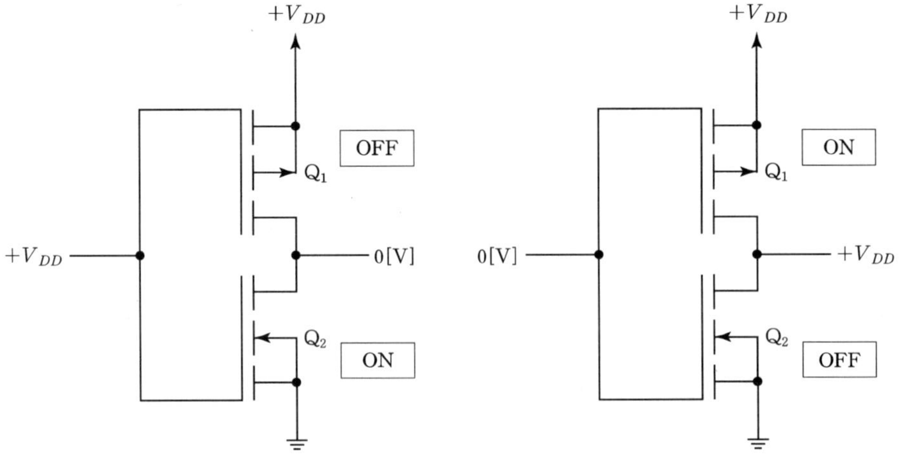

(a) 입력이 $+V_{DD}$일 때 (b) 입력이 0[V]일 때

그림 8-30 CMOS inverter의 동작

2 CMOS NAND 게이트

그림 8-31은 2입력 CMOS NAND 게이트이며, 두 가지 종류의 MOS FET의 연결에 유의하여 회로의 동작에 대하여 알아보자.

두 개의 입력 A와 B가 모두 $+V_{DD}$일 때 Q_1과 Q_2는 OFF 상태, Q_3와 Q_4는 ON 상태로 되어 출력 Y는 0[V]로 된다. 그러나 A 또는 B 중 어느 하나가 0[V]일 때 $A=+V_{DD}$, $B=0$[V]인 경우 Q_1은 OFF, Q_2는 ON, Q_3는 ON, Q_4는 OFF로 되어 출력 Y는 $+V_{DD}$로 된다. $A=0$[V], $B=+V_{DD}$인 경우 Q_1은 ON, Q_2는 OFF, Q_3는 OFF, Q_4는 ON으로 되어 출력 Y는 $+V_{DD}$로 된다. 두 개의 입력 A와 B가 모두 0[V]일 때 Q_1과 Q_2는 ON 상태, Q_3와 Q_4는 OFF 상태로 되어 출력 Y는 $+V_{DD}$로 된다. NAND 게이트의 동작 상태를 그림 8-31(b)에 나타내었다.

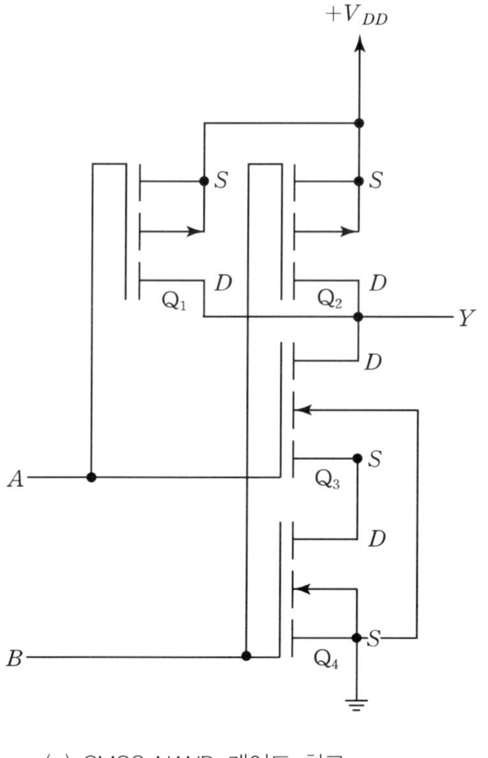

(a) CMOS NAND 게이트 회로

A	B	Q_1	Q_2	Q_3	Q_4	Y
0	0	ON	ON	OFF	OFF	$+V_{DD}$
0	$+V_{DD}$	ON	OFF	OFF	ON	$+V_{DD}$
$+V_{DD}$	0	OFF	ON	ON	OFF	$+V_{DD}$
$+V_{DD}$	$+V_{DD}$	OFF	OFF	ON	ON	0

(b) 동작표

그림 8-31 CMOS NAND 게이트의 회로와 동작표

3 CMOS NOR 게이트

그림 8-32는 2입력 CMOS NOR 게이트이며, 두 가지 종류의 MOS FET의 연결에 유의하여 회로의 동작에 대하여 알아보자.

두 개의 입력 A와 B가 모두 $+V_{DD}$일 때 Q_1과 Q_2는 OFF 상태, Q_3와 Q_4는 ON 상태로 되어 출력 Y는 0[V]로 된다. 그리고 A 또는 B 중 어느 하나가 0[V]일 때 $A=+V_{DD}$, $B=0$[V]인 경우 Q_1은 OFF, Q_2는 ON, Q_3는 ON, Q_4는 OFF로 되어 출력 Y는 0[V]로 된다. $A=0$[V], $B=+V_{DD}$인 경우 Q_1은 ON, Q_2는 OFF, Q_3는 OFF, Q_4는 ON으로 되어 출력 Y는 0[V]로 된다. 두 개의 입력 A와 B가 모두 0[V]일 때 Q_1과 Q_2는 ON 상태, Q_3와 Q_4는 OFF 상태로 되어 출력 Y는 $+V_{DD}$로 된다. NOR 게이트의 동작 상태를 그림 8-32(b)에 나타내었다.

CMOS는 MC14000 series, CD4000 series 외에 TTL 74 series와 같은 핀 접속, 형 번호의 74C series와 고속 CMOS인 74HC series가 유명하다. 표 8-7에 표준 CMOS의 절대최대정격과 권장동작조건을 나타내었다.

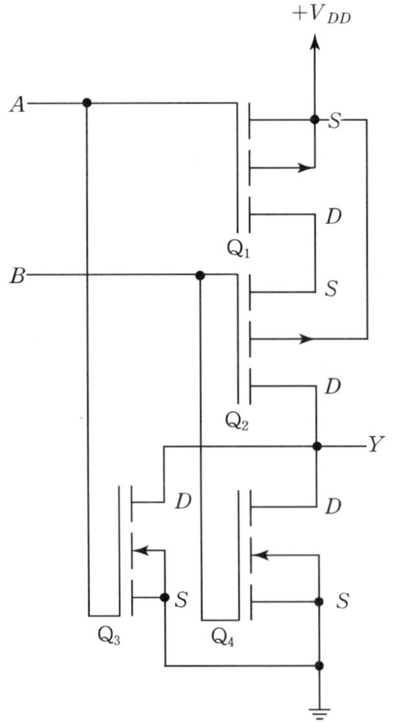

(a) CMOS NOR 게이트 회로

A	B	Q_1	Q_2	Q_3	Q_4	Y
0	0	ON	ON	OFF	OFF	$+V_{DD}$
0	$+V_{DD}$	ON	OFF	OFF	ON	0
$+V_{DD}$	0	OFF	ON	ON	OFF	0
$+V_{DD}$	$+V_{DD}$	OFF	OFF	ON	ON	0

(b) 동작표

그림 8-32 CMOS NOR 게이트의 회로와 동작표

표 8-7 표준 CMOS의 절대최대정격과 권장동작조건

(a) 절대최대정격

전원 전압 V_{DD}	$-0.5 \sim +18$ V
입력 전류(1 pin)	10 mA
동작 시의 주위 온도	$-40 \sim 85$ ℃
보존 온도	$-65 \sim 150$ ℃

(b) 권장동작조건

항목	최소	최대
전원 전압 V_{DD}[V]	3	18
입력 전압 V_{IN}[V]	0	V_{DD}
동작 시의 주위 온도 T[℃]	−40	85

표 8-7을 보면 전원 전압은 3~18 [V]의 넓은 범위로 사용할 수 있음을 알 수 있고, 이것은 TTL이 4.75~5.25 [V]의 전압 범위로 사용되는 것에 비하여 매우 유리하다.

CMOS의 동작 속도는 TTL과 달리 입력 임피던스가 크기 때문에 부하 용량에 의해 크게 좌우된다. 또 CMOS는 출력 회로에 버퍼를 내장한 B type과 내장하지 않은 UB type의 두 종류가 있으며, 속도는 UB type이 빠르지만 출력 파형은 B type이 좋다.

CMOS의 동작 속도는 TTL에 비하여 매우 느리기 때문에 저속의 디지털 시스템에 사용되었으나 고속의 CMOS 74HC series가 나와 LS-TTL과 거의 같은 동작 속도를 얻을 수 있게 되었다.

8-9 TTL과 CMOS의 인터페이스

1 TTL과 CMOS의 인터페이스

CMOS는 10 [pA] 정도의 전류로 구동할 수 있으므로 전류 구동 능력은 문제되지 않으나 CMOS의 입력 문턱전압(threshold voltage)은 $V_{IL} = 1.5$ [V] 및 $V_{IH} = 3.5$ [V]이고, 구동 TTL은 $V_{OL} \leq 1.5$ [V], $V_{OH} \geq 3.5$ [V]를 만족해야 한다.

통상 TTL의 L 레벨 출력 V_{OL}은 0.5 [V] 정도이므로 $V_{OL} \leq 1.5$ [V]의 조건은 만족된다. V_{OH}는 3~3.4 [V] 정도이므로 $V_{OH} \geq 3.5$ [V]는 만족되지 않는다. 이 때문에 그림 8-33에 점선으로 표시한 것과 같이 V_{CC}와 출력 사이에 외부 저항 R을 bridge함으로써 $V_{OH} \geq 3.5$ [V]로 하는 방법이 취해지고 있다. R의 값은 보통 2~6 [kΩ]이다.

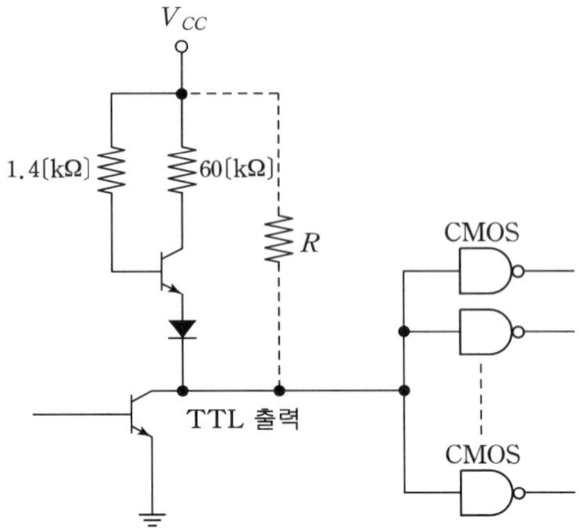

그림 8-33 TTL과 CMOS의 인터페이스

2 CMOS와 TTL의 인터페이스

CMOS로 TTL을 구동할 경우 CMOS는 current source, current sink로 동작할 필요가 있다. 그림 8-34(a)에 나타낸 것과 같이 CMOS의 출력이 L 레벨인 경우 CMOS는 current sink로 되나 이때 흐르는 전류 I_{OL}은 0.4 [mA] 정도이다. 이때 TTL의 입력 트랜지스터를 순방향 능동 상태로 할 필요가 있으며, 이 전류는 수 [mA] 정도로 할 필요가 있다. 이 때문에 수 [mA] 정도의 전류를 흘릴 수 있는 CMOS buffer를 중간에 삽입하는 방법을 취한다.

한편 CMOS가 H 레벨일 때는 그림 8-34(b)와 같이 CMOS는 전류원으로 작용하고, TTL의 입력 트랜지스터를 역방향 능동 상태로 구동하는 전류가 필요한데 이 값은 수 10 [mA]이고, CMOS의 H 레벨 시의 $I_{OH}=-0.5$ [mA] 정도이므로 5~10개의 TTL은 구동이 가능하다.

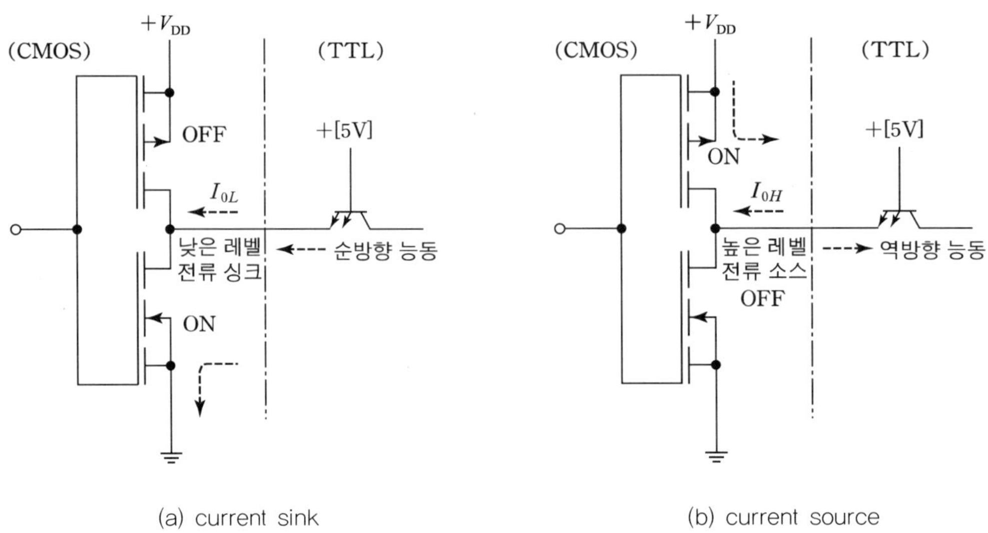

그림 8-34 CMOS와 TTL의 인터페이스

Chapter 08 연습문제

1. 그림 8–35에서 $A=5\text{ V}$, $B=0\text{ V}$의 입력이 인가되었을 때 출력 전압 Y는 몇 V인가? 단, 다이오드의 전압 강하는 0.7 V로 한다.

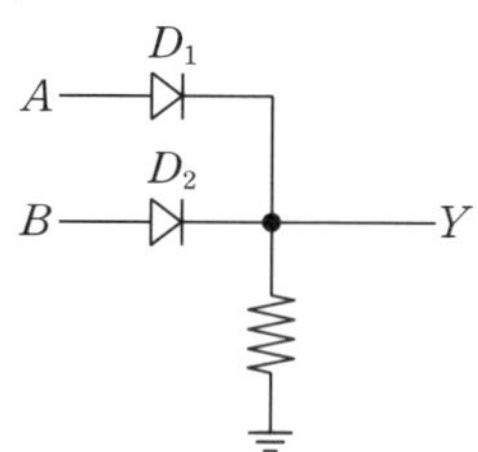

그림 8–35

2. 그림 8–35에 그림 8–36에 나타낸 A, B 입력이 인가되었을 때 출력 Y를 도시하라.

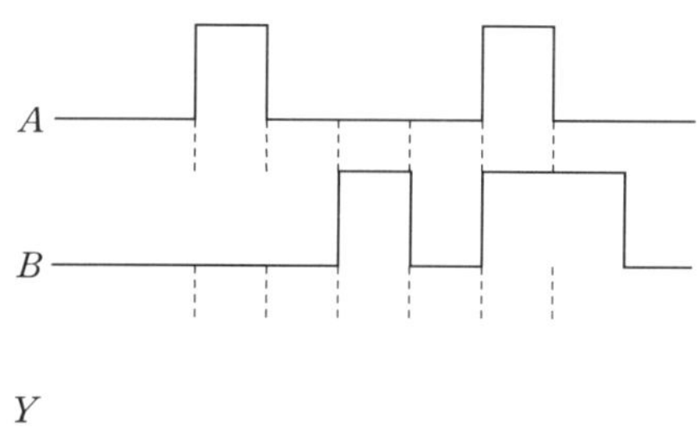

그림 8–36

3. 그림 8–37에서 $A=0\text{ V}$, $B=5\text{ V}$의 입력이 인가되었을 때 출력 전압 Y는 몇 V인가? 단, 다이오드의 전압 강하는 0.7 V로 한다.

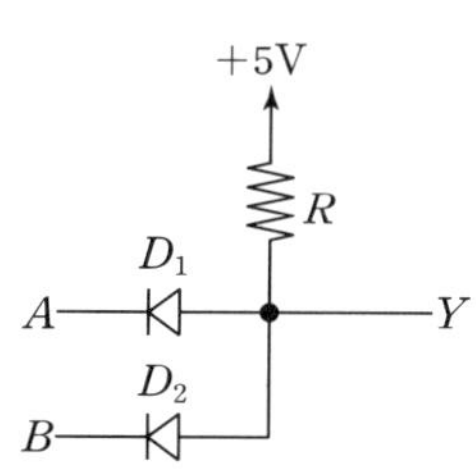

그림 8–37

4. 그림 8-37에 그림 8-38에 나타낸 A, B 입력이 인가되었을 때 출력 Y를 도시하라.

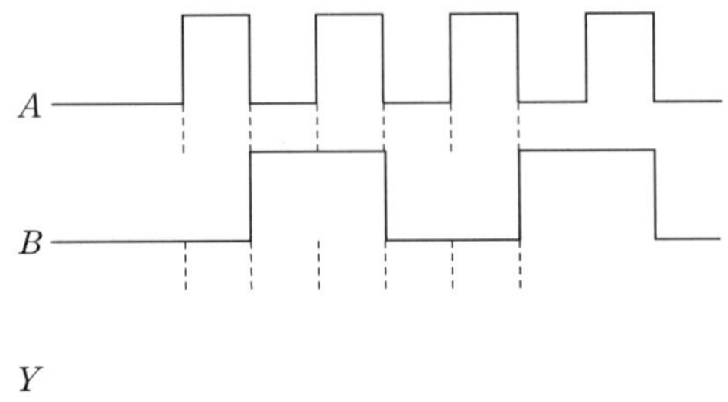

그림 8-38

5. 그림 8-39의 회로에서 출력은 몇 V인가? 단, 다이오드의 전압 강하는 0.7 V이다.

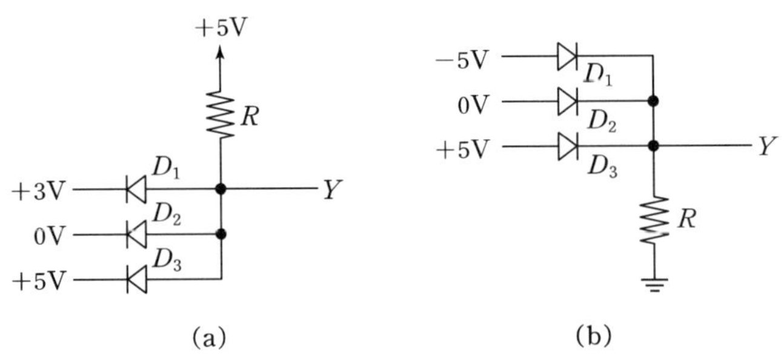

그림 8-39

6. 그림 8-40의 회로에서 $A=5$ V, $B=0$ V, $C=0$ V일 때 출력은 몇 V인가? 단, 다이오드의 전압 강하는 0.7 V이다.

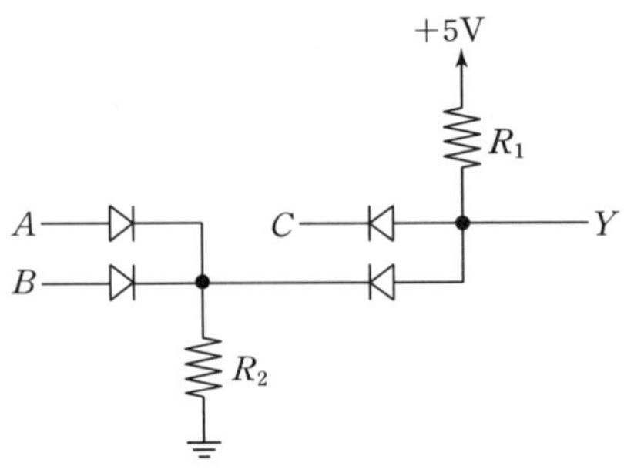

그림 8-40

7. 그림 8-41의 회로에서 $A = 5$ V, $B = 0$ V, $C = 5$ V일 때 출력은 몇 V인가? 단, 다이오드의 전압 강하는 0.7 V이다.

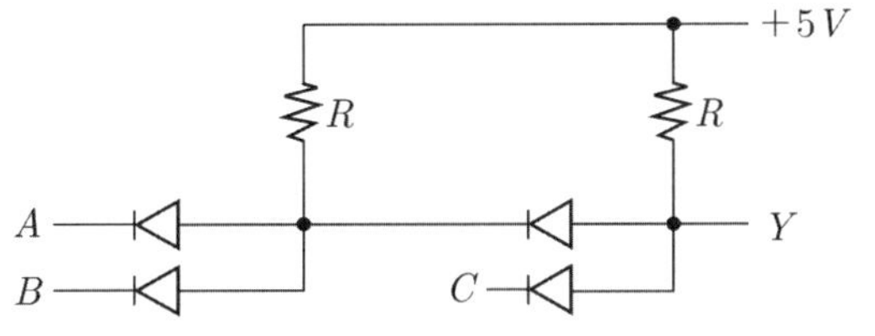

그림 8-41

8. 표준 TTL로 AS-TTL을 몇 개까지 구동할 수 있는가?

9. LS-TTL은 ALS-TTL을 몇 개까지 구동할 수 있는가?

10. 74S00의 H 레벨과 L 레벨의 잡음 여유도를 구하라.

11. 74AS00의 H 레벨과 L 레벨의 잡음 여유도를 구하라.

12. 그림 8-42의 회로에서 출력 Y를 구하라.

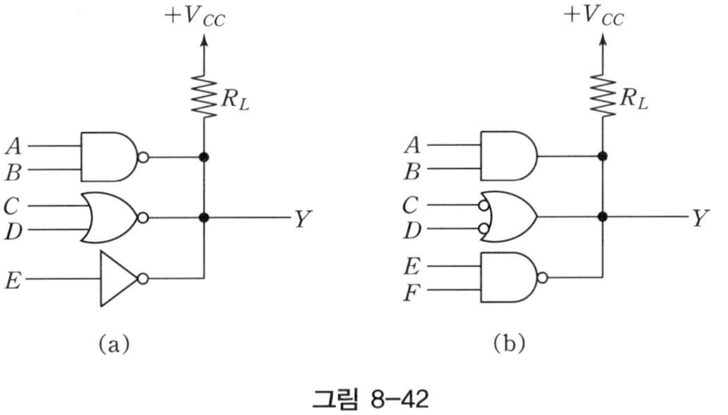

그림 8-42

13. 그림 8-43의 회로에서 출력 Y를 구하라.

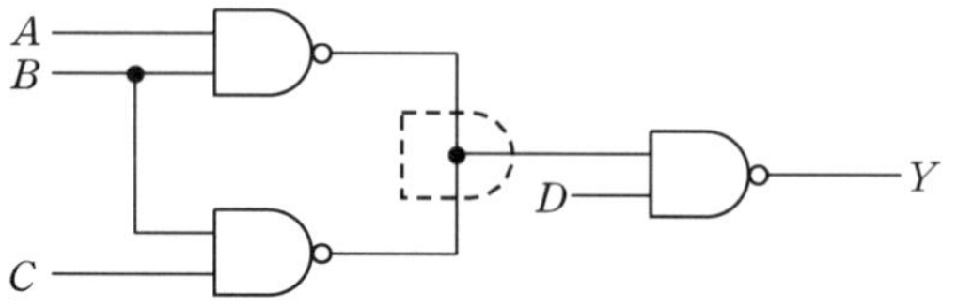

그림 8-43

14. 3-state 회로에서 high impedance 상태를 설명하라.

15. Schmitt trigger inverter에 그림 8-44와 같은 입력 전압을 인가한 경우의 출력 파형을 도시하라. 단, $V_{T+} = 1.7$ V, $V_{T-} = 0.9$ V로 한다.

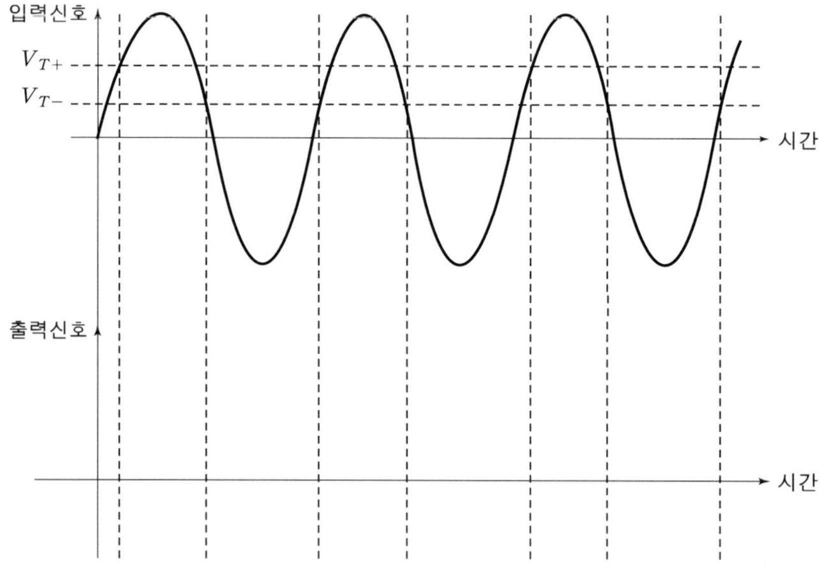

그림 8-44

Chapter 09 | 멀티플렉서와 디멀티플렉서

멀티플렉서란 그림 9-1과 같이 여러 개의 입력 신호 중에서 하나를 선택하여 출력회로에 접속하는 작용을 하는 조합논리회로로, 소위 로터리 스위치와 같은 동작을 하는 회로이며, 어느 신호를 선택할 것인가는 선택 입력신호에 의해서 결정된다. 멀티플렉서는 여러 개의 입력 데이터 중 하나의 데이터만 선택하여 출력하는 회로이기 때문에 데이터 선택기(data selector)라고도 한다.

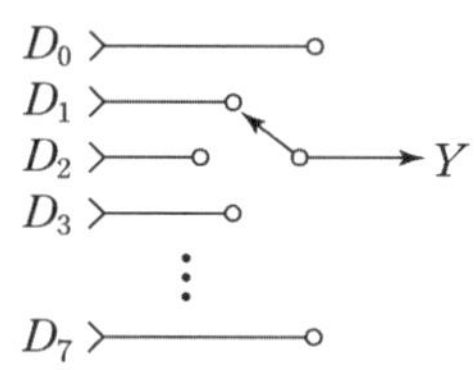

그림 9-1 멀티플렉서의 동작 원리

멀티플렉서와는 반대로 그림 9-2와 같이 하나의 입력 신호를 여러 개의 출력 단자 중 하나에 분배하는 로터리 스위치와 같은 동작을 하는 회로를 디멀티플렉서라 한다.

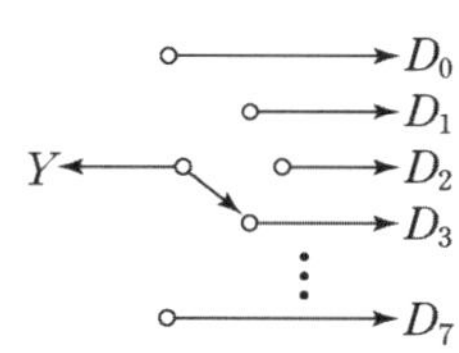

그림 9-2 디멀티플렉서의 동작 원리

이 장에서는 멀티플렉서, 디멀티플렉서, 아날로그 멀티플렉서 그리고 이들의 응용회로에 대하여 설명한다.

9-1 멀티플렉서

멀티플렉서(Multiplexer: 이하 MUX)는 많은 입력선들 중에서 하나를 선택하여 출력선에 연결하는 조합논리회로이고, 선택선들의 값에 따라서 특정 입력선이 선택된다. 정상적인 경우 2^n개의 입력선과 n개의 선택선으로 되어 있으며, n개 선택선들의 비트 조합에 따라서 입력 중의 하나가 선택된다. 멀티플렉서는 많은 입력 중에서 하나를 선택하여 그 2진 정보를 출력선으로 내보내기 때문에 데이터 선택기라고도 한다.

그림 9-3은 4×1 멀티플렉서의 기호를 나타낸 것이다. 4개의 입력 데이터 중 하나를 선택할 수 있도록 하려면 두 개의 선택 비트를 위한 두 개의 데이터 선택선이 필요하다. 그림 9-3에서 데이터 선택입력의 2비트 2진 코드는 여러 개의 입력 중에서 선택된 입력 데이터만을 출력선으로 내보낸다. 데이터 선택선에 $0(S_1=0,\ S_0=0)$이 입력되면 입력 데이터 중에서 D_0가 데이터 출력선으로 출력된다. $1(S_1=0,\ S_0=1)$이 입력되면 D_1이 출력되고, $2(S_1=1,\ S_0=0)$가 입력되면 D_2가 출력되고 그리고 $3(S_1=1,\ S_0=1)$이 입력되면 D_3가 데이터 출력선으로 출력된다. 표 9-1은 이와 같은 동작을 정리한 것이다.

표 9-1 4×1 멀티플렉서의 데이터 선택

S_1	S_0	Y
0	0	D_0
0	1	D_1
1	0	D_2
1	1	D_3

그러면 멀티플렉서의 동작을 구현하는 데 필요한 논리회로에 대하여 알아보자. 출력 데이터는 선택된 입력 데이터와 같으며, 입력 데이터와 선택 입력 항을 사용하면 출력에 대한 논리식을 만들 수 있다.

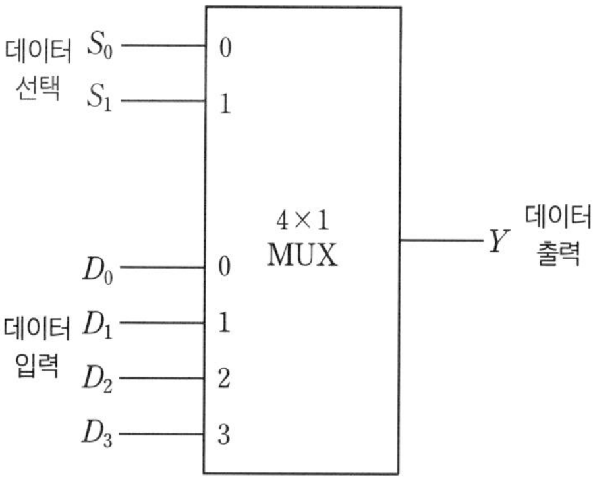

그림 9-3 4×1 멀티플렉서의 기호

출력 데이터를 Y라 하고, 선택 입력이 $S_1 = 0$, $S_0 = 0$이면 출력 데이터는 입력 데이터 중 D_0가 되므로

$$Y = D_0 \overline{S_1}\,\overline{S_0}$$

가 된다. 선택 입력이 $S_1 = 0$, $S_0 = 1$이면 출력 데이터는 D_1이 되므로

$$Y = D_1 \overline{S_1}\,S_0$$

가 된다. 선택 입력이 $S_0 = 1$, $S_1 = 0$이면 출력 데이터는 D_2가 되므로

$$Y = D_2 S_1 \overline{S_0}$$

가 된다. 선택 입력이 $S_1 = 1$, $S_0 = 1$이면 출력 데이터는 D_3가 되므로

$$Y = D_3 S_1 S_0$$

가 된다. 각각의 식을 OR하면 출력 Y는 다음과 같다.

$$Y = D_0 \overline{S_1}\,\overline{S_0} + D_1 \overline{S_1}\,S_0 + D_2 S_1 \overline{S_0} + D_3 S_1 S_0$$

3입력 AND 게이트 4개와 4입력 OR 게이트 1개 그리고 S_1과 S_0의 보수를 만들 인버터 2개를 사용하면 그림 9-4와 같이 이 논리식을 회로로 구현할 수 있다.

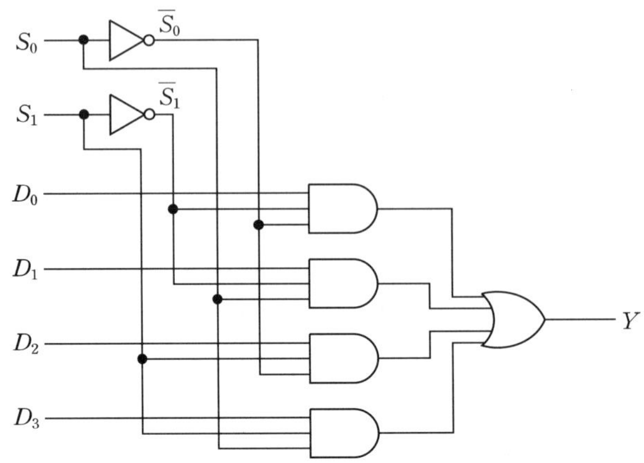

그림 9-4 4×1 멀티플렉서에 대한 논리도

◐ 예제 9-1

그림 9-4의 멀티플렉서에 그림 9-5(a)에 있는 데이터 입력과 선택 파형을 인가했을 때 출력 파형을 구하여 그림 9-5(b)에 나타내라.

그림 9-5

✔ **풀이** 각 구간에 해당하는 데이터 선택 입력값에 따라 어느 입력 데이터를 선택하여 출력할 것인가가 결정된다. 데이터 선택 입력에 대응하는 출력 파형은 그림 9-5(b)와 같다.

1 4회로 2×1 멀티플렉서

SN74157은 4회로 2×1 멀티플렉서로 구성되어 있으며, 그림 9-6과 같이 4개의 멀티플렉서들은 데이터 선택선과 enable 입력을 공동으로 공유한다. 각 멀티플렉서들은 2개의 입력 데이터 중 하나를 선택하게 되므로 데이터 선택 입력은 하나면 된다.

그림 9-6에서 알 수 있듯이 데이터 선택 입력은 2입력 멀티플렉서의 B 입력과 AND되고, 데이터 선택 입력의 보수는 A 입력과 AND된다.

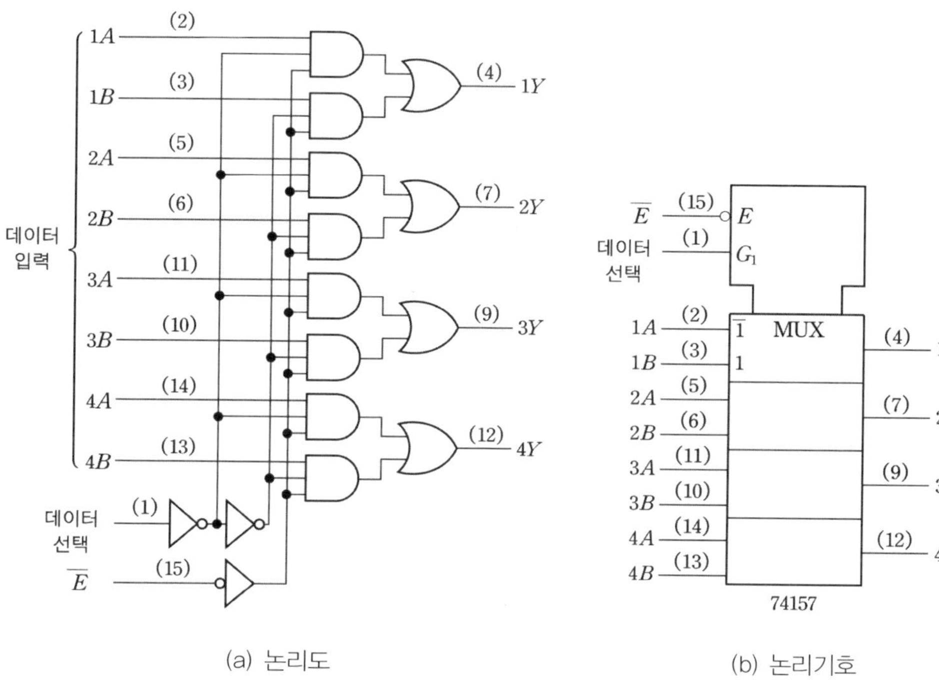

그림 9-6 4회로 2×1 멀티플렉서(SN74157)

$\overline{E}$ 입력이 L이면 선택된 입력 데이터가 출력되고, $\overline{E}$ 입력이 H이면 멀티플렉서가 동작하지 않으며, 데이터가 출력되지 않게 된다. SN74157에 대한 논리 기호는 그림 9-6(b)와 같다. 4개의 멀티플렉서는 각각 독립된 블록으로 표현되었으며, 4개의 MUX에 공통으로 입력되는 입력선은 논리 기호의 윗부분에 공통 제어블록의 입력으로 나타내었다.

MUX 블록 내에 있는 G_1은 데이터 선택 입력과 1 혹은 $\overline{1}$를 갖는 데이터 입력 사이에 AND 관계가 있음을 나타낸다. $\overline{1}$는 G_1 입력의 보수와 데이터 입력이 AND가 됨을 의미한다. 데이터 선택선의 입력이 H인 경우 MUX의 B 입력이 선택되고, 데이터 선택선의 입력이 L인 경우 A 입력이 선택된다.

2 8×1 멀티플렉서(SN74151A)

SN74151A는 8개의 데이터 입력선이 있으므로 3개의 데이터 선택선을 갖는다. 8개의 데이터 입력 중 하나를 선택하기 위해서는 3개의 데이터 선택선이 필요하고, $\overline{E}$ 입력이 L이면 선택된 입력 데이터가 출력된다. SN74151A는 데이터 출력과 출력의 보수를 모두 이용할 수 있다. 그림 9-7(a)와 (b)에 SN74151A의 논리도와 논리 기호를 나타내었다. SN74151A는 하나의 MUX만 제어하면 되므로 MUX를 4개 가진 SN74157과는 달리 논리 기호에 공통 제어 블록이 필요 없다.

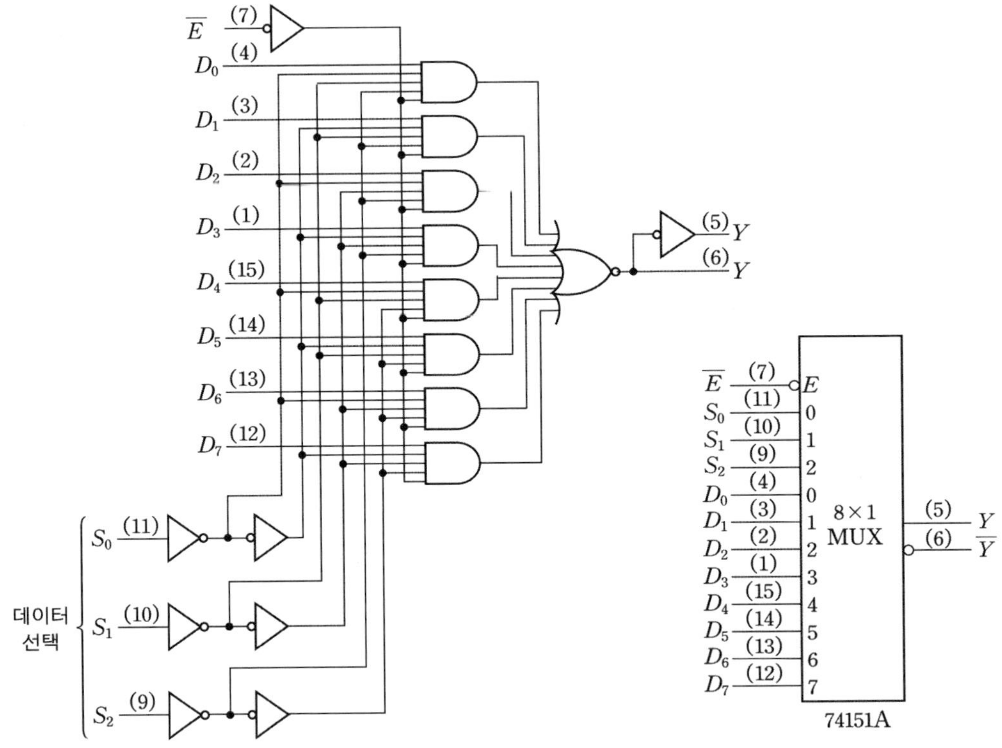

(a) 논리도 (b) 논리기호

그림 9-7 8×1 멀티플렉서(SN74151A)

예제 9-2

SN74151을 이용하여 표 9–2의 논리함수를 구현하라.

표 9–2

A_2	A_1	A_0	Y
0	0	0	0
0	0	1	1
0	1	0	1
0	1	1	0
1	0	0	1
1	0	1	0
1	1	0	0
1	1	1	1

✔ **풀이** 진리표를 보면 입력 변수 조합이 001, 010, 100, 111일 때 Y가 1이 되며, 다른 조합일 때 Y는 0이 된다. MUX로 이 함수를 구현하려면 그림 9–8과 같이 Y가 1이 되는 변수값들의 조합에 대응하는 데이터 입력값들을 pull–up 저항을 통하여 +5 V에 연결한다. Y가 0이 되는 데이터 입력들은 모두 접지에 연결한다.

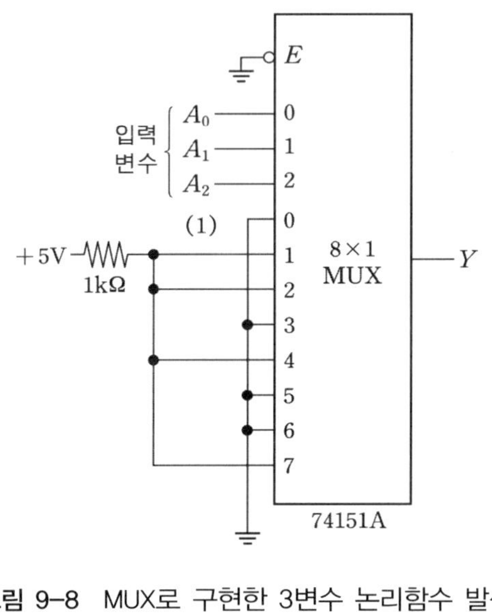

그림 9–8 MUX로 구현한 3변수 논리함수 발생기

3 16×1 멀티플렉서(SN74150)

SN74150은 16개의 데이터 입력과 4개의 데이터 선택선이 있다. 16×1 멀티플렉서는 16개의 데이터 입력 중 하나를 선택해야 하므로 4개의 데이터 선택선이 필요하다. $\overline{E}$ 입력은 active-low이고, 출력 데이터를 보수로 출력한다. 그림 9-9는 SN74150의 논리 기호를 나타낸 것이다.

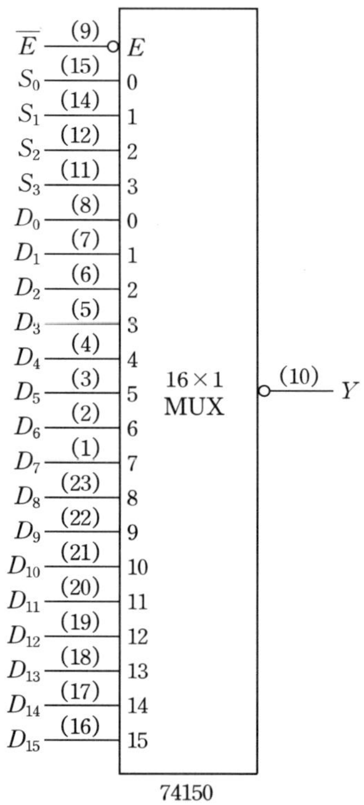

그림 9-9 16×1 멀티플렉서(SN74150)

예제 9-3

SN74150을 이용하여 32×1 멀티플렉서를 구현하라.

✔ **풀이** 그림 9-10은 32×1 멀티플렉서를 구현한 회로이다. 32개 데이터 입력 중 하나를 선택하려면 5비트의 데이터 선택 입력이 필요하다. 데이터 선택 입력의 MSB는 SN74150의 $\overline{E}$ 입력을 사용한다. S_4가 L이면 왼쪽의 SN74150이 enable되고, 나머지 4개의 데이터 선택 비트에 의하여 데이터 입력($D_0 \sim D_{15}$) 중 하나가 선택된다.

S_4가 H이면 오른쪽 SN74150이 enable되어 데이터 입력($D_{16} \sim D_{31}$) 중 하나가 선택된다. 각각의 MUX에 의해서 선택된 데이터는 invert-OR(NAND) 게이트를 통해서 단일 출력선으로 출력된다.

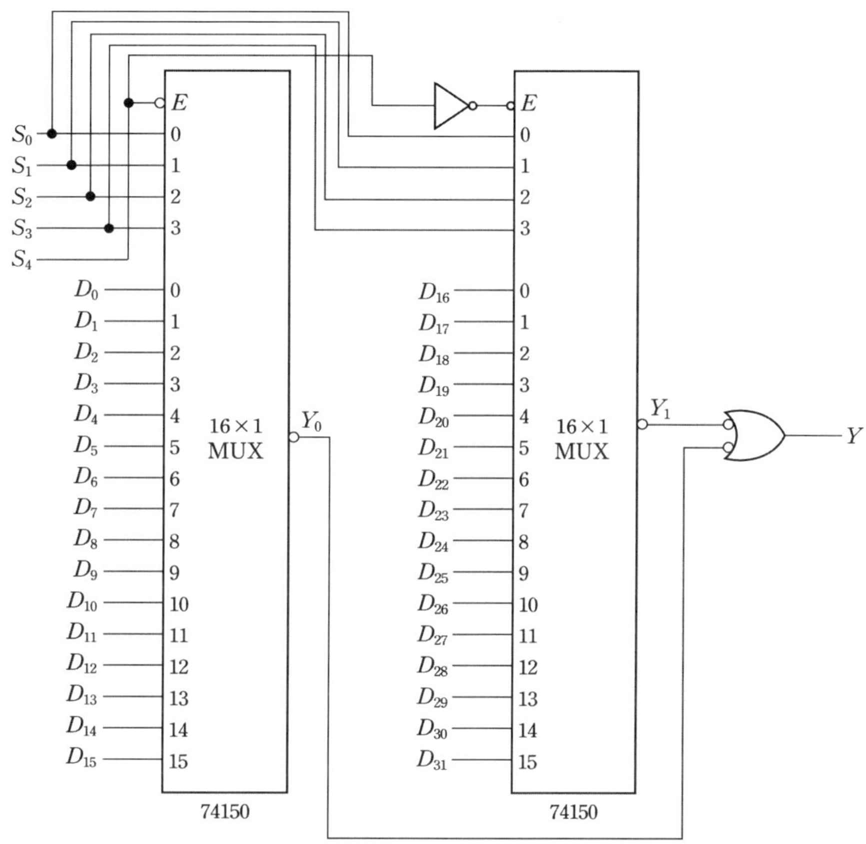

그림 9-10 32×1 멀티플렉서

9-2 디멀티플렉서

디멀티플렉서(Demultiplexer: 이하 DeMUX)는 멀티플렉서의 역동작을 하는 회로이다. DeMUX는 하나의 입력선으로 데이터를 받아 이것을 여러 개의 출력선들 중 하나에 출력하므로 DeMUX를 데이터 분배기라고도 한다.

그림 9-11에 1개의 입력 데이터 I를 선택 입력 S_1, S_0에 의하여 4개의 출력 단자 D_3, D_2, D_1, D_0로 분배하는 기본적인 디멀티플렉서 회로의 동작표, 논리도 그리고 논리기호를

나타내었다.

S_1	S_0	D_3	D_2	D_1	D_0
0	0	0	0	0	I
0	1	0	0	I	0
1	0	0	I	0	0
1	1	I	0	0	0

(a) 동작표

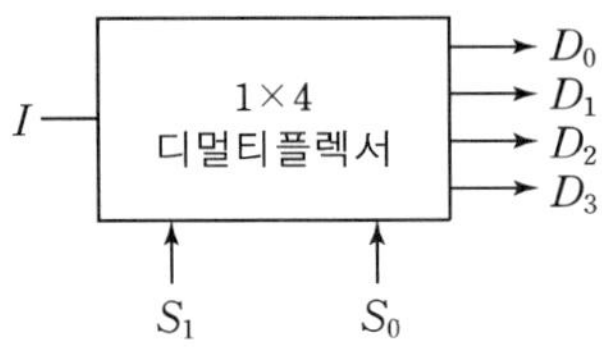

(c) 논리기호

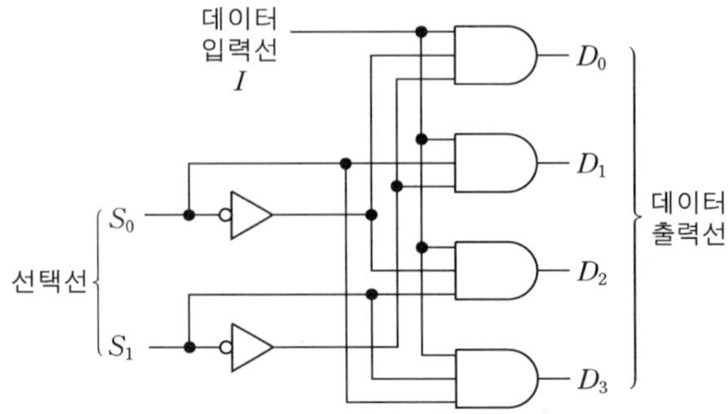

(b) 논리도

그림 9–11 1×4 디멀티플렉서

그림 9-11에 나타낸 것과 같이 DeMUX의 출력은 선택 입력 단자에 의한 입력 데이터 I의 출력 여부에 관한 논리식을 구성하면 되므로 각각의 출력 데이터는

$$D_0 = I\overline{S_1}\,\overline{S_0}$$

$$D_1 = I\overline{S_1}\,S_0$$

$$D_2 = IS_1\overline{S_0}$$

$$D_3 = IS_1S_0$$

가 된다. 이러한 논리식을 수행하기 위한 논리 회로를 그림 9-11(b)에, 논리 기호를 (c)에 나타내었다.

DeMUX는 enable 입력을 갖는 디코더로도 이용 가능하다. 디코더는 n개의 입력 단자와 2^n개의 출력 단자를 가지고 있으므로 DeMUX의 선택 입력 단자를 데이터 입력 단자로 사용하고, DeMUX의 출력 단자를 디코더의 출력 단자로 사용하고, 데이터 입력선을 enable 단자로 사용하면 그대로 디코더로서의 기능을 수행하는 것이다.

이와 같이 DeMUX와 디코더의 동작은 같은 회로로 구성되어지므로 enable 입력이 있는 디코더를 디코더/디멀티플렉서라고도 한다. 그림 9-12에 이에 대한 논리 기호를 나타내었다.

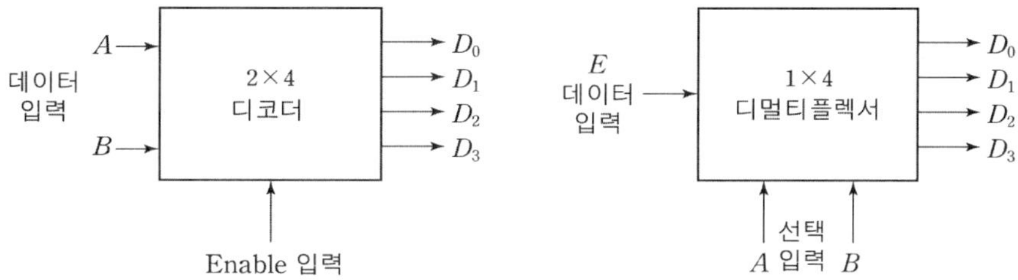

(a) enable 입력을 가진 디코더 (b) 디멀티플렉서

그림 9-12 enable 입력을 가진 디코더와 DeMUX의 논리기호

예제 9-4

그림 9-11의 DeMUX에 그림 9-13(a)와 같은 데이터 입력 파형과 데이터 선택 파형이 인가되었을 때 출력 파형($D_0 \sim D_3$)을 구하여 그림 9-13(b)에 나타내라.

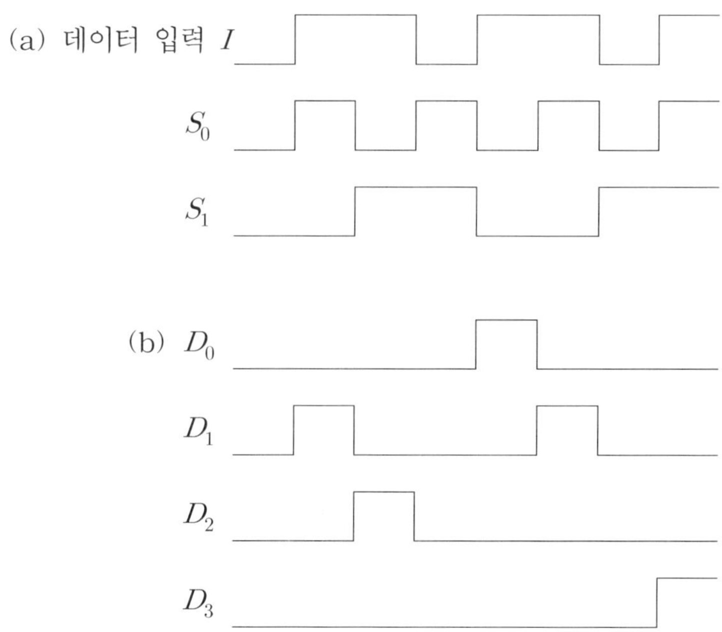

그림 9-13

✔ **풀이** 데이터 선택 입력이 00, 01, 10, 11의 순서로 반복되며, 데이터 출력은 그림 9-13(b)와 같이 출력된다.

9-3 멀티플렉서에 의한 부울 함수의 실현

디코더와 OR 게이트를 사용하여 임의의 부울 함수를 실현할 수 있다. MUX의 논리도를 살펴보면 블록 안에 OR 게이트를 가지고 있는 디코더가 필수적이다. 함수의 최소항은 MUX 안에서 선택 입력과 관련된 회로에 의하여 발생되며, 개별적인 최소항은 데이터 입력에 의하여 선택될 수 있다. 이것은 각 최소항마다 2^n개의 데이터 입력과 n개의 선택 입력을 가진 MUX로 n개의 변수를 가진 부울 함수를 구현하는 방법을 제공한다. 그리고 $(n-1)$개의 선택 입력을 가진 MUX로 n개의 변수를 가진 부울 함수를 구현하는 유용한 방법에 대하여 알아보자.

먼저 $(n-1)$개 변수는 MUX의 선택 입력으로 연결되고, 나머지 하나의 변수는 데이터 입력용으로 사용된다.

하나의 변수가 A로 표시되면 MUX의 각 데이터 입력은 A, $\overline{A}$, 0, 1 중에서 하나가 된다. 입력들에 대하여 이 4개의 변수들을 효과적으로 사용하고, 다른 변수들을 선택선들과 연결함으로써 임의의 부울 함수를 하나의 MUX를 사용하여 실현할 수 있다. 이 방법으로 $(n-1)$개의 변수를 가진 함수를 $2^n \times 1$ MUX로 실현하는 것이 가능하다. 이 과정을 3개의 변수를 가진 다음의 부울 함수를 사용하여 알아보자.

$$F(A, B, C) = \sum(1, 3, 5, 6)$$

이 함수는 그림 9-14에 있는 4×1 MUX로 실현할 수 있다.

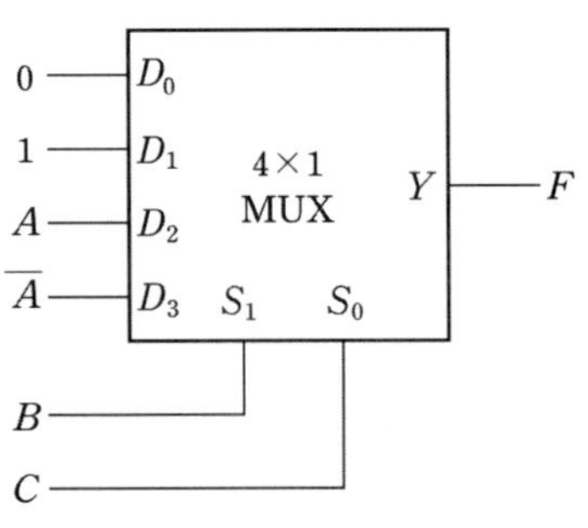

(a) 멀티플렉서

최소항	A	B	C	F
0	0	0	0	0
1	0	0	1	1
2	0	1	0	0
3	0	1	1	1
4	1	0	0	0
5	1	0	1	1
6	1	1	0	1
7	1	1	1	0

(b) 진리표

입력단 / 변수	D_0	D_1	D_2	D_3
$\overline{A}$	0	①	2	③
A	4	⑤	⑥	7
	0	1	A	$\overline{A}$

(c) 실현표

그림 9-14 MUX로 $F(A, B, C) = \sum(1, 3, 5, 6)$의 실현

입력 B와 C를 선택하여 각각 S_1과 S_0에 연결한다. MUX의 입력들은 0, 1, A, $\overline{A}$라고 하자. $BC=00$일 때 D_0가 선택되고, $D_0=0$이므로 출력 $F=0$이다. 그러므로 A 값과 무관하게 $BC=00$이면 출력이 0이 되기 때문에 $m_0=\overline{A}\,\overline{B}\,\overline{C}$ 와 $m_4=A\overline{B}\,\overline{C}$ 는 둘 다 0을 출력한다. $BC=01$일 때 $D_1=1$이므로 출력 $F=1$이다. 그러므로 A 값과 무관하게 $BC=01$이면 출력이 1이기 때문에 $m_1=\overline{A}\,\overline{B}C$ 와 $m_5=A\overline{B}C$ 는 둘 다 1을 출력한다.

$BC=10$일 때는 입력 D_2가 선택된다. 이 입력에는 A가 연결되어 있기 때문에 $m_6=AB\overline{C}$ 이면 $A=1$이므로 출력 $F=1$이다. 또 $m_2=\overline{A}B\overline{C}$ 이면 $A=0$이므로 출력 $F=0$이다. $BC=11$이면 입력 D_3가 선택된다. 이 입력에는 $\overline{A}$가 연결되어 있기 때문에 $m_3=\overline{A}BC$ 이면 $A=0$이므로 출력 $F=1$이 되고, $m_7=ABC$ 인 경우 $A=1$이므로 출력 $F=0$이 된다. 이것은 그림 9-14(b)에 요약되어 있으며, 수행하려고 하는 함수의 진리표가 된다. 위의 예를 통하여 MUX가 요구되는 함수를 실현하는 데 사용할 수 있다는 것을 나타내었다.

다음에 $(2^{n-1})\times 1$ MUX를 사용하여 n개의 변수를 가진 부울 함수를 실현하는 과정을 설명한다.

먼저 부울 함수들을 최소항의 합으로 표현하고, 최소항들에 대하여 선택된 변수들의 순서가 A, B, C, D, …라고 가정한다. 여기서 변수 A는 n 변수들의 순서에서 가장 왼쪽에 있는 변수이며, B, C, D, …는 남은 $(n-1)$개의 변수들이다. $(n-1)$개의 변수를 선택선에 연결된다. 이때 B 변수는 가장 순서가 높은 선택선에 연결되고, C 는 그다음의 선택선에 연결된다. 변수 D는 가장 순서가 낮은 선택선인 S_0에 연결한다. 그러면 변수 A를 생각해보자. 이 변수는 순서대로 정렬된 변수들 중에서 가장 순서가 높은 변수이므로 최소항들의 목록 중 처음 반은 $\overline{A}$를 가지며, 나머지 반은 A를 가진다. 예를 들어 3개의 변수들 A, B, C의 경우 8개의 최소항을 가지는데 변수 A는 최소항 0에서 3까지에서 보수로 표시되고, 4부터 7까지는 그 변수 그대로 표시된다.

MUX의 입력들을 목록으로 작성하고, 그 입력들 아래의 두 행에 모든 최소항들을 첫 행부터 써넣는다. 그림 9-14(c)에서처럼 첫 행에 있는 최소항들은 $\overline{A}$를 가지며, 두 번째 행에 있는 최소항들은 A를 가진다. 함수에 포함되어 있는 최소항들은 전부 원으로 둘러싼 뒤 각 열을 개별적으로 살펴본다.

- 만약 같은 열에 속하는 두 개의 최소항들이 모두 원으로 둘러싸여 있지 않다면 그 열에 대응되는 MUX 입력은 0이 된다.
- 만약 같은 열에 속하는 두 개의 최소항들이 모두 원으로 둘러싸여 있다면 그 열에 대응

되는 MUX 입력은 1이 된다.

- 만약 아래쪽 최소항만 원으로 둘러싸여 있다면 대응되는 MUX 입력은 A가 된다.
- 만약 위쪽 최소항만 원으로 둘러싸여 있다면 대응되는 MUX 입력은 $\overline{A}$가 된다.

그림 9-14(c)는 다음의 부울 함수에 대한 실현표이다.

$$F(A, B, C) = \sum(1, 3, 5, 6)$$

이 부울 함수로부터 그림 9-14(a)와 같은 MUX의 접속 관계를 얻을 수 있고, 이때 B와 C는 각각 S_1과 S_0에 연결되어야만 한다.

변수들을 순서대로 정리했을 때 MUX 입력들을 위하여 가장 왼쪽에 있는 변수를 선택할 필요는 없고, 실현표를 수정만 한다면 변수들 중에서 임의의 한 변수를 MUX 입력들을 위하여 사용할 수 있다. $F(A, B, C) = \sum(1, 3, 5, 6)$을 그림 9-15와 같이 실현하고 싶다. 이때 선택선 S_1과 S_0에 대해서는 변수 A와 B를 사용하고, MUX 입력들에 대해서는 변수 C를 사용한다. 변수 C는 짝수 최소항에서는 보수로 표현되고, 홀수 최소항에서는 그대로 표현된다. 이 경우 두 최소항 행의 배열은 그림 9-15(a)와 같이 된다. 함수를 구성하는 최소항들을 원으로 둘러싼 뒤 앞에서 설명한 법칙을 적용하면 실현표에 대한 MUX 연결을 그림 9-15와 같이 얻을 수 있다.

비슷한 방법으로 변수들 중 임의의 다른 변수를 MUX 입력을 위하여 사용할 수 있다. 그러나 어떠한 경우에도 하나를 제외한 모든 입력 변수들은 선택선들에 적용되고, 나머지 하나의 변수, 그 변수의 보수, 1 그리고 0은 MUX 입력들에 적용된다.

입력단 / 변수	D_0	D_1	D_2	D_3
$\overline{C}$	0	2	4	⑥
C	①	③	⑤	7
	C	C	C	$\overline{C}$

(a) 실현표

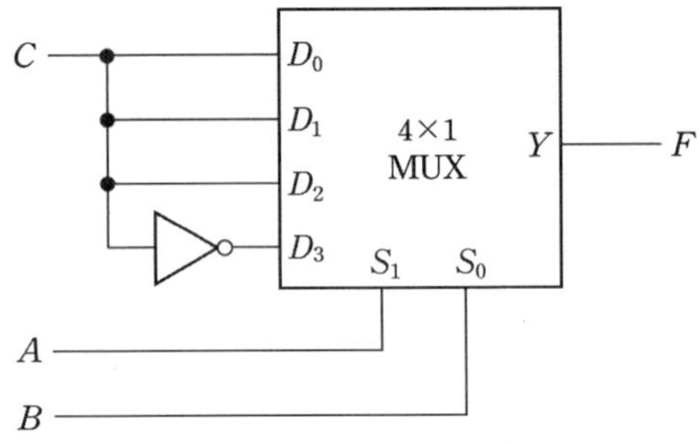

(b) 멀티플렉서 연결

그림 9-15 $F(A, B, C) = \sum(1, 3, 5, 6)$에 대한 또 다른 실현

예제 9-5

MUX를 사용하여 3개의 변수를 가진 부울 함수를 실현하라. 여기서 변수 B를 입력 변수로 하고, A와 C 를 선택선으로 사용한다.

$$F(A, B, C) = \sum(1, 3, 5, 6)$$

✔ **풀이** 그림 9-16에 실현표와 멀티플렉서 연결을 나타내었다.

입력단 \ 변수	D_0	D_1	D_2	D_3
$\overline{B}$	0	①	4	⑤
B	2	③	⑥	7
	0	1	B	$\overline{B}$

(a) 실현표

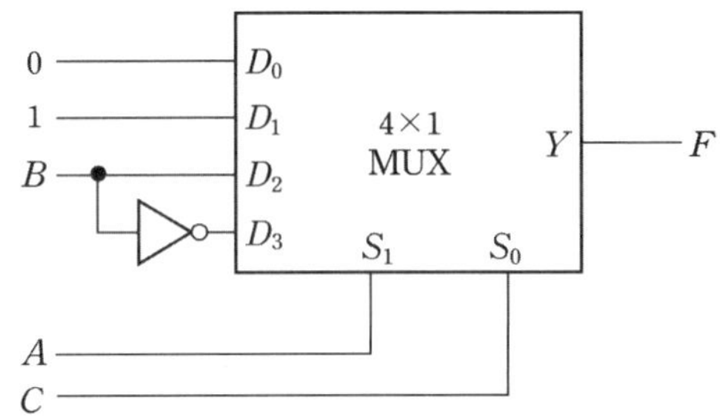

(b) 멀티플렉서 연결

그림 9-16 $F(A, B, C) = \sum(1, 3, 5, 6)$에 대한 또 다른 실현

예제 9-6

MUX를 사용하여 다음의 부울 함수를 실현하라.

$$F(A, B, C, D) = \sum(0, 1, 3, 4, 8, 9, 15)$$

✔ **풀이** 4개의 변수로 구성된 함수이므로 3개의 선택선과 8개의 입력을 가진 MUX가 필요하다. MUX 입력으로 변수 A를 사용하고, 변수 B, C, D를 선택선으로 사용한다. 최소항들의 처음 반은 $\overline{A}$와 관련되고, 나머지 반은 A와 관련된다. 함수에 포함되는 최소항들을 원으로 둘러싼 뒤 앞에서 설명한 법칙을 적용하여 MUX 입력들에 대한 값을 선택하면 그림 9-17에 있는 실현표가 얻어진다.

입력단 \ 변수	D_0	D_1	D_2	D_3	D_4	D_5	D_6	D_7
$\overline{A}$	⓪	①	2	③	④	5	6	7
A	⑧	⑨	10	11	12	13	14	⑮
	1	1	0	$\overline{A}$	$\overline{A}$	0	0	A

(a) 실현표

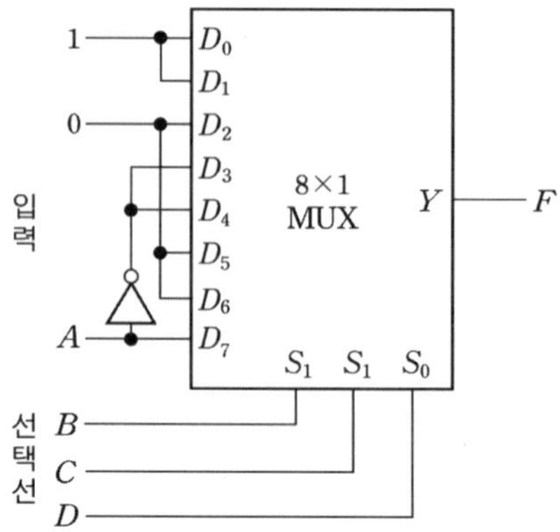

(b) 멀티플렉서 연결

그림 9-17 $F(A,B,C,D)=\Sigma(0,1,3,4,8,9,15)$의 실현

예제 9-7

예제 9-6과 동일한 진리표를 사용하며, B를 입력선, A, C, D를 선택선으로 사용하는 MUX 회로를 설계하라.

✔ **풀이** 예제 9-6에서 사용된 같은 방법을 사용하여 B를 입력선, A, C, D를 S_2, S_1, S_0에 연결하는 선택선이 된다. 함수에 포함되는 최소항들을 원으로 둘러싼 뒤 앞에서 설명한 법칙을 적용하여 MUX 입력들에 대한 값을 선택하면 그림 9-18에 있는 실현표가 얻어진다.

변수 \ 입력단	D_0	D_1	D_2	D_3	D_4	D_5	D_6	D_7
$\overline{B}$	⓪	①	2	③	⑧	⑨	10	11
B	④	5	6	7	12	13	14	⑮
	1	$\overline{B}$	0	$\overline{B}$	$\overline{B}$	$\overline{B}$	0	B

(a) 실현표

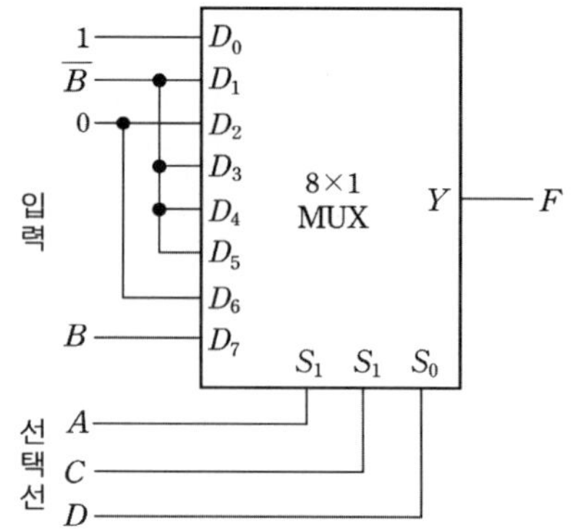

(b) 멀티플렉서 연결

그림 9-18 $F(A,B,C,D)=\Sigma(0,1,3,4,8,9,15)$의 또 다른 실현

조합회로를 실현하는 데 있어서 디코더 방법과 MUX 방법을 비교해보자. 디코더 방법은 각 출력함수에 대하여 하나의 OR 게이트가 필요하지만 하나의 디코더만을 사용하여 모든 최소항들을 발생시킬 수 있다. MUX 방법은 각 출력마다 하나의 MUX가 필요하다. 출력 함수들의 수가 적은 조합회로는 MUX를 사용하여 실현하는 것이 좋고, 많은 출력 함수를 가지는 조합회로는 디코더 방법을 사용하여 적은 수의 IC를 사용하는 것이 좋다.

MUX와 디코더가 조합회로를 실현할 수 있다고 하지만 디코더는 대부분 2진 정보를 해독하는 데 사용되고, MUX는 많은 출발원과 1개의 행선점 사이의 통로를 선택하는 데 주로 사용된다.

9-4 아날로그 멀티플렉서

CMOS IC 중에는 아날로그 멀티플렉서라는 것이 있으며, 아날로그 신호를 디지털적으로 멀티플렉스할 수 있는 특징이 있는데, 이것은 CMOS 아날로그 스위치로서의 특성을 응용한 것이다. 그러면 먼저 CMOS로 구성된 아날로그 스위치의 원리에 대하여 알아보자.

1 아날로그 스위치

기계적인 접점을 가진 일반적인 스위치에 반하여 다이오드나 트랜지스터를 이용하여 구성한 스위치를 전자 스위치라 한다. 전자 스위치는 기계 스위치와 같은 bounce도 없고 동작속도가 빠른 장점이 있는 반면, 스위치 ON 시 저항이 큰 것, OFF 시 절연성이 나쁘다는 것, 그리고 스위치의 구동회로와 전자 접점을 분리하는 것 등의 어려운 결점이 있으나 CMOS FET가 출현하고 나서 성능이 뛰어난 아날로그 스위치가 가능하게 되었다. 그림 9-19는 FET를 이용한 아날로그 스위치의 기본 회로이다.

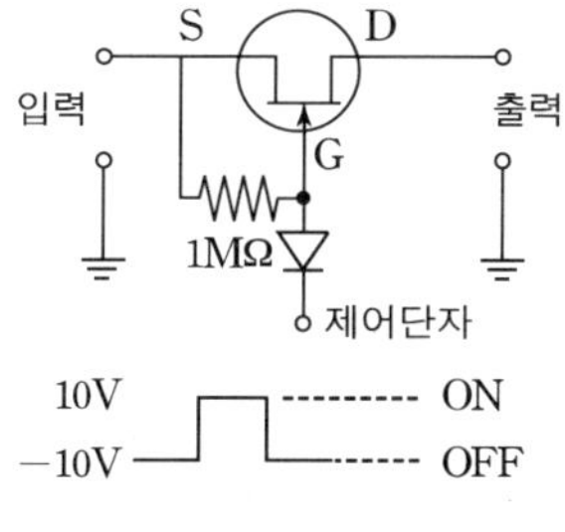

그림 9-19 N-channel FET를 이용한 아날로그 스위치

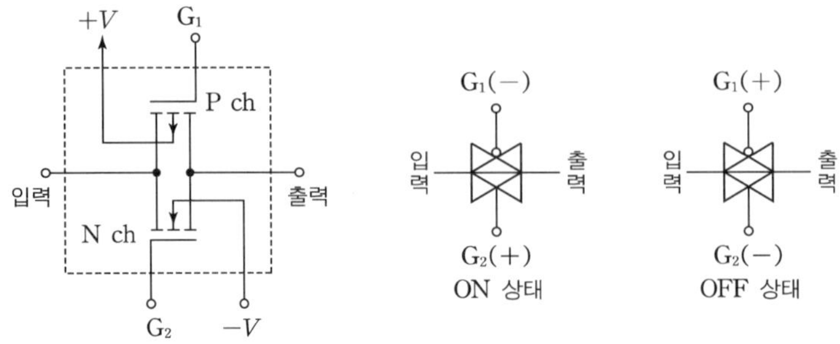

(a) CMOS 게이트의 구조 (b) transmission 게이트의 구조

그림 9-20 CMOS transmission 게이트의 구조

이 FET 스위치를 CMOS로 만든 것이 그림 9-20에 나타낸 transmission gate라고 하는 스위치이며, 그림 9-20(a)는 그 구조이다. P-channel FET는 게이트 G_1에 부, N-channel FET의 게이트 G_2에 정의 전압을 인가하면 각 FET는 도통 상태로 되어 스위치가 ON으로 된다. 이와는 반대로 G_1에 정전압, G_2에 부전압을 인가하면 두 FET는 차단 상태로 되어 스위치는 OFF로 된다. 이 동작을 나타낸 기호가 그림 9-20(b)이다. 실제 transmission gate는 인버터를 삽입하여 단일 게이드 진입만으로 스위치를 ON, OFF할 수 있도록 되어 있다.

시판하고 있는 아날로그 스위치로는 MC14016B가 있는데, 이것은 그림 9-21과 같이 4회로의 쌍방향 아날로그 스위치가 들어 있다. 이 IC는 초퍼(chopper), 변조기, 복조기, 디지털 논리회로에 사용할 수 있으며, 제어 단자 C가 H일 때 스위치가 ON, C가 L일 때 스위치가 OFF로 된다. 통상 V_{SS}는 접지하고, V_{DD}에 3～18 V의 전압을 인가하여 사용한다. 입력 전압 V_{in}과 출력 전압 V_{out}은 V_{DD}의 전압 내에서 사용해야 한다.

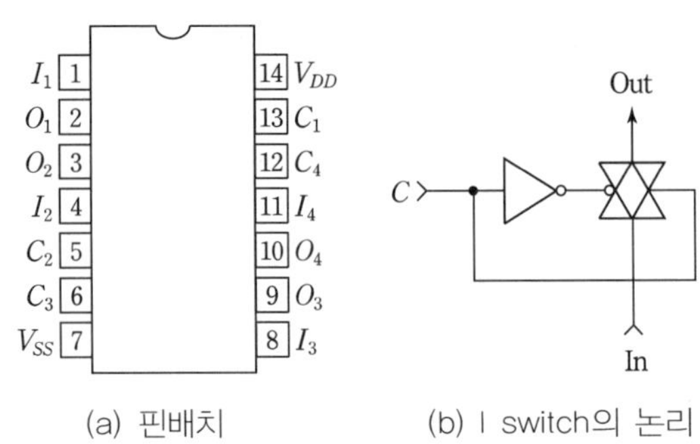

(a) 핀배치 (b) I switch의 논리 구성

그림 9-21 MC14016B의 핀 배치와 구성

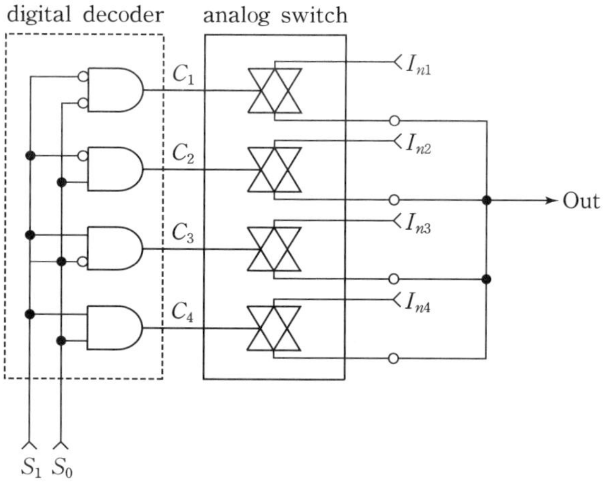

그림 9-22 아날로그 멀티플렉서의 원리

또 스위치 ON 시의 저항이 약 300 Ω 정도이므로 부하 저항이 작을 때에는 삽입 손실이 조금 생긴다.

2 아날로그 멀티플렉서용 IC

쌍방향성 아날로그 스위치를 디지털 디코더와 조합시킨 것이 아날로그 멀티플렉서이며, 그림 9-22에 나타낸 회로가 아날로그 멀티플렉서의 원리이다.

디지털 디코더의 선택 입력 S_0, S_1에 의해 제어 전압 C_1, C_2, C_3, C_4로 절환하여 4개의 입력 신호(I_{n1}, I_{n2}, I_{n3}, I_{n4}) 중 하나를 출력할 수 있다. 그러나 아날로그 스위치는 쌍방향성이기 때문에 그림 9-22에서 출력 단자를 입력 단자로 변경하여 4개의 입력 단자를 출력 단자로 이용하면 그대로 디멀티플렉서로 된다.

이러한 디코더를 포함한 아날로그 멀티플렉서로 MC14051B가 있다. 이것은 8채널 아날로그 멀티플렉서/디멀티플렉서로도 사용할 수 있고, 1×8 디멀티플렉서로도 사용할 수 있다.

그림 9-23은 MC14051B의 기능도이며, inhibit 입력을 H로 하면 모든 스위치가 OFF된다. select 입력 C, B, A에 의하여 스위치가 선택되며, 예를 들어 $CBA=101$에서는 X_5와 X가 접속된다.

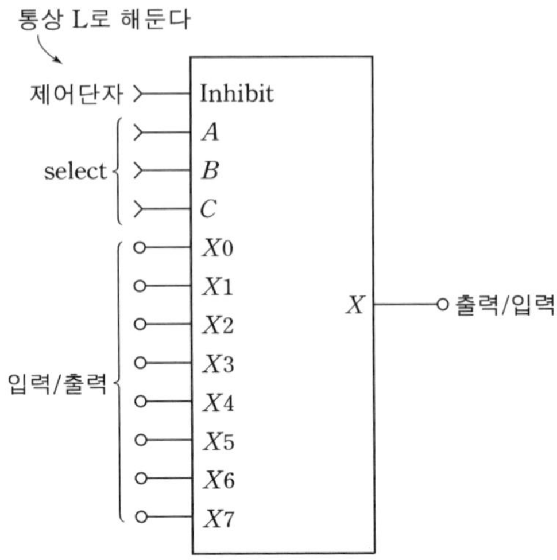

그림 9-23 MC14051B의 기능도

● 예제 9-8

아날로그 스위치를 이용하여 3-state CMOS 인버터를 만들라.

✔ **풀이** 그림 9-24와 같이 출력 회로에 직렬로 아날로그 스위치를 삽입하면 된다. enable 입력을 L로 하면 출력은 high impedance로 되고, enable 입력을 H로 하면 인버터의 동작이 가능하다.

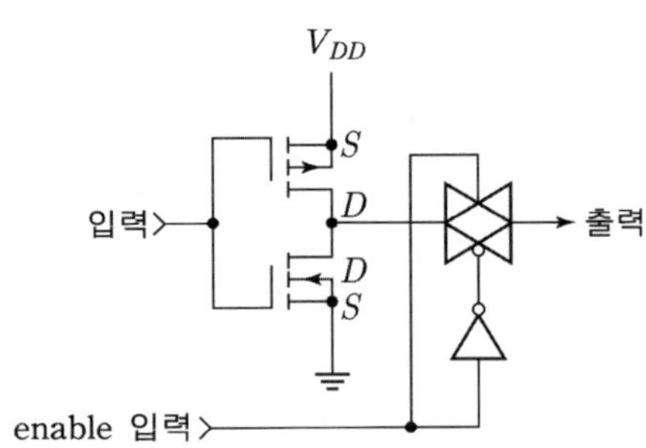

그림 9-24 3-state CMOS 인버터

9-5 MUX와 DeMUX의 응용회로

1 7-segment 디스플레이 멀티플렉서

그림 9-25는 BCD 수를 7-segment 디스플레이로 멀티플렉스 하는 방법을 간략하게 보여 준다. 이 예에서 두 자리 수는 하나의 BCD/7-segment 디코더를 사용하여 7-segment에 나타내어진다. 이 디스플레이 멀티플렉싱의 기본적인 방법은 몇 자리 수도 나타낼 수 있는데 기본 동작은 다음과 같다.

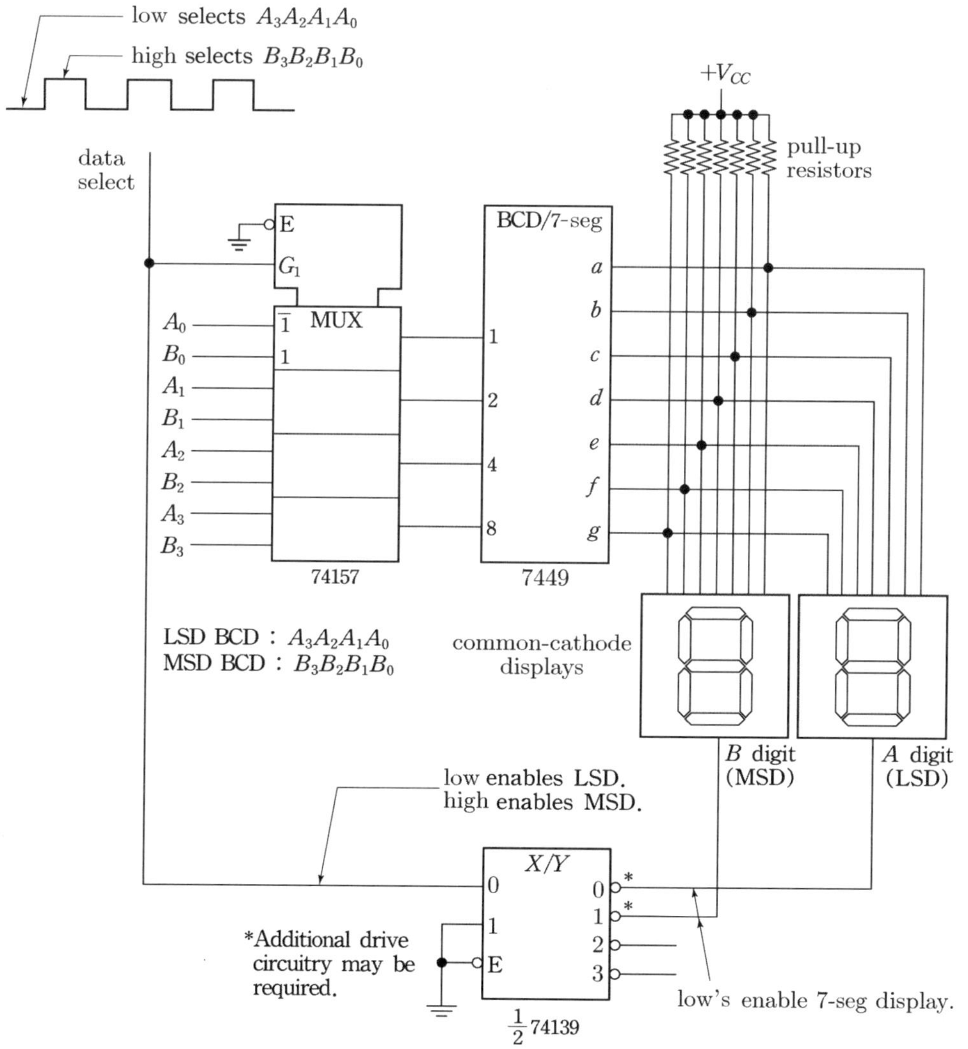

그림 9-25 7-segment 디스플레이 멀티플렉싱 논리

BCD 수 A와 B가 멀티플렉서 입력에 인가된다. 구형파가 데이터 선택선에 인가되고, 데이터 선택선이 L이면 A 비트($A_3A_2A_1A_0$)가 BCD/7-segment 디코더인 SN7449의 입력에 연결된다.

선택선이 L이면 2×4 디코더인 SN74139의 입력 0이 L이 되어 0 출력이 활성화되고, 공통 단자를 접지에 효과적으로 연결시킴으로써 A 자리 디스플레이가 enable된다. 따라서 A 자리는 ON되고, B 자리는 OFF된다.

데이터 선택선이 H이면 B 비트($B_3B_2B_1B_0$)가 BCD/7-segment 디코더의 입력에 연결되고, 또한 SN74139의 1출력이 활성화되어 B 자리 디스플레이를 enable한다. A 자리는 OFF되고, B 자리는 ON된다. 이러한 사이클은 데이터 선택 구형파의 주파수로 반복되며, 이 주파수는 자리 표시가 멀티플렉스 됨으로써 깜빡거리는 것을 방지하기 위하여 주파수가 충분히 높아야 한다(약 30 Hz).

2 데이터 전송 시스템

다중화(multiplexing)란 많은 신호원으로부터의 정보를 하나의 신호선을 이용하여 다중 전송하는 방법을 말한다. 이것은 전송 선로의 사용 효율을 높임으로써 경제적인 정보 전송이 가능하여 원거리 정보 전송에 주로 이용된다.

다중화 방법으로는 주파수 분할 다중화(FDM: Frequency Division Multiplexing)와 시 분할 다중화(TDM: Time Division Multiplexing) 방법이 있으며, 이들 모두 전송 선로의 주파수 점유 대역폭은 원래 전송되어질 정보의 대역폭보다 넓은 주파수 대역이 필요하다. 예를 들어 입력 신호가 8개이고, 각 신호당 3 kHz의 주파수 대역이 필요한 경우 FDM 방식에서는 전송 선로 특성에 의해서 정해진 주파수 대역폭(예: 3~30 kHz)에 따라 첫 번째 신호는 3~6 kHz, 두 번째 신호는 6~9 kHz, 세 번째 신호는 9~12 kHz 등과 같이 각 신호에 대한 주파수 대역을 할당하여 배열하게 되므로 8개의 신호를 다중 전송하는 데 최저 24 kHz의 주파수 대역이 요구된다. 또한 TDM 방식은 디지털 신호에 대한 다중 전송 방식으로서 각 디지털 신호를 정해진 시간 간격으로 배열하여 전송하는 방식이다. 다시 말해서 8개의 입력 신호를 정해진 시간(8 μs) 내에 전송하도록 해두고, 각 신호를 시간적으로 할당(1 μs)하여 순서적으로 전송해가는 방식이다. 이러한 TDM 방식을 이용한 기본적인 MUX-DeMUX 시스템의 응용 예를 다음에 설명한다.

멀티플렉서와 디멀티플렉서를 조합하면 몇 개의 정보를 공통 전송로를 통해서 각각의 목

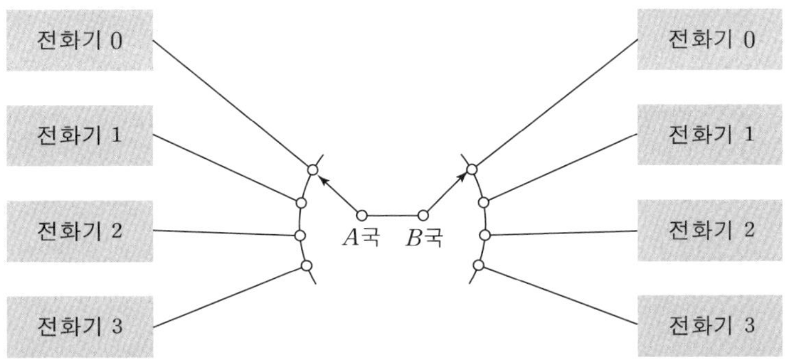

그림 9-26 전화기의 A국에서 B국 호출을 위한 MUX와 DeMUX의 사용 예

적지로 전송할 수 있다. 예를 들면 그림 9-26에 나타낸 것과 같이 한 개의 전화선이 있고, A국과 B국에는 각각 4대의 전화기가 접속되어 있다. 여기서 전화기로 대화하기 위해서는 멀티플렉서와 디멀티플렉서가 필요한 단자로 이동해서 두 개의 전화기를 접속해야 하는 것이다. 이 경우 그림 9-26과 같이 화살표가 회전하고 있기 때문에 전화선은 시분할되면서 접속된다. 이 경우 전화를 사용하는 두 사람은 회선이 접속될 때까지 기다려야만 한다.

컴퓨터의 MUX와 DeMUX는 대부분 같은 간격의 시간이 취해져 있기 때문에 한 채널에서 다른 채널로 동시에 변화시킬 수 있다. 어떤 채널을 선택하는가는 어드레스에 의해 행해지며, 그 어드레스는 그림 9-27에 나타낸 것과 같은 형태로 멀티플렉서에 공급된다.

어드레스를 나타낼 때에는 2진수를 사용하며, 그 2진수는 한 개의 enable 신호를 발생하게 된다. 이 디코더 회로는 2진 디코더와 동일하며, 디코더에서 enable 신호는 AND 게이트의 enable 회로에 인가되어져 데이터 선 하나를 선택하도록 하고 있다. 따라서 모든 enable 회로에서 출력(OR 게이트의 출력) 신호는 시 분할 전송로로 공급되어 나타난다.

멀티플렉서 회로도는 그림 9-28에 나타낸 것과 같이 디코더 회로를 가진 enable AND 게이트로 결합되어 간단한 회로로 된다.

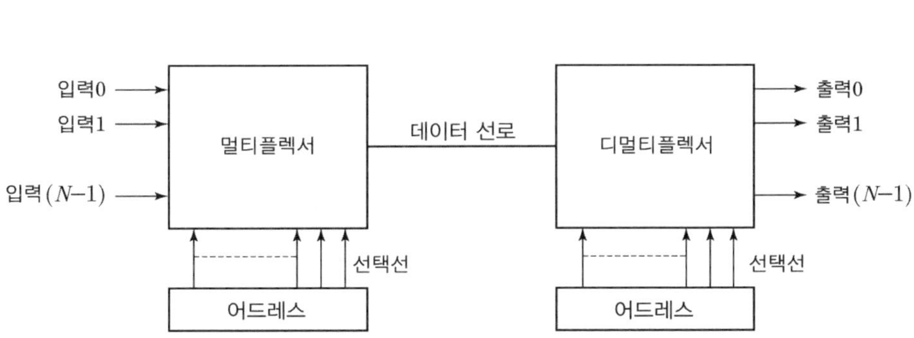

그림 9-27 멀티플렉서/디멀티플렉서의 개략도

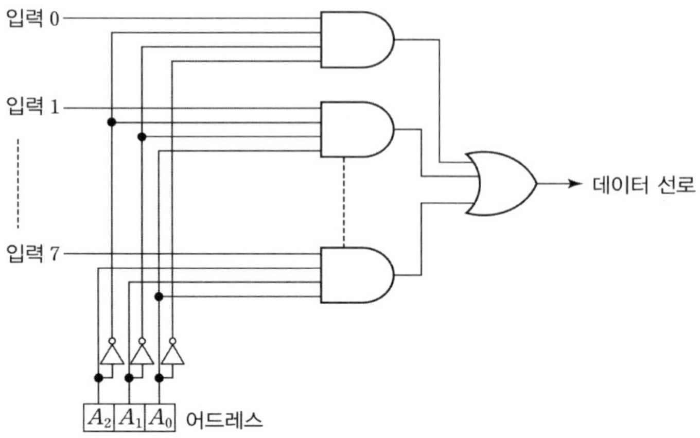

그림 9-28 멀티플렉서 회로도

3 디멀티플렉서 회로

그림 9-29는 대표적인 디멀티플렉서의 개략도이며, 어드레스 디코더 회로는 멀티플렉서에서 사용한 것과 같고, 2진 디코더에서 설명한 대로이다. 이 경우 모든 enable 게이트의 입력은 분할 전송로에 인가된다. 이 전송로를 통해서 온 데이터는 선택된 enable 게이트를 통해서 데이터 출력선으로 흐른다.

그림 9-30은 데이터 전송 시스템의 일례이다. 입력 데이터 선과 출력 데이터 선에는 같은 주소가 어드레스 선을 통하여 멀티플렉서와 디멀티플렉서로 인가되며, 또 멀티플렉서와 디멀티플렉서는 데이터 선로로 연결된다. 그림 9-30은 실제로 사용되는 개략도이다. 어드레스가 변화해가고 있는 시간에 불필요한 데이터가 전송되지 않게 하는 것도 중요하다. 그 때문에 디코더 회로에 접속된 enable 선을 정지선으로 사용하는 것이 필요하게 된다.

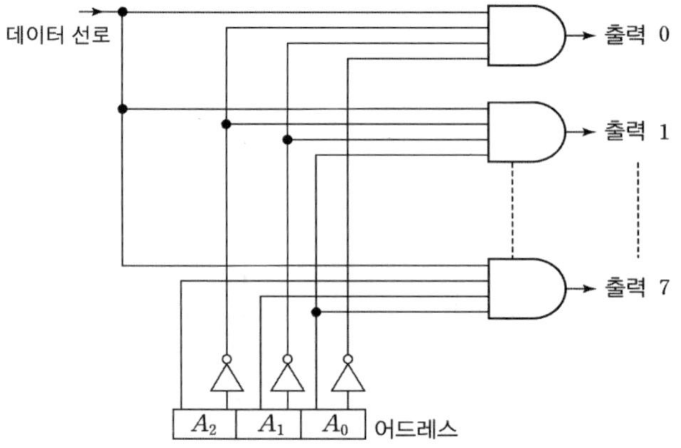

그림 9-29 디멀티플렉서의 회로도

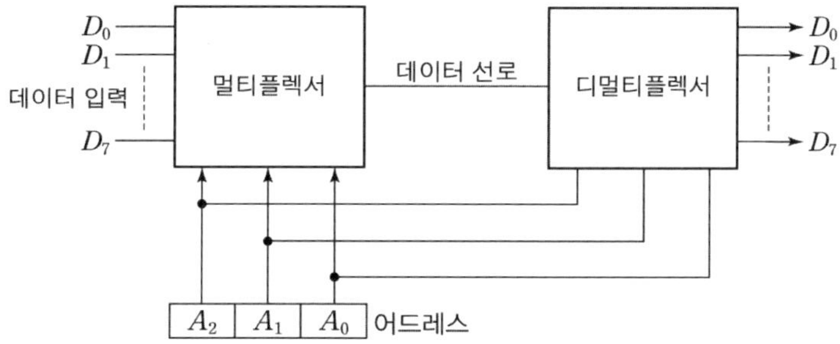

그림 9-30 완전한 전송 시스템

이 정지 신호는 디코더가 정상으로 동작하고, enable 상태로 새로운 어드레스가 인가될 때까지 디코더의 모든 출력을 끼어들기 금지를 하기 위하여 사용된다. 그림 9-31은 정지선을 가진 회로를 나타내고 있다. 그 정지 신호의 타이밍이 더 없이 중요하고, 디지털 시스템 사이에 쓰인 제어 신호와 같은 형태로서 중요하다는 것을 강조해둔다.

디지털 컴퓨터에서는 몇 개의 게이트를 하나의 공통선으로 접속하여 사용하는데, 이 공통선을 버스라 하며 이 버스는 멀티플렉서 회로에서 쓴 것과 같은 것으로 사용되어진다. 예를 들면 간단한 마이크로컴퓨터의 경우, 데이터가 여러 가지 장치 사이를 8개의 데이터 버스를 통해서 흐른다. 이것은 8개의 멀티플렉서가 각각의 버스를 갖고 있는 것과 같은 예에 상당한다. 그림 9-32는 대표적인 멀티플렉서에 대한 데이터 버스의 구성을 나타내었다.

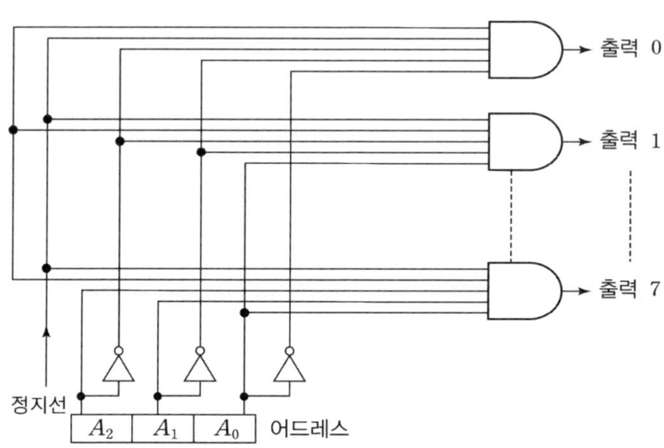

그림 9-31 정지 신호를 이용한 타이밍 제어

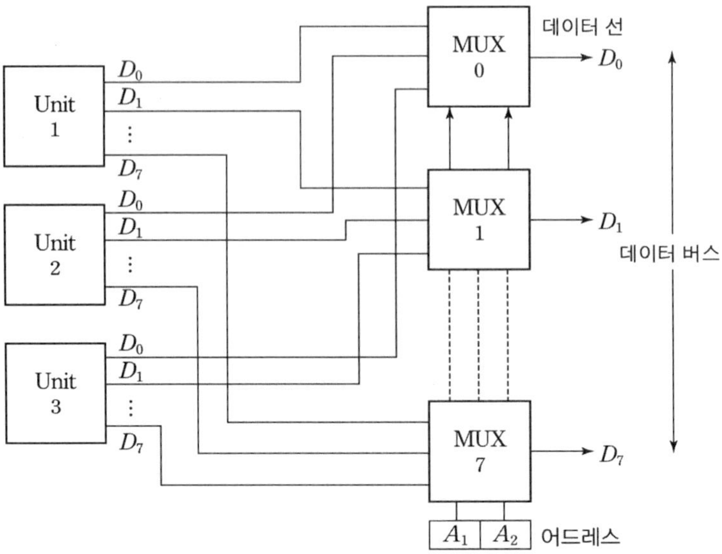

그림 9-32 컴퓨터-멀티플렉서 데이터 버스

4 논리함수 발생기

멀티플렉서의 유용한 응용 부분은 곱의 합 형태의 조합논리함수를 발생시키는 것이다. 이러한 방법을 사용하면 여러 개의 게이트를 MUX 하나로 대치할 수 있으며, IC의 수를 줄일 수 있을 뿐만 아니라 설계 변경이 쉬운 장점이 있다. 한 예로 8×1 멀티플렉서인 SN74151A를 사용하면 3개의 변수를 갖는 임의의 논리함수를 구현할 수 있다. 각 변수들은 데이터 선택 입력에 연결하고, 함수에 대한 진리표에 나타난 값들을 데이터 입력값으로 설정한다. 예를 들어 변수 조합이 $A_2\overline{A_1}\,\overline{A_0}$일 때 출력이 1이라면 입력선 4(100에 의해 선택됨)를 H에 연결한다. 데이터 선택선에 변수 조합 100이 입력되면 입력선 4에 연결된 H가 출력된다.

예제 9-9

SN74151(8×1 멀티플렉서)을 이용하여 표 9-3의 논리함수를 구현하라.

표 9-3

A_2	A_1	A_0	Y
0	0	0	0
0	0	1	1
0	1	0	1
0	1	1	0
1	0	0	0
1	0	1	1
1	1	0	1
1	1	1	1

✔ **풀이** 진리표를 보면 입력 변수 조합이 001, 010, 101, 110, 111일 때 Y가 1이 되며, 다른 조합일 때 Y는 0이 된다. MUX로 이 함수를 구현하려면 그림 9-33과 같이 Y가 1이 되는 변수값들의 조합에 대응되는 데이터 입력값들을 pull-up 저항을 통하여 +5 V에 연결한다. 이외의 다른 데이터 입력들은 모두 접지에 연결한다.

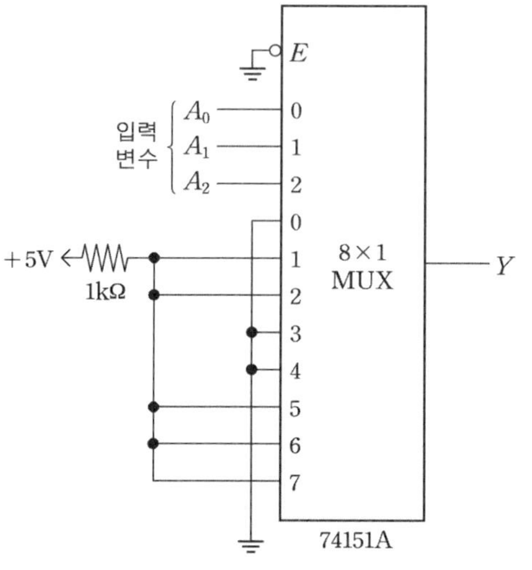

그림 9-33 MUX로 구현한 3변수 논리함수 발생기

Chapter 09 연습문제

1. 그림 9-4의 4×1 MUX에 그림 9-34(a)에 있는 데이터 입력과 선택 파형을 입력했을 때 출력 파형을 구하여 그림 9-34(b)에 나타내라.

그림 9-34

2. 그림 9-7의 8×1 MUX를 이용하여 표 9-4의 논리함수를 구현하라.

표 9-4

A_2 A_1 A_0	Y
0 0 0	0
0 0 1	0
0 1 0	1
0 1 1	1
1 0 0	0
1 0 1	1
1 1 0	1
1 1 1	0

3. 그림 9-11의 DeMUX에 그림 9-35(a)와 같은 데이터 입력 파형과 선택 파형이 인가되었을 때 출력 파형을 구하여 그림 9-35(b)에 나타내라.

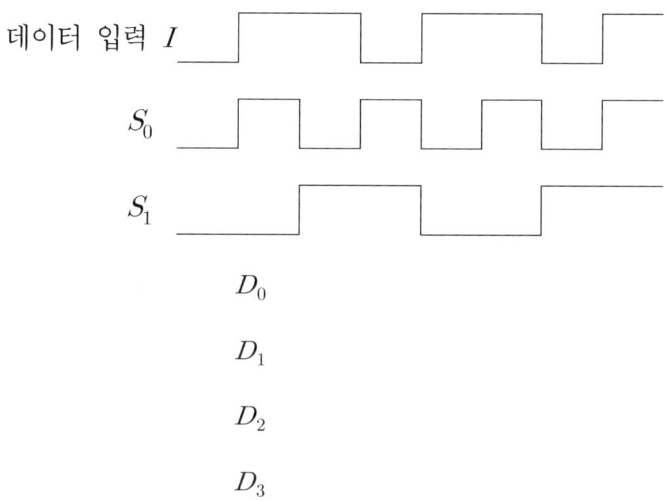

그림 9-35

4. MUX를 사용하여 3개의 변수를 가진 부울 함수를 실현하라. 여기서 변수 A 를 입력 변수로 하고, B와 C를 선택선으로 사용한다.

$$F(A, B, C) = \sum(0, 3, 4, 6)$$

5. MUX를 사용하여 3개의 변수를 가진 부울 함수를 실현하라. 여기서 변수 B를 입력 변수로 하고, A 와 C를 선택선으로 사용한다.

$$F(A, B, C) = \sum(0, 3, 4, 6)$$

6. MUX를 사용하여 3개의 변수를 가진 부울 함수를 실현하라. 여기서 변수 C를 입력 변수로 하고, A와 B를 선택선으로 사용한다.

$$F(A, B, C) = \sum(0,3, 4, 6)$$

7. MUX를 사용하여 4개의 변수를 가진 부울 함수를 실현하라. 여기서 변수 A를 입력 변수로 하

고, B, C, D를 선택선으로 사용한다.

$$F(A, B, C, D) = \sum(2, 3, 4, 8, 10, 11, 15)$$

8. MUX를 사용하여 4개의 변수를 가진 부울 함수를 실현하라. 여기서 변수 D를 입력 변수로 하고, A, B, C를 선택선으로 사용한다.

$$F(A, B, C, D) = \sum(2, 3, 4, 8, 10, 11, 15)$$

9. 8×1 MUX를 사용하여 다음의 논리함수를 논리회로로 구성하라.

$$F(A, B, C) = \overline{A}\,\overline{B}\,\overline{C} + \overline{A}\,B\,\overline{C} + A\overline{B}\,\overline{C} + AB\overline{C}$$

10. 그림 9-36은 MUX를 이용하여 부울 함수를 실현한 것이다. 출력함수 F를 구하라.

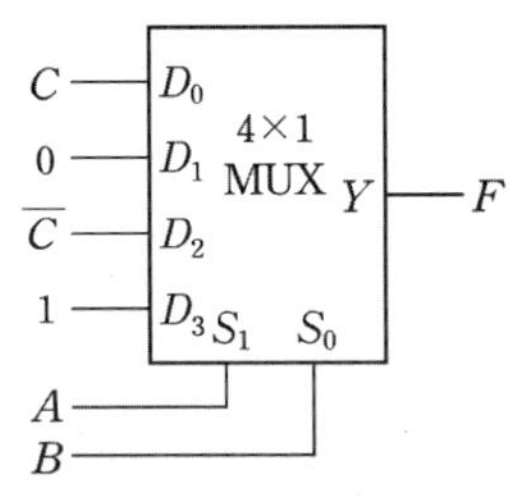

그림 9-36

11. 그림 9-37은 MUX를 이용하여 부울 함수를 실현한 것이다. 출력함수 F를 구하라.

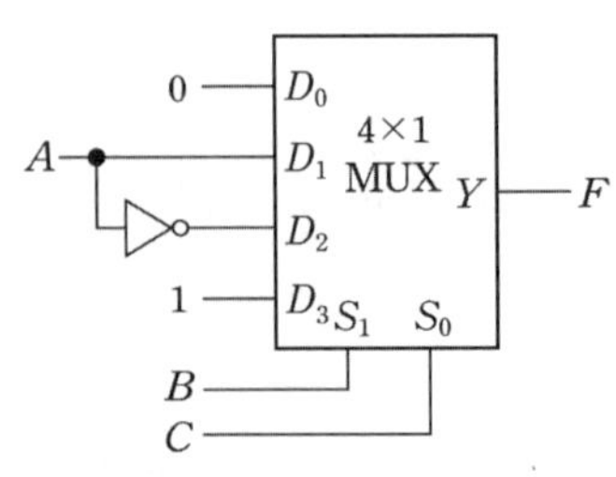

그림 9-37

12. 논리함수 $F(A, B, C) = AB + \overline{A}\,\overline{B}\,\overline{C} + \overline{A}BC$를 그림 9-38과 같이 4×1 MUX로 실현하고자 한다. 데이터 입력 단자 $D_0 \sim D_3$에 각각 인가할 입력을 구하라. 여기서 변수 A를 입력변수로 하고, B, C를 선택선으로 사용한다.

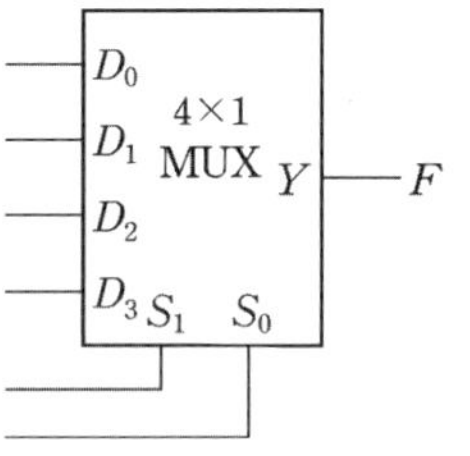

그림 9-38

13. 4×1 MUX의 진리표가 그림 9-39(a)와 같을 때 그림 9-39(b)의 회로를 구성하라. 여기서 변수 C를 입력 변수로 하고, A, B를 선택선으로 사용한다.

A	B	C	Y
0	0	0	0
0	0	1	1
0	1	0	0
0	1	1	1
1	0	0	0
1	0	1	1
1	1	0	0
1	1	1	1

(a) 진리표

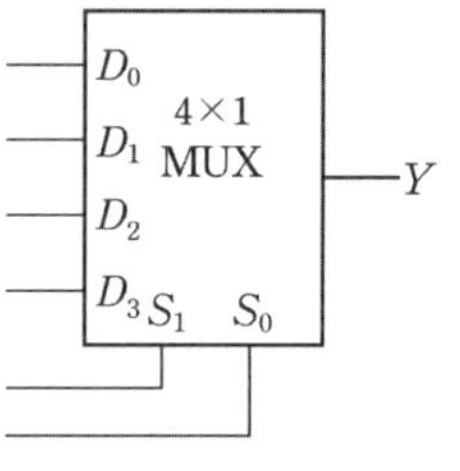

(b) 논리회로

그림 9-39

14. 전감산기의 자리 내림(borrow)을 MUX로 구성하라.
여기서 변수 b_i를 입력변수로 하고, A, B를 선택선으로 사용한다.

15. 전가산기의 합(sum)을 MUX로 구성하라.
여기서 변수 B를 입력변수로 하고, A, C_i를 선택선으로 사용한다.

Chapter 10 디코더와 인코더

디지털 시스템은 입·출력 데이터로 2진수를 사용하고 있지만 우리들은 10진수를 사용하고 있으므로 10진수가 이해하기 쉽다. 그래서 2진수 4비트를 하나의 그룹으로 하여 취급이 용이하게 10진수의 형태로 코드화한 것이 BCD 코드이나 2진 코드에 가깝다. 이처럼 우리가 사용하는 10진수와 디지털 시스템에서 사용되는 2진수 사이의 상호 변환이 입·출력 데이터나 수치 사이에 수행되어야 한다.

여기서 10진수를 2진수나 BCD 코드로 변환하는 조작을 인코드(encode)라 하고, 이것을 수행하는 회로를 인코더(encoder)라 한다. 그리고 디지털 시스템에서 처리되어 출력된 결과, 즉 2진수 형태를 10진수로 변환하거나 표시하는 조작을 디코드(decode)라 하고, 이것을 수행하는 회로를 디코더(decoder)라 한다.

예를 들면 그림 10-1과 같이 키보드로부터 입력되는 10진수나 문자는 인코더에 의해서 그것에 대응되는 2진수로 변환되어 컴퓨터에서 계산·처리된 후 다시 디코더에 의해서 10진수나 문자로 변환된다.

이 장에서는 디코더, 인코더, 7 segment LED display, 디코더/디멀티플렉서, 7 segment dynamic drive 방식 그리고 코드 변환기에 대하여 설명한다.

그림 10-1 인코더와 디코더

10-1 디코더

이산형 정보는 디지털 시스템에서 2진 코드로 표현되고, n비트로 된 2진 코드는 2^n개의 서로 다른 정보로 표현할 수 있다. 디코더는 입력선에 나타나는 n비트의 2진 코드를 최대 2^n개의 서로 다른 정보로 바꾸어주는 조합회로이다. n비트의 디코드 정보가 사용되지 않는 조합을 가지고 있다면 디코더는 2^n개보다 적은 출력을 가질 수도 있다.

디코더는 n-to-m line($n \times m$) 디코더라고 하며, 여기서 $m \leq 2^n$이다. 디코더의 목적은 n개의 입력 변수에 대하여 2^n개나 그보다 적은 최소항을 만드는 것이다.

3×8 디코더를 그림 10-2에 나타내었고, 3개의 입력은 8개의 출력으로 디코드되는데 각각은 3개 입력 변수의 최소항 중 하나를 표현한다. 3개의 인버터는 입력의 보수를 만들고, 8개의 AND 게이트 각각은 최소항 중 하나를 생성한다. 이 디코더의 응용 예는 2진수를 8진수로 변환하는 것이다.

이 디코더의 동작은 표 10-1에 나타냈으며, 가능한 입력 조합 각각에 대하여 7개의 출력이 0이고, 1개만 1이다. 1을 나타내는 출력 변수는 입력선에 적용된 2진수와 같은 최소항을 나타낸다.

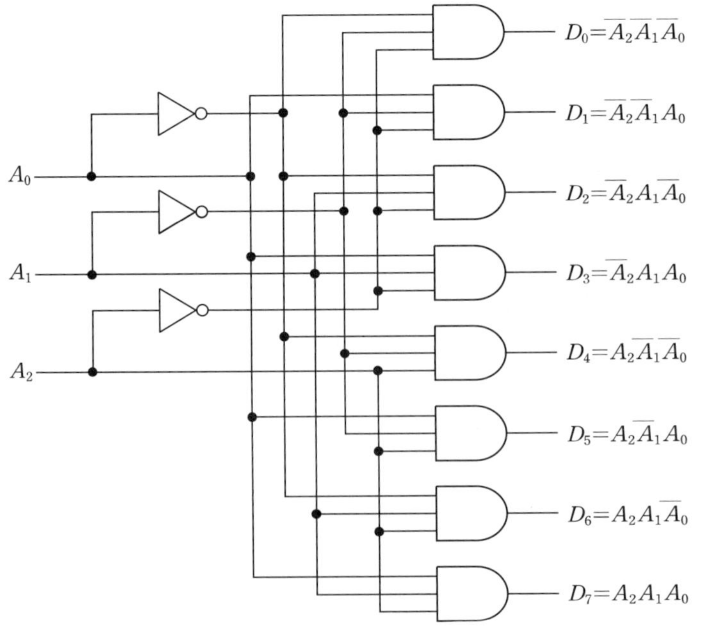

그림 10-2 3×8 디코더

표 10-1 3×8 디코더에 대한 진리표

A_2	A_1	A_0	D_7	D_6	D_5	D_4	D_3	D_2	D_1	D_0
0	0	0	0	0	0	0	0	0	0	1
0	0	1	0	0	0	0	0	0	1	0
0	1	0	0	0	0	0	0	1	0	0
0	1	1	0	0	0	0	1	0	0	0
1	0	0	0	0	0	1	0	0	0	0
1	0	1	0	0	1	0	0	0	0	0
1	1	0	0	1	0	0	0	0	0	0
1	1	1	1	0	0	0	0	0	0	0

예제 10-1

BCD–10진 디코더를 설계하라.

✔ **풀이** 입력은 BCD로 표현된 10개의 10진 디지트들이다. BCD 코드는 4개의 비트를 가지므로 디코더는 4개의 입력을 가져야 하며, 각 10진 디지트에 대하여 하나씩의 출력선이 필요하므로 10개의 출력을 가져야 한다. 회로는 10개의 출력을 가지며, 1개의 부울 함수를 간소화시키는 데 카르노도가 하나 필요하므로 10개의 카르노도를 작성해야 한다. 그리고 6개의 don't care 조건이 있으며, 각 부울 함수를 간소화시킬 때 이 don't care 조건을 고려해야만 한다. 여기서는 10개의 카르노도를 작성하는 대신에 단 1개의 카르노도를 작성하여 출력 변수들을 그림 10-3과 같이 대응되는 최소항 내에 넣어 대신할 것이다. 6개의 don't care 입력 조합들은 발생할 수 없으며, 대응하는 최소항 내에 d를 써넣어 표시하였다.

A_3A_2 \ A_1A_0	00	01	11	10
00	D_0	D_1	D_3	D_2
01	D_4	D_5	D_7	D_6
11	d	d	d	d
10	D_8	D_9	d	d

그림 10-3

don't care 조건을 처리하는 방법은 부울 함수를 구성하는 변수들의 수를 최소화시키는 방향으로 사용한다. D_0와 D_1은 don't care 조건들과 결합될 수 없고, D_2는 don't care 조건과 결합되어 다음과 같이 표현된다.

$$D_2 = \overline{A_2}\,A_1\,\overline{A_0}$$

D_9는 3개의 don't care 조건과 결합되어 다음과 같이 표현된다.

$$D_9 = A_3 A_0$$

다른 출력들에 대해서도 don't care 조건과 결합되어 다음과 같이 표현되며, 회로는 그림 10-4와 같다.

$$D_0 = \overline{A_3}\,\overline{A_2}\,\overline{A_1}\,\overline{A_0}$$
$$D_1 = \overline{A_3}\,\overline{A_2}\,\overline{A_1}\,A_0$$
$$D_3 = \overline{A_2}\,A_1\,A_0$$
$$D_4 = A_2\,\overline{A_1}\,\overline{A_0}$$
$$D_5 = A_2\,\overline{A_1}\,A_0$$
$$D_6 = A_2\,A_1\,\overline{A_0}$$
$$D_7 = A_2\,A_1\,A_0$$
$$D_8 = A_3\,\overline{A_0}$$

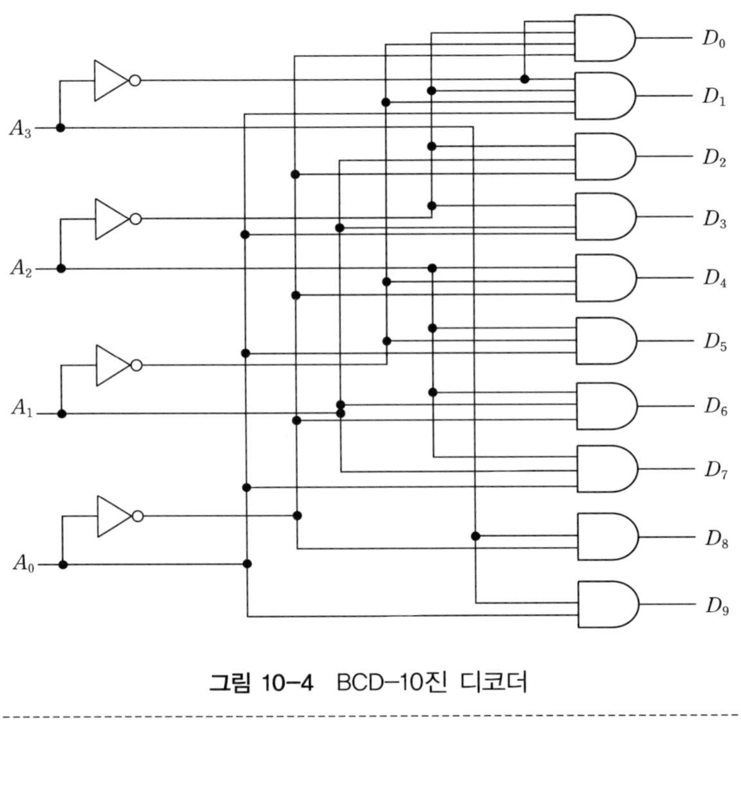

그림 10-4 BCD-10진 디코더

어떤 디코더는 AND 게이트 대신 NAND 게이트를 사용하여 만들어지며, AND 게이트는 NAND와 NOT 게이트로 구현되기 때문에 이것이 더 경제적이다. AND 게이트 대신 NAND 게이트를 사용함으로써 NOT 게이트의 비용과 지연을 방지할 수 있고, 디코더의 최소항은 자신의 보수 형태로 존재한다. 또한 대부분의 디코더는 회로 동작을 제어하기 위하여 1개 이상의 enable 입력을 가지고 있다.

NAND 게이트로 구성된 enable 입력을 갖는 2×4 디코더의 진리표를 표 10-2, 그림 10-5에 각각 나타내었다.

표 10-2 2×4 디코더에 대한 진리표

$\overline{E}$	A	B	$\overline{D_3}$	$\overline{D_2}$	$\overline{D_1}$	$\overline{D_0}$
1	×	×	1	1	1	1
0	0	0	1	1	1	0
0	0	1	1	1	0	1
0	1	0	1	0	1	1
0	1	1	0	1	1	1

$$\overline{D_0} = \overline{\overline{\overline{E}}\,\overline{A_1}\,\overline{A_0}}$$

$$\overline{D_1} = \overline{\overline{\overline{E}}\,\overline{A_1}\,A_0}$$

$$\overline{D_2} = \overline{\overline{\overline{E}}A_1\,\overline{A_0}}$$

$$\overline{D_3} = \overline{\overline{\overline{E}}\,A_1\,A_0}$$

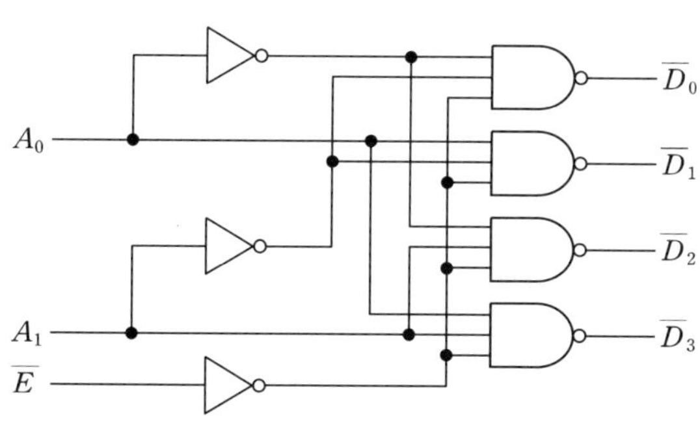

그림 10-5 enable 입력을 갖는 2×4 디코더

이 회로는 보수화한 출력으로 동작하고, enable 입력 $\overline{E}$가 0일 때 디코더가 동작한다. 진

리표에서 알 수 있듯이 주어진 시간에 하나의 출력만이 0이고, 다른 출력들은 1로 된다. 0인 출력은 A_1과 A_0에 의하여 선택된 최소항을 나타낸다. 이 회로는 $\overline{E}$가 1일 때 불능 상태가 되며, 어떤 상태도 선택되지 않는다. 대부분의 IC 디코더는 회로 동작을 제어하기 위하여 하나 이상의 enable 입력을 가지고 있다.

1 디코더의 확장

좀 더 큰 크기의 디코더가 필요한 경우 enable 입력과 함께 두 개 이상의 디코더를 묶을 수 있다. 그림 10-6은 enable 입력을 갖는 2×4 디코더가 더 큰 디코더를 구성하기 위하여 어떻게 연결되어야 하는가를 보여준다.

3×8 디코더를 만들기 위하여 2개의 2×4 디코더가 연결되고, 입력 중에서 2개의 최하위 비트는 양쪽 디코더에 연결된다. 최상위 비트 A_2는 한쪽 디코더의 enable 입력에 연결되고, 다른 쪽 디코더의 enable 입력에는 인버터를 통하여 연결된다.

$A_2 = 0$일 때 위쪽의 디코더는 사용 가능하고, 아래쪽의 디코더는 불능 상태가 된다. 불능 상태가 되면 디코더의 출력은 0으로 되고, 비활성이다. 위쪽 디코더는 A_1과 A_0의 값을 이용하여 최소항 D_0부터 D_3까지를 생성한다. $A_2 = 1$일 때 조건은 반대가 되고, 최소항은 D_4부터 D_7까지 생성된다. 이것은 IC에서 enable 입력의 중요성을 보여준다. 일반적으로 enable 입력들은 좀 더 많은 입·출력들을 가진 유사한 함수로 디지털 함수를 확장시키기 위하여 2개 이상의 IC들을 연결하는 데 편리하다.

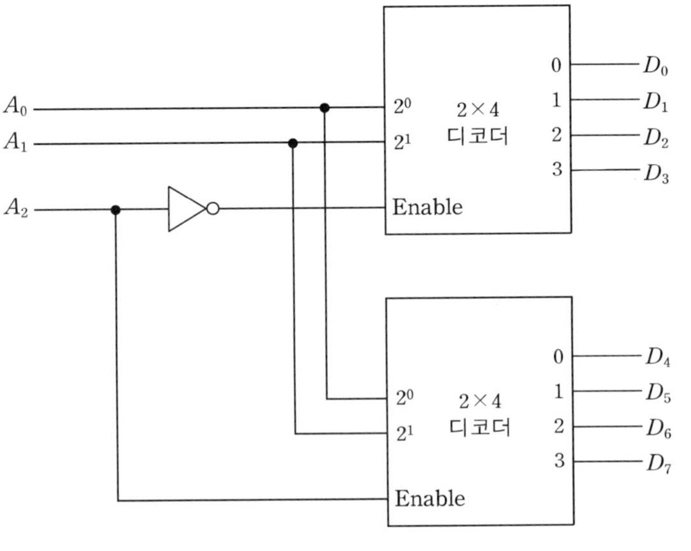

그림 10-6 2개의 2×4 디코더로 구성된 3×8 디코더

예제 10-2

3×8 디코더 2개를 사용하여 4×16 디코더를 실현하라.

✔ **풀이** 2개의 3×8 디코더로 구성된 4×16 디코더를 그림 10-7에 나타내었다. $A_3=0$일 때 위쪽의 디코더는 enable되고, 아래쪽의 디코더는 disable된다. 이때 아래쪽의 디코더 출력들은 모두 0이고, 위쪽의 디코더 출력들은 0000부터 0111까지의 최소항들을 산출한다. $A_3=1$일 때 enable 조건은 역으로 된다. 따라서 위쪽의 디코더 출력들이 모두 0인 반면 아래쪽의 디코더 출력들은 1000부터 1111까지의 최소항들을 산출한다.

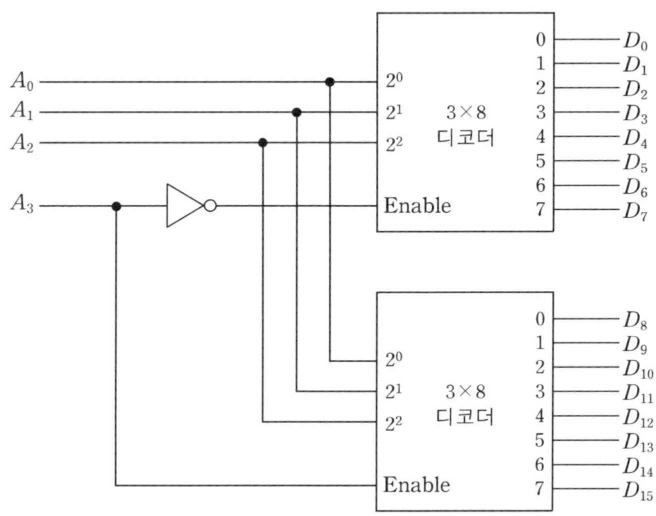

그림 10-7 2개의 3×8 디코더로 구성된 4×16 디코더

2 조합논리의 실현

디코더는 n개의 입력 변수에 대하여 2^n개의 최소항을 제공하는 역할을 한다. 임의의 부울 함수는 최소항의 합으로 표현될 수 있기 때문에 최소항을 생성하는 데 디코더를 사용하고, 합을 산출하는 데 OR 게이트를 사용한다. 이러한 방법으로 n개의 입력과 m개의 출력을 가진 어떤 조합 회로는 $n\times 2^n$ 디코더와 m개의 OR 게이트로 구현될 수 있다.

디코더와 OR 게이트들로 조합 회로를 표현할 때 그 회로에 대한 부울 함수들은 최소항들의 합으로 표현되어야 한다. 이것은 진리표로부터 또는 함수들을 최소항의 합으로 확장시킴으로써 쉽게 얻어질 수 있다. 각 OR 게이트의 입력들은 각 함수를 구성하는 최소항들에 따라 디코더의 출력에서 선택한다.

예제 10-3

전가산기를 디코더와 2개의 OR 게이트를 사용하여 실현하라.

✔ **풀이** 전가산기의 진리표(표 7-2)로부터 최소항의 합으로 된 이 조합 회로에 대한 함수를 얻을 수 있다.

$$S(A, B, C_i) = \sum(1, 2, 4, 7)$$

$$C_o(A, B, C_i) = \sum(3, 5, 6, 7)$$

3개의 입력에 대하여 8개의 최소항이 있기 때문에 3×8 디코더가 필요하다. 이에 대한 구현을 그림 10-8에 나타내었다. 이 디코더는 입력 A, B, C_i에 대하여 8개의 최소항을 생성한다. 출력 S에 대한 OR 게이트는 최소항 1, 2, 4, 7의 합을 구성하고, 출력 C_o에 대한 OR 게이트는 최소항 3, 5, 6, 7의 합을 구성한다.

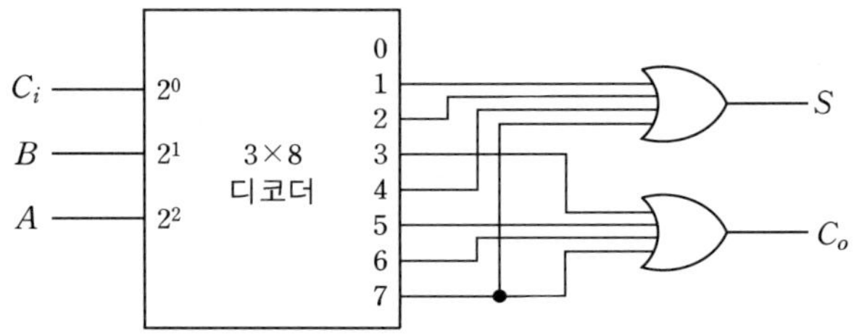

그림 10-8 디코더를 이용한 전가산기의 구현

10-2 인코더

인코더는 디코더와 반대되는 동작을 하는 디지털 기능이며, 2^n개 또는 그보다 적은 입력선과 n개의 출력선을 가진다. 이 출력선은 입력값에 따른 2진 코드를 생성한다. 8진-2진 인코더의 예를 표 10-3에 나타내었다.

표 10-3 8진-2진 인코더

D_7	D_6	D_5	D_4	D_3	D_2	D_1	D_0	A_2	A_1	A_0
0	0	0	0	0	0	0	1	0	0	0
0	0	0	0	0	0	1	0	0	0	1
0	0	0	0	0	1	0	0	0	1	0
0	0	0	0	1	0	0	0	0	1	1
0	0	0	1	0	0	0	0	1	0	0
0	0	1	0	0	0	0	0	1	0	1
0	1	0	0	0	0	0	0	1	1	0
1	0	0	0	0	0	0	0	1	1	1

이 인코더는 8진수의 각 자리에 대응하는 1개의 입력을 갖는 8개의 입력과 그것에 상응하는 2진수를 생성하는 3개의 출력을 갖는다. 주어진 시간에 1개의 입력만 1을 갖는다고 가정한다.

인코더는 진리표에 의해 직접적으로 결정된 입력을 사용하여 OR 게이트로 구현된다. 만약 입력 8진수가 1, 3, 5, 7이면 출력 $A_0 = 1$이다. 유사한 조건이 다른 2개의 출력에도 적용된다. 이러한 조건은 다음과 같은 부울 함수로 표현될 수 있다.

$$A_0 = D_1 + D_3 + D_5 + D_7$$
$$A_1 = D_2 + D_3 + D_6 + D_7$$
$$A_2 = D_4 + D_5 + D_6 + D_7$$

그러므로 인코더는 그림 10-9와 같이 3개의 4입력 OR 게이트로 구현될 수 있다.

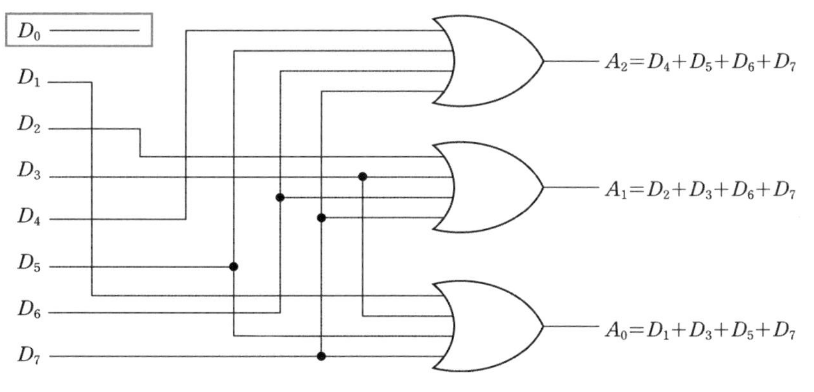

그림 10-9 8진-2진 인코더

여기서 정의된 인코더는 주어진 시간에 1개의 입력만 사용할 수 있다. 만약 동시에 2개의 입력을 사용할 수 있게 되면 그 출력은 부정확한 조합을 출력한다. 예를 들어 D_3과 D_6이 동시에 1이라면 3개의 출력이 모두 1이기 때문에 인코더의 출력은 111이 된다. 이것은 2진의 3도, 6도 아님을 의미한다. 이런 모호함을 해결하기 위해서 인코더 회로는 오직 1개의 입력만 인코드되도록 입력의 우선순위를 설정해야 한다. 아래첨자의 수가 높은 것에 우선순위를 부여해서 D_3과 D_6이 동시에 1이라면 D_6가 D_3보다 우선권이 높기 때문에 출력은 110이 된다. 또 다른 모호함은 모든 입력이 0이 되면 모든 출력에서 0이 생성되지만 이러한 출력은 D_0가 1일 때도 같은 출력이 생성된다는 것이다. 이러한 모순은 적어도 1개의 입력이 1이라는 것을 가리키기 위해 1개 이상의 출력을 제공하여 해결할 수 있다.

• 우선순위 인코더

우선순위 인코더는 우선순위 기능을 구현하는 조합회로이다. 우선순위 인코더의 동작은 2개나 그 이상의 입력이 동시에 1이 되면 제일 높은 우선순위를 갖는 입력이 우선권을 갖도록 하는 것이다. 표 10-4에 4입력 우선순위 인코더의 진리표를 나타내었다. ×를 사용하여 일반적인 16행 진리표와 같은 정보를 5행만으로 된 진리표로 표현한다. 출력 행의 ×는 don't care 조건을 표현하는 데 반하여, 입력 열의 ×는 최소항이 아닌 곱 항을 표현하는 데 사용된다. 예를 들어, 01××는 $\overline{D_3}\,D_2$의 곱 항을 표현하는 것이다. 최소항의 경우와 같이 각 변수는 진리표에 있는 입력 조합에서 대응하는 비트가 0이면 보수화되고, 그 비트가 1이면 보수화되지 않는다. 입력 조합에서 대응하는 비트가 ×이면 그 변수는 곱항에 나타나지 않는다. 그래서 01××에서 ×부분에 상응하는 D_1과 D_0는 $\overline{D_3}\,D_2$에 표시되지 않는다.

요약된 표의 행에 의하여 표현되는 전체 진리표의 행의 수는 2^p이며, p는 행에 있는 ×의 개수이다. 예를 들어, 표 10-4에서 01××는 $2^2=4$개의 진리표 행을 나타내고, 모든 출력에 대하여 동일한 값을 갖는다. 요약된 진리표를 만들 때 최소항은 ×에 대하여 0이나 1을 채워서 얻을 수 있기 때문에 해당 열을 대표할 수 있는 적어도 하나의 최소항을 포함해야 한다. 하나 또는 그 이상으로 출력값이 일치하지 않는 경우 그 행들에 대해서 최소항은 하나씩 따로 선택해야 한다.

표 10-4 4입력 우선순위 인코더의 진리표

D_3	D_2	D_1	D_0	A_1	A_0	V
0	0	0	0	×	×	0
0	0	0	1	0	0	1
0	0	1	×	0	1	1
0	1	×	×	1	0	1
1	×	×	×	1	1	1

표 10-4는 다음과 같은 방법으로 작성된다. 입력 D_3가 가장 높은 우선순위를 가졌기 때문에 다른 입력값과는 상관없이 D_3가 1일 때 출력 A_1A_0의 값은 $11_2(=3_{10})$이고, 이것으로부터 표의 마지막 행을 얻는다. 그리고 D_2가 다음의 우선순위를 갖는다. $D_3=0$일 때 낮은 우선순위를 갖는 다른 두 입력값에 관계없이 $D_2=1$이면 출력은 10_2이 되고, 이것으로부터 표의 네 번째 행을 얻는다. $D_1=1$이면 출력은 01_2이 되고, 이것으로부터 표의 세 번째 행을 얻는다. $D_0=1$이면 출력은 00_2이 되고, 이것으로부터 표의 두 번째 행을 얻는다. V에 의하여 지정된 유용한 출력은 하나 또는 그 이상의 입력이 1일 때만 1로 지정된다. 만약 모든 입력이 0이면 V는 0이고, 회로의 다른 두 출력은 사용되지 않고, 진리표의 출력 부분에서 don't care 조건으로 분류된다.

A_1과 A_0를 다음과 같이 구할 수 있다.

표 10-4에서 D_1과 D_3가 high일 때 A_0는 high가 된다. 그러나 입력선 D_1에 입력되는 high는 A_0를 low로 만드는 D_1보다 우선순위가 높은 D_2 입력이 없을 때만 A_0를 high로 만들 수 있다. 이러한 상황은 다음과 같이 나타낼 수 있다.

1. D_1이 high이고, D_1보다 우선순위가 높은 D_2가 low이면 A_0는 high이다.
2. D_3가 high이면 A_0는 high이다.

이것을 논리식으로 나타내면 다음과 같다.

$$A_0 = D_1\overline{D_2} + D_3$$

같은 방법으로 D_2와 D_3가 high일 때 A_1은 high이다.

1. D_2가 high이면 A_1은 high이다.

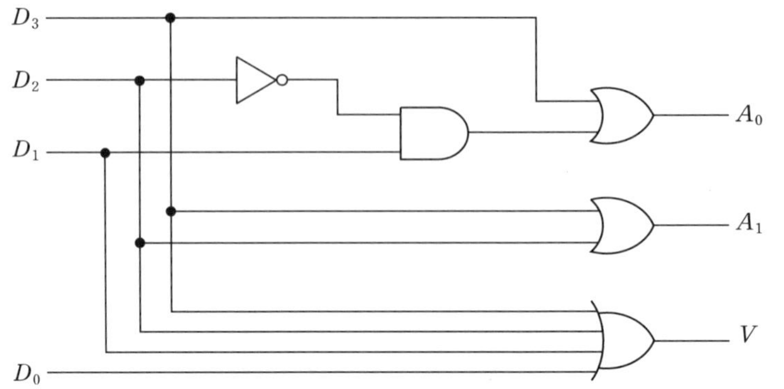

그림 10-10 4입력 우선순위 인코더의 논리도

2. D_3가 high이면 A_1은 high이다.

이것을 논리식으로 나타내면 다음과 같다.

$$A_1 = D_2 + D_3$$

$$V = D_0 + D_1 + D_2 + D_3$$

V는 적어도 하나의 입력이 1이라는 것을 나타낸다.

그림 10-10에 4입력 우선순위 인코더의 논리도를 나타내었다.

10-3 7 segment LED display

최근 널리 이용되고 있는 디코더 중에서 BCD/7-segment 디코더가 있다. 이 7-segment display 소자는 7개의 display용 조각으로 구성되어 있으며, 숫자를 표시할 수 있는 기능을 가지고 있다. 또한 저 전압, 저 전류로 동작하므로 IC에 의하여 직접 구동할 수 있다.

그림 10-11과 같이 LED를 8의 형태로 배열하고, BCD 입력에 대응하는 10진수를 표시할 수 있게 한 것이 7-segment display이다. 예를 들어 BCD 입력이 4라면 b, c, f, g의 LED가 점등하여 숫자를 표시하도록 되어 있다. 그래서 BCD 입력에서 7-segment를 점등하여 숫자를 표시시키기 위한 구동용 IC가 만들어져 있다.

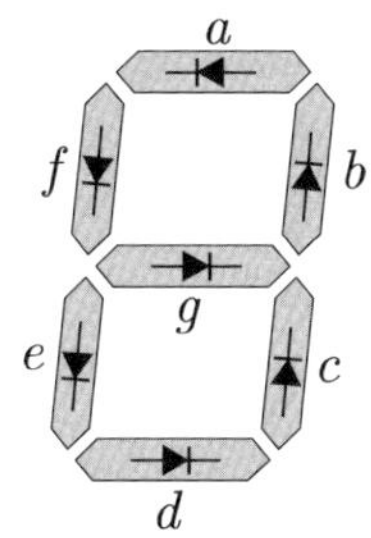

그림 10-11 7-segment display

◐ 예제 10-4

그림 10-11에 나타낸 7-segment LED display를 표시시키기 위해서는 BCD 입력에 대응하는 10진 숫자의 LED를 점등시켜야 한다. 표 10-5의 빈칸을 채우라.

✔ **풀이**

표 10-5

$DCBA$	10진 출력	점등하는 segment
0 0 0 0	0	a, b, c, d, e, f
0 0 0 1	1	
0 0 1 0	2	a, b, d, e, g
0 0 1 1	3	
0 1 0 0	4	
0 1 0 1	5	
0 1 1 0	6	c, d, e, f, g
0 1 1 1	7	a, b, c
1 0 0 0	8	a, b, c, d, e, f, g
1 0 0 1	9	a, b, c, f, g

1: b, c

3: a, b, c, d, g

4: b, c, f, g

5: a, c, d, f, g

1 display 전용 IC와 LED의 구조

BCD 입력이 D, C, B, A 단자에 인가되었을 때 7-segment 출력 a, b, c, d, e, f, g가 디코드 출력되는 전용 IC로서는 그림 10-12에 나타낸 SN7446A, 47A가 대표적이다.

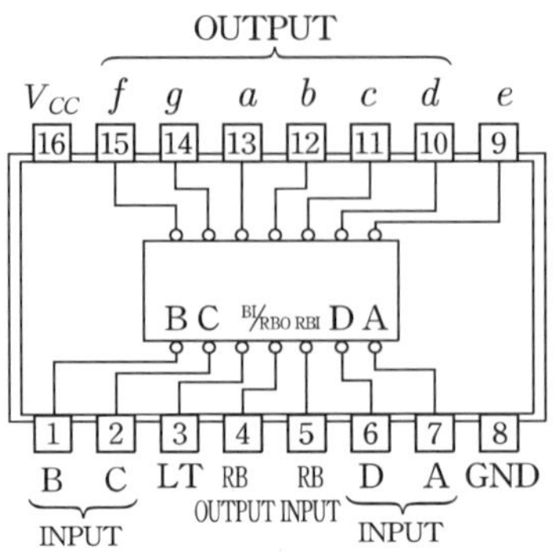

그림 10-12 SN7446A, 47A의 단자 배치

SN7446A, 47A 둘 다 출력 구조는 open collector 출력으로 되어 있어 400 mA의 sink 전류를 흘릴 수 있으며, 7446A는 내압이 30V, 47A는 15V로 되어 있는 것만 다르다. 이 IC를 그림 10-13과 같이 7-segment LED에 접속해주면 BCD 입력을 직접 숫자로 볼 수 있다. 그림 10-13의 LED와 식렬로 들어가 있는 저항 150Ω은 LED의 전류 제한용이다.

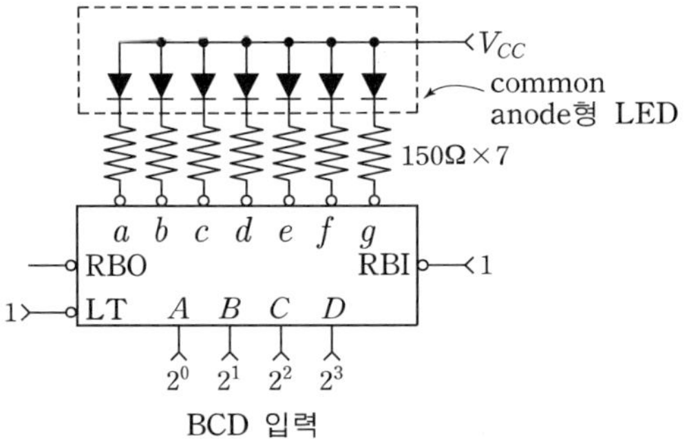

그림 10-13 SN 7447A의 사용 방법

또한 이것에 사용되고 있는 7-segment LED는 common anode형(FND 507)이다.

LED란 Light Emitting Diode를 말하며, 그림 10-14와 같은 발광 다이오드라고 하는 PN 다이오드의 일종이다. 이것은 GaP, GaAsP 등의 반도체를 사용하여 만든 PN 접합이고, 순방향으로 수~30mA 정도의 전류를 흘리면 발광하는 소자, 즉 전기 에너지를 광 에너지로 변환하는 반도체 소자이다.

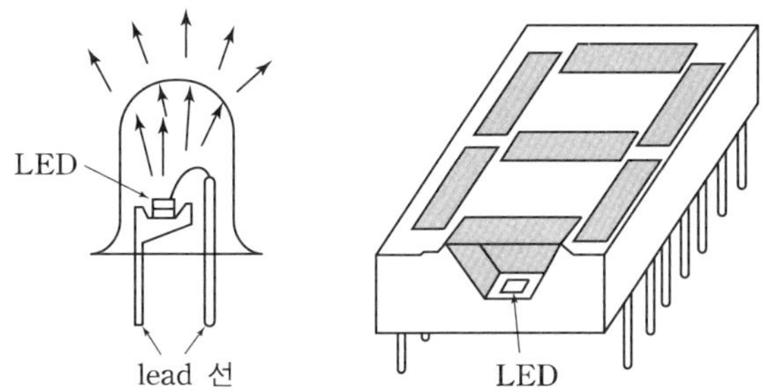

(a) 발광 diode (b) 7-segment LED

그림 10-14 LED의 구조

LED는 백열전구와 같은 발열이 없으므로 수명이 길고 소비 전력도 적고 응답 속도도 빠른 특징이 있어, 통신이나 제어 장치의 표시용으로 널리 사용되고 있다. LED의 발광색은 반도체 재료로 결정되는데 대개 적색, 황색, 녹색이 있다.

LED를 발광시키려면 그림 10-15와 같이 LED와 직렬로 저항을 연결하고, 이 저항값을 바꾸어 전류를 제어함으로써 LED의 휘도를 바꿀 수 있다. 이 저항을 전류 제어용 저항이라 하며, R의 값은 다음과 같이 구한다.

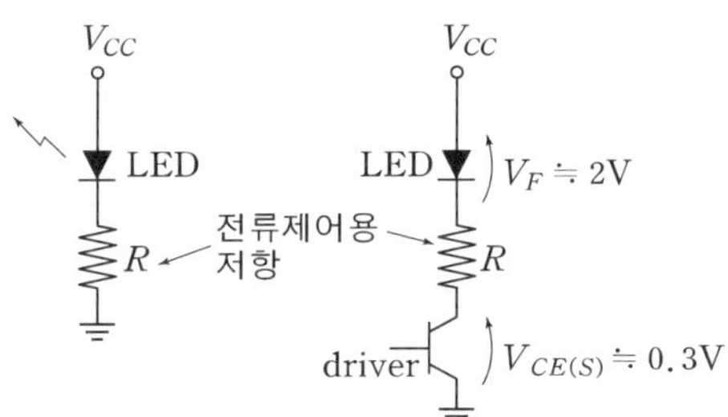

그림 10-15 LED의 사용 방법

drive 트랜지스터는 ON 상태에서 0.3V의 전압 강하가 있고, LED의 순방향 전압 강하 V_F는 1.6~2V이므로 LED를 흐르는 전류 I는

$$I = \frac{V_{cc} - V_F - (V_{CE})_{sat}}{R}$$

로 된다.

여기서 LED 전류를 10mA, 전압 강하를 2V로 하면 $V_{cc} = 5V$인 경우 저항 R은

$$R = \frac{V_{cc} - V_F - (V_{CE})_{sat}}{I} = \frac{5\text{V} - 2\text{V} - 0.3\text{V}}{10\text{mA}} = 270\,\Omega$$

이 된다.

그리고 7-segment LED는 7개의 LED를 사용하고 있으므로 4자리의 10진수를 표시하는 경우 개당 소비 전류를 10mA로 계산하여도

$$4 \times 7 \times 10\,\text{mA} = 280\,\text{mA}$$

가 되어 큰 전류가 흐르게 되는 것을 알 수 있다.

그리고 7개의 LED는 별개로 취급하는 것이 아니라 그림 10-16과 같이 anode 측 또는 cathode 측을 하나로 묶어서 1개의 단자로 사용하고 있다.

(a) common anode형 (b) common cathode형

그림 10-16 7-segment LED의 내부 접속

anode 측을 하나로 묶은 것을 common anode형이라 하고, cathode 측을 하나로 묶은 것을 common cathode형이라 한다. 그림 10-13에서 SN7447A가 부논리 출력 IC이기 때문에 common anode형의 7-segment LED를 사용한 것이다. 그리고 BCD 입력에 대해서 7-segment 구동 출력 a, b, c, d, e, f, g가 정논리로 출력되는 전용 디코더 IC로는 SN7448이 있으며, 그림 10-17에 나타내었다.

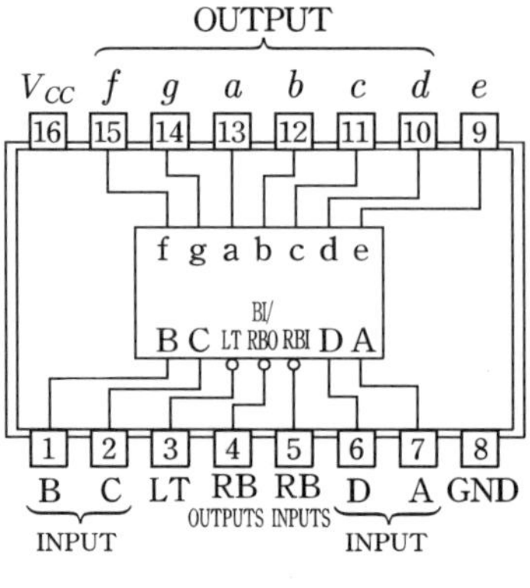

그림 10-17 SN7448의 핀 배치

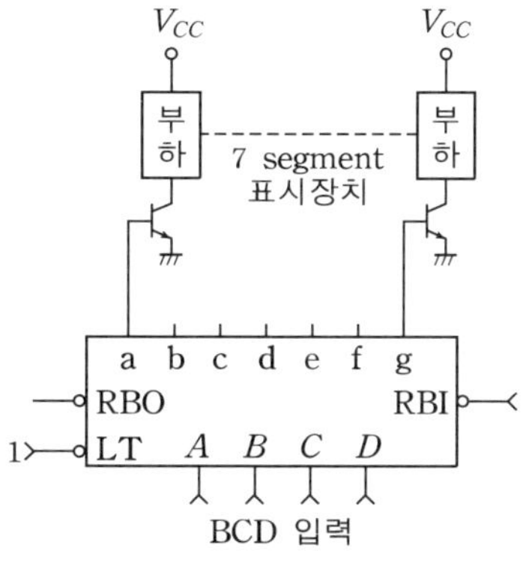

그림 10-18 SN7448의 사용 방법

이 IC는 출력 회로가 open collector 출력이 아니고, V_{cc}와 컬렉터 사이에 2kΩ의 pull up 저항이 들어 있어서 그림 10-18과 같이 구동용 트랜지스터의 베이스에 직결하여 대전류 용량의 디스플레이를 점등할 수 있는 특징이 있다.

SN7448의 동작표를 표 10-6에 나타내었다. 여기서 LT, RBI, BI/RBO 단자의 의미와 사용 방법에 대하여 알아보자.

- LT(Lamp Test): 이 단자를 L로 하면 모든 LED가 점등되며, 7 segment LED가 정상인가의 여부를 알 수 있다.
- RBI(Ripple Blanking Input): 이 단자를 L로 하면 입력이 0의 수일 때 0 표시가 없어진다.
- RBO(Ripple Blanking Output): 이 단자는 모든 LED의 표시를 지웠다는 것을 알려주는 출력 단자이다.

LT는 문자 그대로 LED의 고장 여부를 체크하는 단자이기 때문에 L로 했을 때 LED가 점등하지 않으면 불량품이다.

RBI와 RBO는 reading 0 surplus 기능을 수행시키기 위하여 이용되는 단자이다. 4자리의 숫자 표시를 하는 경우, 0098이라고 표시하는 것이 아니라 상위 두 자리의 0을 없애고, 98이라고 표시하는 것이다. 이와 같이 상위 자리의 0을 없애는 기능을 reading 0 surplus라 한다.

예를 들어 4자리 표시의 경우, 그림 10-19와 같이 제일 윗자리인 10^3자리의 RBI 입력을 먼저 L로 하여 0을 표시하지 않도록 하고, 다음에 RBO를 10^2자리의 RBI 입력에 접속한다.

표 10-6 SN7448의 동작표

DECIMAL OR RUNCTION	INPUTS						*BI* / RBO	OUTPUTS						
	LT	RBI	*D*	*C*	*B*	*A*		*a*	*b*	*c*	*d*	*e*	*f*	*g*
0	H	H	L	L	L	L	H	H	H	H	H	H	H	L
1	H	×	L	L	L	H	H	L	H	H	L	L	L	L
2	H	×	L	L	H	L	H	H	H	L	H	H	L	H
3	H	×	L	L	H	H	H	H	H	H	H	L	L	H
4	H	×	L	H	L	L	H	L	H	H	L	L	H	H
5	H	×	L	H	L	H	H	H	L	H	H	L	H	H
6	H	×	L	H	H	L	H	L	L	H	H	H	H	H
7	H	×	L	H	H	H	H	H	H	L	L	L	L	L
8	H	×	H	L	L	L	H	H	H	H	H	H	H	H
9	H	×	H	L	L	H	H	H	H	H	L	L	H	H
10	H	×	H	L	H	L	H	L	L	L	H	H	L	H
11	H	×	H	L	H	H	H	L	L	H	H	L	L	H
12	H	×	H	H	L	L	H	L	H	L	L	L	H	H
13	H	×	H	H	L	H	H	H	L	L	H	L	H	H
14	H	×	H	H	H	L	H	L	L	L	H	H	H	H
15	H	×	H	H	H	H	H	L	L	L	L	L	L	L
BI	×	×	×	×	×	×	L	L	L	L	L	L	L	L
RBI	H	L	L	L	L	L	L	L	L	L	L	L	L	L
LT	L	×	×	×	×	×	H	H	H	H	H	H	H	H

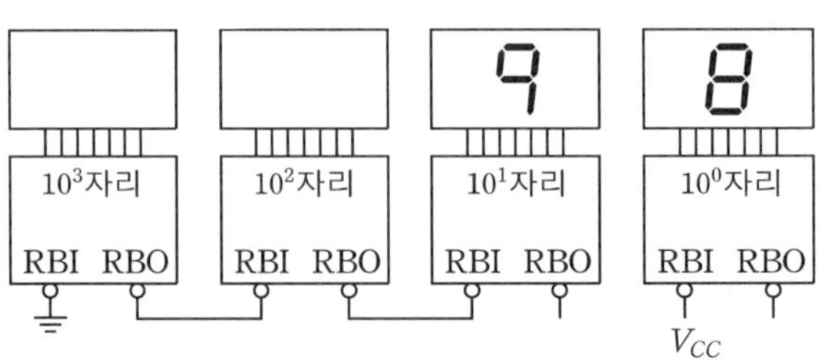

그림 10-19 reading 0 surplus 방법

이것에 의하여 10^3자리의 0 표시를 없앴을 때는 10^2자리의 0 표시도 없어지게 된다. 또 10^2 자리의 RBO 출력을 10자리의 RBI 입력에 연결한다.

그러나 제일 아랫자리인 1의 자리에 RBO 출력은 연결되지 않는데 그것은 1의 자리는 0이라도 표시할 필요가 있기 때문이다. 따라서 제일 아랫자리의 RBI 입력은 V_{cc}를 인가해둔다.

reading 0 surplus할 필요가 없을 때에는 모든 RBI 입력에 V_{cc}를 인가해주면 된다. RBO 단자는 동시에 BI(Blanking Input) 단자로도 사용되는데 이 단자를 L로 하면 모든 LED가 지워진다.

2 dynamic drive 방식

7-segment LED는 표시 자리가 많아짐에 따라 BCD/7-segment 디코더도 그 개수만큼 필요로 한다. 6자리 이상의 자리 표시일 경우, 1개의 디코더만 사용하여 시분할로 각 자리를 순차 점등해가는 방법이 사용된다. 이렇게 하면 LED는 연속적으로 점등하는 것이 아니라 일부의 시간만 표시하게 되는데, 이때 반복 주파수가 100 Hz를 넘으면 사람의 눈으로는 느낄 수 없기 때문에 실용적이며 경제적인 방법이라 할 수 있다. 이러한 방식을 dynamic drive 방식이라 한다.

그 일례로 그림 10-20에 간단한 4자리 표시의 예를 나타내었다. 이 회로는 발진기, 4진 카운터, 2×4 디코더, 4회로 4×1 멀티플렉서, 자리 구동 트랜지스터로 구성되었으며, 6자리 이하의 표시에서는 경제적이지 못하다.

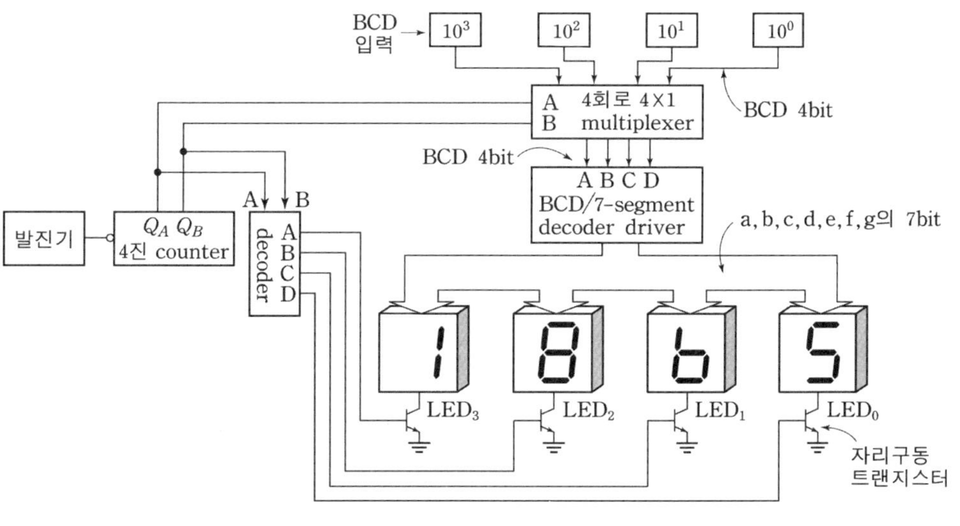

그림 10-20 4자리 dynamic drive 방식의 구성

그림 10-20의 회로에서 알 수 있듯이 발진기에 의하여 만들어진 클럭 펄스를 4진 카운터에 입력하고, 그 출력 Q_A, Q_B를 멀티플렉서의 선택 입력 A, B에 인가한다. 멀티플렉서는 4자리의 BCD 입력을 멀티플렉스 하여 시분할한 후 1개의 BCD/7-segment 디코더에 인가한다. 7-segment 디코더 출력은 병렬로 접속한 4자리의 7-segment LED(common cathode 형)에 인가된다. 그러나 4자리가 동시에 점등하는 것이 아니라 제일 윗자리(또는 제일 아랫자리)에서부터 차례로 점등한다. 이것은 10-21의 time chart로부터 알 수 있듯이 2×4 디코더로부터의 출력에 의하여 자리 구동 트랜지스터가 차례로 ON되기 때문이다.

만약 8자리 표시이면 8진 카운터, 3×8 디코더, 4회로 8×1 멀티플렉서, 8개의 자리 구동 트랜지스터가 필요하다. 여러 자리로 되는 만큼 각 자리마다의 점등 시간이 짧아지기 때문에 LED에 흐르는 전류를 많게 하지 않으면 표시가 어둡게 되므로 최근에는 소비전력이 적은 LCD(Liquid Crystal Display)가 많이 이용되고 있다. 또한 카운터 회로 등에 dynamic drive 방식을 응용할 때는 실제로 LED를 표시하는 동안에 계수값이 변화하지 않도록 멀티플렉서 입력 앞에 래치(Latch) 회로를 둘 필요가 있다.

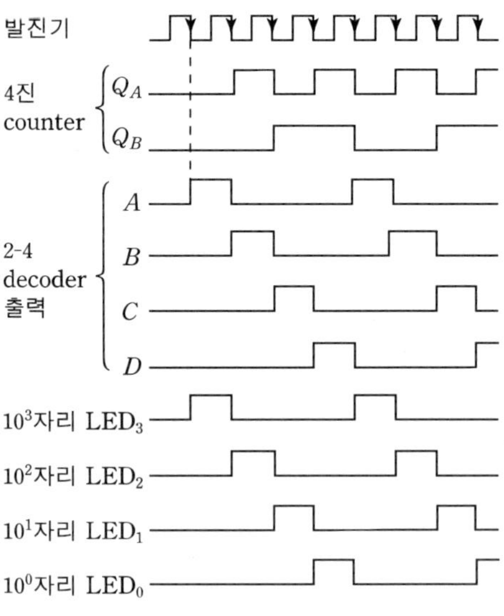

그림 10-21 dynamic drive 방식의 time chart

10-4 액정 표시장치

액정 표시장치(Liquid Crystal Display)에는 동적(dynamic) LCD와 전계효과(field effect) LCD가 사용되고 있으며, 이 두 종류의 액정은 다른 재료를 사용하고 각각 다른 방식으로 동작된다. 또한 두 가지 형태 모두 어떠한 빛도 방출하지 않으며, 외부 광원이 있어야 표시가 가능하다.

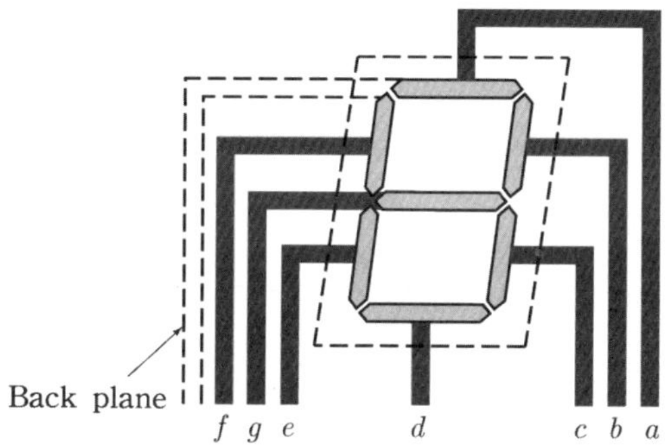

그림 10-22 투명 LCD segment 전도체

동적 LCD에는 액정 재료를 두 쪽의 투명한 유리 사이에 끼워 만든다. 앞면 유리판에 에칭(etching)된 7-segment 패턴은 인듐 산화물과 같이 투명하고, 전기적으로 전도성이 있는 재료로 만들어진다. 뒷면 유리판은 그림 10-22에 나타낸 것과 같이 7-segment에 상응하는 투명한 전도체로 코팅되어 있다. 이러한 방법에 의하여 전기적 전류가 LCD에 인가될 때 단지 숫자 segment만 보여질 것이다.

segment 패턴과 뒷면 유리판에 있는 전도체 사이에 전압이 인가되면 액정은 빛을 발산하는데 이것은 빛이 액정 재료를 통과할 때 임의로 굴절되어 빛에 대한 굴절률이 임의로 변하기 때문이다. 이러한 산란 현상으로 인하여 segment는 우윳빛의 흰색을 띠게 된다.

직류 전압은 동적 LCD에 이러한 효과를 만들지만 교류 전압이 사용되는 이유는 작은 직류 전류만 흘러도 segment 전도체가 액정으로 된 물질로 전기 도금되는 현상이 발생하기 때문이다. 교류 전류는 이러한 현상을 극복할 수 있으며, 동적 7-segment LCD에 사용되는 전류는 30 V_{PP}, 60Hz에서 약 25μA로 매우 작다.

전계 효과 또는 비틀어진 네마틱(twisted nematic) LCD는 가장 많이 사용되는 LCD이며, 전자계산기, 시계, 컴퓨터 등에 사용된다. 가장 보편적인 LCD는 반사 배경에 흑색 segment를 나타낸다.

이 LCD 표시장치가 어떻게 동작하는지를 이해하려면 먼저 분극된 유리 박판의 동작원리에 대하여 알아야 한다. 그림 10-23은 수직 분극 유리 박판을 보여주며, 이 유리 박판은 단지 수직으로 분극된 광만 통과시킨다는 것에 주의해야 한다. 유리를 통과한 광은 모두 수직으로 분극되고, 일부의 광이 통과하지 못하기 때문에 빛의 세기가 작다.

만약 분극 유리 박판 두 장을 직각으로 겹쳐 놓으면 어떤 광선도 이 두 장의 박판을 통과하지 못한다. 왜냐하면 첫 번째 분극 유리 박판은 수직으로 분극되지 않은 모든 광선을 차단하고, 두 번째 유리 박판은 단지 수평으로 분극된 광만 통과시킬 것이다. 그러므로 두 장의 유리박판을 사용하면 어떤 광도 통과하지 못하며, 이것을 그림 10-24에 나타내었다.

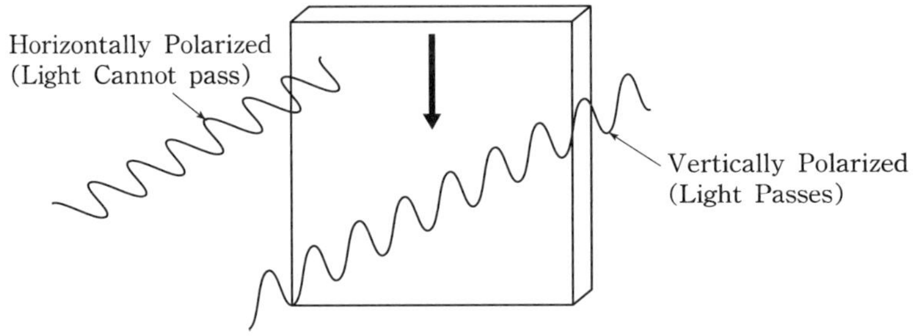

그림 10-23 수직으로 분극된 유리

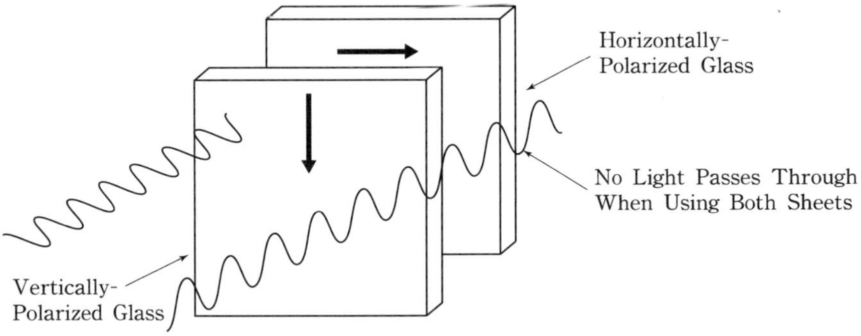

그림 10-24 모든 광의 filtering

첫 번째 수직 분극 유리박판을 통과한 빛을 90° 비틀어 놓을 수 있으면 두 번째 수평 분극 유리박판을 통과할 수 있다. 이것이 바로 액정 재료가 동작하는 원리로 광을 90° 비틀어 놓은 것이다. 두 개의 분극된 유리박판 사이에 액정 재료를 넣음으로써 수직으로 분극된 광은 90° 비틀어져 뒷면의 수평으로 분극된 유리박판을 통과하므로 광은 두 장의 분극된 유리박판을 통과하게 된다. 수직 광선을 비트는 것은 액정 재료에 전류가 흐르고 있을 때까지 계속된다. 전류가 액정을 통과하면 광을 비트는 것은 정지되고, 수평 분극 유리박판으로 광을 변경하지 않은 채 통과시킨다. 이러한 과정은 광이 수직으로 분극되어 있으므로 광의 통과를 금지하며, 그림 10-25는 이 과정을 보여준다. 단지 segment 전도체 아래 영역만 영향을 받

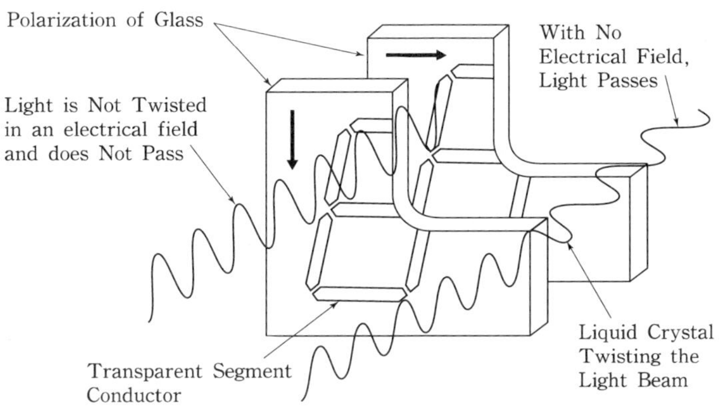

그림 10-25 비틀어진 nematic LCD

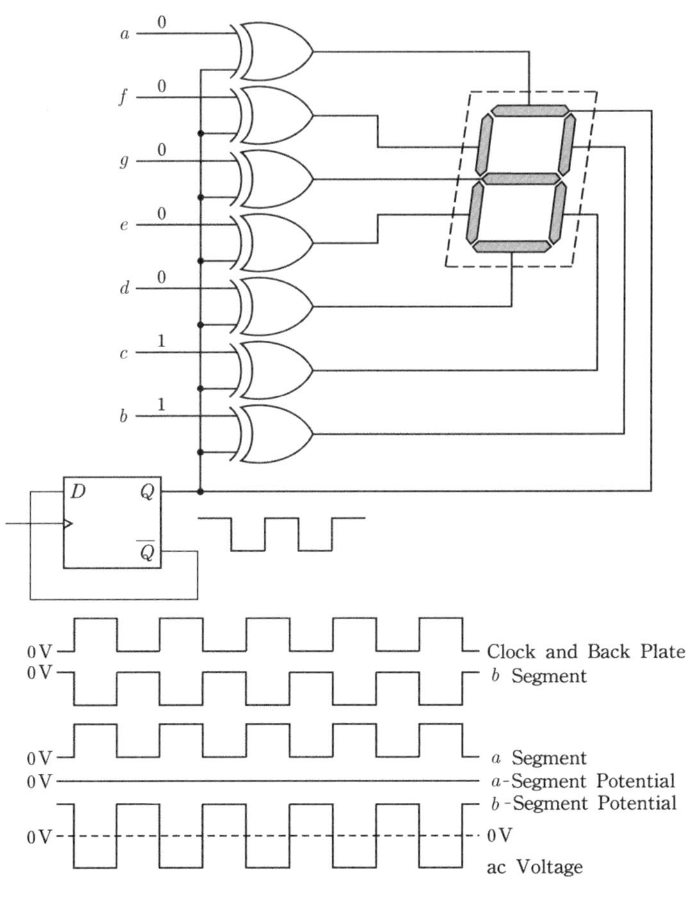

그림 10-26 교류 전압으로 LCD를 구동하기

아 흑색 segment를 만든다.

전계효과 또는 비틀어진 네마틱 LCD는 일반적으로 약 300μA의 전류로 60Hz, 8 V_{PP} 교류

전압에서 동작하며, 이러한 LCD의 주요 이점은 전류가 작다는 것이다. LCD 표시장치를 구동하기 위한 교류 전압은 약간의 CMOS Exclusive OR 게이트와 50%의 duty 비를 갖는 클럭으로 만들어진다. 그림 10-26에 나타낸 것과 같이 입력이 0일 때 segment 전도체와 뒤판 사이의 전압 차는 0이 되고, 입력이 1이면 전압 전위는 교류 전압이다.

10-5 디코더/디멀티플렉서

어떤 IC 디코더들은 NAND 게이트로 구성되어 있으며, NAND 게이트는 보수로 표현된 최소항들을 산출하는 데 경제적이다. 대부분의 IC 디코더들은 회로 동작을 제어하기 위하여 하나 이상의 enable 입력을 가지고 있다. NAND 게이트로 구성되고, 1개의 enable 입력을 가지고 있는 2×4 디코더를 그림 10-27(a)에 나타내었다. 만약 enable 입력 E가 1이면 A와 B의 값에 관계없이 모든 출력은 1로 된다. enable 입력 $\overline{E}$가 0일 때 회로는 보수로 표현된 출력을 산출하는 디코더로 동작한다. 이것을 진리표로 작성하면 그림 10-27(b)와 같이 된다.

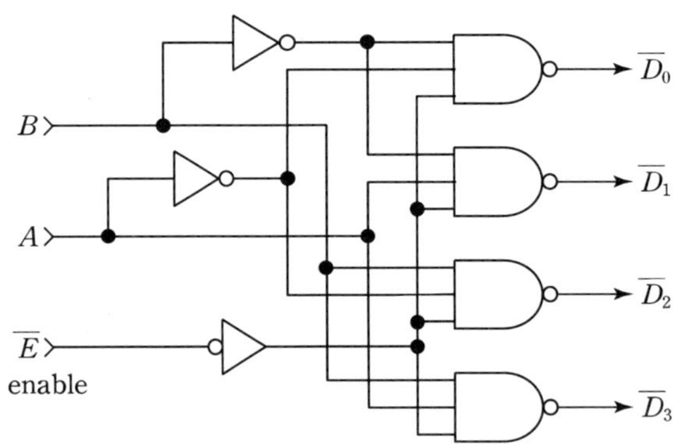

(a) 논리도

$\overline{E}$	A	B	$\overline{D_3}$	$\overline{D_2}$	$\overline{D_1}$	$\overline{D_0}$
1	×	×	1	1	1	1
0	0	0	1	1	1	0
0	0	1	1	1	0	1
0	1	0	1	0	1	1
0	1	1	0	1	1	1

(b) 동작표

그림 10-27 2×4 디코더

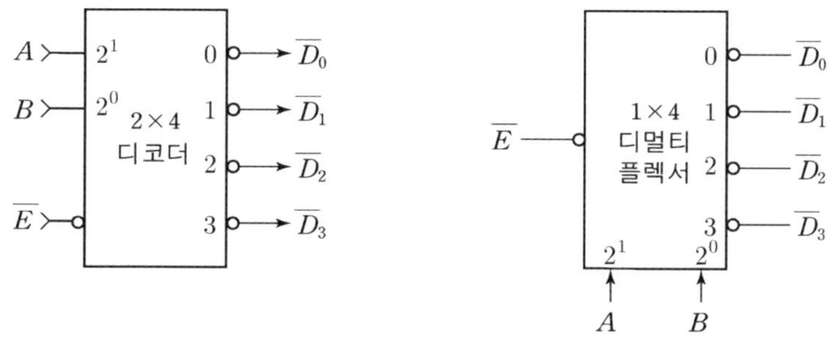

(a) 디코더 (b) 디멀티플렉서

그림 10-28 2×4 디코더의 블록도

디코더의 블록도를 그림 10-28(a)에 나타내었고, 입력 $\overline{E}$에 있는 작은 원은 디코더가 $\overline{E}=0$일 때만 enable된다는 것을 나타낸다. 출력에 있는 작은 원들은 모든 출력들이 보수로 표현되는 것을 의미한다.

1개의 enable 입력을 가지고 있는 디코더는 디멀티플렉서로서의 기능을 수행한다. 디멀티플렉서는 정보를 한 선으로 받아서 2^n개의 가능한 출력선들 중 하나를 선택하여 받은 정보를 전송하는 회로이다.

n개의 선택선들의 값에 의하여 출력선이 선택되며, 그림 10-28의 디코더에서 만약 $\overline{E}$가 입력선이고 A와 B를 선택선으로 취급한다면 디멀티플렉서와 같은 기능을 수행한다. 디멀티플렉서를 그림 10-28(b)에서 볼 수 있다. 입력 변수 $\overline{E}$는 모든 출력선으로 통하는 통로를 가지고 있으나 입력 정보는 A와 B의 2진 값에 의하여 결정되는 단 하나의 출력선에만 연결된다. 이것은 그림 10-27(b)의 진리표로부터 알 수 있다. 예를 들어 선택선 $AB=01$이면 D_1은 입력 $\overline{E}$와 동일하게 되고, 다른 모든 출력들은 1이 된다. 디코더와 디멀티플렉서의 연산은 동일한 회로에서 얻어지기 때문에 enable 입력을 가지고 있는 디코더는 디코더나 디멀티플렉서로 간주할 수 있다.

이 2×4 디코더는 1×4 디멀티플렉서(SN74155)와 같은 동작을 하는 것이다. SN74155(Dual 2×4 디코더)의 선택 입력 A, B가 그림 10-27의 A, B에 해당하고, strobe 입력 G_1이 enable 입력 $\overline{E}$에 해당한다.

이와 같이 생각하면 1×8 디멀티플렉서는 3개의 선택 입력 단자를 가진 것이므로 3×8 디코더와 같은 기능으로 된다. 또한 1×16 디멀티플렉서(SN74154)는 4개의 선택 입력 단자가 있기 때문에 4×16 디코더인 것도 알 수 있다.

예제 10-5

1×16 디멀티플렉서(SN74154)를 이용하여 4×16 디코더를 만들라.

✔ **풀이** 그림 10-29와 같이 하면 되고, 출력은 부논리이다.

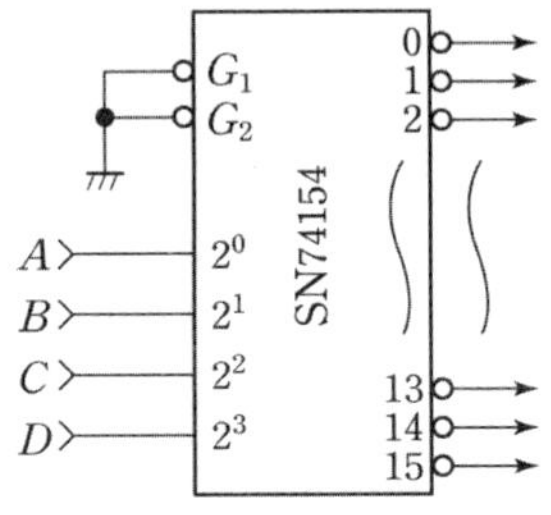

그림 10-29 4×16 디코더

예제 10-6

1×4 디멀티플렉서(SN74155)를 두 개 이용하여 3×8 디코더를 만들라.

✔ **풀이** 8개의 출력을 가진 디멀티플렉서는 3개의 선택 입력이 필요하다. 그래서 그림 10-30과 같이 2개의 선택 입력은 그대로 IC의 A, B 입력에 접속하고, 세 번째 선택 입력 C는 enable 입력 단자를 이용하는데 enable 입력 G_1과 G_2 사이에 inverter를 삽입한다. 선택 입력 C가 L일 때 1Y0~1Y3으로 출력되며, C를 H로 하면 2Y0~2Y3으로 출력된다. 데이터 입력을 2C 단자에 접속할 때 inverter를 삽입하는 것이 중요하다. 왜냐하면 2C 단자는 부논리 입력에서 동작하기 때문이다. 예를 들면 데이터 입력이 H이고, 선택 입력 C, B, A가 101일 때 2Y1 출력만 L로 되고, 다른 모든 출력은 H로 된다.

1×8 디멀티플렉서를 3×8 디코더로 만들려면 데이터 입력 단자를 H로 하면 되고, 선택 입력 A, B, C에 2진수를 인가하면 부논리의 8진 출력을 얻을 수 있다.

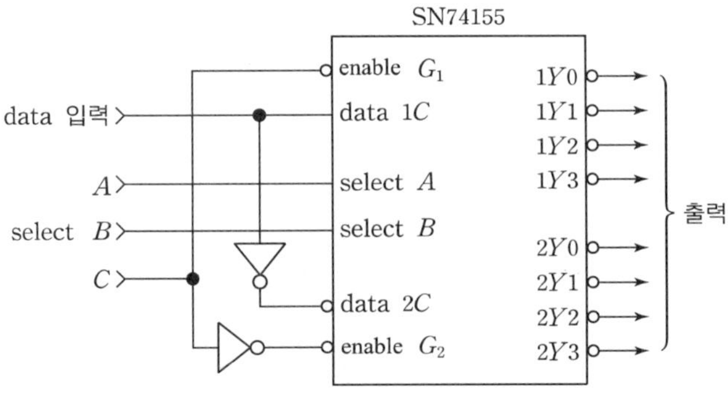

그림 10-30 SN74155를 3×8 디코더로 이용하는 방법

예제 10-7

3×8 디코더(SN74138)를 이용하여 다음 논리함수의 논리회로를 만들라.

$$Y = \overline{A}\,\overline{B}\,\overline{C} + \overline{A}\,B\overline{C} + A\overline{B}\,\overline{C} + AB\overline{C}$$

✔ **풀이** 디코더/디멀티플렉서를 이용하여 논리회로를 만들 수 있다. 그림 10-31과 같이 입력 변수 A, B, C를 입력 단자 A, B, C에 인가한다. 표준 SOP 형식인 $\overline{A}\,\overline{B}\,\overline{C}$에 대응하는 출력은 $\overline{Y_0}$로 출력되고, $\overline{A}\,B\overline{C}$에 대응하는 출력은 $\overline{Y_2}$로 출력된다. $A\overline{B}\,\overline{C}$와 $AB\overline{C}$는 각각 $\overline{Y_4}$, $\overline{Y_6}$ 으로 출력된다. enable 입력은 active로 해둔다. 이들 4개의 출력을 부논리 입력인 OR 게이트에 인가하면 Y 출력은 정논리로 된다.

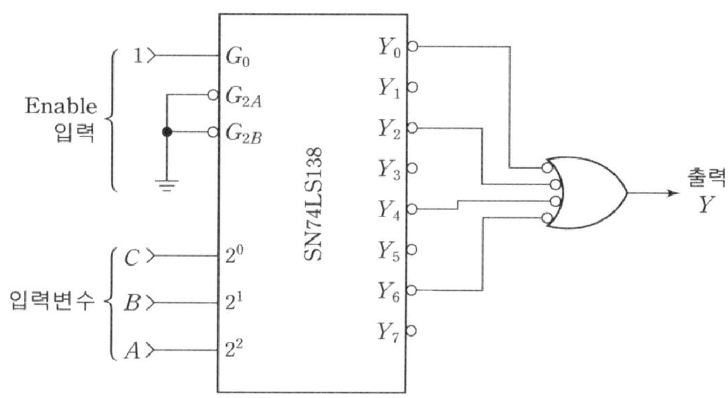

그림 10-31

10-6 코드 변환기

여기서는 주어진 코드를 다른 형태의 코드로 변환하는 회로에 대하여 알아본다.

1 BCD-2진 변환

BCD 코드를 2진 코드로 변환하는 방법 중 하나는 가산기 회로를 사용하는 것이며, 변환 과정은 다음과 같다.

1. BCD 코드에서 각 비트의 값을 2진수로 표시한다.
2. BCD 코드에서 1의 값을 갖는 비트들의 가중치를 모두 더한다.
3. 가산 결과는 BCD 코드에 대응하는 2진수가 된다.

위의 과정을 간략하게 말하면, BCD 코드의 각 비트에 해당하는 가중치를 모두 더하면 2진수가 된다고 말할 수 있다.

BCD와 2진수의 관계를 이해하기 위하여 두 자리 10진수를 나타내는 8비트 BCD 코드를 생각해보자. 10진수 95는 BCD 코드로 다음과 같이 표현할 수 있다.

1001 0101
9 5

왼쪽에 있는 4비트 그룹은 90을 나타내고, 오른쪽에 있는 4비트 그룹은 5를 나타낸다. 왼쪽 그룹의 가중치는 10이고, 오른쪽 그룹의 가중치는 1이다.

	10의 가중치				1의 가중치			
가중치:	80	40	20	10	8	4	2	1
비트명:	B_3	B_2	B_1	B_0	A_3	A_2	A_1	A_0

BCD 코드 비트들의 가중치는 그 비트가 나타내는 2진수에 해당하며, 표 10-7에 이 관계를 나타내었다.

표 10-7 BCD 비트 가중치의 2진 표현

BCD 비트	BCD 가중치	2진 표현						
		64	32	16	8	4	2	1
A_0	1	0	0	0	0	0	0	1
A_1	2	0	0	0	0	0	1	0
A_2	4	0	0	0	0	1	0	0
A_3	8	0	0	0	1	0	0	0
B_0	10	0	0	0	1	0	1	0
B_1	20	0	0	1	0	1	0	0
B_2	40	0	1	0	1	0	0	0
B_3	80	1	0	1	0	0	0	0

BCD 코드에 1로 나타난 비트에 해당하는 가중치를 모두 더하면 그 값이 바로 BCD 코드에 대응하는 2진수가 된다. 예제 10-8은 이러한 예를 보여준다.

예제 10-8

BCD 코드 0110 0101(10진수 65)과 0001 0111(10진수 17)을 각각 2진수로 나타내라.

✔ **풀이** BCD 코드에 1로 나타난 가중치를 2진으로 표현하여 모두 더하면 된다.

```
0 1 1 0 0 1 0 1
  | |     |   |
  | |     |   └──→  0000001    1
  | |     └──────→  0000100    4
  | └────────────→  0010100   20
  └──────────────→ +0101000   40
                   ─────────
                    1000001   10진수 65에 대한 2진수
0 0 0 1 0 1 1 1
      |   | | |
      |   | | └──→  0000001    1
      |   | └────→  0000010    2
      |   └──────→  0000100    4
      └──────────→ +0001010   10
                   ─────────
                    0010001   10진수 17에 대한 2진수
```

코드 변환을 위한 이러한 과정을 논리회로로 구현하는 방법에 대하여 알아보자. BCD 코드의 비트값이 1인 비트를 2진수로 나타내면 가산기를 사용해 각 비트를 더할 수 있다. BCD 비트의 값이 1일 때만 2진수로 변환하여 해당 열에 1이 생긴다. 두 자리의 BCD 코드를 2진수로 변환하려면 BCD 입력선과 7개의 2진 출력선이 필요하다.

표 10-7을 보면 2진 표현 난의 '1' 열에는 1이 하나만 있고, 자리올림이 입력될 가능성은 없으므로 BCD 입력비트 A_0를 2진수의 LSB 출력으로 직접 연결해도 된다. 2진 표현 난의 '2' 열을 보면 A_1과 B_0에 1이 있을 경우, BCD 비트 A_1과 B_0를 더해야 함을 알 수 있다. '4' 열은 A_2와 B_1이 모두 1일 때 이들을 더해야 한다는 것을 보여준다. '8' 열의 경우, 세 개의 BCD 비트 A_3, B_0, B_2를 더하여 처리하면 된다. 같은 방법으로 '16' 열에서는 BCD 비트 B_1, B_3를 더하고, '32' 열에서는 1이 하나만 있으므로 BCD 비트 B_2와 '16' 열의 자리올림

출력을 더하면 된다. '64' 열에서도 1이 단 한 번 발생하므로 BCD 비트 B_3와 '32' 열의 자리 올림 출력을 더하면 된다. 그림 10-32는 위와 같은 동작을 4비트 가산기로 구현하는 방법을 나타낸 것이다.

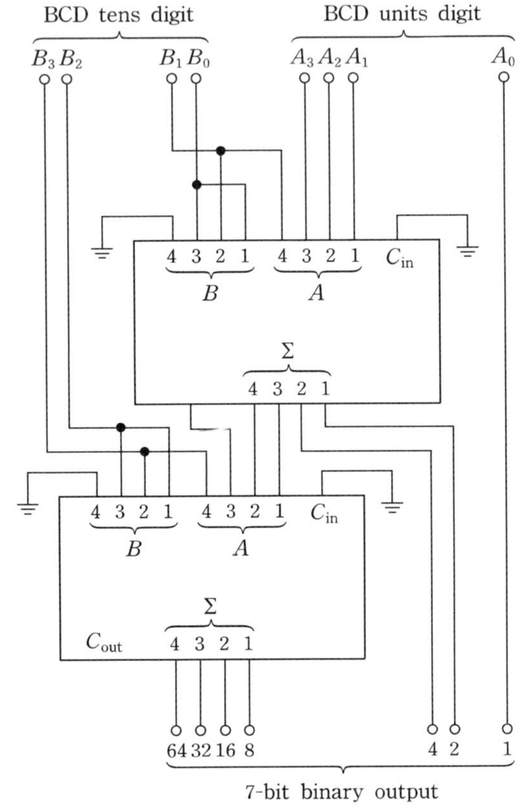

그림 10-32 4비트 가산기를 사용한 BCD-2진 변환기

2 BCD-2진 변환기와 2진-BCD 변환기

코드 변환기는 일반적으로 프로그램된 ROM으로 구현된다. BCD-2진 변환기로는 ROM으로 프로그램된 SN74184, 2진-BCD 변환기로는 ROM으로 프로그램된 SN74185가 있다. 그림 10-33은 6비트 변환기로 사용하는 이들 소자에 대한 논리 기호이다.

그림 10-34와 그림 10-35는 더 많은 비트로 이루어진 큰 수를 변환할 수 있도록 이 소자들을 확장한 것이다.

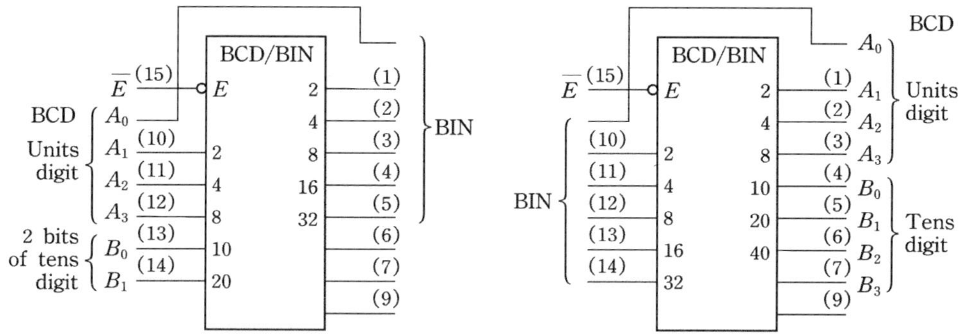

(a) 6비트 BCD-2진 변환기 (b) 6비트 2진-BCD 변환기

그림 10-33 BCD-2진 변환기와 2진-BCD 변환기

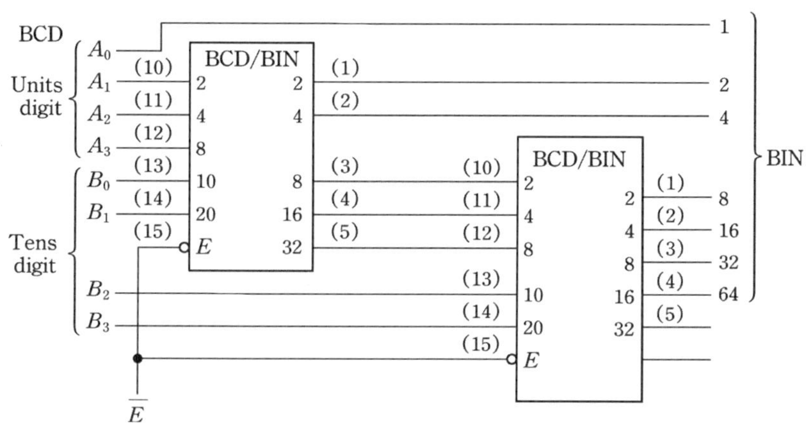

그림 10-34 2자리 BCD 코드를 2진수로 변환하기 위한 SN74184의 확장

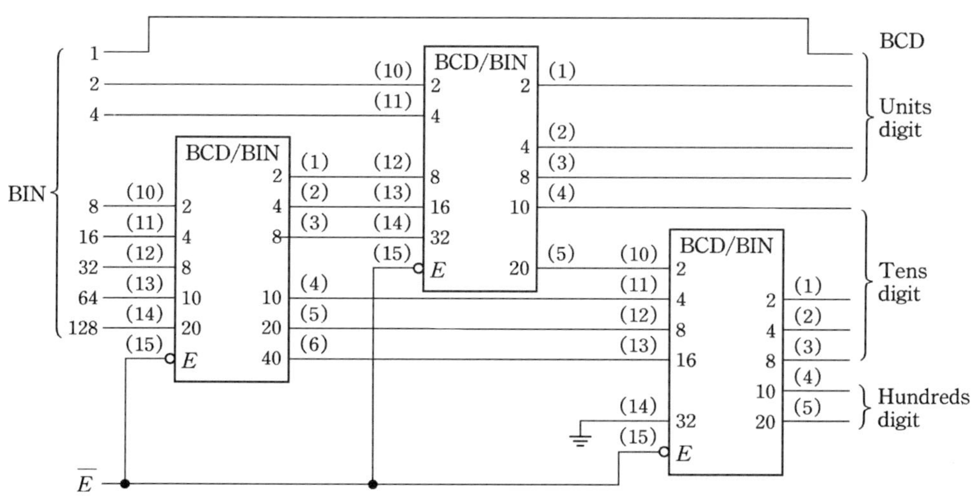

그림 10-35

Chapter 10 연습문제

1. 3×8 디코더를 이용하여 다음의 논리식에 따른 논리회로를 만들어라.

$$Y = AB\overline{C} + \overline{A}BC + \overline{A}B\overline{C} + \overline{A}\,\overline{B}\,\overline{C}$$

2. 전감산기를 3×8 디코더와 두 개의 OR 게이트를 사용하여 실현하라.

3. 그림 10-36에 나타낸 7 segment 디코더(SN7447)에 표 10-8과 같은 입력 D, C, B, A를 인가한 경우 10진수 표시를 그리라.

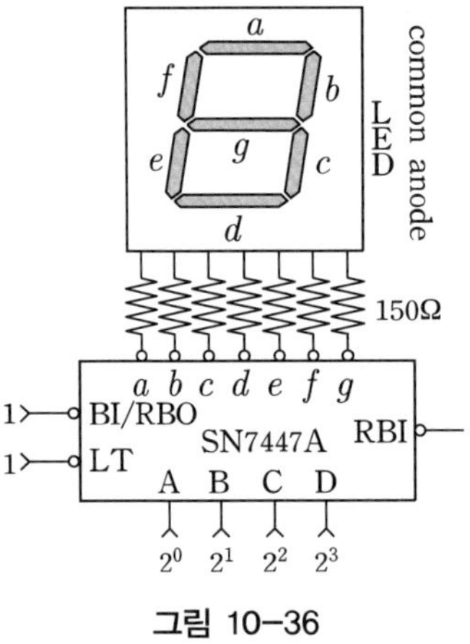

그림 10-36

표 10-8

입력 단자	출력 표시
D C B A	
0 0 0 1	
0 0 1 1	
0 1 0 1	
0 1 1 1	
1 0 0 1	

4. 1×8 DeMUX를 이용하여 3×8 디코더를 만들라.

5. 1×16 DeMUX를 이용하여 4×16 디코더를 만들라.

6. 디코더의 출력이 그림 10-37과 같이 주어질 때 출력 Y는?

A	B	Y
0	0	
0	1	
1	0	
1	1	

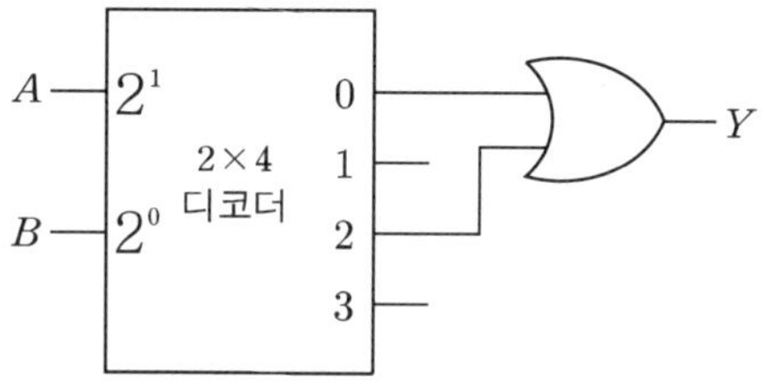

그림 10-37

7. 3비트 입력 디코더가 그림 10-38과 같이 구성되어 OR 결합 출력이 나갈 때 간략화된 기대되는 출력값을 구하라.

A	B	C	Y
0	0	0	
0	0	1	
0	1	0	
0	1	1	
1	0	0	
1	0	1	
1	1	0	
1	1	1	

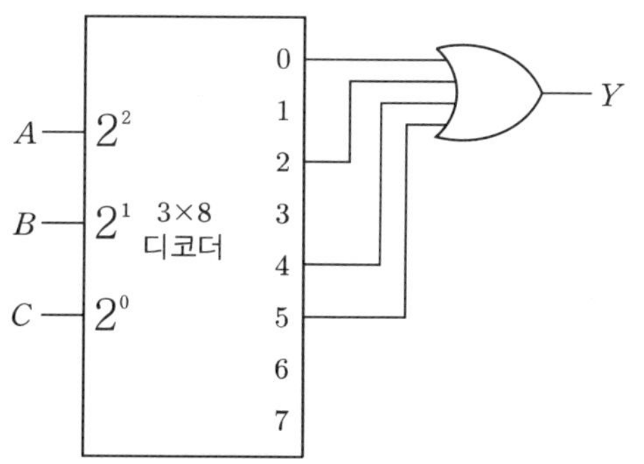

그림 10-38

8. 10진-BCD 인코더 회로를 설계하라.

9. 표 10-9의 입력과 출력으로 4입력 우선순위 인코더를 설계하라. 단, 진리표에서 입력 D_0가 높은 우선순위를, D_3가 낮은 우선순위를 갖는다.

표 10-9

D_3	D_2	D_1	D_0	A_1	A_0	V
0	0	0	0	×	×	0
×	×	×	1	0	0	1
×	×	1	0	0	1	1
×	1	0	0	1	0	1
1	0	0	0	1	1	1

10. 8진-2진 우선순위 인코더를 설계하라.

Chapter 11 | 플립플롭

지금까지 배운 회로는 현재의 출력이 현재의 입력에 바로 대응하는 논리회로, 즉 회로의 출력이 인가되는 입력의 순서에 무관하고, 현재 입력의 이전 상태에도 무관한 조합논리회로에 대한 것이었다. 그러나 디지털 시스템에서는 실제로 입력 순서가 중요한 역할을 하는 논리회로, 즉 현재 입력과 함께 과거 출력에 의존해서 그에 대응하는 출력이 나오는 순서논리회로가 더 많이 사용되고 있다. 따라서 순서논리회로에서는 어떤 시각의 입력을 뒤의 시간까지 유지해주기 위한 기억소자가 필요하고, 이 기억소자로서 플립플롭이 사용되고 있다.

이처럼 디지털 논리회로는 조합논리회로와 순서논리회로로 구분할 수 있는데, 이들의 조합으로부터 고도의 디지털 시스템이 구성되는 것이다. 이 장에서는 디지털 시스템에서 기억소자로 이용되는 플립플롭의 기본 동작과 그 종류에 대하여 알아보고, 동시에 개개의 플립플롭이 어떤 특성을 가지며, 또 그들이 어떻게 응용되는지 살펴보고자 한다. 우선 플립플롭 회로를 구성하는 멀티바이브레이터에 대하여 설명하면, 멀티바이브레이터란 한쪽 출력이 ON되면 다른 쪽 출력이 OFF 상태가 되도록 두 개의 능동소자를 연결한 일종의 재생회로이다. 멀티바이브레이터에는 쌍안정(bistable) 멀티바이브레이터와 단안정(monostable) 멀티바이브레이터 그리고 무안정(astable) 멀티바이브레이터가 있는데, 이들은 그림 11-1에 제시한 회로에서 결합소자로 무엇을 사용하느냐에 따라서 결정되며, 이들 회로에 대한 특징을 표 11-1에 간략하게 나타내었다.

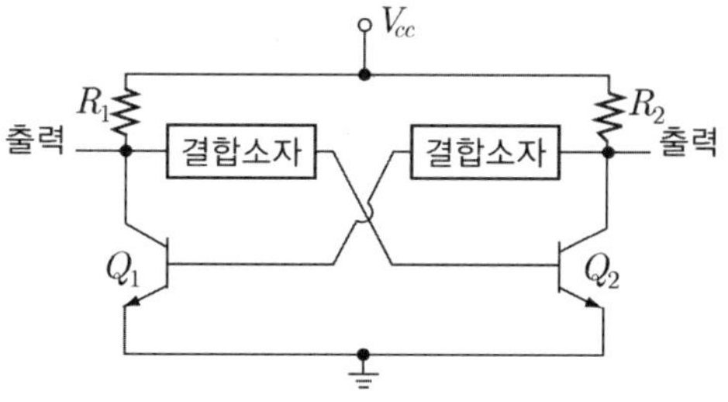

그림 11-1 기본적인 멀티바이브레이터 회로

표 11-1 멀티바이브레이터 회로의 종류 및 특징

구분	결합소자	안정한 상태 수
무안정 멀티바이브레이터	모두 커패시터	0
단안정 멀티바이브레이터	하나는 커패시터 다른 하나는 저항	1
쌍안정 멀티바이브레이터	모두 저항	2

그리고 이들 개개의 회로들은 각기 사용 용도가 다른데, 쌍안정 멀티바이브레이터는 타이밍이나 연산용 카운터에 사용되며, 정보의 기본 기억저장회로인 1비트 기억소자이다. 단안정 멀티바이브레이터는 고정된 지연 시간 간격 조정용으로 사용되며, 펄스 신장기(pulse stretcher) 회로로도 사용된다. 무안정 멀티바이브레이터는 동기용 클록신호 공급회로에 주로 이용된다.

이 장에서는 쌍안정 멀티바이브레이터를 응용한 래치와 플립플롭 회로의 종류와 동작 특성에 대하여 설명한다.

11-1 *RS* 래치와 *RS* 플립플롭

쌍안정 멀티바이브레이터 회로를 이용한 *RS* 래치(latch)와 *RS* 플립플롭(flip flop)은 그 동작 상태 면에서는 유사하지만 그들의 상태 변화를 일으키는 방법의 차이 때문에 그 동작 특성이 다른 특징을 갖는다.

1 *RS* 래치

래치에는 여러 가지 종류가 있으며, 그 동작 특성과 역할이 다르지만 가장 기본적인 것이 리셋-세트 래치(이하 *RS* 래치)이다. *RS* 래치의 구성도는 그림 11-2에 나타냈듯이, *RS* 래치는 두 개의 출력단자 Q, $\overline{Q}$를 갖고 있다.

RS 래치가 정상적으로 동작하고 있을 때에는 Q와 $\overline{Q}$가 서로 상보관계($Q=1$이면 $\overline{Q}=0$, $Q=0$이면 $\overline{Q}=1$)에 있다.

래치에서는 일반적으로 Q 출력이 1(high)이고, $\overline{Q}$ 출력이 0(low)이면 세트 상태에 있다고 하며, 이와는 반대로 Q 출력이 0(low)이고, $\overline{Q}$ 출력이 1(high)일 때는 리셋 상태에 있다고

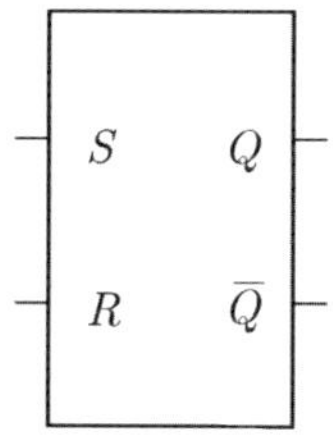

그림 11-2 RS 래치의 구성도

한다. 또 RS 래치에는 두 개의 입력단자인 세트 입력(S)과 리셋 입력(R)이 있는데, 세트 입력이란 플립플롭에 active 입력, 즉 정논리에서는 1, 부논리에서는 0을 인가하였을 때 래치가 세트 상태로 된다는 것을 의미한다. 마찬가지로 리셋 입력에 active 입력을 인가하면 래치는 리셋 상태로 된다. 이러한 RS 래치의 동작을 정리하면 표 11-2와 같고, 이를 요약하여 설명하면 다음과 같다.

표 11-2 RS 래치 동작표

입력		출력		동작 상태
S	R	$Q(t+1)$	$\overline{Q}(t+1)$	
0	0	$Q(t)$	$\overline{Q}(t)$	불변
0	1	0	1	리셋 상태
1	0	1	0	세트 상태
1	1	?	?	부정

1) 세트 입력에 1을 인가하면, 래치는 세트 상태가 된다.
2) 일단 래치가 세트 상태로 되면, 세트 신호를 제거해도 래치는 세트 상태를 유지한다.
3) 리셋 입력에 1을 인가하면 래치는 리셋 상태가 되고, 이후 리셋 신호를 제거해도 래치는 리셋 상태를 유지한다.
4) 입력에 아무런 신호도 인가되지 않으면 래치는 이전의 상태를 그대로 유지한다. 즉, 세트 상태에 있었다면 그 상태를 유지한다.
5) 세트 입력과 리셋 입력단자에 동시에 1을 인가하지 말아야 한다. 왜냐하면 래치가 세트 상태인지 리셋 상태인지를 판단할 수 없기 때문이다.

앞의 설명으로부터 RS 래치는 세트 또는 리셋 상태를 기억하는 작용이 있음을 알 수 있으며, 1비트 기억소자로의 이용이 가능하다. 그런데 전원 스위치를 끈 다음 다시 전원을 인

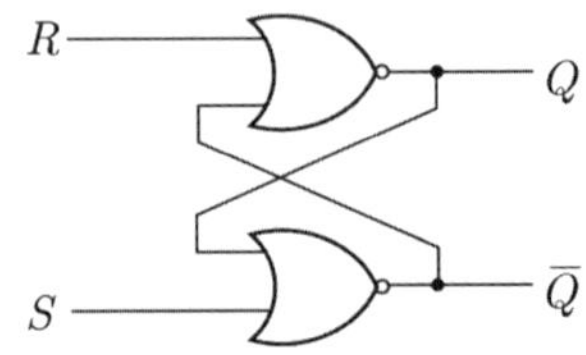

그림 11-3 *RS* 래치의 논리회로도

가했을 때 *RS* 래치가 세트 상태와 리셋 상태 중 어떤 상태로 되는지를 모르기 때문에 디지털 시스템에서는 전원 인가 시 플립플롭이 리셋 상태가 되도록 하는 회로, 즉 power ON 리셋 신호를 부착하여 사용한다. 그러면 구체적인 *RS* 래치의 회로에 대하여 검토해보자. 그림 11-3은 NOR 게이트 두 개를 이용하여 구성한 *RS* 래치 회로의 구성도이다.

표 11-3 *RS* 래치의 동작표

입력		출력		동작 상태
S	R	$Q(t+1)$	$\overline{Q}(t+1)$	
0	0	$Q(t)$	$\overline{Q}(t)$	불변
0	1	0	1	리셋 상태
1	0	1	0	세트 상태
1	1	?	?	부정

그림 11-3의 동작은 표 11-3과 같으며, 표 11-2의 정논리 동작 기능과 거의 같다. 그리고 세트 입력과 리셋 입력이 동시에 1일 때는 출력 Q와 $\overline{Q}$는 0이 된다. 물론 이런 입력은 금지 사항이므로 래치가 세트 상태인지 리셋 상태인지 알 수가 없다. 따라서 이 *RS* 래치의 순서 동작을 명확히 이해하려면 그림 11-4와 같이 time chart를 만들면 알기가 쉽다. time chart에서 래치가 처음에는 리셋 상태에 있는 것으로 한다. 여기에 세트 입력을 인가하면 래치가 세트 상태가 되고, Q 출력은 1이 된다. 이와 반대로 리셋 입력을 인가하면, 래치는

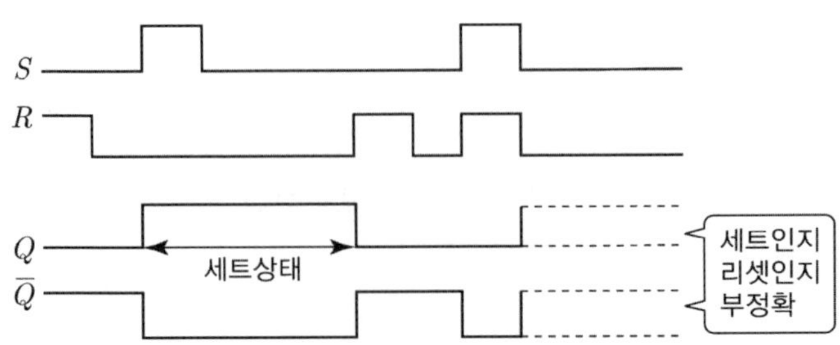

그림 11-4 *RS* 래치의 time chart

리셋 상태가 되어 처음 상태로 돌아간다. 마지막으로 세트 입력과 리셋 입력에 1이 인가되는

경우 일단 $Q=\overline{Q}=0$으로 되지만 그 후에 입력 신호가 없으면 래치가 어떤 상태에 있는지 명확하지가 않다. 이것을 점선으로 나타내었다.

예제 11-1

RS 래치에서 그림 11-5(a), (b)에 주어진 time chart의 형태로 세트 입력과 리셋 입력 신호를 인가했을 때, 래치의 출력 Q와 $\overline{Q}$의 파형을 그리라(단, 초기 상태는 리셋이다).

✔ **풀이** 출력 파형은 그림 11-5(c), (d)와 같다.

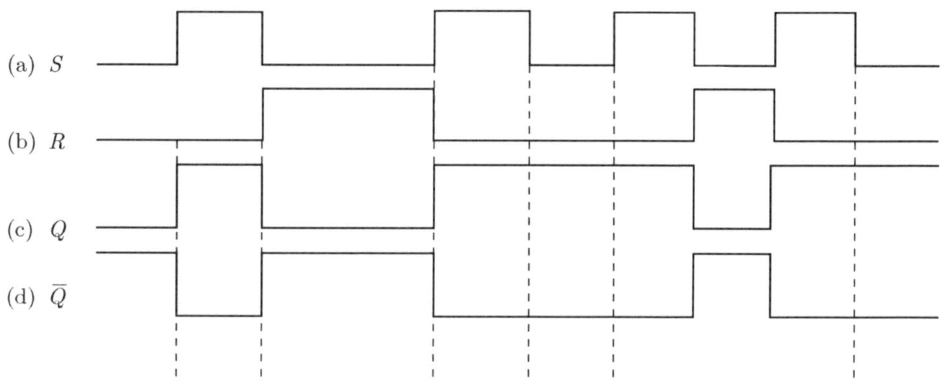

그림 11-5 *RS* 래치의 time chart

한편 *RS* 래치는 NAND 게이트를 이용해서도 구성할 수가 있는데, 이것을 그림 11-6에 나타내었다. 여기서 세트 입력 $\overline{S}$와 리셋 입력 $\overline{R}$는 부논리를 의미한다.

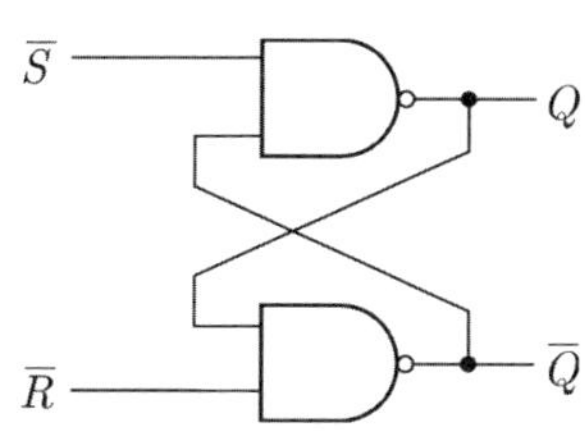

그림 11-6 $\overline{R}\,\overline{S}$ 래치

표 11-4 $\overline{R}\,\overline{S}$ 동작표

입력		출력		동작 상태
S	R	$Q(t+1)$	$\overline{Q}(t+1)$	
0	0	1	1	부정
0	1	1	0	세트 상태
1	0	0	1	리셋 상태
1	1	$Q(t)$	$\overline{Q}(t)$	불변

이 NAND 게이트를 이용한 RS 래치는 표 11-4와 같은 논리 동작을 하는데 플립플롭이 세트 상태가 되는 것은 $\overline{S}=0$, $\overline{R}=1$인 경우로서 이는 바로 부논리를 사용하기 때문이다. 마찬가지로 래치를 리셋 상태로 하려면 $\overline{R}=0$, $\overline{S}=1$로 해야 한다. 이러한 의미에서 NAND 게이트 구성의 RS 래치를 $\overline{R}\,\overline{S}$ 래치라고 하여 RS 래치와 구별해서 표기하기도 한다. 그리고 $\overline{R}\,\overline{S}$ 래치의 기호와 회로 구성도는 그림 11-7과 같이 나타내어서, 부논리 입력으로 동작한다는 것을 표시한다.

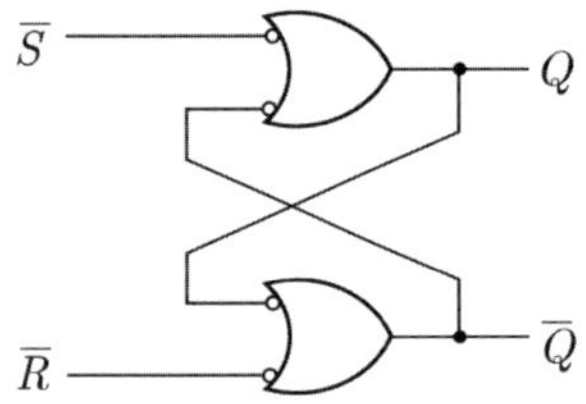

(a) $\overline{R}\,\overline{S}$ Latch

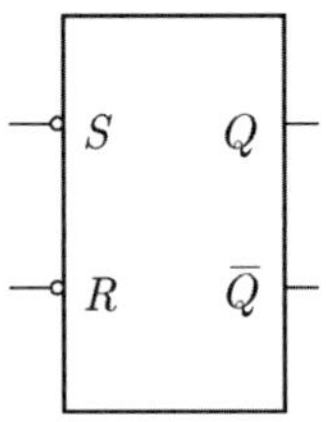

(b) 논리기호

그림 11-7 $\overline{R}\,\overline{S}$ 래치의 회로 구성과 논리기호

◐ 예제 11-2

$\overline{R}\,\overline{S}$ 래치에 그림 11-8(a), (b)에 주어진 time chart의 형태로 세트 입력과 리셋 입력신호를 인가했을 때, 래치의 출력 Q와 $\overline{Q}$의 파형을 그리라(단, 초기 상태는 리셋이다).

✔ **풀이** 출력 파형은 그림 11-8(c), (d)와 같다.

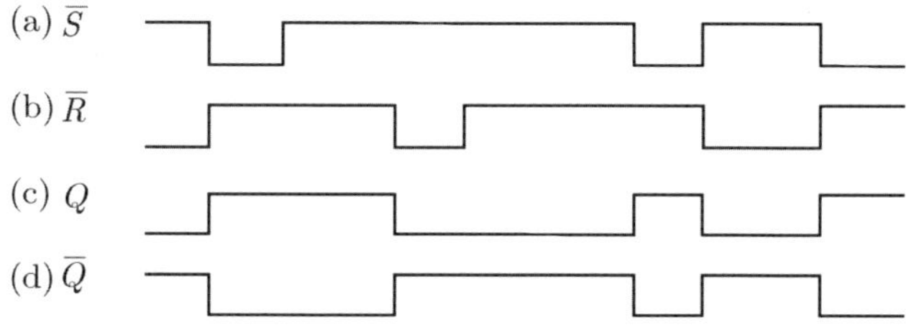

그림 11-8 $\overline{R}\,\overline{S}$ 래치의 time chart

$\overline{R}\,\overline{S}$ 래치를 정논리 입력으로 동작시키려면 그림 11-9와 같이 $\overline{S}$ 입력과 $\overline{R}$ 입력 값에 인버터를 삽입하면 된다.

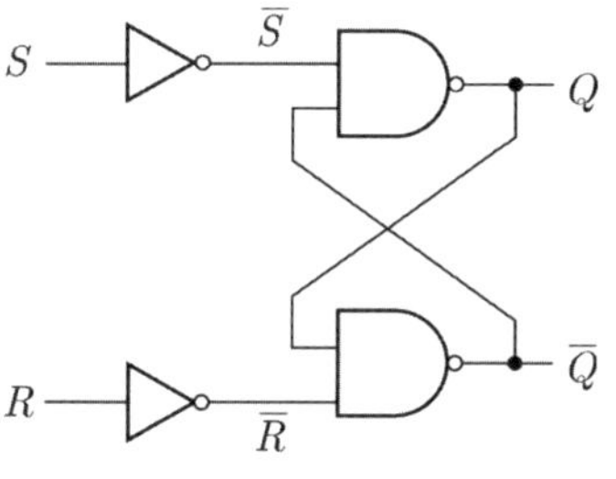

그림 11-9 NAND 게이트를 이용한 정논리 RS 래치 회로

그리고 RS 래치 회로에 인에이블(enable) 단자(이하 E)를 첨가해서 래치 회로를 제어시킬 수 있는데, 이런 회로의 구성도를 그림 11-10에 나타내었다. 이 회로는 E 입력이 1일 때만 RS 래치의 동작이 수행됨을 알 수 있다.

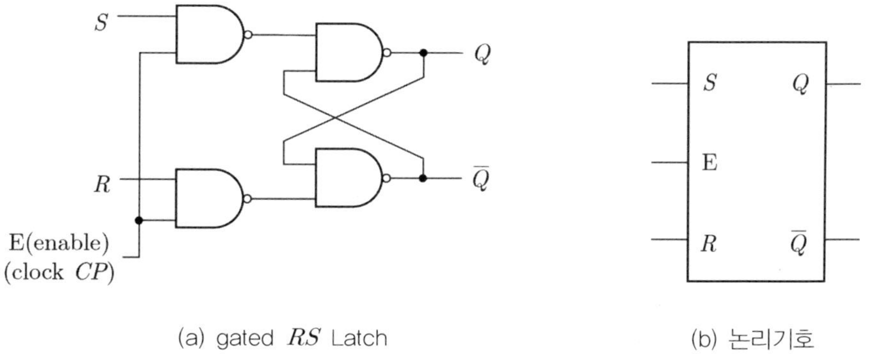

(a) gated RS Latch (b) 논리기호

그림 11-10 Enable 단자를 가진 RS 래치(gated RS 래치)

그림 11-10의 회로에서 E 입력으로 클록 펄스(clock pulse: 이하 *CP*)를 사용하면 *CP*=1일 때만 *S*, *R* 입력이 래치에 영향을 주고 *CP*=0일 때는 *S*, *R* 입력에 무관하게 된다. 따라서 그림 11-11에 나타낸 클록 펄스 *CP*를 E 단자에 인가하면 클록의 타이밍으로 래치의 출력이 변환하는 동기 동작이 가능하게 된다.

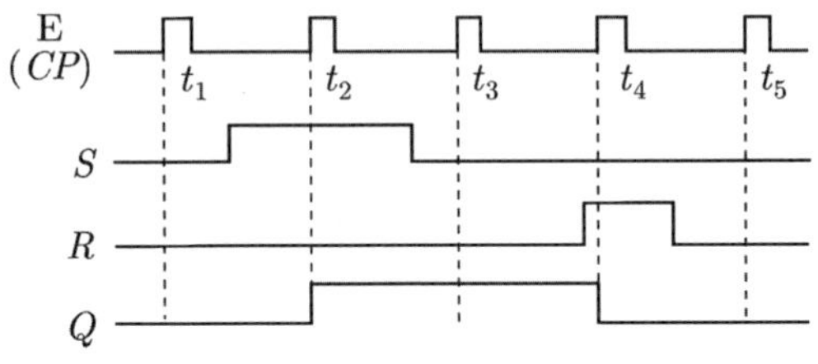

그림 11-11 gated *RS* 래치의 동기 동작

이처럼 *RS* 래치에 E 단자를 첨가하면 enble 제어가 가능하고, E 입력으로 클록 펄스를 사용함으로써 펄스동기 동작을 수행시킬 수가 있음을 알 수 있다.

다시 말해서 클록 펄스가 H 레벨에 있을 때는 *RS* 래치가 *R*, *S* 입력에 반응하고, L 레벨에 있을 때는 *RS* 래치가 이전의 상태를 유지한다는 의미에서 gated *RS* 래치라 한다.

그리고 래치란 바로 클록 입력 동안의 데이터를 기억하며 빗장을 친다는 의미에서 나온 용어이다.

예제 11-3

그림 11-10의 gated *RS* 래치에 그림 11-12(a)의 S, R, E의 입력 파형을 인가했을 때 *Q*와 $\overline{Q}$의 출력 파형을 그리라(단, 초기 상태는 리셋이다).

✔ **풀이** *Q*와 $\overline{Q}$의 출력파형은 그림 11-12(b)와 같다.

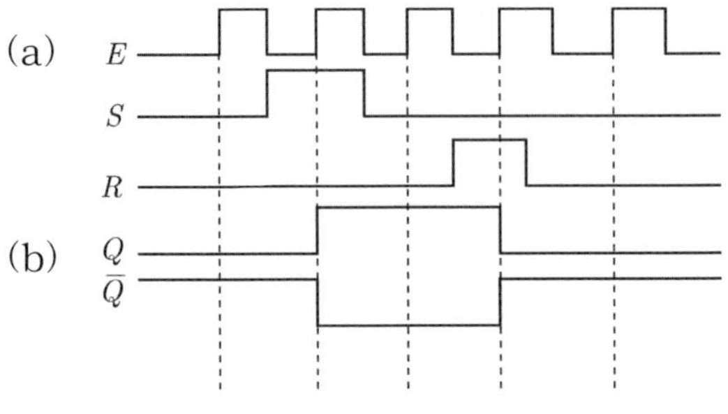

그림 11-12

2 edge triggered *RS* 플립플롭

gated *RS* 래치는 인에이블 입력(클록)이 들어오고 있는 동안에 *R*, *S* 입력을 변화시키면 *Q* 출력도 변화하는 성질이 있었다. 그러나 클록 펄스폭이 조금 넓게 되면 클록의 타이밍에 동기를 시키는 것이 어렵기 때문에, 클록 펄스가 1에서 0으로 변화하는 순간이나 0에서 1로 변화하는 순간에만 래치가 동작하도록 한 플립플롭이 개발되었다.

따라서 플립플롭을 동기 쌍안정 장치라 하는데 여기서 동기란 그 출력이 다만 클록의 edge에서만 상태 변화가 일어난다는 의미에서 붙여진 명칭이다.

이런 플립플롭에서는 클록 펄스의 rising edge 또는 falling edge의 시점에서만 동작되므로, 이것을 edge triggered 플립플롭이라 한다. 그리고 클록의 rising edge에서 동작하는 플립플롭을 positive edge 트리거형이라 하고, 클록의 falling edge에서 동작하는 플립플롭을 negative edge 트리거형이라 한다. 그래서 플립플롭의 트리거 동작이 positive인지 negative인지를 구별하기 위하여 그림 11-13과 같은 기호를 사용한다. 즉, 클록 입력 부분에 ▷표를 붙여서 edge 동작을 나타내고, 부정의 의미인 ○표를 붙임으로써 falling edge로 동작한다는 것을 나타내고 있다.

그림 11-13에서 *S*, *R* 입력을 동기입력(synchronous input)이라 하는데 그 이유는 입력 데이터가 클록 펄스의 triggering edge에서만 플립플롭의 출력 상태가 변환되기 때문이다. 이에 대한 동작 특성표를 표 11-5에 나타내었고, 그 동작을 설명하면 다음과 같다.

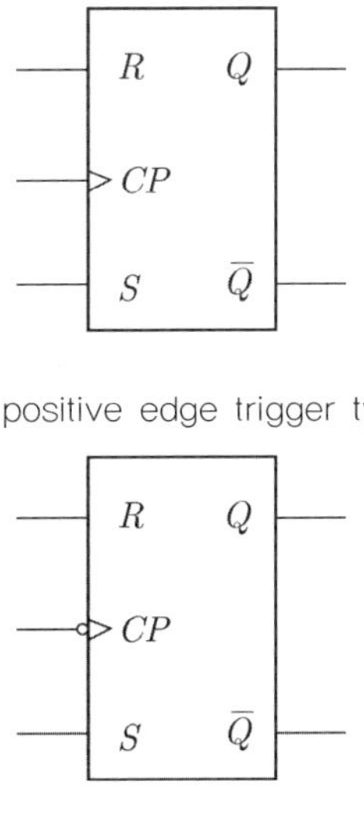

(a) positive edge trigger type

(b) negative edge trigger type

그림 11-13 edge triggered *RS* 플립플롭 논리기호

표 11-5 *RS* 플립플롭의 동작표와 특성표

S	R	$Q(t+1)$	$\overline{Q}(t+1)$	동작 상태
0	0	$Q(t)$	$\overline{Q}(t)$	불변
0	1	0	1	리셋
1	0	1	0	세트
1	1	?	?	부정

(a) 동작표

$Q(t)$	S	R	$Q(t+1)$
0	0	0	0
0	0	1	0
0	1	0	1
0	1	1	부정
1	0	0	1
1	0	1	0
1	1	0	1
1	1	1	부정

(b) 특성표

$Q(t)$ \ SR	00	01	11	10
0			×	1
1	1		×	1

$$Q(t+1) = S + \overline{R}Q(t)$$

(c) 특성방정식

즉, S가 1이고, R이 0일 때 출력 Q는 클록 펄스의 triggering edge에서 1로 되어, 플립플롭은 세트 상태가 되고, S는 0이고, R이 1일 때 출력 Q는 클록 펄스의 triggering edge에서 0으로 되어, 플립플롭은 리셋 상태가 된다. 또한 S와 R 둘 다 0일 때는 출력은 현 상태를 유지하고, S와 R 둘 다 1일 때는 금지 조건이 된다.

이러한 기본 논리동작은 *RS* 래치와 같음을 알 수 있다.

negative edge triggered *RS* 플립플롭에 대한 연산과 진리표는 클록 펄스의 falling edge를 triggering edge로 하는 것 외에는 positive edge triggered *RS* 플립플롭과 같다.

◐ 예제 11-4

그림 11-14의 플립플롭에 그림 11-15(a)의 S, R 및 CP의 입력 파형을 인가했을 때 Q와 $\overline{Q}$의 출력 파형을 그리라(단, 초기 상태는 리셋이다).

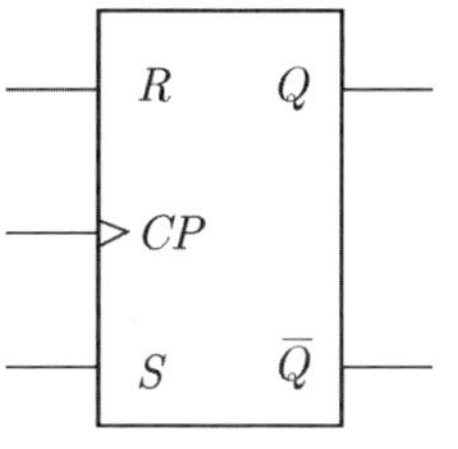

그림 11-14

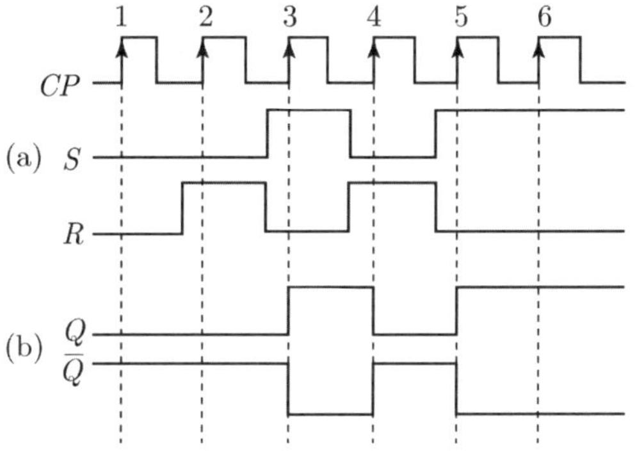

그림 11-15

✔ **풀이** Q와 $\overline{Q}$의 출력파형은 그림 11-15(b)와 같으며, 동작 설명을 다음과 같다.

1. 클록 펄스 1에서 S가 0이고, R도 0이므로 Q는 변화하지 않는다.
2. 클록 펄스 2에서 S가 0이고, R도 1이므로 Q는 0을 유지한다.
3. 클록 펄스 3에서 S가 1이고, R도 0이므로 Q는 1로 된다.
4. 클록 펄스 4에서 S가 0이고, R도 1이므로 Q는 0으로 된다.
5. 클록 펄스 5에서 S가 1이고, R도 0이므로 Q는 1로 된다.
6. 클록 펄스 6에서 S가 1이고, R도 0이므로 Q는 1을 유지한다.

11-2 gated D 래치와 D 플립플롭

1 gated D 래치

gated D 래치는 그림 11-16(a)와 같이 gated RS 래치에 인버터를 부가해서 간단히 구성할 수 있다.

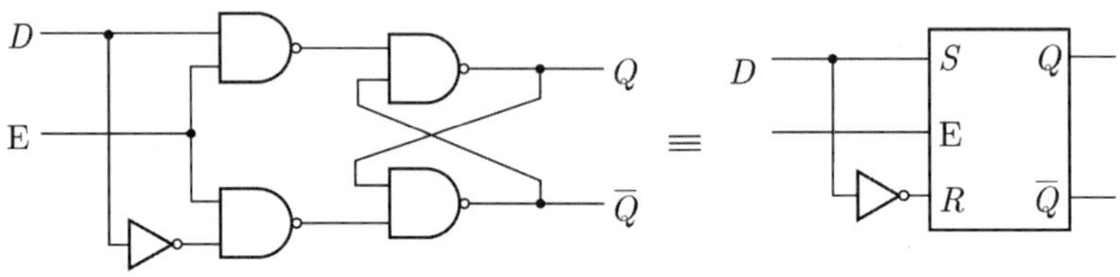

(a) gated D 래치

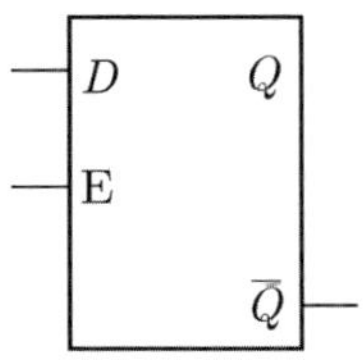

(b) 논리기호

E	D	$Q(t+1)$
1	0	0
1	1	1

(c) 동작표

그림 11-16 gated D 래치의 기호와 동작

gated D 래치의 논리기호는 그림 11-16(b)와 같고, 동작은 그림 11-16(c)에 나타낸 것과 같다. 즉, 제어입력은 D단자 하나이며, 인에이블 입력(클록)이 인가되었을 때만 동작하고 그때 $Q=D$로 된다. gated D 래치는 어떤 순간의 제어입력 D의 데이터를 기억해두기 위해서 사용된다.

예제 11-5

gated D 래치에서 초기 상태는 $\overline{Q}=1$, 즉 리셋 상태로 하고, 그림 11-17에 나타낸 D 입력과 클록 입력이 인가되었을 때 출력 Q의 파형을 그리라.

✔ **풀이** 출력 Q의 파형을 그림 11-17의 하단에 나타내었다. 클록 t_1의 시각에서 $D=0$이기 때문에 $Q=0$으로 된다. 그리고 다음 클록 t_2 시각까지 그 상태를 유지하고, t_2일 때 D는 1이기 때문에 Q는 1로 변한다. t_2와 t_3 사이에서 $D=0$으로 되지만 이것은 아무 영향 없이 다음 클록 t_3까지 $Q=1$을 유지한다. t_3 시각에서 $D=0$이므로 Q는 0으로 변한다. t_4의 시각 처음은 $D=1$이기 때문에 일단 $Q=1$로 되지만 클록 펄스가 1인 동안에 $D=0$으로 변화하므로 출력 Q도 0으로 변화한다.

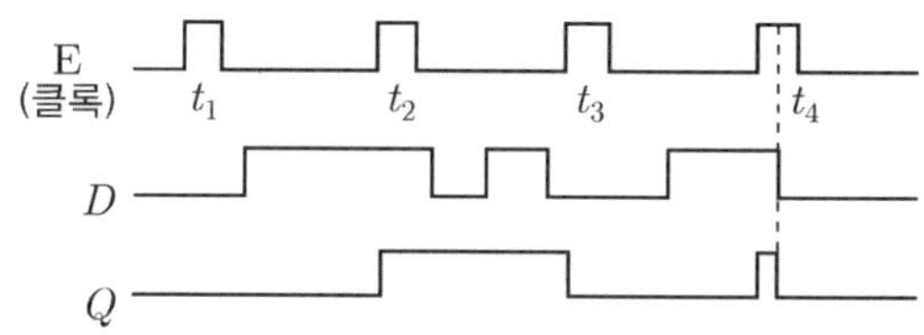

그림 11-17 gated D 래치의 동기 동작

따라서 gated D 래치는 데이터 래치의 의미로서 데이터의 일시적인 기억에 이용된다.

TTL SN7475는 4비트 D 래치 IC이며, 그림 11-18에 핀 배치와 동작표를 나타내었다. E 입력단자가 1일 때 D 입력은 그대로 Q 출력에 나타나고, E가 0으로 되면 그 순간의 D 입력이 기억되는 것을 나타내고 있다.

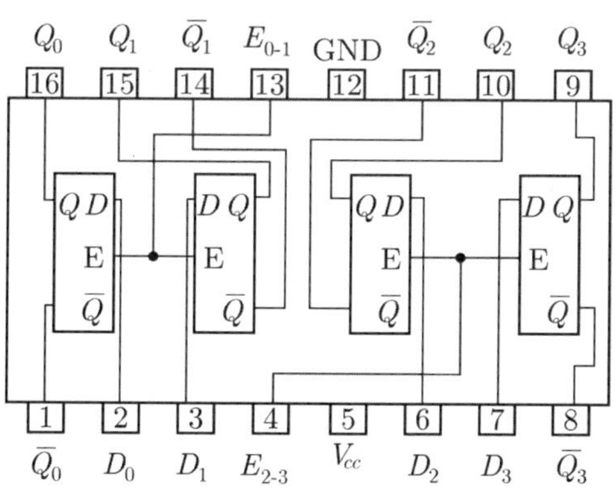

(a) pin 배치

D	E	$Q(t+1)$	$\overline{Q}(t+1)$	동작
0	1	0	1	데이터
1	1	1	0	데이터
×	0	$Q(t)$	$\overline{Q}(t)$	래치

(b) 동작표

그림 11-18 SN7475의 핀 배치와 동작

2 edge triggered D 플립플롭

D 플립플롭은 단일 데이터 비트(1 또는 0)를 저장할 때 유용한 것으로 그림 11-19에 나타낸 것과 같이 positive edge trigger형과 negative edge trigger형이 있다.

positive edge triggered 플립플롭은 그림 11-20과 같이 클록 외에 한 개의 입력만을 갖고 있는데 이것을 D 입력이라 한다.

클록 펄스가 공급될 때 만일, D 입력이 1이면 플립플롭은 세트가 되고, D 입력값은 클록 펄스의 rising edge에서 플립플롭에 저장되며, 만일 D 입력이 0이면 플립플롭은 리셋 상태가 되어 D 입력값이 클록 펄스의 rising edge에서 플립플롭에 저장된다.

(a) positive edge trigger type (b) negative edge trigger type

그림 11-19 edge triggered D 플립플롭

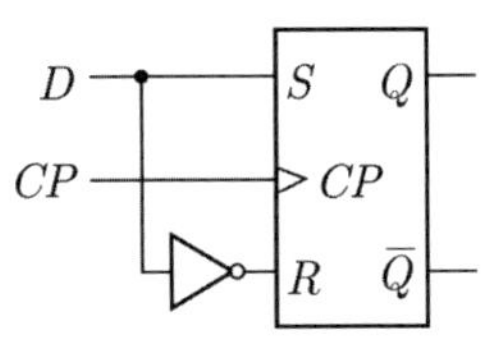

(a) 회로기호

입력		출력		동작상태
D	CP	Q	$\overline{Q}$	
1	↑	1	0	세트
0	↑	0	1	리셋

(b) 동작표

$Q(t)$	D	$Q(t+1)$
0	0	0
0	1	1
1	0	0
1	1	1

(c) 특성표

$Q(t)$ \ D	0	1
0		1
1		1

$$Q(t+1) = D$$

(d) 특성 방정식

그림 11-20 positive edge triggered D 플립플롭의 동작 특성

positive edge triggered D 플립플롭의 동작을 그림 11-20에서 나타내었고, negative edge triggered 플립플롭의 동작도 물론 클록 펄스의 falling edge에서 trigger되는 것을 제외하면 그 동작은 같다.

이처럼 D 플립플롭은 edge 동작을 하는 동기식이므로 D 래치와는 구별해서 사용하는 것이 좋다.

D 플립플롭은 delay 플립플롭의 명칭대로 클록 펄스에 동기하지 않는 데이터 입력을 받아서 동기된 출력을 취할 목적으로 사용한다. 그리고 이때는 클록 하나만큼의 지연이 일어난다. 그림 11-21은 positive edge 트리거형 D 플립플롭이 SN7474의 회로기호와 동작표이다. D 입력과 CP 입력 외에 독립한 프리셋(preset) 입력단자(PR)와 클리어(clear) 입력단자(CLR)가 부가되어 있어, 사용하기 쉽도록 되어 있다. 그러나 프리셋 입력과 클리어 입력을 동시에 0으로 해서는 안 되므로 사용하지 않을 때는 pull-up을 해두어야 한다. 이와 같은 입력을 비동기(asynchronous) 입력이라 하며, 이들은 클록과 독립적으로 플립플롭의 상태에 영향을 주는 입력들이다.

그림 11-21(b)에서 ↑ 표시는 클록의 rising edge에 의해서 D 입력이 Q 출력에 전달되는 것을 의미하고 있다.

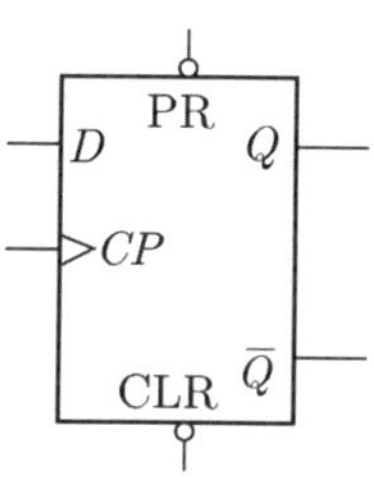

(a) 회로기호

PR	CLR	D	CP	Q
0	1	×	×	1
1	0	×	×	0
0	0	×	×	부정
1	1	1	↑	1
1	1	0	↑	0
1	1	×	×	불변

(b) 동작표

그림 11-21 SN7474 D 플립플롭의 회로기호와 동작표

예제 11-6

SN7474는 positive edge 트리거형 D 플립플롭이다. 그림 11-22에 나타낸 것처럼 D 입력, 클록 입력, PR 입력, CLR 입력이 인가되었을 때 Q 출력의 파형을 그리라. 초기 상태는 세트이다.

✔ **풀이** 그림 11-22 하단에 나타낸 것과 같이 각 시각의 동작 설명은 다음과 같다.

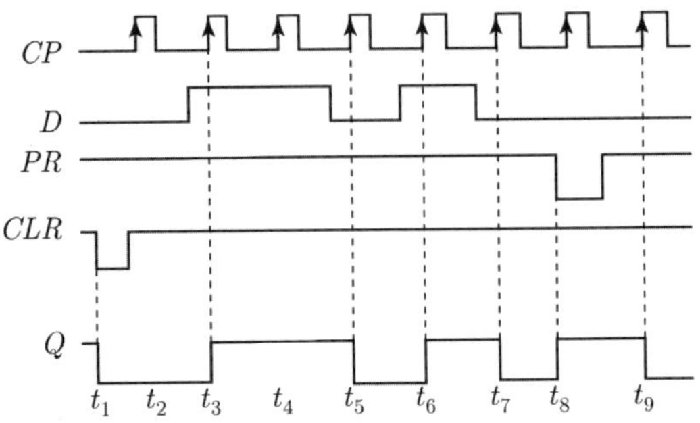

그림 11-22 SN7474의 동작

t_1: 클리어(clear) 입력에 의해 플립플롭은 리셋되며, Q출력은 0으로 된다.

t_2: D 입력이 0이므로 Q 출력은 클록이 들어와도 변하지 않는다.

t_3: D 입력이 1이므로 Q 출력은 클록의 rising edge에서 1로 변한다.

$t_4 \sim t_7$: D 입력에 대응하여 Q 출력은 클록의 rising edge에서 변화한다.

t_8: 프리셋 입력이 0이므로 클록에 우선해서 Q 출력은 1로 변한다.

t_9: 프리셋, 클리어 입력 모두 1, D 입력은 0이므로 Q 출력은 0으로 변한다.

11-3 JK 플립플롭

JK 플립플롭은 다른 플립플롭에 비해서 폭넓게 사용되고 있고 그 종류도 많은데, 그것은 RS 플립플롭이나 D 플립플롭 또는 T 플립플롭으로 변환시켜 사용할 수 있는 융통성을 가지고 있기 때문이다. 그러면 JK 플립플롭의 구성과 동작 원리에 대하여 알아보기로 하자. RS 플립플롭에서는 S 입력과 R 입력에 동시에 1을 인가하는 것이 금지되어 있다. 그것은 클록 입력이 1에서 0으로 되돌아간 후 플립플롭이 세트 상태인지 리셋 상태인지를 모르는 임의의 상태가 되기 때문이다. 이런 결점을 보완해서 S 입력과 R 입력이 동시에 1이 입력될 때는 클록이 인가될 때마다 플립플롭의 출력이 반전되도록 한 것이 바로 JK 플립플롭이다.

RS 플립플롭의 S 단자를 J 단자로, R 단자를 K 단자로 바꾸어 쓰며 그림 11-23(a)와 같은 JK 플립플롭의 회로기호가 되고, 그 동작표는 그림 11-23(b)와 같다.

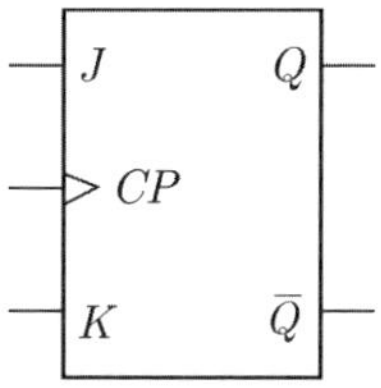

(a) 회로기호

J	K	CP	$Q(t+1)$	동작
0	0	↑	$Q(t)$	불변
0	1	↑	0	리셋 상태
1	0	↑	1	세트 상태
1	1	↑	$\overline{Q}(t)$	토글(toggle)

(b) 동작표

$Q(t)$	J	K	$Q(t+1)$
0	0	0	0
0	0	1	0
0	1	0	1
0	1	1	1
1	0	0	1
1	0	1	0
1	1	0	1
1	1	1	0

(c) 특성표

$Q(t)$ \ JK	00	01	11	10
0			1	1
1	1			1

$$\overline{Q}(t+1) = J\,\overline{Q}(t) + \overline{K}Q(t)$$

(d) 특성 방정식

그림 11-23 *JK* 플립플롭의 기본 구성도

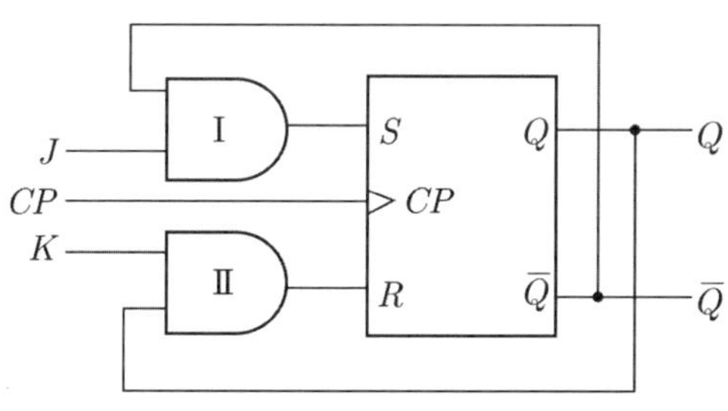

그림 11-24 *RS* 플립플롭을 이용하여 구성한 *JK* 플립플롭

그러면 *RS* 플립플롭을 이용하며 그림 11-23(b)와 같은 동작 특성을 얻게 하려면 어떻게 접속하면 되는가? 그림 11-24에 그 접속방법을 나타내었다.

이 회로의 동작원리는 다음과 같다. 단, 클록 입력은 항상 1이다.

① $J=0$, $K=0$일 때

AND 게이트 Ⅰ, Ⅱ는 동작하지 않으므로 플립플롭은 앞의 상태이고, 변화하지 않는다.

② $J=1$, $K=0$일 때

$\overline{Q}=1$이면 AND 게이트 Ⅰ이 동작하므로 플립플롭은 세트 상태($Q=1$)로 되며, $Q=1$이면 플립플롭은 변화하지 않고 세트 상태를 유지한다.

③ $J=0$, $K=1$일 때

$Q=1$이면 AND 게이트 Ⅱ가 동작하므로 플립플롭은 반전하여 리셋 상태($\overline{Q}=1$)로 되며, $\overline{Q}=1$이면 플립플롭은 변화하지 않고 리셋 상태를 유지한다.

④ $J=1$, $K=1$일 때

$Q=1$이면 AND 게이트 Ⅱ가 동작하고 플립플롭은 $\overline{Q}=1$로 되며, $\overline{Q}=1$이면 AND 게이트 Ⅰ이 동작하고 플립플롭은 반전하여 $Q=1$로 된다.

그렇지만 실제로 이 회로에서 $J=K=1$일 때 클록이 1인 시간이 길면 회로가 발진해버린다. 즉, 클록이 1일 때 $Q=1$이면 플립플롭은 반전하여 $\overline{Q}=1$로 된다. 그 후에도 클록이 1이면, 이번에는 $Q=1$로 다시 반전하게 된다. 이렇게 해서 플립플롭은 클록이 1인 기간 중에는 반전을 반복하므로 발진한다.

이것을 피하려면 다음의 두 가지 방법이 고려된다.

(1) 클록의 rising edge에서 J 입력과 K 입력의 데이터를 읽어 들여 클록의 falling edge에서 출력을 반전시킨다. 즉, Master Slave형 플립플롭을 이용한다.

(2) 클록 펄스폭을 좁게 하여 플립플롭이 반전하면 바로 클록을 0으로 되돌린다. 즉, edge 트리거형 플립플롭을 사용한다.

1 Master Slave형 JK 플립플롭

Master Slave(이하 MS)형 플립플롭에서 MS의 의미는 데이터가 클록 펄스의 rising edge에서 플립플롭으로 입력되지만 출력은 클록 펄스의 falling edge까지 그 입력 상태를 반영하지 않는 플립플롭을 의미한다. 즉, MS 플립플롭의 주요 동작은 데이터 입력이 클록 펄스가 1인 동안에는 변화하지 않아야 하는데, 그 이유는 플립플롭이 이 시간 동안은 입력 레벨의 어떤 변화에 민감하기 때문이다.

Master Slave형 플립플롭은 그림 11-25와 같이 master(주)와 slave(종)라는 두 개의 RS 플립플롭, 두 개의 AND 게이트 그리고 한 개의 inveter로 구성되어 있다. 이 회로의 점선 안의 부분을 따로 나타낸 것이 그림 11-26(a)이며, 이것이 MS형 RS 플립플롭이다. 우선 이 MS형 RS 플립플롭 회로의 동작 원리부터 알아보자.

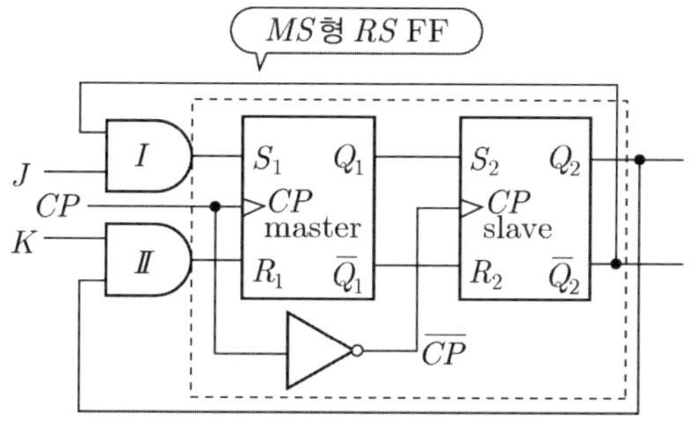

그림 11-25 Master Slave *JK* 플립플롭의 구성

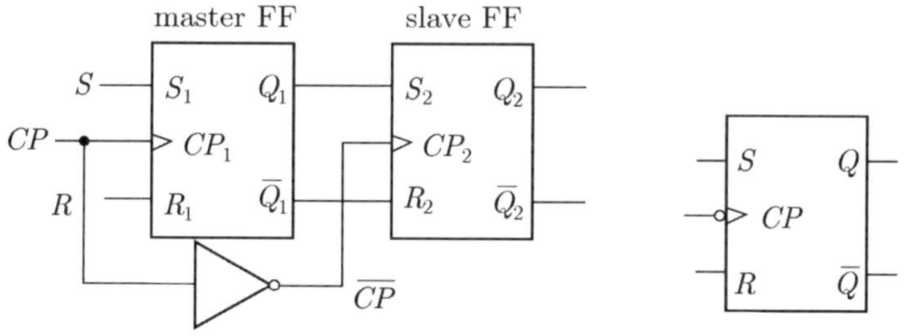

(a) 구성 (b) 기호

그림 11-26 Master Slave형 *RS* 플립플롭

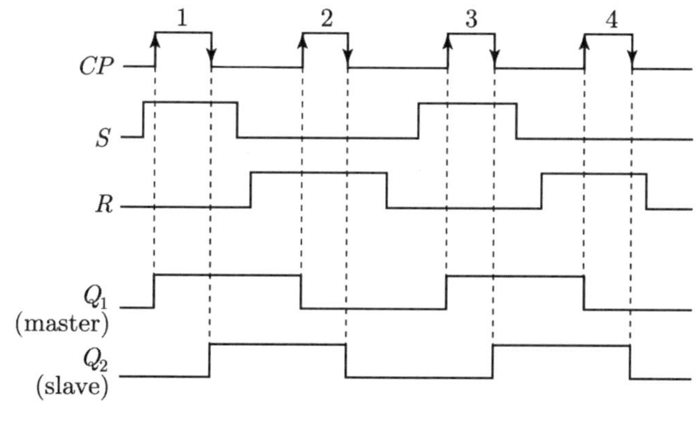

그림 11-27 *MS*형 *RS* 플립플롭의 동작

*MS*형은 입력신호 S, R을 읽어 들여 master가 동작을 하고, 이것을 시간적으로 지연시켜 출력 측의 slave에 전송하는 방식이며, 두 개의 *RS* 플립플롭을 1조로 하여 구성되어 있다.

그러면 그림 11-27의 time chart를 이용하여 설명한다. master와 slave가 모두 리셋되어 있는 상태부터 시작하자.

첫 번째 클록이 1로 되면, $S=1$, $R=0$이기 때문에 출력 Q_1은 1로 되지만 Slave 플립플롭은 $\overline{CP}=0$ 이므로 동작하지 않는다. 클록이 1에서 0으로 되돌아가면 $\overline{CP}=1$로 되므로 slave 플립플롭이 동작하여 master로부터 데이터를 받아들여 $Q_2=1$로 된다. 결국 클록이 1인 동안에 master는 입력 데이터를 읽어 들이고, 클록이 0인 동안에 slave로 전송시키는 셈이다.

두 번째의 클록이 들어오면 입력 조건은 $S=0$, $R=1$이기 때문에 master Q_1은 0으로 변하지만 클록이 0으로 되지 않는 한 slave 출력 Q_2는 0으로 변하지 않는다. 이와 같이 MS형 RS 플립플롭은 클록의 falling edge 때 출력이 변화하기 때문에 그림 11-26(b)와 같이 클록 앞에 ○표와 ▷표를 붙인 회로기호로 나타내고 있다. 이 MS형 RS 플립플롭을 이용하여 만든 JK 플립플롭이 그림 11-25의 MS형 JK 플립플롭이 되는 것이다. 따라서 그 동작도 MS형 RS 플립플롭과 같으며, 회로기호는 그림 11-28(a)와 같고, 그림 11-28(b)와 같이 클록의 falling edge에서 동작하는 것을 나타내고 있다.

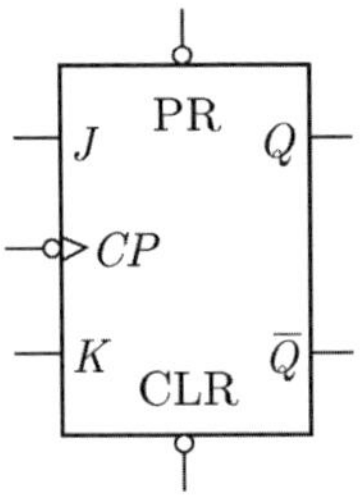

(a) 회로기호

CP	J	K	$Q(t+1)$
↓	0	0	$Q(t)$
↓	0	1	0
↓	1	0	1
↓	1	1	$\overline{Q}(t)$

(b) 동작표

그림 11-28 MS형 JK 플립플롭의 동작과 기호

◐ 예제 11-7

SN7476은 그림 11-29(a)와 같이 비동기 프리셋과 클리어 단자가 있는 2회로 MS형 JK 플립플롭 IC이다. 여기에 그림 11-29(b)와 같이 J 입력, K 입력, 클록 펄스를 인가했을 때의 Q 출력파형을 그리라. 초기 상태는 리셋이다.

✔ **풀이** 그림 11-29(b)의 하단에 나타냈으며, 각 시각의 동작은 다음과 같다.

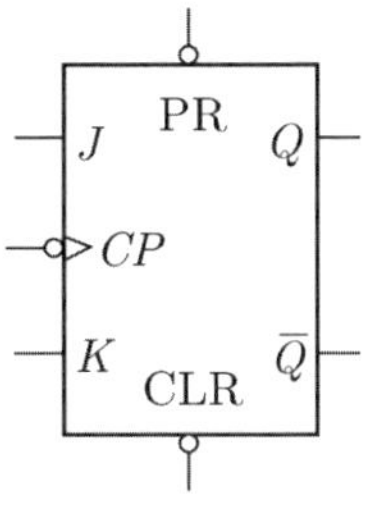

(a) 7476 기호

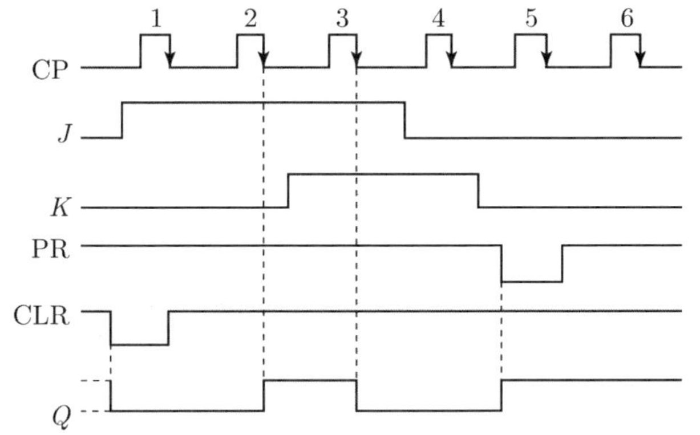

(b) 동작

그림 11-29 *MS*형 *JK* 플립플롭 SN7476의 동작

클록 1: CLR 입력이 우선되므로 플립플롭은 리셋된다.
클록 2: $J=1$, $K=0$이므로 Q 출력은 세트된다.
클록 3: $J=1$, $K=1$이므로 Q 출력은 반전하여 리셋된다.
클록 4: $J=0$, $K=1$이므로 Q 출력은 0이고 변하지 않는다.
클록 5: PR 입력이 우선되므로 Q 출력은 세트된다.
클록 6: $J=0$, $K=0$이므로 Q 출력은 앞의 상태를 유지한다.

그러나 *MS*형 플립플롭에는 문제점이 있다. 그것은 클록이 1인 동안에 J, K 입력이 변화하면 master 플립플롭은 이 입력 데이터를 읽어 들이는 문제점이 있으므로 이것을 해결하기 위해서 등장한 것이 edge 트리거형 *JK* 플립플롭이다.

2 edge 트리거형 *JK* 플립플롭

SN74113, 74114 IC는 negative edge 트리거형 *JK* 플립플롭으로 이것은 클록이 1 또는 0 상태에서는 입력을 받아들이지 않고, 클록의 falling edge 때만 출력이 변화하는 플립플롭이다.

그림 11-30은 SN74114의 기본 회로도(PR과 CLR을 제외)와 그 동작 time chart이다. 이 회로의 negative edge 트리거 동작을 순서대로 알아보자.

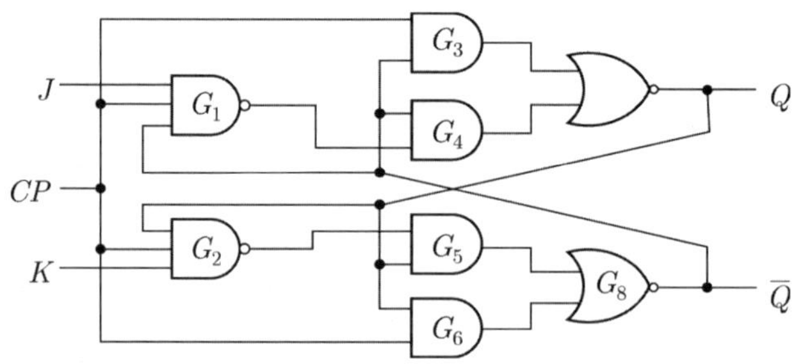

(a) 회로도

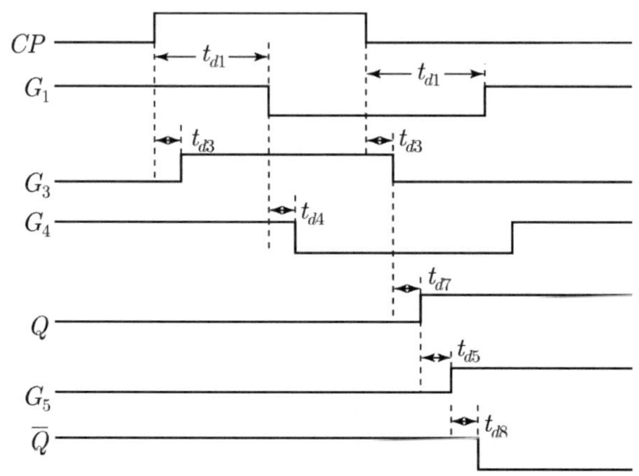

(b) 동작 time chart

그림 11-30 negative edge 트리거형 *JK* 플립플롭의 동작

① 클록 CP가 0일 때

게이트 G_1, G_2는 동작하지 않고, J 입력과 K 입력은 플립플롭에 영향을 주지 않는다.

② 클록 CP가 1일 때

$\overline{Q}=1$이라고 가정하여 동작을 알아본다.

$CP=1$, $\overline{Q}=1$이기 때문에 G_3가 동작하여 $Q=0$으로 된다. 결국 Q 출력은 변화하지 않는다. 또 $Q=0$이기 때문에 G_5와 G_6 출력은 0으로 되고, $\overline{Q}=1$로 되기 때문에 $\overline{Q}$도 변화하지 않는다.

③ $J=K=1$, $\overline{Q}=1(Q=0)$의 상태에서 클록을 $0\rightarrow1$로 변화했을 때

그림 11-30(b)를 보면 CP가 1로 되는 순간에서 G_1이 동작하고, 그 출력은 전파시간 t_{d1} 후 0으로 된다. 동시에 G_3가 동작하여 그 출력은 t_{d3} 후 1로 된다. 이때 G_1의 지연시간 t_{d1}은 G_3의 지연시간 t_{d3}보다 길게 되어 있다.

그림 11-30(a)의 게이트 중 G_1과 G_2만은 다른 게이트 $G_3 \sim G_8$보다 지연시간이 길에 되어 있는 것에 주의하라.

G_4는 G_1이 1에서 0으로 변화하여 t_{d4} 후 0으로 되지만 G_3가 1이므로 Q 출력은 0을 유지한다. 결국 클록을 0→1로 해도 Q는 불변이다.

④ $J=K=1$, $\overline{Q}=1(Q=0)$인 상태에서 클록을 1→0으로 변화했을 때

G_1과 G_2는 동작 불능으로 되므로 t_{d1} 시간 후에 G_1은 1로 된다. 그러나 G_3는 그것보다 짧은 시간 t_{d3} 후에 0으로 된다. 이 시점에서는 $G_1=0$, $G_4=0$이기 때문에 G_7 출력, 즉 G_5 출력도 1로 변하고 그 결과는 $\overline{Q}$는 0으로 된다.

이상과 같이 하여 ④의 경우 결국 클록이 1→0으로 내려가는 순간만 *JK* 플립플롭은 동작하게 된다. 실제 회로에서는 여기에 프리셋 입력과 클리어 입력이 추가되어 있다. negative edge형 *JK* 플립플롭의 회로기호는 *MS*형 같은 기호가 사용된다. 그러나 그 동작은 *MS*형과는 조금 다르다. 다음의 예제에서 그 차이를 알아보자.

예제 11-8

그림 11-31에 나타낸 time chart의 *J* 입력과 클록 입력을 인가한 경우, SN7476(*MS*형 *JK* 플립플롭), SN74114(negative edge형 *JK* 플립플롭), SN7470(positive edge형 *JK* 플립플롭) 각각의 출력파형을 그리라. 단, *K* 입력 = 1로 일정하다고 하고, 초기 상태는 리셋이다.

✔ **풀이** 그림 11-31과 같다.

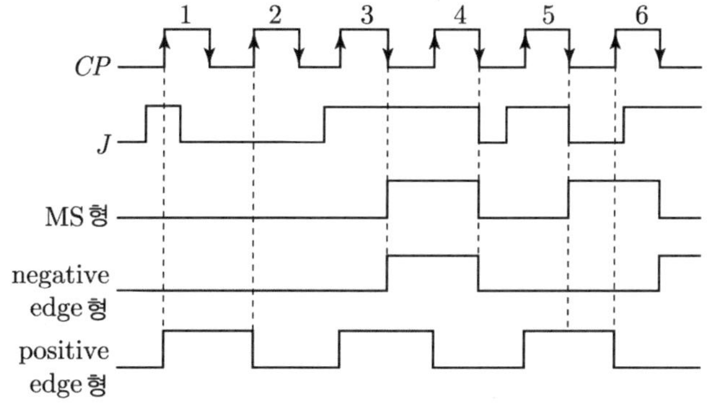

그림 11-31

그러면 마지막으로 데이터 lockout형 *JK* 플립플롭에 대하여 알아보자. 이것은 클록 펄스

의 rising edge에서 master로 데이터를 읽어 들이고, 클록의 falling edge에서 출력으로 전송하는 edge triggered 플립플롭이다.

다음의 예제에서 동작을 이해할 수 있다.

예제 11-9

그림 11-32에 나타낸 time chart의 J 입력과 클록 입력을 인가한 경우, SN7476, SN74111(데이터 lockout형 JK 플립플롭) 각각의 출력파형을 그리라. 단, $K=1$로 하고, 초기 상태는 리셋이다.

✔ **풀이** 그림 11-32와 같다.

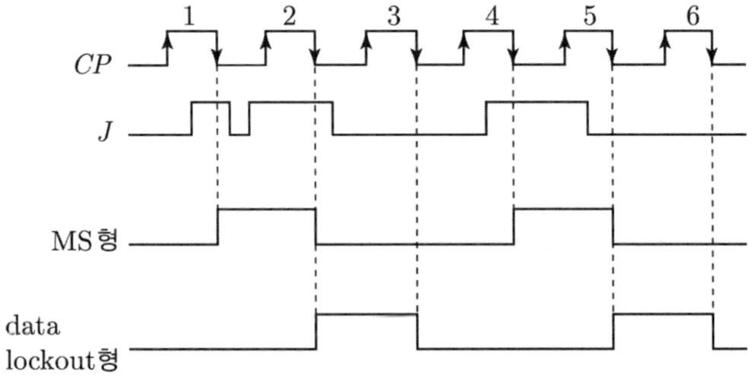

그림 11-32 데이터 lockout형 JK 플립플롭의 동작

11-4 T 플립플롭

T 플립플롭은 toggle 플립플롭의 의미로서 트리거 입력 펄스가 들어올 때마다 Q 출력이 반전하는 플립플롭이다.

T 플립플롭은 그림 11-33과 같이 두 종류의 회로기호가 사용되고 있는데 그림 11-33(a)는 트리거 입력 T의 단자가 있을 뿐이고, 그림 11-33(b)는 제어 입력 T와 트리거 입력(클록 입력과 동일)을 가지며, $T=1$일 때는 반전동작을 하지만 $T=0$일 때는 반전동작을 하지 않는 것이다. 후자는 JK 플립플롭에 의해서 간단히 만들 수 있고, 전자는 D 플립플롭으로 구성하였다.

그림 11-34에 실례를 나타내었다. 그림 11-34(a)는 D 플립플롭으로 만든 T 플립플롭이다. 예를 들어, $Q=1(\overline{Q}=0)$이면 $D=0$으로 되기 때문에 다음 클록 입력에서 Q 출력은 0으로 반전하고, $Q=0(\overline{Q}=1)$이면, $D=1$이 되므로, 다음의 클록에서 $Q=1$로 반전하여 T 플립

플롭과 같은 동작이 수행됨을 알 수 있다.

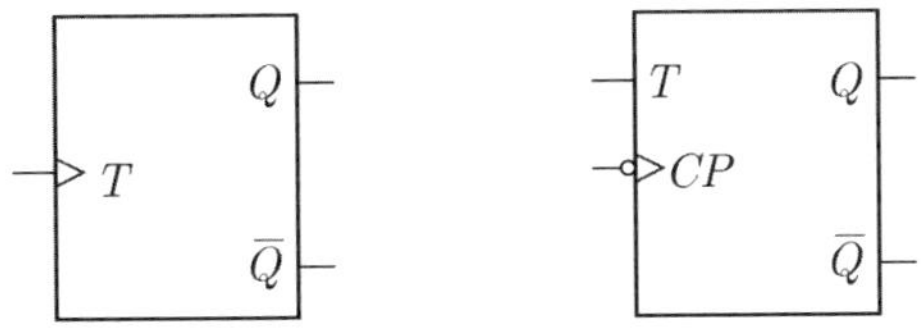

(a) (b)

T	$Q(t+1)$
0	$Q(t)$
1	$\overline{Q}(t)$

(c) 동작표

$Q(t)$	T	$Q(t+1)$
0	0	0
0	1	1
1	0	1
1	1	0

(d) 특성표

$Q(t)$ \ T	0	1
0		1
1	1	

$$Q(t+1) = T\overline{Q}(t) + \overline{T}Q(t)$$

(e) 특성 방정식

그림 11-33 T 플립플롭의 회로기호

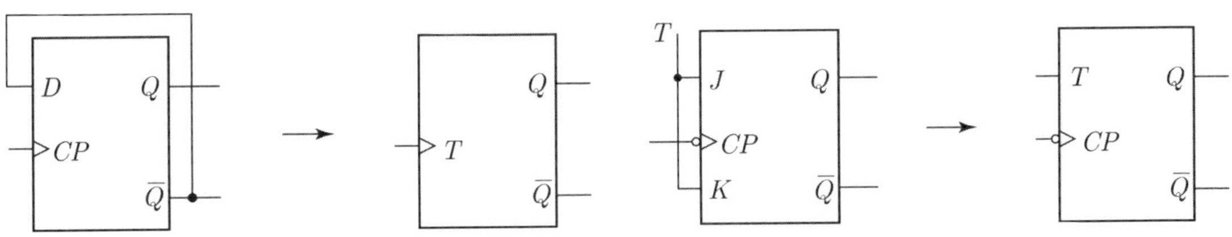

(a) D FF으로 T FF을 만든다. (b) JK FF으로 T FF을 만든다.

그림 11-34 T 플립플롭의 구성방법

또 그림 11-34(b)에서는 JK 입력단자를 묶어 T로 한 것이며, JK 플립플롭의 동작에서 생각하면 $T=0$이면 Q는 불변, $T=1$이면 Q는 클록 입력마다 반전하는 것을 알 수 있다.

T 플립플롭은 카운터에서 중요한 회로이며, 앞에서와 같이 D 플립플롭이나 JK 플립플롭을 이용해서 T 플립플롭을 만든다. 따라서 클록의 falling edge에서 동작하는 JK 플립플롭으로 만든 T 플립플롭은 falling edge에서 동작하고, rising edge에서 동작하는 D 플립플롭으로 만든 T 플립플롭은 rising edge에서 동작을 한다.

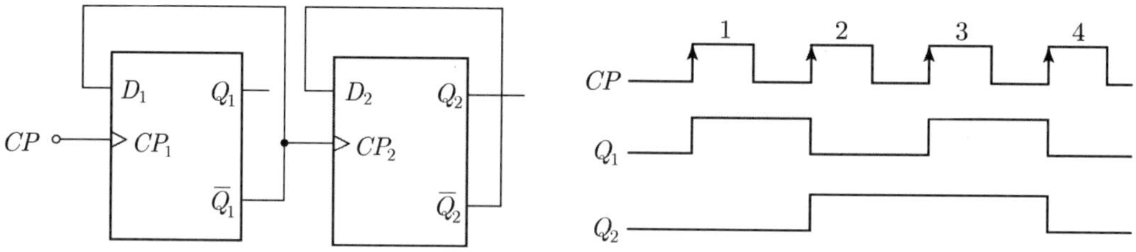

(a) T FF 2단 접속 (b) 동작

그림 11-35 T 플립플롭의 동작

그림 11-35(a)는 D 플립플롭으로 만든 T 플립플롭을 2단 접속한 회로이다. 그 동작은 그림 11-35(b)와 같이 된다.

처음에 $Q_1 = Q_2 = 0$으로 리셋되어 있다.

클록 1: Q_1은 $0 \rightarrow 1$로 반전한다.

클록 2: Q_1이 $1 \rightarrow 0$으로 반전함과 동시에 $\overline{Q}_1$는 $0 \rightarrow 1$로 반전하고, 이것이 2단째의 클록 입력 CP_2로 들어가므로 Q_2는 반전하여 1로 변화한다.

클록 3: Q_1은 $0 \rightarrow 1$로 반전한다. 이때 $\overline{Q}_1$는 $1 \rightarrow 0$으로 되지만 이것은 2단째의 클록에 입력되어도 Q_2는 변화하지 않는다.

클록 4: Q_1은 다시 $1 \rightarrow 0$으로 반전하고, $\overline{Q}_1$는 $0 \rightarrow 1$로 반전하여 이것이 2단째의 클록 입력으로 들어가므로 Q_2는 반전하여 0으로 변화한다.

이 회로는 주로 카운터 회로에 응용된다.

11-5 플립플롭의 기능 변환

앞에서 여러 가지 형태의 플립플롭에 대해 알아보았다. 플립플롭은 안정 상태의 입력을 1 혹은 0에 대응시켜 1비트를 기억할 수 있는 기억소자로 동작한다. 따라서 플립플롭 소자는 연산이나 제어회로 등에서 수를 저장하거나 데이터의 흐름을 제어하는 데 많이 이용된다.

플립플롭의 입력이 변화함에 따라 다음 상태의 출력이 어떻게 변하는지를 나타내는 것을 플립플롭의 특성표라 한다. 각 플립플롭의 특성표를 표 11-6에 나타내었다.

표 11-6 플립플롭의 특성표

S	R	$Q(t+1)$
0	0	$Q(t)$
0	1	0
1	0	1
1	1	×

(a) RS

J	K	$Q(t+1)$
0	0	$Q(t)$
0	1	0
1	0	1
1	1	$\overline{Q}(t)$

(b) JK

D	$Q(t+1)$
0	0
1	1

(c) D

T	$Q(t+1)$
0	$Q(t)$
1	$\overline{Q}(t)$

(d) T

플립플롭의 특성표는 입력의 변화에 따라 출력이 어떻게 나오는지를 알려준다. 특성표에서 $Q(t)$는 현태 상태의 플립플롭의 출력을 나타내고 $Q(t+1)$은 다음 상태의 출력을 나타낸다.

실제 회로의 설계단계에 있어 현재 상태로부터 원하는 다음 상태의 출력을 얻기 위해 입력을 어떻게 변화시켜야 하는지를 알아야 입력단의 회로를 설계할 수 있다. 이처럼 다음 상태의 출력을 얻기 위해 필요한 입력을 나타낸 것이 플립플롭의 여기표(excitation table)라 한다. 플립플롭의 여기표를 표 11-7에 나타내었다.

표 11-7 플립플롭의 여기표

$Q(t)$	$Q(t+1)$	S	R
0	0	0	×
0	1	1	0
1	0	0	1
1	1	×	0

(a) RS

$Q(t)$	$Q(t+1)$	J	K
0	0	0	×
0	1	1	×
1	0	×	1
1	1	×	0

(b) JK

$Q(t)$	$Q(t+1)$	D
0	0	0
0	1	1
1	0	0
1	1	1

(c) D

$Q(t)$	$Q(t+1)$	T
0	0	0
0	1	1
1	0	1
1	1	0

(d) T

RS 플립플롭의 여기표에서 출력이 0에서 0으로 유지하기 위해서는 입력이 $S=0$, $R=0$으로 현 출력 상태의 유지 혹은 $S=0$, $R=1$로 리셋 신호 입력 모두가 가능하므로 $S=0$, $R=\times$로 표기하였다. 출력이 0에서 1로 변하기 위해서는 세트시켜야 하므로 $S=1$, $R=0$이 인가되어야 하며, 출력이 1에서 0으로 변하기 위해서는 $S=0$, $R=1$을 인가하여 리셋시켜야 한다. 출력이 1에서 1로 유지하기 위해서는 $S=0$, $R=0$으로 인가하여 현 상태를 유지하거나 $S=1$, $R=0$으로 세트시켜야 하므로 $S=\times$, $R=0$으로 인가되어야 한다.

JK 플립플롭의 여기표에서 출력을 0에서 0으로 유지하기 위해서는 $J=0$, $K=0$으로 현재 상태를 유지하거나, $J=0$, $K=1$을 인가하여 출력을 리셋시켜야 하므로 $J=0$, $K=\times$로 된다. 출력이 0에서 1로 변하기 위해서는 $J=1$, $K=0$으로 세트시키거나 $J=1$, $K=1$을 인가하여 현재 출력을 토글시켜야 하므로 $J=1$, $K=\times$로 된다. 출력이 1에서 0으로 변하기 위해서는 $J=0$, $K=1$을 인가하여 리셋시키거나 $J=1$, $K=1$을 인가하여 현재 출력을 토글시켜야 하므로 $J=\times$, $K=1$로 된다. 출력을 1에서 1로 유지하기 위해서는 $J=0$, $K=0$을 인가히여 현재 상태를 유지하거나 $J=1$, $K=0$을 인가하여 세트시켜야 하므로 $J=\times$, $K=0$으로 된다.

D 플립플롭은 입력 D의 상태가 그대로 투과되는 버퍼 동작을 한다. 여기표를 보면 다음 상태의 출력 0 혹은 1을 얻기 위해서는 현재 출력 상태와 상관없이 원하는 출력에 맞추어 입력 D를 인가하면 된다.

T 플립플롭의 여기표를 보면 출력이 0에서 0으로 유지하거나 1에서 1로 유지하기 위해서는 T 입력을 0으로 인가하고 출력이 0에서 1로 변하거나 1에서 0으로 변하기 위해서는 T 입력을 1로 인가해야 한다.

플립플롭의 특성표와 여기표를 보면 각각의 플립플롭이 완전히 다른 동작을 하는 것이 아니라 일부 기능만 약간씩 다른 것을 알 수 있다. 따라서 다른 타입의 플립플롭이라 할지라도 입력단의 회로를 약간씩 수정 혹은 추가하여 원하는 타입의 플립플롭으로 동작하도록 할 수 있다. 지금부터는 플립플롭의 기능을 변환시켜 다른 타입의 플립플롭으로 동작하도록 만들어보기로 하겠다.

1 RS 플립플롭을 JK 플립플롭으로 변환

RS 플립플롭을 이용하여 JK 플립플롭으로 동작하도록 설계해보자. JK 플립플롭의 특성표에 따라 동작하기 위해 RS 플립플롭의 입력이 어떻게 인가되어야 하는지에 대한 여기표를 표 11-8에 나타내었다.

표 11-8 *JK* 플립플롭 동작을 위한 *RS* 플립플롭 여기표

J	K	$Q(t)$	$Q(t+1)$	S	R
0	0	0	0	0	×
0	0	1	1	×	0
0	1	0	0	0	×
0	1	1	0	0	1
1	0	0	1	1	0
1	0	1	1	×	0
1	1	0	1	1	0
1	1	1	0	0	1

원하는 S와 R의 논리식을 구하기 위한 카르노맵은 다음과 같다.

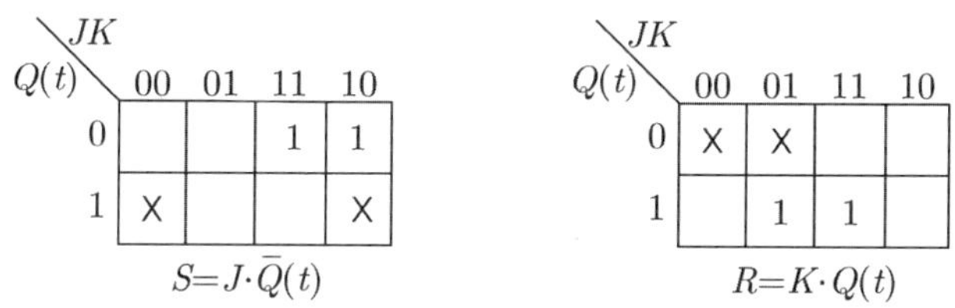

S와 R의 논리식에 따라 회로를 구현하면 그림 11-36과 같다.

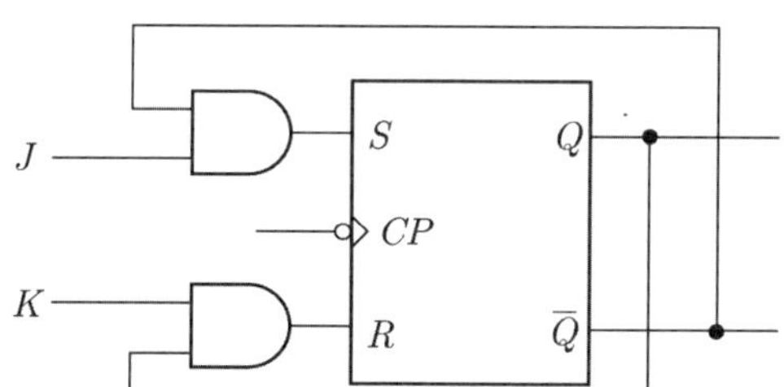

그림 11-36 *RS* 플립플롭을 이용한 *JK* 플립플롭

2 *RS* 플립플롭을 *D* 플립플롭으로 변환

RS 플립플롭을 이용하여 *D* 플립플롭으로 동작하도록 설계해보자. *D* 플립플롭의 특성표에 따라 동작하기 위해 *RS* 플립플롭의 입력이 어떻게 인가되어야 하는지에 대한 여기표를 표 11-9에 나타내었다.

표 11-9 D 플립플롭 동작을 위한 RS 플립플롭 여기표

D	$Q(t)$	$Q(t+1)$	S	R
0	0	0	0	×
0	1	0	0	1
1	0	1	1	0
1	1	1	×	0

표 11-9로부터 S와 R의 논리식을 구하면 다음과 같다.

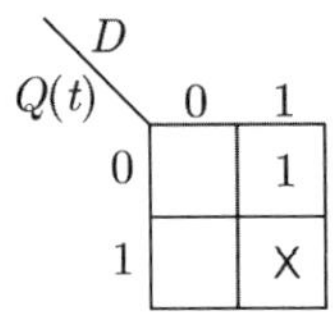

$S=D$

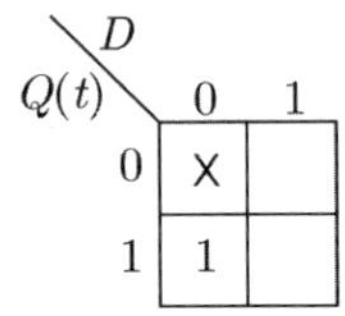

$R=\overline{D}$

S와 R의 논리식에 따라 회로를 구현하면 그림 11-37과 같다.

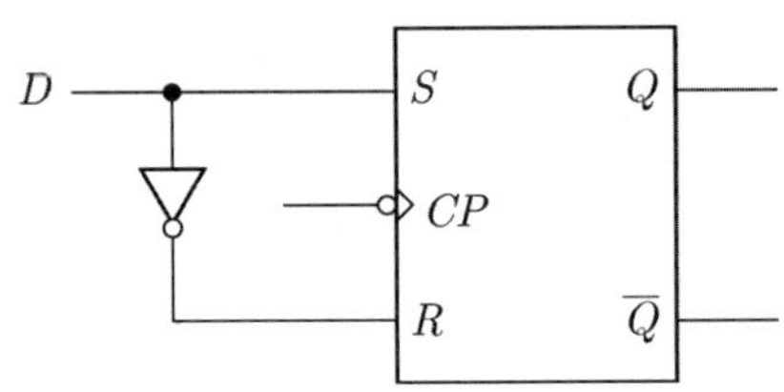

그림 11-37 RS 플립플롭을 이용한 D 플립플롭

3 RS 플립플롭을 T 플립플롭으로 변환

RS 플립플롭을 이용하여 T 플립플롭으로 동작하도록 설계해보자. T 플립플롭의 특성표에 따라 동작하기 위해 RS 플립플롭의 입력이 어떻게 인가되어야 하는지에 대한 여기표를 표 11-10에 나타내었다.

표 11-10 T 플립플롭 동작을 위한 RS 플립플롭 여기표

T	$Q(t)$	$Q(t+1)$	S	R
0	0	0	0	×
0	1	1	×	0
1	0	1	1	0
1	1	0	0	1

표 11-10으로부터 S와 R의 논리식을 구하면 다음과 같다.

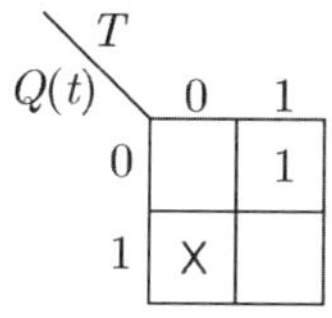

$S=T\cdot\overline{Q}(t)$

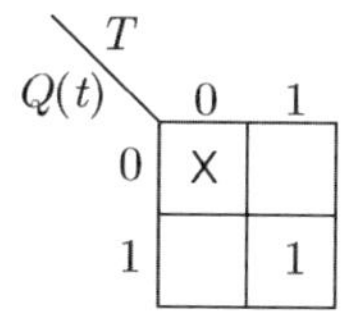

$R=T\cdot Q(t)$

S와 R의 논리식에 따라 회로를 구현하면 그림 11-38과 같다.

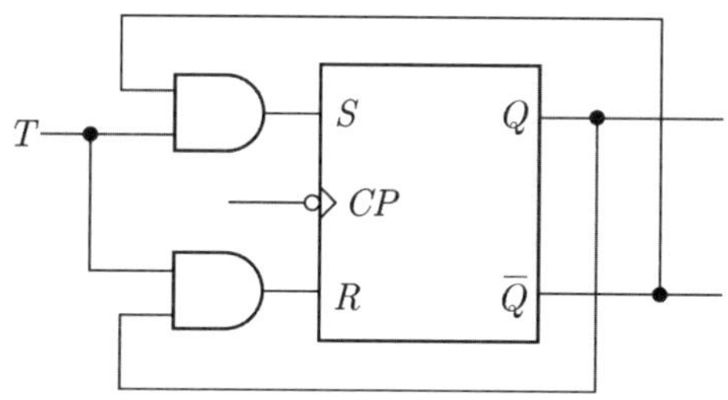

그림 11-38 *RS* 플립플롭을 이용한 *T* 플립플롭

4 *JK* 플립플롭을 *D* 플립플롭으로 변환

JK 플립플롭을 이용하여 *D* 플립플롭으로 동작하도록 설계해보자. *D* 플립플롭의 특성표에 따라 동작하기 위해 *JK* 플립플롭의 입력이 어떻게 인가되어야 하는지에 대한 여기표를 표 11-11에 나타내었다.

표 11-11 *D* 플립플롭 동작을 위한 *JK* 플립플롭 여기표

D	$Q(t)$	$Q(t+1)$	J	K
0	0	0	0	×
0	1	0	×	1
1	0	1	1	×
1	1	1	×	0

표 11-11로부터 J와 K의 논리식을 구하면 다음과 같다.

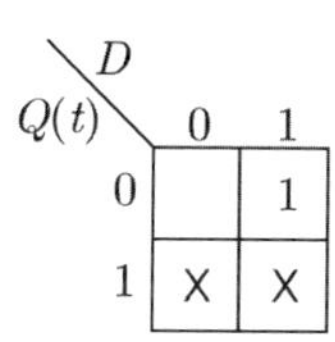

$J=D$

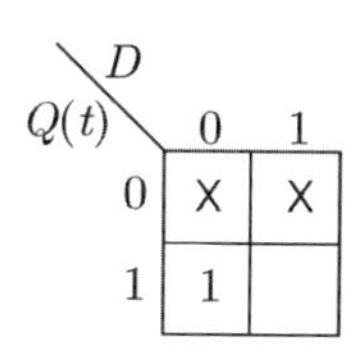

$K=\overline{D}$

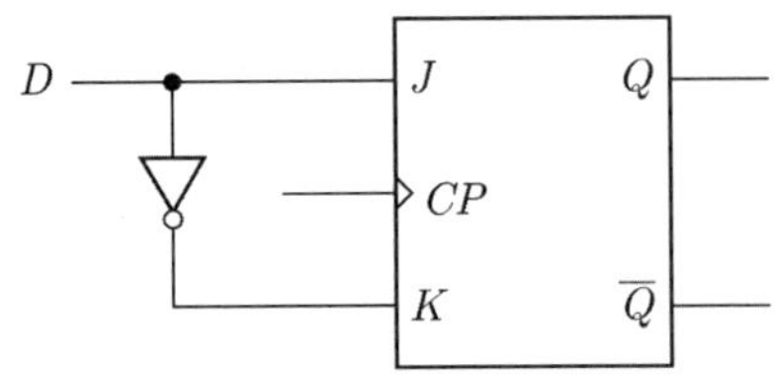

그림 11-39 *JK* 플립플롭을 이용한 *D* 플립플롭

*J*와 *K*의 논리식에 따라 회로를 구현하면 그림 11-39와 같다.

5 *JK* 플립플롭을 *T* 플립플롭으로 변환

JK 플립플롭을 이용하여 *T* 플립플롭으로 동작하도록 설계해보자. *T* 플립플롭의 특성표에 따라 동작하기 위해 *JK* 플립플롭의 입력이 어떻게 인가되어야 하는지에 대한 여기표를 표 11-12에 나타내었다.

표 11-12 *T* 플립플롭 동작을 위한 *JK* 플립플롭 여기표

T	$Q(t)$	$Q(t+1)$	J	K
0	0	0	0	×
0	1	1	×	0
1	0	1	1	×
1	1	0	×	1

표 11-12로부터 *J*와 *K*의 논리식을 구하면 다음과 같다.

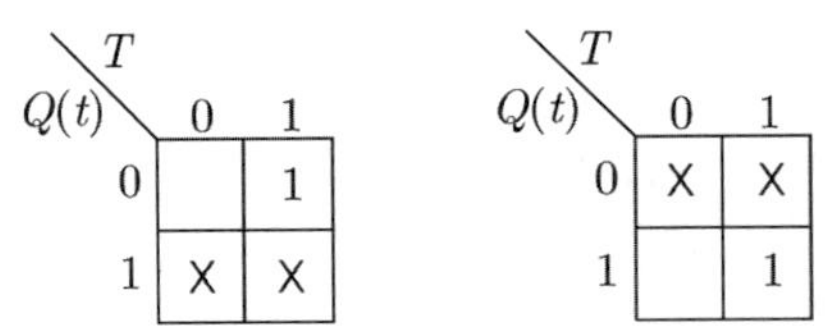

$J=T$ $K=T$

*J*와 *K*의 논리식에 따라 회로를 구현하면 그림 11-40과 같다.

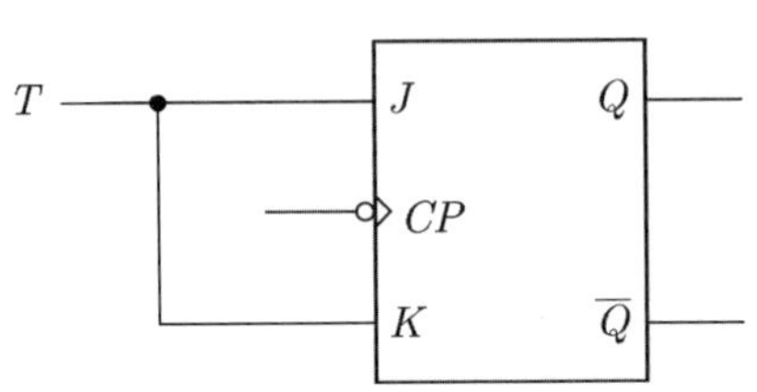

그림 11-40 *JK* 플립플롭을 이용한 *T* 플립플롭

6 D 플립플롭을 RS 플립플롭으로 변환

D 플립플롭을 이용하여 RS 플립플롭으로 동작하도록 설계해보자. RS 플립플롭의 특성표에 따라 동작하기 위해 D 플립플롭의 압력이 어떻게 인가되어야 하는지에 대한 여기표를 표 11-13에 나타내었다.

표 11-13 RS 플립플롭 동작을 위한 D 플립플롭 여기표

S	R	$Q(t)$	$Q(t+1)$	D
0	0	0	0	0
0	0	1	1	1
0	1	0	0	0
0	1	1	0	0
1	0	0	1	1
1	0	1	1	1
1	1	0	×	×
1	1	1	×	×

표 11-13으로부터 D의 논리식을 구하면 다음과 같다.

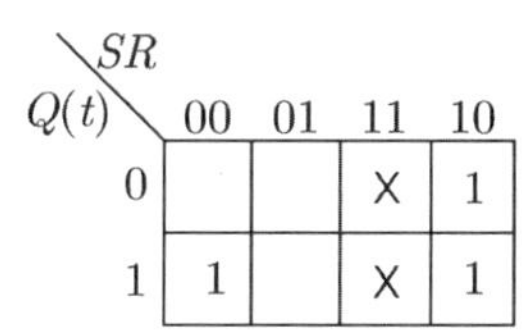

$D=S+\overline{R}Q(t)$

D의 논리식에 따라 회로를 구현하면 그림 11-41과 같다.

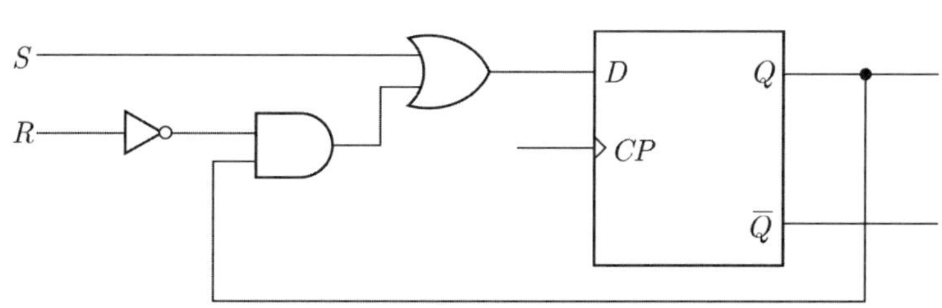

그림 11-41 D 플립플롭을 이용한 RS 플립플롭

7 D 플립플롭을 JK 플립플롭으로 변환

D 플립플롭을 이용하여 JK 플립플롭으로 동작하도록 설계해보자. JK 플립플롭의 특성표에 따라 동작하기 위해 D 플립플롭의 입력이 어떻게 인가되어야 하는지에 대한 여기표를 표 11-14에 나타내었다.

표 11-14 JK 플립플롭 동작을 위한 D 플립플롭 여기표

J	K	$Q(t)$	$Q(t+1)$	D
0	0	0	0	0
0	0	1	1	1
0	1	0	0	0
0	1	1	0	0
1	0	0	1	1
1	0	1	1	1
1	1	0	1	1
1	1	1	0	0

표 11-14로부터 D의 논리식을 구하면 다음과 같다.

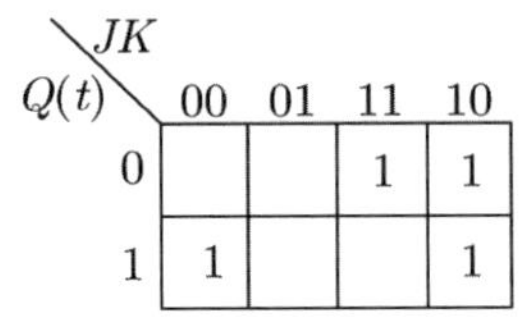

$$D = J\overline{Q}(t) + \overline{K}Q(t)$$

D의 논리식에 따라 회로를 구현하면 그림 11-42와 같다.

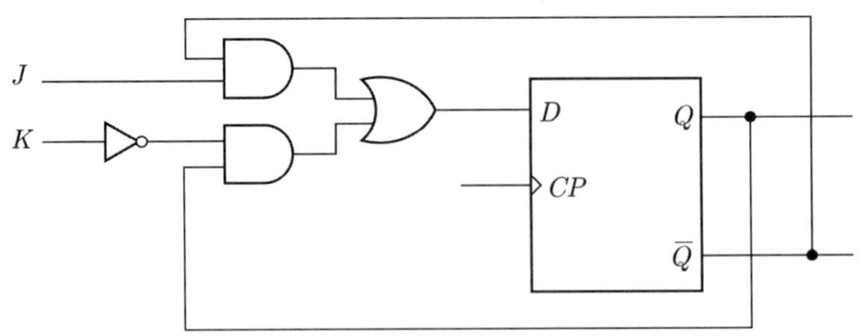

그림 11-42 D 플립플롭을 이용한 JK 플립플롭

8 D 플립플롭을 T 플립플롭으로 변환

D 플립플롭을 이용하여 T 플립플롭으로 동작하도록 설계해보자. T 플립플롭의 특성표에 따라 동작하기 위해 D 플립플롭의 입력이 어떻게 인가되어야 하는지에 대한 여기표를 표 11-15에 나타내었다.

표 11-15 T 플립플롭 동작을 위한 D 플립플롭 여기표

T	$Q(t)$	$Q(t+1)$	D
0	0	0	0
0	1	1	1
1	0	1	1
1	1	0	0

표 11-15로부터 D의 논리식을 구하면 다음과 같다.

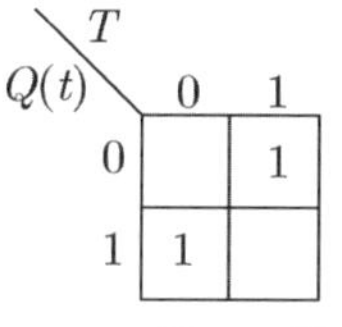

$$D = T\overline{Q}(t) + \overline{T}Q(t)$$

D의 논리식에 따라 회로를 구현하면 그림 11-43과 같다.

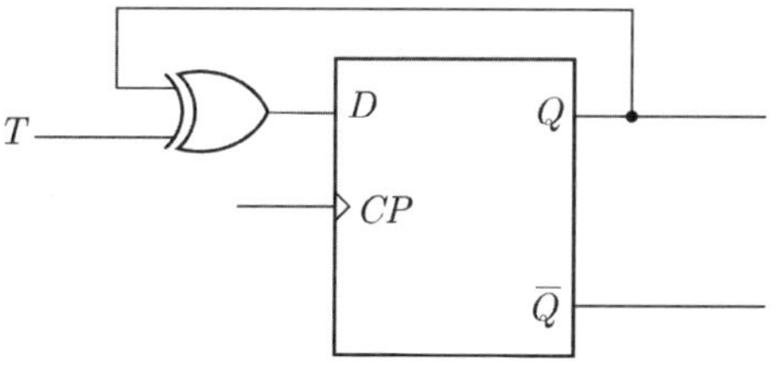

그림 11-43 D 플립플롭을 이용한 T 플립플롭

9 T 플립플롭을 RS 플립플롭으로 변환

T 플립플롭을 이용하여 RS 플립플롭으로 동작하도록 설계해보자. RS 플립플롭의 특성표에 따라 동작하기 위해 T 플립플롭의 입력이 어떻게 인가되어야 하는지에 대한 여기표를 표 11-16에 나타내었다.

표 11-16 RS 플립플롭 동작을 위한 T 플립플롭 여기표

S	R	$Q(t)$	$Q(t+1)$	T
0	0	0	0	0
0	0	1	1	0
0	1	0	0	0
0	1	1	0	1
1	0	0	1	1
1	0	1	1	0
1	1	0	×	×
1	1	1	×	×

표 11-16으로부터 T의 논리식을 구하면 다음과 같다.

$Q(t)$ \ SR	00	01	11	10
0			X	1
1		1	X	

$$T=S\overline{Q}(t)+RQ(t)$$

T의 논리식에 따라 회로를 구현하면 그림 11-44와 같다.

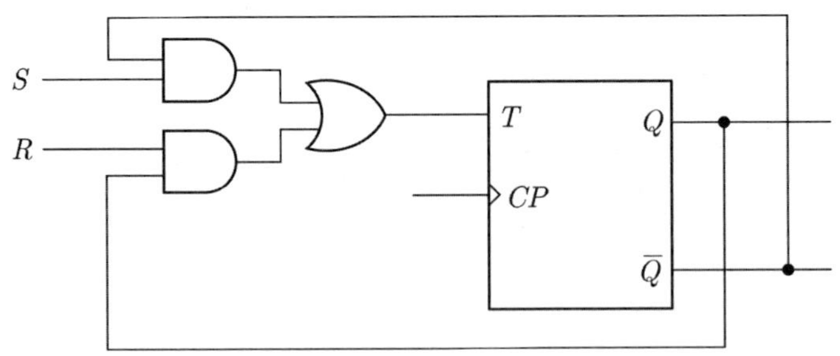

그림 11-44 T 플립플롭을 이용한 RS 플립플롭

10 T 플립플롭을 JK 플립플롭으로 변환

T 플립플롭을 이용하여 JK 플립플롭으로 동작하도록 설계해보자. JK 플립플롭의 특성표에 따라 동작하기 위해 T 플립플롭의 입력이 어떻게 인가되어야 하는지에 대한 여기표를 표 11-17에 나타내었다.

표 11-17 JK 플립플롭 동작을 위한 T 플립플롭 여기표

J	K	$Q(t)$	$Q(t+1)$	T
0	0	0	0	0
0	0	1	1	0
0	1	0	0	0
0	1	1	0	1
1	0	0	1	1
1	0	1	1	0
1	1	0	1	1
1	1	1	0	1

표 11-17로부터 T의 논리식을 구하면 다음과 같다.

$Q(t)$ \ JK	00	01	11	10
0			1	1
1		1	1	

$$T=J\bar{Q}(t)+KQ(t)$$

T의 논리식에 따라 회로를 구현하면 그림 11-45와 같다.

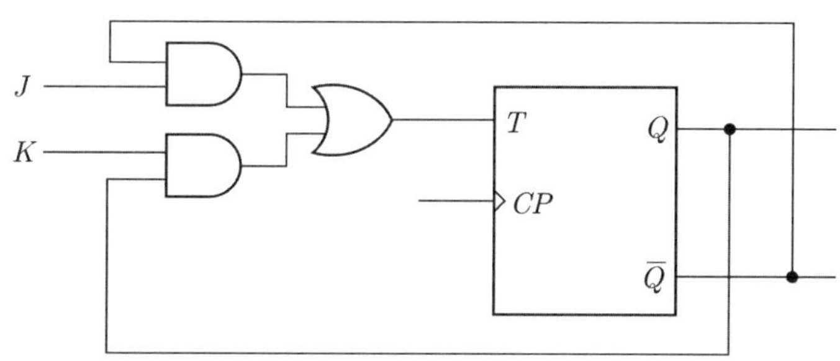

그림 11-45 T 플립플롭을 이용한 JK 플립플롭

11 T 플립플롭을 D 플립플롭으로 변환

T 플립플롭을 이용하여 D 플립플롭으로 동작하도록 설계해보자. D 플립플롭의 특성표에 따라 동작하기 위해 T 플립플롭의 입력이 어떻게 인가되어야 하는지에 대한 여기표를 표 11-18에 나타내었다.

표 11-18 D 플립플롭 동작을 위한 T 플립플롭 여기표

D	$Q(t)$	$Q(t+1)$	T
0	0	0	0
0	1	0	1
1	0	1	1
1	1	1	0

표 11-18로부터 T의 논리식을 구하면 다음과 같다.

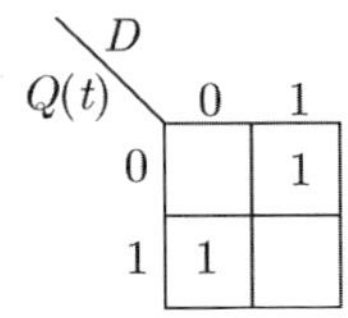

$$T=D\overline{Q}(t)+\overline{D}Q(t)$$

T의 논리식에 따라 회로를 구현하면 그림 11-46과 같다.

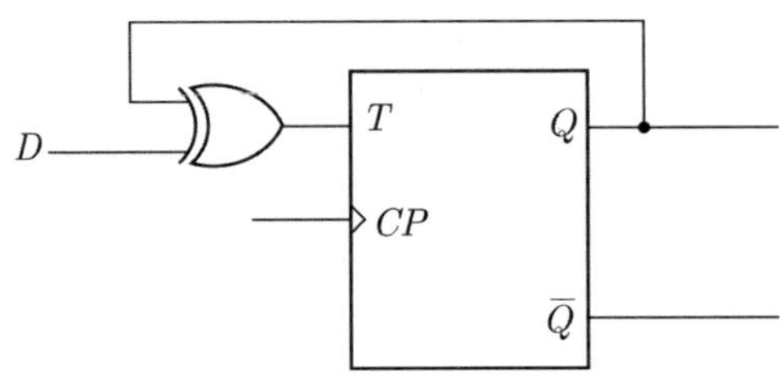

그림 11-46 T 플립플롭을 이용한 D 플립플롭

11-6 플립플롭의 응용

플립플롭은 가장 융통성 있는 소자라고 할 수 있다. 다음에 그 대표적인 응용 예인 우선제어, 순서회로, 레지스터, 카운터, 스위치 bounce 방지 회로에 대하여 설명하였다.

1 우선제어와 순서회로

두 개의 RS 플립플롭을 그림 11-47과 같이 접속하면 두 개의 부하 A, B 사이에 우선 제어기능을 갖게 할 수 있다. 여기서 FF_1은 부하 A를 구동하고, FF_2는 부하 B를 구동하는 것으로 한다. 우선 R 입력에 의해 양쪽 플립플롭이 리셋된 상태부터 생각해보자.

A 입력이 들어오면 FF_1은 세트되어 부하 A가 구동된다. $Q_1 = 1$로 되기 때문에 AND 게이트는 동작하지 않고, B 입력이 차단되므로 부하 B를 구동할 수 없다. 다음에 다시 리셋 상태로 한 후 이번에는 B 입력을 인가하면 AND 게이트가 열리고 FF_2가 세트되어 부하 B가 구동된다. 이 상태에서 A 입력을 인가하면 FF_1이 세트되어 부하 A도 함께 구동할 수 있다.

이상과 같이 이 회로는 부하 A의 구동입력이 우선하며, 부하 A가 구동된 후에는 부하 B를 구동할 수 없다는 우선 기능이 있는 것을 알 수 있다. 그러면 다음에 그림 11-47에서 인버터를 제거하고, 그림 11-48의 순서회로로 하면 어떤 동작을 할까?

A 입력이 들어오면 FF_1이 세트되어 부하 A는 구동된다. 이것에 의해서 $Q_1 = 1$로 되기 때문에 B 입력을 인가하면 AND 게이트가 열리고, FF_2가 세트되어 부하 B가 구동된다.

리셋 상태에서는 A보다 먼저 B 입력을 인가할 수 없다. 결국 이 회로는 반드시 $A \rightarrow B$의 순으로 동작하므로 순서회로라 한다. 이 회로는 온풍기의 팬히터의 시동 등에 응용된다.

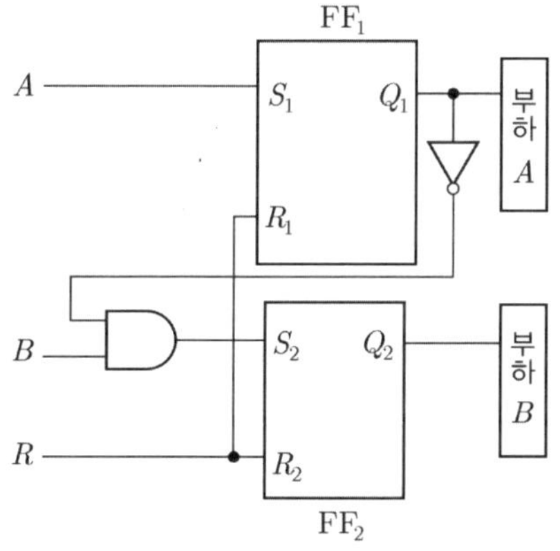

(a) 우선제어회로

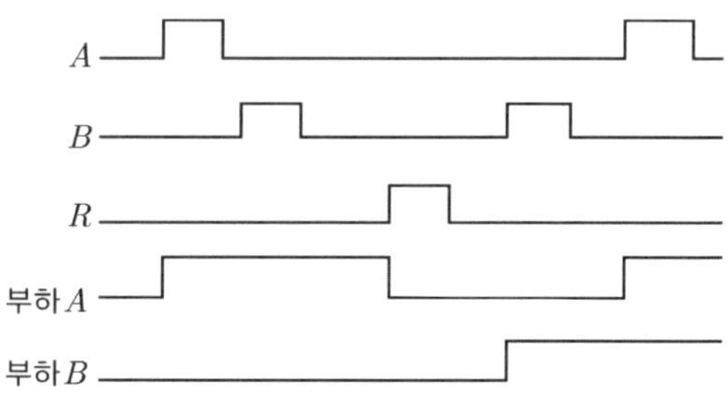

(b) time chart

그림 11-47 우선제어회로의 동작

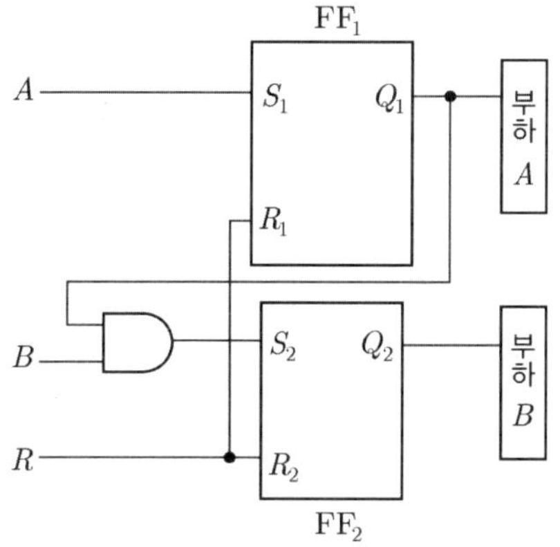

그림 11-48 순서회로

2 레지스터

레지스터(register)란 비트열의 기억창고와 같은 것으로 레지스터는 플립플롭으로 구성된다. 따라서 n비트의 레지스터는 n개의 플립플롭으로 구성되어 있으며, 레지스터의 기능은 어느 일정 기간 동안만 문자나 수치 등의 데이터를 유지하는 것이다.

그림 11-49는 SN7474(4회로 D 플립플롭)로 만든 4비트 레지스터이며, 이 레지스터는 동시에 클리어하는 것도 가능하다. 4개의 D 입력에 4비트의 데이터 입력을 주고, 클록 펄스를 인가하면 새로운 데이터로 치환된다.

SN74174(6회로 D 플립플롭)를 이용하면 6비트의 레지스터가 구성되며, SN74173(4회로 3-상태 출력 D 플립플롭), SN74LS574(8회로 3-state 출력 D 플립플롭)를 이용하면 직접 bus에 접속 가능한 레지스터 구성이 가능하다.

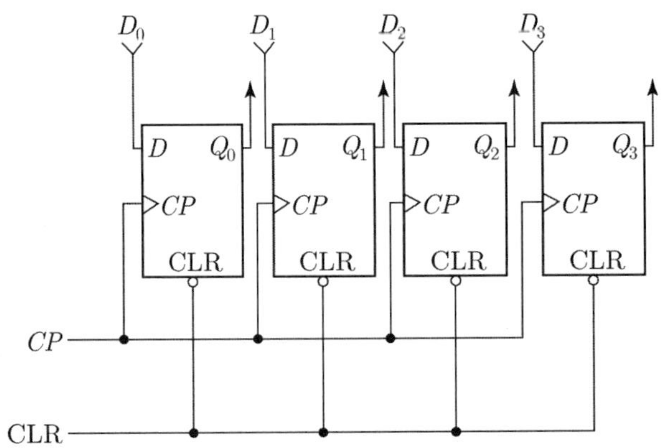

그림 11-49 7474를 이용한 4비트 레지스터

3 카운터

디지털 카운터(counter)는 펄스의 수를 세거나, timer를 동작시키거나, 주파수를 분주할 수 있는 매우 유용한 회로이다. 여기서는 JK 플립플롭을 이용한 간단한 리플 카운터 회로에 대하여 설명하였다.

그림 11-50은 3단 up 카운터이다. JK 입력에는 모두 1이 인가되므로 JK 플립플롭은 T 플립플롭의 동작을 하며, 클록의 falling edge에서 반전한다.

초단 FF_1의 출력 Q_1에서 다음 단 FF_2의 클록으로, 또 FF_2의 출력 Q_2에서 3단째의 FF_3의 클록으로 접속되어 있고, 계수 입력은 초단의 클록 입력에 인가하도록 한다.

up 카운터란 클록 펄스가 인가될 때마다 카운터의 수치가 1씩 증가해가는 것이고, down

카운터는 이 반대이다. 그러면 그림 11-50의 time chart를 보면서 어떻게 계수 동작이 수행되는지를 알아보자.

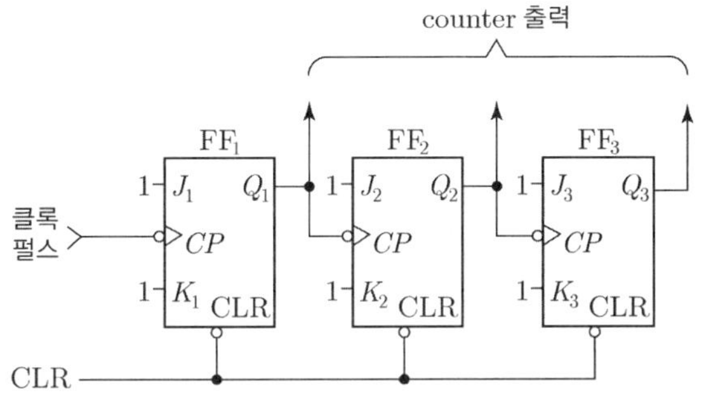

(a) 3단 카운터 회로

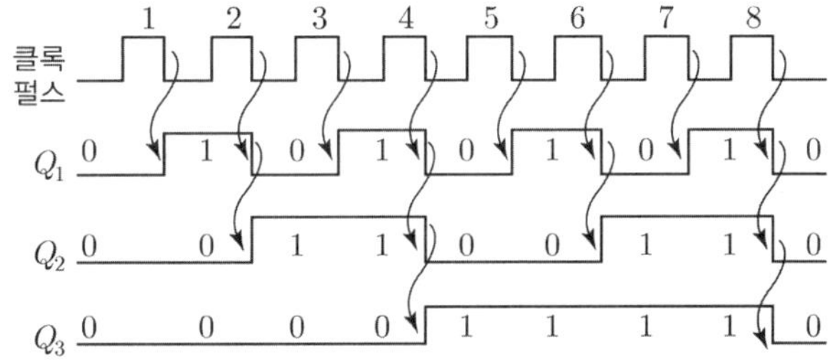

(b) time chart

그림 11-50 *JK* 플립플롭을 이용한 3단 up 카운터

처음에 클리어 입력(CLR)을 0으로 하면 모든 플립플롭은 리셋되어 $Q_1 = Q_2 = Q_3 = 0$으로 된다. 이 상태가 계수값 $Q_3Q_2Q_1 = 000_2(=0_{10})$이다.

첫 번째 클록 펄스의 falling edge에서 Q_1은 반전하여 $Q_1 = 1$로 된다. 그러나 Q_1이 $1 \rightarrow 0$으로 변화하지 않는 한 2단째의 FF_2는 반전하지 않기 때문에 Q_2는 0 그대로이다. 그리고 3단째 FF_3의 출력 Q_3도 0 그대로이다. 이때의 계수값은 $Q_3Q_2Q_1 = 001_2(=1_{10})$이다.

두 번째 클록 펄스가 인가되면 FF_1은 반전하여 Q_1은 0으로 되돌아간다. 이것이 다음 단 FF_2 클록으로 들어가 Q_2를 1로 반전시킨다. 그러나 FF_3의 출력 Q_3는 0 그대로이다. 이때 계수값은 $Q_3Q_2Q_1 = 010_2(=2_{10})$이다.

이와 같이 하여 앞 단의 Q 출력이 $1 \rightarrow 0$으로 변화할 때만 다음 단의 플립플롭이 반전동작을 반복해간다. 5번째 클록 펄스 뒤에는 $Q_3Q_2Q_2 = 101_2(=5_{10})$로 되고, 7번째 클록 펄스 뒤에는 $Q_3Q_2Q_1 = 111_2(=7_{10})$로 된다.

그리고 8번째의 클록 펄스가 들어오면 $000_2(=0_{10})$로 클리어된다. 결국 $Q_3Q_2Q_1$ 출력이 2진수의 형식으로 $0_{10}\sim7_{10}$까지의 수를 세는 것이 되므로 이것을 8진 카운터라 한다. 이것은 그림 11-50(b)의 time chart에 기입한 '0'과 '1'의 나열 방법을 보아도 알 수 있다.

이 카운터 회로는 초단의 FF_1에서 차례로 보내는 트리거 신호를 전달하면서 계수해가므로 이것을 리플 카운터라 한다.

4 switch bounce 방지회로

제어 입력을 1로 하거나 계수정지 버튼을 누르는 경우 등에는 기계적 스위치가 이용되나 기계적 스위치를 사용할 때는 스위치의 bounce 또는 chattering이라는 현상에 주의해야 한다.

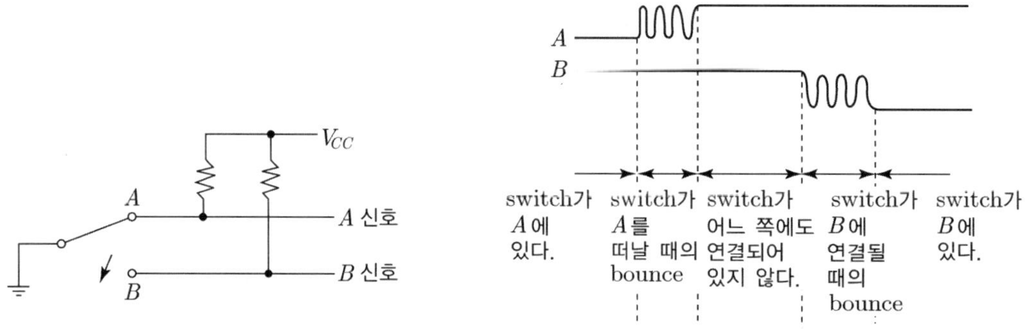

(a) toggle switch

(b) switch의 bounce 현상

그림 11-51 toggle 스위치의 동작

스위치의 동작은 그림 11-51(a)와 같이 A에서 B로 전환할 때 일단 A 점에서 떨어지고, 수 ms 후 B 점에 연결되는 과정을 거치는 것이 보통이다. 좋지 않은 것은 이 break와 make 양쪽의 과정에서 스위치가 bounce를 일으키는 것이다. 그림 11-51(b)를 보면 이 상태를 잘 알 수 있다. 경우에 따라서는 50 ms 동안의 긴 bounce를 일으킬 수도 있다. 많은 디지털 회로에서는 스위치에 의해 1이나 0의 신호를 연결한다. 예를 들어, 계수회로의 계수 입력이 만약 스위치의 ON, OFF 전환 입력인 경우 카운터는 이들의 bounce에 의한 계수 입력까지 계수하게 되므로 엉뚱한 수치가 되어버린다.

그림 11-52(a)는 SN7474 D 플립플롭의 프리셋, 클리어 입력을 이용한 스위치 bounce 방지회로이다. 스위치가 A 점에서 떨어져도 Q 출력은 1 상태를 유지하고 있고, B 점에 접촉된 순간에 플립플롭이 리셋되어 bounce가 생겨도 Q 출력은 0 상태를 그래도 유지한다.

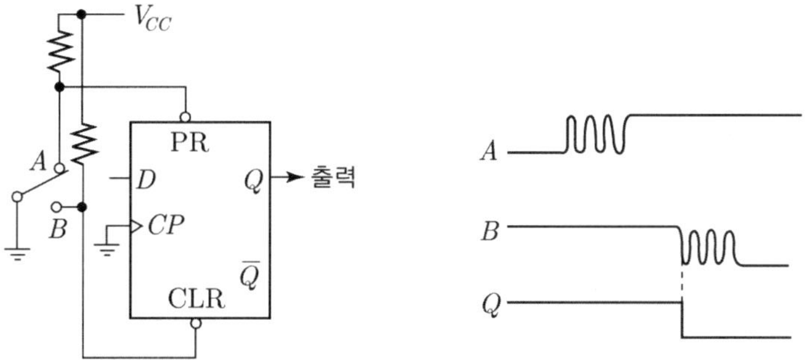

(a) 7474회로 (b) time chart

그림 11-52 *D* 플립플롭을 이용한 스위치 bounce 방지회로

이것은 D 플립플롭을 이용했다기보다는 $\overline{R}\overline{S}$ 래치로서의 기능을 이용한 것이기 때문에 NOR, NAND 게이트로 만든 RS 래치를 사용해도 가능하며, 이를 그림 11-53에 나타내었다.

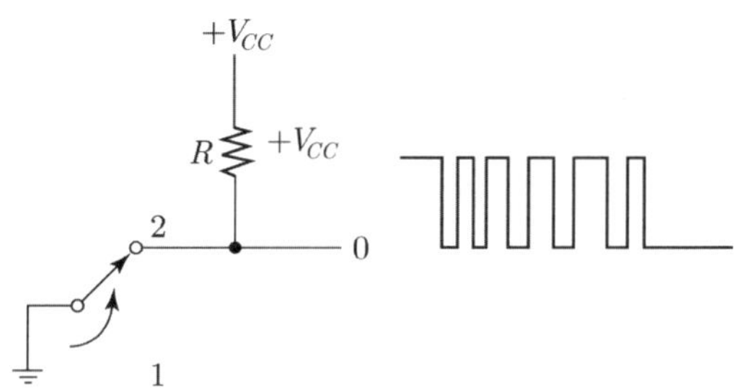

(a) 스위치 접점 bounce

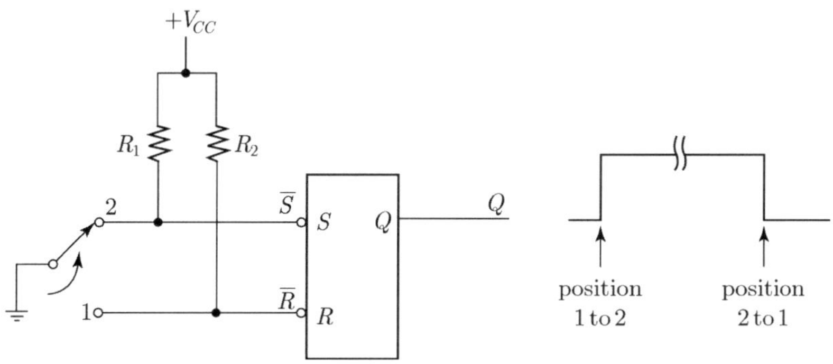

(b) bounce 제거회로

그림 11-53 스위치 bounce를 방지하기 위한 *RS* 래치 회로

마지막으로 클록 동기방식의 스위치 bounce 방지회로를 소개한다. 그림 11-54(a)에 나타낸 회로는 스위치를 넣었을 때 클록에 동기한 한 개의 출력 펄스를 내는 회로이다. 이 회로는 실제의 디지털 기술에서 매우 유용하고 신뢰성이 있다.

초단 D 플립플롭은 스위치를 넣은 순간에 그것이 클록의 역할을 하며, Q_1은 세트 상태로 된다. 2번째의 D 플립플롭은 클록 펄스의 rising edge 때 초단의 Q_1 출력을 받아서 세트된다. 그것과 동시에 $\overline{Q}_2$는 0으로 되므로 이것이 초단의 FF_1을 리셋하여 Q_1은 0으로 되돌아간다. 이것을 받아서 FF_2는 다음 클록의 rising edge에서 리셋된다. 결국 그림 11-54(b)와 같이 스위치를 넣은 직후에 클록과 동기한 펄스 출력을 추출할 수 있게 되는 것이다.

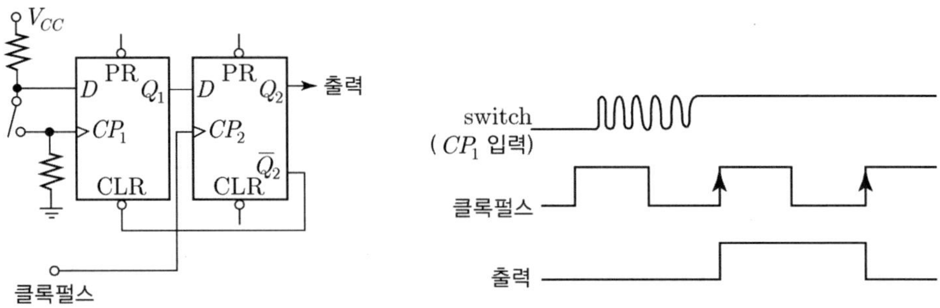

(a) 회로

(b) time chart

그림 11-54 클록 동기의 스위치 bounce 방지회로

Chapter 11 연습문제

1. 그림 11-55의 파형이 $\overline{R}\overline{S}$ 래치에 인가된다면 그 입력 관계에서 Q 출력의 파형을 그리라. 초기 상태는 리셋이다.

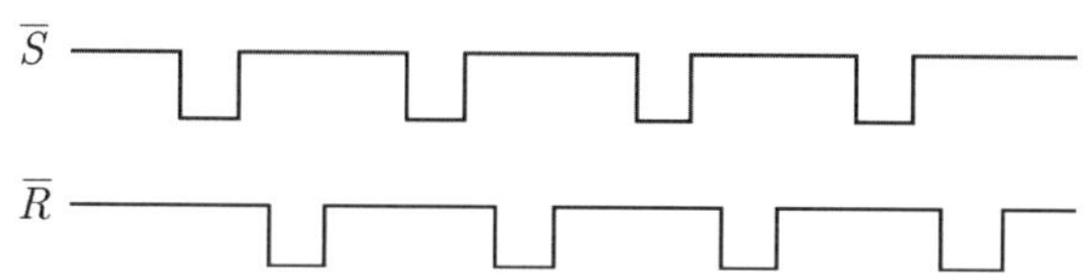

그림 11-55

2. 그림 11-56의 파형이 RS 래치에 인가되는 조건으로 문제 1번을 반복하라.

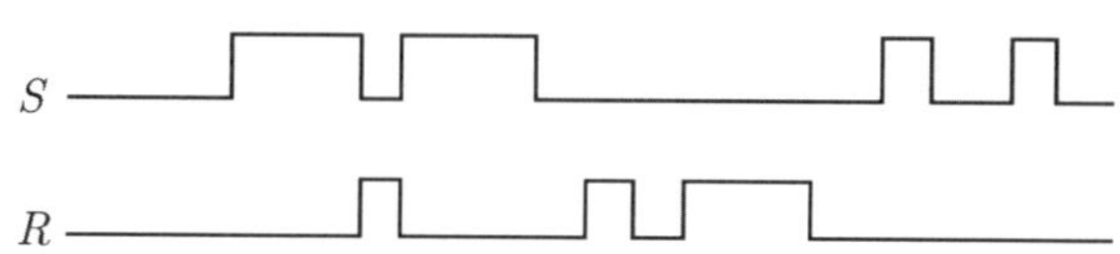

그림 11-56

3. gated RS 래치에서 그림 11-57에 주어진 입력에 대하여 Q와 $\overline{Q}$의 출력을 그리라. 초기 상태는 리셋이다.

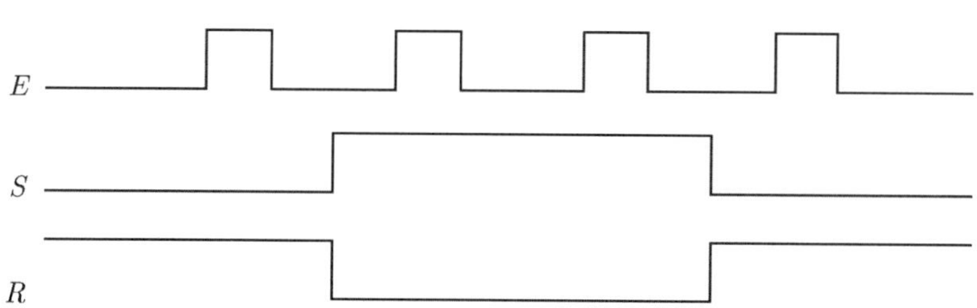

그림 11-57

4. gated D 래치에서 그림 11–58에 주어진 입력에 대하여 Q 출력을 그리라. 초기 상태는 리셋이다.

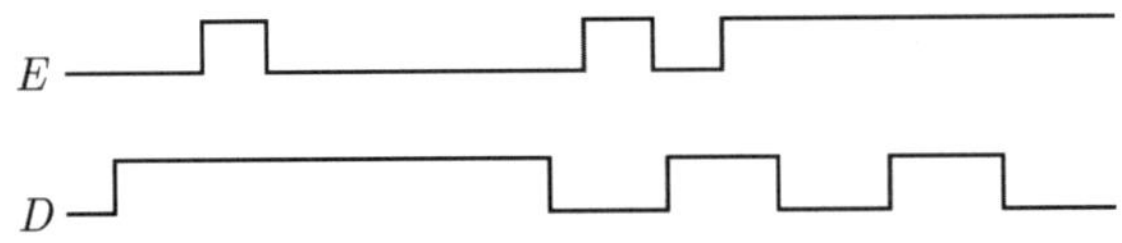

그림 11–58

5. RS 플립플롭에서 그림 11–59에 주어진 입력에 대하여 Q 출력을 그리라. 초기 상태는 리셋이다.

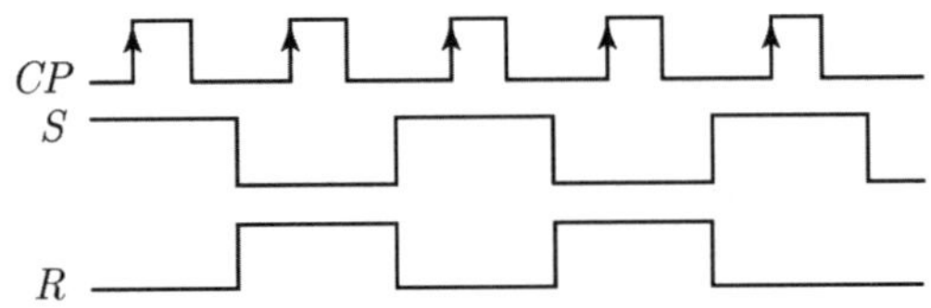

그림 11–59

6. RS 플립플롭에서 그림 11–60에 주어진 입력에 대하여 Q 출력을 그리라. 초기 상태는 리셋이다.

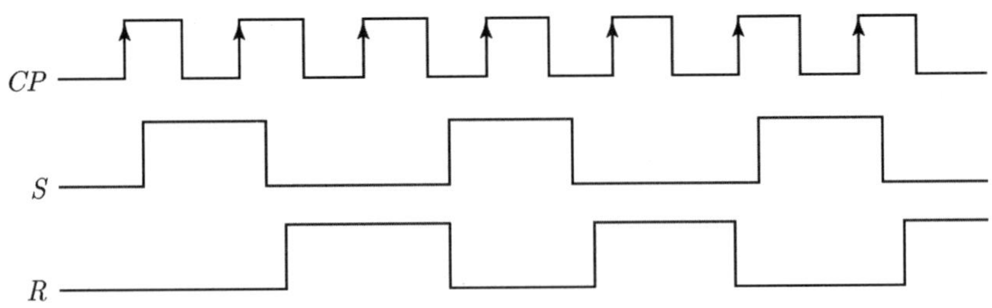

그림 11–60

7. D 플립플롭에서 그림 11–61에 주어진 입력에 대하여 Q 출력을 그리라. 초기 상태는 리셋이다.

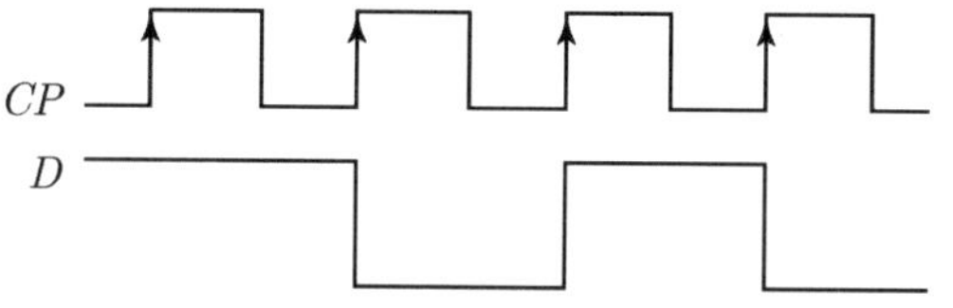

그림 11–61

8. D 플립플롭에서 그림 11–62에 주어진 입력에 대하여 Q 출력을 그리라. 초기 상태는 리셋이다.

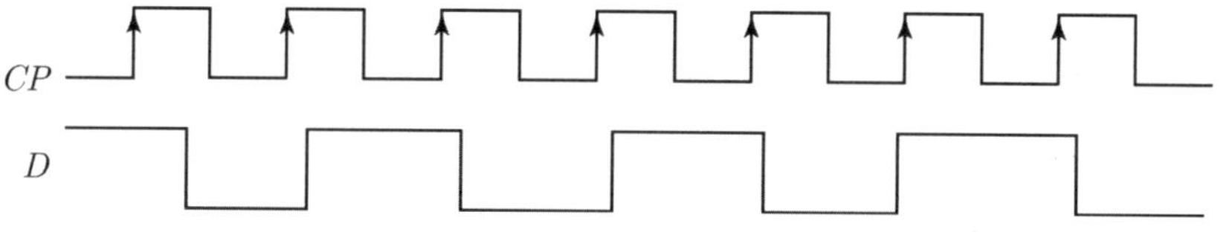

그림 11–62

9. 프리셋과 클리어 입력을 가지는 D 플립플롭에서 그림 11–63에 주어진 입력에 대하여 Q 출력을 그리라. 초기 상태는 세트이다.

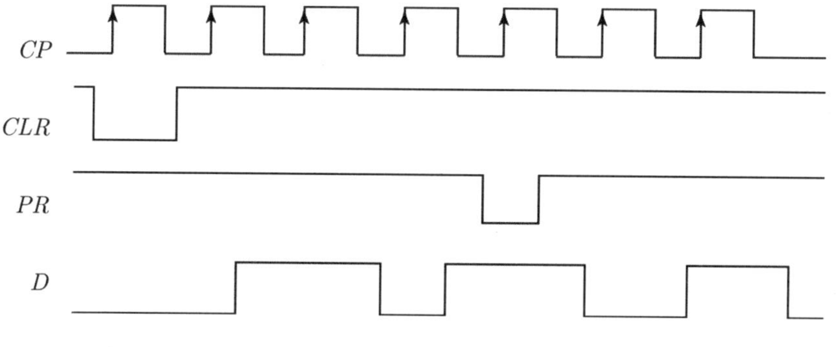

그림 11–63

10. positive edge triggered JK 플립플롭에서 그림 11-64에 주어진 입력에 대하여 Q 출력을 그리라. 초기 상태는 리셋이다.

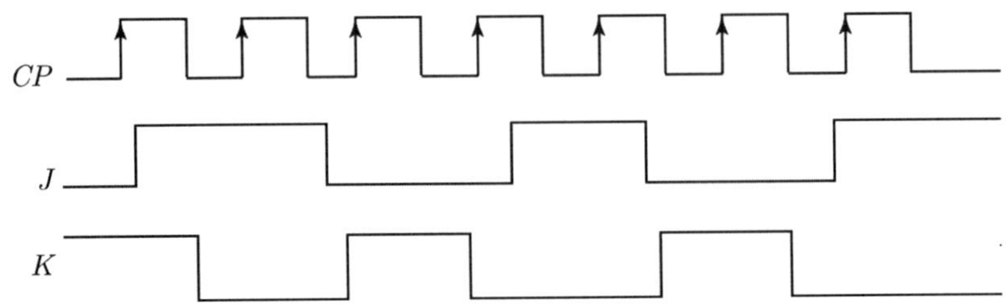

그림 11-64

11. negative edge triggered JK 플립플롭에서 그림 11-65에 주어진 입력에 대하여 Q 출력을 그리라. 초기 상태는 리셋이다.

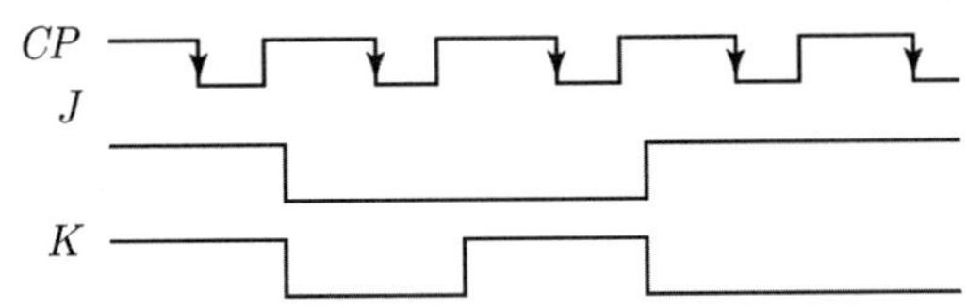

그림 11-65

12. $MS\ JK$ 플립플롭에서 그림 11-66에 주어진 입력에 대하여 Q 출력을 그리라. 초기 상태는 리셋이다.

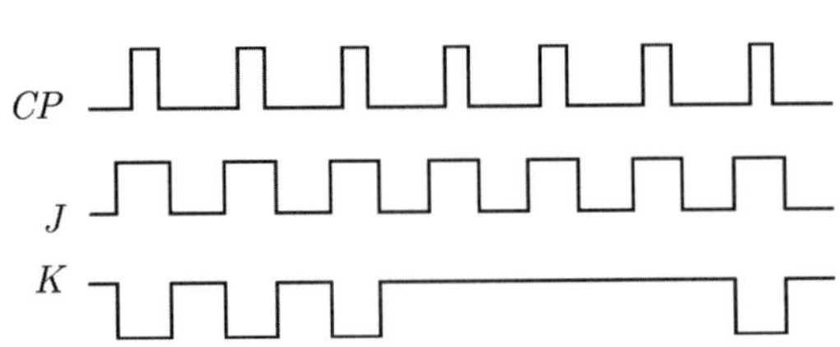

그림 11-66

13. JK 플립플롭이 비동기 입력으로 프리셋 PR 입력과 클리어 CLR 입력을 모두 가지고 있다. J와 K 입력이 항상 1이고 나머지 입력 파형이 11-67과 같이 인가될 경우 클럭이 positive edge trigger로 동작할 때와 negative edge trigger로 동작할 때의 각각의 출력 파형을 나타내라(초기 상태 리셋이다).

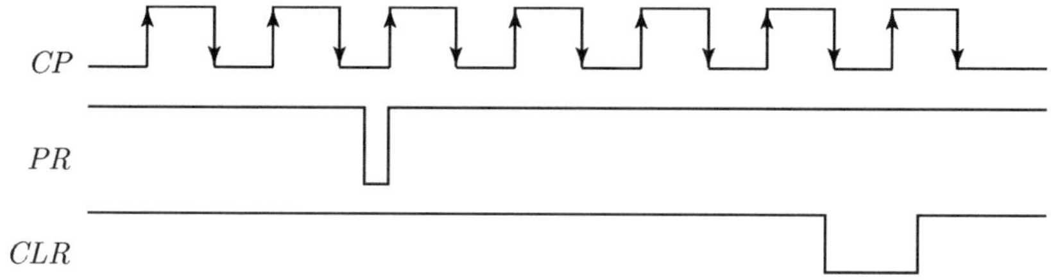

그림 11-67

14. 그림 11-68에 나타낸 제어 입력과 클록 입력을 플립플롭에 인가했을 때 다음 각 플립플롭의 출력파형은 어떻게 될까? 초기 상태는 리셋이다.

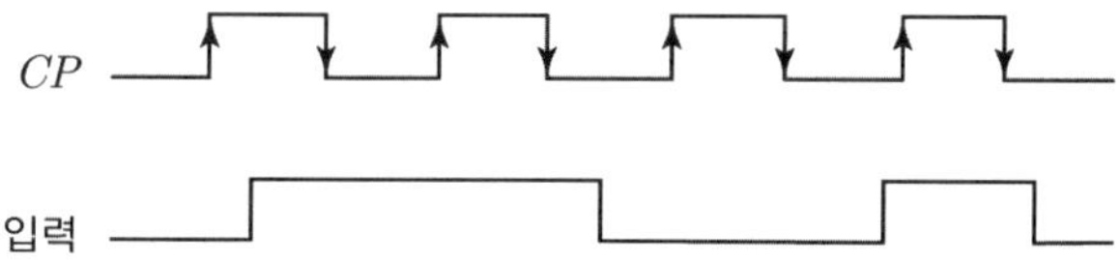

그림 11-68

a) D 플립플롭의 입력

b) MS형 JK 플립플롭의 J 입력. 단, $K=1$로 한다.

c) negative edge 트리거형 JK 플립플롭의 J 입력. 단, $K=1$로 한다.

d) 데이터 lockout형 JK 플립플롭의 J 입력. 단, $K=1$로 한다.

15. 그림 11-69에 나타낸 J, K 입력과 클록 입력을 플립플롭에 인가했을 때 다음의 출력파형은 어떻게 될까? 초기 상태는 리셋이다.

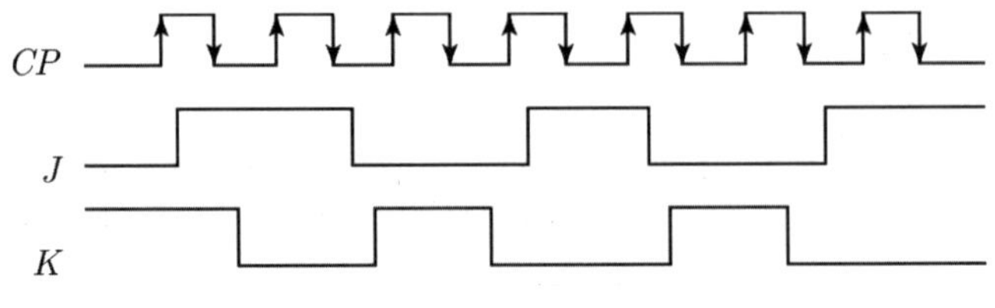

그림 11-69

a) positive edge trigger형

b) negative edge trigger형

c) MS형

d) 데이터 lockout형

Chapter 12 one shot 멀티바이브레이터

one shot 멀티바이브레이터는 단안정 멀티바이브레이터 회로로 구성되며, 펄스폭을 자유로이 바꿀 수 있는 트리거 발진기로서 디지털 시스템 내에서 타이밍을 세트하거나 시퀀스 제어 등에 이용되고 있다.

one shot 멀티바이브레이터는 본질적으로 1개의 안정 상태를 가진 플립플롭 소자로 두 개의 출력 Q, $\overline{Q}$를 가지며, 통상 리셋 상태($Q=0$)에 있다. 여기에 트리거 전압을 인가하면 $Q=1$인 세트 상태가 되는데, 이것은 저항과 커패시터에 의해서 정해지는 일정 시간이 경과하면 자동적으로 원래의 리셋 상태로 되돌아간다. 따라서 one shot 멀티바이브레이터에서 세트 상태인 기간은 준안정 상태이므로 만약 one shot 멀티바이브레이터가 세트 상태를 지속하고 있으면 이 회로는 고장이라고 생각해도 좋다. 이러한 one shot 멀티바이브레이터는 발진회로나 기계 스위치의 bouce 방지에도 이용된다.

이 장에서는 one shot 멀티바이브레이터의 기본 원리와 함께 그 응용회로에 대하여 설명한다.

12-1 one shot 멀티바이브레이터의 동작 원리

one shot 멀티바이브레이터의 기본 회로는 그림 12-1과 같이 NOR 게이트와 인버터로 구성되고, 트리거 입력과 Q 출력을 가진다. 안정 상태인 $Q=0$의 상태에서 입력이 인가되지 않는 한 그 상태를 유지하지만 그림 12-1(a)와 같은 트리거 펄스가 인가되면 $Q=1$의 상태로 바뀐다.

이 상태가 계속 유지되지 않고 어떤 결정된 시간 T만큼만 지속되었다가 자동적으로 원래의 상태가 되돌아가므로 이 지속 기간을 준안정 상태라 한다.

그림 12-1(a)의 회로에서 지속 기간 T는 기본적으로 CR의 시상수로 결정되며, 예를 들어 용량 C를 크게 선택하면 T를 길게 할 수 있고, C를 작게 하면 T는 짧아진다. 시간 T가

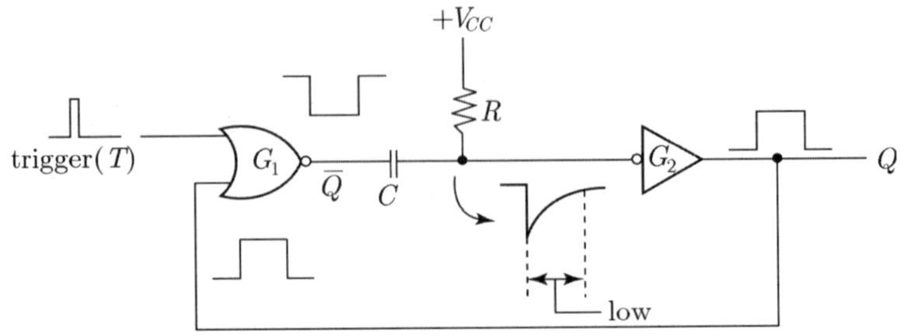

(a) 회로

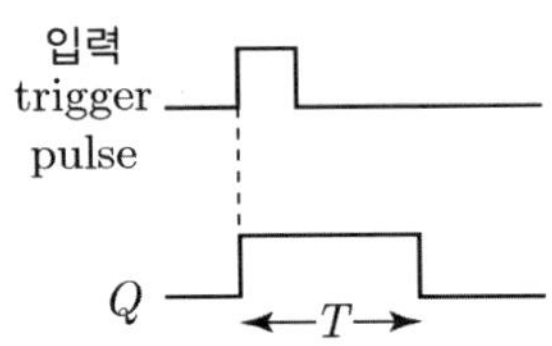

(b) time chart

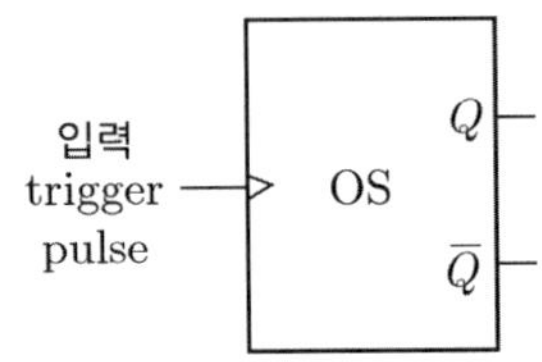

(c) 회로기호

그림 12-1 one shot 멀티바이브레이터의 회로기호와 동작

경과하면 Q 출력은 원래 상태로 되돌아가 리셋되고, 다음의 트리거 펄스가 인가될 때까지 아무런 변화도 일어나지 않는다.

그림 12-1(b)의 time chart는 트리거 펄스의 rising edge에서 동작하는 one shot 멀티바이브레이터의 경우를 제시하였고, 그림 12-1(c)에 전형적인 one shot 멀티바이브레이터의 논리기호를 나타내었다.

예제 12-1

준안정 시간 $T = 15\mu s$를 갖고 rising edge에서 동작하는 one shot 멀티바이브레이터가 있다. 여기에 그림 12-2(a), (b), (c)에 나타낸 트리거 펄스를 인가했을 때 Q 출력의 파형을 그리라.

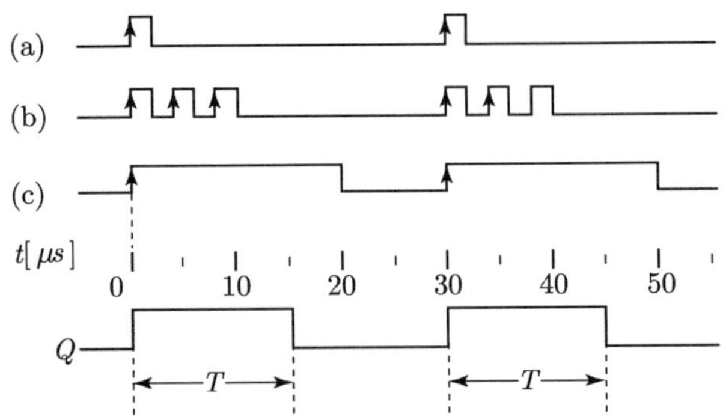

그림 12-2 one shot 멀티바이브레이터의 동작

✔ **풀이** Q 출력은 그림 12-2의 최하단에 나타낸 파형으로 된다. (b)의 3개의 펄스는 처음의 펄스만이 유효하고 나머지 두 개의 펄스는 준안정 기간 동안에 인가되기 때문에 아무런 효과가 없다. (c)의 트리거 펄스폭은 20μs이지만 rising edge만이 유효하기 때문에 Q 출력은 T초 후, 즉 15 μs 후에는 L로 되돌아간다.

12-2 one shot IC

one shot IC에는 크게 재트리거 가능형과 불가능형의 두 가지 형태가 있다. 재트리거 불가능형은 그림 12-3에서 보듯이 트리거 펄스 입력 후 안정 상태로 복귀할 때까지는 어떤 추가의 트리거 펄스에도 동작하지 않으므로 트리거 펄스의 주기가 one shot의 불안정 상태인 준안정 기간(t_w)보다 더 길어야 한다는 것을 나타내고 있다.

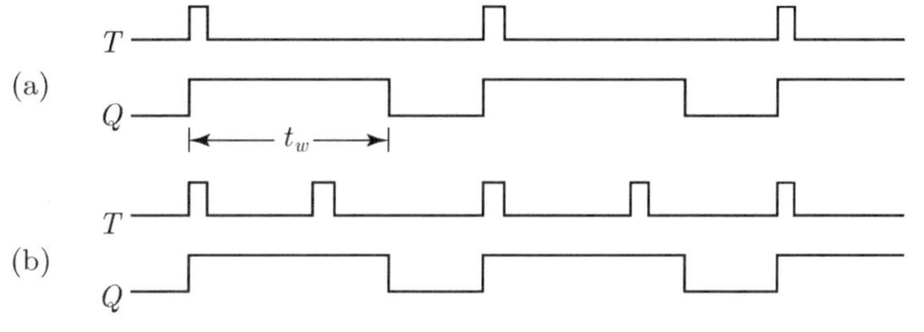

그림 12-3 재트리거 불가능 one shot 동작

그림 12-3은 one shot IC의 준안정 기간보다 트리거 펄스 주기가 큰 경우(a)와 작은 경우(b)에 대한 동작 상태를 나타낸 것이다.

재트리거 가능형은 불안정 상태가 끝나기 전에 다시 트리거 펄스가 들어오면 재트리거되므로 그림 12-4와 같이 펄스폭이 연장된다.

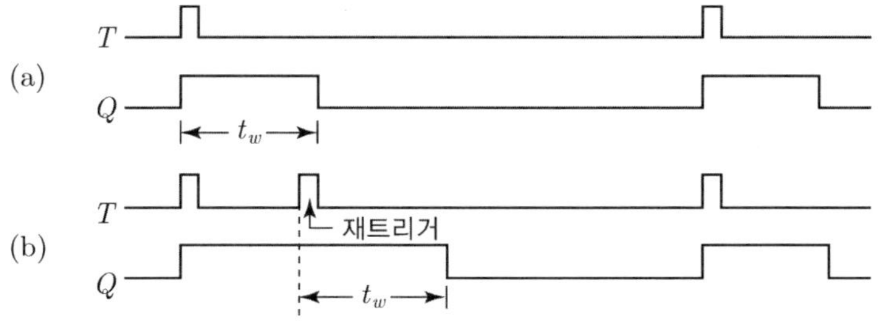

그림 12-4 재트리거 가능 one shot 동작

1 SN74121 one shot 멀티바이브레이터

TTL 시리즈 중에서 가장 많이 사용되는 IC가 SN74121이다. 그 내부 구조를 그림 12-5에, 동작을 표 12-1에 나타내었다.

표 12-1 SN74121의 동작표

번호	입력			출력	
	$A1$	$A2$	B	Q	$\overline{Q}$
1	0	×	1	0	1
2	×	0	1	0	1
3	×	×	0	0	1
4	1	1	×	0	1
5	1	↓	1	⊓	⊔
6	↓	1	1	⊓	⊔
7	↓	↓	1	⊓	⊔
8	0	×	↑	⊓	⊔
9	×	0	↑	⊓	⊔

이 IC 입력부는 NAND 게이트(그림에서는 부논리 OR 게이트로 그려져 있다.)와 schmitt 트리거 동작의 AND 게이트로 구성되어 있다. 이 IC를 트리거하기 위해서는 Z 점에 rising edge의 펄스가 인가되어야 하는데 여기에는 다음의 두 가지 방법이 있다.

① A 입력 중 하나 또는 모두가 0 상태이고, B 입력을 1로 한다.

② B 입력이 1 상태이고, A 입력 중 어느 하나가 1 상태에 있을 때 A 입력의 다른 쪽을 0으로 한다.

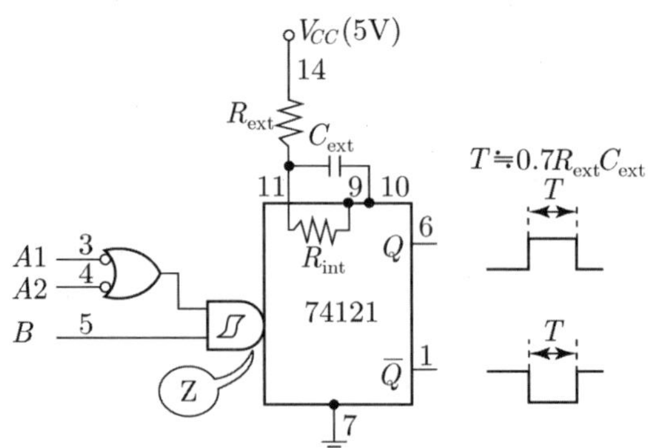

그림 12-5 SN74121의 내부 구조

이상의 트리거 동작을 표 12-1에 상세하게 나타내었으며, 이 표를 1행씩 조사해보면 그 동작 상태를 이해할 수 있다. 주의할 것은 1~4행으로서 입력 $A1$, $A2$, B가 active 상태이어도 rising edge 또는 falling edge의 변화가 일어나지 않는 한 one shot 멀티바이브레이터는 변화하지 않고, $Q=0$의 정상 상태를 유지하는 것이다.

5~9행에서는 NAND 게이트가 active로 되는 rising edge 또는 falling edge에 의해서만 이 IC가 동작한다는 것을 나타내고 있다.

Q 출력의 펄스폭 T는 그림 12-5의 외부저항 R_{ext}, 외부용량 C_{ext}, 내부저항 R_{int}에 의해서 결정된다. C_{ext}는 74121의 핀 10과 11 사이에 접속하고, C_{ext}는 0~1000 μF의 범위로 한다. T를 길게 하려면 C_{ext}를 크게 하고, 저항은 다음과 같이 사용한다.

① 내부저항 R_{int}(2kΩ)만을 사용할 때는 핀 9에 V_{CC}를 접속한다.

② 외부저항 R_{ext}를 사용할 때는 V_{CC}와 핀 11 사이에 접속하지만 R_{ext}는 1.4~40 kΩ의 범위로 한다. 이때 핀 9는 사용하지 않는다. 출력 펄스폭 T, 즉 준안정 기간은 다음 식으로 주어진다.

$$T = 0.7 R_{ext} C_{ext}$$

단, C_{ext}와 R_{ext}는 각각 타이밍 용량과 타이밍 저항값이다.

최소 출력 펄스폭은 외부용량과 외부저항을 이용하지 않을 때 얻어지고, 30~35 ns이다. 반대로 최대 펄스폭 T_{max}는 다음과 같이 된다.

$$T_{max} = 0.7 R_{ext} C_{ext} = 0.7 \times 1000\mu\text{F} \times 40\,\text{k}\Omega$$
$$= 28\,\text{s}$$

즉, 74121은 $T = 30\,\text{ns} \sim 28\,\text{s}$의 넓은 범위의 펄스폭을 얻을 수 있다.

예제 12-2

SN74121을 이용하여 다음 조건에서 $1\mu s$ 폭의 펄스를 만들라.

① 내부저항 R_{int}를 사용했을 때

② 외부저항 R_{ext}를 10kΩ으로 했을 때

✔ **풀이** ① $R_{int}=2\text{k}\Omega$이기 때문에 C_{ext}는 다음과 같이 구해진다.

$$C_{ext}=\frac{T}{0.7R_{ext}}=\frac{10^{-6}}{0.7\times 2\text{k}\Omega}=714\,\text{pF}$$

② $R_{ext}=10\text{k}\Omega$이기 때문에 C_{ext}는 다음 식으로 구해진다.

$$C_{ext}=\frac{T}{0.7R_{ext}}=\frac{10^{-6}}{0.7\times 10\text{k}\Omega}=143\,\text{pF}$$

---

one shot 멀티바이브레이터 출력파형의 duty factor는 타이밍 저항으로 제한된다. 74121의 경우는 내부저항 $R_{int}=2\text{k}\Omega$일 때 최고 67 %까지이고, 외부저항 $R_{ext}=40\text{k}\Omega$일 때 90 %까지 허용된다. 예를 들면, 예제 12-2(1)의 경우에는 펄스폭이 $1\mu s$이기 때문에 트리거 간격은 $1.5\mu s$ 이상 떨어져 있어야 하고, (2)의 경우에 트리거 간격은 $1.1\mu s$ 이상 떨어져 있어야 한다는 것을 의미한다. 이 관계를 그림 12-6에 나타내었다.

만약 트리거 간격이 최고 허용 duty factor보다 좁아지면 펄스폭이 불안정하게 되고, jitter를 일으키므로 주의해야 한다.

74121의 B 입력은 schmitt 트리거 입력으로 되어 있기 때문에 완만한 변화의 입력전압에도 대응할 수 있는 이점이 있지만 A 입력은 $1\text{V}/\mu s$ 이상의 급격한 변화를 가진 트리거 입력을 인가해야만 트리거할 수 있다. B 입력에서는 1V/s 정도의 완만한 트리거 전압으로도 충분하다.

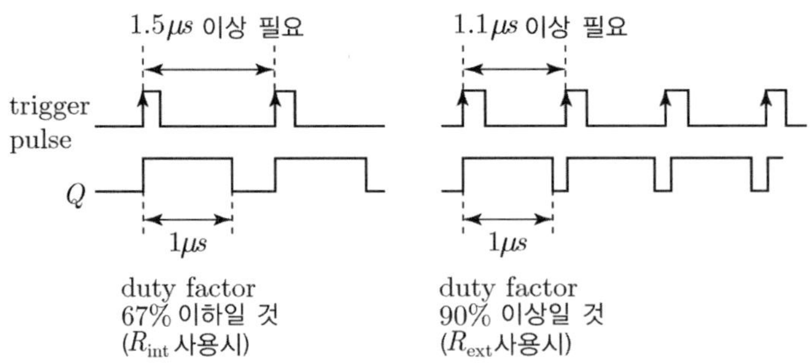

그림 12-6 74121의 최고 duty factor(cycle)

예제 12-3

SN74121을 이용하여 외부 저항 R_{ext}을 $40\,k\Omega$으로 사용할 경우 출력 펄스의 폭이 $1\,\mu s$라 한다. 이 출력 펄스가 지터가 발생하지 않는 안정된 펄스를 얻으려면 입력 트리거 펄스의 cycle을 얼마로 해야 하는가?

✔ **풀이** 외부 저항 R_{ext}을 $40\,k\Omega$으로 사용할 경우 출력 펄스의 duty cycle을 90 %까지 허용하므로 출력 펄스의 duty cycle을 구하면 다음과 같다.

$$\text{duty cycle} = \frac{10}{9} \times 1\,\mu s = 1.1\,\mu s$$

따라서 지터가 발생하지 않는 안정한 출력 펄스를 얻으려면 입력 트리거 펄스의 cycle은 적어도 $1.1\,\mu s$보다 커야 한다.

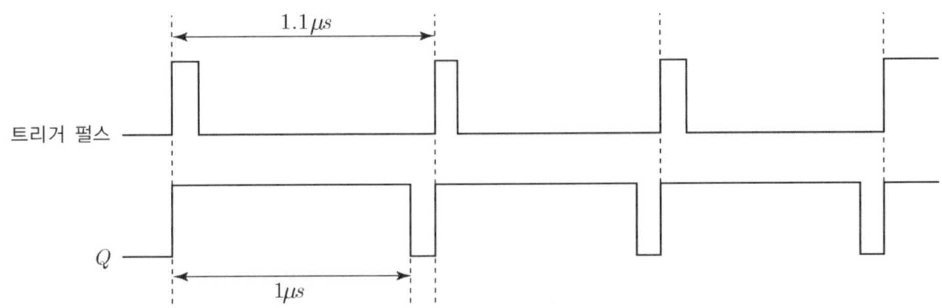

그림 12-7

2 SN74122 재트리거형 one shot 멀티바이브레이터

재트리거형 one shot 멀티바이브레이터는 안정 상태에서 SN74121과 같이 Q 출력은 0 상태에 있다. 그러나 Q 출력이 1인 준안정 기간에도 트리거 입력이 인가되면 트리거 입력에 반응한다는 차이가 있다. 그리고 최후의 트리거 입력 후 준안정 기간 T를 경과한 후 비로소 Q 출력은 0으로 되돌아간다. 이 상태를 그림 12-8에 나타내었다.

재트리거형 one shot 멀티바이브레이터인 74122는 74121에 비하여 다음과 같은 이점을 갖는다.

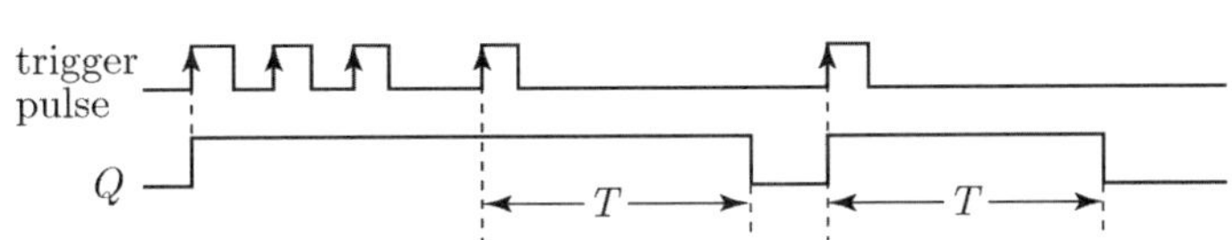

그림 12-8 재트리거형 one shot 멀티바이브레이터의 동작

① duty factor에 제한이 없다.

② 클리어 입력을 갖고 있으므로 이것에 의해서 직접 one shot 멀티바이브레이터를 리셋할 수 있고, 클리어 입력을 트리거 입력단자로 사용할 수 있다.

그림 12-9에 재트리거형 one shot 멀티바이브레이터 SN74122의 핀 배치와 동작표를 나타내었다. 내부 타이밍 저항 R_{int}는 10kΩ이다. 또 외부용량 C_{ext}는 핀 11과 핀 13 사이에 접속하고, 외부저항 R_{ext}는 V_{CC}와 핀 13 사이에 접속하여 사용한다. R_{ext}를 사용할 때 핀 9는 개방해둔다.

R_{ext}는 5~50kΩ의 범위에서 사용 가능하다. 준안정 기간 T는 100pF 이내의 값으로 사용할 때는 제품 생산업체가 제공하는 특성곡선으로부터 구하며, 1000pF 이상의 값을 사용할 때는 다음 식으로 구한다.

$$T = K_D R_T C_{ext}\left(1+\frac{0.7}{\mathrm{R_T}}\right)[\mathrm{ns}]$$

여기서, R_T: [kΩ](내부 또는 외부 타이밍 저항)

C_{ext}: [pF]

K_D: 0.32 또는 0.28(그림 12-11일 때)

INPUT					OUTPUT	
CLR	A1	A2	B1	B2	Q	$\overline{Q}$
0	×	×	×	×	0	1
×	1	1	×	×	0*	1*
×	×	×	0	×	0*	1*
×	×	×	×	0	0*	1*
1	0	×	↑	1	⊓	⊔
1	0	×	1	↑	⊓	⊔
1	×	0	↑	1	⊓	⊔
1	×	0	1	↑	⊓	⊔
1	1	↓	1	1	⊓	⊔
1	↓	↓	1	1	⊓	⊔
1	↓	1	1	1	⊓	⊔
↑	0	×	1	1	⊓	⊔
↑	×	0	1	1	⊓	⊔

(a) 동작표

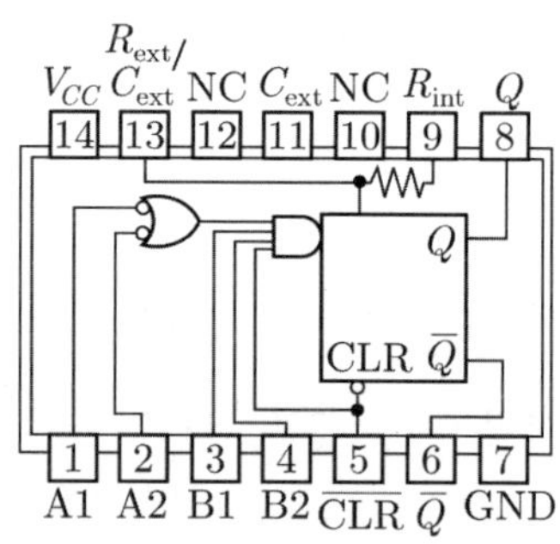

SN54122(J, W) SN74122(J, N)
SN54L122(J, T)
SN54LS122(J, W) SN74LS122(J, N)
'122 … R_{int}=10 kΩNOM
'L122 … R_{int}=20 kΩNOM
'LS122 … R_{int}=10 kΩNOM

(b) 핀 배치

그림 12–9 SN74122의 핀 배치와 동작표

◐ 예제 12-4

준안정 기간 $T = 10\,\mu s$ 로 설계한 재트리거형 one shot 멀티바이브레이터 SN74122가 있다. 여기에 그림 12-10에 나타낸 트리거 입력과 클리어 입력을 인가했을 때 Q 출력의 파형을 그리라.

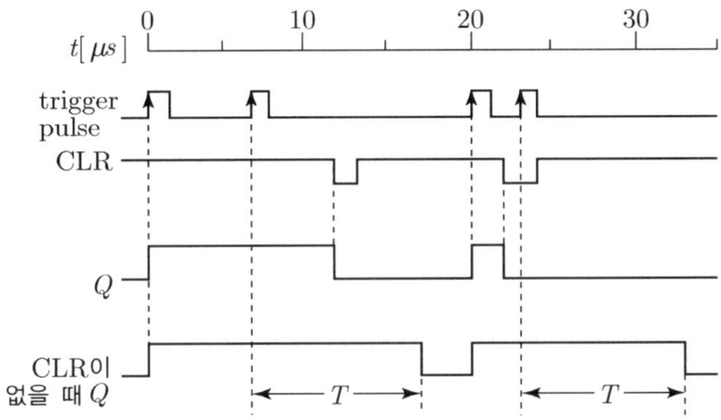

그림 12-10 SN74122의 동작 time chart

✔ **풀이** 그림 12-10에 나타낸 Q 출력파형으로 된다. 만약 클리어 입력이 없으면 최하단과 같은 Q 출력파형으로 된다.

그런데 SN74122를 사용할 때 다음 사항에 주의해야 한다. 그것은 준안정 기간 T가 3 ms 이상으로 길게 되면 외부용량 C_{ext}의 값이 커지게 되므로 필연적으로 전해 콘덴서를 사용하게 된다. 그때에는 그림 12-11과 같이 다이오드 D를 사용하여 그 전해 콘덴서의 극성을 틀리지 않도록 접속하는 것이다. 그리고 이 경우의 준안정 기간 T의 계수 K_D는 0.28을 사용하는 것이다.

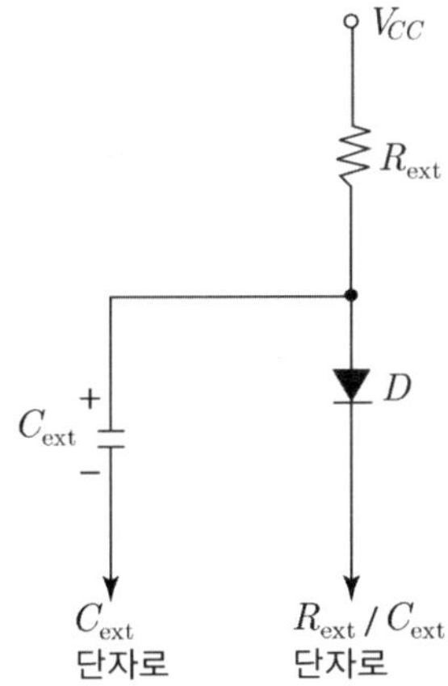

그림 12-11 전해 콘덴서를 이용했을 때의 접속법

INPUT			OUTPUT	
CLEAR	A	B	Q	$\overline{Q}$
0	×	×	0	1
×	1	×	0*	1*
×	×	0	0*	1*
1	0	↑	⊓	⊔
1	↓	1	⊓	⊔
↑	0	1	⊓	⊔

(a) 동작표

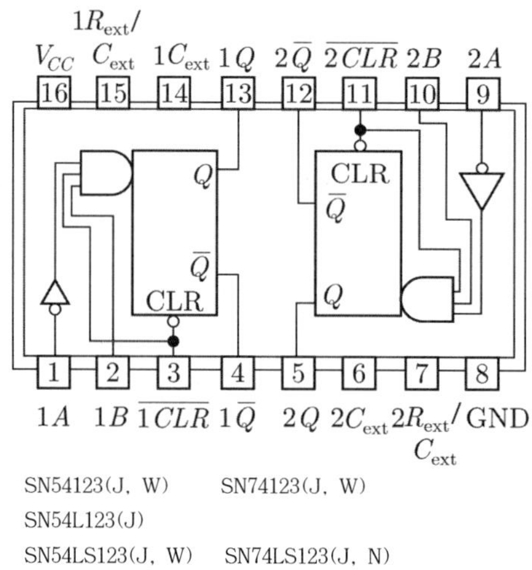

(b) 핀배치

그림 12-12 SN74123의 핀 배치와 동작표

그 밖에 재트리거 one shot 멀티바이브레이터 IC로서 SN74123이 있다. 이것은 그림 12-12에 나타낸 것과 같이 2개의 one shot 멀티바이브레이터가 들어 있다. 단, 타이밍 내부저항 R_{int}가 없고, 외부저항은 5~50 kΩ을 사용한다.

외부용량 C_{ext}를 1000pF보다 크게 사용할 때 준안정 기간 T는 다음 식으로 주어진다.

$$T = 0.28 R_T C_{ext} \left(1 + \frac{0.7}{\mathrm{R_T}}\right)$$

◐ 예제 12-5

SN74122 IC는 입력 트리거 펄스에 대해 다음과 같은 출력 파형을 얻을 수 있다.

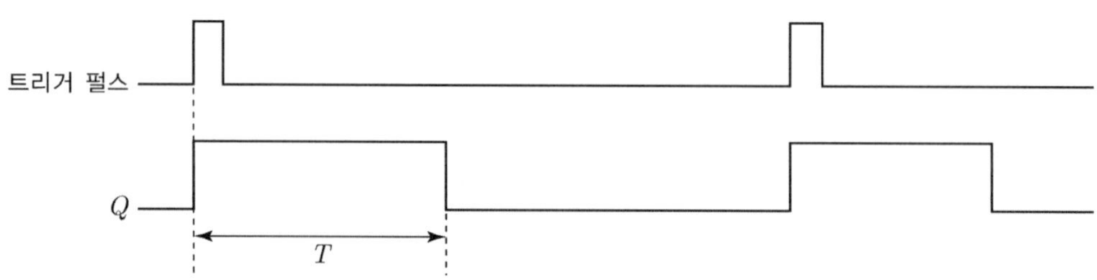

만약 입력 트리거 펄스가 다음과 같이 인가될 경우 출력 파형을 나타내라.

✔ **풀이** SN74122는 재트리거가 가능한 IC로서 처음 트리거 펄스가 입력된 후 출력의 준안정 상태가 끝나기 전에 다시 트리거 펄스가 인가되면 원래의 출력 펄스폭만큼 다시 늘어난다. 준안정 상태에서의 제일 마지막 트리거 펄스가 인가된 후 원래의 출력 펄스폭만큼 준안정 상태를 지속하다가 안정 상태로 돌아온다. 따라서 출력 펄스의 폭은 최종 재트리거 입력 펄스가 결정한다. 결과 파형은 다음과 같다.

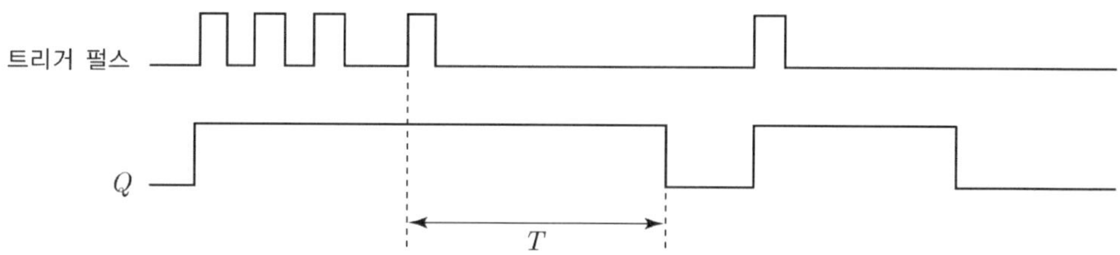

◐ 예제 12-6

SN74122 IC에 트리거 펄스를 인가할 경우 출력 파형은 다음과 같다.

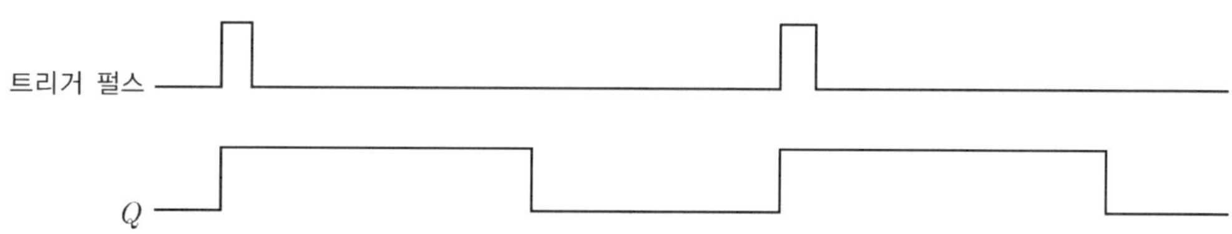

① 트리거 펄스를 다음과 같이 인가할 경우 출력 파형을 나타내라.

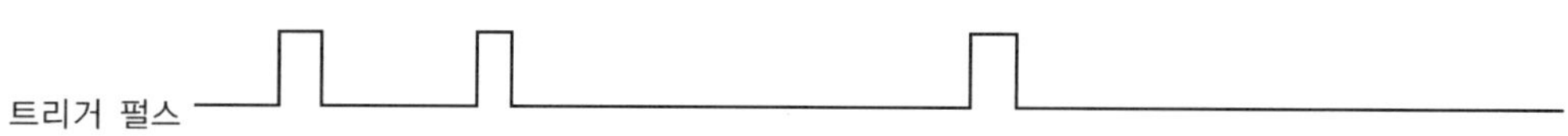

② ①의 트리거 펄스와 함께 클리어 입력을 다음과 같이 인가할 경우 출력 파형을 나타내라.

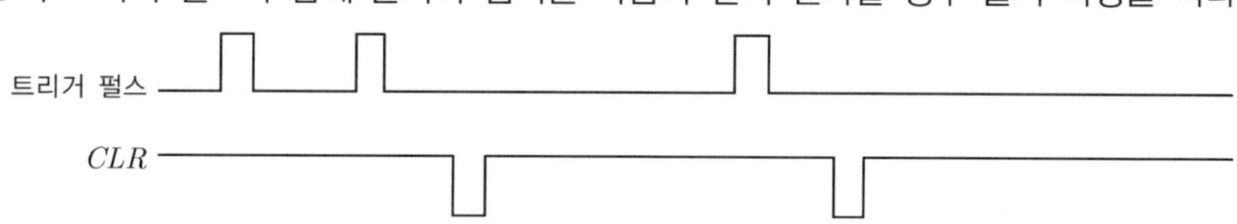

✔ **풀이** ① 출력의 준안정 상태가 끝나기 전에 재트리거 펄스가 인가되므로 결과는 다음과 같다.

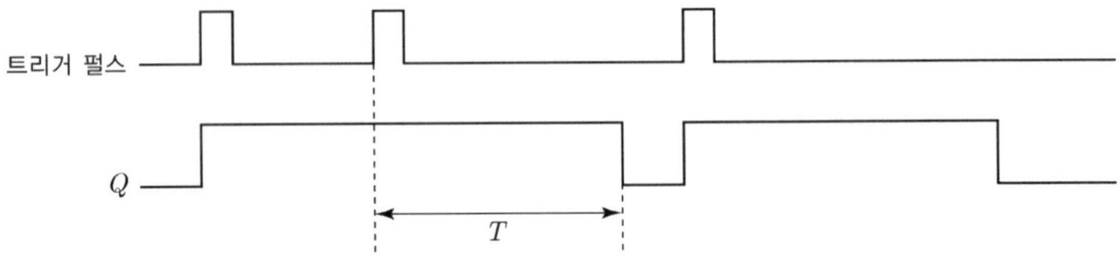

② 처음의 트리거 펄스 입력에 의해 안정 상태에서 준안정 상태로 변한 뒤 재트리거 펄스의 입력으로 인해 다시 원래의 출력 펄스폭만큼 준안정 상태 유지를 시작하다가 클리어 입력이 인가됨에 따라 그 상태에서 즉시 안정 상태로 돌아온다.

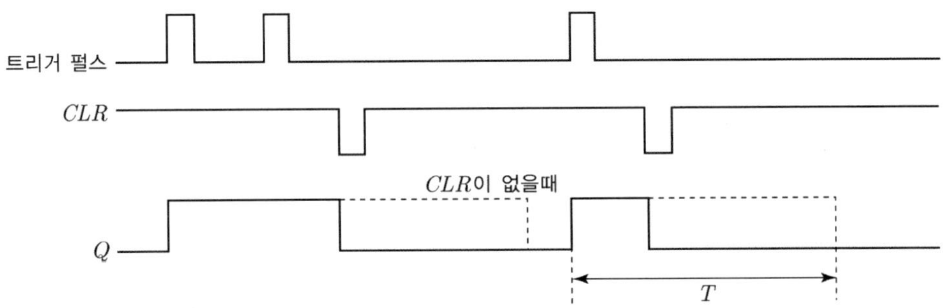

◐ 예제 12-7

SN74122에서 외부 저항이 40kΩ이고 외부 커패시터가 1000pF이다. 이 경우 출력 펄스의 지속 시간을 구하라.

✔ **풀이** 외부 저항 R_{ext}이 40kΩ, 외부 캐패시터 C_{ext}가 1000pF, 74122의 경우 multiplier factor K_D가 0.32이므로 출력 펄스의 지속 시간은 다음과 같다.

$$\begin{aligned} T &= K \cdot R_T \cdot C_{ext}\left(1+\frac{0.7}{R_T}\right)[\text{ns}] \\ &= 0.32 \cdot 40 \cdot 1000\left(1+\frac{0.7}{40}\right)[\text{ns}] \\ &\fallingdotseq 13024\,[\text{ns}] \\ &= 13\,[\mu s] \end{aligned}$$

12-3 one shot 멀티바이브레이터의 응용

one shot 멀티바이브레이터는 트리거 후에 일정 시간 간격의 펄스 출력을 내는 기능을 갖고 있다. 이것을 이용하여 클록 펄스 발진기나 타이밍 펄스발생기, 스위치 bounce 방지 회로 등에 응용된다.

1 구형파 발진기

두 개의 74121을 그림 12-13과 같이 접속하면 주어진 주기와 duty factor를 가진 구형파 발진기가 가능하다.

그림 12-13은 간략화한 기호로 나타내고 있지만 IC_1의 $A2$ 입력에 접속된 스위치 SW는 다음의 역할을 한다.

① SW를 ON으로 하면 IC_1과 IC_2는 1회만 동작한다.

② SW를 OFF로 하면 연속된 구형파 출력이 얻어진다.

이 회로 동작의 time chart는 그림 12-14와 같이 된다. 처음에 Q_1과 Q_2는 리셋 상태이기 때문에 $Q_1 = Q_2 = 0$이다. 그리고 SW를 ON하면 IC_1의 $A1$, $A2$는 active 상태로 된다. 그리고 start 스위치를 OFF로 하면 B 입력이 active로 되어 Q_1이 1로 반전한다. 일정 기간 T_1이 지난 후 Q_1은 0으로 되돌아가므로 바로 그 falling edge에서 IC_2가 트리거되어 Q_2는 1로 된다. 일정 기간 T_2가 지난 후 Q_2는 0으로 되돌아가지만 IC_1의 $A2$ 입력이 0이면 $A1$을 트리거할 수 없으므로 동작을 종료한다.

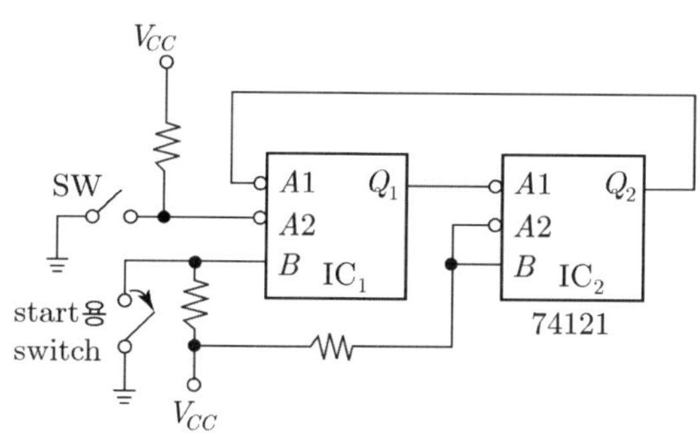

그림 12-13 74121을 이용한 구형파 발진기

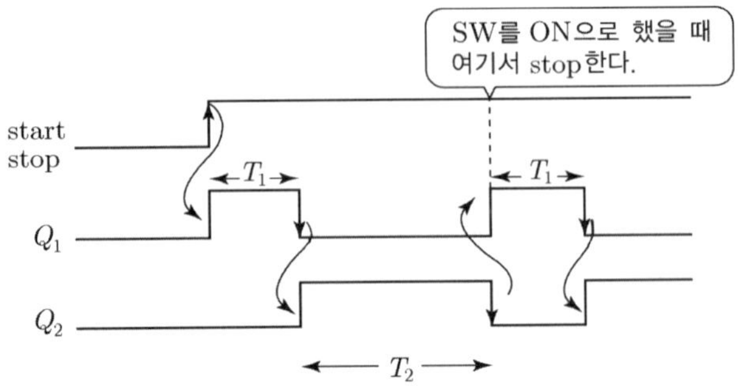

그림 12-14 그림 12-13회로의 time chart

SW가 OFF 상태이면 Q_2가 0으로 되돌아갈 때 falling edge가 IC_1의 $A1$으로 들어가 IC_1을 트리거하므로 다시 Q_1이 1로 되어서 발진을 계속한다.

2 발진기

그림 12-15는 SN74123을 이용한 클록 펄스 발진기이다. 제어입력 C를 1로 하면 초기 상태에서 $\overline{Q}$ 출력은 1이기 때문에 AND 게이트는 active로 된다. 따라서 one shot 멀티바이브레이터는 트리거되어 Q 출력은 1로 된다. 일정 기간(T초) 경과 후 Q는 0으로 돌아가고, $\overline{Q}$는 1로 변화하며, 제어 입력 C에 의해 Q 출력은 다시 1로 변화한다.

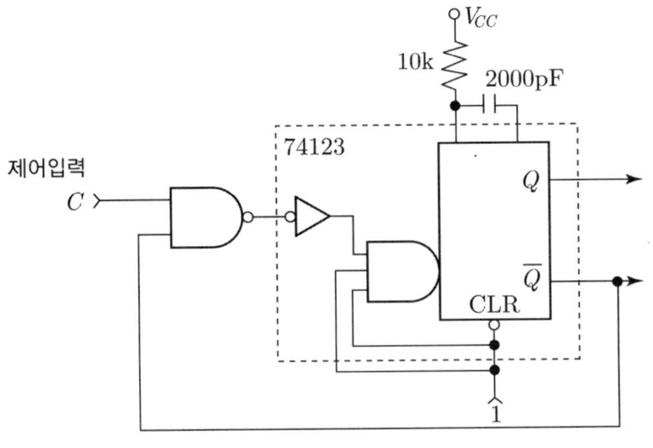

그림 12-15 클록 펄스 발진기

같은 동작에 의하여 제어 입력 C가 1인 동안에 발진을 계속한다. 이 동작에 대한 time chart를 그림 12-16에 나타내었다. 이 회로의 Q가 1인 기간, T는 다음 식으로 구해진다.

$$T = 0.28 R_T C_{\text{ext}} (1 + \frac{0.7}{R_T}) = 0.28 \times 10 \times 2000 (1 + \frac{0.7}{10}) [\text{ns}]$$
$$\fallingdotseq 6000 [ns] = 6 [\mu s]$$

지금 이 발진기는 클리어 입력을 이용해서 제어할 수도 있다. $\overline{Q}$ 출력의 glitch 폭은 약 40 ns이다.

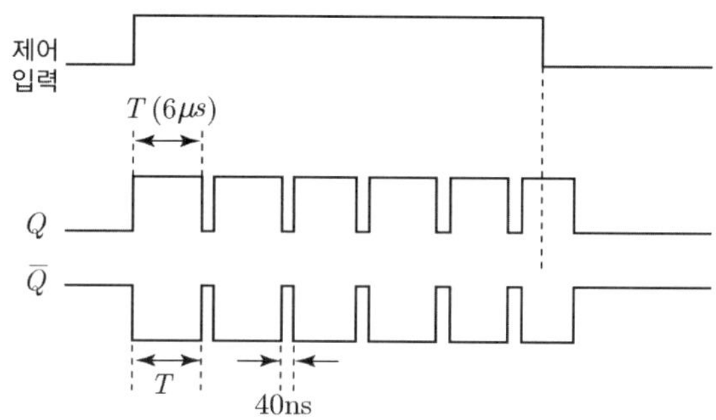

그림 12-16 그림 11.15 회로의 time chart

3 스위치 bounce 방지회로

스위치 bounce는 one shot 멀티바이브레이터를 이용하여 방지할 수 있다. 그림 12-17은 초단 IC_1으로 긴 주기의 펄스를 만들 수 있으므로 스위치의 bounce를 제거한 후 다음 단에서 폭이 좁은 펄스를 만드는 회로이다. 그 동작은 그림 12-18과 같다. SW의 bounce는 통상 10 ms이면 소멸하므로 그 기간 동안 Q_1을 1로 해두면 Q_1의 falling edge에서 Q_2를 트리거하여 목적하는 펄스를 Q_2에서 만든다. 그러나 SW가 0으로 되어 있는 것을 확인하기 위해서 SW 출력과 $\overline{Q_2}$를 AND함으로써 출력 펄스를 취한다.

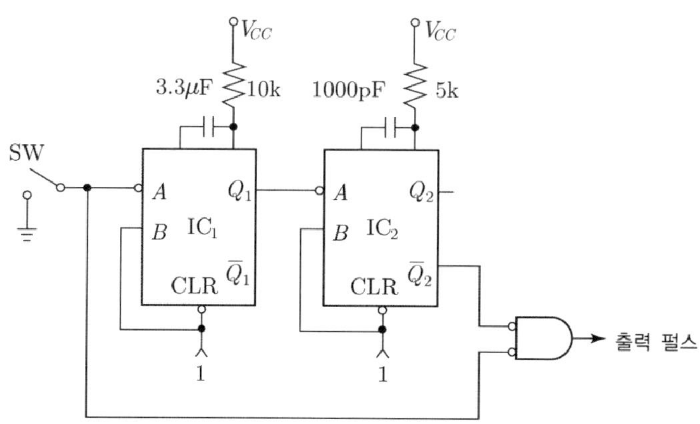

그림 12-17 SN74123을 이용한 bounce 방지회로

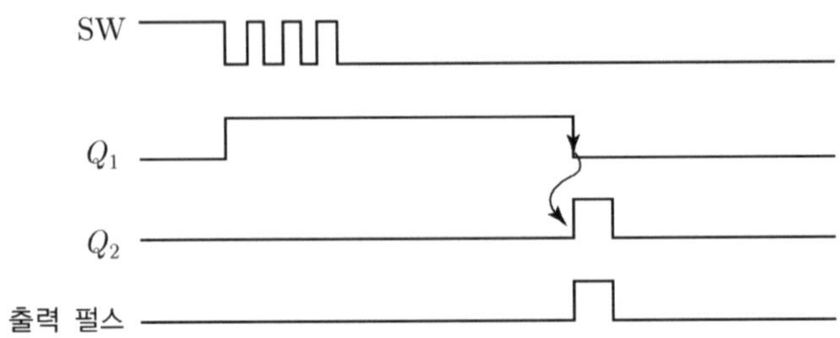

그림 12-18 그림 12-17 회로의 time chart

그림 12-17에서 IC_1의 준안정 기간 T_1은 10 ms, IC_2의 준안정 기간 T_2는 1.6 μs로 하고 있다. 이것에 의해 스위치를 ON으로 할 때마다 10 ms 지연된 1.6 μs 폭의 펄스 출력을 얻을 수 있다.

4 주파수 변별기

SN74123을 한 개 이용하여 FSK(Frequency Shift Keying) 방식의 주파수 변별기에 이용할 수 있는데 이 회로를 그림 12-19에 나타내었다.

FSK란 디지털 신호의 1과 0을 전화 회선으로 송신할 때 1과 0에 대응하는 두 개의 주파수 신호로 바꾸어서 이것을 전송하는 통신방식이다. 예를 들면, 1을 2400 Hz, 0을 1200 Hz로 변조하는 것이다. 이 신호를 수신하여 원래의 1과 0의 신호로 복조하려면 주파수 변별기가 필요하다. 그림 12-19가 이 주파수 변별기이며, $\overline{Q}_2$ 출력은 FSK 신호가 2400 Hz일 때 1, 1200 Hz일 때 0을 출력하도록 되어 있다. 여기서 초단 one shot 멀티바이브레이터 IC_1의

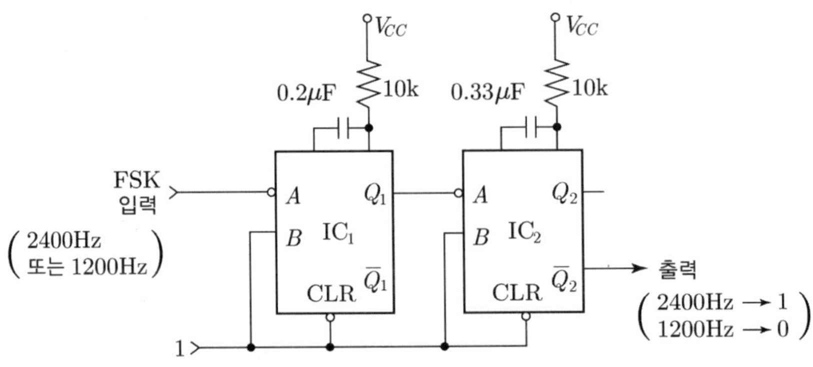

그림 12-19 FSK 주파수 변별기

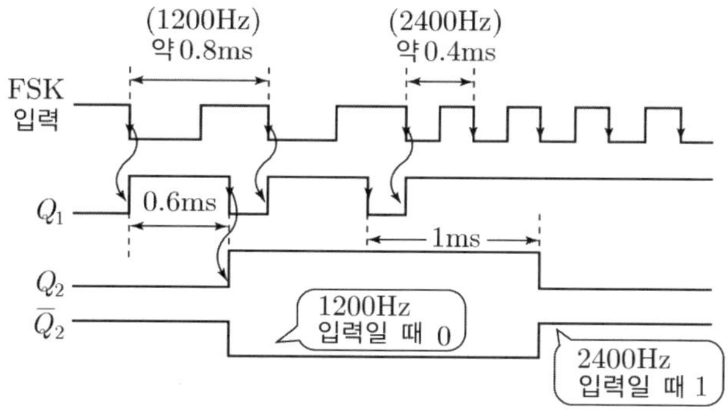

그림 12-20 그림 12-19회로의 time chart

준안정 기간 T_1은 약 0.6 ms, 2단째 IC_2의 T_2는 약 1 ms로 설계되어 있다. 그 동작을 그림 12-20에 나타내었다.

FSK 입력이 1200 Hz일 때, 즉 약 0.8 ms 주기의 펄스 입력인 경우에 Q_1 출력은 falling edge마다 트리거되지만 Q_2는 연속적인 트리거 입력 때문에 1 상태를 유지하고, $\overline{Q}_2$ 출력은 0을 유지한다. 이에 반하여 FSK 입력이 2400 Hz일 때, 바꾸어 말하면 0.4 ms 주기의 펄스 입력인 Q_1은 연속적인 트리거 입력 때문에 1 상태를 유지하므로 Q_2를 트리거할 수 없고, Q_2는 리셋 상태인 0을 유지한다. 즉, $\overline{Q}_2$ 출력은 1이다. 이와 같이 하여 FSK 신호 입력이 2400 Hz일 때 $\overline{Q}_2$는 1, 1200 Hz일 때 $\overline{Q}_2$는 0으로 출력으로 되어 주파수 변별이 행해지게 된다.

12-4 555 타이머

555 타이머는 발진기 회로를 구성하는 데 매우 편리한 IC이고, 8핀 DIP 패키지로 되어 있다. one shot 멀티바이브레이터 또는 astable 멀티바이브레이터 회로로 사용할 수 있으며, 555 타이머의 내부 구조를 그림 12-21에 나타내었다.

이 IC는 다음 5가지 요소로 구성되어 있다.

① 비교기

② 분압기

③ *RS* 래치

④ 방전용 트랜지스터

⑤ 위상반전 증폭기

비교기 2는 입력 트리거 전압과 $V_{CC}/3$를 비교하여, 만약 입력전압이 $V_{CC}/3$보다 작으면 1 출력을 내어 래치를 세트시키는 역할을 한다. 이와 같은 방법으로 비교기 1은 입력(핀 6) 전압과 $2V_{CC}/3$를 비교하여, 만약 핀 6의 전압이 크게 되면 1 출력을 내어서 래치를 리셋시키는 것이다.

555 IC의 핀 5는 비교기 1의 threshold 전압값을 제어하거나 변경하는 데 이용할 수도 있지만 통상 $0.01\mu F$의 커패시터로 접지해둔다. RS 래치는 리셋 상태로 되면 방전 트랜지스터를 포화시켜 핀 7의 전압을 거의 0 V로 함과 동시에 위상반전 증폭기를 구동하여 그 출력을 0으로 한다. 래치가 세트 상태로 되면 방전 트랜지스터를 차단하고 증폭기 출력을 1로 한다.

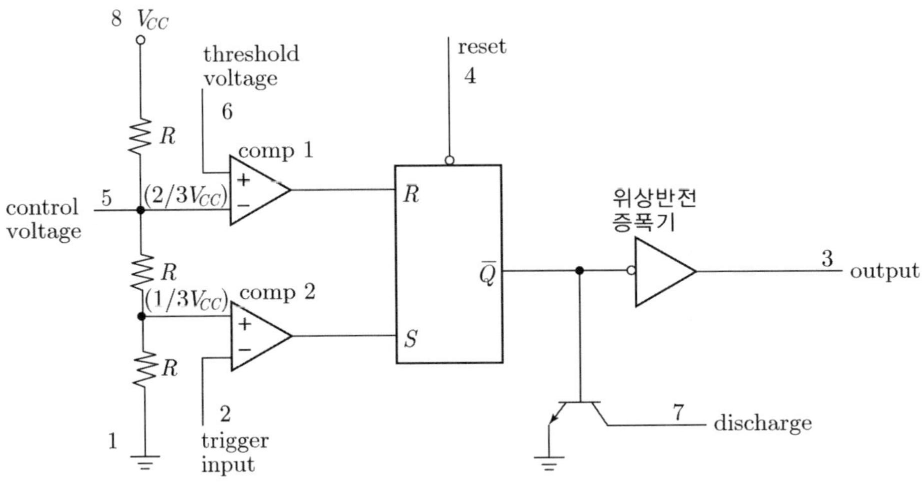

그림 12-21 555 타이머 IC

1 one shot 멀티바이브레이터 동작

one shot 멀티바이브레이터로 동작시키는 경우에 그림 12-22와 같이 외부저항 R_A와 커패시터 C를 접속하고 V_{CC}를 15 V로 했을 때의 동작을 살펴보자.

핀 2에 5 V 이하의 트리거 전압이 인가되었을 때 비교기 2의 출력이 1로 되어 래치를 세트시키고, 이것에 의해 방전 트랜지스터는 OFF가 된다. 외부 커패시터 C의 단자 전압은 서서히 증가되어서 10 V에 도달하면 비교기 1의 출력이 1로 되어 래치를 리셋시키고, 방전 트랜지스터를 도통시킨다. 그 순간 C는 방전하여 거의 0 V로 저하한다. 이 동작 time chart를 그림 12-23에 나타내었다. one shot 멀티바이브레이터의 준안정 기간 T는 다음 식으로 주어진다.

$$T \fallingdotseq 1.1 R_A C$$

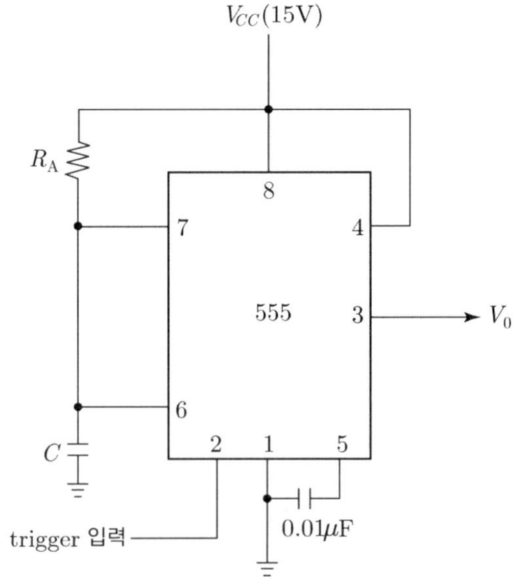

그림 12-22 555 타이머를 one shot 멀티바이브레이터로 이용한 회로

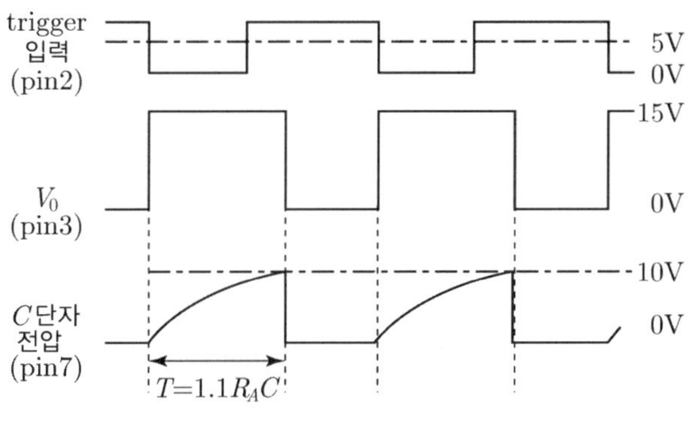

그림 12-23 555 타이머를 이용한 one shot 멀티바이브레이터의 동작 time chart

V_{CC}는 4.5~18 V까지 사용할 수 있고, T는 V_{CC}와는 무관하다. 또 리셋 단자(핀 4)는 개방해두거나 V_{CC}에 연결한다.

예제 12-8

555 타이머를 이용하여 $T = 10\,\text{ms}$의 one shot 멀티바이브레이터를 만들라.

✔ **풀이** 예를 들어, 충방전 커패시터 C를 $1\,\mu F$로 선택하면 R_A는

$$R_A = \frac{T}{1.1C} = \frac{10 \times 10^{-3}}{1.1 \times 10^{-6}} = 9.1\,k\Omega$$

2 astable 멀티바이브레이터 동작

one shot 멀티바이브레이터 회로에 저항 1개를 추가하고, 트리거 입력단자와 threshold 단자를 접속하면 astable 멀티바이브레이터로 동작한다. 555 타이머를 astable 멀티바이브레이터로 사용하는 경우 그림 12-24와 같이 접속한다.

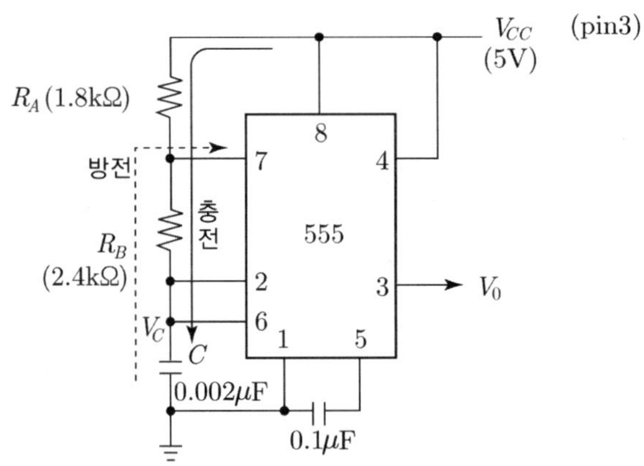

그림 12-24 555 타이머를 astable 멀티바이브레이터로 이용한 회로

그러면 이 astable 멀티바이브레이터의 동작을 살펴보자.

① 핀 2, 6의 단자전압, 즉 외부 커패시터 C의 단자전압 V_C가 $V_{CC}/3$ 이하인 전압에서 비교기 2의 출력은 1, 비교기 1의 출력은 0으로 되어 래치가 세트되기 때문에 출력단자(핀 3)는 1 상태로 된다. 그리고 방전 트랜지스터는 OFF되므로 커패시터 C는 V_{CC}에서 $(R_A + R_B)$를 흐르는 충전 전류에 의해 충전되는 V_C는 서서히 높게 되어간다. $(T_{\text{High}} = 0.693(R_A + R_B)C)$

② V_C가 $2V_{CC}/3$를 넘으면 비교기 1의 출력이 1, 비교기 2의 출력은 0으로 되므로 래치는 리셋되어 방전 트랜지스터는 ON으로 된다. 이것에 의해 핀 7이 거의 접지 전위로

되기 때문에 커패시터 C의 충전 전하는 R_B를 통하여 방전한다. ($T_{\text{Low}} = 0.693R_BC$)

③ V_C가 방전에 의해 $V_{CC}/3$까지 저하하면 다시 커패시터 C는 충전을 개시한다.

④ V_C가 $1/3V_{CC}$과 $2/3V_{CC}$ 사이에는 래치의 리셋 입력과 세트 입력이 교대로 1이 되기 때문에 발진 상태를 유지한다.

앞에서 설명한 astable 멀티바이브레이터로서의 동작 time chart를 그림 12-25에 나타내었다. 단, $V_{CC} = 5\text{V}$인 경우이다.

회로의 발진주기 T는 T_{High}와 T_{Low}의 합으로 구해진다.

$$\begin{aligned} T &= T_{\text{High}} + T_{\text{Low}} \\ &= 0.693(R_A + R_B)C + 0.693R_BC \\ &= 0.693(R_A + 2R_B)C \end{aligned}$$

그리고 발진주파수는 $f = \dfrac{1}{T} = \dfrac{1}{0.693(R_A + 2R_B)C} = \dfrac{1.44}{(R_A + 2R_B)C}$ 이다.

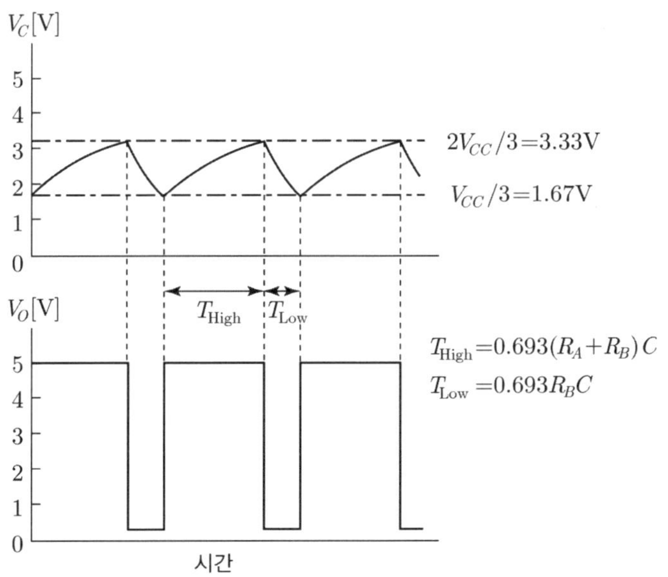

그림 12-25 555 타이머의 astable 멀티바이브레이터의 동작 time chart

한편 duty cycle d는

$$d=\frac{\text{출력이 High인 시간}}{\text{전체 시간}}=\frac{T_{\text{High}}}{T_{\text{High}}+T_{\text{Low}}}=\frac{R_A+R_B}{R_A+2R_B}\text{ 이다.}$$

◐ 예제 12-9

그림 12-24 회로에서 $R_A=3.3\text{k}\Omega$, $R_B=4.7\text{k}\Omega$, $C=0.039\mu\text{F}$일 때 발진주기 T와 duty cycle d를 구하라.

✔ **풀이**

$$\begin{aligned} T &= 0.693(R_A+2R_B)C \\ &= 0.693(3.3+9.4)\times10^3\times0.039\times10^{-6} \\ &= 0.693\times12.7\times0.039\times10^{-3} \\ &= 0.343\times10^{-3} \\ &= 343\times10^{-6} \\ &= 343\mu\text{s} \end{aligned}$$

$$d=\frac{R_A+R_B}{R_A+2R_B}=\frac{8}{12.7}=0.63$$

◐ 예제 12-10

그림 12-24 회로의 발진주파수 f를 구하라.

✔ **풀이**

$$\begin{aligned} f &= \frac{1}{T}=\frac{1}{0.693(R_A+2R_B)C} \\ &= \frac{1}{0.693[1.8+(2\times2.4)]\times10^3\times0.002\times10^{-6}} \\ &= 109.3\text{kHz} \end{aligned}$$

Chapter 12 연습문제

1. SN74121을 이용하여 $2.5\,\mu s$의 펄스폭 출력을 얻으려면 외부용량 C_{ext}를 얼마로 하면 좋을까? 단, $R_{ext} = 10\,k\Omega$으로 한다.

2. SN74121을 이용하여 $1\,\mu s$의 펄스폭 출력을 얻으려면 외부저항 R_{ext}를 얼마로 하면 좋을까? 단, C_{ext}는 $143\,pF$으로 한다.

3. SN74122에서 외부저항이 $10\,k\Omega$이고, 외부커패시터가 1,500pF이다. 이 경우 펄스의 지속시간을 구하여라.

4. SN74122를 이용하여 $1\,\mu s$의 펄스폭을 만들기 위한 외부용량 C_{ext}를 구하라.

(1) 내부저항 $R_{int}(10\,k\Omega)$를 사용했을 때

(2) 외부저항 R_{ext}를 $30\,k\Omega$으로 했을 때

5. 그림 12-26에 나타낸 555 타이머 회로(one shot multivibrator)의 주기 T를 구하라.

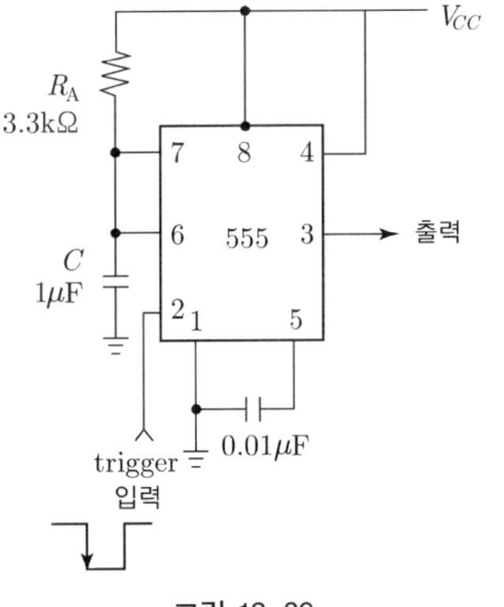

그림 12-26

6. 그림 12-26에서 $R_A = 1.8\,\mathrm{k\Omega}$, $C = 0.047\,\mu\mathrm{F}$일 때 주기 T를 구하라.

7. 그림 12-24에 나타낸 555 타이머를 이용한 astable 멀티바이브레이터 회로에서 R_A, $= 2.4\,\mathrm{k}\Omega$ $R_B = 3.3\,\mathrm{k\Omega}$, $C = 0.047\,\mu\mathrm{F}$으로 했을 때 발진주파수와 duty cycle(T_{High}/T)을 구하라.

8. 그림 12-24에서 $25\,\mathrm{kHz}$의 클록 주파수를 얻는 데 필요한 커패시터의 값은? (단, $R_A = 1\,\mathrm{k\Omega}$, $R_B = 4.7\,\mathrm{k}\Omega$이다)

9. 문제 8의 duty cycle d를 구하라.

10. 그림 12-24에서 $R_A = 2.2\,\mathrm{k\Omega}$, $R_B = 4.7\,\mathrm{k\Omega}$, $C = 0.022\,\mu\mathrm{F}$으로 했을 때, T, f, d를 구하라.

Chapter 13 | 카운터

11, 12장에서는 순서논리회로의 기본 요소가 되는 플립플롭 회로와 기타 멀티바이브레이터 회로의 여러 가지 응용회로에 대하여 살펴보았다.

이 장에서는 쌍안정 멀티바이브레이터인 플립플롭 회로를 이용하여 각종 카운터를 구성하는 방법과 그 종류에 대하여 알아보고, 특히 기존의 카운터용 IC를 조합시켜 여러 종류의 카운터 회로를 구성하는 방법에 대하여 설명한다.

펄스의 수를 세는 기능을 갖는 카운터는 타이머나 주파수 분주회로 그리고 컴퓨터 제어신호인 시퀀스 제너레이터 등 그 응용 분야가 광범위한 논리회로로서, 시프트 레지스터와 함께 디지털 시스템에서 중심 역할을 담당하기 때문에 이에 대한 충분한 이해와 응용력을 습득하는 것이 중요하다.

카운터는 각 플립플롭의 클록 입력단자에 동작 펄스를 인가하는 방식에 따라서 크게 두 가지로 분류되는데, 그것은 각 단의 클록 펄스 입력이 앞 단의 플립플롭 출력값에 따라서 결정되는 비동기식과 각 단의 클록 펄스 입력을 모두 외부의 클록 펄스를 사용해서 동시에 입력시키는 동기식이 있다.

한편 카운터를 계수 방식에 따라 분류하면 2^n진 카운터, N진 카운터인 모듈러스(modulus) 카운터 그리고 시프트 카운터가 있는데 시프트 카운터에 대한 내용은 14장에서 설명한다.

13-1 비동기식 카운터

1 2^n진 카운터

2^n진 카운터는 가장 기본적인 카운터로서 클록 펄스가 인가됨에 따라 계수가 증감되는 비동기식 카운터를 말한다.

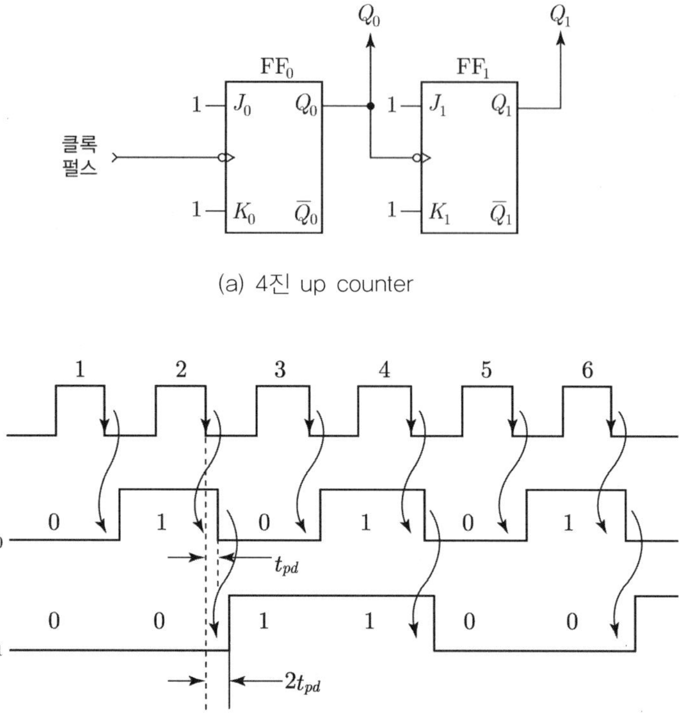

(a) 4진 up counter

(b) time chart

그림 13-1 4진 up 카운터의 동작

그림 13-1은 T 플립플롭을 이용한 2^n진 카운터의 한 예를 보인 것이다.

T 플립플롭은 클록 펄스를 인가할 때마다 상태가 반전하는 성질이 있으므로 master slave 형 JK 플립플롭으로 만든 $T=1$ 플립플롭(J, K 입력을 둘 다 1로 한 것)을 그림 13-1(a)와 같이 연결하면 2단 4진 카운터를 구성할 수 있고, 플립플롭의 전파 지연 시간(t_{pd})을 고려한 동작은 그림 13-1(b)의 time chart와 같다.

여기서 플립플롭의 명칭을 FF_1, FF_2 또는 Q_1. Q_2 출력이라 하지 않고 FF_0, FF_1 또는 Q_0, Q_1 출력으로 한 이유는 카운터 출력을 2진수의 자릿값에 대응시키기 위한 것이다. 즉, Q_0 출력이 2^0, Q_1 출력이 2^1의 자릿값을 가진 2진수로 계수시키기 때문이다.

플립플롭 2단의 이 회로는 리셋 상태 $Q_1Q_0=00$에서 시작하여 첫 번째 펄스에서 $Q_1Q_0=01$, 두 번째 펄스에서 $Q_1Q_0=10$, 세 번째 펄스에서 $Q_1Q_0=11$, 네 번째 펄스에서 $Q_1Q_0=00$으로 클리어되므로 4진 up카운터라 한다.

이와 같이 T 플립플롭을 종속 접속하면 3단으로는 $2^3=8$진 카운터, 4단으로는 $2^4=16$진 카운터를 구성할 수 있게 된다.

그런데 이러한 카운터에서는 그림 13-1(b) time chart에 나타낸 것과 같이 Q_0의 변화는 클록의 falling edge에서 t_{pd}만큼 지연되어 반전하고, Q_1은 Q_0의 변화보다 t_{pd}만큼 더 지연된다. 이렇게 접속 단수가 늘어나면 그만큼 플립플롭의 변화 또한 늦어지며, 2단에서는 $2t_{pd}$, 3단에서는 $3t_{pd}$의 지연이 일어난다.

이러한 전파 지연이 바로 카운터에서 고속의 계수 동작을 불가능하게 하는 요인이 된다. 그리고 이러한 카운터는 계수할 때 각 카운터 단의 출력 상태 변화가 다음 단 클록으로 잔물결같이 차례로 전달되면서 상태 변화가 이루어지므로 리플 카운터라고도 한다. 그리고 Q_0에서 Q_1으로, Q_1에서 Q_2로의 상태 변화가 앞 단의 출력값에 의해서 이루어지므로 비동기식 카운터라고도 한다.

그러면 그림 13-2와 같이 다음 단 클록으로의 접속을 Q_0에서 $\overline{Q_0}$로 바꾸면 어떤 동작을 할까? 처음에 $Q_1Q_0 = 00$인 리셋 상태에 있다고 하자. 첫 번째 클록 펄스에서 FF_0는 반전하여 $Q_0 = 1$로 되고, 동시에 $\overline{Q_0}$는 $1 \rightarrow 0$으로 반전한다. 이것이 FF_1의 클록 CP_1에 인가되므로 Q_1도 반전하여 1로 된다. 결국 $Q_1Q_0 = 11$로 되는 것이다.

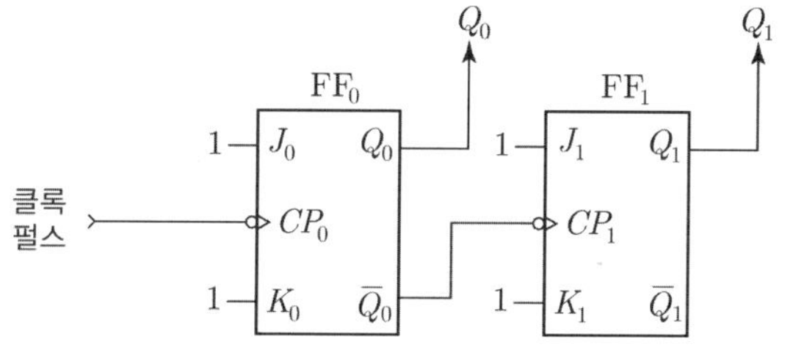

(a) 4진 down counter

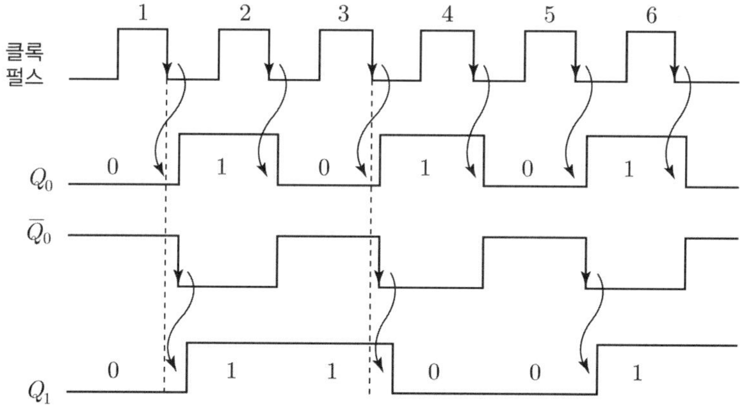

(b) time chart

그림 13-2 4진 down 카운터

두 번째 펄스가 들어오면 Q_0는 반전하여 0으로 되돌아간다. 이때 $\overline{Q_0}$는 $0 \rightarrow 1$로 되므로 다음 단의 FF_1에는 영향을 주지 않는다. 따라서 $Q_1Q_0 = 10$이다.

세 번째 펄스에서 $Q_1Q_0 = 01$이 되고, 네 번째 펄스에서 $Q_1Q_0 = 00$으로 된다.

Q_1Q_0의 동작은 0, 3_{10}, 2_{10}, 1_{10}, 0, …으로 변화하고 있다. 결국 계수되는 수는 클록 펄스가 입력될 때마다 감소해가므로 이것을 down 카운터라 한다.

이상과 같이 falling edge 동작의 플립플롭을 이용한 경우 Q 출력을 다음 단의 클록에 연결하면 up 카운터로 되고, $\overline{Q}$ 출력을 다음 단 클록에 연결하면 down 카운터를 구성할 수 있다.

일반적으로 n단 카운터로는 2^n개를 계수할 수 있으므로 다음과 같은 기본식을 얻는다. 즉,

$$N = 2^n$$

여기서 N은 카운터에서 셀 수 있는 수를 나타내고, n은 플립플롭의 개수를 표시한다. 4단 카운터에서는 $2^4 = 16$개의 펄스를 셀 수 있고, 6단의 카운터에서는 $2^6 = 64$개의 펄스를 셀 수 있다. n단 카운터는 매 2^n개의 클록 펄스마다 같은 계수 과정을 반복한다. 이와 같이 플립플롭 한 단으로 2진수를 나타낼 수 있으므로 n단 접속한 계수회로를 2^n진 카운터라고 한다.

그러면 그림 13-1, 13-2의 time chart를 잘 살펴보자. 클록 펄스가 4개 들어왔을 때 Q_0 출력의 펄스는 두 개, Q_1 출력의 펄스는 한 개로 되어 있다. 즉, up 카운터에서는 T플립플롭 1단마다 입력 펄스가 1/2로 감소해간다. 이 성질을 이용하면 펄스 주파수 f를 $f/2$, $f/4$, $f/8$, …로 감소시킬 수 있다. 이것을 카운터의 분주 기능이라 한다.

예제 13-1

1 MHz의 수정발진기가 있다. 이 출력을 분주하여 500 Hz의 클록 주파수를 만들고자 한다. 플립플롭은 적어도 몇 개 필요한가?

✔ **풀이** 1 MHz를 500 Hz로 줄이려면, $10^6/500 = 2000$, 2000분의 1로 하면 된다. 그러려면 $2^{11} \geq 2000$이기 때문에 11단의 플립플롭이 필요하다.

예제 13-2

JK 플립플롭(SN74107)을 이용하여 10단의 리플 카운터를 만들었다. 최종단 플립플롭의 변화는 입력 펄스에 비하여 어느만큼 지연 시간을 일으키는가? 단, SN74107의 지연 시간은 40 ns로 한다.

✔ **풀이** 플립플롭 1단당 40 ns가 지연되기 때문에 10단째 플립플롭의 지연은 400 ns로 된다. 이와 같은 지연이 발생되면 클록 주파수는 2.5 MHz (1/400 ns) 이하에서만 사용할 수 있게 된다.

그런데 디지털 장치에서는 계수의 수가 어떤 값에 도달했을 때 어떤 조작을 시키는 경우가 자주 있다. 예를 들어, 제품의 수를 카운터로 세어서 $100_2(=4_{10})$개가 되면 정지시키든지 버저를 울리는 경우가 있다. 이러한 경우에는 그림 13-3과 같이 AND 게이트를 이용하면 된다. 그림 13-3은 3단의 리플 카운터이기 때문에 0~7까지의 수를 계수할 수 있다. 그림 13-3에서는 AND 게이트의 입력이 $Q_2Q_1Q_0 = 100_2(4_{10})$으로 되었을 때 AND 출력이 1이 되므로 결국 4개의 펄스 입력을 검출하는 회로가 구성된 것이다. 그리고 이 AND 게이트의 동작을 디코더라 한다.

그런데 그림 13-3의 디코더 출력파형을 잘 관찰해보면 네 번째 클록 펄스의 falling edge 후에 1로 되는 것 외에 여섯 번째와 여덟 번째의 클록 펄스에서 폭이 좁은 상태의 펄스(이것을 glitch라 한다.)가 나오는 것을 알 수 있다. 이것은 플립플롭의 전달 지연에 의한 현상으로서 계수 오차를 일으키는 중요한 요인이 되므로 리플 카운터의 디코더에는 충분한 주의가 필요하다.

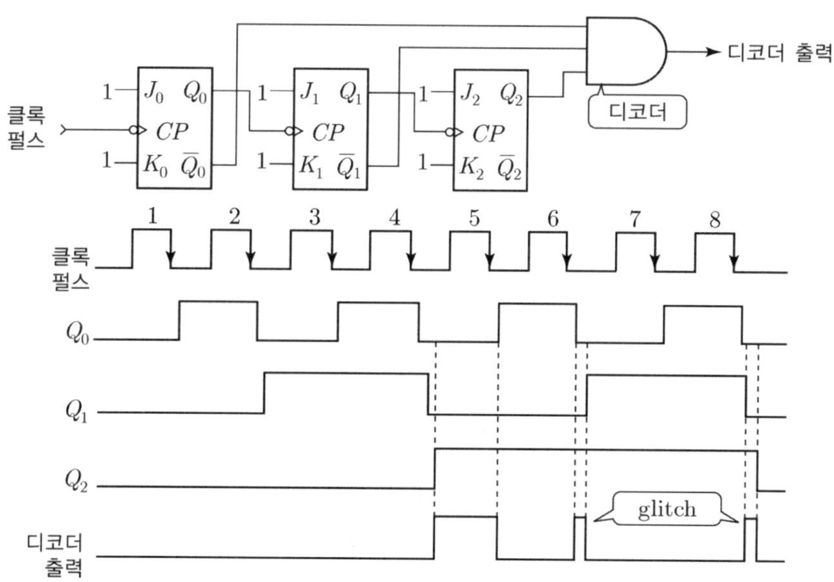

그림 13-3 8진 리플 카운터의 응용

2 N진 카운터

앞서 배운 카운터는 J, K 입력을 1로 하는 $T=1$ 플립플롭을 단순히 종속 접속한 2^n진 카운터였다. 다시 말해서 2^n값(2, 4, 8, … 등)에 해당되는 계수 동작을 수행한다.

그러나 J, K 입력단자를 이용해서 다른 계수 동작의 카운터, 즉 2^n진이 아닌 3진, 5진, 12진 등의 계수 기능을 갖는 카운터의 구성이 가능한데, 이런 카운터를 2^n진 카운터와 비교해서 N진 카운터 또는 모듈러스(modulus) 카운터라고 한다.

이러한 N진 카운터를 구성하는 방법에는 필요한 수만큼 계수가 되었을 때 NAND 게이트를 이용하여 모든 플립플롭 클리어되도록 하는 직접 소거에 의한 모듈러스 제어와 카운터가 원하는 특정 계수 과정의 시퀀스를 따르도록 논리 게이트를 사용하는 직접 리셋형 등이 있다.

1) 직접 소거에 의한 모듈러스 제어

필요한 수만큼 계수가 되었을 때 NAND 게이트를 이용하여 모든 플립플롭이 클리어되도록 하는 직접 소거의 원리를 적용함으로써 임의의 모듈러스를 갖는 카운터를 쉽게 구성할 수 있다.

예를 들어 mod-3 카운터를 설계해보자. 계수가 3인 11에서 모든 플립플롭이 0이 되도록 출력이 1인 두 단의 출력을 NAND 게이트 회로로 연결하여 그 출력을 모든 플립플롭의 CLR 단자에 연결하면 된다. 그림 13-4에 mod-3 카운터의 회로를, 표 13-1에 계수 동작표를 나타내었다.

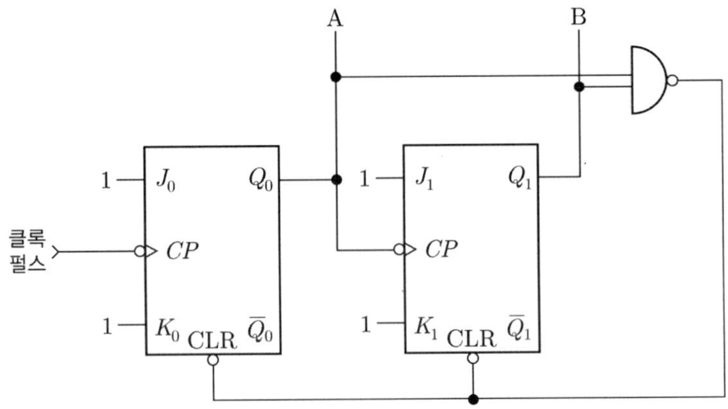

그림 13-4 mod-3 카운터

표 13-1 mod-3 카운터의 계수 동작표

계수	B	A
0	0	0
1	0	1
2	1	0
3	1	1
↓	↓	↓
0	0	0

예제 13-3

mod-7 카운터를 설계하라.

✔ **풀이** 계수가 7인 111에서 모든 플립플롭이 0이 되도록 출력이 1인 세단의 출력을 NAND 회로로 연결하여 그 출력을 모든 플립플롭의 CLR 단자에 연결하면 되고, 그림 13-5에 mod-7 카운터 회로를, 표 13-2에 계수 동작표를 나타내었다.

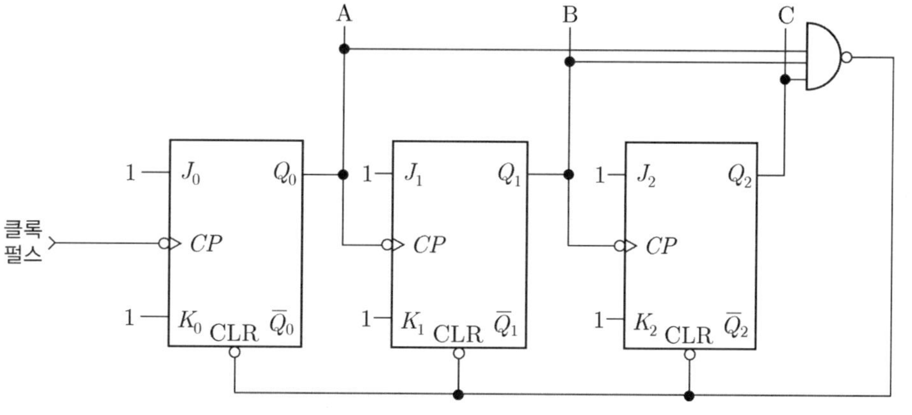

그림 13-5 mod-7 카운터

표 13-2 mod-7 카운터의 계수 동작표

계수	C	B	A
0	0	0	0
1	0	0	1
2	0	1	0
3	0	1	1
4	1	0	0
5	1	0	1
6	1	1	0
7	1	1	1
↓	↓	↓	↓
0	0	0	0

이 방식의 단점은 계수 순서가 정연하지 않기 때문에 이 단점을 제거하기 위하여 마지막 계수 과정에서 직접 리셋 상태로 되도록 하는 직접 리셋 방식이 사용된다.

2) 직접 리셋형 카운터

계수순서가 정연하지 않은 단점을 제거하기 위하여 직접리셋형 카운터가 사용된다.

mod-5 카운터를 직접 리셋형으로 구성해보자. mod-5 카운터의 계수 동작은 표 13-3에 나타냈고, 결선도 및 각 부분의 파형을 그림 13-6에 나타내었다. 계수 동작표에서 알 수 있는 것과 같이 설계 때 다음과 같은 사항에 유의해야 한다.

표 13-3 mod-5 카운터의 계수 동작표

계수	C	B	A
0	0	0	0
1	0	0	1
2	0	1	0
3	0	1	1
4	1	0	0
5(또는 0)	0	0	0

① 출력 C가 상태 1인 때를 제외하고 A단 플립플롭은 클록 펄스가 인가될 때마다 상태 변환, 즉 토글된다. C단이 1일 때 A단은 다음 클록 펄스에서 리셋으로 된다.

② A단이 상태 1에서 0으로 변할 때마다 계수 동작표에서 보는 바와 같이 B단이 토글

된다.

③ 4번째의 클록 펄스로 A와 B단이 모두 상태 1로 되면 C단은 토글된다. 또한 C단은 A, B단의 상태 전환에 관계없이 5번째의 클록 펄스로 인하여 다시 토글된다. 따라서 클록 펄스를 C단의 CP 입력단자에 인가하여 C단을 토글시킨다.

계수 동작표에서 알 수 있는 것과 같이, 클록 펄스는 4번째 제외하고는 매 펄스마다 C단을 리셋시킨다. 만일 J_2 입력이 상태 1이면 그 단은 토글된다. mod-5 계수기에 대한 결선도 및 출력파형은 그림 13-6과 같다.

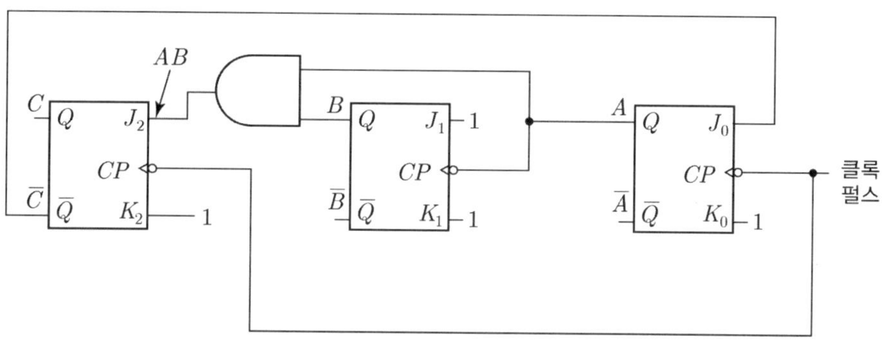

(a) 결선도

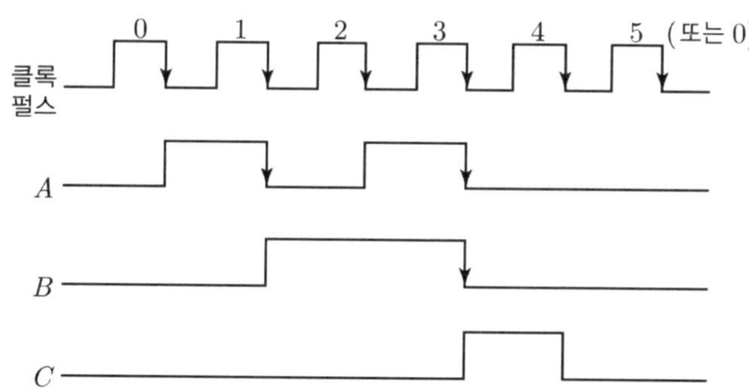

(b) 입력 및 출력 파형

그림 13-6 mod-5 카운터

그런데 여기에 문제점이 하나 있다. 지금까지의 N진 카운터는 처음에 플립플롭을 클리어하고, 0에서부터 시작하지만 어떤 원인으로 사용되지 않는 계수 상태, 예를 들면 5진 카운터에서 $CBA=101$이나 110, 111이 발생했을 때 어떻게 될까?

이미 완성한 카운터회로에 의해 다음 클록이 들어왔을 때 CBA가 어떤 상태로 천이하는가를 조사해야 한다.

5 $CBA = 101 \rightarrow CBA = 010 \cdots 2$

$\because J_2 = 0,\ K_2 = 1,\ J_1 = 1,\ K_1 = 1,\ J_0 = 0,\ K_0 = 1$

6 $CBA = 101 \rightarrow CBA = 010 \cdots 2$

$\because J_2 = 0,\ K_2 = 1,\ J_1 = 1,\ K_1 = 1,\ J_0 = 0,\ K_0 = 1$

7 $CBA = 111 \rightarrow CBA = 000 \cdots 0$

$\because J_2 = 1,\ K_2 = 1,\ J_1 = 1,\ K_1 = 1,\ J_0 = 0,\ K_0 = 1$

이와 같이 하여 JK의 조선으로부터 다음의 CBA 상태를 구하여 기입해가면 표 13-4의 결과를 얻을 수 있다.

표 13-4 5진 카운터 상태표

현재 상태				현재의 제어입력	다음 상태			
10진	C	B	A	J_2, K_2, J_1, K_1, J_0, K_0	C	B	A	10진
5	1	0	1	0, 1, 1, 1, 0, 1	0	1	0	2
6	1	1	0	0, 1, 1, 1, 0, 1	0	1	0	2
7	1	1	1	1, 1, 1, 1, 0, 1	0	0	0	0

이와 같이 어떤 계수 상태나 미사용 상태로부터 클록 펄스에 의해 어느 상태로 천이해 가는가를 나타낸 것이 그림 13-7이다. 이것을 상태도(또는 천이도)라 한다.

이 5진 카운터에서처럼 클리어 상태에서 스타트하지 않아도, 또 ⑤, ⑥, ⑦의 미사용 상태가 발생해도 문제없이 정상적인 계수 루프로 되돌아오는 이러한 카운터를 자기 스타트 카운터라 한다. 그리고 미사용 상태로부터 정상의 계수 루프로 되돌아오지 않는 상태를 lockout을 받았다고 한다. 이런 lockout이 일어나는 카운터는 사용하지 않는 것이 안전하다.

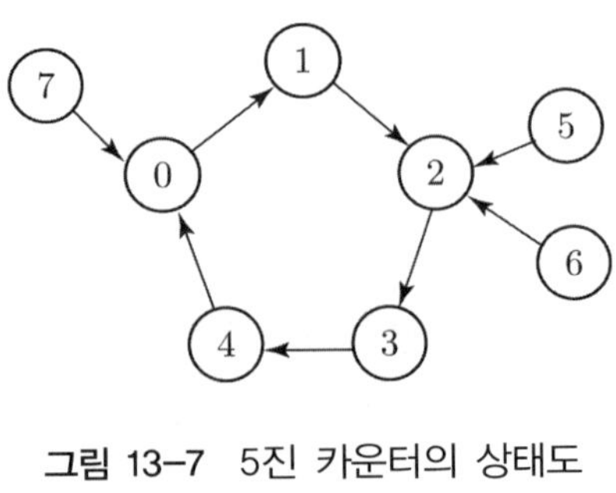

그림 13-7 5진 카운터의 상태도

예제 13-4

직접 리셋형 mod-6 카운터를 설계하라.

✔ **풀이** mod-6 카운터의 계수 동작은 표 13-5에 나타내었고, 결선도를 그림 13-8, 각 부분의 파형을 그림 13-9에 나타내었다. 계수 동작표에서 알 수 있는 것과 같이 설계 때 다음 사항을 유의해야 한다.

표 13-5 mod-6 카운터의 계수 동작표

count	C	B	A
0	0	0	0
1	0	0	1
2	0	1	0
3	0	1	1
4	1	0	0
5	1	0	1
6	0	0	0

① A단은 클록 펄스가 인가될 때마다 토글된다.

② B단은 C단이 1일 때를 제외하고, A단이 1에서 0으로 변할 때마다 토글된다. C단이 1일 때 B단은 리셋으로 된다.

③ C단은 B단이 1일 때를 제외하고, A단이 1에서 0으로 변할 때 토글된다. B단이 1일 때 C단은 다음 클록 펄스에서 토글된다.

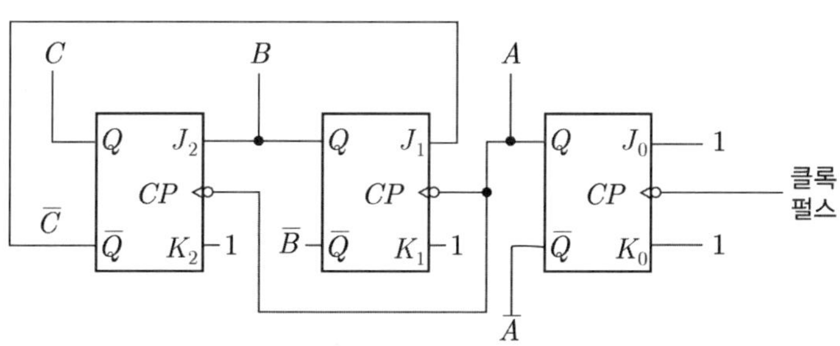

그림 13-8 mod-6 카운터 결선도

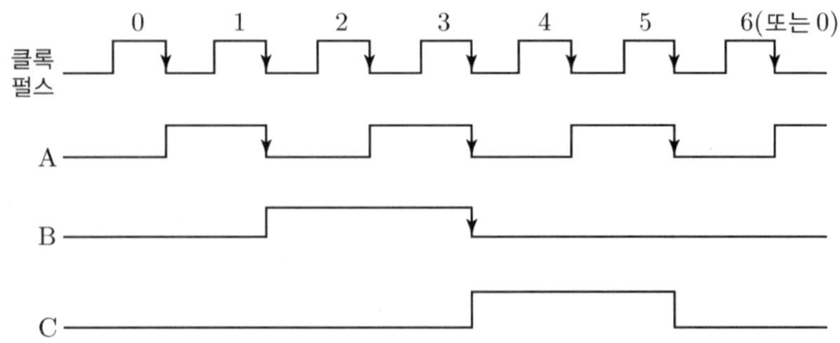

그림 13-9 mod-6 카운터의 입력 및 출력 파형

예제 13-5

직접 리셋형 mod-10 카운터를 설계하라.

✔ **풀이** mod-10 가운터의 계수 동작은 표 13-6에 나타내었고, 결선도를 그림 13-10, 각 부분의 파형을 그림13-11에 나타내었다. 계수 동작표에서 알 수 있는 것과 같이 설계 때 다음 사항을 유의해야 한다.

① A단은 입력 펄스가 인가될 때마다 토글된다.

② B단은 D단이 1일 때를 제외하고, A단이 1에서 0으로 변할 때마다 토글된다. D단이 1이면 B단은 리셋 상태로 된다.

③ C단은 B단이 1에서 0으로 변할 때마다 토글된다.

④ D단은 B단과 C단이 모두 1일 때를 제외하고, A단이 1에서 0으로 변할 때마다 토글된다. B단과 C단이 모두 1일 때 D단은 다음 클록 펄스에서 토글된다.

표 13-6 mod-10 카운터의 계수 동작표

count	D	C	B	A
0	0	0	0	0
1	0	0	0	1
2	0	0	1	0
3	0	0	1	1
4	0	1	0	0
5	0	1	0	1
6	0	1	1	0
7	0	1	1	1
8	1	0	0	0
9	1	0	0	1
10	0	0	0	0

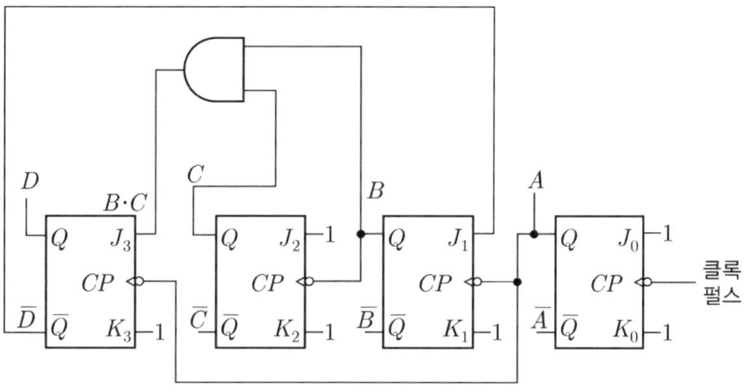

그림 13-10 mod-10 카운터의 결선도

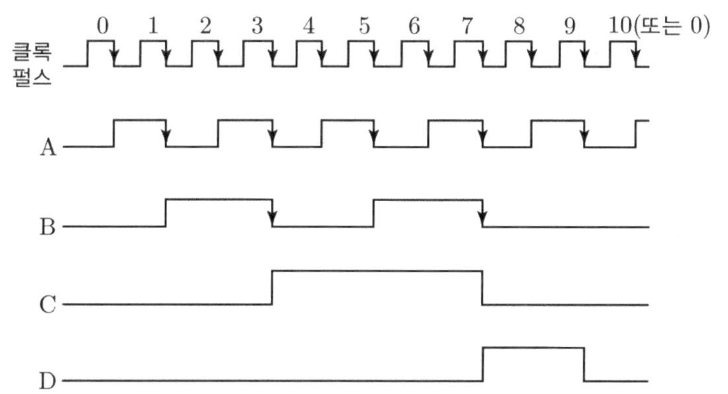

그림 13-11 mod-10 카운터의 입력 및 출력 파형

13-2 비동기식 카운터의 응용

1 count buzzer

그림 13-12는 push button switch(PBS)를 10번 눌렀을 때 버저가 울리도록 만든 회로이다. 기계적 접점의 출력은 스위치 bounce(chattering)를 일으키므로 이것을 방지하기 위해서 FF_1을 이용하고 있다. PBS를 누를 때마다 FF_1은 리셋되며, 이것이 10진 카운터의 입력 펄스로 인가된다.

10개의 펄스가 들어오면 카운터는 1 → 0으로 반전하는 출력이 발생하며, 이것으로 FF_2를 세트하여 버저를 울린다. 그리고 리셋 스위치를 누르면 FF_2는 리셋되어 버저가 울리지 않고 카운터를 클리어할 수 있다.

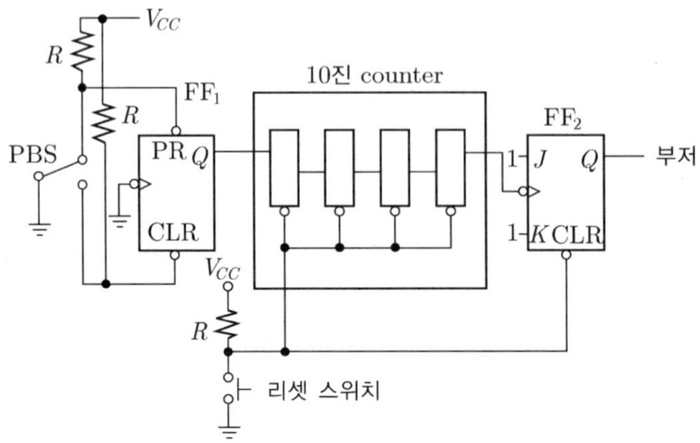

그림 13-12 카운터 응용회로(Ⅰ)

2 회전수 검출회로

그림 13-13은 모터 등 회전기기의 회전속도를 검출하여 회전수가 어떤 수치를 넘으면 경보 버저를 울리는 회로이다.

회전기기에는 광전 스위치 등을 부착하여 속도에 비례하는 회전검출 펄스를 추출하도록 되어 있다. 그리고 카운터에는 일정 주기의 클리어 입력을 인가한다. 결국 클리어 입력이 1인 동안에 회전 펄스를 세어서 이것이 어떤 값 N을 넘으면 플립플롭을 세트하여 버저를 울린다. 그림 13-13에서는 일정 주기 펄스가 1인 동안에 84에 도달하면 버저가 울리도록 되어 있다.

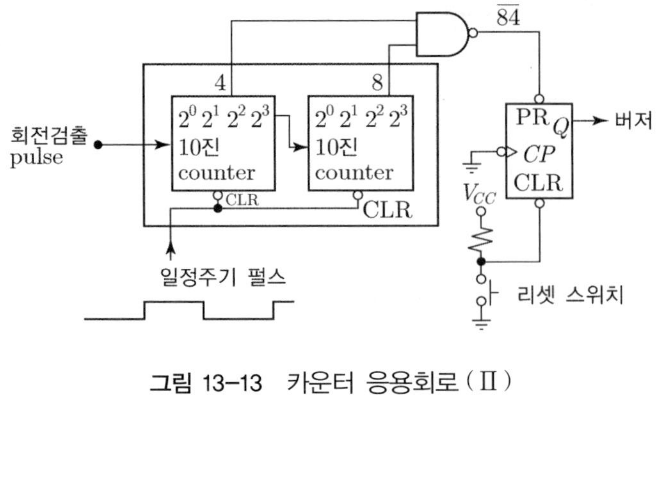

그림 13-13 카운터 응용회로(Ⅱ)

3 타이머

카운터는 분주기의 기능도 있으며, 이것을 이용하여 주파수가 일정한 펄스를 사용하면 타이머를 만들 수 있다.

그림 13-14는 1분 타이머의 구성도이다. 전원 60 Hz를 파형 정형하여 펄스를 만들어 이것을 60진(6×10진) 카운터에 인가하면 1 Hz의 주기 펄스가 얻어진다.

이 1 Hz인 펄스를 다음의 카운터에 인가한다. 60까지 계수하였을 때 NAND 게이트로 이것을 검출하여 플립플롭을 리셋한다. PBS를 누르면 플립플롭은 세트되며, 카운터가 수를 세기 시작한다. 그리고 60회 계수하면 플립플롭은 리셋된다. 이렇게 하여 1분간만 1로 되는 전압을 추출할 수 있다.

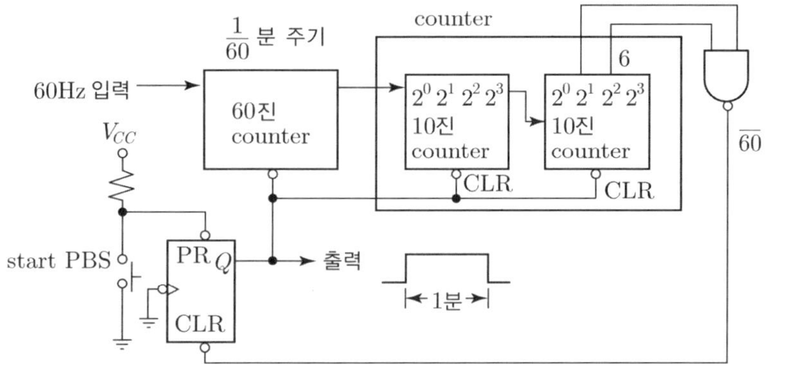

그림 13-14 카운터 응용회로(Ⅲ)

13-3 비동기식 카운터용 IC

지금까지 설명한 방법으로 D 플립플롭이나 JK 플립플롭을 조합하면 카운터 회로를 만들 수 있는데, 실제로 이미 만들어진 비동기식 카운터 IC에는 다음과 같은 것들이 있다.

SN7490 ······ 10진 카운터(2×5진)

SN7492 ······ 12진 카운터(2×6진)

SN7493 ······ 16진 카운터(2×8진)

SN74196 ······ presettable 10진 카운터

SN74197 ······ presettable 16진 카운터

1 SN7490 (10진 카운터)

7490은 그림 13-15와 같이 2진 JK 플립플롭 1개(Q_A)와 5진 카운터를 형성하는 플립플롭(Q_B, Q_C, Q_D)으로 구성된 10진 카운터이다.

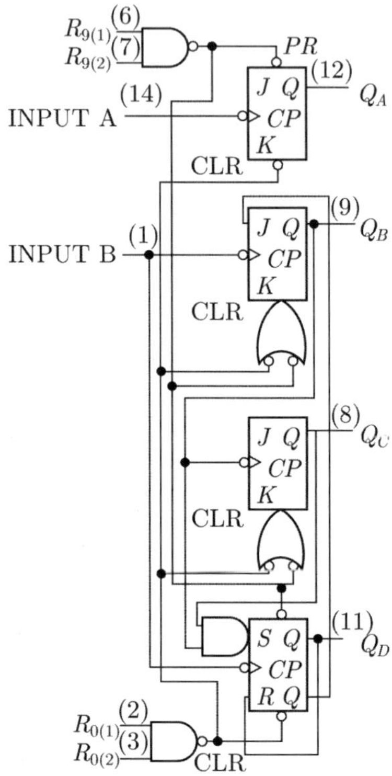

그림 13-15 7490의 구성

IC 핀의 배치와 기능표는 그림 13-16과 같이 되어 있다. 단, 10진 카운터로 동작시키려면 입력 A(핀 14)에 계수 펄스를 인가하여 Q_A 출력(핀 12)을 입력 B(핀 1)에 접속해야 한다.

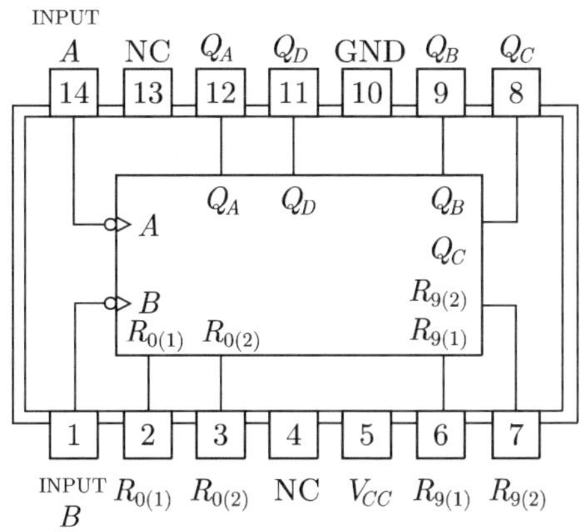

(a) pin configuration

RESET/SET INPUT				OUTPUT			
$R_{0(1)}$	$R_{0(2)}$	$R_{9(1)}$	$R_{9(2)}$	Q_D	Q_C	Q_B	Q_A
1	1	0	×	0	0	0	0
1	1	×	0	0	0	0	0
×	×	1	1	1	0	0	1
×	0	×	0	COUNT			
0	×	0	×	COUNT			
0	×	×	0	COUNT			
×	0	0	×	COUNT			

(b) mode selection

count	OUTPUT			
	Q_D	Q_C	Q_B	Q_A
0	0	0	0	0
1	0	0	0	1
2	0	0	1	0
3	0	0	1	1
4	0	1	0	0
5	0	1	0	1
6	0	1	1	0
7	0	1	1	1
8	1	0	0	0
9	1	0	0	1

(c) count sequence tables

그림 13-16 7490의 핀 배치와 기능표

Q_D, Q_C, Q_B, Q_A 출력은 그림 13-16(c)와 같이 BCD 코드로 출력된다. 단지 5진 카운터로 이용할 때는 입력 B에 클록 펄스를 인가하면 된다. $R_{0(1)}$과 $R_{0(2)}$는 AND 게이트 입력이고, 계수를 클리어하기 위해서 이용된다. 즉, $R_{0(1)}$과 $R_{0(2)}$를 모두 1로 하면 0으로 클리어된다. $R_{9(1)}$과 $R_{9(2)}$는 AND 게이트 입력이고, 이들이 모두 1일 때 계수는 9로 세트된다.

따라서 계수 동작 중에는 R_0 입력 중 어느 한쪽을 0, R_9 입력 중 어느 한쪽으로 0으로 해둘 필요가 있다[그림 13-16(b) 참조]. 지금 Q_D 출력을 입력 A에 접속하고, 입력 B에 클록 펄스를 인가하는 방법, 즉 5진×2진 접속에서는 $Q_D Q_C Q_B Q_A$가 BCD 코드 출력으로 되지 않는 것에 주의하라.

예제 13-6

SN7490을 이용하여 50진 카운터를 만들라.

✔ **풀이** 그림 13-17과 같이 접속하면 된다.

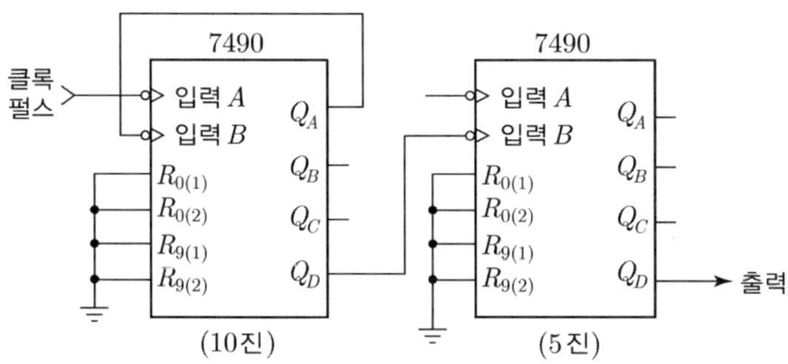

그림 13-17 7490을 이용한 50진 카운터

2 SN7492 (12진 카운터)

7492는 그림 13-18과 같이 2진×3진×2진=12진 카운터의 구성으로 되어 있다.

클록 펄스를 B 입력에 인가하고, Q_B와 Q_C 출력을 이용하면 3진 카운터로 된다. 클록 펄스를 B 입력에 인가하고 $Q_B Q_C Q_D$ 출력을 이용하면 6진 카운터로 되지만, $Q_B Q_C Q_D$ 출력은 2진수의 순서로 계수하지 않는 것에 주의할 필요가 있다.

그러나 클록 펄스를 A 입력에 인가하고, Q_A 출력을 B 입력에 접속하면 $Q_C Q_B Q_A$는 2진수의 순서로 세는 6진 카운터로 된다.

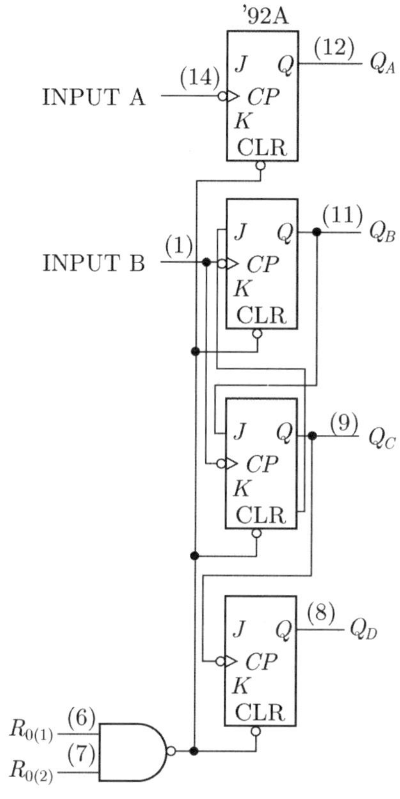

그림 13-18 7492의 구성

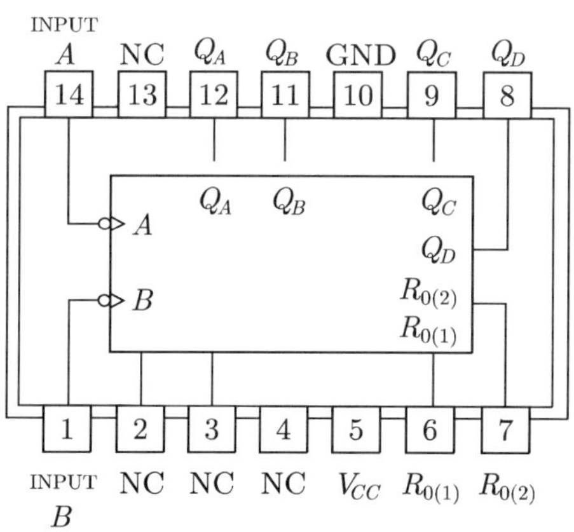

(a) pin configuration

RESET INPUT		OUTPUT			
$R_{0(1)}$	$R_{0(2)}$	Q_A	Q_B	Q_C	Q_D
1	1	0	0	0	0
0	1	count			
1	0	count			
0	0	count			

(b) mode selection

count	OUTPUT			
	Q_D	Q_C	Q_B	Q_A
0	0	0	0	0
1	0	0	0	1
2	0	0	1	0
3	0	0	1	1
4	0	1	0	0
5	0	1	0	1
6	1	0	0	0
7	1	0	0	1
8	1	0	1	0
9	1	0	1	1
10	1	1	0	0
11	1	1	0	1

(c) count sequences

그림 13-19 7492의 핀 배치와 계수표

그림 13-19(c)의 계수표는 Q_A 출력을 입력 B에 접속하고 클록 펄스를 입력 A에 인가했을 때 12진 카운터 동작이지만, 계수 수가 6~11까지는 2진수의 순서로 되어 있지 않다. $R_{0(1)}$과 $R_{0(2)}$는 AND 게이트 입력이기 때문에 둘 다 1일 때 카운터는 리셋된다. 따라서 계수 동작 중에는 어느 한쪽으로 0으로 해야 한다.

예제 13-7

7492와 7490을 이용하여 1.2MHz의 주파수를 2kHz로 분주하라.

✔ **풀이** 1.2MHz/2kHz = 600이기 때문에 7490을 두 개, 7492를 1개 사용하여 600진 카운터를 만들면 된다. 그림 13-20과 같이 접속한다.

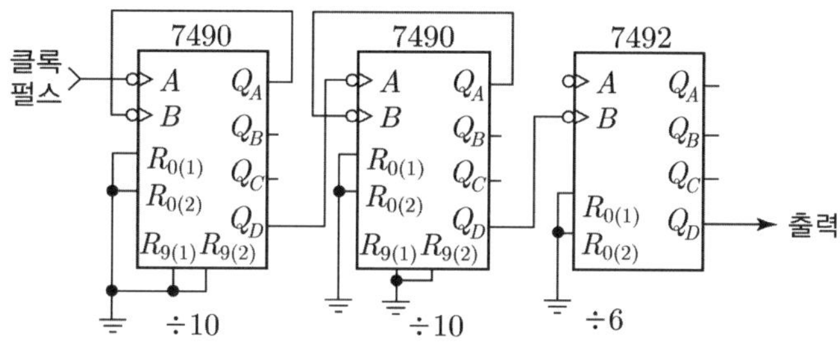

그림 13-20 600진 카운터

3 SN7493 (16진 카운터)

7493은 2진×8진=16진 리플 카운터이고, 핀 배치는 그림 13-21과 같으며 7492와 거의 같다. 따라서 Q_A 출력을 입력 B에 접속해두고, 입력 A에 클록 펄스를 인가하면 $Q_DQ_CQ_BQ_A$는 2진수의 순서로 $0 \sim 15_{10}$까지를 계수하도록 되어 있다. $R_{0(1)}$과 $R_{0(2)}$는 AND 게이트의 클리어용 단자이기 때문에 계수 동작 중에는 0으로 해두는 것도 7492와 같다.

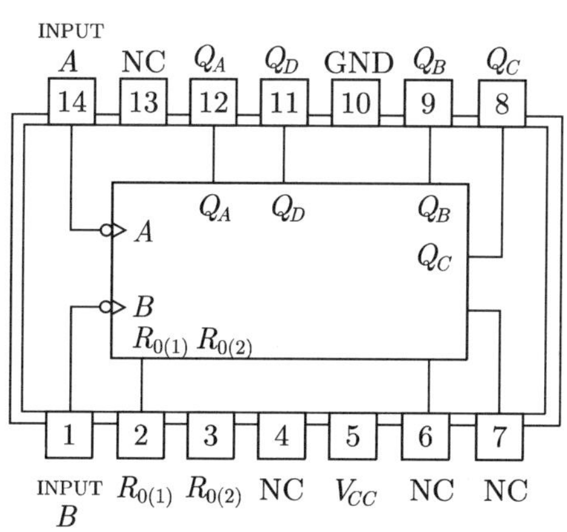

그림 13-21 7493의 핀 배치

예제 13-8

7493을 이용하여 입력주파수를 1/128로 감소시키는 분주기를 만들라.

✔ **풀이** 그림 13-22와 같이 접속하면 된다.

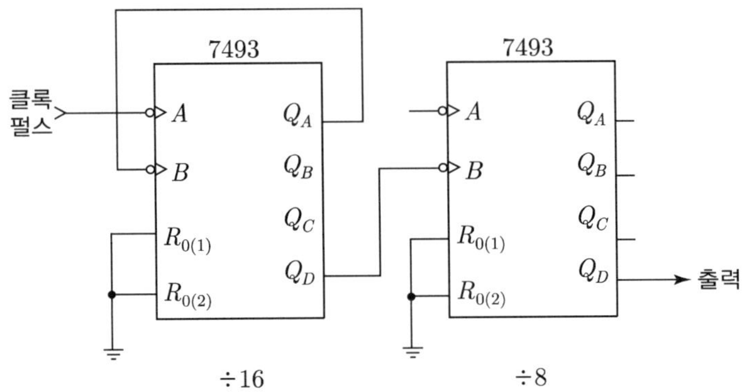

그림 13-22 7493을 이용한 분주기

4 SN74196 (presettable 10진 카운터)

74196은 10진(2진×5진) 카운터, 74197은 16진(2진×8진) 카운터이며, 핀 배치는 모두 그림 13-23과 같이 되어 있다.

이 IC는 임의의 4비트 데이터를 preset할 수 있도록 만들어진 것이 특징이다. 데이터 입력 $A \sim D$에 임의의 값을 설정해두고, 계수/load 입력을 0으로 하면 데이터가 각 플립플롭에 세트된다. 그 후 계수/load 입력을 1로 하면, 계수 동작이 가능하게 된다.

클리어 입력을 0으로 하면 모든 플립플롭을 리셋할 수 있다. 클록 1(핀 8)은 7490의 입력 A에 상당하고, 클록 2(핀 6)는 입력 B에 상당하는 단자이다.

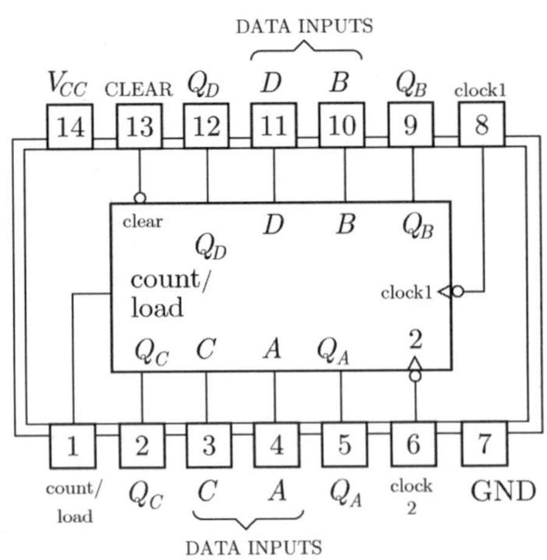

그림 13-23 74196, 74197의 핀 배치

13-4 동기식 카운터

비동기식 카운터는 앞 단 플립플롭의 Q 출력 변화를 차례로 다음 단의 플립플롭에 전달해 가는 리플 계수방식이기 때문에 단수가 증가함에 따라서 최종 단 플립플롭까지 변화의 전파 지연 시간이 점점 커지게 되는 결점이 있으므로 이 결점을 개선하기 위해서 고안된 것이 동기식 카운터이다. 동기식 카운터에서는 모든 플립플롭의 클록 단자를 공통으로 접속하고, 클록 펄스를 인가함으로써 모든 플립플롭이 동시에 변화된다는 것이다. 따라서 지연 시간을 현저히 단축할 수 있고, 디코더를 이용해도 glitch가 생기지 않으므로 순간동작형의 고속 계수회로에 이용한다.

예제 13-9

JK 플립플롭(SN74107)을 이용하여 동기식 16진 카운터를 만들라.

✔ **풀이** 카운터는 다음 순서로 만들어진다.

① 16진 카운터이기 때문에 $2^4 = 16$이고, 4개의 플립플롭이 필요하다.

② 동기식에서는 모든 플립플롭의 클록을 공통으로 접속하는 것이 우선이다.

③ 초단의 FF_0는 반전동작만 하면 되기 때문에 J_0, K_0 입력은 1로 해둔다.

④ 동기식이기 때문에 2단째의 FF_1은 FF_0가 1일 때만 동작하도록 해야 한다. 따라서 Q_0는 J_1, K_1 입력에 접속해둔다.

⑤ 3단째의 FF_2는 Q_0와 Q_1이 모두 1일 때만 반전동작을 하도록 해야 한다. 따라서 Q_0와 Q_1의 AND를 취하여 이것을 J_2, K_2 입력에 접속한다.

⑥ 4단째의 FF_3는 Q_0와 Q_1과 Q_2가 모두 1일 때만 반전동작을 하도록 해야 한다. 따라서 $Q_0Q_1Q_2$의 AND를 취하여 J_3, K_3 입력에 접속한다.

이상과 같이 생각하면 그림 13-24의 회로가 가능하므로 그림 13-24(b)의 time chart에 의해 동기 동작의 구조를 잘 살펴보는 것이 바람직하다.

동기식 카운터에서는 모든 플립플롭이 동시에 동작하는 것이기 때문에 각 단 플립플롭의 JK 입력에는 다음의 클록 펄스가 인가되기 전에 충분한 시간 간격 신호를 인가해둘 필요가 있다. 결국 플립플롭에 요구되는 setup time t_{setup}과 hold time t_{hold} 시간이다.

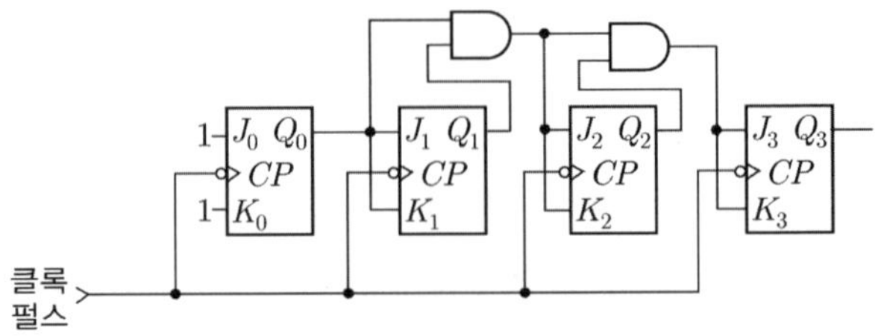

(a) 카운터 회로

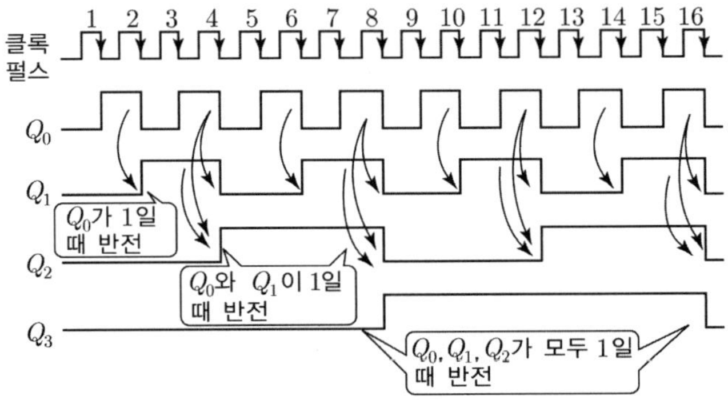

(b) time chart

그림 13-24 동기식 16진 카운터

그러면 그림 13-24 회로에서는 최대 전파 지연 시간은 어떻게 될까? 이것은 플립플롭 1단의 지연과 AND 게이트 2단의 지연 합계이다. 그러나 디코더(AND 게이트)에 의해 임의의 계수 수를 검출하려고 하면 이 디코더의 지연도 고려해야 한다.

따라서 74107(*JK* 플립플롭)의 지연 시간 $t_{pCLK} = 40\,\text{ns}$, 7408의 지연 시간 $t_{d1} = 27\,\text{ns}$, 디코더의 지연 시간 $t_{d2} = 60\,\text{ns}$라고 가정하면 이 카운터의 최대 전파 지연 시간 t_{pd}는

$$\begin{aligned} t_{pd} &= t_{pCLK} + 2t_{d1} + t_{d2} \\ &= 40\,\text{ns} + 2 \times 27\,\text{ns} + 60\,\text{ns} \\ &= 154\,\text{ns} \end{aligned}$$

로 된다. 만약 이것이 4단의 리플 카운터이면 t_{pd}는

$$\begin{aligned} t_{pd} &= 4t_{pCLK} + t_{d2} = 4 \times 40\,\text{ns} + 60\,\text{ns} \\ &= 220\,\text{ns} \end{aligned}$$

이다.

그러면 다음에 동기식 2^n진 카운터 이외의 동기식 N진 카운터에 대한 설계 방법이나 데이터 lockout 문제를 검토해보자.

동기식 N진 카운터는 2^n까지 세는 것이 아니고, 도중에서 본래의 상태로 되돌아오는 카운터이다.

동기식 N진 카운터를 설계하려면 $N \leq 2^n$을 만족하는 최소 n개의 플립플롭으로 2^n진 카운터를 구성하여 N번째 계수 입력에서 모든 플립플롭이 0이 되도록 한다.

설계 과정은 다음과 같다.

① 설계하고자 하는 카운터의 계수표(count table)를 작성한다.

② 필요한 단 수에 필요한 입력을 갖는 플립플롭의 수와 사용할 플립플롭의 종류(JK, D, T 플립플롭 등)를 결정한다.

③ 계수표와 여기표를 이용하여 각 계수값에서 제어 입력 요건을 기입한 상태표(계수 상태표)를 작성한다. 미사용 상태의 제어 입력에는 d를 기입한다.

④ 제어입력 J, K, D, T 등을 카르노도를 이용해 간소화한다.

⑤ ④에서 구한 논리식으로부터 동기식 카운터 회로를 완성한다.

⑥ lockout 상태 여부를 검토한다.

그러면 각 플립플롭에 이러한 동기 동작을 시키려면 제어 입력인 J, K를 어떻게 조작하면 될까? 그렇게 하기 위해서 JK 플립플롭의 동작을 복습해볼 필요가 있다. 표 13-17은 클록 입력에 의해 $Q(t)$에서 $Q(t+1)$로 변화할 때의 J, K 입력 조건을 정리한 것이다.

표 13-7 JK 플립플롭 여기표

$Q(t)$	$Q(t+1)$	J	K
0	0	0	d
0	1	1	d
1	0	d	1
1	1	d	0

예를 들면 3행째에서의 현재의 상태 $Q(t)=1$에서 클록 입력에 의해 다음 상태인 $Q(t+1)=0$으로 변하기 위해서는 $J=d$(1, 0 중 어느 것이라도 좋다.), $K=1$인 조건이 필요하다는 것을 의미한다.

1 3진 카운터

3진 카운터는 두 개의 JK 플립플롭이 있으면 되고, 그 계수 순서는 표 13-8과 같다. 처음은 $Q_1Q_0=00$인 상태에서 시작하여 클록 펄스가 인가될 때마다 $Q_1Q_0=01$, 10, 00, …으로 반복하게 된다.

표 13-8 3진 카운터

계수	Q_1	Q_0
0	0	0
1	0	1
2	1	0
0	0	0
⋮	⋮	⋮

표 13-7을 가시고 표 13-8의 3진 계수 동작을 시키기 위한 J, K의 요건을 구하면 표 13-9와 같으며, 이것을 계수 상태표라 한다.

예를 들어 계수값이 1에서 2로 천이하려면 현재의 상태 $Q_1Q_0=01$에서 다음 상태 $Q_1Q_0=10$으로 변화하는 것이 중요하다. 이때 J, K의 입력 요건은

$$J_1=1,\ K_1=d,\ J_0=d,\ K_0=1$$

이어야 한다.

표 13-9 3진 카운터의 계수 상태표

계수	현재 상태		다음 상태		JK의 입력 요건			
	Q_1	Q_0	Q_1	Q_0	J_1	K_1	J_0	K_0
0	0	0	0	1	0	d	1	d
1	0	1	1	0	1	d	d	1
2	1	0	0	0	d	1	0	d

이렇게 하여 모든 계수값에 대하여 현재 플립플롭의 상태, 클록 인가 후의 플립플롭의 상태 그리고 이런 상태 천이를 위한 JK의 요건을 표에 기입해간다.

표 13-9가 완성되면 J, K의 요건을 현재 상태의 Q_1, Q_0로 나타낸 논리식을 만드는 작업을 해야 한다.

예를 들면 J_0의 요건은 다음과 같다.

$Q_1Q_0 = 00 \cdots\cdots J_0 = 1$
$Q_1Q_0 = 01 \cdots\cdots J_0 = d$
$Q_1Q_0 = 10 \cdots\cdots J_0 = 0$
$Q_1Q_0 = 11 \cdots\cdots J_0 =$ 사용하지 않는 상태이기 때문에 d(의미적으로 ×와 같다)를 넣는다.

이것을 그림 13-25와 같은 카르노도에 기입하고 간략화하면 $J_0 = \overline{Q}_1$로 된다. 그 밖의 K_0, J_1, K_1에 대해서도 똑같이 처리하면 $K_0 = 1$, $J_1 = Q_0$, $K_1 = 1$로 된다. 이들의 결과로부터 회로를 만들면 그림 13-26과 같으며, 이것이 동기식 3진 카운터이다.

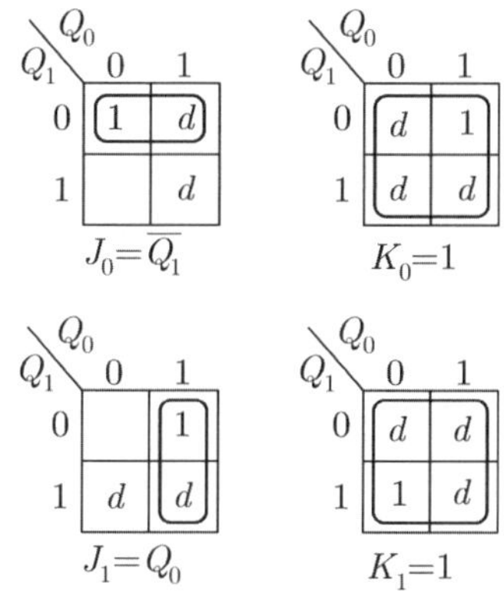

그림 13-25 J, K 입력의 카르노도

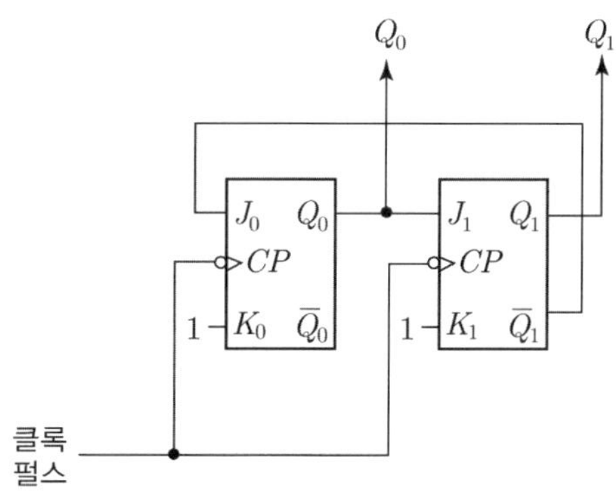

그림 13-26 동기식 3진 카운터

그런데 3진 카운터에서는 플립플롭의 미사용 상태가 하나 있다. 그것은 $Q_1Q_0 = 11$일 때이다. 무슨 원인으로 플립플롭이 미사용 상태로 되었는가를 검토해야 한다. 그래서 그림 13-26의 회로에 대하여 현재의 상태가 $Q_1Q_0 = 11$일 때 다음의 클록에서는 어떻게 변화하는가를 알아보자.

$Q_1Q_0 = 11$인 상태에서는 $J_0 = 0$, $K_0 = 1$, $J_1 = 1$, $K_1 = 1$로 되어 있으므로 클록이 들어오면 다음과 같이 변화한다.

$Q_0 \rightarrow 0$ 왜냐하면 $J_0 = 0$, $K_0 = 1$이기 때문에 Q_0는 0으로 변한다.

$Q_1 \rightarrow 0$ 왜냐하면 $J_1 = 1$, $K_1 = 1$이기 때문에 Q_1은 반전한다.

이상의 검토 결과, 이 3진 카운터의 상태도는 그림 13-27과 같이 되고, lockout 상태는 일어나지 않는 것을 알 수 있다.

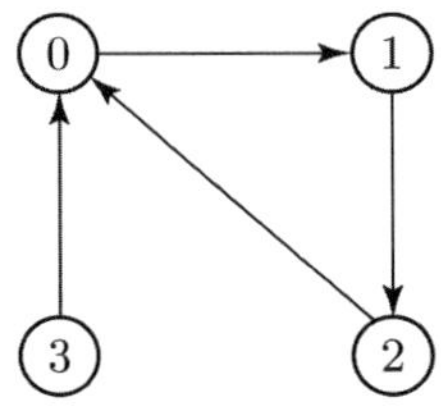

그림 13-27 그림 13-26의 3진 카운터 상태도

이와 관련하여 만약 그림 13-28(a)와 같은 3진 카운터를 만들었다고 하면 미사용 상태 $Q_1Q_0 = 11(=3_{10})$이 발생했을 때 정상의 계수 루프로 되돌아가지 않고 lockout한다. 이것을 상태도로 나타내면 그림 13-28(b)와 같다.

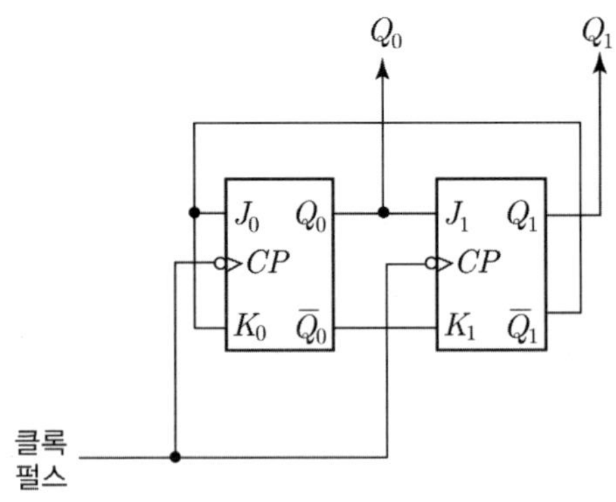

(a) 3진 카운터

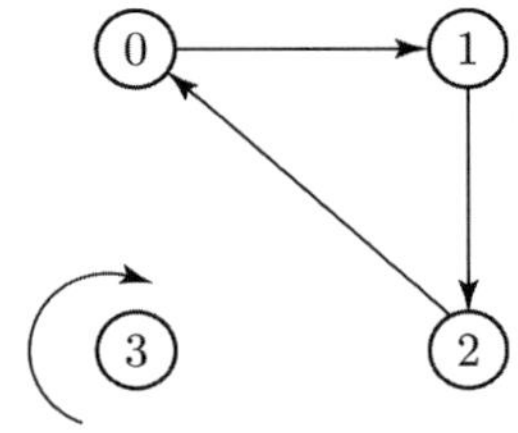

(b) ③이 lockout

그림 13-28 lockout이 있는 3진 카운터

2 4진 카운터

4진 카운터는 두 개의 플립플롭으로 구성되는데, 이번에는 JK 플립플롭이 아니라 D 플립

플롭을 사용하여 회로를 설계해보자.

D 플립플롭의 동작은 클록이 인가되었을 때 D 입력이 그대로 Q 출력으로 되는 것이다. 이것을 고려하여 4진 카운터의 계수 상태를 만들면 표 13-10과 같다. 결국 다음 상태의 Q_1Q_0와 D_1D_0 요건이 일치하고 있다.

표 13-10 3진 카운터의 계수 상태표

계수	현재 상태		다음 상태		D의 요건	
	Q_1	Q_0	Q_1	Q_0	D_1	D_0
0	0	0	0	1	0	1
1	0	1	1	0	1	0
2	1	0	1	1	1	1
3	1	1	0	0	0	0

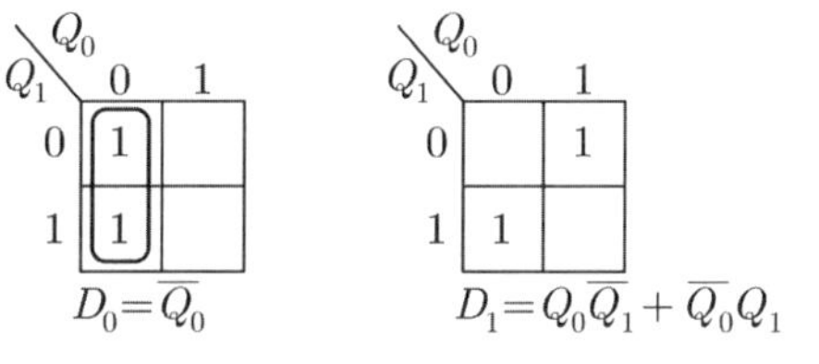

그림 13-29 D 입력의 카르노도

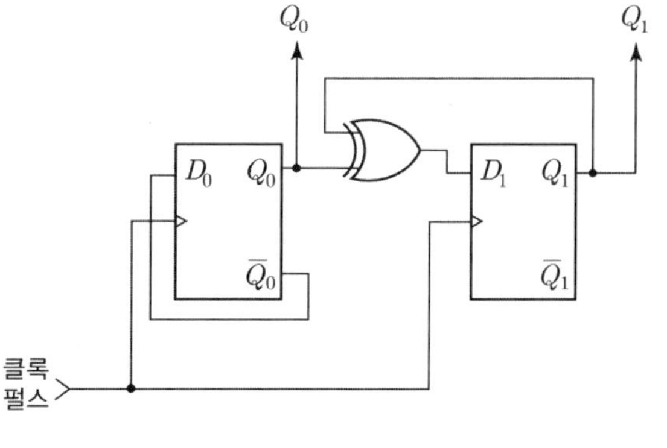

그림 13-30 동기식 4진 카운터

그래서 D_1, D_0의 입력 요건을 현재 상태인 Q_1, Q_0의 논리 변수로 나타내 그림 13-29와 같은 카르노도로 정리해보자. 즉,

$$D_0 = \overline{Q}_0$$
$$D_1 = Q_0\overline{Q}_1 + \overline{Q}_0 Q_1 = Q_0 \oplus Q_1$$

이것으로부터 D 플립플롭을 이용한 4진 동기식 카운터는 그림 13-30과 같으며, 이 4진 카운터에서는 미사용 상태가 없기 때문에 lockout은 없다.

비동기식 카운터에서는 negative 트리거 플립플롭을 이용할 때 Q 출력에서 다음 단의 클록으로 접속하면 up 카운터로 되며, positive 트리거 플립플롭에서는 down 카운터로 된다.

그러나 동기식에서는 어떤 edge 트리거 방식에서도 회로는 바뀌지 않는다. 단지 클록의 rising edge에서 변화하는가, falling edge에서 변화하는가의 차이가 있을 뿐이다.

3 5진 카운터

5진 카운터를 만들려면 $2^n \geq 5$로부터 $n = 3$, 즉 3단의 플립플롭이 필요하다. 이 수는 비동기식이나 동기식 모두 같다.

여기서는 JK 플립플롭을 3개 이용하기로 한다. 현재 상태 $Q_2Q_1Q_0$를 우선 기입하고, 다음 상태 $Q_2Q_1Q_0$를 기입한다. 마지막으로 J, K의 입력 요건을 구하여 기입하면 표 13-11의 계수 상태표가 된다.

표 13-11 5진 카운터의 계수 상태표

계수	현재 상태			다음 상태			JK의 입력 요건					
	Q_2	Q_1	Q_0	Q_2	Q_1	Q_0	J_2	K_2	J_1	K_1	J_0	K_0
0	0	0	0	0	0	1	0	d	0	d	1	d
1	0	0	1	0	1	0	0	d	1	d	d	1
2	0	1	0	0	1	1	0	d	d	0	1	d
3	0	1	1	1	0	0	1	d	d	1	d	1
4	1	0	0	0	0	0	d	1	0	d	0	d
5	1	0	1	0	1	0	0	1	1	1	0	1
6	1	1	0	0	1	0	0	1	0	0	0	1
7	1	1	1	0	0	0	1	1	1	1	0	1

5진 카운터이기 때문에 계수값은 0~4까지의 표로 충분하지만 미사용 상태의 검토를 위해서 5, 6, 7의 계수값 기입란도 준비해두면 좋다.

그리고 다음에 J_0, K_0 ~ J_2, K_2까지의 제어 입력의 논리식을 구하기 위해서 카르노도를 준비해야 한다. 이것이 그림 13-31이다. 카르노도로부터 간소화한 제어 입력의 논리식은 다음과 같다.

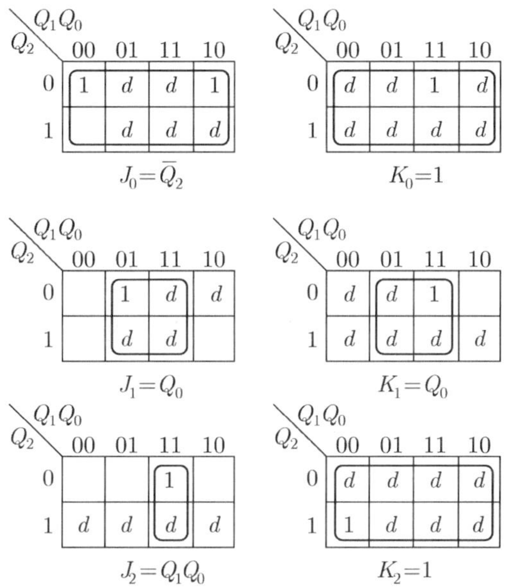

그림 13-31 5진 카운터의 JK 입력의 카르노도

$$J_0 = \overline{Q_2}, \qquad K_0 = 1$$

$$J_1 = Q_{0,} \qquad K_1 = Q_0$$

$$J_2 = Q_1 Q_{0,} \quad K_2 = 1$$

이상의 논리식으로부터 카운터 회로를 그리면 그림 13-32가 된다.

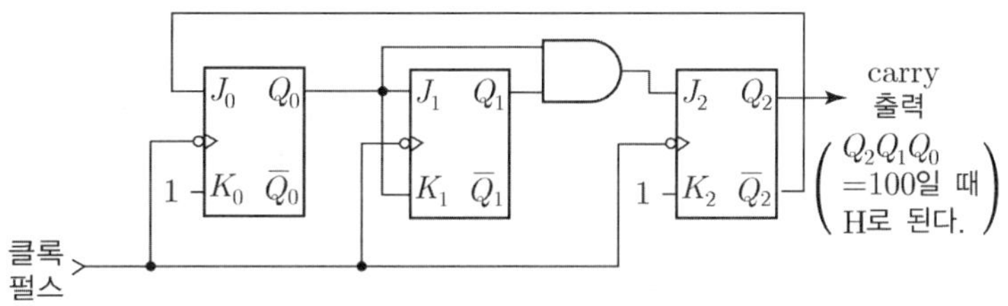

그림 13-32 동기식 5진 카운터

한편 마지막으로 남은 것이 미사용 상태의 검사이다. 표 13-11의 계수값 5, 6, 7이 미사용

이지만 이미 완성한 카운터 회로에 의해 다음 클록이 들어왔을 때 $Q_2Q_1Q_0$가 어떤 상태로 천이하는가를 조사해야 한다.

⑤ $Q_2Q_1Q_0 = 101 \rightarrow Q_2Q_1Q_0 = 010 \cdots\cdots$②

$\because J_2 = 0,\ K_2 = 1,\ J_1 = 1,\ K_1 = 1,\ J_0 = 0,\ K_0 = 1$

⑥ $Q_2Q_1Q_0 = 110 \rightarrow Q_2Q_1Q_0 = 010 \cdots\cdots$②

$\because J_2 = 0,\ K_2 = 1,\ J_1 = 0,\ K_1 = 0,\ J_0 = 0,\ K_0 = 1$

⑦ $Q_2Q_1Q_0 = 111 \rightarrow Q_2Q_1Q_0 = 000 \cdots\cdots$⓪

$\because J_2 = 1,\ K_2 = 1,\ J_1 = 1,\ K_1 = 1,\ J_0 = 0,\ K_0 = 1$

이와 같이 하여 JK의 조건으로부터 다음의 $Q_2Q_1Q_0$ 상태를 구하여 기입해가면 표 13-11의 점선 아랫부분과 같다.

이것으로 이 5진 카운터의 상태도는 그림 13-33과 같이 되며, lockout이 없는 자기 스타트 카운터인 것을 확인할 수 있다.

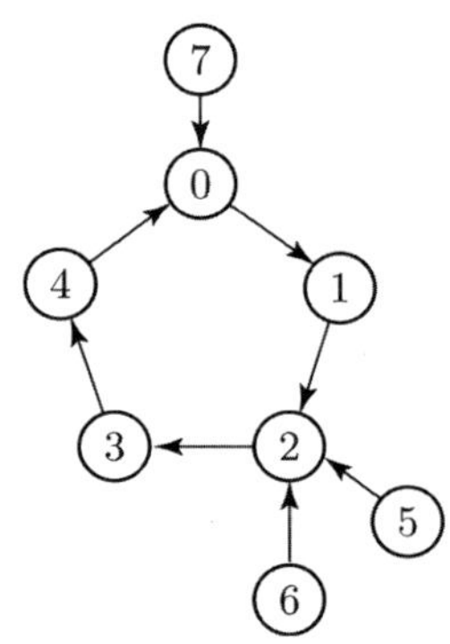

그림 13-33 그림 13-32의 5진 카운터 상태도

4 6진 카운터

이번에는 계수값이 2진수의 순서가 아닌 임의의 계수 코드에 의한 6진 카운터를 설계해보자. 단, 사용하는 플립플롭은 JK 플립플롭이다.

우선 앞 항의 설계 순서에 따라 임의의 계수 코드를 표 13-12와 같이 정하자. 펄스 입력 0~5에 대해서 계수값은 0, 7, 5, 3, 4, 2로 되어 있다. 이러한 회로는 원하는 시퀀스 사이클로 수치를 발생시키고 싶은 경우에 이용된다.

표 13-12 임의의 6진 카운터의 상태표

펄스 입력	계수	임의의 계수 코드			다음 상태			JK의 입력 요건					
		Q_2	Q_1	Q_0	Q_2	Q_1	Q_0	J_2	K_2	J_1	K_1	J_0	K_0
0	0	0	0	0	1	1	1	1	d	1	d	1	d
1	7	1	1	1	1	0	1	d	0	d	1	d	0
2	5	1	0	1	0	1	1	d	1	1	d	d	0
3	3	0	1	1	1	0	0	1	d	d	1	d	1
4	4	1	0	0	0	1	0	d	1	1	d	0	d
5	2	0	1	0	0	0	0	0	d	d	1	0	d
	1	0	0	1	1	1	0	1	1	1	1	1	1
	6	1	1	0	1	0	0	0	0	1	1	0	0

계수 코드를 보고 다음 상태의 $Q_2Q_1Q_0$를 기입했으면 이것으로부터 J, K 입력 요건을 구하여 입력란에 기입한다.

다음은 J, K의 논리식을 구해야 한다. 그러나 J_1과 K_1은 직관적으로 $J_1 = K_1 = 1$인 것을 알 수 있다. 따라서 J_0, K_0, J_2, K_2의 카르노도만 그리면 그림 13-34와 같다.

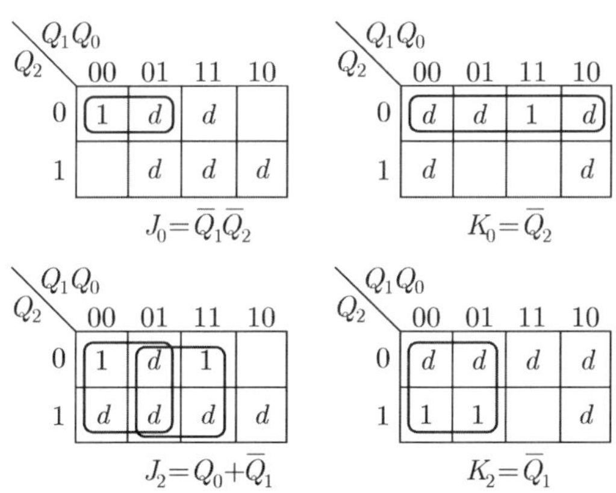

그림 13-34 6진 카운터 JK 카르노도

이것으로부터 구한 제어 입력의 논리식은 다음과 같다.

$$J_0 = \overline{Q}_1\overline{Q}_2, \qquad K_0 = \overline{Q}_2$$

$$J_1 = 1, \qquad K_1 = 1$$

$$J_2 = Q_0 + \overline{Q}_1, \qquad K_2 = \overline{Q}_1$$

이것을 토대로 카운터 회로를 그리면 13-35가 된다.

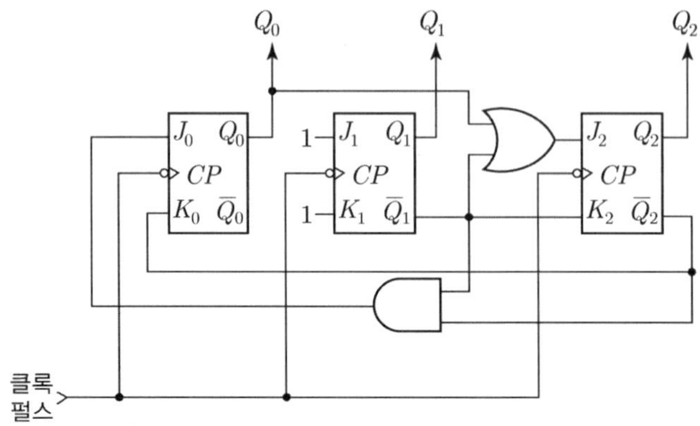

그림 13-35 임의의 6진 카운터 회로

그런데 미사용 상태가 두 개 있다. 계수값으로 말하면 ①과 ⑥이다. 만약 상태가 발생하면 어떻게 되는가를 그림 13-35의 카운터 회로에서 검토해보자.

① $Q_2Q_1Q_0 = 001 \rightarrow Q_2Q_1Q_0 = 110 \cdots\cdots$ ⑥

$\because J_0 = 1,\ K_0 = 1,\ J_1 = 1,\ K_1 - 1,\ J_2 = 1,\ K_2 = 1$

⑥ $Q_2Q_1Q_0 = 110 \rightarrow Q_2Q_1Q_0 = 100 \cdots\cdots$ ④

$\because J_0 = 0,\ K_0 = 0,\ J_1 = 1,\ K_1 = 1,\ J_2 = 0,\ K_2 = 0$

이상의 검토 결과 ①→⑥, ⑥→④로 천이할 수 있고, 이 회로의 상태도가 그림 13-36과 같이 됨을 알 수 있다.

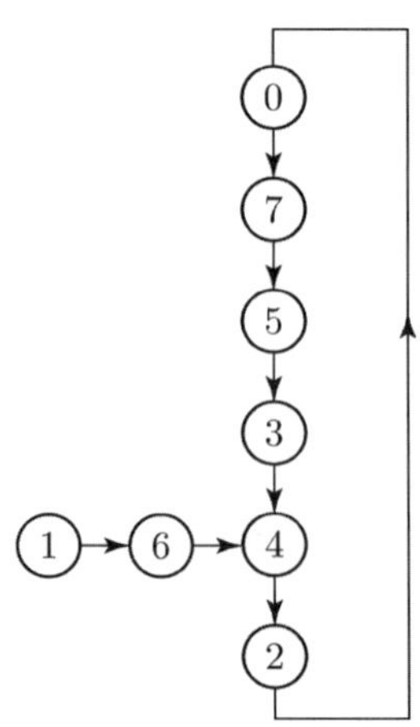

그림 13-36 임의의 6진 카운터 상태도

5 8진 down 카운터

이제까지는 주로 up 카운터를 취급했으므로 이번에는 down 카운터에 대해서 설명하겠다. 그러나 down 카운터의 설계 순서 방법도 up 카운터와 같다. 우선 계수값에 대응하는 계수 코드 $Q_2Q_1Q_0$를 정의하고, 다음 상태 $Q_2Q_1Q_0$를 기입하여 JK의 입력 요건을 구하면 된다.

이제까지 배운 순서에 따라 8진 down 카운터의 동작을 정리한 것이 표 13-13이다. 8진 카운터는 미사용 상태가 없으므로, JK의 논리식을 간단히 구할 수 있다. 표로부터 $J_0=1$, $K_0=1$이다.

표 13-13 8진 down 카운터 상태표

펄스 입력	계수	현재 상태			다음 상태			JK의 입력 요건					
		Q_2	Q_1	Q_0	Q_2	Q_1	Q_0	J_2	K_2	J_1	K_1	J_0	K_0
0	7	1	1	1	1	1	0	d	0	d	0	d	1
1	6	1	1	0	1	0	1	d	0	d	1	1	d
2	5	1	0	1	1	0	0	d	0	0	d	d	1
3	4	1	0	0	0	1	1	d	1	1	d	1	d
4	3	0	1	1	0	1	0	0	d	d	0	d	1
5	2	0	1	0	0	0	1	0	d	d	1	1	d
6	1	0	0	1	0	0	0	0	d	0	d	d	1
7	0	0	0	0	1	1	1	1	d	1	d	1	d

따라서 나머지 J_1, K_1, J_2, K_2에 대해서 카르노도를 만들면 그림 13-37과 같다. 이것으로부터 제어 입력의 논리식은 다음과 같다.

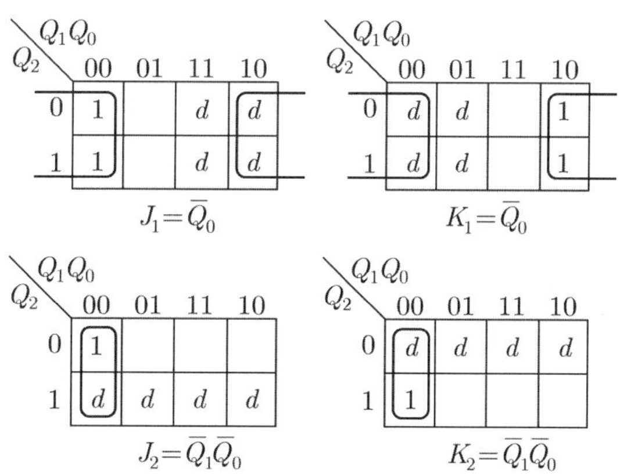

그림 13-37 8진 down 카운터의 JK 카르노도

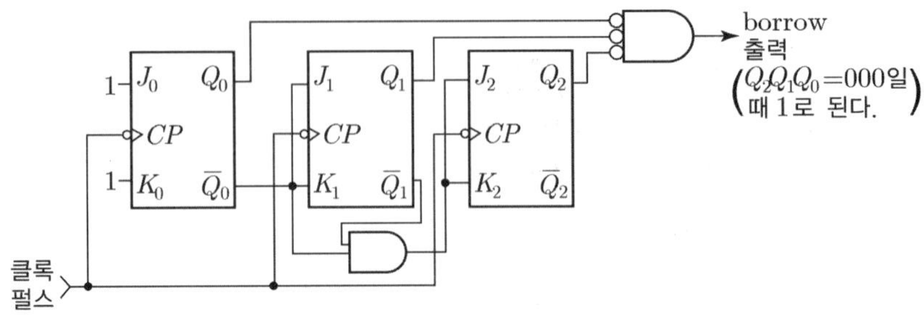

그림 13-38 8진 down 카운터 회로

$$J_0 = 1, \qquad K_0 = 1$$

$$J_1 = \overline{Q_0}, \qquad K_1 = \overline{Q_0}$$

$$J_2 = \overline{Q_1}\,\overline{Q_0}, \qquad K_2 = \overline{Q_1}\,\overline{Q_0}$$

따라서 8진 down 카운터 회로는 그림 13-38로 된다. 이 회로의 상부에 부논리 입력의 AND 게이트가 있는 것에 주의하라.

이것은 자리내림(borrow)이라 하며, 상위자리에 대하여 자리내림을 요구하는 출력신호이다. down 카운터가 $Q_2Q_1Q_0 = 000$으로 되었을 때 AND 출력은 1로 되지만 그 다음의 클록 펄스로 카운터가 111로 되는 순간에 0으로 변화하는데 이것을 상위 down 카운터의 클록 펄스로 사용한다. 단, 이것은 8진 종속접속의 경우이다.

일반적으로는 10진 up 카운터나 10진 down 카운터가 많이 사용되는데 10진 down 카운터의 경우에는 그림 13-39와 같이 접속된다. 10진 카운터에서는 4개의 플립플롭 모두가 $Q_3Q_2Q_1Q_0 = 0000$으로 되었을 때 borrow 출력신호가 나온다.

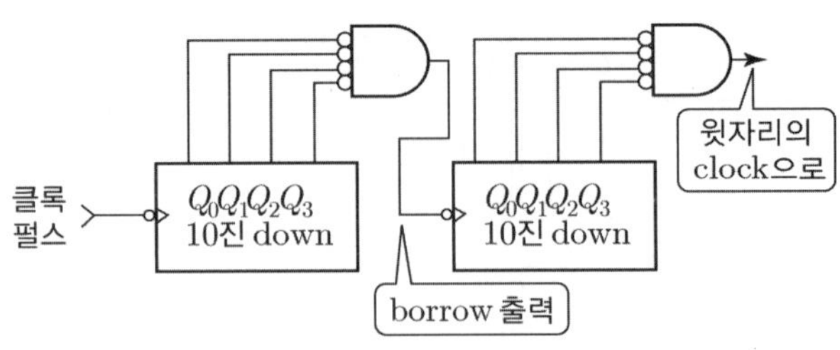

그림 13-39 10진 down 카운터의 종속 접속

한편 주의 깊게 보면 그림 13-40과 그림 13-24의 회로가 유사하다는 것을 알 수 있다. 단, 그림 13-24는 16진 up 카운터이기 때문에 다른 것은 당연하지만 잘 보면 다음 단으로의 접속점이 Q 출력인가, $\overline{Q}$ 출력인가가 다를 뿐이다.

결국 이 사고방식을 확장하면 16진 down 카운터 회로는 그림 13-40과 같이 그릴 수 있다.

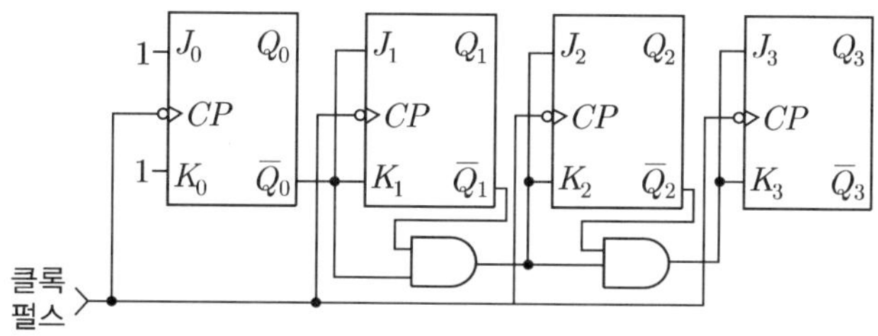

그림 13-40 16진 down 카운터 회로

6 BCD 카운터

BCD 카운터는 가장 많이 사용되므로 IC화된 것도 많다. BCD 카운터는 4개의 플립플롭이 필요하며, 계수 코드에 따라 현재 상태와 다음 상태의 $Q_3Q_2Q_1Q_0$를 기입한다. J, K의 입력 요건을 구하여 기입하면 표 13-14의 계수 상태표가 된다. 제어 입력의 논리식을 구하기 위한 카르노도를 만들면 그림 13-41과 같다. 이것으로부터 제어 입력의 논리식은 다음과 같다.

표 13-14 BCD 카운터 상태표

계수	현재 상태				다음 상태				JK 입력의 조건							
	Q_3	Q_2	Q_1	Q_0	Q_3	Q_2	Q_1	Q_0	J_3	K_3	J_2	K_2	J_1	K_1	J_0	K_0
0	0	0	0	0	0	0	0	1	0	d	0	d	0	d	1	d
1	0	0	0	1	0	0	1	0	0	d	0	d	1	d	d	1
2	0	0	1	0	0	0	1	1	0	d	0	d	d	0	1	d
3	0	0	1	1	0	1	0	0	0	d	1	d	d	1	d	1
4	0	1	0	0	0	1	0	1	0	d	d	0	0	d	1	d
5	0	1	0	1	0	1	1	0	0	d	d	0	1	d	d	1
6	0	1	1	0	0	1	1	1	0	d	d	0	d	0	1	d
7	0	1	1	1	1	0	0	0	1	d	d	1	d	1	d	1
8	1	0	0	0	1	0	0	1	d	0	0	d	0	d	1	d
9	1	0	0	1	0	0	0	0	d	1	0	d	0	d	d	1

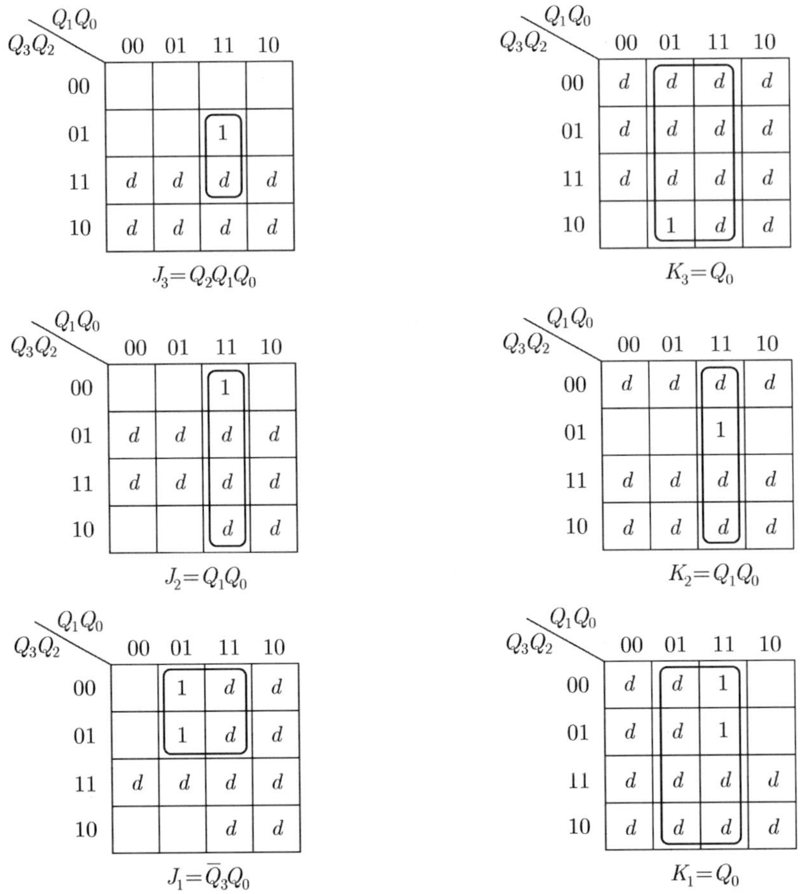

그림 13-41 BCD 카운터의 카르노도

$$J_3 = Q_2 Q_1 Q_0$$

$$K_3 = Q_0$$

$$J_2 = Q_1 Q_0$$

$$K_2 = Q_1 Q_0$$

$$J_1 = \overline{Q_3} Q_0$$

$$K_1 = Q_0$$

$$J_0 = 1$$

$$K_0 = 1$$

이것으로부터 구성된 BCD 카운터는 그림 13-42와 같다.

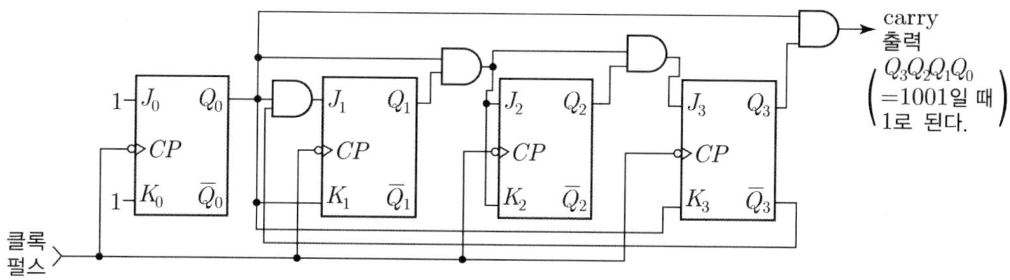

그림 13-42 BCD 카운터 회로

그림 13-42의 오른쪽에는 자리올림 신호를 출력하는 회로를 그려 넣었다. 이것은 계수값이 $Q_3Q_2Q_1Q_0 = 1001(9_{10})$로 되었을 때 AND 게이트가 출력이 1 이지만 다음 클록 펄스에 의해서 카운터가 0으로 되돌아가는 순간 0으로 변화하는데, 이것은 상위자리 카운터의 클록 펄스로 사용하기 위함이다. 이것을 블록도로 나타낸 것이 그림 13-43이다.

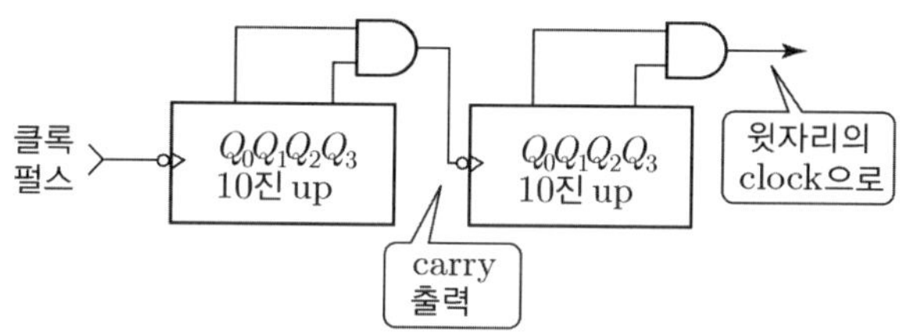

그림 13-43 10진 up 카운터의 종속접속

그러나 이 방법으로는 상위의 10진 카운터 동작은 하위의 10진 카운터 동작보다 늦어서 동기식 카운터의 장점을 잃어버리게 된다. 그래서 고속 동작이 필요할 때는 그림 13-44와 같이 자리올림 출력을 카운터의 enable 입력에 접속하여 각 자리의 클록을 공통으로 하는 방법이 이용된다.

그림 13-42의 10진 카운터 상태도는 그림 13-45와 같이 되므로 미사용 상태가 생겨도 lockout은 없다.

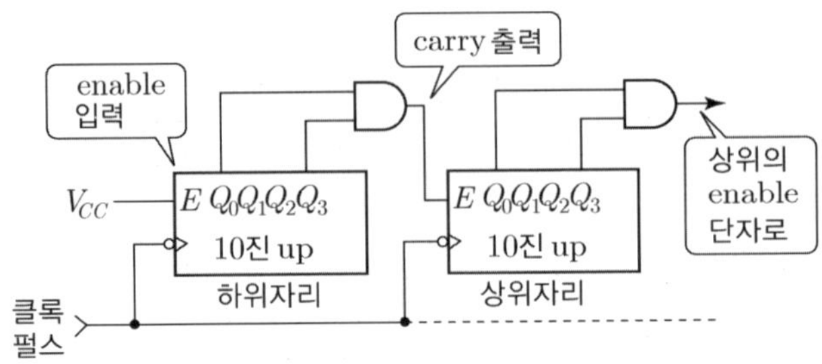

그림 13-44 고속 10진 up 카운터의 접속법

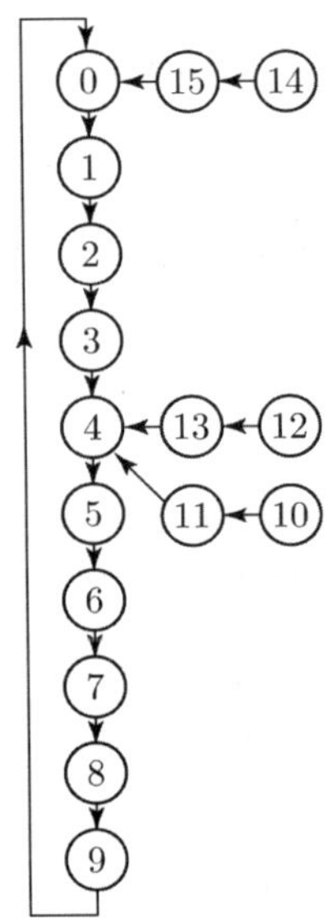

그림 13-45 그림 13-42의 회로 상태도

7 up/down 카운터

up 카운터로도 되고, down 카운터로도 되는 카운터를 실제로 제작하는 것은 어려운 일이므로, 실제로는 이미 제작된 편리한 카운터용 IC가 있어 이것을 이용하는 것이 간편하다.

다음은 presettable 동기식 up/down 카운터 IC의 예이다.

SN74190 …… 클리어 기능이 없는 10진 동기 카운터
SN74191 …… 클리어 기능이 없는 16진 동기 카운터
SN74192 …… 클리어 기능이 있는 10진 동기 카운터
SN74193 …… 클리어 기능이 있는 16진 동기 카운터

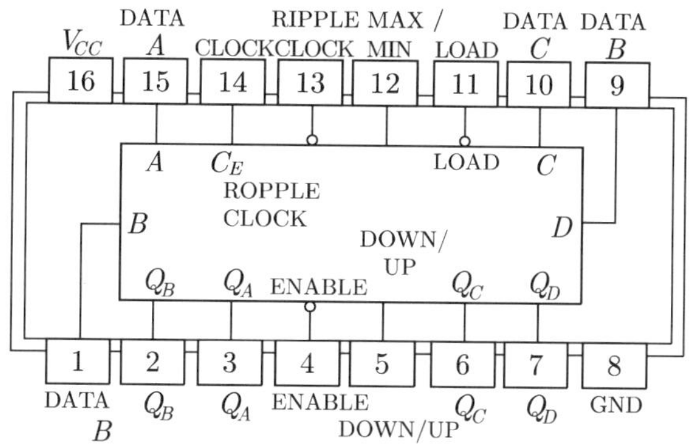

그림 13-46 SN74190, 191의 핀 배치

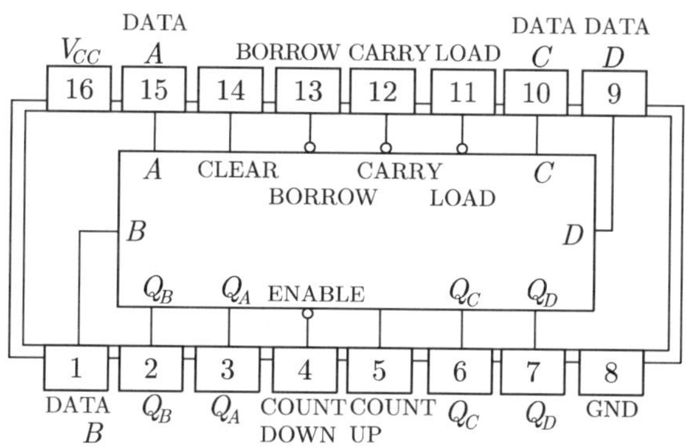

그림 13-47 SN74192, 193의 핀 배치

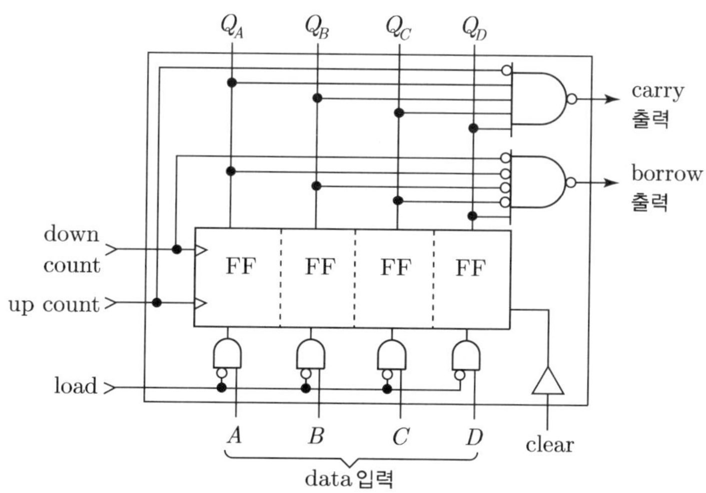

그림 13-48 SN74193의 내부 구조

74190, 74191의 핀 배치를 그림 13-46에, 74192, 74193의 핀 배치를 그림 13-47에 나타내었다. 여기서는 74193만을 설명하기로 한다.

74193의 내부 구조는 그림 13-48과 같이 되어 있다.

up 카운터 입력에 클록 펄스를 인가하면 그 rising edge에서 계수를 up하고, down 카운터 입력에 클록 펄스를 인가하면 펄스의 rising edge에서 계수를 down한다. 클리어 입력을 1로 하면 각 플립플롭은 모두 클리어되어 계수는 0이 된다.

입력단자 D, C, B, A(D가 MSD, A가 LSD)에 데이터 입력을 인가해놓고 load 입력을 0으로 하면 데이터가 플립플롭에 세트된다.

그리고 다음 단 상위자리로의 접속 때문에 자리올림 출력과 borrow 출력단자가 있는데 자리올림 출력은 계수가 $15_{10}(Q_DQ_CQ_BA_1 = 1111)$로 되고, 또한 클록이 0으로 될 때 부논리 출력이 나온다. 또한 클록의 rising에서 다음 단의 up 계수 입력을 트리거함과 동시에 계수는 0으로 된다. 그 동작을 time chart로 나타낸 것이 그림 13-49이다.

이것에 대해서 borrow 출력계수가 $0(Q_DQ_CQ_BQ_A = 0000)$으로 되고, 또한 클록이 0으로 될 때 부논리 출력을 낸다. 그리고 같은 클록의 rising edge에서 다음 단 상위자리의 down 계수 입릭을 트리거함과 동시에 자신의 계수 15_{10}로 된다.

그림 13-49에서는 time 2의 시각에서 클리어하고, time 5의 시각에서 $13_{10}(Q_DQ_CQ_BQ_A) = 1101$을 load하고 있는 상태를 나타내고 있다.

지금 SN74192(10진 카운터)에서 자리올림 출력은 계수가 9_{10}일 때 출력되며, borrow 출력은 계수가 0일 때 출력되도록 되어 있는 것만이 다르다.

그림 13-50은 SN74192를 이용한 응용회로 예이다. 이것은 741921를 down 카운터로 이용하고 있고, 초기 설정한 10진 두 자리의 수를 펄스 입력마다 감소하게 하여 0으로 되었을 때 버저를 울리는 동작을 한다.

우선 BCD 코드로 10진 두 자리의 수를 인가해놓고, 계수/load를 0으로 하면 수가 프리셋됨과 동시에 버저용 플립플롭이 리셋된다. 그 후 계수/load를 1로 하면 계수가 가능하게 된다. 펄스 입력마다 계수가 감소되어서 양쪽의 IC가 계수 0으로 되면, borrow 출력의 AND 게이트가 enable되고, 플립플롭을 세트하여 버저를 울리는 것이다.

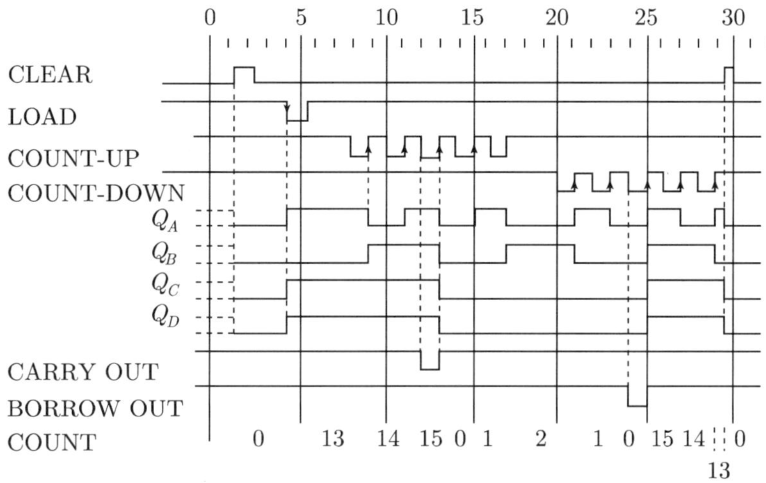

그림 13-49 SN74193의 동작 time chart

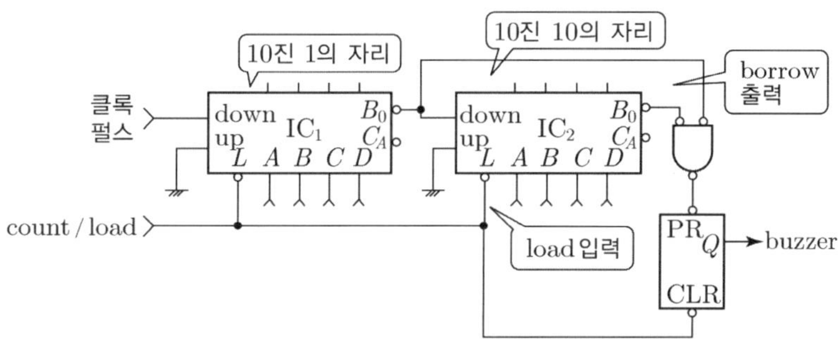

그림 13-50 SN74192(10진 up down 카운터)의 응용 예

13-5 동기 카운터용 IC

앞 절의 presettable 동기식 up 카운터 IC 외에도 다음과 같은 동기식 presettable 카운터 IC가 있다.

SN74160 …… 비동기 클리어가 있는 동기 10진 카운터

SN74161 …… 비동기 클리어가 있는 동기 16진 카운터

SN74162 …… 동기 클리어가 있는 동기 10진 카운터

SN74163 …… 동기 클리어가 있는 동기 16진 카운터

이들 모두 그림 13-51과 같은 핀 배치를 갖고 있으며, 모두 임의의 데이터를 프리셋할 수 있

고, 클리어 할 수도 있다. 그러나 74162, 74163의 클리어 입력은 지금까지 설명해온 것과 같은 독립한 비동기식의 클리어와는 달리 클록 펄스에 동기하여 동작하는 클리어인 것이다.

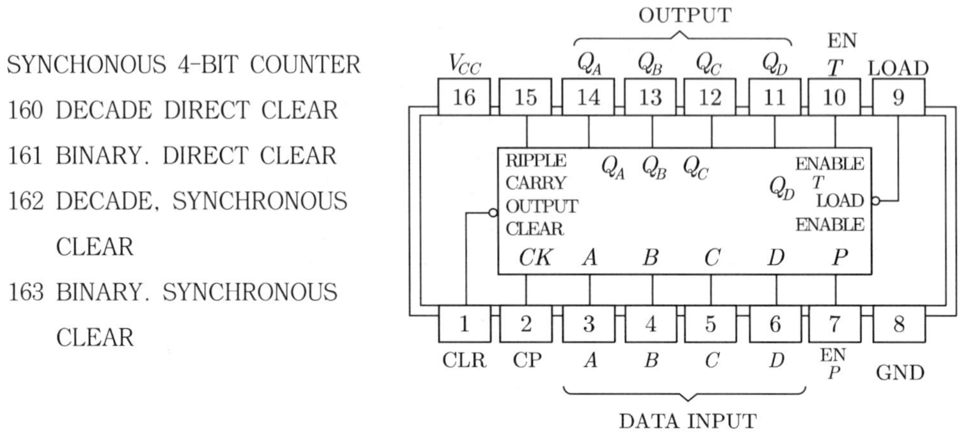

그림 13-51 SN74160, 161, 163의 핀 배치

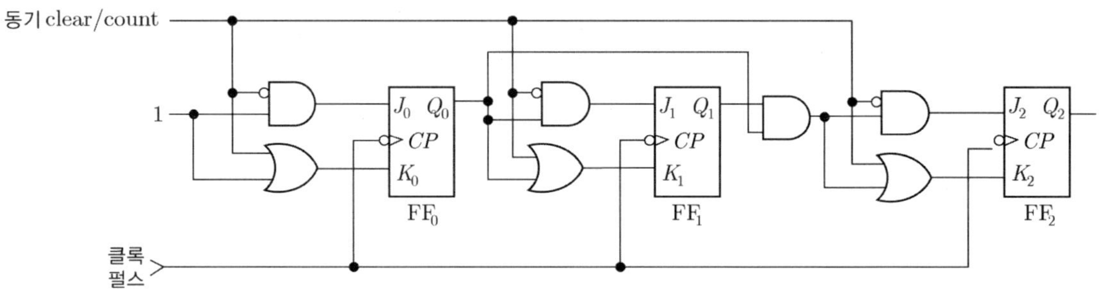

그림 13-52 8진 동기 카운터에 동기 클리어 입력을 붙인 것

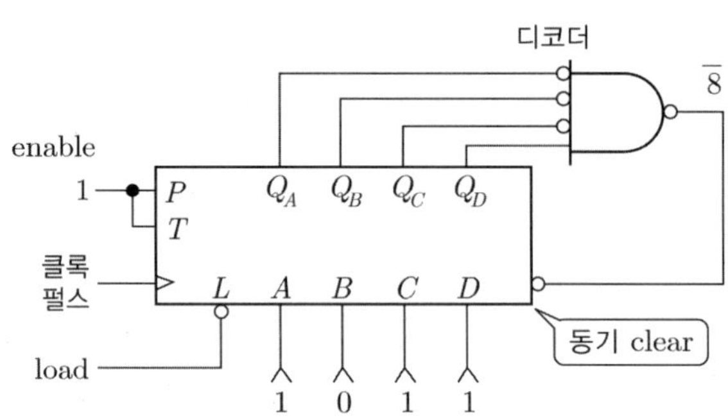

그림 13-53 SN74163을 이용한 9진 카운터 회로

그러면 이러한 동기 클리어를 걸려면 어떠한 회로로 하면 좋을까를 생각해보자. 그림 13-52는 8진 동기 카운터의 J, K 입력부에 특별한 제어회로를 설치한 것이다. 동기 클리어/계수를 0으로 하면 앞 단의 Q 출력이 다음 단으로 연결되어 통상의 계수 동작을 하지만 1로 하면 모든 플립플롭에 $J=0$, $K=1$이 입력되어 클록 펄스가 들어오면 동시에 리셋되도록 되어 있다.

이와 같은 클리어의 부착 형태를 동기 클리어라 하며, 이 동기 클리어 방식을 이용하면 간단히 N진 카운터를 만들 수 있는 장점이 있다.

예를 들어, SN74163을 이용하여 그림 13-53에 나타낸 회로를 만들었을 때 카운터가 $Q_DQ_CQ_BQ_A=1000(=8_{10})$에서 NAND 게이트 출력이 0으로 되기 때문에 이것이 부논리의 동기 클리어 단자로 입력된다. 그러면 다음 클록의 rising에서 카운터는 클리어되어 결국 9진 카운터가 된다.

만약 데이터 입력 $DCBA$에 $1101(=13_{10})$을 인가하고, load 입력을 0으로 하면 다음 클록에서 카운터에 13_{10}이 입력된다. 그 후 load 입력을 1로 하면 계수 동작이 개시되어 13, 14, 15, 0, 1, 2, ……, 8, 0, 1, 2로 계수된다. 이 상태도를 그림 13-54에 나타내었다.

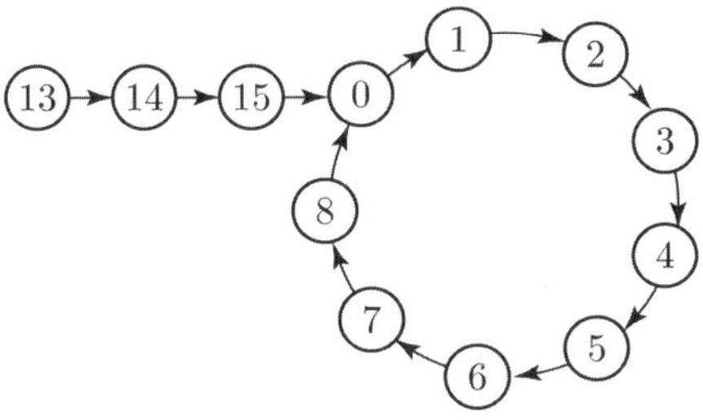

그림 13-54 그림 13-53 회로의 상태도

지금 74160~163은 모두 데이터를 프리셋할 수 있지만 이 프리셋도 실은 동기 프리셋인 것이다. 따라서 load 입력을 0으로 한 후 클록 펄스가 인가되면 그 rising edge에서 load된다. 그림 13-55에 나타낸 SN74161, 163의 동작 time chart를 나타내었다.

또 이들 IC에는 모두 enable 입력 P, T가 준비되어 있으며 P, T를 모두 1로 해야만 카운터가 동작한다. enable 입력은 카운터를 종속 접속하여 동기동작을 시킬 때 사용된다. 그림 13-56은 SN74160(10진 카운터)을 3단 사용하여 0~999까지 세는 카운터의 접속도로서, 자리올림 출력은 다음 단 상위자리의 enable 입력 T에 결선되며, 한쪽의 enable 입력 P를 카운터 전체의 제어용으로 이용하고 있다.

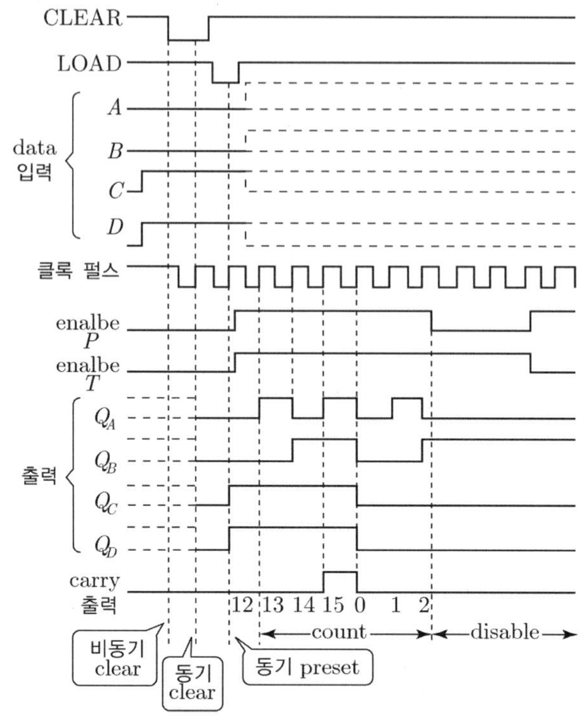

그림 13-55 SN74161, 163의 동작 time chart

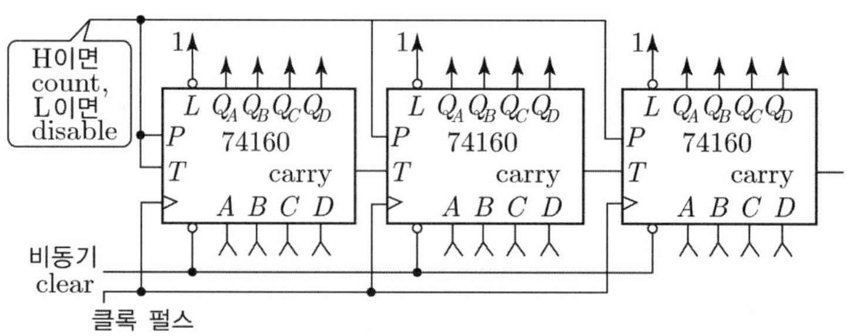

그림 13-56 3자리 10진 카운터 접속법

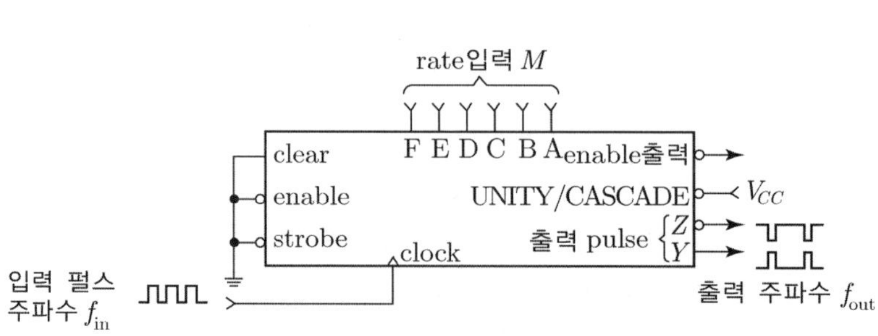

그림 13-57 SN7497의 구성

74160은 74192와는 달리 $Q_DQ_CQ_BQ_A = 1001(=9_{10})$로 되면 carry 출력(리플 자리올림 출력단자)이 1로 된다. 이것이 다음 단 IC의 계수 동작을 enable로 하기 때문에 다음 클록의 rising에서 자신의 카운터는 0으로 클리어됨과 동시에 다음 단의 카운터가 1 증가된다.

마지막으로 약간 변형한 rate multiplier라는 IC SN7497에 대해 알아보자. 이것은 최고 동작주파수가 32MHz인 동기식 programmable 카운터로서 미리 program해둔 rate 입력 M에 의해 입력 펄스 수와 출력 펄스 수의 비율을 결정할 수 있는 기능을 갖고 있다.

그 구성은 그림 13-57에 나타낸 것과 같이 6비트($F \sim A$)의 programmable 입력 단자에 $0 \sim 63_{10}$까지의 2진수 M을 입력하면 입력 펄스 주파수 f_{in}에 대하여 출력 펄스 주파수 f_{out}이 다음 식의 관계로 출력되는 것이다.

$$f_{\text{out}} = \frac{M}{64} f_{\text{in}}$$

여기서, $M = F \cdot 2^5 + E \cdot 2^4 + D \cdot 2^3 + C \cdot 2^2 + B \cdot 2^1 + A \cdot 2^0$.

예를 들어, $M = 110010(=50_{10})$을 입력하면 입력주파수 f_{in}은 50/64로 되어 Y 또는 Z 단자에서 출력된다. 단, 출력 펄스는 같은 간격으로 되지 않는다.

enable 출력을 다음 단의 enable 입력과 strobe 입력에 접속하면 M을 12비트까지 증가시킬 수 있다. 이때 각 단의 Z 출력을 다른 단의 UNITY/CASCADE에 접속하면, 다음 단의 Y단자에서 출력된다. strobe 입력을 1로 하면 클록 입력이 disable되고, enable 입력을 1로 하면 multiplier 동작이 disable로 되는 것이다. 이 IC는 주파수비(ratio) 검출기, 연산회로, 주파수 합성기에 응용할 수 있다.

그림 13-58은 주파수 합성기의 응용 예이다. 이 회로에서는 기준주파수 f_{ref}를 우선 4배하고, 이것을 SN7497로 $M/64$로 한 후 4로 나누는 방법을 이용하였는데, 그 이유는 단지 SN7497로 주파수를 낮추면 펄스 열이 같은 간격으로 되지 않기 때문이다.

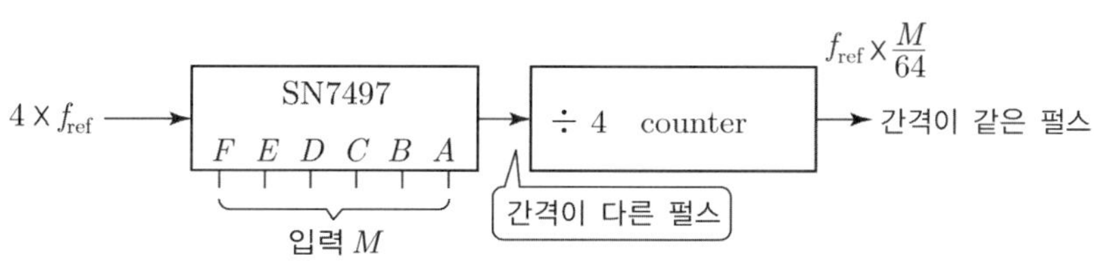

그림 13-58 주파수 합성회로

그리고 단순히 입력주파수를 2^N으로 분주할 목적이면 다음의 IC가 편리하다.

SN74292 …… programmable 주파수 분주기/timer($2^2 \sim 2^{31}$으로 분주)

SN74294 …… programmable 주파수 분주기/timer($2^2 \sim 2^{15}$으로 분주)

여기서 클록 주파수를 2^N으로 분주하기 위해서 74292는 5비트, 74294는 4비트의 programmable 입력단자를 갖고 있다. 74292는 $N = 2 \sim 31$까지 가능하다. 예를 들어, programmable 입력을 $P_4P_3P_2P_1P_0 = 10100(=20_{10})$으로 하면 입력 클록 주파수는 $1/2^{20}$로 분주할 수 있다.

Chapter 13 연습문제

1. $1\,\mathrm{MHz}$의 클록을 $25\,\mathrm{KHz}$로 분주할 경우 설계에 필요한 플립플롭의 수를 구하라.

2. 0부터 63까지 반복하는 카운터를 설계하고자 한다. 설계에 필요한 플립플롭의 수를 구하라.

3. 4단 리플 카운터를 이용하여 12를 검출하는 회로를 만들라.

4. 비동기식 5진 카운터를 설계하라.

5. 비동기식 10진 카운터를 설계하라.

6. 동기식 6진 카운터를 JK 플립플롭을 이용하여 설계하라.

7. 동기식 7진 카운터를 D 플립플롭을 이용하여 설계하라.

8. 동기식 3진 카운터를 RS 플립플롭을 이용하여 설계하라.

9. 동기식 12진 카운터를 JK 플립플롭을 이용하여 설계하라.

10. 동기식 4진 down 카운터를 JK 플립플롭을 이용하여 설계하라.

11. 다음의 순서로 계수하는 동기식 5진 카운터를 D 플립플롭을 이용하여 설계하라.

$$0 \rightarrow 1 \rightarrow 3 \rightarrow 7 \rightarrow 6 \rightarrow 4 \rightarrow 0$$

12. 다음의 순서로 계수하는 동기식 6진 카운터를 JK 플립플롭을 이용하여 설계하라.

$$0 \rightarrow 1 \rightarrow 3 \rightarrow 2 \rightarrow 6 \rightarrow 4 \rightarrow 5 \rightarrow 7 \rightarrow 0$$

13. 그림 13-59의 상태도에 따른 동기식 자기 스타트 카운터 회로를 설계하라.

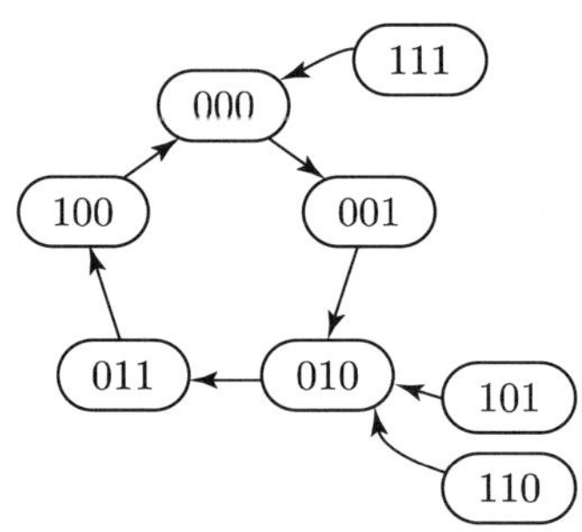

그림 13-59

14. 그림 13-60에 나타낸 회로의 계수 상태표를 만들고, 이 회로가 자기 스타트 5진 카운터인 것을 증명하라. 그리고 $Q_2Q_1Q_0 = 001$에서 시작하는 상태도를 그려라.

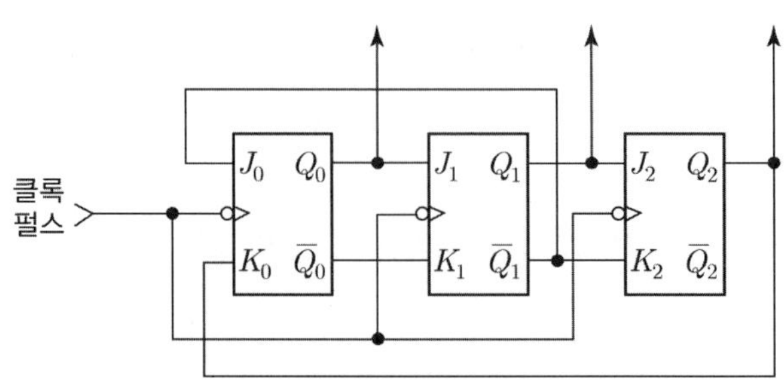

그림 13-60

15. 그림 13-61에 나타낸 회로의 계수 상태표를 만들고, 이 회로가 자기 스타트 6진 카운터인 것을 증명하라. 그리고 $Q_2Q_1Q_0 = 000$에서 시작하는 상태도를 그려라.

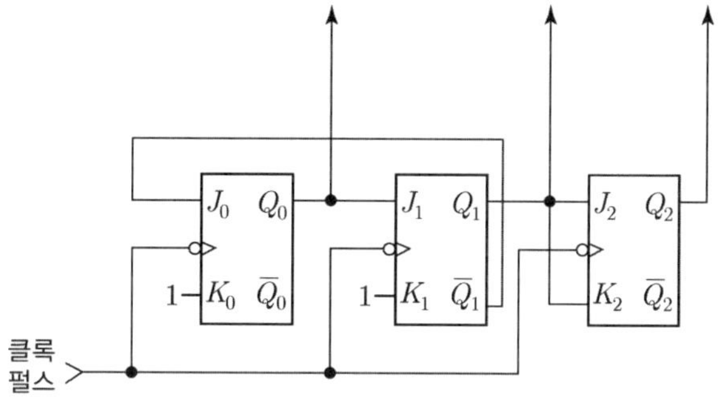

그림 13-61

Chapter 14 | 시프트 레지스터

시프트 레지스터(shift register)는 카운터와 함께 디지털 장치에 가장 많이 사용되고 있는 회로이다. 카운터의 상태도는 루프 상태로 반복되지만 시프트 레지스터의 상태도는 체인과 같이 시프트되어가는 차이가 있다.

레지스터의 기본 구성은 일련의 플립플롭을 나열한 기억창고와 같은 것으로서, 시프트 레지스터란 이 일련의 플립플롭과 마찬가지로 시프트 레지스터를 이용하면 카운터와 같은 동작을 시킬 수 있고, 임의의 펄스열을 얻는 시퀀스 제너레이터에도 응용할 수 있다.

이 장에서는 시프트 레지스터의 기본 구성에서부터 시작하여 시프트 레지스터용 IC와 그 응용회로에 대하여 살펴본다.

14-1 기본 시프트 레지스터

시프트 레지스터는 클록 입력마다 기억된 일련의 비트 열을 차례로 옆의 플립플롭으로 시프트되도록 만들어진 레지스터이다. 그 기본 구성을 그림 14-1에 나타내었는데 그림 14-1(a)는 D 플립플롭으로 만든 시프트 레지스터이고, 그림 14-1(b)는 JK 플립플롭으로 만든 시프트 레지스터이다.

시프트 레지스터의 동작은, 예를 들어 표 14-1과 같은 8비트의 레지스터에서 초기 데이터 10101101이 있을 때 클록 펄스가 들어올 때마다 차례로 우측으로 시프트해가는데, 이것을 시프트 right라 한다. 이 예에서 좌측의 플립플롭에서는 0이 입력되고 있지만 새로운 데이터를 입력할 수도 있다.

8비트 레지스터는 8개의 클록 펄스에 의해 레지스터의 내용은 모두 새로운 데이터로 갱신된다.

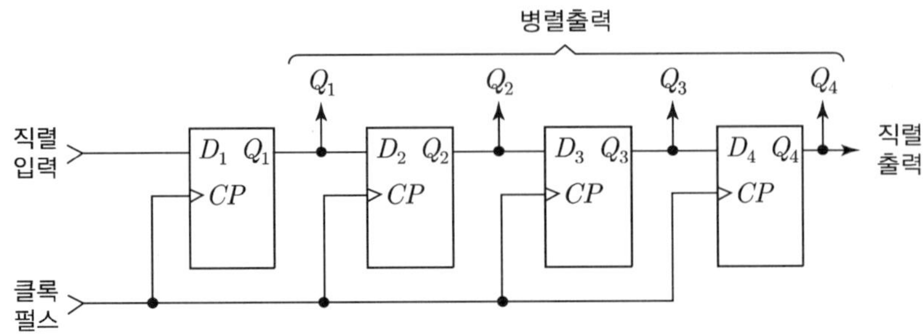

(a) D FF(7474)을 이용했을 때

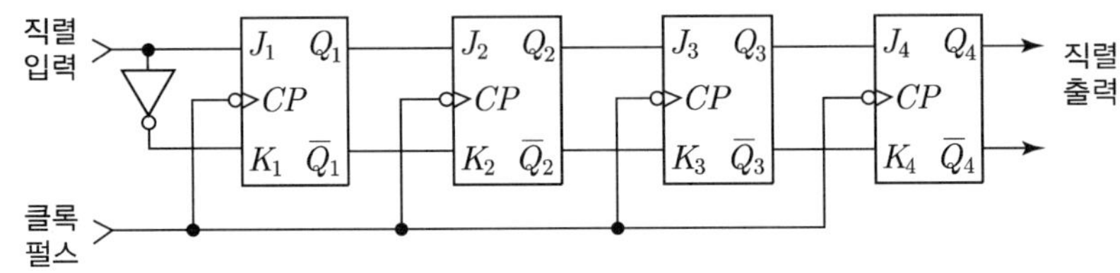

(b) JK FF(74107)을 이용했을 때

그림 14-1 시프트 레지스터의 기본 구성

표 14-1 시프트 레지스터의 동작

초기 데이터	1	0	1	0	1	1	0	1
클록 1	0	1	0	1	0	1	1	0
2	0	0	1	0	1	0	1	1
3	0	0	0	1	0	1	0	1
4	0	0	0	0	1	0	1	0
5	0	0	0	0	0	1	0	1
6	0	0	0	0	0	0	1	0
7	0	0	0	0	0	0	0	1
8	0	0	0	0	0	0	0	0

계수회로와 마찬가지로 2진수의 데이터가 레지스터에 입력·저장되는 순서는 통상 좌측에 LSD, 우측에 MSD가 들어온다. 이 나열 방법은 수의 나열 순서와는 역으로 되어 있다.

그림 14-1의 시프트 레지스터는 데이터가 좌에서 우로 자리 이동되므로 우 시프트(shift right) 레지스터라 한다. 그리고 새로운 데이터가 입력단자로부터 직렬로 입력되므로 이 형식을 직렬입력형이라 한다.

한편 출력은 최종 단 플립플롭의 Q_4 출력으로부터 직렬로 얻어지므로 이 형식을 직렬출력형이라 한다. 그러나 각 플립플롭의 $Q_1Q_2Q_3Q_4$로부터 병렬로 출력을 얻는 것도 가능하며,

이 형식을 병렬출력형이라 한다.

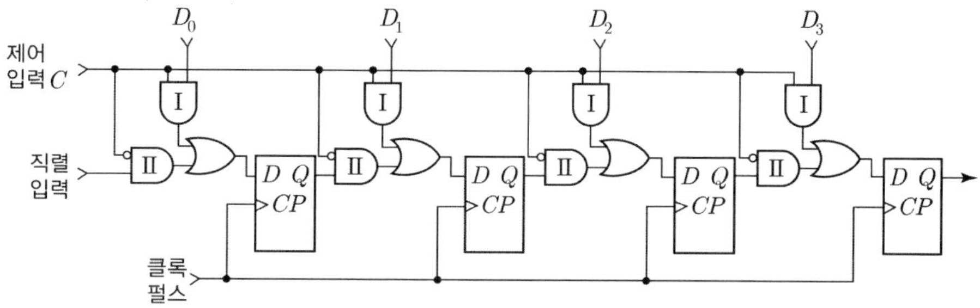

그림 14-2 병렬입력형 시프트 레지스터의 동작

그 밖에 시프트 레지스터에는 데이터를 시프트 left할 수 있는 것과 각 플립플롭에 병렬로 데이터를 입력할 수 있는 것 등이 있다. 이들을 분류하면 다음과 같다.

① 입력형식에 의한 분류 { 직렬입력형 / 병렬입력형

② 출력형식에 의한 분류 { 직렬출력형 / 병렬출력형

③ 시프트 방향에 의한 분류 { 시프트 right형 / 시프트 left형

그러면 병렬입력형의 시프트 레지스터를 만들려면 어떻게 하면 좋을까? 그것은 그림 14-2와 같이 각 플립플롭의 입력부에 제어회로를 부가하는 것이다. 제어 입력 C를 1로 하면 AND 게이트 1군이 enable되므로 클록 입력과 동시에 데이터 $D_0 \sim D_3$가 플립플롭에 세트되는 셈이다. 이것을 동기 preset형이라 한다. 또 제어 입력 C를 0으로 하면 AND 게이트 1은 disable됨과 동시에 AND 게이트 II가 enable 상태로 되어 통상 직렬 입력의 시프트 right 동작을 할 수 있다. 이러한 의미에서 이 제어 입력 C를 load/시프트 입력이라 한다.

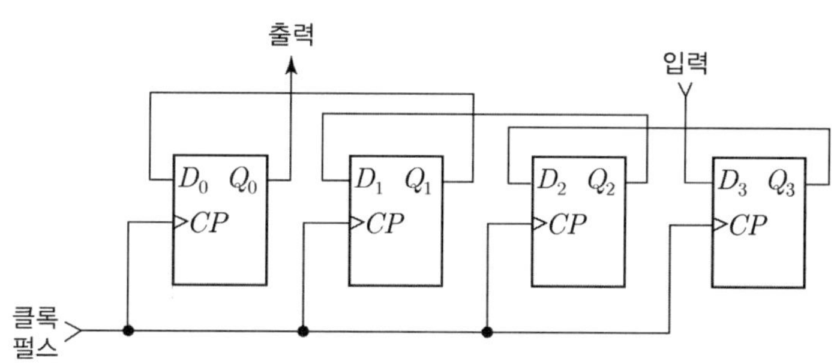

그림 14-3 시프트 left의 원리

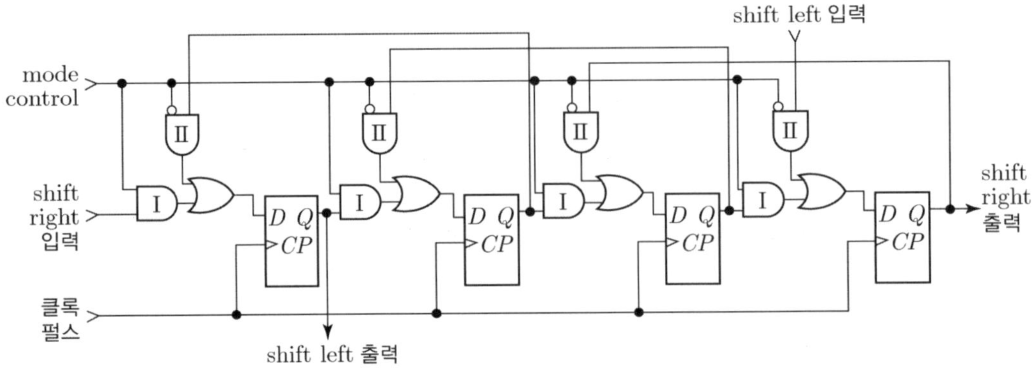

그림 14-4 시프트 left, 시프트 right가 가능한 시프트 레지스터

다음에 클록 펄스마다 데이터를 좌측으로 시프트하려면 어떻게 하면 좋을까? 이렇게 하려면 그림 14-3과 같이 플립플롭의 접속을 단지 좌우 반대로 하면 되므로 원리는 간단하다. 그러나 실제의 시프트 레지스터용 IC에서는 시프트 right와 시프트 left 모두 사용할 수 있는 구조로 되어 있으며, 그 회로는 그림 14-4와 같이 mode control 단자로 제어하고 있다.

이 단자를 1로 하면 AND 게이트 I 군이 enable되므로 시프트 right 동작으로 되고, 0으로 하면 AND 게이트 II군이 enable되어 시프트 left 동작으로 바꿀 수 있다.

예제 14-1

8비트 시프트 right 레지스터의 직렬입력 단자에 그림 14-5와 같은 클록의 타이밍으로 $D = 11010000$을 입력했을 때 각 플립플롭의 Q 출력파형을 그리라. 단, 데이터는 MSD부터 입력해가는 것으로 한다.

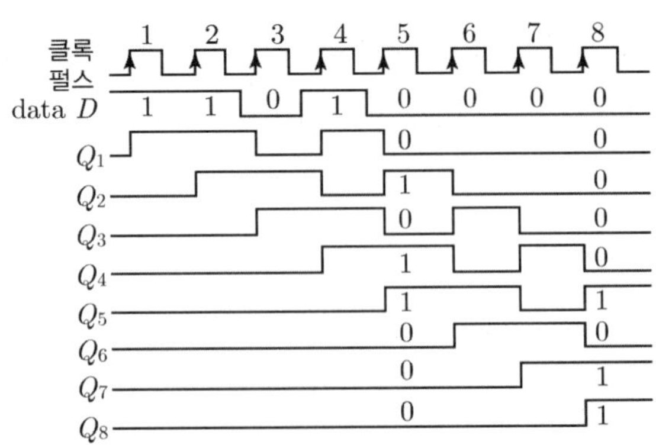

그림 14-5 시프트 레지스터 time chart

✔ **풀이** 그림 14-5의 $Q_1 \sim Q_8$과 같다.

클록 1: Q_1에 데이터 1이 입력된다.

클록 2: Q_1의 데이터가 Q_2로 시프트됨과 동시에 Q_1에 1이 들어온다.

클록 3: Q_2의 데이터 1이 Q_3로 시프트되며, Q_2에는 Q_1의 데이터 1이 시프트되고, Q_1에 새로운 데이터 0이 들어온다.

클록 4: Q_1에 1이 들어옴과 동시에 $Q_1Q_2Q_3$의 데이터는 $Q_2Q_3Q_4$로 시프트된다.

클록 5: $Q_1Q_2Q_3Q_4Q_5$에 데이터 01011이 저장된다.

클록 8: $Q_1Q_2Q_3Q_4Q_5Q_6Q_7Q_8$에 데이터 00001011이 저장된다.

이상과 같이 데이터 D의 MSD가 Q_8에, LSD가 Q_1에 저장된다.

예제 14-2

2진수는 시프트 레지스터를 이용함으로써 간단히 2^N배 또는 $1/2^N$으로 할 수 있다고 하는데 그 원리를 설명하라.

✔ **풀이** 예를 들어, 8비트의 시프트 레지스터에 10011000($=25_{10}$)이 들어 있는 것으로 한다. 단, 좌측을 LSD, 우측을 MSD로 한다.

이 데이터를 8배($=2^3$)하려면 3회 시프트 right하면 된다. 왜냐하면 이때 데이터는 00010011로 되며, 이것은 200_{10}으로 되기 때문이다. 물론 데이터가 레지스터를 벗어나지 않는 것이 조건이다.

또 4로 나누려면 2회 시프트 left하면 된다. 그때 데이터는 01100000($=6_{10}$)으로 되기 때문이다. 단, 시프트에 의해 LSD와 그다음의 비트가 레지스터를 벗어나므로 소수 이하가 삭제되는 것에 주의해야 한다.

14-2 시프트 레지스터용 IC

시프트 레지스터는 실제로 D 플립플롭이나 JK 플립플롭을 이용하여 만든 것은 거의 없고, MSI로 시판되고 있는 IC를 이용한다.

여기서는 통상 많이 사용되고 있는 대표적인 TTL의 시프트 레지스터용 IC를 몇 가지 소개한다.

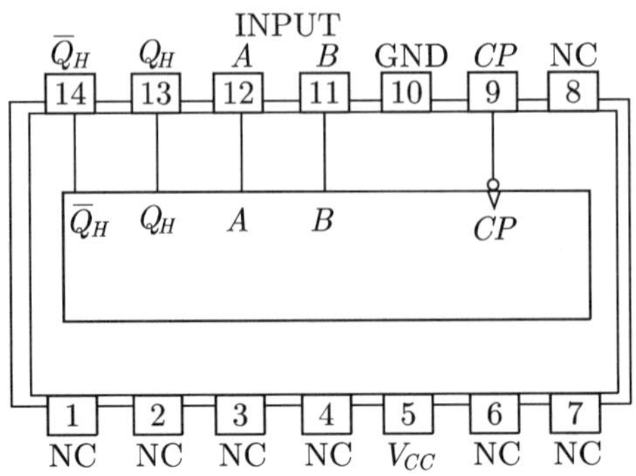

(a) pin 배치

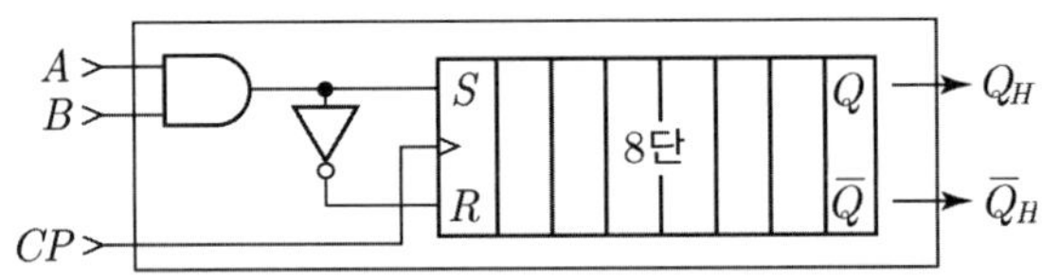

(b) 내부 구조

그림 14-6 SN7491의 핀 배치와 내부 구조

1 직렬입력-직렬출력형 SN7491

이것은 그림 14-6에 나타낸 핀 접속과 내부 구조를 가진 8비트 시프트 레지스터이다. 각각의 플립플롭은 *RS* 플립플롭이지만 내용은 *D* 플립플롭이 8단 나열되어 있는 것과 같다. 입력단자는 AND 게이트를 통하여 *A*와 *B* 두 개가 나오므로 1개를 제어용으로 하고, 1개를 데이터 입력용으로 사용할 수 있다.

이 시프트 레지스터는 클록 펄스의 rising edge에서 동작하고, 8번째의 클록 펄스에서 데이터 입력이 Q_H, $\overline{Q}_H$로 출력된다.

2 직렬입력-병렬출력형 SN74164

이것은 그림 14-7과 같은 핀 배치와 내부 구조의 8비트 시프트 레지스터이다. 전체의 구성은 거의 그림 14-6과 같지만 비동기 클리어 입력단자가 추가되어 있어 동시에 리셋할 수 있다.

이 회로의 용도는 직렬 데이터를 병렬로 변환하는 직렬-병렬 변환이지만 Q_H로부터 직렬 데이터를 읽어내므로 직렬입력-직렬출력형 시프트 레지스터로도 사용이 가능하다.

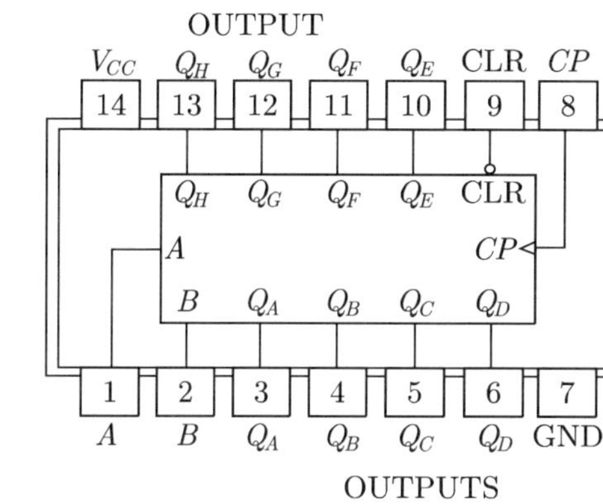

(a) pin 배치

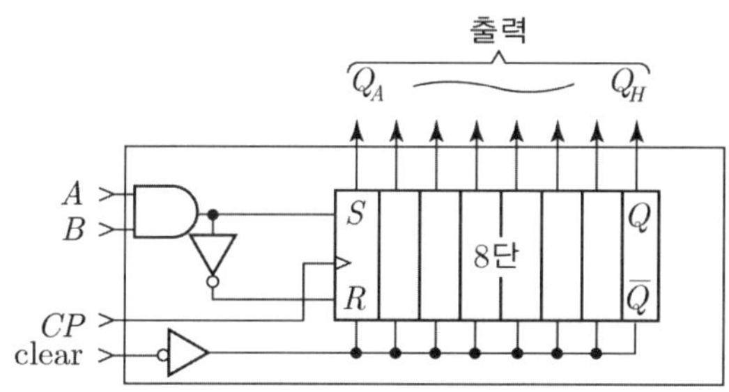

(b) 내부 구조

그림 14-7 SN74164의 핀 배치와 내부 구조

3 병렬입력-직렬출력형 SN74165, SN74166

이것은 모두 8비트의 병렬입력-직렬출력형 시프트 레지스터이지만 병렬 입력 방법이 조금 다르다. SN74165는 그림 14-8과 같이 $A \sim H$의 8비트 데이터를 병렬로 load하고, 이것을 시프트 right하여 Q_H, $\overline{Q}_H$로 출력하는 회로이다.

시프트/load 입력을 0으로 하면 데이터가 병렬 입력되며, 1로 하면 시프트 right 동작을 한다. 그리고 CI(Clock Inhibit) 입력단자는 이 핀을 1로 하면 플립플롭의 클록 입력이 1로 되어 버리므로 클록 펄스 입력이 무효로 된다. 결국 시프트 레지스터의 기억 내용을 유지하는 경우에 이용된다. 시프트일 때는 0으로 해둔다.

이 IC는 클리어 단자가 없지만 병렬 입력 데이터 $A \sim H$를 모두 0으로 하여 load하면 클리어 할 수 있다. 프리셋(preset), 클리어(clear) 입력은 모두 비동기 동작이다.

SN74166은 따로 비동기의 클리어 단자를 갖고 있는 것 외에, 병렬 입력 방법이 클록에 동기

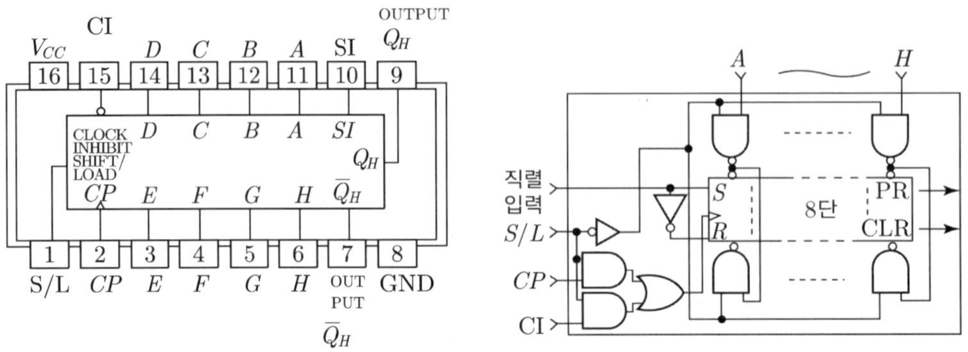

(a) pin 배치 (b) 내부 구조

그림 14-8 SN74165의 핀 배치와 내부 구조

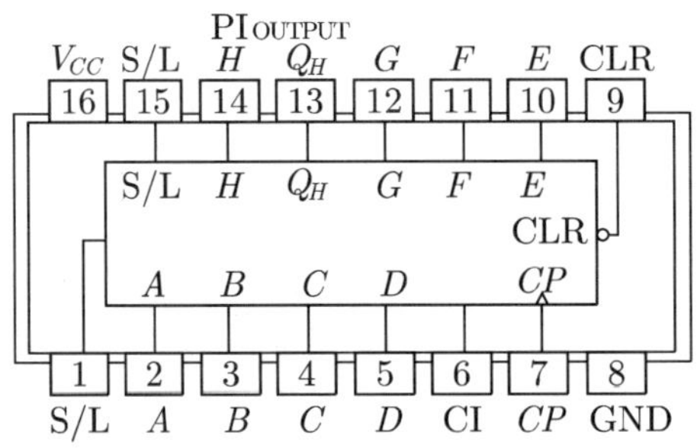

SN54LSI166A(J, W)
SN74166(J, W)

그림 14-9 SN74166의 핀 배치

하여 load된다는 차이가 있다. 그 밖의 구조는 그림 14-8의 74165와 거의 같고, 직렬입력, 시프트/load 입력, 클록 inhibit 입력단자를 갖고 있다. 물론 병렬 입력 동안 직렬 입력은 금지된다.

4 병렬입력-병렬출력형 SN7495

이것은 그림 14-10과 같이 *RS* 플립플롭 4단으로 구성된 4비트 시프트 레지스터이고, mode control을 1로 하면 AND 게이트 II군이 열려 클록 2입력에 의해 병렬 데이터 $A \sim D$를 동기 입력할 수 있다.

mode control을 0으로 하면 AND 게이트 I군이 열리므로 클록 1입력에 의해 직렬 입력

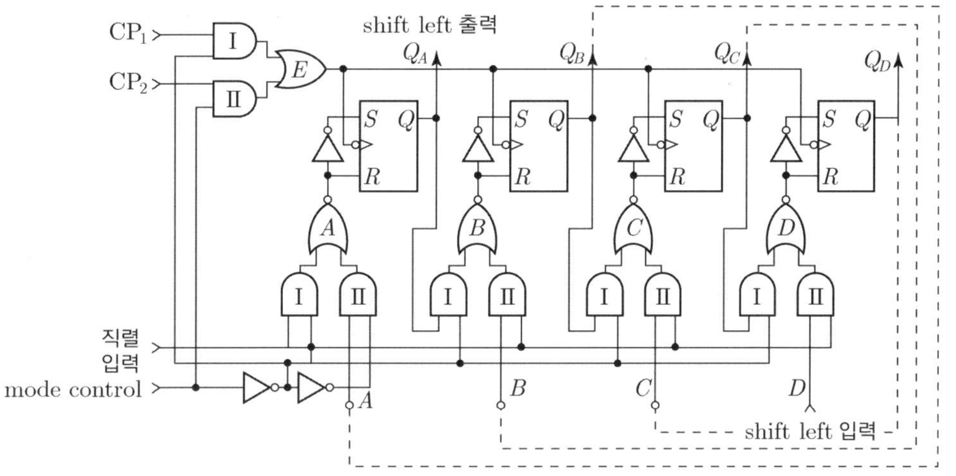

그림 14-10 SN7495의 회로도

이 Q_A로 출력됨과 동시에 데이터는 시프트 right되어 간다.

지금 mode control이 1인 경우에는 그림의 점선과 같이 외부 접속회로를 연결하면 시프트 left시킬 수 있다. 단, 이 경우에 D 입력단자가 직렬 입력단자로 되며, Q_A 출력단자가 시프트 left 직렬 출력단자로 된다. 물론 이때는 클록 2단자에 클록 펄스를 인가하는 것이다. 또 Q_D 출력은 다음 단 IC의 직렬 입력에 접속하면 8비트의 시프트 레지스터로 이용할 수 있다 지금 이 IC는 클록의 falling edge에서 동작하는 것에 주의하라.

5 쌍방향성 만능형 SN74194

이것은 직·병렬 입력과 직·병렬 출력 단자를 가진 것 외에 시프트 right, 시프트 left도 제어할 수 있는 4비트 만능형 시프트 레지스터이다. 그 핀 배치를 그림 14-11에 나타내었다.

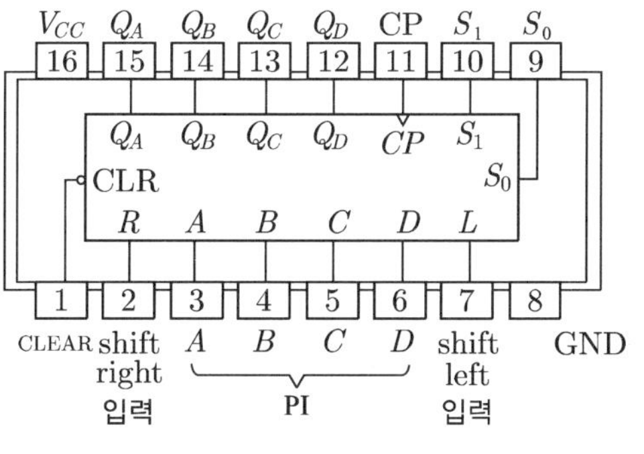

그림 14-11 SN74194의 핀 배치

S_0, S_1이 mode control 단자이고, 이 입력을 조작함으로써 다음과 같이 동작한다.

① $S_0=1$, $S_1=1$일 때

4비트의 데이터 $A \sim D$가 클록에 동기하여 병렬 입력된다.

② $S_0=0$, $S_1=1$일 때

클록의 rising edge에서 시프트 left 동작을 한다. 입력을 시프트 left L(핀 7)입력에 인가하면 첫 번째 클록에서 Q_D로 데이터가 들어온다.

③ $S_0=1$, $S_1=0$일 때

클록으로 shift right 동작을 한다. 입력은 shift right R(핀 2)입력에 인가한다.

④ $S_0=0$, $S_1=0$일 때

각 플립플롭의 클록 입력이 무효로 되며, 시프트 동작은 하지 않고 데이터는 보존된다.

클리어 입력을 0으로 하면 모든 플립플롭을 비동기로 리셋할 수 있다. 8비트 구성으로 사용할 때는 그림 14-12와 같이 접속하거나 SN74198, 199(8비트 쌍방향성 만능형)를 이용해도 된다.

14-3 시프트 레지스터용 IC의 응용

시프트 레지스터는 데이터의 직·병렬 변환에 이용되는 것 외에도 여러 가지 응용 예가 있지만 다음에 세 가지 예를 든다.

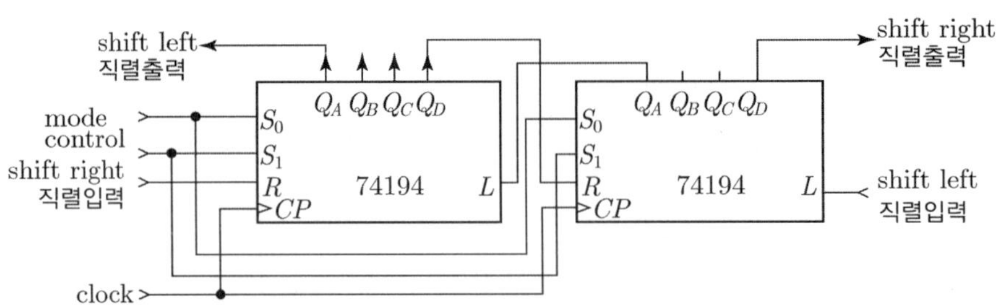

그림 14-12 SN74194의 종속 접속

1 타이밍 펄스 발생기

그림 14-13과 같이 시프트 레지스터 SN74164를 이용하여 음(-)의 펄스가 Q_A에서 Q_H까지 주사해가는 회로를 만들 수 있다.

이러한 펄스는 타이밍 제어회로나 시퀀스 제어에 응용할 수 있으므로 여기에는 일정 주파수의 클록 펄스가 필요하다. 회로에서 $Q_A \sim Q_G$까지는 NAND 게이트에 접속되어 있지만 Q_H는 개방하고, 그 대신에 1을 NAND 게이트에 입력하고 있다.

지금 만약 $Q_A \sim Q_G$ 중 어느 하나를 0으로 하면 NAND 출력은 1이기 때문에 직렬 입력단자로부터 클록마다 1이 입력되어간다. 그리고 $Q_A \sim Q_G$까지 모두가 1로 되었을 때 비로소 NAND 출력이 0으로 되므로 다음 클록에서 0이 입력되어 $Q_A = 0$으로 된다. 이것이 그림 14-14의 클록 2의 시각이다.

그러나 $Q_A = 0$으로 되든 되지 않든 NAND 출력은 1로 바뀌므로 다음의 클록 3에서는 $Q_A = 1$로 된다. 그때 Q_B는 0으로 바뀐다. 이것이 차례로 시프트 right되어 클록 9에서는 Q_H를 제외하고, $Q_A \sim Q_G$ 모두가 1로 되면 다시 NAND 출력은 0으로 된다.

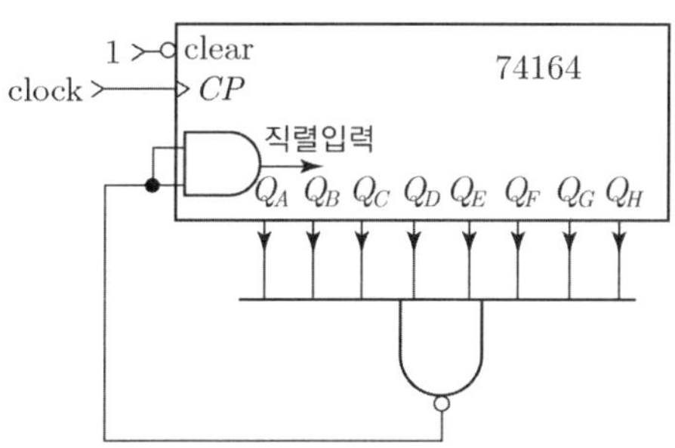

그림 14-13 타이밍 펄스 발생기

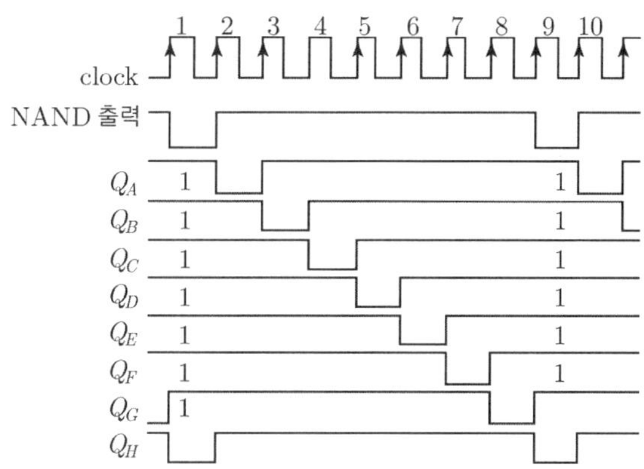

그림 14-14 그림 14-3 회로의 time chart

이상과 같이 각 Q 출력에는 타이밍이 하나씩 지연된 음의 펄스가 발생한다.

2 타이밍 회로

타이밍 펄스 발생기 회로에 exclusive OR 게이트를 이용하면 펄스폭이 다른 여러 가지의 타이밍 펄스를 발생시킬 수 있다.

그림 14-15는 A, B, C, D 4개의 타이밍 펄스의 발생 순서이고, 제각각 1인 동안은 다음과 같이 되어 있는 것으로 한다.

A 0~20μs

B 15~45μs

C 35~60μs

D 55~70μs

결국 70μs마다 그림 14-15와 같은 반복 펄스를 발생시키려고 한다. 이러한 펄스를 만들려면 어떻게 하면 좋을까?

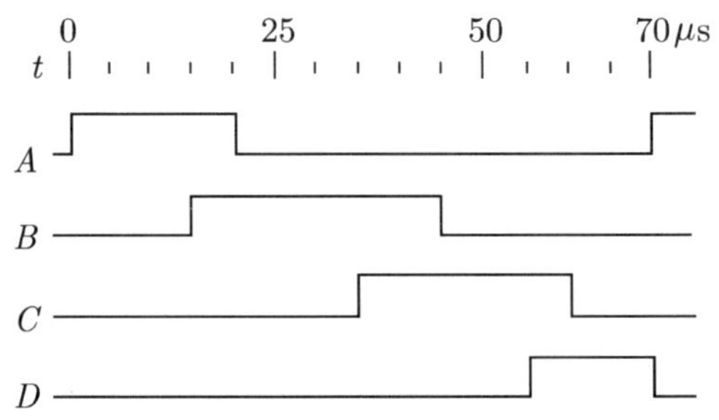

그림 14-15 A, B, C, D의 타이밍 펄스

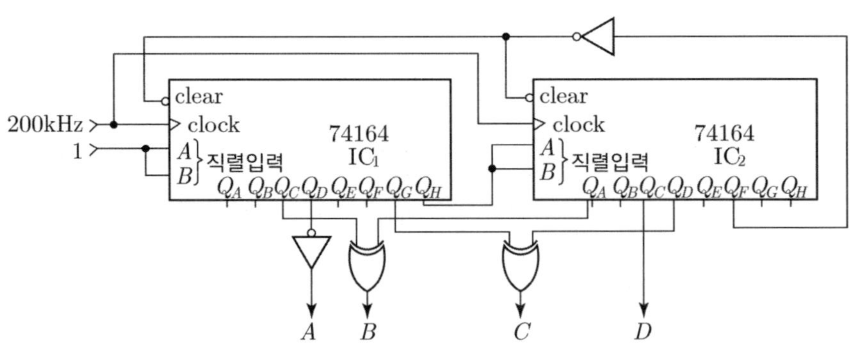

그림 14-16 타이밍 펄스 발생회로

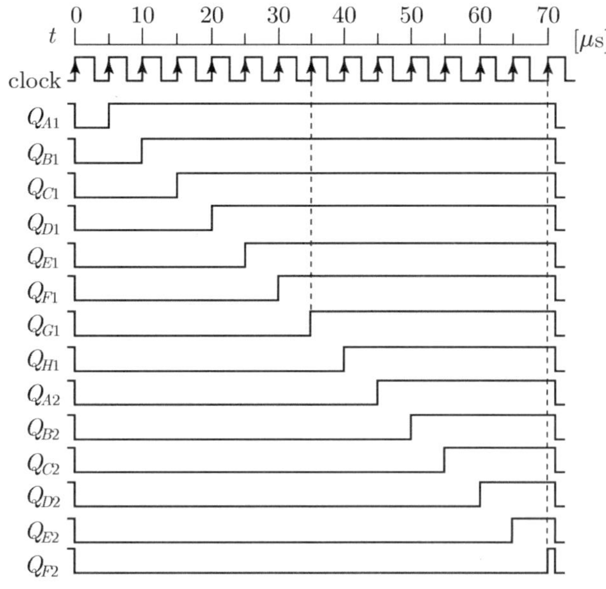

그림 14-17 그림 14-16 회로의 time chart

우선 A, B, C, D 각 펄스는 $5\mu s$를 단위로 구성되어 있기 때문에 200kHz의 클록을 사용하면 좋다는 것을 알 수 있다. 결국 시프트 레지스터의 클록으로 200kHz를 사용한다.

다음에 모든 사이클은 $70\mu s$이기 때문에 14개의 출력단자가 필요한 것을 알 수 있고, 이것은 SN74164를 두 개 사용해서 그림 14-16과 같이 직렬 접속하여 구성한다.

그리고 두 개의 시프트 레지스터는 $t=0$일 때 클리어되어 있는 것으로 하고, IC_1의 직렬 입력 A, B에는 1을 입력해둔다.

그러면 그림 14-17의 time chart를 보면서 그 동작을 알아보자. 최초의 $t=5\mu s$인 시각의 rising edge에서 Q_{A1}은 1인 것을 알 수 있다.

다음의 $t=10\mu s$인 시각의 클록에서는 $Q_{B1}=1$로 되며, 이하 Q_{C1}, Q_{D1}, ⋯, Q_{E2}까지는 그림 14-17과 같이 $5\mu s$씩 지연되어 1로 변화해간다.

마지막으로는 $t=70\mu s$인 시각에서 $Q_{F2}=1$로 변하지만 그 순간에 클리어가 동작하여 모든 Q 출력은 0으로 된다. 따라서 Q_{F2}는 glitch가 나타나게 된다.

여기서 A 출력파형은 Q_{D1} 출력을 반전시키는 것만으로 얻어진다. 왜냐하면 Q_{D1}은 $t=0$에서 0으로 되며, $t=20\mu s$에서 1로 변하고 있기 때문이다.

다음에 D 출력은 Q_{C2} 출력으로부터 직접 취할 수 있다. 왜냐하면 Q_{C2}는 $t=55\mu s$에서 1

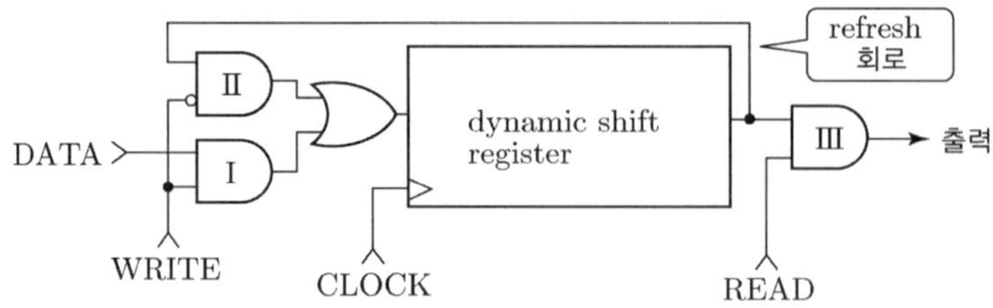

그림 14-18 dynamic 시프트 레지스터를 이용한 refresh memory

로 되고, $t=70\mu s$에서 0으로 되어 있기 때문이다. B 출력은 Q_{C1} 출력과 Q_{A2} 출력은 exclusive OR 게이트에 입력하면 된다. 이것에 의해 $t=15\mu s$에서 $t=45\mu s$까지 1로 된 출력이 얻어진다. 또한 C 출력은 B 출력과 같은 방법으로 Q_G 출력과 Q_{D2} 출력을 exclusive OR 게이트에 입력하면 되는 것을 알 수 있다.

3 refresh memory

대기억용량의 MOS dynamic 시프트 레지스터에서는 기억된 내용을 주기적으로 재입력해야만 데이터가 소멸되지 않는다.

그래서 그림 14-18과 같은 귀환회로를 만들어 데이터를 읽어냄과 동시에 재입력해야 한다.

WRITE 입력을 1로 하면 DATA가 AND 게이트 I을 통하여 클록과 함께 입력되지만, 모든 데이터의 입력 후에 WRITE 입력을 0으로 하면 시프트 레지스터에 기억된 데이터는 다시 AND 게이트 II를 통해 입력되어 이것을 반복하게 된다. 이 조작을 refresh라 한다.

기억된 데이터를 읽어내려면 READ 입력을 1로 하면 된다. 이 time chart를 그림 14-19에 나타내었다.

그림 14-20은 SN7491을 이용한 8비트의 refresh memory이다. SN7491은 기억된 데이터가 소멸하지 않으므로 이 회로에서는 주기적인 8비트의 데이터를 반복하여 출력할 수 있다.

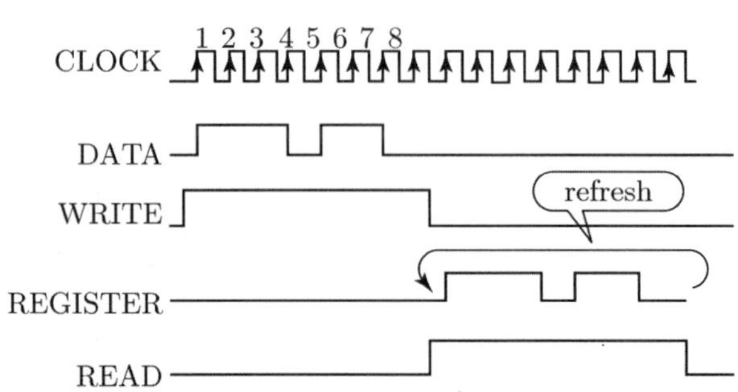

그림 14-19 그림 14-18회로의 time chart

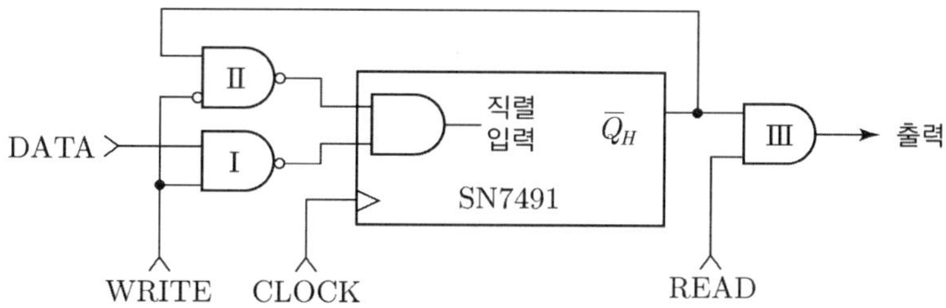

그림 14-20 SN7491을 이용한 8비트 refresh memory

처음에 WRITE 입력을 1로 하여 새로운 8비트의 데이터를 읽어내고, 다음에 WRITE 입력을 0으로 하면 데이터는 레지스터 속을 순환하므로 READ 입력을 1로 하면 몇 번이라도 같은 데이터를 출력할 수 있게 된다.

그림 14-20에서는 SN7491의 입력부 AND 게이트를 OR 게이트로 동작시키기 위해서 앞단을 NAND 게이트로 하여 데이터의 보수를 기억하도록 하고 있다. 따라서 출력은 Q_H가 아니라 $\overline{Q}_H$에서 얻도록 되어 있다.

또한 기억용량을 늘리고 싶을 때에는 시프트 레지스터를 필요한 수만큼 cascade(종속 접속)로 접속한다. 이 회로는 sequential memory로 이용할 수 있다.

14-4 링 카운터와 존슨 카운터

이번에는 시프트 레지스터를 카운터로 사용하는 방법에 대하여 알아보자. N진 카운터를 만들려면 $2^n > N$의 식을 만족하는 n개의 플립플롭이 필요하고, 또 임의의 수의 계수 출력을 얻으려면 디코더가 필요하였다. 그러나 디코더를 이용하면 출력에 glitch가 생기는 결점이 있고, 특히 리플 카운터에서는 glitch가 문제였다.

링 카운터와 존슨 카운터는 여러 개의 플립플롭을 필요로 하는 단점은 있지만 glitch가 없는 디코더 출력을 얻을 수 있는 특징이 있다.

N진 링 카운터는 N개, N진 존슨 카운터는 $N/2$개의 플립플롭이 필요하기 때문에 통상의 카운터보다 비경제적이다.

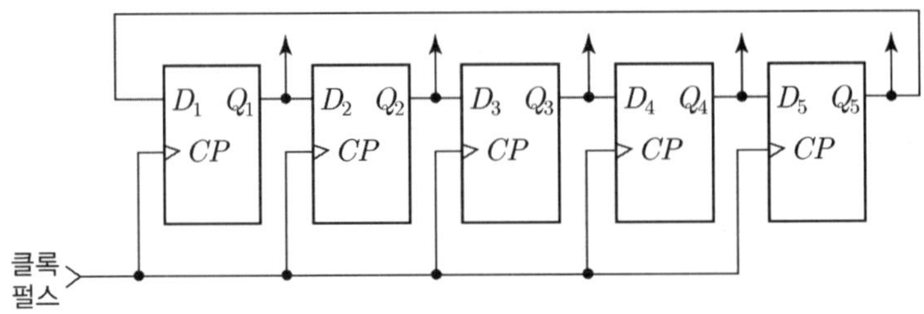

그림 14-21 5단 링 카운터

1 링 카운터

그림 14-21은 5단 시프트 레지스터로 구성한 링 카운터이며, 단지 최종 단의 Q 출력을 초단의 D 입력에 접속하고 있을 뿐이다.

지금 초기 상태를 $Q_1Q_2Q_3Q_4Q_5 = 10000$으로 하고, 이 링 카운터의 동작을 살펴보자.

첫 번째 클록으로 $Q_1Q_2Q_3Q_4Q_5 = 01000$으로 되고, 두 번째 클록에서는 $Q_1Q_2Q_3Q_4Q_5 = 00100$으로 된다. 같은 방법에 의하여 00010, 00001, 10000으로 되어서 초기 상태로 되돌아가 이 과정을 반복하는 셈이다. 이 회로는 디코더가 필요 없으므로 glitch가 없는 계수 출력이 얻어진다. 그러나 초기 상태를 preset해야 한다.

그래서 일반적으로는 그림 14-22와 같이 NOR 게이트를 붙여서 초기 상태를 클리어해주면 다음 클록으로부터 10000, 01000, …으로 시프트해가므로 lockout이 생기지 않도록 할 수 있다.

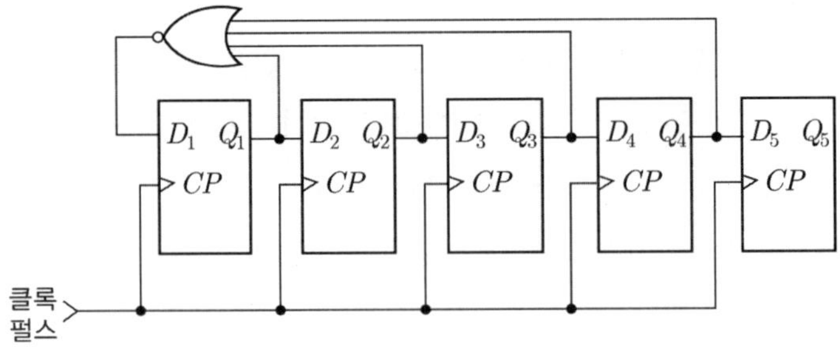

그림 14-22 lock out이 없는 링 카운터

2 존슨 카운터

링 카운터의 플립플롭을 반으로 절약한 회로가 존슨 카운터이며, 그림 14-23은 3단이지만 6진 카운터의 동작을 한다.

링 카운터와 다른 것은 최종 단 플립플롭의 $\overline{Q}_3$ 출력에서 초단의 D 입력으로 귀환되고 있는 점뿐이다. 이 회로의 동작은 그림 14-24의 상태도에서 알 수 있듯이 000, 100, 110, 111, 011, 001, 000으로 반복된다. 주의할 것은 만약 010, 101의 상태가 발생하면 정상적인 계수 루프로 복귀할 수 없는 것이다. 즉, lockout 상태가 된다.

그래서 lockout을 받지 않도록 개선한 회로가 그림 14-25이다. 이렇게 하면 그림 14-25(b)와 같은 상태도로 동작하므로 안심할 수 있다. 이 회로의 동작 time chart를 그림 14-26에 나타내었다. 각 Q 출력은 모두 duty factor(한 주기에서 1인 기간의 비율)가 50 %로 되어 있는 것에 주의하라.

링 카운터에서는 디코더 회로가 필요 없지만 존슨 카운터에서는 그림 14-27과 같은 디코더가 필요하다. 디코더 회로는 그림의 진리표로부터 카르노도를 그리면 구해진다.

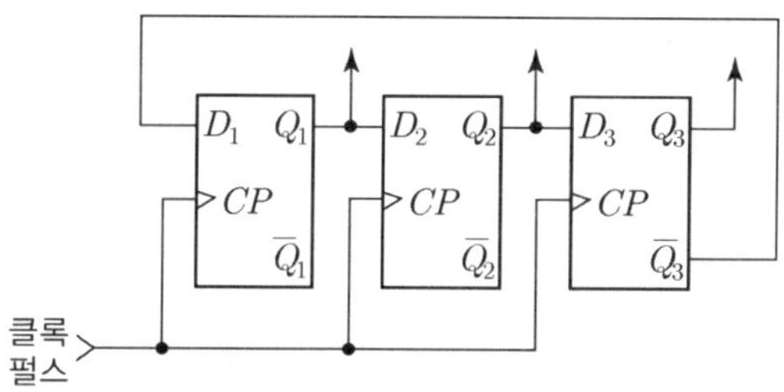

그림 14-23 3단 존슨 카운터

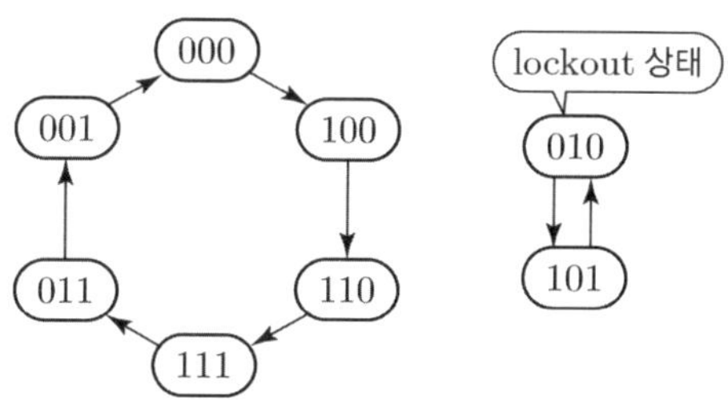

그림 14-24 3단 존슨 카운터의 상태도

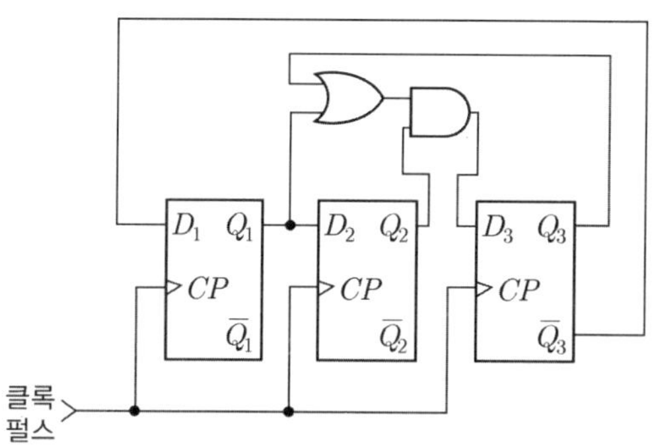

(a) 회로

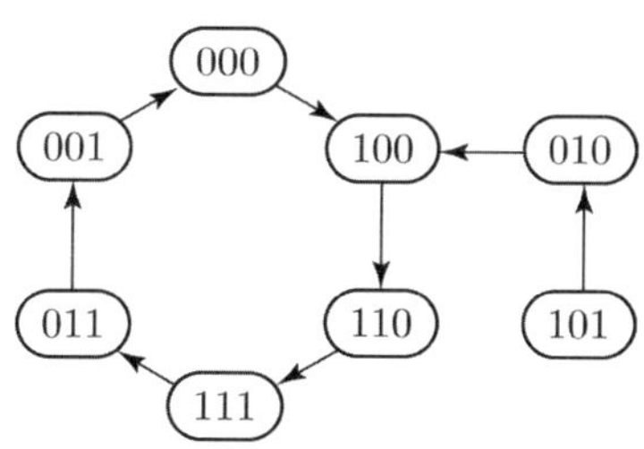

(b) 상태도

그림 14-25 lockout이 없는 3단 존슨 카운터

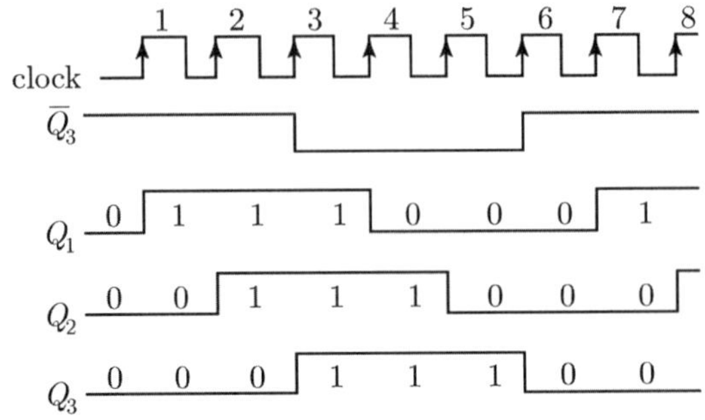

그림 14-26 3단 존슨 카운터의 time chart

Q_1	Q_2	Q_3	OUT$_0$	OUT$_1$	OUT$_2$	OUT$_3$	OUT$_4$	OUT$_5$
0	0	0	1	0	0	0	0	0
1	0	0	0	1	0	0	0	0
1	1	0	0	0	1	0	0	0
1	1	1	0	0	0	1	0	0
0	1	1	0	0	0	0	1	0
0	0	1	0	0	0	0	0	1

그림 14-27 존슨 카운터 회로의 디코더 회로

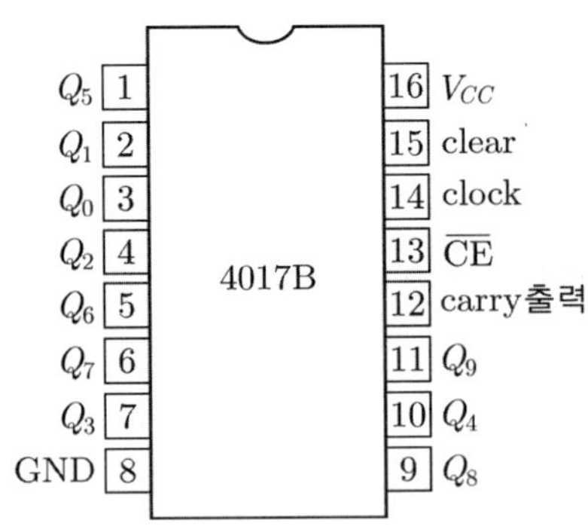

그림 14-28 CMOS 4017B의 핀 배치

이 디코더에서는 두 개의 플립플롭이 동시에 변화할 수 없기 때문에 glitch가 발생하지 않는다. CMOS 4017B는 D 플립플롭을 5단 사용한 자기 스타트 10진 존슨 카운터용 IC이며, 그림 14-28과 같은 핀 배치를 갖고 있다. 클록 또는 $\overline{CE}$(clock enable) 입력에 인가된 계수 펄스의 수에 의해 $Q_0 \sim Q_9$의 디코더 출력이 차례로 1로 되어 간다.

클리어 입력을 1로 하면 클록과 $\overline{CE}$에 관계없이 $Q_0 = 1$, $Q_1 \sim Q_9 = 0$으로 프리셋된다. 자리올림 출력은 Q_9가 $1 \to 0$으로 변화할 때 1 상태로 되며, Q_4가 0으로 변화할 때까지 1을 유지한다.

14-5 시퀀스 제너레이터

시프트 레지스터는 시퀀스 제너레이터(sequence generator)에도 응용된다. 시퀀스 제너레이터란 결정된 순서에 따라 클록에 동기한 펄스 열을 출력하는 회로인 것이다.

이것은 카운터나 타이밍용 분주기, 코드 발생기에 이용된다. 그림 14-29는 시퀀스 제너레이터의 기본 구성이다.

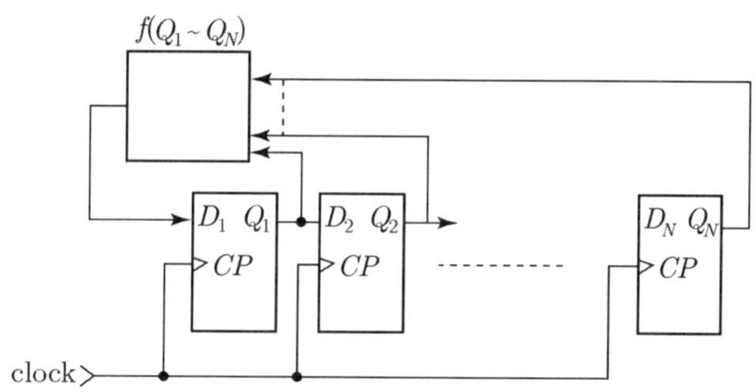

그림 14-29 시퀀스 제너레이터의 기본 구성도

시퀀스의 길이란 같은 패턴이 반복되는 연속한 비트의 수이다. 예를 들면 111011101110⋯은 4비트의 시퀀스이지만 1110의 비트 패턴 반복이라고 볼 수도 있고, 1101이나 1011이나 0111의 패턴으로 볼 수도 있다. 이들은 모두 같은 시퀀스를 구성하고 있다.

그림 14-29는 N단의 시프트 레지스터를 이용한 시퀀스 제너레이터이며, 링 카운터와 비슷하지만 초단의 D_1 입력이 Q_N뿐만 아니라 다른 Q 출력에 의해 결정된다는 차이가 있다. 이것을 식으로 나타내면

$$D_1 = f(Q_1,\ Q_2,\ \cdots,\ Q_N)$$

으로 된다. 시퀀스 제너레이터는 각각 플립플롭의 Q 출력에 나타나지만 1클록만큼 시간 지연이 있다. 그리고 길이 S의 시퀀스를 만들려면 $S \leq 2^N - 1$의 조건을 만족하는 N단의 플립

플롭이 필요하다.

예를 들면 시퀀스 S = 100010011010111을 만드는 경우에 대해서 살펴보자. $S=15$이기 때문에 4단의 플립플롭이 필요하다.

우선 표 14-2와 같이 시퀀스의 클록 간격에 따라 Q_1항에 시퀀스 리스트를 기입한다. 물론 Q_2, Q_3, Q_4 각 항의 시퀀스는 Q_1보다 1클록, 2클록, 3클록 지연된 같은 시퀀스이다.

그런데 D_1 입력의 시퀀스는 Q_1 출력의 1클록 전의 값인 것이다. 예를 들면 $K=5$인 타이밍에서 Q_1은 1이다. 그 때문에 $K=4$인 타이밍의 D_1은 1이어야 한다.

이 상태표로부터 카르노도를 이용하면 D_1은

$$D_1 = Q_3 \oplus Q_4$$

로 구해진다. 이렇게 해서 얻어진 회로가 그림 14-30이다.

표 14-2를 보면 $K=1$에서 $Q_1Q_2Q_3Q_4=1111$이고, $K=2$에서 $Q_1Q_2Q_3Q_4=0111$로 되어가지만 주의할 것은 $Q_1Q_2Q_3Q_4=0000$인 경우만은 제외한다는 것이다. 만약 0000으로 되면 $D_1=0$으로 되어 lockout 상태가 되므로 시퀀스가 성립하지 않기 때문이다.

표 14-2 시퀀스 상태도

D_1	Q_1	Q_2	Q_3	Q_4	K
0	1	1	1	1	1
0	0	1	1	1	2
0	0	0	1	1	3
1	0	0	0	1	4
0	1	0	0	0	5
0	0	1	0	0	6
1	0	0	1	0	7
1	1	0	0	1	8
0	1	1	0	0	9
1	0	1	1	0	10
0	1	0	1	1	11
1	0	1	0	1	12
1	1	0	1	0	13
1	1	1	0	1	14
1	1	1	1	0	15

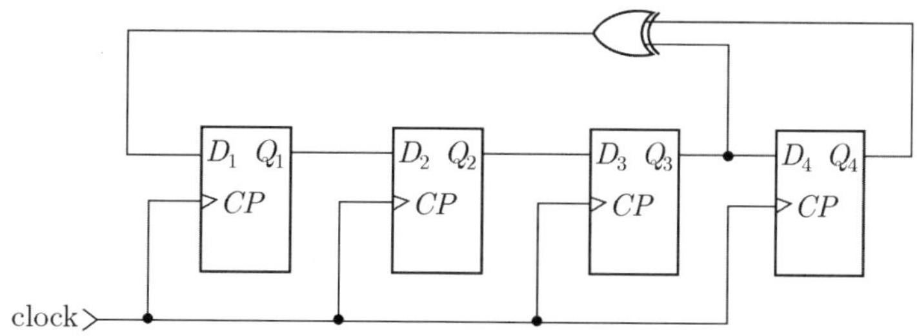

그림 14-30 시퀀스 제너레이터의 일례

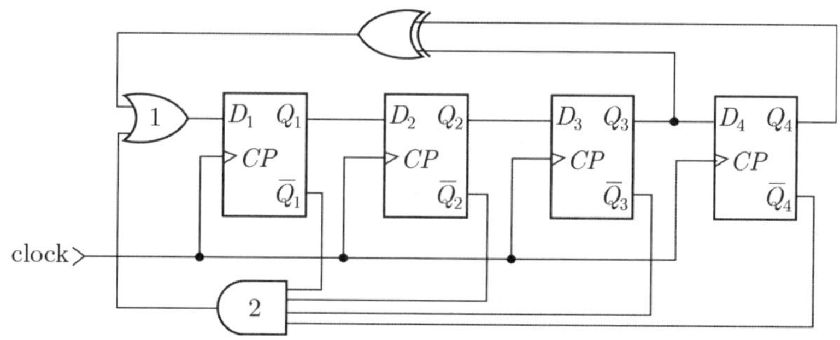

그림 14-31 $Q_1Q_2Q_3Q_4 = 0000$을 제외한 회로

그래서 이러한 상태가 생기지 않도록 하려면 다음 클록에서 D_1에 1이 들어가도록 하면 된다. 이것이 그림 14-31이다. 모든 플립플롭이 0으로 되면 AND 게이트 2가 동작하여 D_1입력에 1이 인가되므로 정상의 시퀀스로 복귀시킬 수 있다.

Chapter 14 연습문제

1. 12비트 시프트 레지스터의 내용이 다음과 같을 때 물음에 답하라.

100101101101
↑ ↑
LSD MSD

a) 3회 우측으로 자리 이동했을 때의 수는 얼마인가?

b) 4회 좌측으로 자리 이동했을 때의 수는 얼마인가?

2. JK플립플롭을 이용하여 우 시프트와 좌 시프트도 할 수 있는 시프트 레지스터를 만들어보라.

3. 16비트 시프트 레지스터에 65_{10}가 들어 있다. 이것을 16배 하려면 어떻게 하면 좋을까?

4. 그림 14-32에 나타낸 time chart의 출력 A, B, C, D, E를 얻기 위한 타이밍 회로를 설계하라.

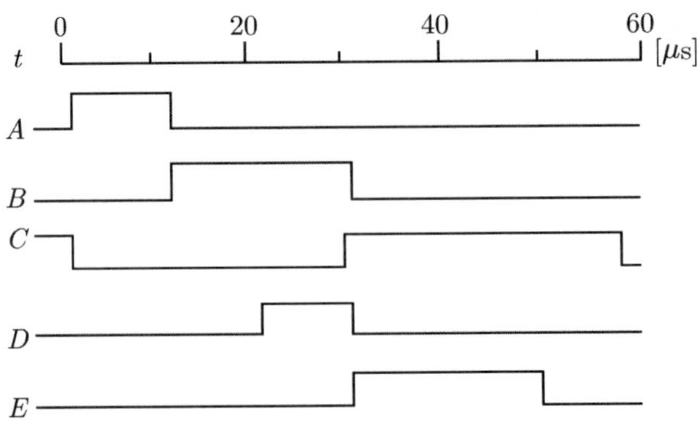

그림 14-32 문제 4의 time chart

5. 그림 14-33의 회로에 대한 출력 X, Y, Z의 반복 파형을 그리라. 단, SN74164는 클리어 상태에서 시작하는 것으로 한다.

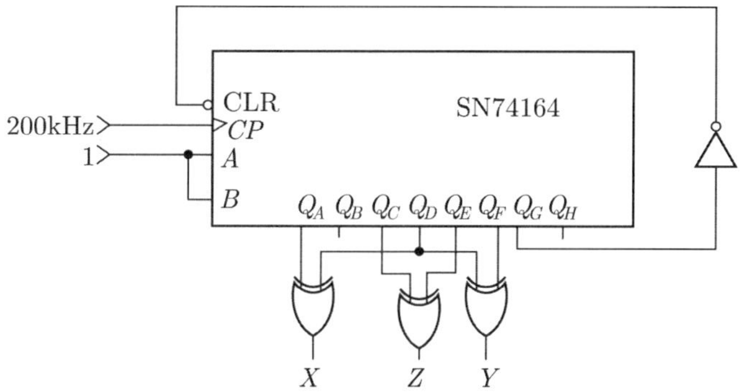

그림 14-33

6. 4개의 램프 L_1, L_2, L_3, L_4가 있다. 이것을 1초 간격으로 표 14-3과 같은 순서로 점등 시켜 가려면 어떻게 하면 좋을까? 단, 클록 입력을 60 Hz의 구형파로 한다.

표 14-3 램프의 점등 순서

t[s]	L_1	L_2	L_3	L_4
0~1	OFF	OFF	OFF	OFF
1~2	ON	OFF	OFF	OFF
2~3	ON	ON	OFF	OFF
3~4	ON	ON	ON	OFF
4~5	ON	ON	ON	ON
5~6	OFF	OFF	OFF	OFF
0~1	OFF	OFF	OFF	OFF

7. 그림 14-34는 4단 자기스타트 링 카운터이다. 상태도를 그리고, 자기 스타트형인 것을 확인하라.

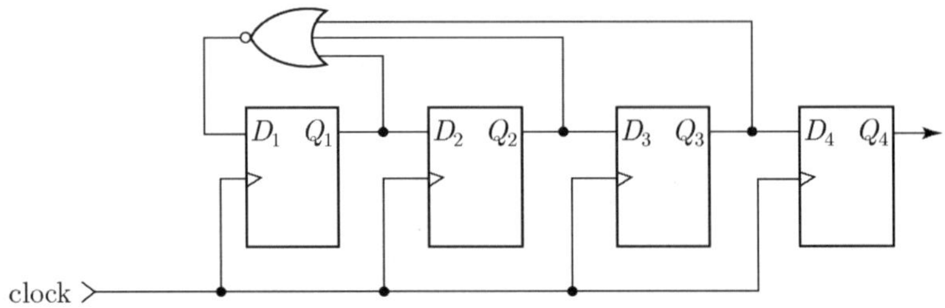

그림 14-34

8. 그림 14-35는 4단 자기 스타트 존슨 카운터이다. 상태도를 그리고, 자기 스타트형인 것을 확인하라.

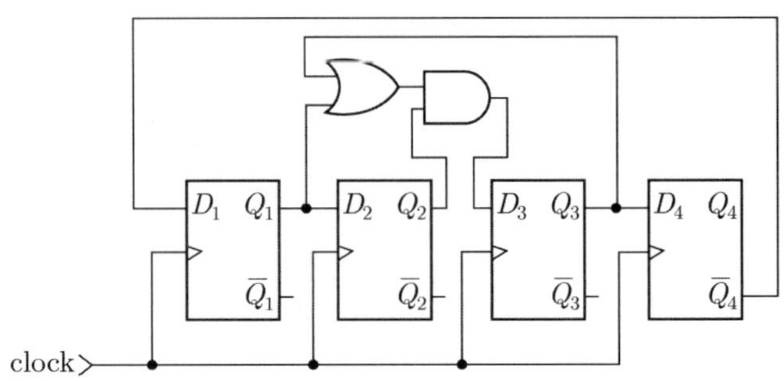

그림 14-35

9. 문제 8의 time chart를 그리고, 디코더 회로를 설계하라.

10. 시퀀스 S = 1011110일 때 시프트 레지스터를 이용하여 시퀀스 제너레이터를 만들라.

Chapter 15 | 순서논리회로

순서논리회로는 비동기식과 동기식 순서논리회로로 구분되는데, 동기식 순서논리회로가 적합하지 않은 경우는 다음과 같다.

(1) 입력이 클록에 동기화되지 않고, 어떤 시간에도 변화를 시켜야 하는 경우
(2) 신호가 선을 따라 전달되는 시간이 중요한 요소를 차지하는 경우
(3) 가능한 한 빨리 수행되어 입력 변화 후에 클록 펄스를 기다리는 것을 원하지 않는 경우

이런 경우들에는 비동기식 순서논리회로를 이용할 필요가 있다. 비동기식 순서논리회로는 그 출력 상태가 클록 펄스 입력을 기다리지 않고 즉시 변화하므로, 만일 여러 개의 플립플롭 출력들이 동시에 변화되어야 할 때는 이것들이 동기된다는 보장을 할 수가 없다.

이처럼 비동기식 순서논리회로의 설계는 타이밍 문제를 고려해야 하기 때문에 동기식 순서논리회로보다 설계하기가 무척 까다롭다는 단점이 있다.

위의 세 가지 경우 외에는 동기식 순서논리회로로 대부분의 디지털 시스템을 구성하고 있고, 그 이용도 광범위하므로 이 장에서는 이에 대한 구체적인 설계 방법을 설명한다.

15-1 순서논리회로의 해석

동기식 순서논리회로의 동작은 입력, 출력 그리고 플립플롭의 상태에 따라서 결정되며, 회로의 출력과 플립플롭의 다음 상태는 입력과 플립플롭의 현재 상태에 의해서 결정된다. 순서논리회로의 해석은 입력, 출력 그리고 내부 상태들의 시간 순서에 대한 표나 도식을 얻음으로써 이루어진다. 또한 회로의 동작을 나타내는 부울대수식을 사용할 수도 있으며, 이 대수식들이 필요한 시간 순서를 포함해야 한다.

논리회로가 플립플롭을 포함하고 있으면 순서논리회로로 인식되며, 플립플롭은 어떤 형의 것도 사용할 수 있고, 그 회로는 조합논리 게이트를 포함할 수도 포함하지 않을 수도 있다.

이 절에서는 순서논리회로의 예를 들어 그 동작 원리를 표현하는 여러 가지 방법을 설명한다.

1 순서논리회로의 예

클록이 있는 순서논리회로의 예를 그림 15-1에 나타냈으며, 이 회로는 두 개의 D 플립플롭 A와 B, 하나의 입력 x, 하나의 출력 y로 구성되어 있다. 상태방정식은 D 플립플롭의 다음 상태를 결정하며, 다음과 같다.

$$A(t+1) = A(t)x(t) + B(t)x(t)$$

$$B(t+1) = \overline{A}(t)x(t)$$

상태방정식은 플립플롭의 상태천이에 대한 조건을 명시하는 대수식이다. 그 방정식의 왼쪽은 플립플롭의 다음 상태를 나타내고, 오른쪽 부분은 다음 상태를 1로 만드는 현재 상태와 입력 조건을 명시하는 부울함수이다. 부울함수에서 모든 변수들은 현재 상태의 함수이므로 편의상 각 변수 다음의 기호(t)를 생략할 수 있고, 앞의 방정식들은 다음과 같이 보다 간결한 형태로 표현할 수 있다.

$$A(t+1) = Ax + Bx$$

$$B(t+1) = \overline{A}x$$

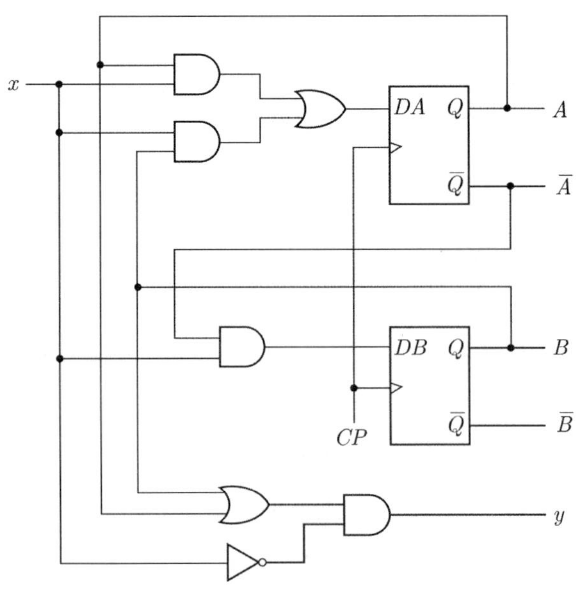

그림 15-1 순서논리회로의 예

다음 상태에 대한 부울 표현식은 그 순서논리회로의 조합논리회로 부분을 구성하는 게이트들로부터 직접 구할 수 있다. 조합논리회로의 출력들이 플립플롭의 D 입력들에 인가되고, D 입력값들은 다음 상태를 결정한다.

출력의 현재 상태값은 다음과 같이 대수적으로 표현할 수 있다.

$$y(t)=[A(t)+B(t)]\overline{x}(t)$$

현재 상태에 대한 기호(t)를 제거하여 출력 부울함수를 얻는다

$$y(t)=(A+B)\overline{x}$$

2 상태표

입력, 출력, 플립플롭 상태들의 시간적 순서관계를 상태표에 나타낼 수 있으며, 그림 15-1 회로에 대한 상태표를 표 15-1에 나타내었다. 상태표는 현재 상태, 입력, 다음 상태, 그리고 출력의 4개 부분으로 구성된다. 현재 상태 부분은 주어진 시간 t에서 플립플롭 A와 B의 상태를 보여주고 있고, 입력 부분은 각각의 가능한 현재 상태에 대한 x의 값을 보여주고 있다. 다음 상태 부분은 한 클록 후인 $t+1$에서 플립플롭의 상태들을 보여주고 있고, 출력 부분은 각 현재 상태에 대한 y의 값을 보여주고 있다.

상태표의 유도는 우선 현재 상태와 입력들의 모든 가능한 2진 조합들의 표를 작성하는 것으로 구성된다. 이 경우 000부터 111까지 8가지의 2진 조합들을 얻을 수 있다. 다음 상태값들은 논리도나 상태방정식으로부터 결정된다. 플립플롭 A의 다음 상태는 다음의 상태방정식을 만족해야 한다.

표 15-1 그림 15-1의 회로에 대한 상태표

현재 상태		입력	다음 상태		출력
A	B	x	A	B	y
0	0	0	0	0	0
0	0	1	0	1	0
0	1	0	0	0	1
0	1	1	1	1	0
1	0	0	0	0	1
1	0	1	1	0	0
1	1	0	0	0	1
1	1	1	1	0	0

$$A(t+1) = Ax + Bx$$

상태표에서 다음 상태 부분은 열 A 아래에 3개의 1을 가진다. 이때 현재 상태와 입력이 A의 현재 상태와 입력 x가 모두 1로서 같든가 또는 B의 현재 상태와 입력 x가 모두 1로서 같다는 조건을 만족시킨다. 그리고 플립플롭 B의 다음 상태는 다음의 상태방정식으로부터 유도되고, A의 현재 상태가 0이고, 입력 x가 1일 때 1이 된다.

$$B(t+1) = \overline{A}x$$

출력 열은 다음과 같은 출력식으로부터 유도된다.

$$y(t) = (A+B)\overline{x} = A\overline{x} + B\overline{x}$$

D 플립플롭을 갖는 어떤 순서논리회로의 상태표는 다음에 간략하게 설명된 절차에 따라 구해진다. 일반적으로 m개의 플립플롭과 n개의 입력을 갖는 순서논리회로는 상태표에 2^{m+n}개의 줄을 필요로 한다. 0에서 $(2^{m+n}-1)$까지의 2진 숫자가 현재 상태와 입력 열에 나열된다. 다음 상태 부분은 각 플립플롭 1개에 대하여 m개의 열을 가지며, 다음 상태에 대한 2진값은 D 플립플롭 입력식으로부터 직접 유도된다. 출력 부분은 출력변수만큼의 열을 가지며, 출력의 2진값은 부울함수로부터 회로나 진리표와 같은 방법으로 유도된다. 이 장에서의 예제들은 하나의 입력과 하나의 출력을 가지는 것으로 한다.

상태표를 조금 다른 형태로 나타내는 것이 때로는 편리할 수도 있다. 다른 형태의 구성에서 상태표는 3개의 부분, 즉 현재 상태, 다음 상태, 그리고 출력 부분을 가진다. 입력 조건은 다음 상태와 출력 부분들 밑에 열거되며, 표 15-1의 상태표를 다른 형태로 나타내면 표 15-2와 같다. 각각의 현재 상태에 대하여 2개의 가능한 다음 상태와 출력들이 있는데, 이것들은 입력값에 종속된다. 상태표는 두 가지 형태 중 편리한 것을 선택하여 사용할 수 있다.

표 15-2 상태표의 두 번째 형태

현재 상태		다음 상태				출력	
		$x=0$		$x=1$		$x=0$	$x=1$
A	B	A	B	A	B	y	y
0	0	0	0	0	1	0	0
0	1	0	0	1	1	1	0
1	0	0	0	1	0	1	0
1	1	0	0	1	0	1	0

3 상태도

상태표에서 유용한 정보는 상태도의 형태로 도식적으로 나타낼 수 있다. 이러한 형태의 다이어그램에서 상태는 원으로 표시되고, 상태 사이의 천이는 원을 연결하는 화살표로 표시된다. 그림 15-2에 나타낸 상태도는 그림 15-1과 표 15-2에 나타낸 순서논리회로에 대한 것이다. 상태도는 상태표와 동일한 정보를 제공하며, 상태표로부터 직접 얻어진다. 각 원 안에 있는 2진수는 플립플롭의 상태를 나타내고, 화살표는 사선(slash)으로 분리된 2개의 2진수로 표시된다. 사선 앞에 있는 것은 현재 상태 동안의 입력이고, 사선 뒤에 있는 것은 주어진 입력을 갖는 현재 상태가 적용되는 동안의 출력값을 나타낸다. 예를 들어 상태 00에서 상태 01로의 화살표는 1/0으로 표시된다. 이것은 순서논리회로가 현재 상태 00에 있고, 입력이 1일 때 출력이 0이라는 것을 의미하고, 다음의 클록 천이 후에 다음 상태 01인 원으로 간다. 만약 입력이 0으로 변하면 출력은 1이 되지만 입력이 1이면 출력은 0으로 남는다. 이러한 정보는 상태 01인 원에서 나온 두 개의 화살표를 따라가는 상태도로부터 얻어진다. 원을 그 자신으로 연결시키는 화살표는 상태의 변화가 일어나지 않는다는 것을 나타낸다.

상태표와 상태도는 표현하는 방식 이외에는 차이가 없다. 상태표는 주어진 논리도와 입력식으로부터 쉽게 유도되고, 상태도는 상태표로부터 직접 얻을 수 있다. 상태도는 상태천이를 그림으로 보여주며, 이것은 회로의 동작을 이해하는 데 적합한 형태이다. 그림 15-2의 상태도는 상태 00에서 시작하여 입력이 1을 유지하는 동안 출력은 0인 것을 보여준다. 1들의 입력 후 첫 번째 0의 입력은 1의 출력을 나타내며, 그 회로는 초기 상태 00으로 되돌아간다.

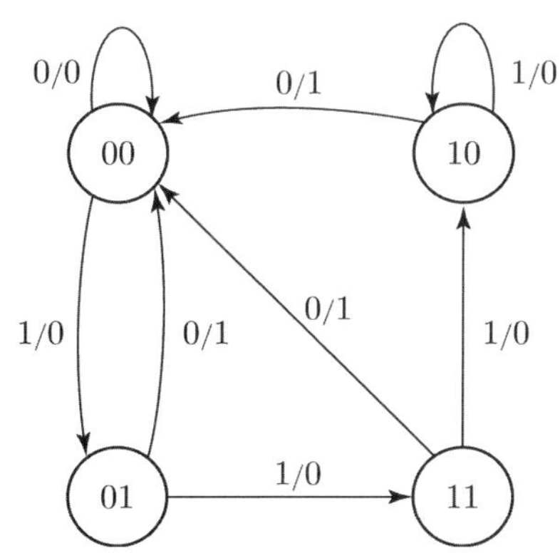

그림 15-2 그림 15-1의 상태도

4 입력함수

플립플롭의 입력함수는 순서논리회로의 논리도를 간편한 대수식으로 나타낼 수 있다. 이것은 입력함수의 첫 문자가 플립플롭의 종류를 나타내고, 그것은 플립플롭을 구동하는 조합논리회로를 규정한다. 시간은 이 방정식에 포함되어 있지 않지만 클록 펄스 동작에 포함되어 있다. 순서논리회로는 회로의 출력함수와 플립플롭의 입력함수로 표시하는 것이 논리도를 그리는 것보다 때로는 편리하다.

순서논리회로의 동작을 이해하기 위해서는 플립플롭의 입력을 부울함수로 표시하는 것이 편리한 경우가 있는데, 이러한 함수를 플립플롭의 입력함수라 한다.

그림 15-3의 회로로부터 다음과 같은 입력함수를 구할 수 있다.

$$JA = B\overline{C}x + \overline{B}\,C\overline{x}$$

$$KA = B + y$$

JA, KA는 각각 플립플롭 A의 J, K 입력을 나타내고, 오른쪽에 있는 부울함수가 각각의 입력에 인가되는 입력함수가 된다.

그림 15-1의 순서논리회로에는 하나의 입력 x, 하나의 출력 y, 그리고 A와 B라는 이름이 붙은 두 개의 D 플립플롭이 있다. 논리도는 두 개의 플립플롭 입력함수와 하나의 출력함수를 사용하여 다음과 같은 대수식으로 나타낼 수 있다.

$$DA = Ax + Bx$$

$$DB = \overline{A}x$$

$$y = (A + B)\overline{x}$$

부울함수의 이러한 조합이 순서논리회로의 논리도를 그리기 위한 모든 필요한 정보를 제공한다. 기호 DA는 A라고 표시된 D 플립플롭을 규정하고, DB는 B라고 표시된 D 플립플롭을 규정한다. 이러한 변수들과 관련된 부울 표현식과 출력 y에 대한 표현식이 순서논리회로의 조합논리회로 부분을 규정한다.

플립플롭 입력함수는 순서논리회로의 논리도를 규정하는 데 편리하게 이용할 수 있는 대수적인 형태를 가지고 있다. 그 함수는 입력변수의 첫 글자로부터 플립플롭의 형을 암시해주며, 플립플롭을 구동하는 조합논리회로를 규정한다. 이 방정식에서는 시간이 뚜렷하게 포함되어 있지 않지만 클록 펄스 작동에서 암시된다. 순서논리회로를 규정하는 데 있어서 논리도를 그리는 것보다 회로의 출력함수와 플립플롭의 입력함수를 사용하여 대수식으로 표현하는 것이 편리한 경우가 있다.

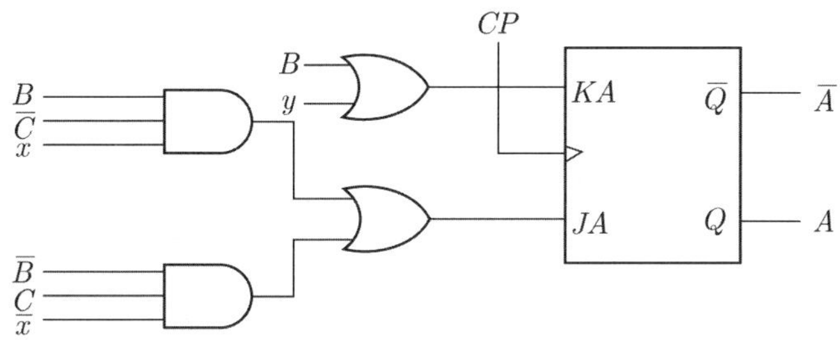

그림 15-3 입력함수가 $JA = B\overline{C}x + \overline{B}C\overline{x}$, $KA = B + y$인 플립플롭 논리도

5 특성표

D형 이외의 플립플롭을 가진 순서논리회로의 해석은 플립플롭의 입력과 다음 상태 사이의 관계가 단순하지 않기 때문에 복잡하다. 이러한 관계는 상태방정식보다는 특성표에 의하여 가장 잘 설명된다. 순서논리회로를 해석할 때 네 가지 형태의 특성표를 알아야 하며, 이 특성표를 표 15-3에 나타내었다.

플립플롭들은 다음 상태를 입력과 현재 상태의 함수로서 정의한다. $Q(t)$는 한 클록의 적용 전인 현재 상태를 나타내고, $Q(t+1)$은 한 클록 주기가 늦은 다음 상태를 나타낸다. 클록 펄스 입력이 특성표에 나열되어 있지 않지만 시간 t와 $t+1$ 사이에서 발생되는 것으로 암시된다는 점에 유의하라.

JK 플립플롭에 대한 특성표는 다음 상태가 입력 J와 K가 모두 0일 때 현재 상태와 같다는 것을 보여준다. 이것은 클록 펄스가 상태의 변화를 발생시키지 않는다는 것을 나타내는 $Q(t+1) = Q(t)$로 표현될 수 있다. $J=1$이고 $K=0$일 때 플립플롭은 세트되며, $Q(t+1)=1$이 된다. J와 K가 모두 1일 때 다음 상태는 현재 상태의 보수로 되며, $Q(t+1) = \overline{Q}(t)$로 나타낼 수 있다.

부정 상태를 제외한다면 RS 플립플롭은 S가 J로 대치되고, R이 K로 대치되었을 때 JK 플립플롭과 비슷하다. S와 R이 모두 1일 때 다음 상태는 예측할 수 없는 상태(부정)로 된다.

D 플립플롭의 다음 상태는 단지 D 입력에만 의지하고 현재 상태와는 관계가 없으므로 $Q(t+1) = D$로 표현될 수 있다. 이것은 다음 상태값이 D 입력의 2진 논리값으로부터 직접 얻어질 수 있다는 것을 의미한다. D 플립플롭은 무변화 조건을 갖지 않는다는 점에 유의하라. 플립플롭의 상태가 같은 값을 유지해야 할 때 이러한 무변화 조건은 클록 펄스를 동작시키지 않든가 또는 클록 펄스를 남겨두고, 출력을 D 입력으로 연결함으로써 수행될 수 있다.

T 플립플롭은 입력 J와 K가 함께 묶여질 때 JK 플립플롭으로부터 얻어지며, 특성표는 두 가지 조건만을 갖는다. $T=0(J=K=0)$일 때 클록 펄스는 상태를 바꾸지 않는다. $T=1(J=K=1)$일 때 클록 펄스는 플립플롭의 상태를 보수화한다.

표 15-3 플립플롭의 특성표

(a) JK

J	K	$Q(t+1)$	동작 상태
0	0	$Q(t)$	불변
0	1	0	리셋
1	0	1	세트
1	1	$\overline{Q}(t)$	토글

(b) RS

S	R	$Q(t+1)$	동작 상태
0	0	$Q(t)$	불변
0	1	0	리셋
1	0	1	세트
1	1	?	부정

(c) D

D	$Q(t+1)$	동작 상태
0	0	리셋
1	1	세트

(d) T

T	$Q(t+1)$	동작 상태
0	$Q(t)$	불변
1	$\overline{Q}(t)$	토글

6 JK 플립플롭을 이용한 해석

D 플립플롭을 가진 순서논리회로의 다음 상태값은 입력함수로부터 직접 구할 수 있다는 것을 앞에서 보였다. JK와 같이 다른 종류의 플립플롭을 갖는 회로에 대한 다음 상태값은 다음과 같은 절차를 통하여 구해진다.

1. 현재 상태와 입력변수들의 항으로 각 플립플롭 입력함수의 2진값을 구한다.
2. 다음 상태는 표 15-3에서 해당 플립플롭의 특성표를 이용하여 구한다.

이러한 과정을 설명하기 위하여 두 개의 JK 플립플롭인 A와 B, 그리고 하나의 입력 x를 가진 그림 15-4의 순서논리회로를 고려해보자. 이 회로는 출력을 갖지 않기 때문에 상태표는 출력 열이 필요하지 않다(이 경우 플립플롭의 출력들이 출력들로 고려될 수 있다).

$$JA=B \qquad KA=B\overline{x}$$

$$JB=\overline{x} \qquad KB=\overline{A}x+A\overline{x}$$

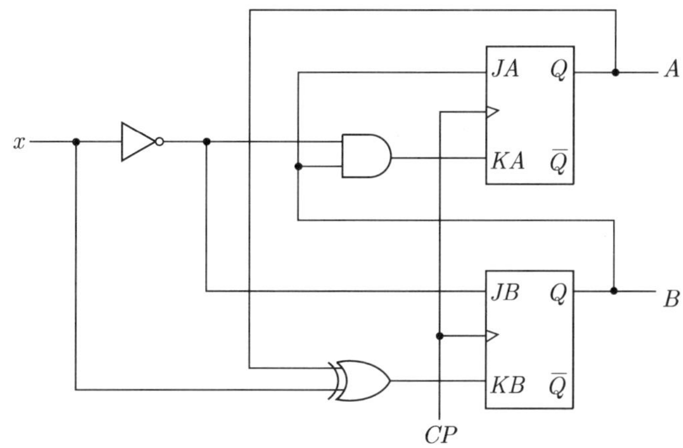

그림 15.4 *JK* 플립플롭을 가진 순서논리회로

이 회로에 대한 상태표는 표 15-4에 나타내었다. 플립플롭 입력이라고 표시된 열 아래에 열거된 2진값들을 유도한다.

표 15-4 *JK* 플립플롭을 가진 순서논리회로에 대한 상태표

현재 상태		입력	다음 상태		플립플롭 입력			
A	B	x	A	B	JA	KA	JB	KB
0	0	0	0	1	0	0	1	0
0	0	1	0	0	0	0	0	1
0	1	0	1	1	1	1	1	0
0	1	1	1	0	1	0	0	1
1	0	0	1	1	0	0	1	1
1	0	1	1	0	0	0	0	0
1	1	0	0	0	1	1	1	1
1	1	1	1	1	1	0	0	0

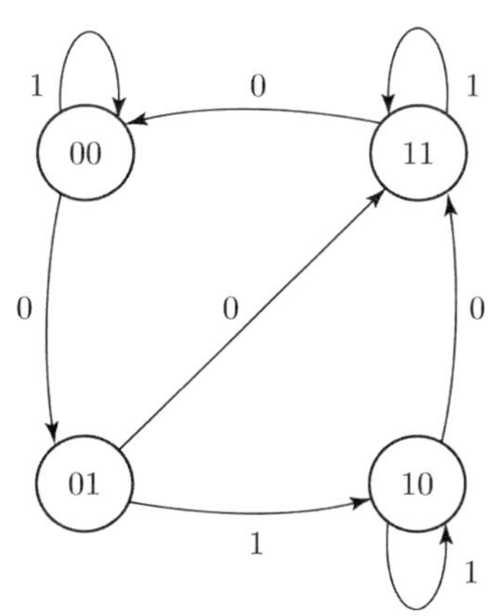

그림 15-5 그림 15-4의 상태도

이러한 열들은 상태표의 부분은 아니지만 그들은 과정의 1단계에서 규정된 다음 상태를 계산하기 위하여 필요하다. 2진값들은 대수식으로부터 진리표를 구하는 것과 비슷한 방법으로 4개의 입력 플립플롭 함수로부터 직접 구해진다. 각 플립플롭의 다음 상태는 대응하는 J, K 입력과 표 15-3에 열거된 JK 플립플롭의 특성표로부터 계산된다. 고려해야 할 네 가지 경우가 있는데 $J=1$이고, $K=0$일 때 다음 상태는 1이다. $J=0$이고, $K=1$일 때 다음 상태는 0이다. $J=K=0$일 때 상태의 변화는 없고, 다음 상태값은 현재 상태에서 현재 상태와 입력(A, B, x)이 100일 때 나타난다. JA와 KA가 모두 0이고, A의 현재 상태는 1이다. 그러므로 A의 현재 상태는 같은 상태로 남아 있고 1과 같다. 표의 같은 줄에 있는 JB와 KB는 모두 1이다. B의 현재 상태는 0이므로 B의 다음 상태는 보수화되어 1로 변한다.

순서논리회로의 상태도를 그림 15-5에 나타내었다. 이 회로는 출력을 갖고 있지 않으므로 원으로부터의 화살표는 입력 x의 값을 가리키기 위하여 단지 하나의 2진수로 표시되었음에 유의하라.

7 Mealy 모델과 Moore 모델

순서논리회로는 대체로 입력, 출력 그리고 내부 상태를 가지고 있다. 일반적으로 순서논리회로는 Mealy 모델과 Moore 모델로 나뉜다. Mealy 모델의 경우 출력은 입력과 현재 상태의 함수이고, Moore 모델의 경우 출력은 오직 현재 상태만의 함수이다. Mealy 모델에 해당하는 상태도는 그림 15-2와 같은 원들 사이의 화살표를 따라서 입력값과 출력값을 가지고 있다. Moore 모델의 출력으로는 $A \oplus B$와 같은 플립플롭 변수의 조합이 될 수도 있다. 이런 경우에도 비록 부가적인 exclusive OR 게이트가 필요하다 하더라도 출력은 현재 상태만의 함수이다. Mealy 모델의 순서논리회로의 상태표는 입력과 현재 상태의 함수인 출력부를 가지고 있어야만 한다. 그러나 출력이 플립플롭으로부터 직접 구해지는 경우 출력은 상태표의 현재 상태 열과 같으므로 상태표의 출력부는 생략할 수 있다.

Moore 모델의 순서논리회로에는 출력부가 있으나 그것은 현재 상태만의 함수이다. Moore 모델의 경우 출력이 클록에 동기화되어 있는 플립플롭에 의존하므로 출력은 클록에 동기화되어 나타난다. 그러나 Mealy 모델은 입력이 클록 펄스 주기 내에 변하는 경우에도 출력이 변한다. 그러므로 입력이 변한 후에 출력이 변화하기까지는 시간 지연이 있어서 순간적으로 잘못된 출력이 나올 수 있다. Mealy 모델의 회로를 동기화하려면 순서논리회로의 입력을 클록에 동기화시키고, 출력은 클록 펄스 천이 시에만 샘플링해야 한다.

15-2 상태 축소와 상태 지정

순서논리회로 설계 시에 게이트와 플립플롭의 수를 줄이는 데 사용할 순서논리회로의 특성에 대하여 설명하기로 한다.

1 상태 축소(state reduction)

순서논리회로에서 플립플롭의 수를 줄이는 것을 상태 축소라 한다. 상태 축소 알고리즘은 외부의 입출력 요구 조건을 변화시키지 않고 상태표에서 상태의 수를 줄이는 절차에 관련되어 있다.

n개의 플립플롭이 2^n개의 상태를 만들기 때문에 상태 수의 감소는 플립플롭의 수를 줄일 수도 있다. 플립플롭 수의 축소에서 생기는 예기치 못한 효과는 때때로 등가회로가 더 많은 조합 게이트를 필요로 할지도 모른다.

예를 들어, 상태도가 그림 15-6과 같이 주어진 순서논리회로의 예에서는 오직 입출력 순서만 중요하다. 내부 상태는 원하는 순서를 제공하는 데만 사용되므로 원 안에 표시된 상태는 2진값 대신에 문자로 표시되어 있다.

이러한 회로에 가해질 수 있는 입력 순서(sequence)는 여러 가지가 있을 수 있으나 초기 상태 a에서 시작하여 입력 순서가 01010110100으로 들어온다고 가정하면 상태의 변이는 다음과 같다.

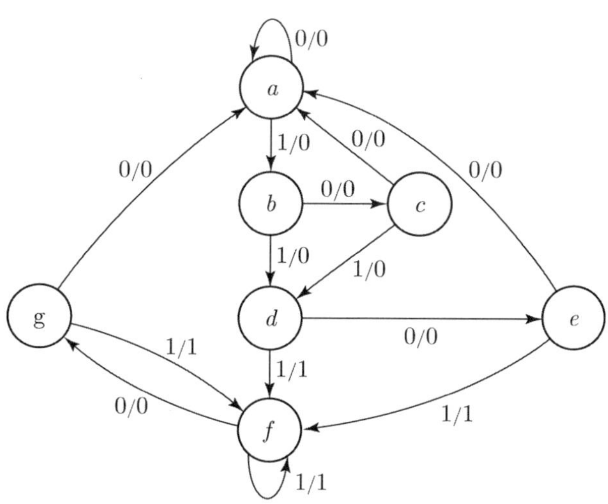

그림 15-6 상태도

상태	a	a	b	c	d	e	f	f	g	f	g	a
입력	0	1	0	1	0	1	1	0	1	0	0	
출력	0	0	0	0	0	1	1	0	1	0	0	

같은 입력 순서가 두 개의 회로에 인가되었을 때 모든 입력 순서에 대하여 같은 출력이 나오면 이 두 개의 회로는 서로 등가이며, 한 회로는 다른 것으로 대체될 수 있다. 상태 축소는 이러한 입출력 관계가 성립되는 등가회로 중에서 상태수가 가장 적은 회로를 찾아내는 작업이다.

이 회로의 상태표가 표 15-5에 있으며, 그림 15-6의 상태도에서 직접 얻어진다. 등가적인 상태란 모든 종류의 입력 신호에 대해서 다음 상태와 출력이 같은 상태를 말한다. 표 15-5에서 상태 g, e는 서로 등가적인 상태이다. 등가적인 상태에 있는 것들은 어느 하나만을 남겨 놓고 모두 제거해도 입출력 관계에는 영향을 미치지 않으므로 상태 g를 상태표에서 제거하고, 상태표의 다음 상태에 있는 상태 g를 모두 e로 치환하면 표 15-6과 같다.

표 15-5 그림 15-6의 상태표

현재 상태	다음 상태		출력	
	$x=0$	$x=1$	$x=0$	$x=1$
a	a	b	0	0
b	c	d	0	0
c	a	d	0	0
d	e	f	0	1
e	a	f	0	1
f	g	f	0	1
g	a	f	0	1

표 15-6 상태표의 축소

현재 상태	다음 상태		출력	
	$x=0$	$x=1$	$x=0$	$x=1$
a	a	b	0	0
b	c	d	0	0
c	a	d	0	0
d	e	~~f~~ d	0	1
e	a	~~f~~ d	0	1
~~f~~	~~g~~ e	f	0	1
~~g~~	a	f	0	1

표 15-7 축소된 상태표

현재 상태	다음 상태		출력	
	$x=0$	$x=1$	$x=0$	$x=1$
a	a	b	0	0
b	c	d	0	0
c	a	d	0	0
d	e	d	0	1
e	a	d	0	1

표 15-6에서 d와 f가 등가관계에 있으므로 마찬가지로 f를 제거해주었다. 이렇게 축소된 결과를 표 15-7에 나타내었다.

표 15-7에 있는 상태표를 상태도로 바꾼 것이 그림 15-7이고, 상태가 7개에서 5개로 줄어들었다.

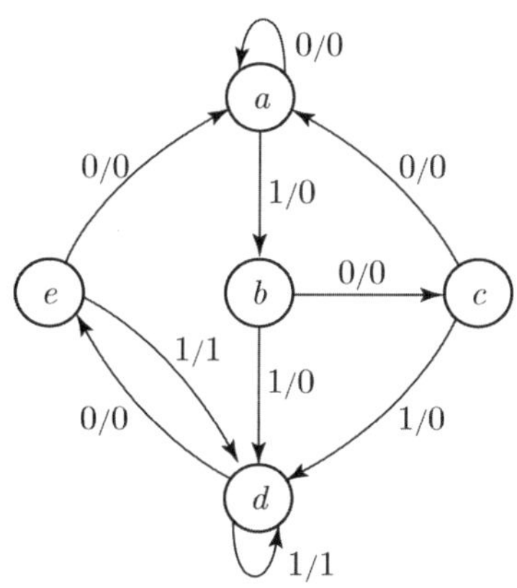

그림 15-7 축소된 상태도

그림 15-7에 앞에서와 같은 입력 순서를 인가했을 때 출력 순서는 다음과 같다.

상태	a	a	b	c	d	e	d	d	e	d	e	a
입력	0	1	0	1	0	1	1	0	1	0	0	
출력	0	0	0	0	0	1	1	0	1	0	0	

입출력의 관계만을 고려하고, 회로 내부의 상태 변화가 문제시되지 않는 경우에 상태 축소는 의미 있는 일이다.

이 예의 경우 상태 수는 5개로 감소되었지만 플립플롭의 수는 여전히 세 개가 필요하게 되나 8개의 상태 중에서 5개만 사용되므로 나머지 세 개는 don't care 조건이 되어 부울함수를 간소화하는 데 도움이 된다.

2 상태 지정(state assignment)

순서논리회로 내에 있는 조합논리회로는 카르노도나 기타 간소화 작업으로 줄일 수 있는데, 이 절에서는 cost를 줄이는 또 다른 방법에 대해서 살펴보겠다.

상태 지정은 순서논리회로의 플립플롭을 동작시키는 조합논리회로의 cost가 최소가 되도록 각각의 상태에 2진수를 할당하는 방법이다.

표 15-8에는 앞에서 구성한 상태표의 상태에 할당할 수 있는 여러 가지 예 중에서 세 개의 예를 나타내었다. 할당 1은 순서대로 2진수를 부여했고, 나머지 두 개는 random하게 하였다.

표 15-9에는 할당 1을 이용했을 때의 상태표를 나타내었다. 다른 할당을 이용했다면 상태표의 2진수는 다르게 되며, 조합논리회로의 복잡도는 어떤 경우를 선택하느냐에 따라 달라진다.

표 15-8 2진 상태 할당의 3가지 예

상태	할당 1	할당 2	할당 3
a	001	000	000
b	010	010	100
c	011	011	010
d	100	101	101
e	101	111	011

표 15-9 2진 상태 할당 1을 가진 축소된 상태표

현재 상태	다음 상태		출력	
	$x=0$	$x=1$	$x=0$	$x=1$
001	001	010	0	0
010	011	100	0	0
011	001	100	0	0
100	101	100	0	1
101	001	100	0	1

15-3 플립플롭 여기표

플립플롭의 특성은 입력 신호에 따른 출력 신호의 변화로 표시할 수 있으며, 표 15-3에 플립플롭에 대한 특성표를 나타내었다. $Q(t)$는 현재 상태를 나타내고, $Q(t+1)$은 클록 펄스가 가해진 후의 상태를 표시한다. 특성표는 순서논리회로를 설계할 때 중요한 역할을 하고, 또한 설계 과정에서 출력이 원하는 대로 변화하기 위해서 어떠한 입력 신호가 필요한가를 알 필요가 있다.

이런 이유에서 상태 변화와 입력 신호 사이의 관계를 나타내는 표를 만들었는데, 이것을 여기표(excitation table)라 한다.

표 15-10에 네 개의 플립플롭에 대한 여기표를 나타내었다. 기호 ×는 don't care 조건을 나타내므로 이 경우 입력이 0 또는 1 중 어느 것이 들어와도 상관이 없다.

1 *RS* 플립플롭 여기표

RS 플립플롭의 여기표는 표 15-10(a)에 나타내었다. $Q(t)=0$에서 $Q(t+1)=0$으로 변하는 경우에 S, R 입력은 두 가지 경우로 생각할 수 있다. 즉, 출력이 변하지 않았으므로 $S=0$, $R=0$인 경우와 $Q(t+1)=0$이 되었으므로 $S=0$, $R=1$인 경우가 될 수 있다. 따라서 이 경우에는 $S=0$, $R=0$인 입력이나 $S=0$, $R=1$인 입력이 들어올 수 있으므로 $S=0$, $R=\times$로 표시하였다.

표 15-10 플립플롭 여기표

(a) *RS*

$Q(t)$	$Q(t+1)$	S	R
0	0	0	×
0	1	1	0
1	0	0	1
1	1	×	0

(b) *JK*

$Q(t)$	$Q(t+1)$	J	K
0	0	0	×
0	1	1	×
1	0	×	1
1	1	×	0

(c) *D*

$Q(t)$	$Q(t+1)$	D
0	0	0
0	1	1
1	0	0
1	1	1

(d) *T*

$Q(t)$	$Q(t+1)$	T
0	0	0
0	1	1
1	0	1
1	1	0

또한 $Q(t)=1$에서 $Q(t+1)=1$이 되는 경우도 출력이 변하지 않았으므로 $S=0$, $R=0$인 입력이 들어올 수 있고, $Q(t+1)=1$이므로 출력이 1이 되는 $S=1$, $R=0$인 입력이 인가될 수 있으므로, $S=\times$, $R=0$인 입력으로 표시되었다.

2 JK 플립플롭 여기표

JK 플립플롭의 여기표는 표 15-10(b)에 나타내었다. $Q(t)=0$에서 $Q(t+1)=0$으로 되는 경우는 출력이 변하지 않았다고 생각할 수도 있고, $Q(t+1)$이 0으로 되었다고 할 수도 있다. 그러므로 $J=K=0$인 입력 신호가 필요하고, 또 $J=0$, $K=1$인 입력 신호가 필요하므로 $J=0$, $K=\times$로 표시할 수 있다. 마찬가지로 $Q(t)=0$에서 $Q(t+1)=1$로 변하는 경우는 출력이 토글되었으므로 $J=K=1$ 또는 $Q(t+1)=1$이 되므로 $J=1$, $K=0$인 입력이 필요하게 되어서 $J=1$, $K=\times$로 표시되었다. 나머지 두 경우도 같은 방법으로 생각할 수 있다.

3 D 플립플롭 여기표

D 플립플롭의 여기표는 표 15-10(c)에 나타내었다. 표 15-3(c)의 특성표에서 다음 상태는 항상 현재 상태에 관계없이 D 입력과 같다. 따라서 $Q(t+1)$이 1이 되기 위해서는 $D=1$이어야 한다.

4 T 플립플롭 여기표

T 플립플롭의 여기표는 표 15-10(d)에 나타내었다. 표 15-3(d)의 특성표에서 $T=1$일 때 플립플롭은 보수 상태를 취하며, $T=0$일 때 플립플롭의 상태는 변하지 않는다. 그러므로 플립플롭의 상태가 변하지 않을 때는 $T=0$이어야 하고, 플립플롭의 상태가 변할 때는 $T=1$이어야 한다.

15-4 순서논리회로의 설계

디지털 순서논리회로의 설계는 설계 사양의 기술에서 시작하여 논리도나 논리도를 얻을 수 있는 부울함수를 얻는 것으로 끝난다. 조합논리회로는 진리표로 표시되는 반면에, 순서논리회로는 그의 사양에 대한 상태표를 필요로 한다. 순서논리회로 설계의 첫 단계는 상태표나 상태도 또는 상태방정식을 얻는 것이다.

동기식 순서논리회로는 플립플롭과 조합논리 게이트로 구성되어 있다. 동기식 순서논리회로의 설계는 플립플롭을 선택하고, 그 플립플롭과 함께 서술된 사양을 만족시키는 조합논리 게이트 구조를 찾는 것이다. 플립플롭의 수는 회로에서 필요한 상태의 수로서 결정되며, 조합논리회로는 상태표에서 얻어진다. 플립플롭의 형과 수가 결정되면 설계 절차는 순서논리회로를 조합논리회로로 바꾸는 문제로 바뀌므로 여기에 조합논리회로 설계 기법이 적용된다.

먼저 일반적인 설계 과정을 설명하고, 예를 들어 순서논리회로를 설계하도록 한다. 설계 과정은 다음과 같이 연속적인 단계로 짧게 요약할 수 있다.

① 설계할 순서논리회로의 동작을 정확하게 정의하고, 회로의 상태도, time chart 등을 이용한다.

② ①에서 정의된 회로의 상태표를 얻는다.

③ 순서논리회로가 상태의 수에 무관하고, 입출력 관계만으로 정의된다면 상태 축소 방법에 의해 상태의 수를 줄인다.

④ 상태표가 문자기호를 갖고 있으면 각 상태에 2진값을 할당한다.

⑤ 필요한 플립플롭의 수와 종류를 결정하고, 각각에 문자기호를 부여한다.

⑥ 상태표로부터 여기표와 출력표를 유도한다.

⑦ 카르노도나 기타 방식을 이용하여 출력함수와 플립플롭의 입력 함수를 구한다.

⑧ 논리도를 그린다.

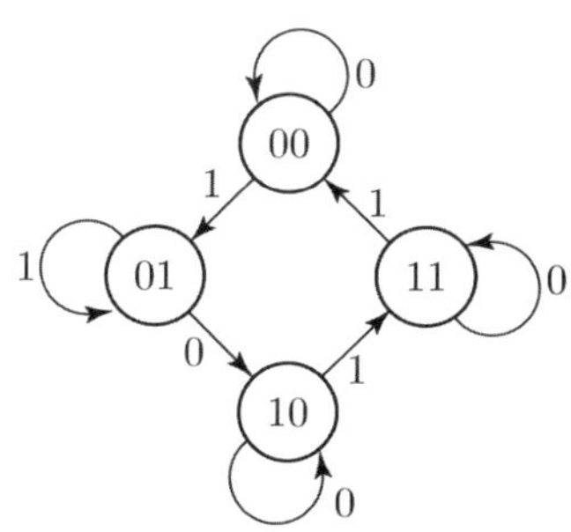

그림 15-8 상태도

그림 15-8에 있는 상태도로 동작하는 순서논리회로를 JK 플립플롭으로 설계해보자. 상태도에서 보면 알 수 있듯이 /가 없고 2진수만 하나 있으므로 이 회로는 출력변수가 없다는 것을 알 수 있다. 또한 네 개의 상태가 존재하므로 2개의 플립플롭 A, B가 필요하고, 이때 입력변수를 x라 하자.

표 15-11에는 그림 15-8로부터 구한 상태표가 있다. 앞에서 나온 여러 상태표와 다른 점은 출력표가 없다는 점이다. 표 15-11과 표 15-10(b)에 있는 JK 플립플롭의 여기표를 이용하여 만든 회로의 여기표가 표 15-12에 있다. 표 15-12에서 알 수 있듯이 설계하고자 하는 순서논리회로는 2개의 플립플롭과 조합논리회로로 구성되어 있다. 표 15-12를 이용하여 회로의 블록도를 작성한 것이 그림 15-9에 있는데, 조합논리회로로의 출력이 플립플롭의 입력과 회로의 출력으로 동작하고, 조합논리회로의 입력은 플립플롭의 현재 상태와 외부 입력으로 결정된다.

그러므로 조합논리회로만 구성하면 전체 순서논리회로를 설계할 수 있으며, 이것은 표 15-12에 있는 여기표를 이용하면 된다. 두 개의 JK 플립플롭의 입력 신호를 간소화한 것이 그림 15-10에 있고, 그것과 그림 15-9를 이용하여 설계한 순서논리회로가 그림 15-11에 있다.

표 15-11 상태표

현재 상태		다음 상태			
		$x=0$		$x=1$	
A	B	A	B	A	B
0	0	0	0	0	1
0	1	1	0	0	1
1	0	1	0	1	1
1	1	1	1	0	0

표 15-12 여기표

조합논리회로의 입력			다음 상태		조합논리회로의 출력			
현재 상태		입력			플립플롭 입력			
A	B	x	A	B	JA	KA	JB	KB
0	0	0	0	0	0	×	0	×
0	0	1	0	1	0	×	1	×
0	1	0	1	0	1	×	×	1
0	1	1	0	1	0	×	×	0
1	0	0	1	0	×	0	0	×
1	0	1	1	1	×	0	1	×
1	1	0	1	1	×	0	×	0
1	1	1	0	0	×	1	×	1

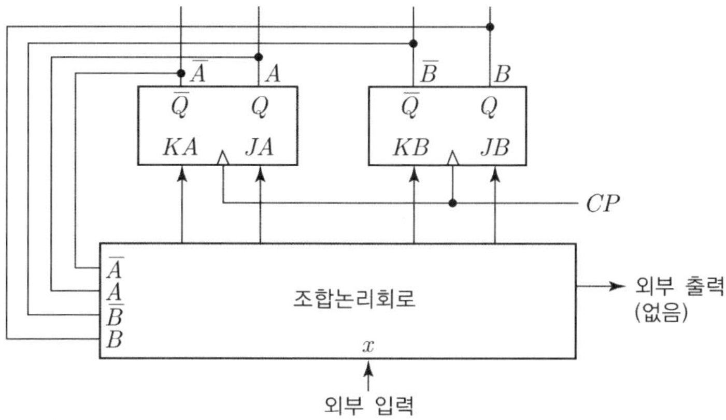

그림 15-9 순서논리회로의 블록도

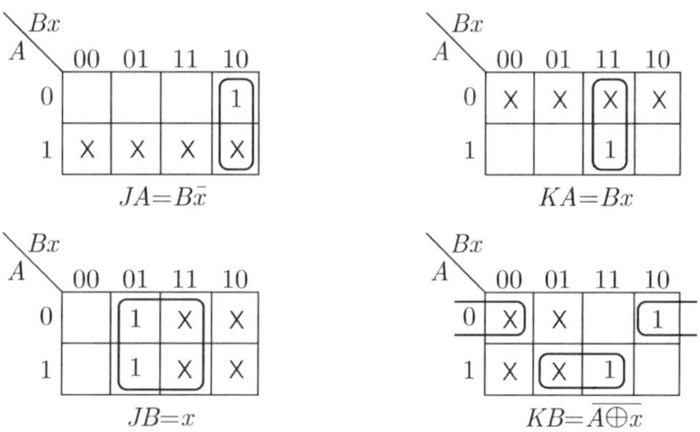

그림 15-10 조합논리회로의 간소화

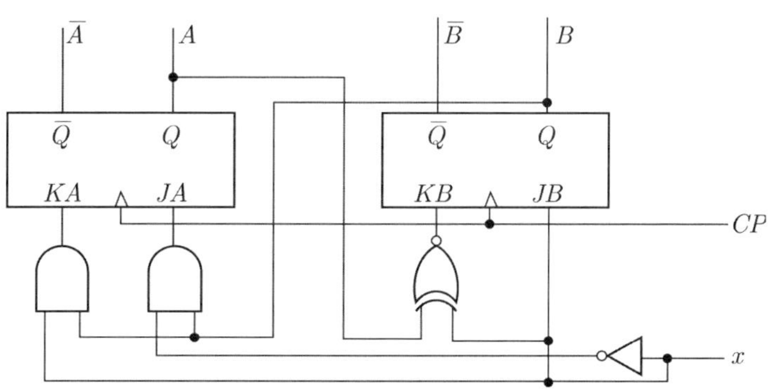

그림 15-11 순서논리회로의 논리도

예제 15-1

15.2절(상태 축소와 상태 지정)에 있는 순서논리회로의 설계를 완성하라.

풀이 RS 플립플롭을 사용하고, 표 15-8의 할당 1을 이용한다고 가정하자. 표 15-9의 상태표를 표 15-13과 같이 표시할 수 있다. RS 플립플롭 세 개를 이용함으로써 8개의 상태가 존재할 수 있는데, 표 15-13에는 5개의 상태만 사용하였다. 사용하지 않는 상태 000, 110, 111은 don't care 조건으로 두었다. 각각의 don't care 조건에 대하여 입력변수 ×가 0 또는 1이 될 수 있으므로 don't care 최소항은 0, 1, 12, 13, 14, 15가 된다.

그림 15-12에 표 15-13을 이용하여 플립플롭의 입력 신호와 회로의 출력 신호를 구하는 카르노도를 나타내었다. 위에서 설명한 최소항 0, 1, 12, 13, 14, 15를 don't care 조건으로 이용하였다.

이 카르노도의 결과를 이용하여 순서논리회로를 구성하면 그림 15-13과 같다.

표 15-13 예제 15-1의 여기표

현재 상태			입력	다음 상태			플립플롭의 입력						출력
A	B	C	x	A	B	C	SA	RA	SB	RB	SC	RC	y
0	0	1	0	0	0	1	0	×	0	×	×	0	0
0	0	1	1	0	1	0	0	×	1	0	0	1	0
0	1	0	0	0	1	1	0	×	×	0	1	0	0
0	1	0	1	1	0	0	1	0	0	1	0	×	0
0	1	1	0	0	0	1	0	×	0	1	×	0	0
0	1	1	1	1	0	0	1	0	0	1	0	1	0
1	0	0	0	1	0	1	×	0	0	×	1	0	0
1	0	0	1	1	0	0	×	0	0	×	0	×	1
1	0	1	0	0	0	1	0	1	0	×	×	0	0
1	0	1	1	1	0	0	×	0	0	×	0	1	1

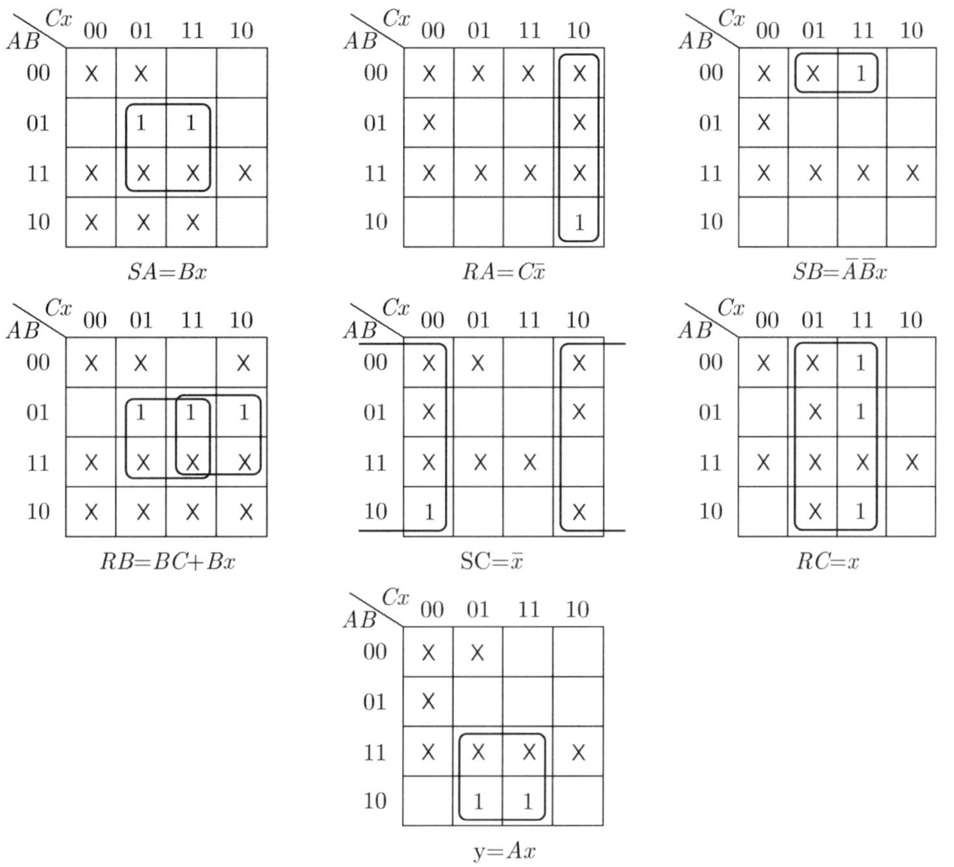

그림 15-12 예제 15-1의 순서논리회로의 간소화

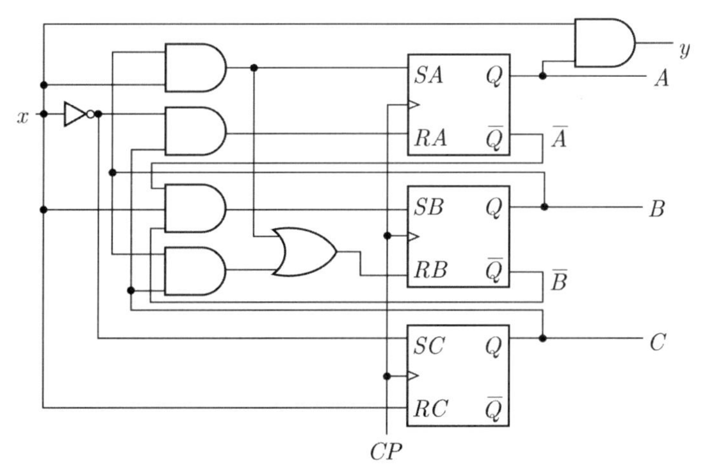

그림 15-13 예제 15-1의 논리도

15-5 카운터의 설계

클록 펄스가 들어올 때마다 미리 정해진 순서대로 상태가 변하는 순서논리회로를 카운터라 한다. 카운터는 디지털회로에서 많이 사용되는 장치로서 클록 펄스의 수를 세거나, 제어회로에서 중요한 역할을 한다. 카운터는 쓰이는 용도에 따라서 여러 종류가 있는데 여기서는 카운터의 동작 원리와 설계에 대하여 설명하기로 한다. 가장 간단한 카운터로는 2진 카운터(binary counter)를 들 수 있으며, n bit 2진 카운터는 n개의 플립플롭으로 구성되고, 0에서 2^n-1까지 셀 수 있다.

그림 15-14에 3비트 2진 카운터의 상태도를 나타내었다. 앞의 상태도와 다른 점은 입력변수와 출력변수가 없다는 점인데, 카운터는 클록 펄스가 들어올 때마다 상태가 변하므로 이 두 변수가 필요 없다.

표 15-14에 3비트 2진 카운터의 카운터 순서와 T 플립플롭을 사용했을 때 입력 신호에 대한 여기표를 나타내었다. 표 15-14의 왼쪽에 있는 순서가 3비트 2진 카운터의 카운트 순서를 나타낸다. 카운터의 상태가 000에서 001로 바뀔 때를 보면 세 개의 플립플롭 중에서 A_0의 상태만 바뀌었으므로 A_0 플립플롭의 입력 신호만 1이 된다.

마찬가지로 카운터의 상태가 001에서 010으로 바뀔 때는 플립플롭 A_1과 A_0의 출력이 바뀌었으므로 A_1과 A_0의 입력 신호만 1이 되었다.

그림 15-15에서는 플립플롭의 입력 신호를 간소화하였고, 그림 15-16에는 T 플립플롭을 이용한 3비트 카운터의 논리도를 나타내었다.

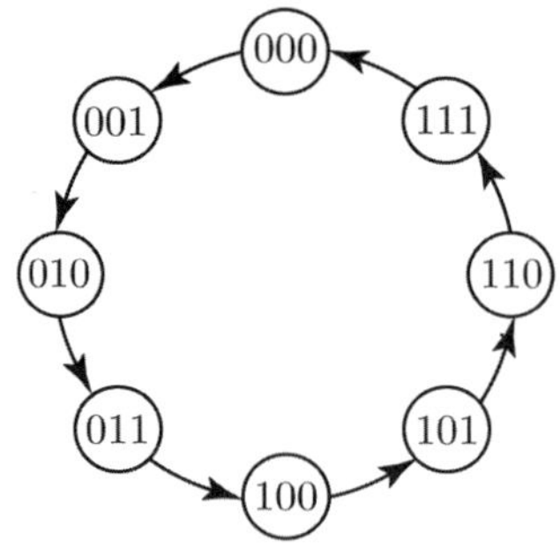

그림 15-14 3비트 2진 카운터의 상태도

표 15-14 3비트 2진 카운터의 여기표

계수 순서			플립플롭 입력		
A_2	A_1	A_0	TA_2	TA_1	TA_0
0	0	0	0	0	1
0	0	1	0	1	1
0	1	0	0	0	1
0	1	1	1	1	1
1	0	0	0	0	1
1	0	1	0	1	1
1	1	0	0	0	1
1	1	1	1	1	1

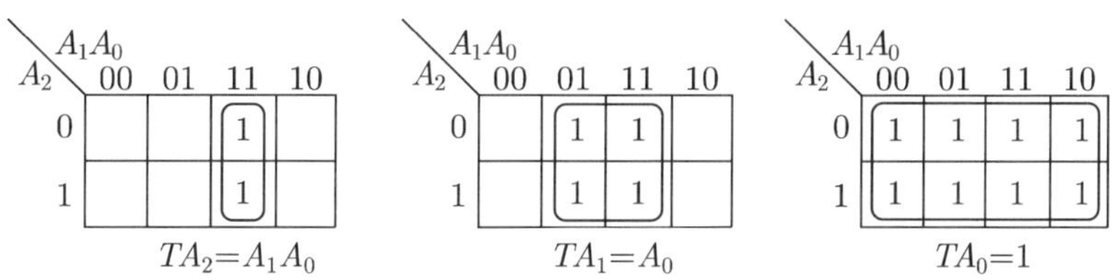

그림 15-15 3비트 2진 카운터의 카르노도

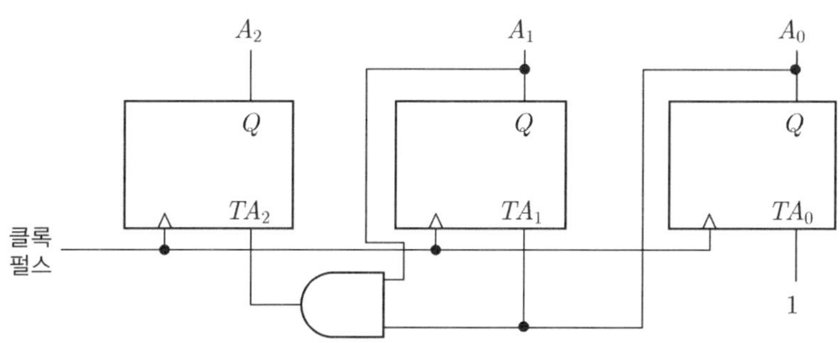

그림 15-16 3비트 2진 카운터의 논리도

예제 15-2

표 15-15와 같이 동작하는 카운터를 설계하라.

✔ **풀이** 표 15-15를 분석하면 플립플롭 B와 C는 00, 01, 10을 반복하고, 플립플롭 A는 클록 펄스가 세 번 들어올 때마다 출력이 0, 1로 바뀐다. 또한 상태 011과 111은 사용하고 있지 않다. JK 플립플롭을 이용하기로 하고, 플립플롭의 여기표를 표 15-15에 나타내었다. 입력 신호 KB와 KC는 don't care 조건을 모두 1로 하면 모든 입력이 1이 되므로 $KB = KC = 1$이 된다.

표 15-15 예제 15-2의 여기표

계수 순서			플립플롭 입력					
A	B	C	JA	KA	JB	KB	JC	KC
0	0	0	0	×	0	×	1	×
0	0	1	0	×	1	×	×	1
0	1	0	1	×	×	1	0	×
1	0	0	×	0	0	×	1	×
1	0	1	×	0	1	×	×	1
1	1	0	×	1	×	1	0	×

입력 신호들을 카르노도로 간소화하면 다음과 같다.

$$JA = B \qquad KA = B$$

$$JB = C \qquad KB = 1$$

$$JC = \overline{B} \qquad KC = 1$$

카운터의 회로도는 그림 15-17(a)에 나타내었다. 2개의 사용하지 않는 상태가 있기 때문에 그들의 영향을 알아보기 위해 이 회로를 분석해야 한다. 해석에서 얻어진 상태도를 그림 15-17(b)에 나타내었다.

카운터가 허용되지 않는 상태를 가질 때 클록 펄스가 들어오면 허용되는 상태 중의 어느 한 상태로 변화하여 계속 카운트하는 카운터를 자기 스타트 카운터라 한다.

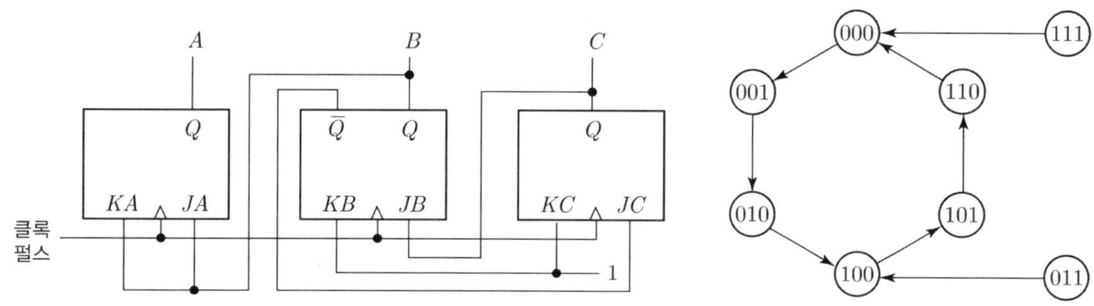

(a) 회로도 (b) 상태도

그림 15-17 예제 15-2의 카운터

15-6 상태방정식을 이용한 설계

순서논리회로는 여기표가 아닌 상태방정식으로도 설계할 수 있다. 상태방정식은 현재 상태와 입력변수의 함수로서 다음 상태에 관한 조건이 주어지는 대수식이다. 순서논리회로의 상태방정식은 이 회로에 관한 상태표에 표시된 정보와 똑같은 내용을 대수적으로 표시하고 있다.

상태방정식 방법은 이미 회로가 이런 형태로 표시되어 있거나 상태방정식을 상태표에서 쉽게 유도할 수 있을 때 편리하다. D 플립플롭을 사용할 때는 이 방식이 더 좋으며, 때때로 이 방식은 JK 플립플롭을 사용하는 것이 편리할 때도 있다. RS나 T 플립플롭을 가진 회로에도 이 방식을 적용할 수 있으나 상당히 많은 양의 대수적 처리가 필요하다. 여기서 이 방법을 D 또는 JK 플립플롭으로 구성하는 순서논리회로에 응용해보겠다.

1 D 플립플롭을 사용한 순서논리회로

D 플립플롭의 특성방정식은 $Q(t+1)=D$이다. 이 방정식은 플립플롭의 다음 상태가 현재 상태의 값에 관계없이 입력 D의 현재 값과 같다는 것을 나타낸다. 그러므로 입력 정보를 여기표의 다음 상태란에서 이용할 수 있기 때문에 플립플롭 입력 조건을 유도할 필요가 없다.

예를 들어 표 15-11에 주어진 상태표를 생각해보자. A에 관한 상태란은 4개의 1을 갖고 있으며, B의 다음 상태란도 똑같다. 이 회로를 D 플립플롭으로 설계하기 위해서 상태 방정식과 대응한 D 입력을 다음과 같은 등식으로 놓는다.

$$A(t+1)=DA(A,\ B,\ x)=\sum(2,\ 4,\ 5,\ 6)$$

$$B(t+1)=DA(A,\ B,\ x)=\sum(1,\ 3,\ 5,\ 6)$$

여기서 DA와 DB는 D 플립플롭의 A와 B의 입력함수이며, 각 함수는 4개의 최소항의 합으로 되어 있다. 두 개의 3변수 카르노도에 의해 간소화된 함수를 얻을 수 있는데 그 함수는 다음과 같다.

$$DA=A\overline{B}+B\overline{x}$$

$$DB=\overline{A}x+\overline{B}x+AB\overline{x}$$

만약 순서논리회로에서 사용이 안 되는 상태가 있다면 그것들은 don't care 조합으로 입력과 함께 고려해야 한다. 그렇게 해서 얻은 don't care 최소항은 D 플립플롭 입력함수의 상태방정식을 간단히 하는 데 사용된다. 이 예의 카르노도와 논리도는 그림 15-18과 같다.

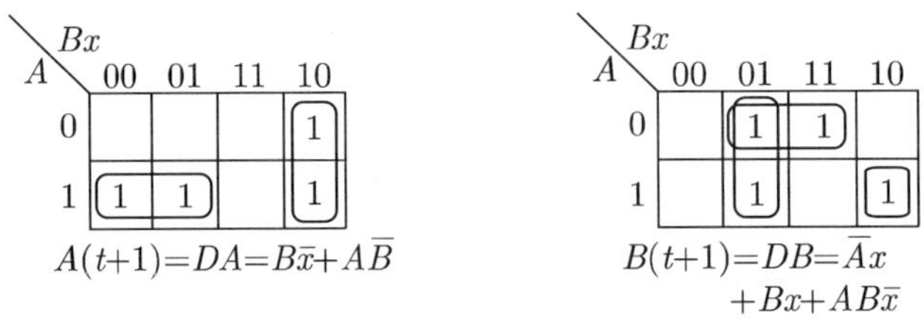

(a) 카르노도

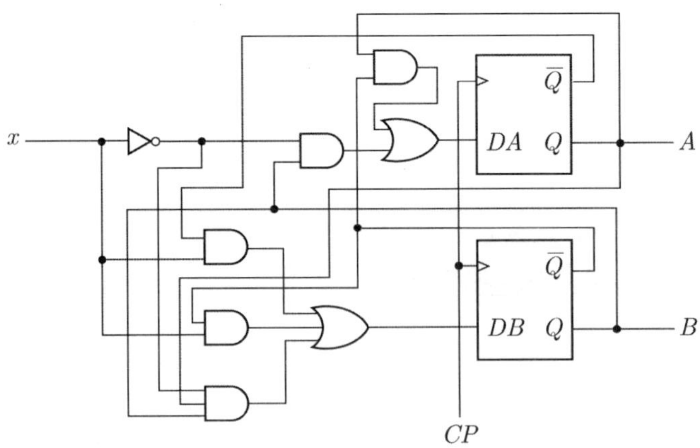

(b) 논리도

그림 15-18 카르노도와 D 플립플롭을 사용한 논리도

예제 15-3

4개의 플립플롭 A, B, C, D를 가진 순서논리회로를 설계하라. 단, B, C, D의 다음 상태는 각각 A, B, C의 현재 상태와 같다. A의 다음 상태는 C와 D의 현재 상태의 exclusive OR와 같다.

✔ **풀이** 다음 상태방정식을 구할 수 있다.

$$A(t+1) = C \oplus D$$

$$B(t+1) = A$$

$$C(t+1) = B$$

$$D(t+1) = C$$

이 회로는 feedback 자리 이동 레지스터를 나타낸다. feedback 자리 이동 레지스터에서 각 플립플롭은 클록 펄스가 들어올 때 그 내용을 이웃 레지스터로 이동시키며, 첫 번째 플립플롭(A)의 다음 상태는 다음 플립플롭들의 현재 상태의 어떤 함수이다. 상태방정식이 매우 간단하기 때문에 가장 편리한 플립플롭은 D형이다.

이 회로에 대한 플립플롭 입력함수는 다음과 같이 상태 변수를 플립플롭의 입력변수로 대체하면 상태방정식에서 바로 얻을 수 있다.

$$DA = C \oplus D$$

$$DB = A$$

$$DC = B$$

$$DD = C$$

이 회로는 4개의 D 플립플롭과 1개의 exclusive OR 게이트를 사용하여 구성할 수 있다.

2 JK 플립플롭을 사용한 순서논리회로

JK 플립플롭의 특성방정식은 다음과 같다.

$$Q(t+1) = (J)\overline{Q} + (\overline{K})Q$$

순서논리회로는 여기표를 작성할 필요 없이 상태방정식에서 바로 유도할 수 있다. 이것은 각 플립플롭에 관한 상태방정식과 JK 플립플롭의 일반적인 특성방정식을 맞추어가는 과정을 수행함으로써 순서논리회로가 구성된다. 이 과정은 각 상태방정식이 특성방정식의 형태로 되기까지 조작하는 것이다. 일단 이 작업이 행해지면 입력 J와 K에 관한 함수가 유도되고 간소화될 수 있다. 이 과정은 나열된 각 상태방정식에 대하여 행해지며, 특성방정식의 문자 Q는 그 플립플롭의 명칭인 A, B, C 등으로 대체되어야 한다.

$Q(t+1)$에 관하여 주어진 상태방정식은 Q와 $\overline{Q}$의 함수로 표시되지만, 가끔 Q나 $\overline{Q}$ 또는 둘 다 부울함수에 없을 수도 있다. 그러면 Q와 $\overline{Q}$ 모두가 대수식에 포함될 때까지 대수적으로 수식을 만들어내야 한다. 다음의 예제 15-4에서는 있을 수 있는 모든 가능한 경우를 설명한다.

예제 15-4

다음의 상태방정식을 만족하는 JK 플립플롭을 가진 순서논리회로를 설계하라.

$$A(t+1) = \overline{A}\,\overline{B}CD + \overline{A}\,\overline{B}C + ACD + A\overline{C}\,\overline{D}$$

$$B(t+1) = \overline{A}C + C\overline{D} + \overline{A}B\overline{C}$$

$$C(t+1) = B$$

$$D(t+1) = \overline{D}$$

✔ **풀이** 플립플롭 A에 관한 입력함수는 다음과 같이 상태방정식과 특성방정식을 맞추어 일치시킨다.

$$A(t+1) = (\overline{B}CD + \overline{B}C)\overline{A} + (CD + \overline{C}\,\overline{D})A$$

$$= (J)\overline{A} + (\overline{K})A$$

두 방정식이 일치하므로 플립플롭 A의 입력함수는 다음과 같다.

$$J = \overline{B}CD + \overline{B}C = \overline{B}C$$

$$K = \overline{(CD + \overline{C}\overline{D})} = C\overline{D} + \overline{C}D$$

플립플롭 B에 관한 상태방정식은 다음과 같이 쓸 수 있다.

$$B(t+1) = (\overline{A}C + C\overline{D}) + (\overline{A}\,\overline{C})B$$

그러나 이 형태는 변수 $\overline{B}$가 없기 때문에 특성방정식과 맞추어 일치시키기에 부적당하다. 우변의 첫 번째 항에 $(B + \overline{B}) = 1$을 AND시키면 방정식은 변수 $\overline{B}$를 포함하게 된다.

$$\begin{aligned} B(t+1) &= (\overline{A}C + C\overline{D})(\overline{B} + B) + (\overline{A}\,\overline{C})B \\ &= (\overline{A}C + C\overline{D})\overline{B} + (\overline{A}C + C\overline{D} + \overline{A}\,\overline{C})B \\ &= (J)\overline{B} + (\overline{K})B \end{aligned}$$

두 방정식의 등호로부터 플립플롭 B에 관한 입력함수를 얻을 수 있다.

$$J = \overline{A}C + C\overline{D}$$

$$K = \overline{(\overline{A}C + C\overline{D} + \overline{A}\,\overline{C})} = A\overline{C} + AD$$

플립플롭 C에 관한 상태방정식은 다음과 같이 된다.

$$\begin{aligned} C(t+1) &= B = B(\overline{C} + C) = B\overline{C} + BC \\ &= (J)\overline{C} + (\overline{K})C \end{aligned}$$

플립플롭 C에 관한 입력함수는

$$J = B$$
$$K = \overline{B}$$

이다.

마지막으로 플립플롭 D에 관한 상태방정식은 다음과 같이 특성방정식과 일치시킨다.

$$\begin{aligned} D(t+1) &= \overline{D} = 1 \cdot \overline{D} + 0 \cdot D \\ &= (J)\overline{D} + (\overline{K})D \end{aligned}$$

따라서 입력함수는 다음과 같다.

$$J = K = 1$$

유도된 입력함수를 종합하면 다음과 같다. 위의 유도에 사용되지 않은 플립플롭의 입력변수를 나타내면 다음과 같다.

$$JA = \overline{B}C \qquad KA = C\overline{D} + \overline{C}D$$

$$JB = \overline{A}C + C\overline{D} \qquad KB = A\overline{C} + AD$$

$$JC = B \qquad KC = \overline{B}$$

$$JD = 1 \qquad KD = 1$$

여기에서 소개된 설계 절차는 *JK* 플립플롭을 사용해서 순서논리회로의 플립플롭 입력함수를 결정하기 위한 또 다른 방법이었다. 먼저 상태도나 상태표가 명시되어 있는 문제에서 이 방법을 적용하려면 동기식 순서논리회로 해석에서 소개된 절차에 의해 상태방정식을 먼저 유도할 필요가 있다. 상태방정식은 don't care 조건으로 간주되어 쓰이지 않는 상태를 포함하기 위하여 확장할 수 있다. don't care 최소항은 상태방정식의 형태로 쓰여져서 채택한 특정 플립플롭에 관한 상태방정식의 형태로 될 때까지 변형된다. 그러면 don't care 상태방정식으로 된 *J*와 *K* 함수들은 플립플롭 입력함수를 간소화할 때 don't care 최소항으로 취급하면 된다.

Chapter 15 연습문제

1. 15–16의 상태표에서 상태도를 구하라.

표 15–16

현재 상태		다음 상태				출력	
		$x=0$		$x=1$		$x=0$	$x=1$
A	B	A	B	A	B	y	y
0	0	0	0	0	1	0	0
0	1	1	1	0	1	0	0
1	0	1	0	0	0	0	1
1	1	1	0	1	1	0	0

2. 그림 15–19의 전가산기는 외부 입력 x, y와 D 플립플롭의 출력에서 나오는 입력 z를 가지고 있다. 자리올림 출력은 매 클록 펄스마다 플립플롭으로 전송된다. 외부 출력 S는 x, y, z의 합이다. 이 순서논리회로의 상태표와 상태도를 구하라.

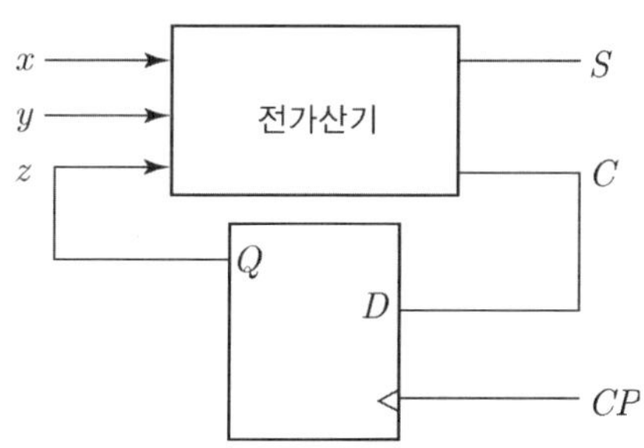

그림 15–19

3. 표 15-17과 같은 상태표를 간소화하여 상태의 수를 줄이고 간소화된 상태표를 작성하라.

표 15-17

현재 상태	다음 상태		출력	
	$x=0$	$x=1$	$x=0$	$x=1$
a	f	b	0	0
b	d	c	0	0
c	f	e	0	0
d	g	a	1	0
e	d	c	0	0
f	f	b	1	1
g	g	h	0	1
h	g	a	1	0

4. 문제 3의 축소된 상태표에서 상태도를 구하라.

5. 문제 3의 축소된 상태표에서 2진 상태 할당 1을 가진 축소된 상태표를 구하라.

6. 표 15-18과 같이 동작하는 순서논리회로를 RS 플립플롭, D 플립플롭, JK 플립플롭으로 각각 설계하라.

표 15-18

현재 상태		입력			
		$x=0$		$x=1$	
A	B	A	B	A	B
0	0	0	1	1	0
1	1	0	1	1	0
1	0	0	0	0	0
0	1	1	0	1	0

7. 0, 1, 3, 2, 6, 4, 5, 7이 반복되는 계수 순서를 가진 카운터를 JK 플립플롭으로 설계하라.

8. 그림 15-20과 같이 동작하는 순서논리회로를 T 플립플롭, RS 플립플롭, JK 플립플롭으로 각각 설계하라.

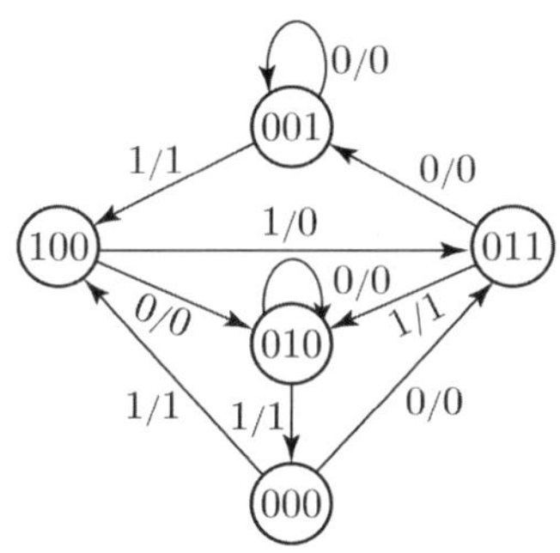

그림 15-20

9. 순서논리회로가 3개의 플립플롭 A, B, C와 1개의 입력 x를 갖고 있으며, 상태방정식은 다음과 같다.

$$A(t+1) = (\overline{B}C + B\overline{C})x + (BC + \overline{B}\,\overline{C})\overline{x}$$

$$B(t+1) = A$$

$$C(t+1) = B$$

a) 상태 $ABC = 001$에서 시작해서 $x = 1$일 때, 상태의 순서를 구하라.
b) 상태 $ABC = 000$에서 시작해서 $x = 0$일 때, 상태의 순서를 구하라.

10. 다음의 상태방정식을 만족하는 JK 플립플롭을 가진 순서논리회로를 설계하라.

$$A(t+1) = xAB + y\overline{A}B + xy$$

$$B(t+1) = xAC + \overline{y}B\overline{C}$$

$$C(t+1) = \overline{x}B + yA\overline{B}$$

Chapter 16 D/A 변환기

자연계 현상의 대부분은 온도, 전압, 압력, 속도 등의 아날로그 신호이다. 이 신호를 디지털 시스템에 입력하려면 디지털 신호로 변환해야 하는데 이러한 변환장치를 A/D 변환기(아날로그 디지털 변환기)라 한다.

한편 디지털 시스템에 의해서 처리된 결과를 원래의 아날로그 신호로 변환하기 위해서는 D/A 변환기(디지털 아날로그 변환기)가 필요하다. 이들의 관계를 그림 16-1에 나타내었다.

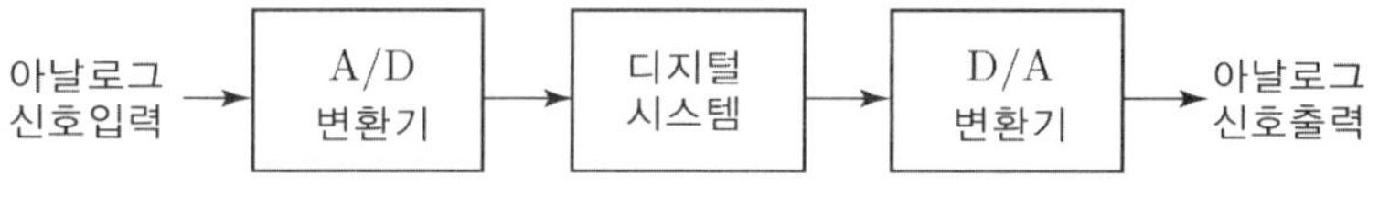

그림 16-1 아날로그 입력·출력을 위한 디지털 시스템의 기본 구성도

이 장에서는 먼저 D/A 변환기의 기본 회로와 실제 사용 예에 대해서 설명하고, A/D 변환기에 대해서는 다음 장에서 설명하기로 한다. D/A 변환기를 먼저 취급하는 이유는 A/D 변환기보다도 구성이 간단하고 알기 쉬울 뿐만 아니라 A/D 변환기에는 내부에 D/A 변환기를 포함하고 있어서 설명하기 좋기 때문이다.

D/A 변환기의 기본적인 구성요소로는 하중 저항과 OP 앰프(operational amplifer: 연산증폭기)가 있는데 우선 OP 앰프의 기초부터 습득하기로 한다.

16-1 OP 앰프

D/A 변환기의 가산증폭기로는 통상 OP 앰프가 이용된다. OP 앰프는 그림 16-2에 나타낸 것과 같이 삼각형으로 나타내며, (+)와 (−)의 기호가 붙은 2개의 입력단자와 1개의 출력단자를 갖고 있다.

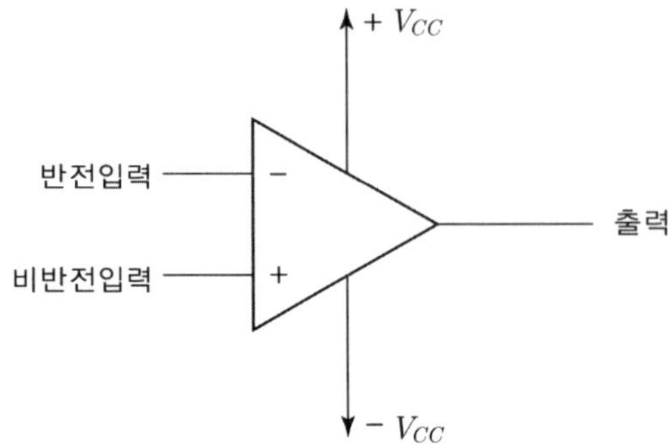

그림 16-2 OP 앰프 기호

(−)입력은 반전입력(inverting input)이고, (+)입력은 비반전입력(noninverting input)이다. 그것은 (-)입력에 인가된 신호는 역상으로 출력에 나타나고, (+)입력에 인가된 신호는 동위상으로 출력에 나타내기 때문이다.

OP 앰프는 삼각형(OP 앰프 기호)의 상하에 나타낸 것과 같이 두 개의 직류전원(통상 $V_{CC}=\pm 15\,V$)을 필요로 한다. 그러나 회로도상에서는 보통 V_{CC} 기호를 생략한다.

(1) 고입력 임피던스(수백 kΩ~수 MΩ)

(2) 높은 개방루프(open loop) 이득(80~100 dB)

(3) 낮은 출력 임피던스(수십 Ω)

(4) 넓은 주파수 특성(직류~수 MHz)

그러나 실제의 OP 앰프는 괄호 내에 표시한 정도의 크기이며, OP 앰프는 일반적으로 그림 16-3과 같이 저항 R_1, R_f를 외부에 붙여서 사용한다.

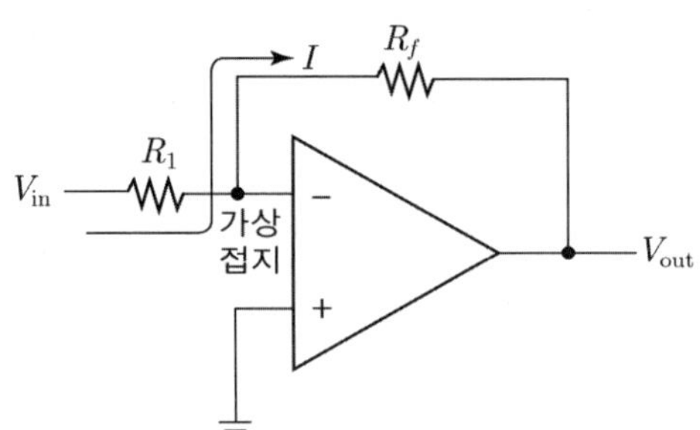

그림 16-3 OP 앰프의 사용 예

비반전입력은 접지하고 반전입력단자 측에 입력신호 V_{in}을 인가하면 전압증폭도 A_v는 다음 식으로 주어진다.

$$A_v = \frac{V_{\text{out}}}{V_{\text{in}}} = -\frac{R_f}{R_1} \tag{16.1}$$

즉, OP 앰프 본체의 전압증폭도와는 무관하게 외부저항 R_1과 R_f의 비에 따라 전압증폭도가 결정되는 것이다. 이것은 일종의 부귀환회로이며, R_f는 귀환저항이라 한다.
예를 들어, $R_1 = 1\,\text{k}\Omega$, $R_f = 100\,\text{k}\Omega$이라 하면 전압증폭도 A_v는

$$A_v = \frac{R_f}{R_1} = -\frac{100\,\text{k}\Omega}{1\,\text{k}\Omega} = -100$$

으로 된다. 단, (−)부호는 입력과 출력이 역위상으로 되는 것을 나타내고 있다.

예제 16-1

그림 16-3에서 $R_1 = 2\,\text{k}\Omega$, $R_f = 40\,\text{k}\Omega$으로 했을 때 입력전압 $V_{\text{in}} = 0.2\,\text{V}$를 인가하면 출력전압 V_{out}은 얼마일까?

✔ **풀이** 식 (16.1)로부터 $A_v = -R_f/R_1$이기 때문에 전압증폭도 A_v는

$$A_v = \frac{V_{\text{out}}}{V_{\text{in}}} = -\frac{R_f}{R_1} = -\frac{40\,\text{k}\Omega}{2\,\text{k}\Omega} = -20$$

이 된다. 따라서 $V_{\text{out}} = A_v V_{\text{in}} = -20 \times 0.2 = -4\,\text{V}$

그런데 OP 앰프에는 흥미 있는 성질이 있다. 그 하나는 입력 임피던스가 매우 높기 때문에 그림 16-3에 나타낸 것과 같이 입력신호 V_{in}을 따라서 흐르는 신호전류 I는 OP 앰프 본체로 흘러들어가는 것이 아니라 R_1에서 R_f를 통하여 출력단자를 향하여 흐르는 것이라고 생각하면 된다.

또 하나는 OP 앰프 본체의 전압이득이 매우 크기 때문에 반전입력단자의 전압은 출력 전압에 비하여 아주 작다고 생각된다. 따라서 입력신호 V_{in}은 R_1의 우측 단자에서 접지되어 있다고 볼 수 있으므로 이 동작을 가상접지(imaginary earth)라 한다.

그러면 이상 두 가지 특징을 기초로 하여 식 (16.1)을 유도해보자. 그림 16-3에서 R_1의 우측은 접지이기 때문에 입력신호전압 V_{in}은 모두 R_1의 양단에 인가된다. 따라서

$$V_{in} = R_1 I \tag{16.2}$$

다음에 신호전류 I는 R_f를 통하여 출력단자로 흐르며, 그 단자전압 IR_f가 출력전압 V_{out}이라고 간주된다. 왜냐하면 R_f의 좌측은 접지전위이기 때문이다. 단, 전압강하의 방향은 역방향이다.

$$\therefore V_{out} = -R_f I \tag{16.3}$$

이 두 개의 식으로부터 전압증폭도 A_v는

$$A_v = \frac{V_{out}}{V_{in}} = \frac{-R_{fI}}{R_1 I} = -\frac{R_f}{R_1} \tag{16.4}$$

로 되어 식 (16.1)과 같게 된다.

예제 16-2

그림 16-4에 나타낸 회로의 출력전압 V_{out}을 구하라.

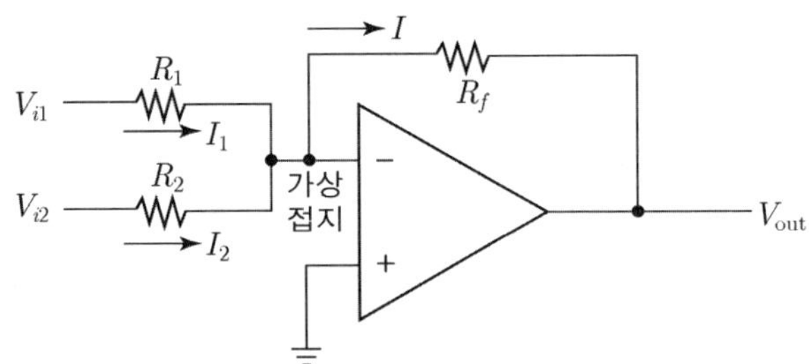

그림 16-4 전류 가산회로

✔ **풀이** R_f를 흐르는 전류 I는 $I_1(=V_{i1}/R_1)$과 $I_2(=V_{i2}/R_2)$의 합성전류이다. 따라서 출력 전압 V_{out}은 다음 식으로 된다.

$$V_{out} = -R_f I = -R_f(I_1 + I_2)$$
$$= -R_f\left(\frac{V_{i1}}{R_1} + \frac{V_{i2}}{R_2}\right)$$

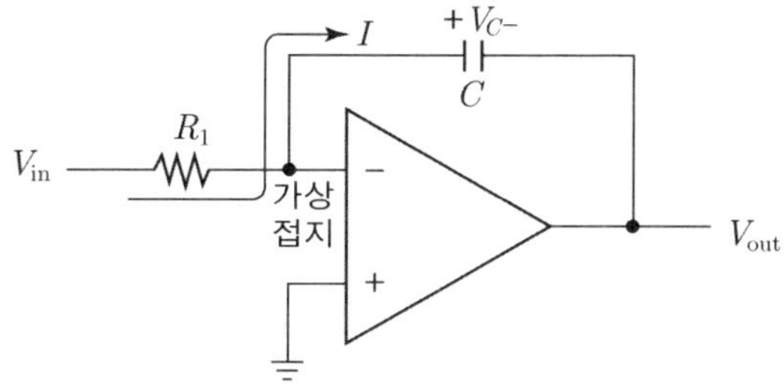

그림 16-5 적분회로

그러면 그림 16-5에 나타낸 적분회로로 응용한 경우의 동작에 대하여 생각해보자. 이것은 그림 16-3의 귀환저항 R_f를 콘덴서 C로 치환한 회로이다.

OP 앰프의 반전입력단자는 가상접지이기 때문에 입력전류 I는 V_{in}/R이다. 그리고 이 전류는 OP 앰프 내로는 흐르지 않고 모두 콘덴서 C로 흐른다. 그 결과 콘덴서 양단 전압 V_C는

$$V_C = \frac{1}{C}\int Idt$$

로 된다. 그러나 출력전압 V_{out}은 반전입력단자를 접지로 생각해도 좋기 때문에

$$V_{out} = -V_C = -\frac{1}{C}\int Idt = -\frac{1}{CR}\int V_{in}dt$$

로 된다. V_{in}이 일정한 상수라면 $V_{out} = -(1/CR)\cdot V_{in}\cdot t$로 되며, 출력전압은 시간 t에 비례하여 직선적으로 증가 또는 감소한다. V_{in}이 (+)의 값이면 V_{out}은 시간과 더불어 (−) 전압의 크기로 증대해간다.

16-2 D/A 변환기의 기본 회로

가장 기본적인 D/A 변환기로서 그림 16-6에 나타낸 하중전류 가산형 D/A 변환기에 대하여 알아보자.

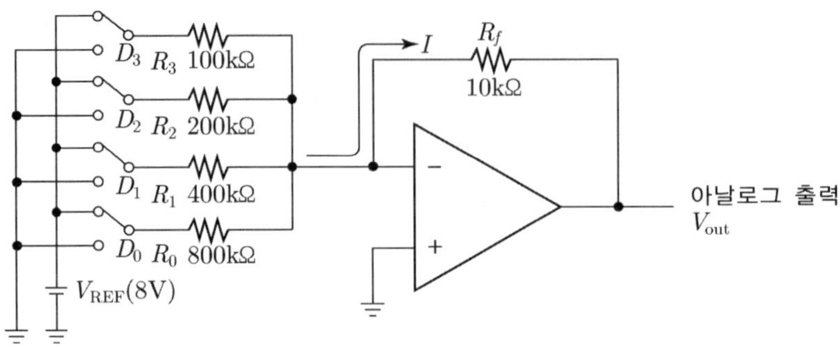

그림 16-6 하중전류 가산형 D/A 변환기

이것은 표 16-1과 같이 2진 입력 $D_3D_2D_1D_0$가 1 증가하면 아날로그 출력전압의 크기가 0.1V만큼 감소하도록 만들어져 있다. 디지털 입력 $D_3D_2D_1D_0$에 따라서 스위치를 ON, OFF 하면 기준 전압 V_{REF}(8V) 또는 0V가 저항에 인가되어 각 저항의 가중치에 반비례한 전류의 합계값이 귀환저항 R_f를 통하여 흐른다. 출력전압 V_{out}

$$V_{out} = -R_f I = -R_f\left(\frac{V_{REF}}{R_3}D_3 + \frac{V_{REF}}{R_2}D_2 + \frac{V_{REF}}{R_1}D_1 + \frac{V_{REF}}{R_0}D_0\right) \quad (16.5)$$

$$= -R_f V_{REF}\left(\frac{8D_3}{R_0} + \frac{4D_2}{R_0} + \frac{2D_1}{R_0} + \frac{D_0}{R_0}\right)$$

$$= -V_{REF}\frac{R_f}{R_0}(8D_3 + 4D_2 + 2D_1 + D_0)$$

단, D는 1 또는 0이다.

예를 들어, 표 16-1의 7행째에서 디지털 입력은 $D_3D_2D_1D_0 = 0110$이기 때문에 아날로그 출력전압 V_{out}은

$$V_{out} = -V_{REF}\frac{R_f}{R_0}(8D_3 + 4D_2 + 2D_1 + D_0)$$

$$= -8\text{V} \times \frac{10\text{k}\Omega}{800\text{k}\Omega}(0+4+2+0)$$

$$= -0.1\text{V} \times 6$$

$$= -0.6\ V(0.1\ step)$$

가 된다. 이런 방식의 D/A 변환기는 입력 비트 수가 많아지면 점점 더 저항값에 하중치를

인가하는 것이 어렵게 되기 때문에 보통 8비트 정도까지의 D/A 변환기에 사용한다.

표 16-1 D/A 변환기 진리표

행	2진 입력				아날로그 출력전압 V_{out}[V]
	D_3	D_2	D_1	D_0	
1	0	0	0	0	0.0
2	0	0	0	1	-0.1
3	0	0	1	0	-0.2
4	0	0	1	1	-0.3
5	0	1	0	0	-0.4
6	0	1	0	1	-0.5
7	0	1	1	0	-0.6
8	0	1	1	1	-0.7
9	1	0	0	0	-0.8
10	1	0	0	1	-1.9
11	1	0	1	0	-1.0
12	1	0	1	1	-1.1
13	1	1	0	0	-1.2
14	1	1	0	1	-1.3
15	1	1	1	0	-1.4
16	1	1	1	1	-1.5

◐ 예제 16-3

그림 16-6에서 귀환저항 R_f를 $20\,\text{k}\Omega$으로 하고 2진 입력을 $D_3D_2D_1D_0 = 1111$로 한 경우의 출력전압 V_{out}을 구하라.

✔ **풀이** $R_f = 20\,\text{k}\Omega$으로 하면 식 (16.5)로부터 출력전압은 2배로 되며 0.2V step으로 변화한다. $D_3D_2D_1D_0 = 1111$인 경우 출력전압 V_{out}은

$$V_{\text{out}} = -V_{\text{REF}}\frac{R_f}{R_0}(8D_3 + 4D_2 + 2D_1 + D_0)$$

$$= -8\,\text{V} \times \frac{20\,\text{k}\Omega}{800\,\text{k}\Omega}(8+4+2+1)$$

$$= -0.2\,\text{V} \times 15$$

$$= -3\,\text{V}(0.2\ step)$$

한편, 그림 18.6의 동작 원리를 응용하면 BCD 입력 데이터를 아날로그 전압으로 변환시킬 수 있다. 그림 18.7은 BCD 두 자리 디지털 신호의 D/A 변환기이다.

지금 두 자리의 BCD 입력 데이터가 다음의 비트열 $N = b_3b_2b_1b_0a_3a_2a_1a_0$로 나타났다고 하면, 이것은 다음 식을 의미한다.

$$N = (b_3 2^3 + b_2 2^2 + b_1 2^1 + b_0 2^0) \times 10^1 + (a_3 2^3 + a_2 2^2 + a_1 2^1 + a_0 2^0) \times 10^0$$

$$= 80b_3 + 40b_2 + 20b_1 + 10b_0 + 8a_3 + 4a_2 + 2a_1 + a_0$$

따라서 각 자릿값은 80, 40, 20, 10, 8, 4, 2, 1로 되어 있다. 이 자릿값에 대응하는 전류를 흘리는 데 필요한 각 저항값은 $R/80$, $R/40$, $R/20$, $R/10$, $R/8$, $R/4$, $R/2$, R로 되어야 하고, 그림 16-7이 이 조건을 만족하고 있다.

그림 16-6에서 디지털 입력 $D_3D_2D_1D_0$가 부호가 붙어 있는 데이터인 경우에는 어떠한가 살펴보자. 음수, 즉 2의 보수 표시 입력이 인가되면 음(−)의 아날로그 전압이 출력되어야 하므로 그림 16-8에 나타낸 것과 같은 회로가 요구된다.

이 회로가 그림 16-6과 다른 것은 위상 반전용 OP 앰프를 추가했기 때문에 V_{out}은 표 16-2와 같이 정수값으로 얻어진다는 것이다. 그리고 초단 OP 앰프의 반전입력단자에 offset용 전압($-V_{\text{OFF}}$)와 가변저항기 R_{OFF}를 부가한다.

여기서 offset 저항 조정에 의해 offset 전류 $I_{\rm OFF}$를 귀환저항 R_f에 흘려주면 이 전류분만큼 출력전압을 음의 방향으로 움직여 놓을 수 있다.

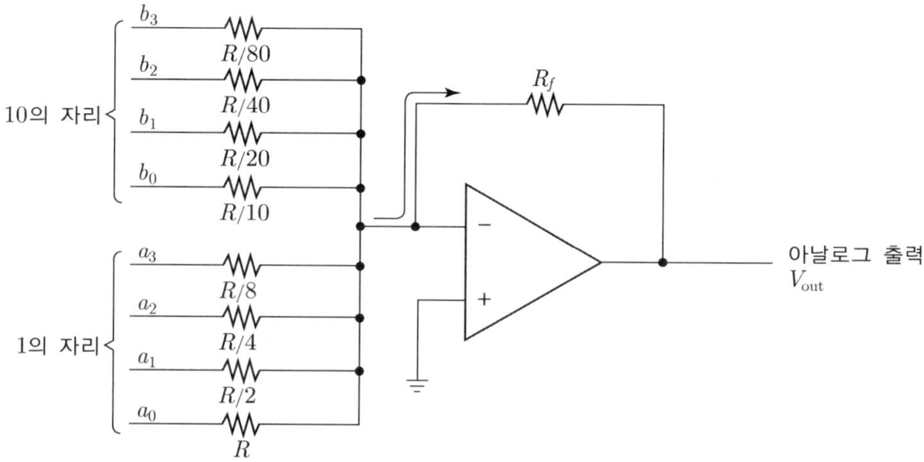

그림 16-7 BCD 전류 가산형 D/A 변환기

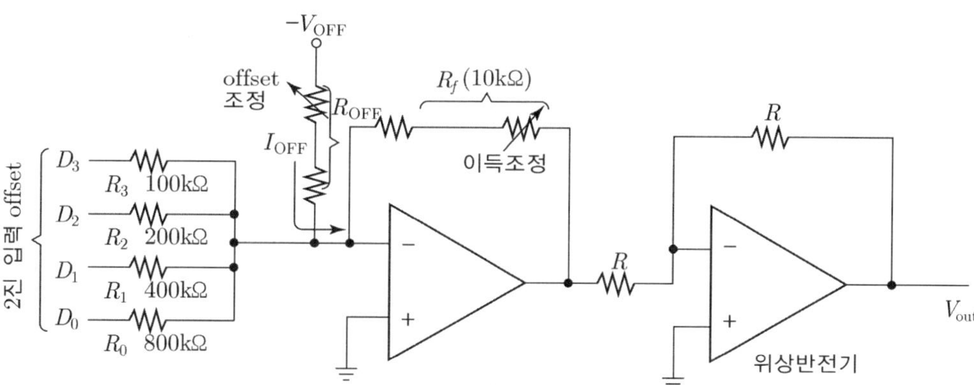

그림 16-8 offset된 D/A 변환기

표 16-2 D/A 변환기의 진리표

행	2진 입력				아날로그 출력전압
	D_3	D_2	D_1	D_0	V_{out}[V]
1	1	1	1	1	1.5
2	1	1	1	0	1.4
3	1	1	0	1	1.3
4	1	1	0	0	1.2
5	1	0	1	1	1.1
6	1	0	1	0	1.0
7	1	0	0	1	0.9
8	1	0	0	0	0.8
9	0	1	1	1	0.7
10	0	1	1	0	0.6
11	0	1	0	1	0.5
12	0	1	0	0	0.4
13	0	0	1	1	0.3
14	0	0	1	0	0.2
15	0	0	0	1	0.1
16	0	0	0	0	0.0

이때의 offset 전압 V_0는 다음 식으로 주어진다.

$$V_0 = I_{OFF} R_f = -\frac{V_{OFF}}{R_{OFF}} \cdot R_f \tag{16.6}$$

따라서 아날로그 출력전압 V_{out}은

$$V_{out} = -V_{REF} \cdot \frac{R_f}{R_0}(8D_3 + 4D_2 + 2D_1 + D_0) + V_0$$

가 된다.

예를 들어, 디지털 입력이 $D_3D_2D_1D_0 = 1000$일 때 아날로그 출력 V_{out}이 0 volt가 되도록 −0.8V낮추면 표 16-3과 같은 offset된 출력이 얻어진다. 즉, 0~1.5V의 범위에 있던 출력이 −0.8~+0.7V의 출력으로 offset 조정이 된다.

여기서 표 16-3의 2열과 3열을 살펴보면 3열의 디지털 수치가 현재의 입력이며, 이것을 offset 2진수라 한다. 이에 대해서 2열은 2의 보수 표현의 부호가 있는 디지털 입력이 된다. 1열은 이것을 10진수로 나타낸 것이다.

표 16-3 2진 보수와 offset 2진수

10진수	2의 보수 표현	offset 2진수	출력[V]
+7	0111	1111	0.7
+6	0110	1110	0.6
+5	0101	1101	0.5
+4	0100	1100	0.4
+3	0011	1011	0.3
+2	0010	1010	0.2
+1	0001	1001	0.1
0	0000	1000	0.0
−1	1111	0111	−0.1
−2	1110	0110	−0.2
−3	1101	0101	−0.3
−4	1100	0100	−0.4
−5	1011	0011	−0.5
−6	1010	0010	−0.6
−7	1001	0001	−0.7
−8	1000	0000	−0.8

이상으로부터 알 수 있듯이 부호가 있는 디지털 데이터로부터 아날로그 신호를 얻으려면 일단 offset 2진수로 변환하고 이것을 그림 16-8과 같은 offset D/A 변환기에 인가해야만 한다.

그리고 2의 보수형식을 offset 2진 형식으로 변환하는 방법은 표 16-3에서와 같이 최상위 비트의 0은 1로, 1은 0으로 변환시키기만 하면 되므로 매우 간단하다는 것을 알 수 있다. 예를 들어, 8비트의 부호가 있는 데이터를 D/A 변환했을 때에도 MSB만을 인버터로 반전시켜, offset된 D/A 변환기에 인가하면 된다.

16-3 $R-2R$ 사다리형 D/A 변환기

앞 절에서 설명한 자릿값을 갖는 전류 가산형 D/A 변환기는 간단하지만 비트 수가 많아지면 소요되는 저항값의 범위가 넓어져 실현하기 곤란해지는 단점이 있다. 예를 들어, 12비트의 D/A 변환기를 만들기 위하여 MSB의 저항값을 2kΩ으로 하면 LSB의 저항 값은 $2\text{k}\Omega\times 2^{11} = 4.096\text{M}\Omega$이 된다.

따라서 이렇게 광범위한 정밀 저항값을 구한다는 것은 매우 어렵고 또한 LSB의 저항에 흐르는 전류가 너무 적게 되므로 잡음의 영향을 받기가 쉽다. 그래서 고안된 것이 그림 16-9에 나타낸 것과 같은 사다리형 회로이다. 이 회로는 4비트 D/A 변환기의 예이지만 R과 $2R$ 두 종류의 저항값만으로 회로를 구성할 수 있는 장점이 있다. 따라서 수 비트의 D/A 변환기를 만드는 것이 아주 용이하다.

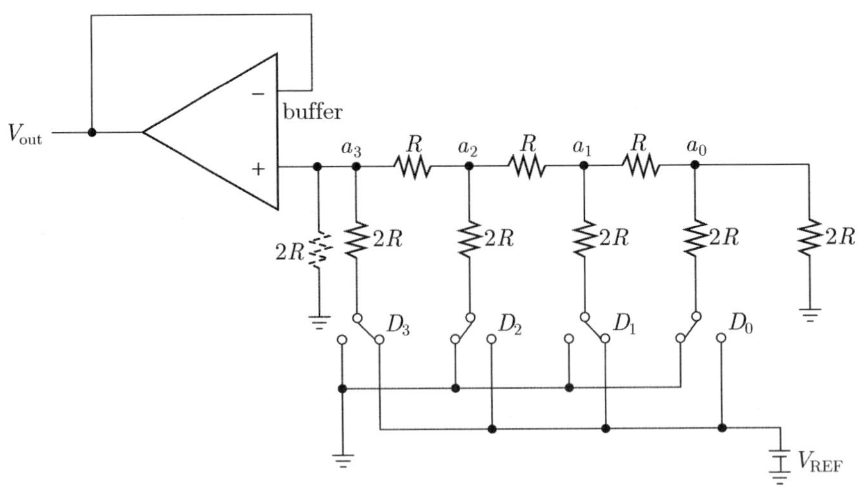

그림 16-9 전압 구동형 $R-2R$ 사다리형 D/A 변환기

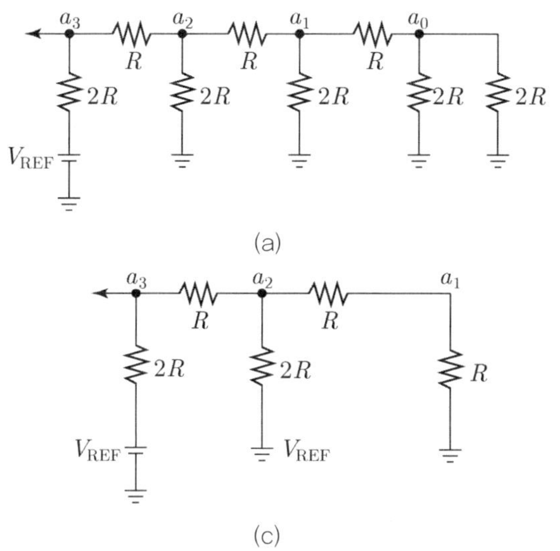

그림 16-10 $D_3D_2D_1D_0=1000$일 때의 동작

그림 16-10은 전압 구동형 D/A 변환기 회로로서 OP 앰프는 단지 고입력 임피던스 buffer로 동작하고 있고 전압증폭도는 1이다.

그러면 이 회로의 동작을 살펴보자. 디지털 입력 $D_3D_2D_1D_0$에 따라 각 스위치가 ON, OFF되면 기준 전압 V_{REF} 또는 0V의 전압이 transfer 스위치 접점을 통하여 $2R$을 지나 $a_3a_2a_1a_0$의 각 점에 전달된다. 예를 들어, 디지털 입력이 $D_3D_2D_1D_0=1000$이라고 하면 a_3 점에는 $V_{REF}/2$의 전압이 발생한다. 왜냐하면 그림 16-10과 같이 $a_3a_2a_1a_0$의 각 점으로부터 우측을 본 임피던스는 항상 $2R$로 되고, 최종적으로는 그림 18.10(d)와 같이 간단한 등가회로로 치환되기 때문이다.

다음에 $D_3D_2D_1D_0=0100$인 경우에는 그림 16-11과 같이 생각하면 a_3 점에는 $V_{REF}/4$의 전압이 발생한다. 같은 방법으로 디지털 입력이 0010인 경우에는 a_3 점에는 $V_{REF}/8$의 전압이 발생하고 $D_3D_2D_1D_0=0001$인 경우에는 a_3에 $V_{REF}/16$의 전압이 발생한다.

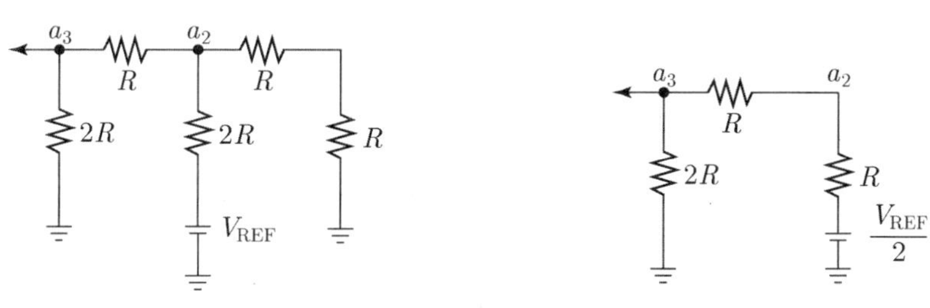

그림 16-11 $D_3D_2D_1D_0=0100$일 때의 동작

이와 같이 각각의 디지털 입력이 a_3 점에 주는 전압은 각 입력에 따른 자릿값으로부터 부여됨을 알 수 있다. 따라서 a_3 점의 합계 전압, 즉 아날로그 출력전압 $V_{\rm out}$은 다음과 같이 나타낼 수 있다.

$$V_{\rm out} = \frac{V_{\rm REF}}{2}\left(D_3 + \frac{1}{2}D_2 + \frac{1}{4}D_1 + \frac{1}{8}D_0\right) \quad (16.7)$$

$$= \frac{V_{\rm REF}}{2^4}(8D_3 + 4D_2 + 2D_1 + D_0)$$

그림 16-9의 OP 앰프 비반전입력단자에 점선으로 기입된 저항($2R$)을 삽입하면 각 스위치에서 본 입력 저항을 $3R$로 일정하게 할 수 있는 이점이 있지만 a_3 점의 전압은 $V_{\rm REF}/2$에서 $V_{\rm REF}/3$로 낮아진다.

예제 16-4

5단 사다리형 회로에서 $V_{\rm REF} = 6.4\,{\rm V}$로 했을 때, 다음의 디지털 입력을 인가했을 때 아날로그 출력 $V_{\rm out}$을 구하라.

① 10000 ② 01000

③ 00100 ④ 10101

✔ **풀이** 5비트 D/A 변환기인 사다리형 회로의 아날로그 출력전압 $V_{\rm out}$은 다음 식으로 나타낼 수 있다.

$$V_{\rm out} = \frac{V_{\rm REF}}{2^5}(2^4D_4 + 2^3D_3 + 2^2D_2 + 2^1D_1 + D_0) \quad (16.8)$$

따라서 각 디지털 입력에 대한 아날로그 출력 $V_{\rm out}$은

① $V_{\rm out} = 6.4\,{\rm V}/32(2^4 + 0 + 0 + 0 + 0) = 3.2\,{\rm V}$

② $V_{out} = 0.2(0 + 2^3 + 0 + 0 + 0) = 1.6\,{\rm V}$

③ $V_{out} = 0.2(0 + 0 + 2^2 + 0 + 0) = 0.8\,{\rm V}$

④ $V_{out} = 0.2(2^4 + 0 + 2^2 + 0 + 1) = 4.2\ V$

예제 16-5

그림 16-12는 CD 4050A(hexa CMOS buffer)를 이용한 6비트 D/A 변환기이다. 디지털 입력이 $D_5D_4D_3D_2D_1D_0 = 100101$인 경우의 아날로그 출력 V_{out}을 구하라.

✔ **풀이** 이 회로에서는 CMOS buffer의 전원전압 V_{DD}가 기준 전압 V_{REF}와 같다. 왜냐하면 CMOS의 $V_{OL} \fallingdotseq 0$으로 되기 때문이다. 예제에서 $V_{DD} = 5.12\,\text{V}$이다. 아날로그 출력 V_{out}은 다음과 같다.

$$V_{\text{out}} = \frac{V_{\text{REF}}}{2^6}(2^5D_5 + 2^4D_4 + 2^3D_3 + 2^2D_2 + 2^1D_1 + D_0) \tag{16.9}$$

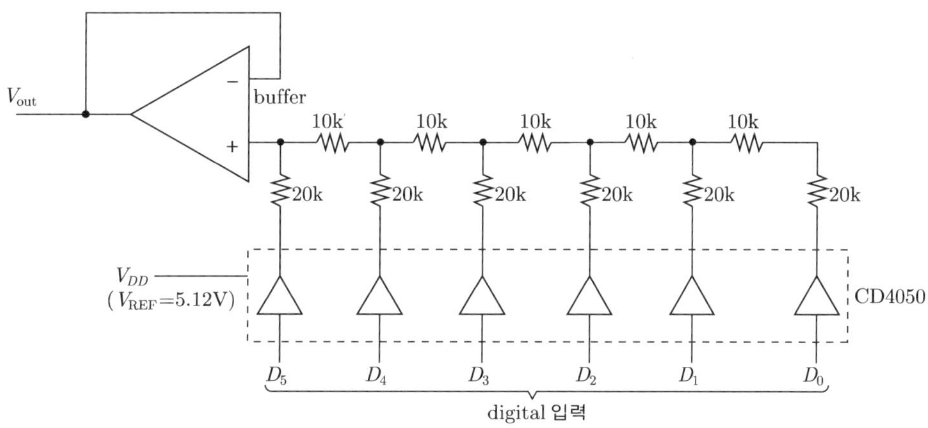

그림 16-12 6비트 D/A 변환기

따라서 $D_5D_4D_3D_2D_1D_0 = 100101$인 경우의 출력전압 V_{out}은

$$V_{\text{out}} = \frac{5.12\,\text{V}}{2^6}(2^5 + 2^2 + 1) = 0.08\,\text{V} \times 37 = 2.96\,\text{V}$$

그런데 그림 16-9의 회로는 디지털 입력에 따라서 스위치를 ON, OFF시켜 기준 전압 V_{REF}를 공급하는 전압 구동형이었다. 이에 대해서 그림 16-13에 나타낸 사다리형 회로는 전류 구동형 D/A 변환회로이다.

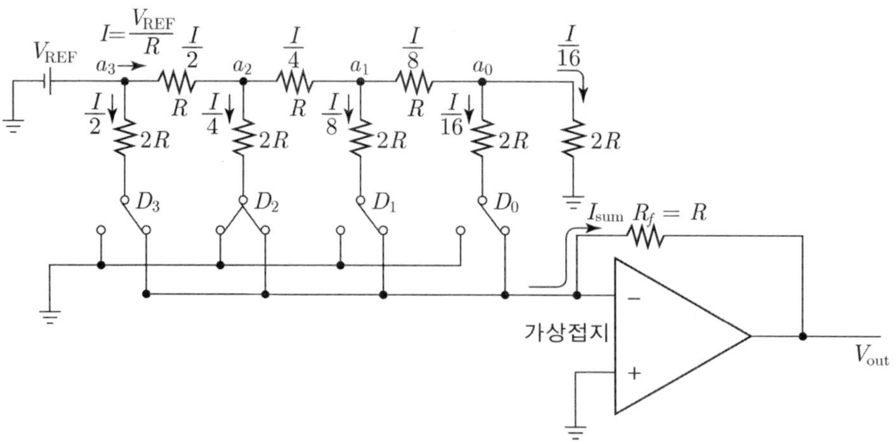

그림 16-13 전류 구동형 $R-2R$ 사다리 회로

통상 이들 스위치 소자로는 트랜지스터를 이용하지만 전압 구동형 회로에서는 트랜지스터의 포화 현상 때문에 스위칭 속도를 빠르게 할 수 없는 단점이 있다. 그러나 그림 16-13의 전류 구동형에서는 스위치의 ON, OFF에 관계없이 $2R$를 흐르는 전류를 항상 일정하게 할 수 있기 때문에 전류 spark가 발생하지 않는다는 이점이 있다. 왜냐하면 $2R$ 저항의 하단부 전위는 스위치가 ON, OFF의 어떠한 경우에도 접지 상태로 되어 있기 때문이다.

그림 16-13에서, a_3 점에서 우측을 본 임피던스는 R이다. 따라서 기준 전압 V_{REF}로부터 흘러들어온 전류 I는 $I= V_{REF}/R$로 된다. 이 전류는 a_3점의 아래쪽 $2R$을 흐르는 전류는 $I/2$로 된다.

다음에 a_2 점으로 향해 흘러들어온 전류 $I/2$는 여기서 2등분하여 a_2 점의 아래쪽 $2R$에는 $I/4$의 전류가 흐른다. 같은 방법으로 a_1 점 아래의 $2R$에는 $I/8$, a_0 점 아래의 $2R$에는 $I/16$의 전류가 흐른다. 이들 전류가 모두 가산되어 I_{sum}으로 되어 OP 앰프의 귀환저항 $R_f(=R)$를 흐르면 출력전압 V_{out}이 발생한다.

전류의 합계 I_{sum}은

$$I_{sum} = \frac{I}{2^4}(2^3 D_3 + 2^2 D_2 + 2D_1 + D_0)$$

$$= \left(\frac{V_{REF}}{R}\right)\frac{1}{2^4}(2^3 D_3 + 2^2 D_2 + 2D_1 + D_0).$$

따라서 아날로그 출력전압 V_{out}은

$$V_{out} = -R_f I_{sum} = -R\left(\frac{V_{REF}}{R}\right)\frac{1}{2^4}(2^3D_3 + 2^2D_2 + 2D_1 + D_0) \tag{16.10}$$

$$= -\frac{V_{REF}}{2^4}(2^3D_3 + 2^2D_2 + 2D_1 + D_0)$$

로 되어 앞의 전압 구동형에서 구한 식 (16.7)~(16.9)와 거의 같은 결과를 얻을 수 있다. 그림 16-14는 전류 구동형 고속 D/A 변환기의 일례이다. 이 회로를 보면 전류 스위치 회로에 ECL형 차동증폭기를 이용하고 있는 것을 알 수 있다. 이 때문에 트랜지스터를 포화시키지 않고 전류를 전환할 수 있다. 단, 이 회로에서는 기준전압 V_{REF}가 $-V_{REF}$이므로 V_{out}은 양(+)의 값으로 된다.

또 하나 그림 16-13과 다른 점은 우단의 LSB 저항 $2R$를 접지하지 않고, $V_B{}'$에 접속하고 있는데 이것은 다음의 두 가지 기능을 수행시키기 위해서이다.

① LSB의 $2R$ 하단부 전위를 $V_{E0}(=V_{E1}=V_{E2}=V_{E3})$로 만들기 위해서는 그림 16-13에서 $2R$의 하단은 모두 접지전위로 되어 있었지만 회로에서는 V_{E0}가 공통 접지전위에 상당하므로 이것에 맞출 필요가 있다.

결국 diode D_3는 ON 상태인 transistor V_{BE}에 해당된다.

② $V_B{}'$의 전위는 $-V_{REF}+V_Z$로 되어 온도 특성을 받을 수 없게 된다. $V_B{}'$을 구해보면 다음 식으로 된다.

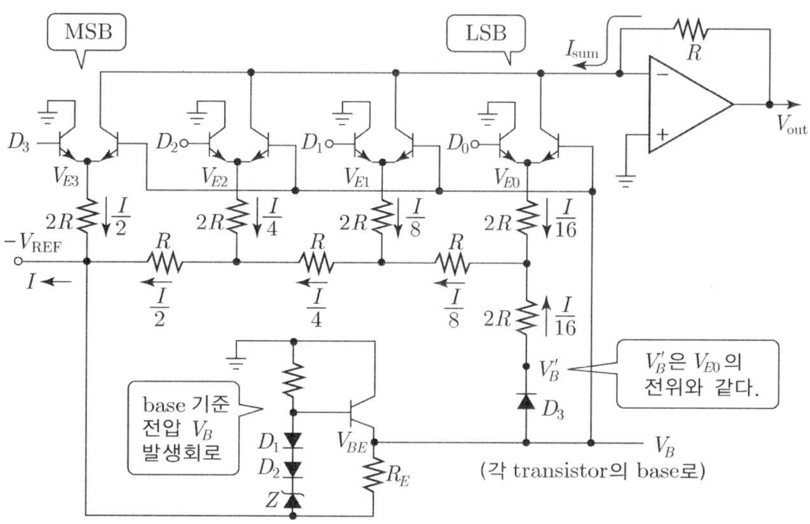

그림 16-14 전류 구동형 고속 D/A 변환기

$$V_B' = -V_{REF} + V_Z + V_{D1} + V_{D2} - V_{BE} - V_{D3} \quad (16.11)$$

여기서 다이오드 단자전압은 모두 같고, 트랜지스터의 V_{BE}도 같으면 $V_B' = -V_{REF} + V_Z$로 되기 때문이다.

지금 이 회로에서는 디지털 논리입력이 L일 때 우측의 차동전류 트랜지스터가 ON으로 되어 전류가 가산된다. 즉, 부논리의 입력 동작으로 되어 있다.

16-4 DAC 08 D/A 변환기

DAC 08 시리즈는 Motolora사의 고속 8비트 전류구동형 D/A 변환기이며, 그림 16-15에 그 핀 배치와 내부 구조를 나타내었다.

두 개의 전류 출력단자 I_{out}, $\overline{I}_{out}$은 complementary 출력으로 되어 있으므로 차동적인 사용도 가능하고, peak to peak로 출력 진폭을 두 배 증가시킬 수도 있다. 통상은 다음 단에 OP 앰프를 접속하지 않고 부하 저항을 연결하는 것만으로도 아날로그 출력전압으로 변환할 수 있다.

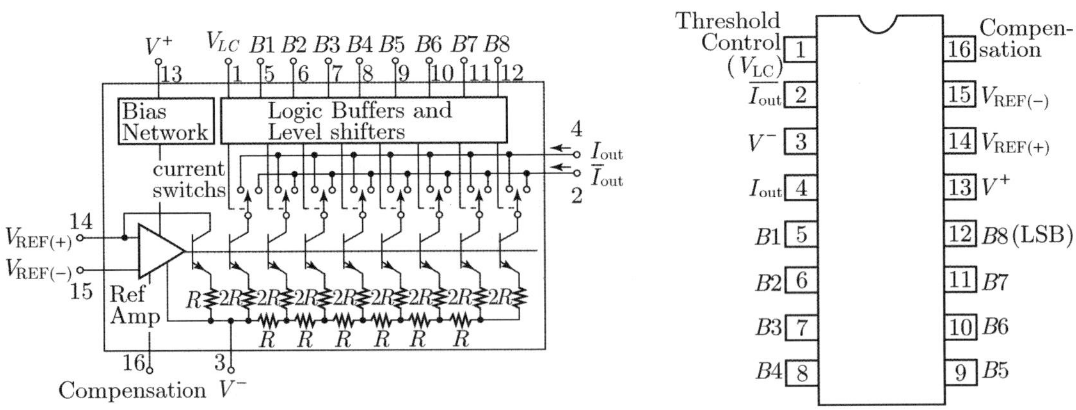

(a) 내부구조 (b) 핀 배치

그림 16-15 DAC 08의 핀 배치와 내부 구조

논리 문턱값 제어단자 V_{LC}(핀 1)는 DTL과 TTL 레벨에서는 접지하면 되고, 다른 논리 family인 CMOS나 ECL로 사용할 때는 각각에 따른 레벨 전압을 인가해야 한다. 결국 이 D/A 변환기는 TTL, DTL, CMOS, ECL, pMOS 등의 디지털 입력에도 대응할 수 있도록 만들어져 있다.

전원전압은 ±4.5~±18V의 범위에서 사용 가능하고, 전원 소비전력도 약 33mW (V_{CC}=±5V)로 매우 적다.

기준 전압 V_{REF}(핀 14, 15)는 전원전압 값까지 인가할 수 있지만 통상 5V나 10V를 사용한다.

그림 16-16은 전원전압 ±15V, 기준 전압 $V_{\mathrm{REF}}=10\,\mathrm{V}$, 기준 저항 =5kΩ으로 사용한 예이다. 기준 전류 I_{REF}는 $V_{\mathrm{REF}}/R_{\mathrm{REF}}=10\,\mathrm{V}/5\,\mathrm{k\Omega}=2\,\mathrm{mA}$이므로 전류출력 I_{FR}(full scale range)은 디지털 입력 $B_1 \sim B_8$이 $\mathrm{FF}_{16}(=11111111_2)$일 때

$$
\begin{aligned}
I_{\mathrm{FR}} &= I_{\mathrm{out}} + \overline{I}_{\mathrm{out}} = \frac{V_{\mathrm{REF}}}{R_{\mathrm{REF}}} \cdot \frac{1}{2^8}(2^7 D_7 + 2^6 D_6 + \cdots + 2D_1 + D_0) \qquad (16.12) \\
&= \frac{V_{\mathrm{REF}}}{R_{\mathrm{REF}}} \times \frac{255}{256} = I_{\mathrm{REF}} \times \frac{255}{256} \\
&= \frac{10\,\mathrm{V}}{5\,\mathrm{k\Omega}} \times \frac{255}{256} = 1.992\,\mathrm{mA}
\end{aligned}
$$

로 된다. 그러나 그림 16-16에서는 offset 2진수 입력에 대하여 아날로그 출력 V_{out}이 ±5V 얻어지도록 offset 전류 I_{OFF}(1mA)를 흘리고 있다.

따라서 디지털 입력 $B_1 \sim B_8$이 FF_{16}일 때 full scale 전류 I_{FR}은

$$
\begin{aligned}
I_{\mathrm{FR}} &= I_{\mathrm{out}} = \frac{V_{\mathrm{REF}}}{R_{\mathrm{REF}}} \cdot \frac{1}{2^8}(2^6 D_6 + 2^5 D_5 + \cdots + 2D_1 + D_0) \qquad (16.13) \\
&= \frac{V_{\mathrm{REF}}}{R_{\mathrm{REF}}} \times \frac{127}{256} \\
&= \frac{10\,\mathrm{V}}{5\,\mathrm{k\Omega}} \frac{\times 127}{256} \\
&= 0.992\,\mathrm{mA}
\end{aligned}
$$

로 되기 때문에 OP 앰프의 귀환저항 $R_f=5\,\mathrm{k\Omega}$으로 하면 출력전압 V_{out}은 full scale에서 $0.992\,\mathrm{mA} \times 5\,\mathrm{k\Omega} = 4.960\,\mathrm{V}$로 된다.

지금 디지털 입력 $B_1 \sim B_8$이 00_{16}일 때 출력전압 V_{out}은 $-5\,\mathrm{V}$로 된다. 즉

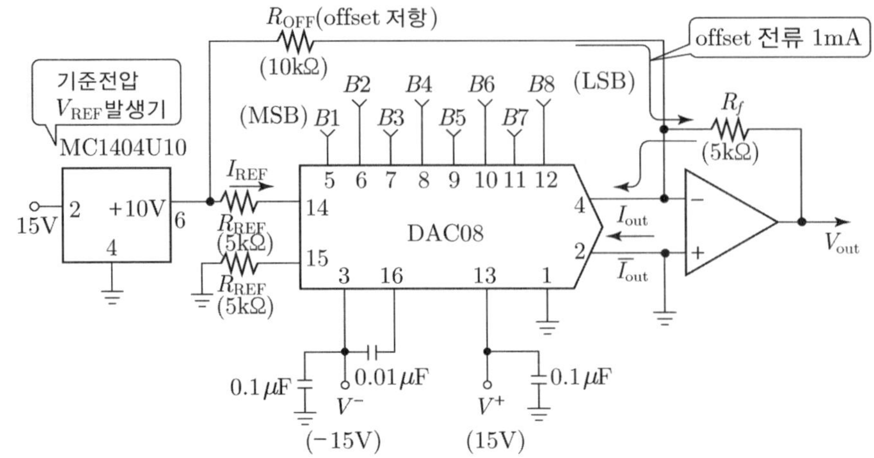

그림 16-16 DAC 08의 offset 2진 동작의 사용 예

$$I_{FR} = -I_{REF} \times \frac{128}{256} = -1\,\text{mA}$$

$$\therefore V_{out} = I_{FR} \times R_f = -1\,\text{mA} \times 5\,\text{k}\Omega = -5\,\text{V}$$

가 된다. 이들 관계를 표 16-4에 나타내었다.

표 16-4 offset 2입력 $B_1 \sim B_8$과 출력전압 V_{out}

	B_1	B_2	B_3	B_4	B_5	B_6	B_7	B_8	V_{out}[V]
양의 full scale	1	1	1	1	1	1	1	1	+4.960
zero scale	1	0	0	0	0	0	0	0	0.000
음의 full scale+1 LSB	0	0	0	0	0	0	0	1	−4.960
음의 full scale	0	0	0	0	0	0	0	0	−5.000

16-5 D/A 변환기의 특성

지금까지 설명해온 D/A 변환기는 다음의 5가지 특성, 즉 분해능(resolution), 직선성(linearity), 정확도(accuracy), settling time, 온도 특성(temperature sensitivity)에 의하여 성능을 판단할 수 있다.

1 분해능

D/A 변환기의 분해능은 출력에서 이산 단계 수의 역수이며, 입력 비트 수에 의해 결정된다. 예를 들어, 4비트인 경우 1/15의 분해능을 가지며, 백분율(%)로 표시하면 (1/15)×100 =6.67%이다. 비트의 수가 n일 때 이산 단계의 총수는 2^n-1이고, 분해능은 변환되는 비트 수로 표시할 수도 있다. 분해능은 디지털 입력 변화의 결과로 나타나는 아날로그 출력의 최소 변화로 정의된다. 각 출력 사이의 간격을 step size라 하며, 일반적으로 이것을 분해능이라 한다. 분해능을 백분율 분해능으로 표현하여 사용하기도 하는데, 백분율 분해능은 최대 출력(Full Scale Range: FSR)에 대한 step size의 백분율로 나타내기도 하고, 총 단계의 수에 대한 백분율로 나타내기도 한다. 이것은 전적으로 입력 비트의 수에만 의존하므로 입력 비트의 수가 많을수록 우수한 분해능을 가진다고 할 수 있다. 그러나 분해능이 아무리 우수하다고 해도 step size의 최대 1/2까지 발생할 수 있는 양자화 오차는 피할 수 없다.

예제 16-6

4비트 D/A 변환기의 최대 출력(FSR)이 15V인 경우 분해능과 백분율 분해능을 구하라.

✔ **풀이** ① 분해능은 다음과 같이 구할 수 있다.

$$\text{분해능(step size)} = \frac{\text{FSR}}{2^n-1} = \frac{15}{2^4-1} = 1\,\text{V}$$

② 최대 출력에 대한 step size의 백분율 분해능은 다음과 같이 구할 수 있다.

$$\text{백분율 분해능} = \frac{\text{step size}}{\text{FSR}} = \frac{1}{15}\times 100 = 6.67\%$$

예제 16-7

8비트 D/A 변환기의 백분율 분해능을 구하라.

✔ **풀이** 총 단계 수에 대한 백분율 분해능은 다음과 같이 구할 수 있다.

$$\text{백분율 분해능} = \frac{1}{2^n-1}\times 100 = \frac{1}{2^8-1}\times 100 = \frac{1}{255}\times 100 = 0.39\%$$

2 직선성

이상적인 D/A 변환기에서는 디지털 입력의 수치 크기에 비례하여 아날로그 출력이 증가한다. 그러나 실제의 D/A 변환기에서는 그림 16-17의 점으로 나타낸 것과 같이 조금 벗어난다. 이 특성을 그리려면 D/A 변환기에 디지털 입력을 인가하고 그때의 아날로그 출력값을 plot하면 된다.

어떤 점에서는 ϵ만큼의 직선오차가 있다. 지금 디지털 입력인 LSB의 1비트 변화에 대한 아날로그 출력 변화량을 Δ라고 하면 변환기의 직선성은 ε/Δ에 의해 정의할 수 있다.

통상은 $|\varepsilon| < \Delta/2$, 즉 오차가 $\pm(1/2)$LSB 이내인 것이 필요조건이다.

이 오차는 조정이 불가능하기 때문에 양질의 변환기나 외부 부품을 선택하는 방법밖에 없다.

3 정확도

변환기의 정확도란 실제 아날로그 출력과 이상적인 특성 출력과의 차를 기준으로 한다. 따라서 직선성의 결여도 정확도를 나쁘게 하고, 양자화 오차도 정확도를 나쁘게 한다. 일반적으로 정확도는 full scale에 대한 오차의 비율, 즉 상대 정도로 나타내는 경우 많다.

정확도를 나쁘게 하는 오차의 원인으로서는 기준 전압 V_{REF}나 증폭기의 이득, 증폭기의 offset 전류의 부정확 등이 많다.

따라서 이들 조정 가능의 오차는 자동 0(zero) 보상회로, 온도 보상, 부귀환 기술을 사용하여 억제하는 것이 필요하다.

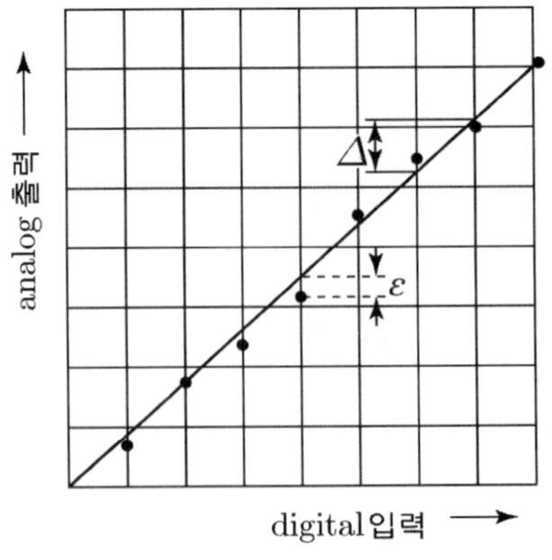

그림 16-17 D/A 변환기의 직선성

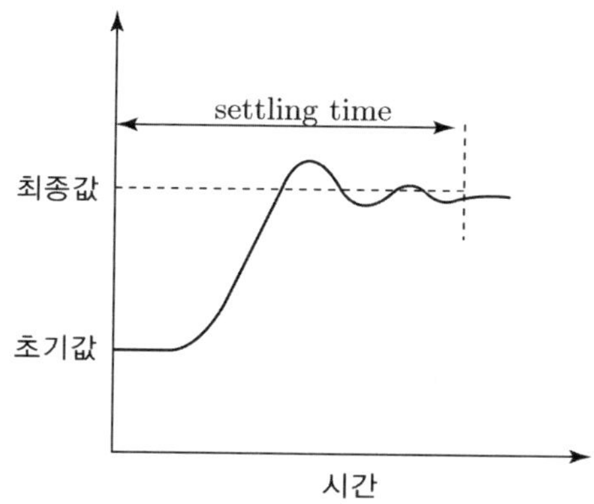

그림 16-18 D/A 변환기의 settling time

대표적인 상대 정도는 full scale의 0.2%±(1/2)LSB이다.

4 settling time

D/A 변환기에서 디지털 입력이 변화하면 아날로그 출력이 어떤 값에서 다음 값으로 점프한다. 이때 회로의 분포 용량이나 lead선의 인덕턴스 때문에 과도현상이 일어나 상당한 시간에 걸쳐 지속될 수 있다. 또 스위치 자체나 트랜지스터의 특성에 의해 과도적인 진동 전압이 발생한다. 이 상태를 그림 16-18에 나타내었다.

이것을 보면 최종 출력값에 도달할 때까지 일정 시간이 필요할 뿐만 아니라 진동을 일으키고 있는 것을 알 수 있다.

디지털 입력의 변화로부터 아날로그 출력이 최종 값에 충분히 가까워질 때까지의 시간 간격을 settling time이라 한다. 소위 아날로그 출력의 추종 성능이다.

일반 D/A 변환기에서는 최종 값의 0.2%까지 떨어지는데 100~500ns 정도의 시간이 걸린다. DAC 08의 settling time은 85ns로 나타나 있다.

5 온도 특성

디지털 입력이 변화하지 않고 일정해도 아날로그 출력은 온도와 함께 변화하는 요소를 갖고 있다. 온도 계수는 일반적으로 ±1.5 ppm/℃~±50 ppm/℃의 범위이다.

전체적인 온도 특성은 기준 전압, 저항부품, OP 앰프, offset 전압의 온도 특성에 의존한다.

Chapter 16 연습문제

1. 그림 16–3에 나타낸 OP 앰프 증폭회로에서 $R_1 = 10\,\mathrm{k\Omega}$, $R_f = 100\,\mathrm{k\Omega}$으로 했을 때 전압증폭도를 구하라.

2. 2진 하중 저항에 의한 6비트 D/A 변환기가 있다. MSB의 저항값이 $10\,\mathrm{k\Omega}$일 때 LSB의 저항값은 얼마인가?

3. 그림 13–6을 참조하여 7비트 하중 전류가산형 D/A 변환기를 만들고, $V_{\mathrm{REF}} = 8\,\mathrm{V}$, $R_f = 10\,\mathrm{k\Omega}$, $R_0 = 400\,\mathrm{k\Omega}$으로 했을 때, $D_6 \sim D_0 = 1011001$을 인가했을 경우의 아날로그 출력을 구하라.

4. 그림 16–7을 토대로 $R = 800\,\mathrm{k\Omega}$, $V_{\mathrm{REF}} = 8\,\mathrm{V}$, $R_f = 20\,\mathrm{k\Omega}$인 BCD 두 자리의 D/A 변환기를 만들라. 그리고 디지털 입력이 $b_3b_2b_1b_0a_3a_2a_1a_0 = 10010110$일 때의 아날로그 출력전압을 구하라.

5. 그림 16–8은 offset된 D/A 변환기이기 때문에 디지털 입력은 offset 2진수여야 한다. 만약 이 회로에 2의 보수 표현인 디지털 입력을 인가했다면 아날로그 출력은 어떻게 될까?

6. 그림 16–12를 참고로 8비트의 $R-2R$ 사다리형 D/A 변환기를 만들라. 단, $V_{\mathrm{REF}} = 10.2\,\mathrm{V}$가 되도록 하라. 또 이 회로에 디지털 입력 $D_7 \sim D_0 = \mathrm{BF}_{16}$을 인가한 경우의 아날로그 출력 V_{out}을 구하라.

7. 그림 16-13의 전류 구동형 $R-2R$ 사다리회로에서 $V_{REF}=10\,\mathrm{V}$, $R=10\,\mathrm{k\Omega}$으로 했을 때, $D_3D_2D_1D_0=1100$을 인가했을 경우의 아날로그 출력 V_{out}을 구하라.

8. 그림 16-16의 회로는 offset된 D/A 변환기이다. offset 2진 입력 $B_1 \sim B_8 = A4_{16}$이 인가되었을 때의 아날로그 출력 V_{out}을 구하라.

9. 8비트 D/A 변환기의 최대 출력(FSR)이 $15\,\mathrm{V}$인 경우 분해능과 백분율 분해능을 구하라.

10. 16비트 D/A 변환기의 백분율 분해능을 구하라.

Chapter 17 A/D 변환기

A/D 변환기는 D/A 변환기와 반대로 아날로그 신호를 입력하면 이에 대응하는 2진 디지털 신호 출력이 얻어지는 장치로서, 대개 단독으로 사용하지 않고 그 주변 회로가 필요하므로 D/A 변환기보다 회로가 복잡하고 그 종류도 다양하다. 대부분 A/D 변환기는 D/A 변환기를 포함하고 있다.

A/D 변환기의 성능은 입력 신호의 크기 변화에 대한 감지 정도를 나타내는 분해능과 신호를 수집하는 시간 간격을 의미하는 샘플링 주파수에 의해 결정된다.

이 장에서는 A/D 변환기의 기본 원리를 알아보고, 연속 근사(successive approximation), 플래시(flash), 카운터 램프(counter lamp)형, 이중 적분형 A/D 변환기의 특성을 소개한다.

17-1 A/D 변환기의 구성

A/D 변환기는 그림 17-1과 같이 연속된 아날로그 입력을 불연속적인 디지털 출력으로 변환하는 회로이다. 이때 중요한 것은 어느 범위 내의 아날로그 입력을 몇 비트의 디지털 값으로 변환할 수 있느냐 하는 것이다. 즉, A/D 변환기의 분해능이다. A/D 변환기의 분해능이란 디지털 출력 1비트에 대응하는 아날로그 입력의 변화량, 즉 그림 17-1의 1 step에 해당하는 아날로그 전압의 최소 단위인 것이다.

$$\text{A/D 변환기의 분해능} = \frac{\text{FSR}}{2^n - 1}$$

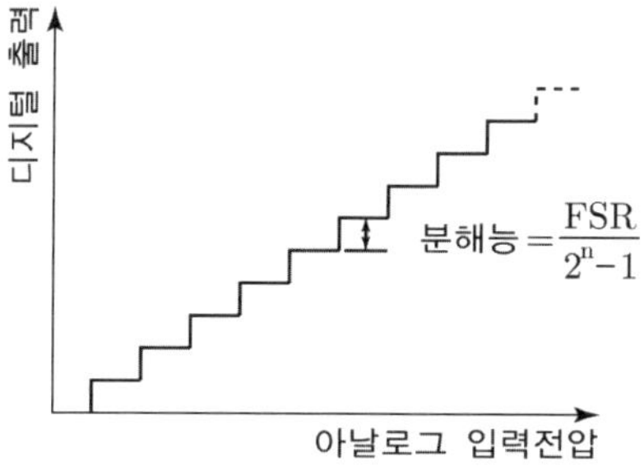

그림 17-1 A/D 변환기의 분해능

예제 17-1

입력전압의 범위 FSR(full scale range)이 0∼5 V인 10비트 A/D 변환기의 분해능은 얼마인가?

✔ **풀이** 10비트이기 때문에 디지털 출력의 step 수는 $2^{10} = 1024$이다. 따라서 1 step당 아날로그 전압의 변화량, 즉 분해능은 $\mathrm{FSR}/2^n - 1 = 5\,\mathrm{V}/1023 = 4.88\,\mathrm{mV}$이다.

그런데 아날로그 입력이 인가되고 나서 디지털 출력값이 얻어지기까지는 변환시간이 필요한데, 디지털 출력의 step 수가 많을수록 변환시간이 길어진다. A/D 변환기의 목적에 따라서 변환시간이 짧은 것이 요구될 수 있다. 그리고 단위시간당 A/D 변환 횟수를 변환율이라 하는데, 분해능을 낮게 하면 변환율은 낮아진다.

A/D 변환기를 절약하기 위해서 복수 개의 아날로그 입력을 하나의 A/D 변환기에 인가하는 경우가 있는데, 이때에는 아날로그 멀티플렉서가 필요하다. 아날로그 멀티플렉서란 여러 개의 아날로그 입력 중에서 하나를 선택해서 출력하는 선택 회로이다.

그리고 선택된 아날로그 입력전압은 A/D 변환이 끝날 때까지 그 전압을 일정하게 유지해야 한다. 시시각각 변화해가는 아날로그 전압의 어느 순간값을 표본화(sampling)하여 이것을 일정 시간 hold하기 위한 회로가 sample and hold 회로이다. 이렇게 하여 변환시간 동안은 일정 전압으로 유지된 아날로그 입력을 다음의 A/D 변환기에 인가하는 것이다.

이상과 같이 A/D 변환기는 일반적으로 그림 17-2와 같은 구성도로 나타낼 수 있다. 물론 단일 아날로그 입력인 경우 아날로그 멀티플렉서는 필요하지 않고, sample and hold 회로가 필요하지 않은 적분형이나 병렬비교형 A/D 변환기도 있다.

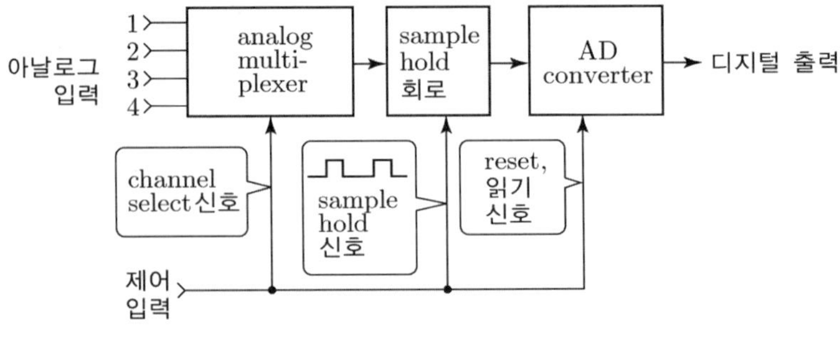

그림 17–2 A/D 변환기의 일반적 구성

1 분해능과 양자화 오차

A/D 변환기에서 분해능과 변환속도는 가장 기본적인 성능지표이다. A/D 변환기는 신호의 최대 주파수에 의해 변환속도(sampling clock 주파수)가 결정되며, 신호를 어느 정도 세밀하게 분해할 수 있는가 하는 분해능은 2의 제곱 비트 수 빼기 1로 표시된다. 8비트의 A/D 변환기인 경우 $1/2^8-1=1/255 \fallingdotseq 0.4\%$의 세밀도로 신호를 분해할 수 있다.

예를 들어서 0~0.8V 범위의 아날로그 전압을 3비트의 디지털 출력으로 변환하는 경우를 생각해보자. 3비트의 디지털 출력은 2^3, 즉 8 step으로 된다. 이 변환 특성을 도시하면 그림 17-3과 같이 두 종류의 경우가 있다. 그림 17-3(a)는 절사형(잘라버림)이라는 변환 특성으로서, 입력전압이 0.0~0.1V인 범위를 디지털 출력 000, 0.1~0.2V를 001, … 등으로 변환하여 full scale인 0.8V까지의 아날로그 값으로 변환한다. 이 방법은 매우 간단하지만 변환 오차가 크다는 단점이 있다.

따라서 변환 오차를 작게 하려면 그림 17-3(b)의 offset형 쪽이 우수하다. 두 개 모두 분해능은 $0.8\text{V}/7 \fallingdotseq 0.1\text{V}$이다. 즉, A/D 변환된 디지털 값은 1 LSB를 단위로 하여 8개의 불연속적인 값으로 되어 있다. 이것을 양자화(quantization)되었다고 한다.

양자화에 의해 연속적이 양을 불연속적인 양으로 변환하는 경우에는 반드시 오차가 생긴다. 위 예에서 이 오차의 최댓값은 ±0.05V이다. 결국 이 값은 (1/2)·LSB에 상당한다. 이 오차를 양자화에 따른 피할 수 없는 오차라는 의미에서 양자화 오차라 한다.

그림 17-3(b) offset형에서는 최대 입력전압이 0.8V이어도 0.75V까지밖에 변환할 수 없고, 이 이상의 아날로그 입력은 OVR(over range)로 되어버린다. 예를 들면 아날로그 입력이

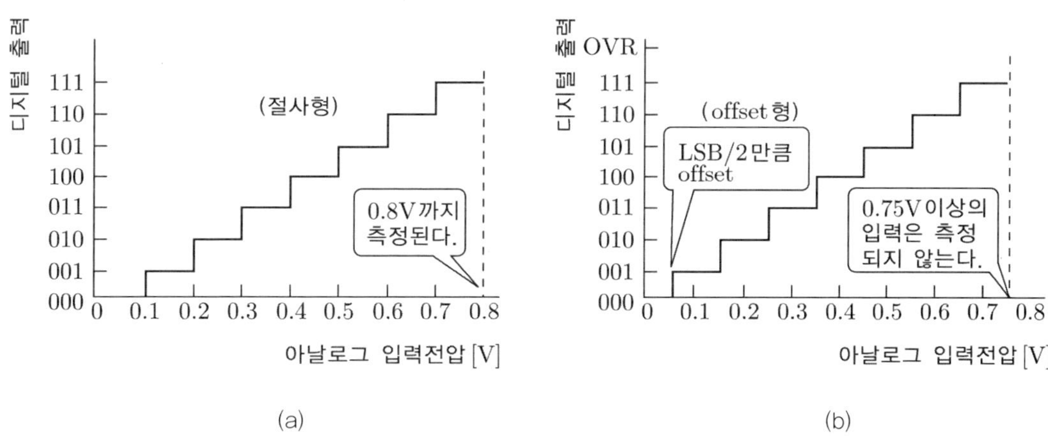

그림 17-3 A/D 변환기의 변환 특성

0.2V±0.05V 범위의 전압을 offset형에서는 디지털 값 010으로 변환하는 데 비해서 절사형에서는 입력이 0.2V보다 조금이라도 작으면 출력은 001로 되기 때문에 offset형 쪽이 오차가 작다는 것을 알 수 있다. 단, offset형에서는 입력전압 범위를 full scale까지 이용할 수 없고, (full scale)-(1/2) LSB까지만 이용할 수 있다. 이것을 실현하는 구체적인 방법에 대해서는 다음 절에서 설명한다.

2 sample and hold 회로

sample and hold 회로는 그림 17-4에 나타낸 것과 같이 제어신호에 의해 sample과 hold 두 개의 동작을 수행하는 회로이다.

① sample 동작

그림 17-4(a)에서 스위치가 위쪽으로 ON된 기간이 sample 시간이고, 아날로그 전압을 출력에 전달하는 동작이다.

통상은 이 기간에 커패시터 C를 충전하며, 입력 전압값을 동시에 기억하도록 하고 있다.

② hold 동작

그림 17-4(a)의 스위치가 아래쪽으로 ON된 기간이며, 아날로그 입력은 차단되고, 커패시터에 기억된 아날로그 전압을 일정하게 유지하는 동작이다.

구체적으로는 그림 17-4(b)와 같이 MOS FET 등의 gate에 제어신호를 인가함으로써 FET를 스위치 동작시키고 있다. 이 상태를 나타낸 것이 그림 17-5이다.

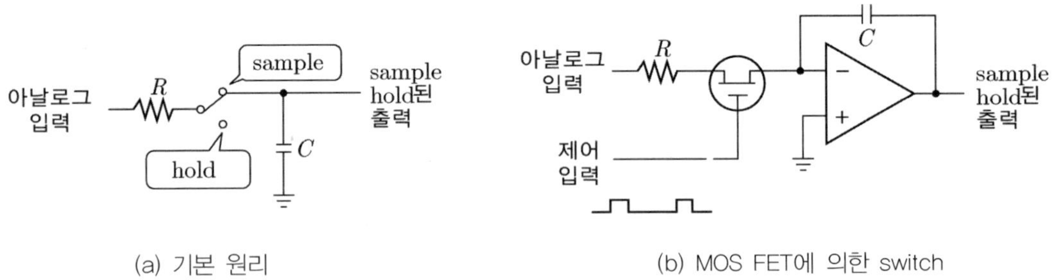

그림 17-4 sample and hold 회로

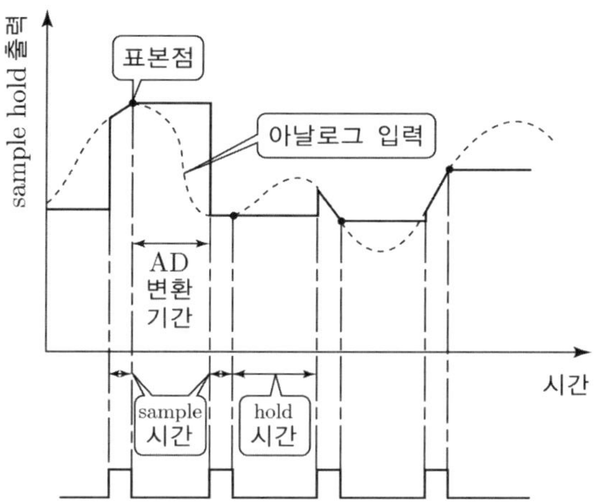

그림 17-5 sample and hold 회로의 출력파형

그림에서 점선파형이 아날로그 입력파형이다. 이 전압이 sample and hold 회로에 인가되면 실선 파형과 같이 된다. 즉, sample 기간에 아날로그 전압값을 표본화하고, hold 기간은 이 값을 일정하게 유지시키고 있는 것을 알 수 있다. 이 hold 기간 중에 A/D 변환기가 동작하여 A/D 변환이 수행되는 것이다.

그런데 이 sample and hold 회로의 출력파형을 좀 더 상세하게 나타낸 것이 그림 17-6이다. 우선, 제어신호에 의해 sample 전압이 인가되었을 때 출력전압이 즉시 아날로그 입력전압을 따르지 않고 조금 지연된 후에 입력전압을 따르는 것이다. 이 지연 시간을 취득시간(acquisition time)이라 한다.

이 원인은 hold용 커패시터 C를 충전하기 위해서 시간이 걸리기 때문이며, FET를 포함한 입력저항과 커패시터 C의 시상수로 결정된다.

따라서 제어신호의 sample 시간은 회로의 취득시간보다도 길게 해야 되는 것은 당연하고, 또 hold 시간은 A/D 변환기의 변환에 필요한 시간보다도 길게 해야 한다.

다음에 제어신호가 hold 기간에 있을 때 출력전압은 표본점의 전압값을 유지하고 있어야 하지만 실제로는 그림 17-6과 같이 서서히 감소해가는 특성을 갖는다. 이것을 droop라 한다. 이 원인은 hold 커패시터 전하가 OP 앰프의 bias 전류나 FET의 누전에 의해 방전되어 단자전압이 낮아지기 때문이다. 이 droop는 직접 A/D 변환기의 변환오차가 되므로 양자화 오차 이내에서 제어할 필요가 있다.

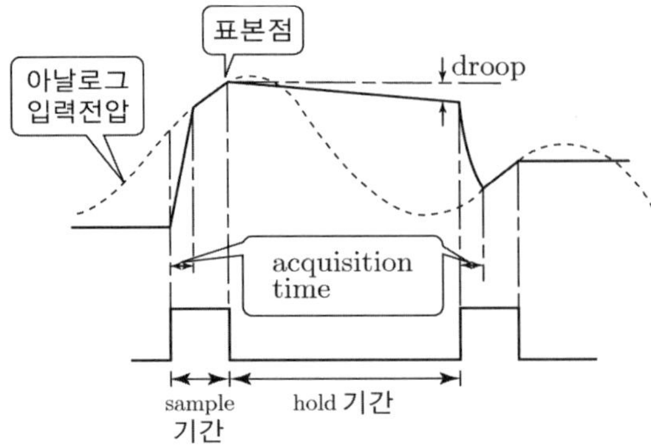

그림 17-6 실제의 sample and hold 회로의 출력파형

17-2 카운터 ramp형 A/D 변환기

가장 간단한 원리의 A/D 변환기가 ramp형 A/D 변환기이며, 3비트인 경우의 구성을 그림 17-7에 나타내었다

8진 카운터는 클록 입력마다 count up하지만 그 입력 펄스는 AND 게이트에 의해 제어되도록 되어 있다.

8진 카운터의 디지털 출력은 3비트 D/A 변환기에 의하여 아날로그 전압 V_{out}으로 변환되며, offset 전압[(1/2 LSB)]을 가산한 후 비교기에 인가되고 있다. 이 전압 V_0와 sample and hold된 아날로그 입력전압 V_a가 OP 앰프의 비교기에서 비교된다. $V_a > V_0$이면 비교기의 논리 출력은 1, $V_a < V_0$이면 논리 출력은 0으로 된다.

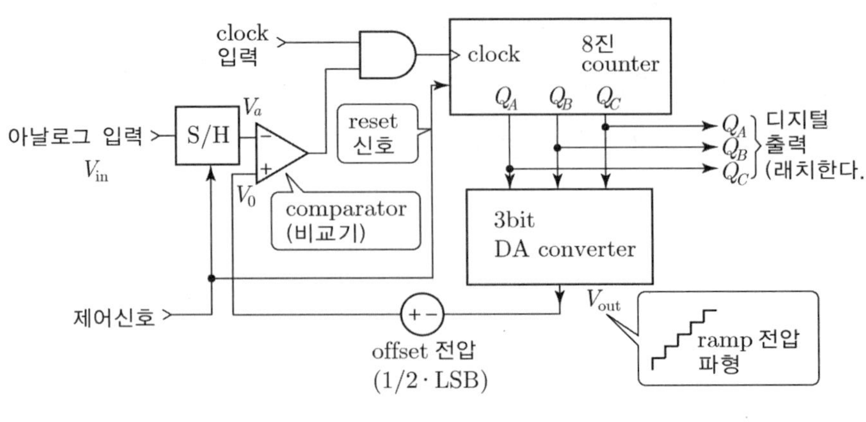

그림 17-7 3비트 카운터 ramp형 A/D 변환기

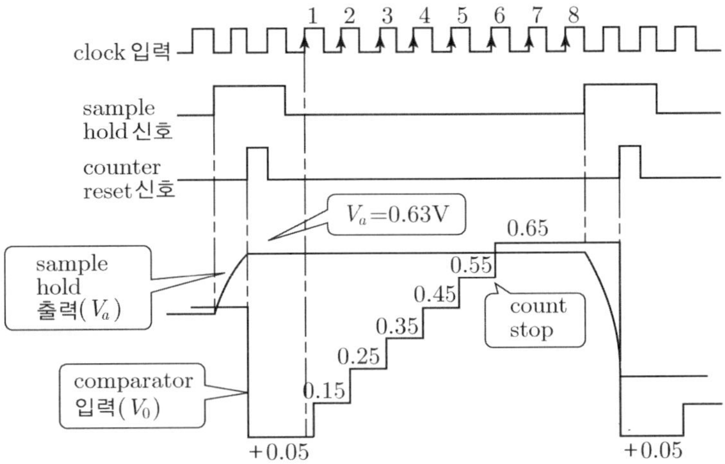

그림 17-8 카운터 ramp형 A/D 변환기의 동작 time chart

따라서 $V_a > V_0$이면 AND 게이트 출력이 1이 되어 클록이 카운터에 인가되지만 $V_a < V_0$로 되면 AND 게이트 출력이 0이 되어 카운터는 정지한다.

그러면 그림 17-8의 동작 time chart를 보면서 이 A/D 변환기의 동작 원리를 알아보기로 하자. 이 회로는 그림 17-3(b)의 offset형 A/D 변환기를 가지고 있고, 이것을 종합한 것이 표 17-1이다.

이 표를 보면 아날로그 입력전압 범위가 0~0.75 V이고, 이것에 대응하여 000~111까지의 디지털 출력이 얻어지도록 되어 있다. 카운터 출력 $Q_CQ_BQ_A$는 D/A 변환기에 의해 0~0.7 V의 아날로그 전압인 V_{out}으로 변환되며, 여기에 offset 전압 0.5 V[(1/2) LSB]를

표 17-1 카운터 ramp형 A/D 변환기 각 부의 출력

행 번호	아날로그 입력전압 V_{in}[V]	카운터 출력 (디지털 출력)			D/A 변환기 출력전압 V_{out}[V]	비교기 입력전압 V_0[V]
		Q_c	Q_B	Q_A		
1	0.00~0.05	0	0	0	0.0	0.05
2	0.05~0.15	0	0	1	0.1	0.15
3	0.15~0.25	0	1	0	0.2	0.25
4	0.25~0.35	0	1	1	0.3	0.35
5	0.35~0.45	1	0	0	0.4	0.45
6	0.45~0.55	1	0	1	0.5	0.55
7	0.55~0.65	1	1	0	0.6	0.65
8	0.65~0.75	1	1	1	0.7	0.75

더한 것이 비교기 입력 V_0로 되어 아날로그 입력 V_a와 비교된다.

처음에 카운터는 리셋되어 있고, 000의 상태에서 시작하는 것으로 하자. 이때 아날로그 입력 V_{in}도 sample and hold 신호에 의해 표본화되어 일정 전압으로 hold되어 있는 것으로 하고, 이 hold 전압 V_a를 0.63 V라고 가정하자.

최초의 카운터 출력은 000이기 때문에 D/A 변환기 출력도 0 V로 되지만 비교기 입력 V_0는 0.05 V로 된다. 이 V_0와 아날로그 입력 V_a가 비교되면 분명히 $V_a > V_0$이기 때문에 AND 게이트 출력이 1이 되어 카운터로 클록이 들어오므로 그 출력 $Q_CQ_BQ_A$는 001로 된다.

이것이 D/A 변환기를 지나 0.15 V가 되어서 비교기 입력단자로 귀환된다. 다시 여기서 V_a와 V_0가 비교되어 $V_a > V_0$인 것을 알 수 있으므로 카운터는 1 count up하고, D/A 변환기 출력 V_{out}도 1 step 상승한다. 비교기 입력 V_0는 0.25 V로 되어 다시 귀환된다.

이렇게 하여 V_0가 0.65 V에 도달하면 $V_a < V_0$로 되어 AND 게이트 출력이 0이 되어 카운터는 정지한다. 이때의 카운터 출력 $Q_CQ_BQ_A$가 A/D 변환기의 디지털 출력(110)이다. 결국 hold 기간에 들어와서 6번째의 클록 펄스에서 계수는 종료한다. 카운터는 바로 리셋되므로 그 전에 데이터를 레지스터로 래치할 필요가 있다.

그러나 이 A/D 변환기에서는 최대 입력전압 시 8개의 클록이 종료하고 나서 hold 기간이 종료되고, 다음 sampling을 개시할 수 있다. 따라서 n비트에서는 클록 주기의 2^n배 변환시간이 필요하므로 고속화는 곤란하다. 이 특징을 종합하면 다음과 같다.

① 계수시간이 길다.
② 입력전압의 크기에 따라 변환시간이 바뀌므로 일정하지 않다.
③ 회로는 간단하고 가격이 저렴하다.
④ 카운터 및 D/A 변환기로 이용할 수 있다.

만약 D/A 변환기 출력 V_{out}을 offset하지 않으면 어떻게 되는가 확인해보자. 지금 V_a가 0 V보다 조금 높은 전압, 예를 들어 0.01 V라고 가정하자. 카운터는 000에서 시작하기 때문에 D/A 변환기 출력 V_{out}은 0 V이고, 비교기 입력 V_0도 0 V이다. 따라서 $V_a > V_0$로 되어 카운터에 1이 들어가 D/A 변환기 출력은 0.1 V로 되고, 카운터는 정지한다.

이 결과 디지털 출력 $Q_CQ_BQ_A$는 001로 된다. 여기서 양자화 오차가 거의 1 LSB로 되어 버린다.

그래서 offset 전압에 (1/2) LSB(=0.05 V)를 부여해두면 $V_a > 0.05$ V로 될 때까지 계수하지 않고, 디지털 출력 000이 계속 유지된다.

예제 17-2

8비트 카운터 ramp형 A/D 변환기가 있다. 카운터의 전파 지연 시간 180ns, D/A 변환기의 전파 지연 시간 200ns, 비교기의 지연 시간을 40ns로 하여 다음 값을 구하라.

① 최대 클록 주파수 f_{max}

② 아날로그 입력이 최댓값일 때의 변환시간 t_c

③ 변환율의 최솟값

✔ **풀이** ① 클록 주기의 최솟값을 T_{cmin}이라 하면 $f_{max} = 1/T_{cmin}$이다. 그런데 T_{cmin}은 각 회로의 지연시간 합이므로

$$T_{cmin} = (180 + 200 + 40)\,\text{ns} = 420\,\text{ns}$$

$$\therefore f_{max} = \frac{1}{T_{cmin}} = \frac{1}{420\,\text{ns}} = 2.38\,\text{MHz}$$

② 아날로그 입력이 최댓값인 경우 변환시간 t_c는

$$t_c = 2^n \times T_{cmin} = 2^8 \times 420\,\text{ns} = 107.5\,\mu\text{s}$$

③ 변환율의 최솟값은 최대 변환시간의 역수이기 때문에 $\frac{1}{t_c} = \frac{1}{107.5\,\mu\text{s}} = 9.3\,\text{kHz}$이다. sampling 정리에 의하면 현재의 경우 $9.3\,\text{kHz}/2 = 4.65\,\text{kHz}$ 이상의 높은 주파수를 갖는 아날로그 전압은 변환할 수 없게 된다.

17-3 2중 적분형 A/D 변환기

이 형태의 A/D 변환기는 디지털 전압계 등에 응용되는 저속용의 것으로서 그 구성도를 그림 17-9에, 동작파형을 그림 17-10에 나타내었다. 입력전압 V_a와 기준 전압 V_R 두 개의 전압이 각각 적분되므로 이것을 2중 적분형이라 한다. 이 회로는 적분회로, 비교기, 카운터회로, 스위치 등으로 구성되어 있고, 카운터 회로의 출력이 디지털 출력으로 된다. 지금 이 A/D 변환기는 시시각각 변화하는 아날로그 전압에 따라 A/D 변환하는 데 수십~수백 ms라는 매우 긴 시간을 요한다.

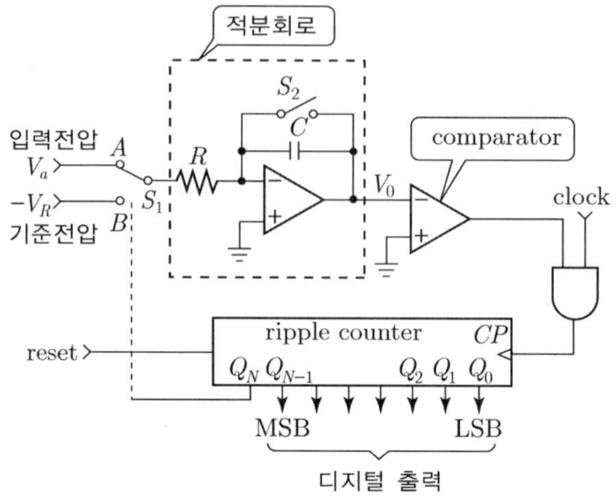

그림 17-9 2중 적분형 A/D 변환기

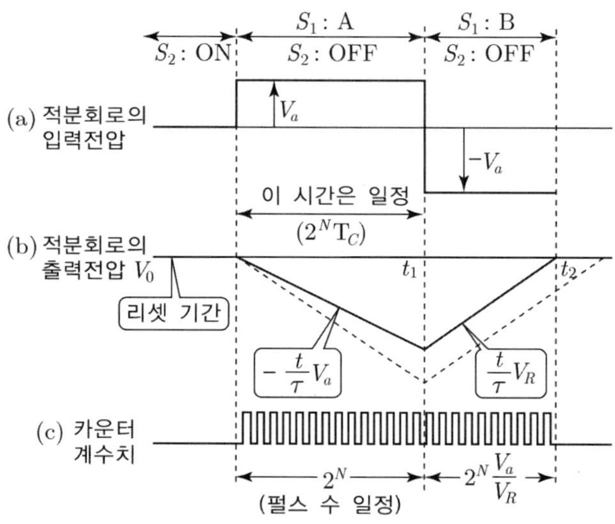

그림 17-10 2중 적분형 A/D 변환기의 동작도

그러면 이 회로의 동작을 살펴보자. 처음에 적분회로의 스위치 S_2는 ON으로 되어 있어 적분 커패시터 C의 전하는 방전되며, 또 카운터는 리셋되어 있는 상태에서 시작하자. 이 상태를 리셋 기간이라 한다.

다음에 변환 과정의 처음 시각 $t=0$에서 스위치 S_2가 OFF되고, 스위치 S_1이 A점에 접속되면 아날로그 전압 V_a가 적분회로에 인가된다. 여기서 적분회로의 시상수를 τ라 하면 그 출력전압 V_0는 다음 식에 따라 시간과 더불어 음의 방향으로 증가해가게 된다.

$$V_0 = -\frac{t}{\tau} V_a \tag{17.1}$$

이 변화를 나타낸 것이 그림 17-10(b)이다. 이때 비교기 출력은 H 레벨로 되므로 AND 게이트 출력은 1이 되고, 클록 펄스는 카운터에 인가된다.

$Q_0 \sim Q_{N-1}$까지의 N비트 카운터는 점점 계수값을 늘려가서 결국 2^N으로 되면 자리올림수를 출력하고, 리셋되어 0으로 된다. 이것에 의해 Q_N이 세트되며, 스위치 S_1을 제어해서 B점으로 전환할 수 있다. 이 시각이 t_1이다.

스위치 S_1이 B점으로 바뀌면 이번에는 음의 기준 전압 $-V_R$이 적분회로에 인가되기 때문에 적분회로의 출력전압 V_0는 양(+) 방향으로 상승해간다. 이 기간도 비교기 출력은 H이기 때문에 AND 게이트 출력은 1이 되므로 카운터는 계수값을 증가해간다. 그리고 적분회로의 출력 V_0가 0 V를 넘는 시각 t_2에서 카운터 입력은 중지된다. 왜냐하면 이때 비교기 출력은 L로 되어 AND 게이트 출력이 0이 되기 때문이다.

이렇게 하여 $Q_0 \sim Q_{N-1}$까지의 N단 ripple 카운터에 기억된 계수값은 입력 아날로그 전압 V_a에 비례하지만 적분회로의 τ와는 무관하다.

지금 클록 주기를 T_c라 하면 카운터가 시각 0에서 t_1까지 사이에 계수한 시간은 $2^N \times T_c$이다. 따라서 시각 t_1에서 적분회로의 출력전압 V_0는 식 (17.1)로부터

$$V_0 = -\frac{t_1}{\tau} V_a = -\frac{V_a}{\tau} 2^N T_c \tag{17.2}$$

로 된다. 또 시간 t_1에서 t_2까지의 기간에서 V_0의 변화식은

$$V_0 = \frac{t}{\tau} V_R \tag{17.3}$$

로 된다. 명확히 $t = t_2$일 때 다시 $V_0 = 0$으로 되기 때문에

$$V = \frac{t_2 - t_1}{\tau} V_R \tag{17.4}$$

이것은 식 (17.2)와 같은 셈이다.

$$\frac{t_2 - t_1}{\tau} V_R = \frac{V_a}{\tau} 2^N T_c \tag{17.5}$$

$$\therefore t_2 - t_1 = \frac{V_a}{V_R} 2^N T_c$$

즉, $(t_2 - t_1)$ 사이의 시간 내에 카운터에 누적된 계수값 n은

$$n = \frac{V_a}{V_R} 2^N \tag{17.6}$$

으로 된다. $V_a < V_R$인 한 카운터에는 2^N 이내의 수치 n이 들어오므로 n의 값으로부터 V_a를 직독할 수 있다.

카운터가 멈추면 $Q_0 \sim Q_{N-1}$의 카운터 출력은 레지스터에 래치하도록 해둔다. 그 직후 모든 플립플롭은 리셋되며, 적분회로의 커패시터 C도 스위치 S_2에 의해 방전된다. 그리고 적당한 리셋 기간이 지난 후 다음의 A/D 변환이 행해진다.

지금 카운터는 2진 리플 카운터보다도 10진 N자리 카운터를 사용하는 것이 직독에는 편리하다.

이 A/D 변환기의 특징은 다음과 같다.

① 클록 주파수의 변동, 적분회로의 시상수 τ의 정도나 변동은 하나의 A/D 변환기간 중에만 안정하면 변환의 정확도에 영향을 주지 않는다는 장점이 있다.

② 비교기의 offset 오차도 영향을 주지 않는다.

③ 아날로그 입력전압 V_a의 적분 기간 내에 들어오는 주기적인 교류 noise는 적분되므로 영향을 주지 않는다.

④ 적분용 커패시터의 누설저항, 유전체 손실은 오차의 원인으로 된다.

⑤ A/D 변환시간은 입력전압 V_a의 크기에 비례해서 증가한다. 이것은 카운터 ramp형과 같다.

⑥ 변환하려고 하는 아날로그 입력과 기준 전압은 역극성이어야 한다. 음·양 양극성의 아날로그 입력을 A/D 변환하려면 음·양 두 개의 기준 전압이 필요하다.

예제 17-3

$3\frac{1}{2}$ 자리의 2중 적분형 디지털 멀티미터에서 클록 펄스 주파수를 100kHz, 카운터의 최대 계수값을 2000으로 하면 최대 입력전압에서의 A/D 변환시간 t_c는 얼마인가?

풀이 아날로그 전압 V_a의 적분 기간은 카운터의 최대 계수값에 클록 펄스 주기 $T_c=(1/100\,\text{kHz})$를 곱한 것이기 때문에

$$2000\times10\,\mu\text{s}=0.02\,\text{s}$$

이다. 아날로그 입력전압이 최대일 때 기준 전압의 적분 기간도 동일 시간이 걸리므로 모든 A/D 변환시간 t_c는 0.04s로 된다. 실제로는 리셋 기간도 가산된다.

17-4 병렬비교형(플래시) A/D 변환기

영상신호의 디지털 처리나 고속 아날로그 전압 파형의 디지털 기억장치를 만들려면 수~수십 ns의 고속 변환이 필요하다. 그래서 고안된 것이 병렬비교형 A/D 변환기이다.

병렬비교형의 동작 원리는 그림 17-11에 나타낸 것과 같이, n비트의 예에서는 (2^n+1)개의 저항을 분할된 기준 전압과 아날로그 입력전압을 2^n개의 비교기로 비교하여 입력전압에 가장 가까운 비교 전압을 찾아내어 이것을 인코더에 인가하여 디지털 출력으로 변환하는 것이다. 그림 17-11에서 3비트이므로 9개의 저항과 8개의 비교기가 필요하다.

병렬비교형 A/D 변환기는 플래시(flash) 변환기라 하며, 그 특징은 변환의 고속성에 있다. 변환시간은 비교기와 인코더 회로의 전파 지연 시간으로 결정된다. 현재 변환시간이 6비트에서 10 ns, 8비트에서 35 ns, 9비트에서 45 ns인 변환기가 있다. sampling 정리에 의하면 변환율이 100 MHz(변환시간 10 ns의 역수)인 변환기에서는 최고 50 MHz의 입력이 A/D 변환 가능한 셈이지만 실제로는 이보다 작다.

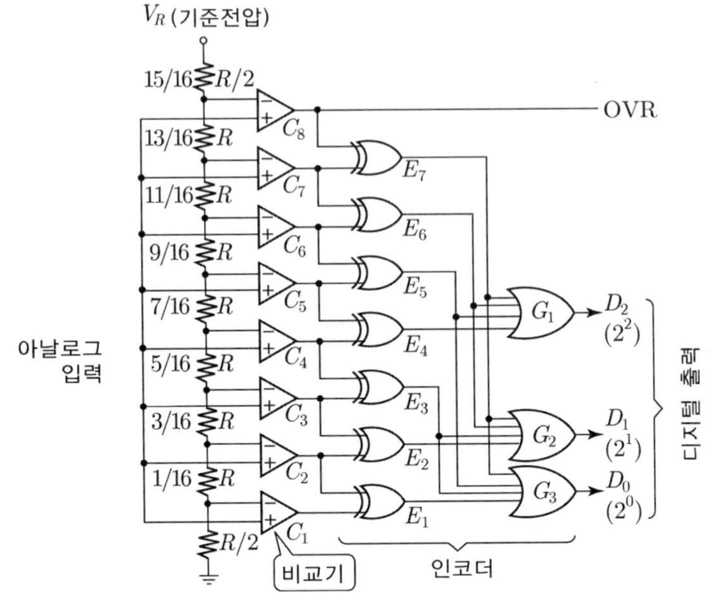

그림 17-11 3비트 병렬비교형 A/D 변환기

comparator 출력	C_8	0	0	0	0	0	0	0	0	1
	C_7	0	0	0	0	0	0	0	1E_7	1
	C_6	0	0	0	0	0	0	1E_6	1	1
	C_5	0	0	0	0	0	1E_5	1	1	1
	C_4	0	0	0	0	1E_4	1	1	1	1
	C_3	0	0	0	1E_3	1	1	1	1	1
	C_2	0	0	1E_2	1	1	1	1	1	1
	C_1	0	1E_1		1	1	1	1	1	1
2진 출력	2^2	0	0	0	0	1	1	1	1	O
	2^1	0	0		1	0	0	1	1	V
	2^0	0	1	0	1	0	1	1	1	R

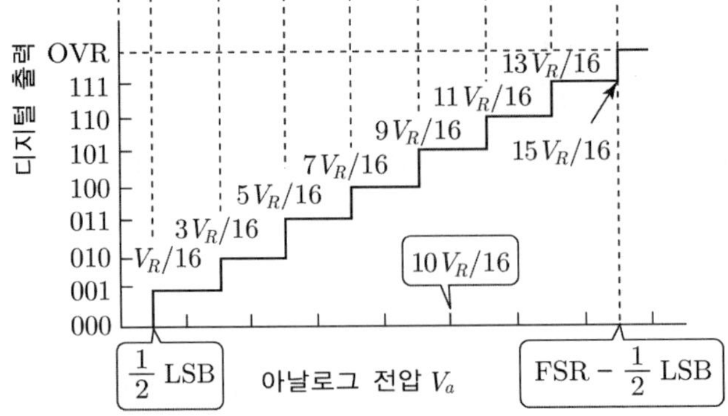

그림 17-12 3비트 병렬비교형 A/D 변환기의 동작

병렬비교형에서는 sample and hold 회로를 사용하지 않고 직접 입력한다.

이 회로의 결점은 비교기를 많이(2^n개) 필요로 하기 때문에 소비전력이 많다는 점이다.

그러면 그림 17-11에 대한 동작을 살펴보자. 우선 기준 전압 V_R은 9개의 저항으로 분압하여 $C_8 \sim C_1$의 각 비교기 역상 입력단자에 인가한다. 단, 최상위와 최하위 저항은 $R/2$로 되어 있는 것에 주의하라. 이것은 그림 17-12에 나타낸 offset형의 변환 특성을 얻기 위해서이다.

따라서 비교기의 역상입력 기준 전압은 상위로부터 $15V_R/16$, $13V_R/16$, $11V_R/16$, ⋯, $3V_R/16$, $V_R/16$로 되어 있다.

이 때문에 아날로그 입력전압이 (FSR-(1/2) LSB)를 넘으면 over range로 되며, 비교기 C_8에서 직접 OVR 출력이 나오도록 되어 있다.

예를 들면, 아날로그 입력전압 $V_a = 10V_R/16$을 인가한 경우를 살펴보자. 이것에 의해 비교기 출력은 $C_8C_7C_6C_5C_4C_3C_2C_1 = 00011111$로 된다. 이 상태는 그림 17-12 상부의 표 속에 나타내고 있다. 이 판정 결과로부터 디지털 출력이 $D_2D_1D_0 = 101$로 되면 된다.

그런데 그림 17-11의 exclusive-OR 게이트 출력 $E_7 \sim E_1$은 그림 17-12의 표 속에 기입한 부분의 논리출력을 의미하고 있다. 예를 들면, 출력 E_5는 C_6과 C_5의 exclusive-OR 출력이기 때문에 C_5행 좌단의 1에 속한다.

$D_2 = 1$로 되는 것은 표로부터 E_4, E_5, E_6, E_7 중 어느 하나가 1로 될 때이기 때문에 $D_2 = E_4 + E_5 + E_6 + E_7$로 나타낼 수 있다.

다음에 $D_1 = 1$로 되는 것은 E_2, E_3, E_6, E_7 중 어느 하나가 1로 될 때이기 때문에 $D_1 = E_2 + E_3 + E_6 + E_7$로 된다.

마지막으로 $D_0 = 1$로 되는 것은 E_1, E_3, E_5, E_7 중 어느 하나가 1로 될 때이기 때문에 $D_0 = E_1 + E_3 + E_5 + E_7$로 된다.

이와 같이 생각하면 그림 17-11의 인코더 회로의 동작을 이해할 수 있다.

이상과 같이 하여 $C_8 \sim C_1 = 00011111$일 때에는 $D_2D_1D_0 = 101$로 되는 셈이다. OVR 출력은 이 변환기 단독으로 사용하는 경우에는 필요하지 않고, 비교기 C_8도 생략할 수 있다. 그러나 그림 17-13과 같이 3비트 변환기 두 개를 직렬로 사용하여 4비트의 A/D 변환기를 만들 때 OVR 출력이 유용하다.

또한 수 비트의 변환기를 만들려면 6비트의 경우 상위 3비트와 하위 3비트로 나누어 2개의 A/D 변환기를 사용해서 비교기의 수를 절약하는 방법도 있다.

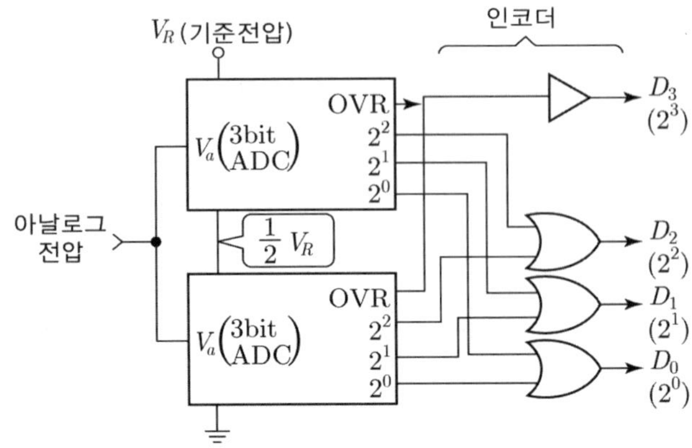

그림 17-13 4비트 병렬비교형 A/D 변환기

- TLC5510

플래시 A/D 변환기의 예로 TLC5510을 들었다 TLC5510은 2V 최대 범위의 아날로그 입력을 가지며, 8비트 분해능을 가진다. 초당 최대 20M 샘플 정도의 변환율을 나타낸다. 플래시 방식으로 구동되며, 이러한 플래시 구조로 인하여 전력 소모를 줄일 수 있고, 2단계 변환 과정으로 되어 있어 비교기 수를 현저히 줄일 수 있는 장점이 있다. TLC5510은 주로 디지털 TV, 의료 영상, 화상 회의, 고속 데이터 압축, QAM 복조기 등에 많이 이용되며, 그림 17-14에 핀 배치도를 나타내었다.

TLC5510의 기능 블록을 그림 17-15에 나타내었다.

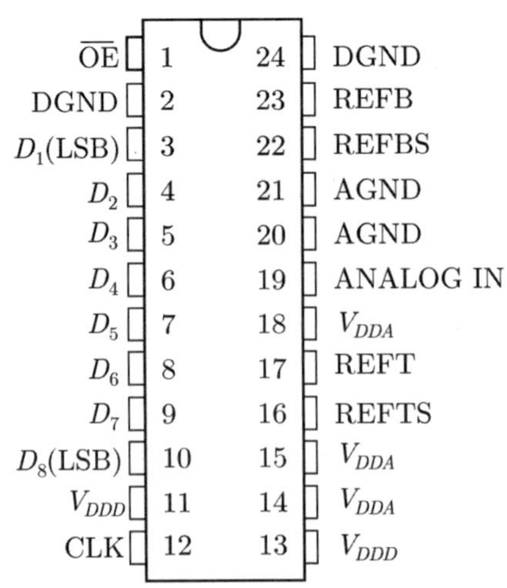

그림 17-14 TLC5510의 핀 배치도

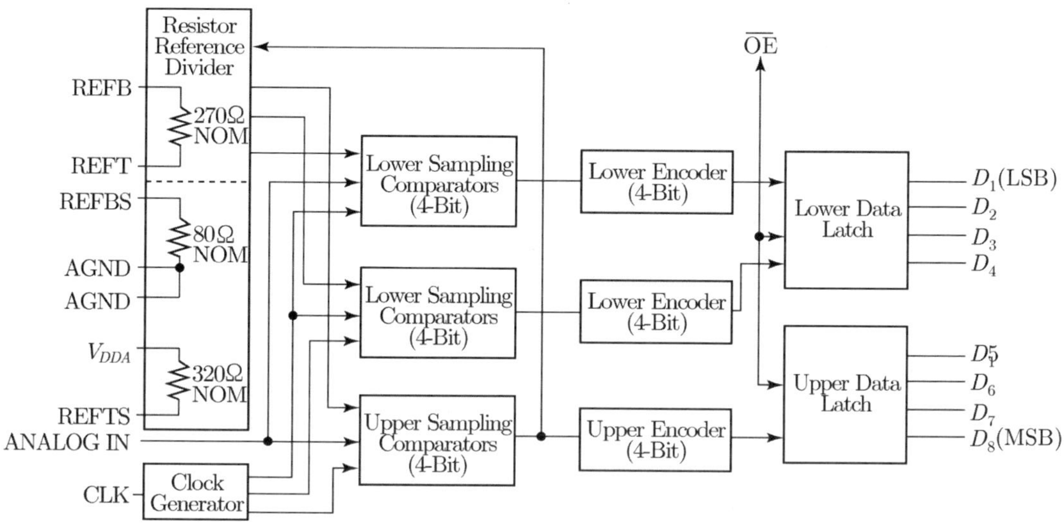

그림 17-15 TLC5510의 기능 블록도

17-5 연속 근사 A/D 변환기

연속 근사(successive approximation) A/D 변환기는 가장 널리 사용되는 A/D 변환기로서 플래시 A/D 변환기를 제외한 다른 방식의 A/D 변환기에 비해 무척 빠른 변환시간을 가진다. 기본적인 구조를 그림 17-16에 나타내었다.

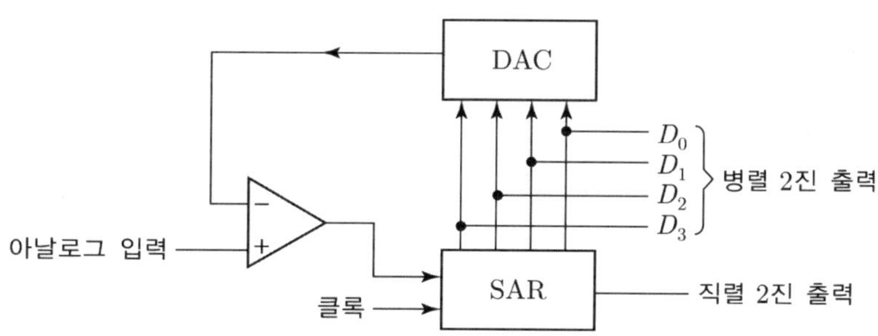

그림 17-16 연속 근사 A/D 변환기의 기본 구조(N=4)

연속 근사 A/D 변환기는 DAC, 연속 근사 레지스터(SAR), 비교기 등으로 이루어지며, 전압 범위를 연속적으로 반으로 나눔으로써 동작한다.

한 번에 하나씩 SAR의 MSB를 1로 세트하여, DAC의 출력전압과 아날로그 입력전압을 비교하게 된다. 만약 DAC 출력전압이 아날로그 입력전압보다 큰 경우는 비교기 출력이 L로 되어 SAR에 있는 해당 비트를 0으로 리셋시킨다. 또 DAC 출력전압이 아날로그 입력전압보다 작으면 비교기 출력이 H로 되어 SAR에 있는 해당 비트를 1로 유지하게 된다. 이 동작을 D_3부터 시작하여 D_0까지 반복하면 변환이 종료된다.

그림 17-16의 경우는 4비트 연속근사 A/D 변환기이다. 예를 들어 step size가 1 V이고, 아날로그 입력전압이 8.7 V인 경우 A/D 변환의 결과를 알아보자. 최기에 SAR의 각 비트는 0으로 세트된다.($D_3D_2D_1D_0 = 0000$). D_3을 1로 세트하여 시작하게 되는데 이때 SAR은 $D_3D_2D_1D_0 = 1000$이므로 DAC 출력전압은 8 V가 된다. DAC 출력전압이 아날로그 입력전압보다 낮으므로(8 V < 8.7 V) 비교기 출력은 H로 되어 SAR의 D_3는 1로 유지된다. 다음 D_2를 1로 세트하여 $D_3D_2D_1D_0 = 1100$인 상태가 DAC로 입력되어 DAC 출력은 12 V가 된다. 이 경우 아날로그 입력전압 8 V보다 높으므로 비교기 출력은 L로 되어 SAR의 D_2를 0으로 리셋시켜 $D_3D_2D_1D_0 = 1000$으로 된다. 다음에 D_1을 1로 세트하여 $D_3D_2D_1D_0 = 1010$이 DAC로 전달되어 DAC 출력전압이 10 V로 된다. 이 경우 DAC 출력 전압이 아날로그 입력전압보다 높으므로 비교기 출력이 L로 되어 역시 D_1을 0으로 리셋시켜 $D_3D_2D_1D_0 = 1000$으로 된다. SAR의 마지막 비트의 D_0를 1로 세트하여 $D_3D_2D_1D_0 = 1001$이 DAC로 전달되어 DAC 출력전압이 9 V이므로 아날로그 입력전압보다 높다. 따라서 비교기 출력이 L로 되어 마찬가지로 D_0를 0으로 리셋시켜 최종적인 SAR $D_3D_2D_1D_0 = 1000$ 상태가 A/D 변환 결과가 된다. 즉 8.7 V의 아날로그 입력전압은 8 V로 변환된다. 이처럼 연속 근사 A/D 변환기는 항상 입력전압보다 작은 전압으로 변환되는 특징이 있다.

예제 17-4

4비트 연속근사 A/D 변환기에서 step size가 1 V인 경우, 아날로그 입력전압 10.6 V에 대한 디지털 출력을 구하라.

✔ **풀이** SAR의 1000 상태가 DAC로 전달되어 8 V가 출력되므로 입력전압 10.6 V보다 낮다. 따라서 비교기 출력은 H로 되어 1000을 유지한다. 다음에 1100이 DAC로 전달되어 DAC 출력전압이 12 V가 되므로 이 경우 입력전압 10.6 V보다 높다. 비교기 출력은 L로 되어 1000으로 리셋된다. 다음 1010 상태가 DAC로 전달되어 DAC 출력전압이 10 V로 되어 입력전압 10.6 V보다 낮으므로 비교기 출력은 H가 되어 1010을 유지한다. 마지막으로 1011 상태가 DAC로 전달되어 DAC 출력전압은 11 V

가 된다. 이 경우 아날로그 입력전압 10.6 V보다 높으므로 비교기 출력이 L로 되어 1010으로 리셋된다. 최종적으로 아날로그 입력전압 10.6 V에 대한 A/D 변환기 출력은 1010이 된다.

연속근사 A/D 변환기에서는 SAR의 각 비트를 1 혹은 0으로 결정하는 데 한 클록 주기가 소용되므로 N비트 연속근사 A/D 변환기의 전체 변환시간은 다음과 같다.

$$\text{연속근사 A/D 변환기의 변환시간} = N \times \text{클록 주기}$$

예를 들어, 클록 주파수가 1 MHz인 8비트 연속근사 A/D 변환기의 변환시간은 다음과 같이 구한다.

$$\text{변환시간} = 8 \times 1\,\mu s = 8\,\mu s$$

- ADC0804

비교적 많이 사용되는 8비트 연속근사 A/D 변환기인 ADC0804에 대해 알아보자.

ADC0804는 MOS와 TTL 레벨에 모두 인터페이스가 가능하고, 아날로그 입력은 0~5 V의 범위를 가지며, 차동 아날로그 입력을 가지는 20핀 IC이다.

그림 17-17에 핀 배치를 나타내었다.

ADC0804는 차동입력 $V_{IN}(+)$, $V_{IN}(-)$를 가지고 있다. 실제로 아날로그 입력은 $V_{IN}(+)$과 $V_{IN}(-)$의 차이, 즉 $V_{IN} = V_{IN}(+) - V_{IN}(-)$이다. 하나의 입력만 사용할 경우 $V_{IN}(+)$에 아날로그 입력이 공급되고, $V_{IN}(-)$는 아날로그 접지에 연결한다. 대부분 기준전압으로 $V_{cc} = 5\,\text{V}$를 이용한다.

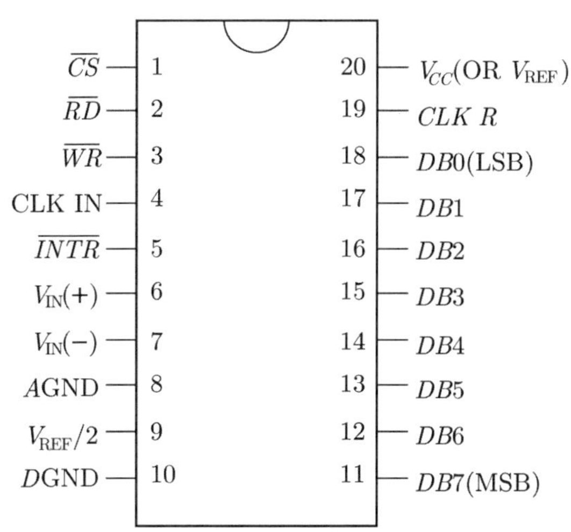

그림 17-17 ADC0804의 핀 배치도

변환시간은 640 kHz 에서 103 ~ 114 μs 정도이다. 디지털 출력은 3상태 버퍼로 되어 있어서 데이터 버스에 쉽게 접속할 수 있으며, 8비트 A/D 변환이므로 분해능은 5 V/255 = 19.6 mV 이다.

또한 디지털과 아날로그 전압에 대해 각기 다른 접지를 가지고 있다. *A* GND는 아날로그 공통 기준점에 연결되는 아날로그 접지이며, *D* GND는 시스템 내에서 모든 디지털 소자에 의해 사용되는 디지털 접지이다. 분리된 아날로그 접지를 사용함으로써 A/D 변환기 내부에서 비교기가 너무 일찍 전환함에 따라서 생기는 디지털 접지로부터의 잡음을 막아준다. 내부의 기준 전압을 줄여서 변환기가 조종할 수 있는 아날로그 입력의 범위를 변경할 수 있도록 하는 것이 $V_{\mathrm{REF}}/2$ 단자(핀 9)이다. 이 입력이 개방되어 있으면 V_{cc}가 기준 전압으로 사용되기 때문에 2.5 V로 된다. 외부 전압을 이 핀에 연결하면 내부 기준 전압은 배로 되고, 아날로그 입력의 범위가 변하게 된다.

CLK IN은 외부 클록을 위해 사용되거나 내부 클록이 사용될 때 콘덴서 연결을 위해 이용된다. CLK R은 내부 클록을 사용하기 위해 저항을 연결한다. $\overline{CS}$는 $\overline{RD}$나 $\overline{WR}$ 입력이 실행되기 위해 L 상태가 되어야 한다. H 상태가 되면 디지털 출력은 하이 임피던스 상태가 되어 변환이 일어나지 않게 된다.

$\overline{RD}$는 디지털 출력 버퍼가 동작 가능 상태가 되도록 하기 위해 사용된다. $\overline{CS}$와 $\overline{RD}$가 모두 low 상태이면 디지털 출력 단자는 최근에 이루어진 A/D 변환의 결과를 나타내는 논리 레벨이 된다. 이때 마이크로컴퓨터는 시스템 데이터버스를 통해 디지털 데이터를 가져올 수 있다.

$\overline{WR}$는 실제 변환 개시 입력이며, 새로운 변환의 시작을 알리기 위해 low가 공급된다.

$\overline{INTR}$는 변환이 시작될 때 high로 전환되고, 변환이 종료되었음을 알리기 위해 low로 돌아간다.

$DB_0 \sim DB_7$은 디지털 데이터 출력으로서 제어신호에 따른 출력 결과는 표 17-2와 같다.

표 17-2 제어신호에 따른 출력 결과

$\overline{CS}$	$\overline{WR}$	$\overline{RD}$	$DB_0 \sim DB_7$
low	low	high	Z(변환 시작 명령)
low	high	low	데이터 출력
low	high	high	Z
high	×	×	Z

그리고 내부 클록 발생 회로가 있어 내부 주파수를 생성할 수 있다.

$$f = \frac{1}{(1.1 \times RC)}$$

R과 C는 외부에서 접속된다.

ADC0804의 동작을 파악하기 위해 그림 17-18을 살펴보자. 그림 17-18을 보면, $V_{REF}/2$ 단자(핀 9)에 $2.560\,V_{DC}$를, V_{cc}에 $5.12\,V_{DC}$를 연결하였다. 따라서 LSB는 20 mV가 된다. 만약 최대 범위(full scale) 조정이 이루어진다면 $V_{IN}(+)$에 $5.090\,V_{DC}(5.120 - 1\frac{1}{2}\,\text{LSB})$가 공급되어야 하며, $V_{IN}(-)$는 접지되어야 한다. $V_{REF}/2$입력전압은 디지털 출력코드가 1111 1110에서 1111 1111로 변화할 시점에서 조정되어야 한다.

디지털 출력 LED 표시는 8비트를 2개의 16진 코드(4개의 MS, 4개의 LS)로 나누어 디코딩된다. 표 17-3에 출력 LED 표시의 디코딩을 나타내었다.

VMS와 VLS의 값이 더해져서 출력값이 결정된다. 예를 들어, LED 표시가 1011 0110이라 하면, 출력전압은 3.520+0.120, 즉 $3.640\,V_{DC}$가 된다.

ADC0804의 쓰기 동작과 읽기 동작의 타이밍 예를 그림 17-9와 그림 17-20에 나타내었다.

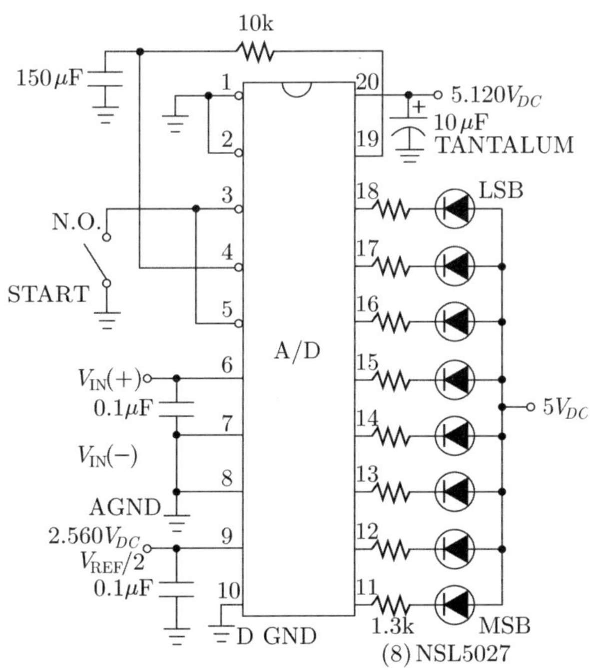

그림 17-18 A/D 동작을 위한 테스트 회로

표 17-3 출력 LED 표시의 디코딩

HEX	Binary	Fractional Binary Value Fpr		OUPPUT Voltage Center Values $V_{REF}/1 = 2.560\,V_{DC}$	
		MS Group	LS Group	VMS Group (Note 15)	VLS Group (Note 15)
F	1 1 1 1	15/16	15/256	4.800	0.300
E	1 1 1 0		7/128	4.480	0.280
D	1 1 0 1	7/8 13/16	13/256	4.160	0.260
C	1 1 0 0	3/4	3/64	3.840	0.240
B	1 0 1 1	11/16	11/256	3.520	0.220
A	1 0 1 0	5/8	5/128	3.200	0.200
9	1 0 0 1	9/16	9/256	2.880	0.180
8	1 0 0 0	1/2	1/32	2.560	0.160
7	0 1 1 1	7/16	7/256	2.240	0.140
6	0 1 1 0	3/8	3/128	1.920	0.120
5	0 1 0 1	5/16	5/256	1.600	0.100
4	0 1 0 0	1/4	1/64	1.280	0.080
3	0 0 1 1	3/16	3/256	0.960	0.060
2	0 0 1 0	1/8	1/128	0.640	0.040
1	0 0 0 1	1/16	1/256	0.320	0.020
0	0 0 0 0			0	0

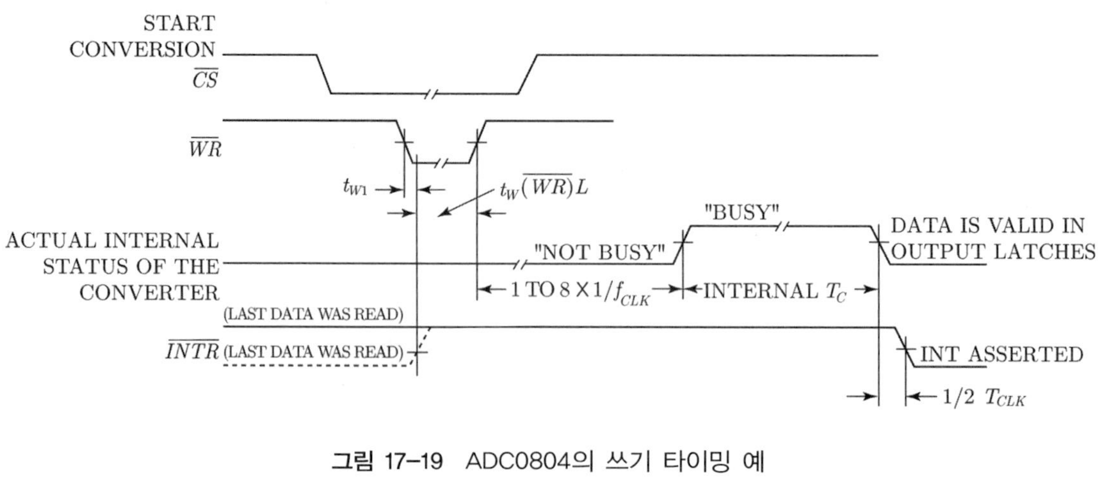

그림 17-19 ADC0804의 쓰기 타이밍 예

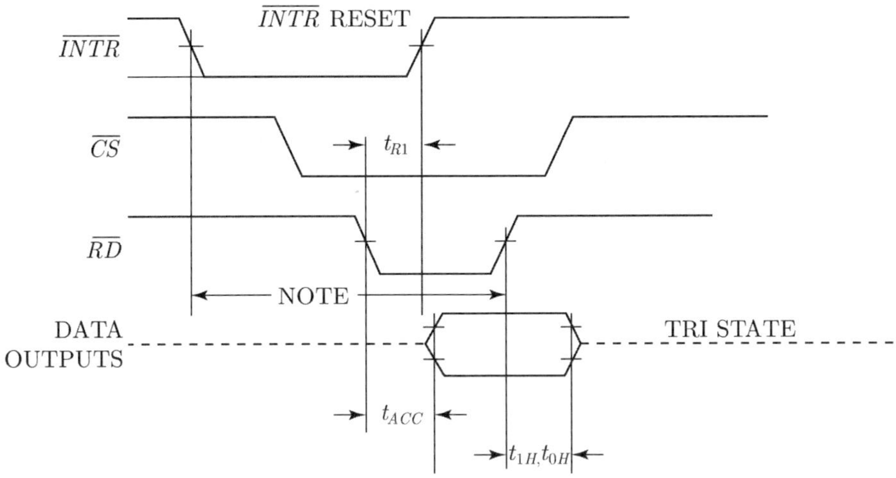

그림 17–20 ADC0804의 읽기 타이밍 예

Chapter 17 연습문제

1. 입력전압의 범위가 0~10 V인 8비트 A/D 변환기의 분해능을 구하라.

2. full scale이 0~10 V인 12비트 A/D 변환기가 있다. 디지털 출력값 1 LSB에 상당하는 입력 전압의 폭, 즉 분해능을 구하라.

3. 10비트 카운터 ramp형 A/D 변환기가 있다. 클록 주파수를 2 MHz로 할 때 최대 변환시간 t_c를 구하라.

4. 클록 주파수가 1 MHz인 10비트 카운터 램프형 A/D 변환기의 평균 변환시간을 구하라.

5. 12비트 카운터 ramp형 A/D 변환기가 있다. 클록 최고 주파수 $f_{\max}$, 최대 입력 시의 변환시간 t_c, 변환율의 최솟값을 구하라. 각 회로의 전파 지연 시간은 다음 값으로 한다.
2진 카운터 100 ns, 비교기 40 ns, D/A 변환기 100 ns

6. 8비트 카운터 램프형 A/D 변환기의 카운터 전파 지연 시간이 160 ns, DAC의 전파 지연 시간이 180 ns, 비교기의 지연 시간이 40 ns라고 할 경우 클록 최고 주파수 $f_{\max}$와 최대 입력 시의 변환시간 t_c를 구하라.

7. 클록 주파수 $200\,\mathrm{kHz}$, 카운터의 최대 계수값 10000인 2중 적분형 A/D 변환기가 있다. 아날로그 입력전압이 최대일 때 변환시간 t_c는 얼마인가?

8. 4비트 연속근사 A/D 변환기에서 step size가 $1\,\mathrm{V}$인 경우 아날로그 입력전압 $10.6\,\mathrm{V}$에 대한 디지털 출력을 구하라.

9. 8비트 연속근사 A/D 변환기의 분해능이 $10\,\mathrm{mV}$라 한다. 아날로그 입력전압 $3.2\,\mathrm{V}$에 대한 디지털 출력을 구하라.

10. $500\,\mathrm{kHz}$의 클록 주파수를 사용하는 10비트 연속근사 A/D 변환기와 카운터 램프 A/D 변환기의 변환시간을 구하여 비교하라.

Chapter 18 메모리

레지스터들은 디지털 컴퓨터의 내부 동작에 광범위하게 사용되는 고속의 기억소자이다. LSI와 VLSI 기술의 발전은 다양한 메모리 배열 형태로 단일 칩 상에 많은 수의 플립플롭이 배치될 수 있도록 하였으며, 양극성 메모리와 반도체 메모리는 가장 빠른 메모리 소자이다.

디지털 데이터는 커패시터에 충전하여 저장할 수 있으며, 반도체 메모리의 가장 중요한 형태는 저전력, 고밀도로 저장하기 위해 이 원리를 사용한다.

반도체 메모리는 컴퓨터의 주기억장치로 사용되며, 고속연산이 중요한 부분을 차지한다. 컴퓨터의 주기억장치는 명령 프로그램이 실행될 때 중앙처리장치와 일정한 통신을 수행한다. 프로그램을 통해 프로그램과 데이터는 컴퓨터가 그 프로그램을 운영하는 동안 주기억장치에 위치하며, RAM과 ROM이 주기억장치를 구성하고 있다.

컴퓨터에는 또 다른 기억장치로 보조기억장치가 있으며, 주기억장치와는 분리되어 있다. 대용량 저장장치라고도 하는 보조기억장치는 전력 소모 없이 많은 양의 데이터를 저장할 수 있다. 보조기억장치는 주기억장치보다 동작 속도가 느리며, 일반적으로 CPU에서 사용하지 않는 프로그램과 데이터를 저장한다. 일반적인 보조기억장치로는 자기디스크, 자기테이프, 그리고 콤팩트디스크가 있으며, 앞으로는 속도가 빠르고, 전력소모가 적으며, 크기가 작고, 비기계적으로 동작하는 반도체 플래시 메모리가 디스크 메모리의 주경쟁 상대가 될 것이다.

이 장에서는 컴퓨터의 내부 메모리로 사용되는 기억장치에 대하여 설명한다.

18-1 메모리 개념

메모리는 기본적으로 한 개의 IC 내에 디코더와 OR 게이트로 구성되어 있고, 이 디코더의 출력들과 OR 게이트의 입력들을 서로 연결시켜서 프로그래밍을 할 수 있게 한 장치이다. 즉, 데이터는 WRITE 입력에 의해 메모리 내에 저장되고, READ 입력에 의해 메모리로부터 검색된다. 메모리들은 저장되는 데이터의 저장 위치들로 구성되며, 각 위치는 주소에 의해서 식별된다.

저장 위치의 수는 메모리에 따라 수 개에서 수십만 개까지로 다양하며, 각 저장 위치는 하나 이상의 비트로 구성되는데, 하나의 비트를 저장하는 개개의 저장요소를 셀(cell)이라 한다. 그리고 메모리 내에 저장될 수 있는 총 비트의 수를 용량(capacity)이라 한다.

그림 18-1은 일반적인 메모리에 대한 WRITE, READ, 주소, 저장용량의 개념을 나타낸 것이다.

메모리의 기본적인 형태는 ROM과 RAM이다. ROM은 읽기 전용 메모리(read only memory)로서 데이터가 영구적으로 저장되므로 메모리로부터 읽을 수만 있다. 따라서 ROM에서는 반영구적인 특별한 데이터가 제조업자에 의해 저장되거나 사용자에 의해 한번 소자에 프로그램되면 다시는 변경될 수 없기 때문에 WRITE 동작을 할 수 없다.

ROM은 전원이 꺼져도 저장된 데이터가 남아 있게 되는 비휘발성 메모리이며, ROM 응용의 대표적인 예로는 lookup table이 있다.

RAM은 random access memory로 읽고 쓰는 능력을 모두 갖는다. random access란 말은 READ나 WRITE를 위해 메모리 내의 어떤 저장 위치로도 access될 수 있다는 것을 의미한다.

그리고 RAM은 휘발성 메모리이므로 전원이 꺼지면 데이터가 소실된다. 간단하게 말해서 RAM은 READ/WRITE random access memory이고, ROM은 READ only random access memory이다.

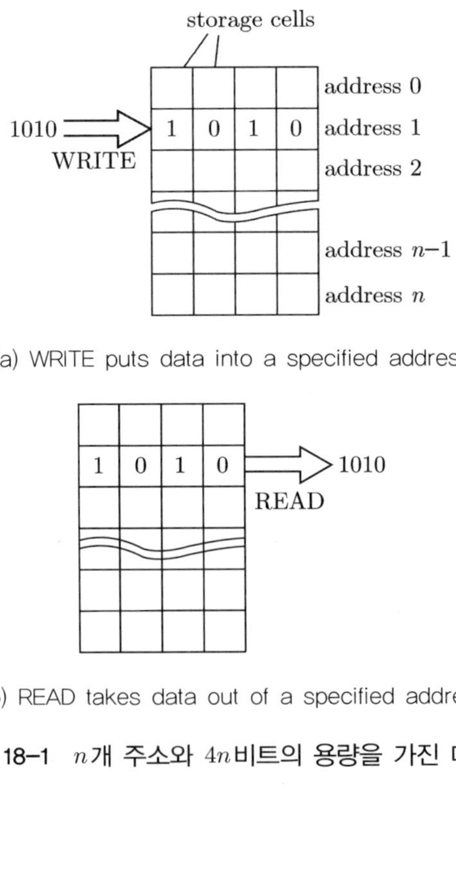

(b) READ takes data out of a specified address

그림 18-1 n개 주소와 $4n$비트의 용량을 가진 메모리

18-2 ROM (Read Only Memory)

ROM은 고정된 2진 정보의 집합이 저장되어 있는 메모리이며, 2진 정보는 먼저 사용자에 의해 명시된 다음에 ROM 속에 기록된다. ROM은 특별한 내부 연결고리(link)들을 가지고 있는데, 요구되는 회로를 형성하기 위해서 이 연결고리들을 끊거나 연결된 채 두게 된다. 일단 회로가 완성되면 ROM은 전원이 들어가거나 나가더라도 항상 일정한 정보가 남아 있게 된다.

ROM의 블록도가 그림 18-2에 있으며, 이것은 n개의 입력선과 m개의 출력선으로 구성된다. 입력변수들의 각 비트 조합은 주소(adress)가 된다. 출력선에서 나오는 각 비트 조합은 워드(word)라 불리며, 하나의 워드는 m개의 비트로 구성된다. 주소란 n변수들의 민텀들 중 하나를 나타내는 2진수이다. n개의 입력변수로 지정할 수 있는 서로 다른 주소의 수는 2^n개이다. 이때 하나의 주소에 대해 단 하나의 워드가 대응된다. 따라서 ROM에는 2^n개의 서로 다른 주소들이 있으므로 ROM 내에는 2^n개의 서로 다른 워드가 저장될 수 있다. 임의의 시간에 출력선에 나타나는 워드는 입력선에 적용되는 주소에 따라서 결정된다. ROM은 워드의 개수인 2^n개와 워드당 비트 수인 m으로 특징지어진다.

그러면 16×8이라는 ROM을 생각해보자. 내부 구조를 설명하기 위해서 그림 18-3에 16×8 ROM의 배열을 나타내었다. 흰색 사각형은 1이 저장된 것을, 빗금이 들어간 사각형은 0이 저장된 것을 표현한다. 기본적인 READ 동작은 다음과 같다. 즉, 2진 주소 코드가 주소 입력으로 공급될 때 그것에 대응하는 ROW 라인이 high가 된다. 이 high는 저장되어 있는 각 셀에서 트랜지스터들을 통하여 COLUMN 라인과 연결된다. 0이 저장되어 있는 각 셀에서 COLUMN 라인은 끝단 저장으로 인해 low를 유지하며, COLUMN 라인들은 데이터 출력을 형성한다. 선택된 ROW에 저장된 8개의 데이터 비트가 출력선에 나타난다.

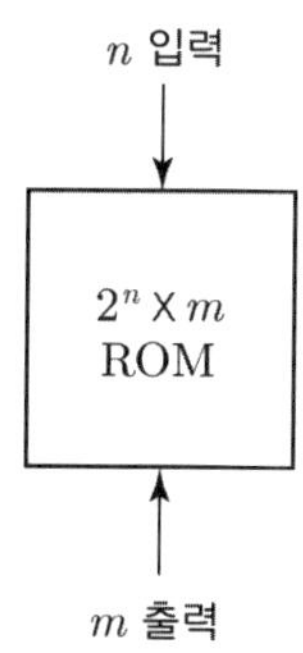

그림 18-2 ROM 블록도

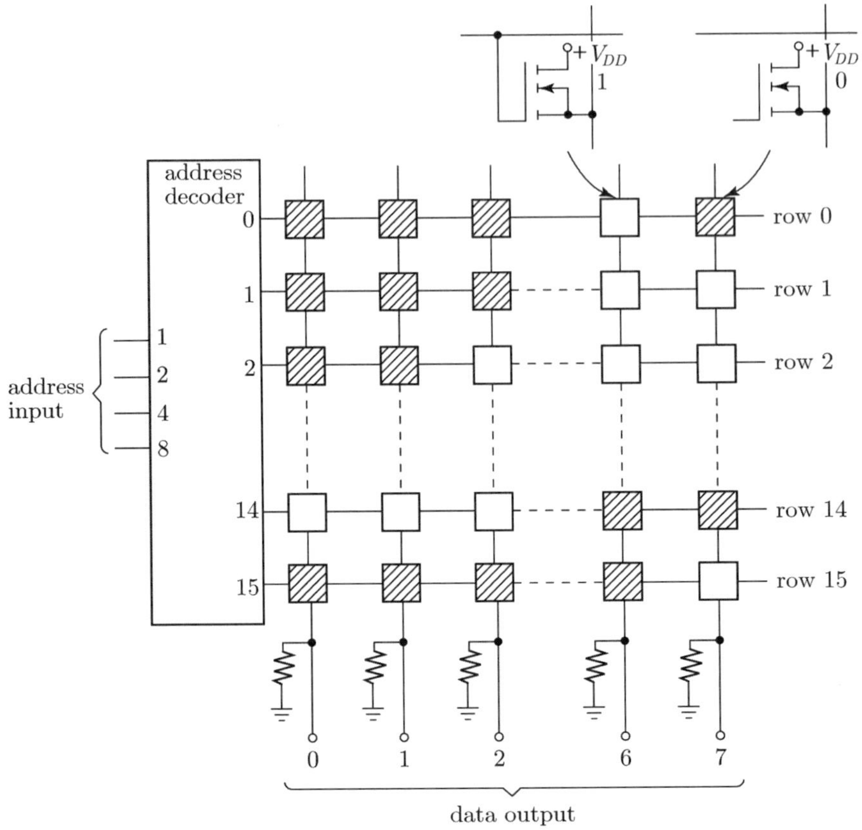

그림 18-3 16×8비트 ROM 배열

이 ROM의 예는 각각 8개의 데이트 비트를 저장하는 16개의 주소로 구성되므로 이것은 16×8(16 by 8) ROM이고, 총 용량은 128비트이다. 이러한 메모리의 구성은 그림 18-4와 같은 논리도로 구성해볼 수 있다.

16×8이라는 ROM은 각각 8비트로 된 16개의 워드로 구성되어 있으므로 ROM에는 8개의 출력선이 있으며, 16개의 서로 다른 워드가 ROM 속에 저장되어 있다. 16개의 워드가 있으므로 $2^4 = 16$에 의해 입력선은 4개가 필요하다. 이때 출력선에 나타나는 워드는 4개의 입력선에 적용되는 주소에 따라서 결정된다. 만일 입력주소가 0000이면 0으로 주소 지정된 워드가 선택되어 출력선에 나타나고, 입력주소가 1111이면 15로 주소 지정된 워드가 선택되어 출력선에 나타난다. 주소 0과 15 사이에는 그 밖에 14개의 서로 다른 주소들이 있어서 각각 서로 다른 워드를 선택할 수 있다.

ROM에서 워드의 개수는 n개의 입력선이 2^n개의 워드를 지정할 수 있다는 사실로부터 결정된다. 때때로 ROM은 ROM이 포함하고 있는 전체 비트들의 수($2^n \times m$)에 의해 명시되기

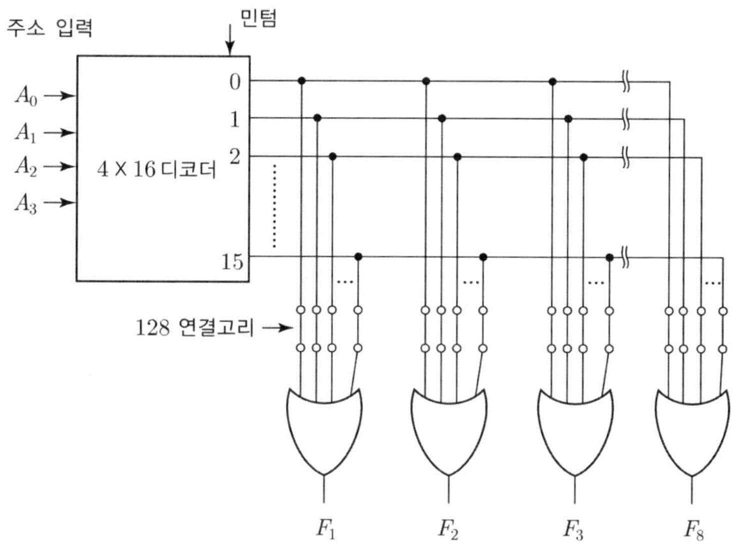

그림 18-4 16×8 ROM의 논리도

도 한다. 예를 들어 2048비트의 ROM은 각각 4비트로 된 512개의 워드로 구성될 수 있다. 이때 이 ROM은 4개의 출력선과 $2^9 = 512$개의 워드를 지정하기 위한 9개의 입력선을 가지게 되며, ROM 속에 저장되는 총 비트 수는 $512 \times 4 = 2048$이다.

ROM은 AND와 OR 게이트들로 구성된 조합회로이다. 여기서 AND 게이트들은 디코더를 형성하며, OR 게이트들은 디코더의 출력인 민텀들을 합하는 데 사용된다. OR 게이트의 개수는 ROM의 출력선 수와 같으며, 그림 18-4는 16×8 ROM의 내부 논리 구조를 보여준다.

4개의 입력변수들은 16개의 AND 게이트와 4개의 인버터에 의해 해독되어, 16개의 선으로 디코더에서 출력된다(4×16 디코더 참조). 이때 각 디코더의 출력은 4변수들의 민텀들 중 하나이다. 16개의 주소들 각각은 디코더에 의해서 단 1개의 출력만 선택한다. 주소는 입력에 적용되는 4비트 수이며, 디코더로부터 선택되는 민텀은 입력에 적용된 4비트 수와 등가인 10진수로 표시되는 민텀이다. 디코더의 16개 출력은 각 OR 게이트에 연결고리를 통해 연결된다. 그림 18-4에서는 단지 4개만 그려져 있으나 실제로 각 OR 게이트는 16개의 입력을 가지며, 이 입력들은 연결고리를 통해 연결되어 있고 필요에 따라 연결을 끊을 수 있다.

ROM은 민텀들의 합을 보통 두 단계로 구현한다. 이 두 단계 구현이 반드시 AND-OR 회로만일 필요는 없으며, 임의의 다른 가능한 두 단계 민텀 구현 회로를 사용할 수도 있다.

그러나 보통 두 번째 단계는 연결고리들의 연결을 쉽게 하기 위해서 결선논리(wired logic) 연결을 한다.

그림 18-5에 이에 대한 논리기호를 나타내었다.

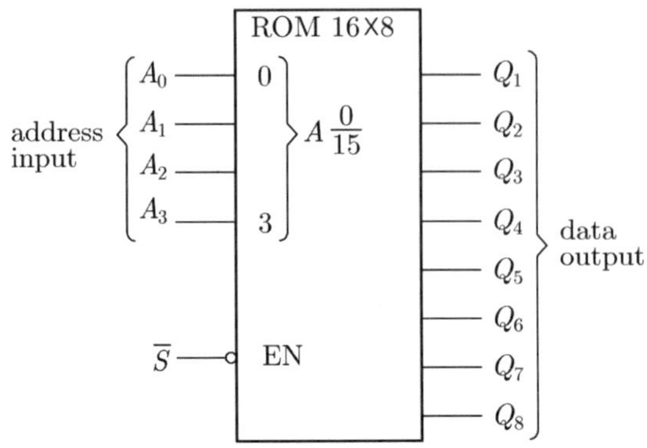

그림 18-5 16×8 ROM의 기호

18-3 ROM의 종류

ROM들은 데이터의 저장 방법이나 데이터의 처리 기법에 따라 그림 18-6과 같이 분류된다.

1 MROM (mask-programmed ROM)

MROM은 일반적으로 ROM으로 취급된다. ROM은 일반적으로 읽기 동작만이 가능한 소자로 알려져 있기 때문에 혼돈이 올 수 있으므로 MROM이라는 명칭을 사용한다.

MROM은 사용자의 용도에 따라 제작자에 의해 프로그램된 저장 위치를 가지고 있으며, 마스크라고 하는 감광막은 칩 상에서 전기적 상호 접속을 제어하기 위해 사용한다. ROM은

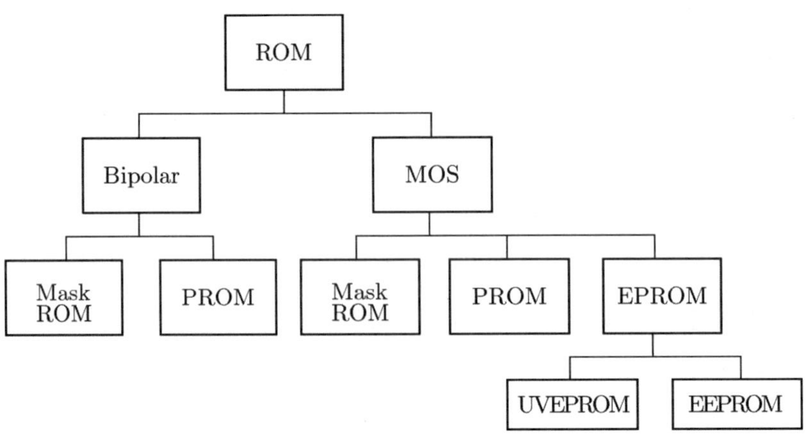

그림 18-6 ROM 패밀리

각기 다른 정보를 저장하기 위해 특별한 마스크가 필요한데 이들 마스크의 가격이 비싸기때

문에 동일한 ROM이 많이 소요되는 경우에 MROM이 경제적이다.

MROM의 가장 큰 결점은 저장된 데이터를 수정하여 설계 변경하려고 하는 경우 새로운 ROM을 사용해야 한다는 것이다.

2 PROM (programmable ROM)

MROM의 문제점은 일단 IC가 만들어지면 그 속에 저장된 프로그램을 다시 변경할 수 없고, 고가라는 것이다.

PROM은 이러한 문제점을 해결하기 위해 만들어졌으며, 사용자가 프로그램할 수 있기 때문에 프로그램의 오류 정정이나 갱신이 용이할 뿐만 아니라 메모리가 필요한 경우에 유용하다.

PROM은 MROM과 마찬가지로 1회에 한하여 사용자가 프로그램할 수 있다.

PROM은 bipolar나 MOS 기술로 제작되며, PROM에 내용을 저장하기 위해서는 fusing 방법이 사용된다. 사용되는 fusing 방법에는 metal link, silicon link, PN junction 등의 세 가지 방법이 있다. PROM의 구조는 그림 18-7과 같으며, 1이나 0으로 메모리 셀을 프로그램하기 위해서 연결된 상태를 원래대로 남겨두거나 개방한다는 점에서 MROM 구조와 유사하다.

PROM은 제작 과정에서부터 얇은 퓨즈링크로 만들어져 있으며, 원하는 데이터가 메모리에 저장되도록 하기 위해 사용자는 퓨즈 링크를 선택적으로 끊을 수 있다. 주소 입력에 주소를 인가하고, 데이터 핀에 원하는 데이터를 인가하여 IC의 특수한 프로그래밍 핀에 10~30 V의 고전압 펄스를 인가함으로써 데이터값이 그 위치에 프로그램되거나 구워진다.

그림 18-8은 프로그래밍 동작을 보여준다. row 0에 있는 모든 트랜지스터들은 동작하고, V_{pp}는 드레인에 인가된다. 논리값 0을 갖는 열(Q_1)에는 고전류가 흘러 퓨즈를 녹여 개방되므로 그곳에는 논리값 0이 영구적으로 저장된다. 논리값 1을 갖는 열(Q_0)은 퓨즈의 한쪽에 V_{pp}가 인가되고 다른 한쪽에는 V_{dd}가 인가되어, 적은 전류가 흘러 퓨즈는 그대로 남아 있게 된다. 모든 주소 위치가 이러한 방법으로 프로그램되며, 데이터들은 PROM에 영구적으로 저장된다.

PROM 프로그래밍 과정과 저장된 데이터를 변경하는 일은 대부분 PROM 프로그래머에 의해 자동적으로 이루어진다.

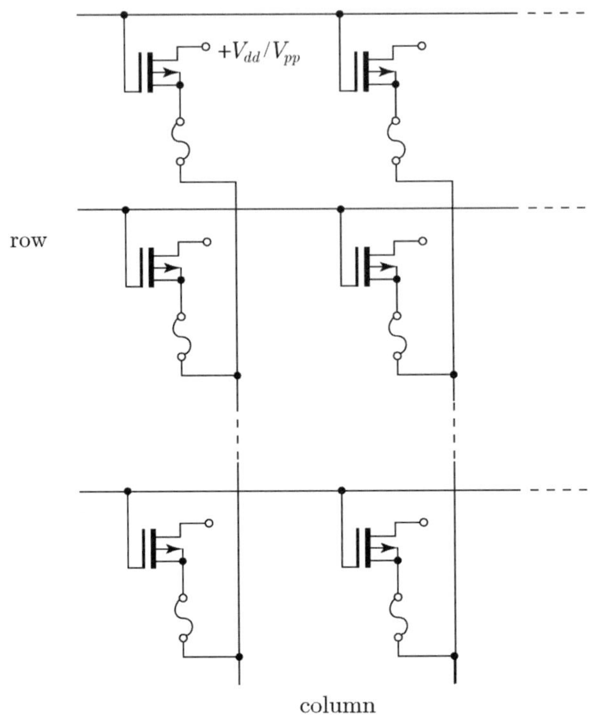

그림 18-7 PROM의 fuse link 배열

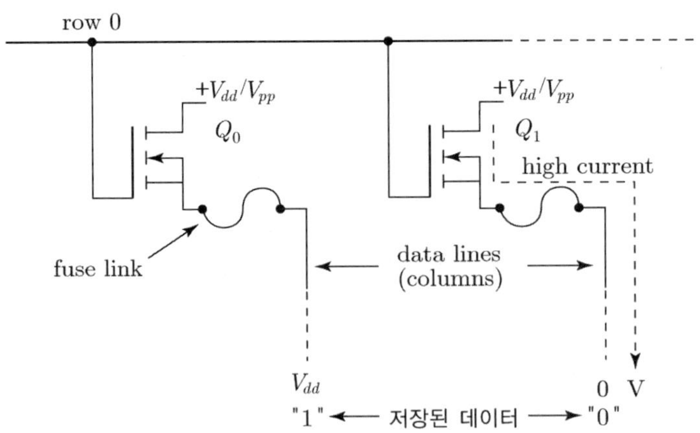

그림 18-8 PROM의 프로그래밍 동작

3 EPROM (erasable PROM)

EPROM은 사용자가 필요에 의해 프로그램하고, 지우거나 다시 프로그램할 수 있다. 한번 프로그램된 EPROM은 저장된 데이터를 그래도 유지하는 비휘발성 메모리이다. EPROM을 프로그램하기 위해서는 특정 시간 동안에 적절한 칩 입력에 특정한 전압 레벨을 인가하는 과정이 수반된다. 프로그램 과정은 EPROM이 동작하는 회로와 분리된 특수한 프로그램 회로에 의하여 수행되며, 하나의 EPROM 칩을 프로그램하는 데 수 분 정도가 소요된다.

EPROM에 있는 저장 셀은 전기적 접점이 없는 부동 게이트로 된 MOS FET이다. 정상 상태에서 각 트랜지스터는 동작하지 않고, 각 셀에 논리 1이 저장된다. 트랜지스터는 부동 게이트 영역에 고전압 프로그램 펄스를 인가함으로써 동작하게 된다. 방전 통로가 없기 때문에 전자들은 펄스가 종료되어도 그 영역 내에 남아 있게된다. 이렇게 함으로써 전원을 소자에서 제거해도 트랜지스터는 계속해서 그 동작 상태를 유지하며, 셀은 논리 0을 저장하게 된다. 프로그램 과정에서 메모리 셀을 0으로 프로그램할 것인지 아니면 1로 프로그램할 것인지를 선택하기 위해 EPROM의 주소와 데이터 핀이 사용된다.

EPROM은 저장되어 있는 프로그램을 빈번히 바꾸어야 하는 응용 및 연구 분야에서 사용되도록 개발되었고, 이것이 좀 더 신뢰성을 얻고 비용이 절감된다면 소규모·중규모 시스템에서 유용하게 사용될 수 있을 것이다. 그러나 EPROM은 EEPROM이나 플래시 메모리에 비해 주요한 결점이 있기 때문에 많은 응용 분야나 설계에서 사용되지 못하고 있다. EPROM의 결점은 다음과 같다.

(1) 삭제하거나 다시 프로그램하기 위해서는 회로에서 제거해야 한다.

(2) 삭제 동작은 칩 전체를 삭제하며, 특정한 주소를 삭제할 수 있는 기능이 없다.

(3) 삭제 및 재프로그래밍 과정이 20분 정도 소요된다.

EPROM에는 자외선으로 데이터를 지우는 UV(Ultra-Violet) EPROM과 전기적으로 데이터를 지우는 EEPROM이 있다.

UV EPROM은 셀이 프로그램되면 칩 패키지의 윈도를 통해 자외선을 쪼임으로써 내용을 지울 수 있다. 자외선은 부동 게이트백에서 실리콘 기판으로 광전류를 발생시킨다. 자외선은 과전류를 만들어 저장된 전하를 제거하고, 트랜지스터를 끊어서 셀에 논리 1을 다시 저장한다. 일단 지워지면 EPROM은 다시 프로그램할 수 있다.

EPROM의 개량으로 인해 전기적으로 소거 가능한 PROM(electrically erasable PROM)이 개발되어 EPROM의 단점이 해결되었다. EEPROM은 EPROM과 마찬가지로 부동 게이트로 구조로 되어 있지만 MOS FET 메모리 셀의 드레인 위에 매우 얇은 산화막을 첨가한다. 이러한 변형으로 EEPROM이 전기적으로도 소거가 가능하도록 하는 중요한 특성을 갖게 되었다. MOS FET의 게이트와 드레인 사이에 21V의 고전압을 인가함으로써 부동 게이트에 전하가 유도된다. 전하는 전압이 제거되더라도 계속 남아 있게 된다. 동일한 역전압은 부동 게이트에 있는 전하를 제거하고 셀을 지운다. 이러한 전하-전송 기법은 매우 낮은 전류를 필요로 하기 때문에 자외선이나 특수한 프로그래머 장치 없이 EEPROM의 소거나 프로그래밍이 회로 내에서 가능하다.

EPROM에 비해 EEPROM의 또 다른 장점은 메모리 배열상에서 전기적 소거와 개별 바이트의 재입력이 가능하다는 것이다. 쓰기 동작 동안 내부 회로는 새로운 데이터가 쓰이기 전에 주소 위치에 있는 모든 셀의 내용을 자동적으로 지운다. 이러한 바이트별 소거 기능은 EEPROM에 저장된 데이터를 좀 더 쉽게 바꿀 수 있도록 한다. EEPROM은 EPROM에 비해 좀 더 빠르게 프로그램된다.

18-4 ROM을 이용한 조합논리설계

그림 18-4를 살펴보면 ROM의 각 출력은 n입력변수들의 민텀을 전부 합한 것이고, 임의의 부울함수는 민텀들의 합으로 표현할 수 있다. 함수에 포함되어 있지 않은 민텀들의 연결고리를 끊어버림으로써 각 ROM 출력은 조합회로에서 하나의 입출력변수들에 대한 부울함수를 만들 수 있다. n개의 입력과 m개의 출력을 가지고 있는 조합회로에 대해 $2^n \times m$ ROM이 필요하다. 연결고리를 개방(open)하는 것은 ROM을 프로그래밍하는 것이다. 설계자는 단지 ROM에서 요구되는 통로들에 대한 정보를 주는 ROM 프로그램표(program table)를 작성해주면 된다. 실제로 프로그래밍하는 것은 프로그램표에 나열되어 있는 사양에 따르는 하드웨어화 과정이다.

특정한 한 예를 들어 이 과정을 설명해보자. 그림 18-9(a)의 진리표는 2개의 입력과 2개의 출력을 가지고 있는 어떤 조합회로에 대한 것이다. 이때 부울함수들은 민텀들의 합으로 표현할 수 있다.

$$F_1(A_1, A_0) = \sum(1, 2, 3)$$
$$F_2(A_1, A_0) = \sum(0, 2)$$

조합회로를 ROM으로 설계할 때 함수들은 진리표로부터 민텀들의 합으로 표현되어야 한다. 만일 출력함수들을 간소화하려면 이 회로는 단지 하나의 OR 게이트와 인버터만을 써도 된다. 이것은 ROM으로 실현하기에는 너무 간단한 조합회로의 예이다. ROM의 이점은 복잡한 조합회로를 설계하는 데 있으며, 이 예는 단지 그 과정을 설명하기 위한 것이다.

이 조합회로를 실현하는 ROM은 2개의 입력과 2개의 출력을 가져야만 한다. 따라서 ROM의 크기는 4×2가 되며, 그림 18-9(b)는 그런 ROM의 내부 구조를 보여준다. 지금, 8개의 연결고리 중 어느 것이 끊어져야 하고, 어느 것이 연결된 채 남아 있어야 하는지를 결정해야 한다. 이것은 진리표 내의 출력 부울함수들로부터 쉽게 얻을 수 있다. 출력을 0으로 하는 민텀들에 대해 그 민텀들에 대응하는 OR 게이트의 연결고리들은 제거한다. 여기서 OR 게이트의 개방(open) 입력은 0으로 작용한다고 가정해야 한다.

어떤 ROM에서는 각 OR 게이트에 인버터가 연결되어 있다. 그 결과 ROM의 출력들은 처음에 모두 0으로 규정된다. 그런 ROM을 프로그래밍하는 과정은 진리표에서 출력을 1로 하

A_1	A_0	F_1	F_2
0	0	0	1
0	1	1	0
1	0	1	1
1	1	1	0

(a) 진리표

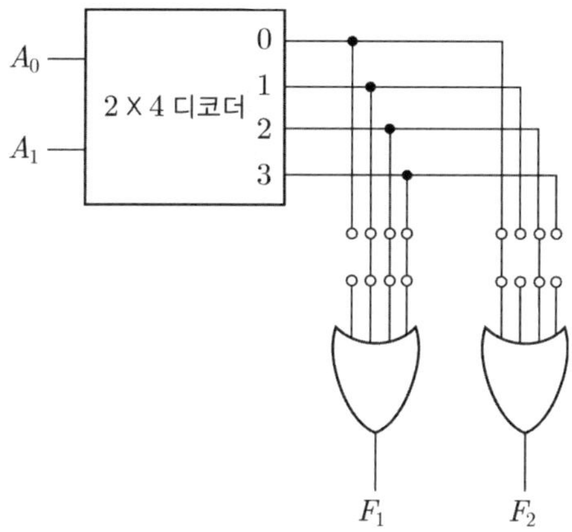

(b) AND-OR 게이트들로 된 ROM

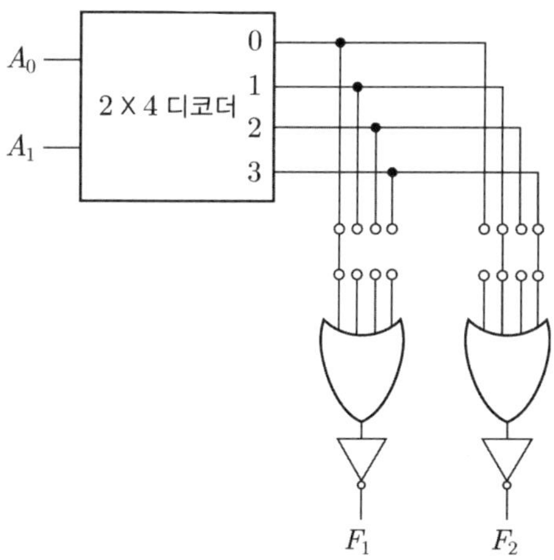

(c) AND-OR-INVERT 게이트들 된 ROM

그림 18-9 4×2 ROM으로 조합회로 구성

는 민텀들에 대한 연결고리를 제거하는 것이다. 이때 OR 게이트의 출력은 그 함수의 보수가 되지만 인버터 OR 게이트에 연결되어 있기 때문에 ROM은 정상적인 함수를 출력하게 된다. 이 사실은 그림 18-9(c) ROM에서 볼 수 있다.

앞의 예는 임의의 조합회로를 ROM으로 구성하기 위한 일반적인 과정을 보여준 것이다. 조합회로의 입출력 개수에 의해 우리는 먼저 필요한 ROM의 크기를 결정하고 나서 ROM의 진리표를 얻어야 한다. 진리표에서 출력함수들을 0(또는 1)으로 만드는 민텀들에 대한 연결고리를 끊어서, 민텀들의 합으로 된 요구되는 조합회로를 얻는다.

실제 ROM으로 회로를 설계할 때 그림 18-9처럼 ROM 내에서 연결고리들의 내부 게이트 연결을 보일 필요는 없고, 이것은 다만 설명 목적으로 보인 것이다. 설계자가 할 일은 특별한 ROM을 지정해서 그림 18-9(a)와 같은 ROM 진리표를 제공하는 것이다. 진리표는 ROM을 프로그래밍하는 데 필요한 모든 정보를 준다. 어떠한 내부 논리도도 진리표에 수반될 필요는 없다.

예제 18-1

ROM을 사용하여 조합회로를 설계하라. 이 회로는 3비트 수를 받아서 입력의 제곱에 해당하는 2진수를 출력하는 회로이다.

✔ **풀이** 첫 단계는 조합회로에 대한 진리표를 작성하는 것이며, 대부분의 경우 이것이 설계에 필요한 전부이다. 그러나 가끔 조합회로의 진리표에서 어떤 성질들을 사용하여 좀 더 작은 ROM 진리표를 얻을 수 있다. 표 18-1은 조합회로에 대한 진리표이고, 모든 가능한 수들을 수용하기 위해 3개의 입력과 6개의 출력이 필요하다. 그러나 우리는 진리표에서 출력 B_0와 입력 A_0이 항상 같다는 것을 알 수 있기 때문에, ROM이 B_0를 출력할 필요는 없다. 더구나 B_1이 0이므로 이 출력은 언제나 열려 있는 상태이다. 따라서 실제로 ROM의 출력은 4개만 필요하며, 다른 2개는 쉽게 얻을 수 있다. 필요한 최소 크기의 ROM은 3개의 입력과 4개의 출력을 가지게 된다. 3개의 입력은 8개의 워드를 규정하므로 ROM의 크기는 8×4가 된다. 이것은 그림 18-10에 있다. 조합회로의 다른 두 출력은 0과 A_0이다. 그림 18-10의 진리표는 ROM을 프로그래밍하는 데 필요한 모든 정보를 가지고 있으며, 블록도는 연결들을 보여준다.

표 18-1 예제 18-1의 진리표

입력			출력						10진수
A_2	A_1	A_0	B_5	B_4	B_3	B_2	B_1	B_0	
0	0	0	0	0	0	0	0	0	0
0	0	1	0	0	0	0	0	1	1
0	1	0	0	0	0	1	0	0	4
0	1	1	0	0	1	0	0	1	9
1	0	0	0	1	0	0	0	0	16
1	0	1	0	1	1	0	0	1	25
1	1	0	1	0	0	1	0	0	36
1	1	1	1	1	0	0	0	1	49

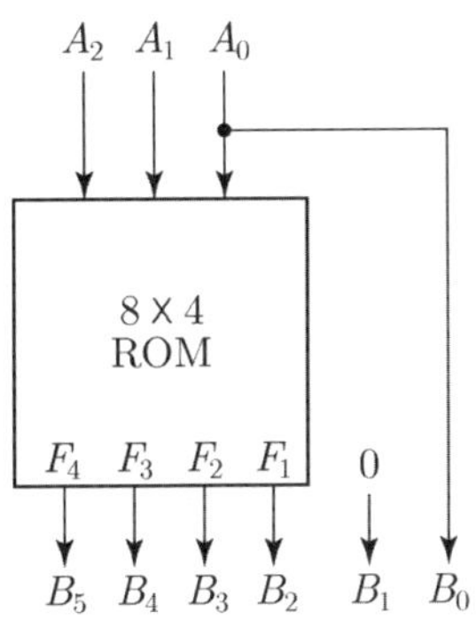

(a) 블록도

A_2	A_1	A_0	F_4	F_3	F_2	F_1
0	0	0	0	0	0	0
0	0	1	0	0	0	0
0	1	0	0	0	0	1
0	1	1	0	0	1	0
1	0	0	0	1	0	0
1	0	1	0	1	1	0
1	1	0	1	0	0	1
1	1	1	1	1	0	0

(b) ROM 진리표

그림 18-10 예제 18-1의 ROM 구성

이처럼 ROM은 복잡한 조합회로를 진리표로부터 직접 실현하는 데 널리 사용된다. ROM은 한 2진 코드를 다른 2진 코드(예를 들어, ASCII를 EBCDIC으로)로의 변환이나 승수와 같은 산술연산 그리고 CRT(Cathode-Ray Tube)의 문자 표시 등 많은 입출력을 요구하는 응용 등에 매우 유용하다. 특히 ROM은 디지털 시스템의 제어장치들을 설계하는 데 사용되며, 그 경우 ROM 내에 고정되어 있는 비트값들은 시스템에서 여러 연산들을 인에이블시키는 데 필요한 제어변수들의 순차가 된다. 2진 제어정보를 저장하는 데 ROM을 이용하는 제어장치는 마이크로 프로그램된 제어장치(microprogrammed control unit)라 불린다.

1 ROM의 응용

앞에서 언급한 ROM들은 대개 널리 사용되는 기능들을 수행하도록 프로그램되어 제공되고 있다. 예를 들면, BCD에서 2진수로의 변환기로 프로그램된 ROM 소자인 74184, 그리고 2진수에서 BCD로의 변환기로 프로그램된 ROM 소자인 74185들이다. 6비트 변환기로 사용된 이들 소자에 대한 논리기호를 그림 18-11에서 나타내었고, 그림 18-12와 18-13은 이들 소자가 더 큰 비트 수를 가지는 변환을 위해 어떻게 확장될 수 있는가를 보여준다.

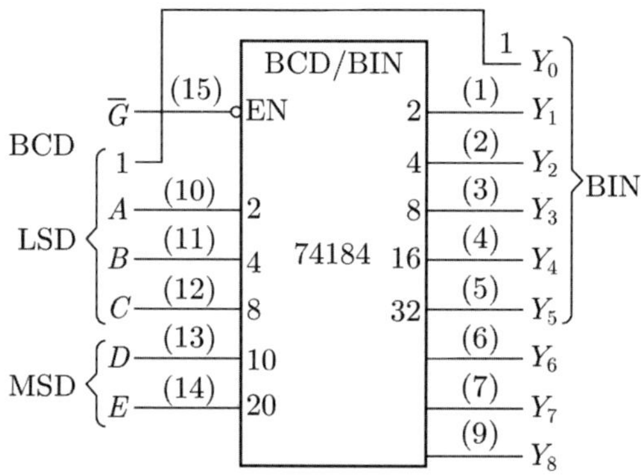

(a) 74184 (6비트 BCD–2진수 변환기)

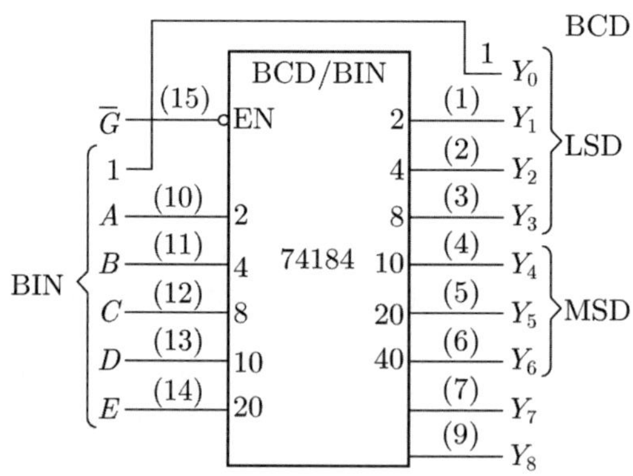

(b) 74185 (6비트 2진수–BCD 변환기)

그림 18–11 특별한 변환을 위해 프로그램된 ROM 소자

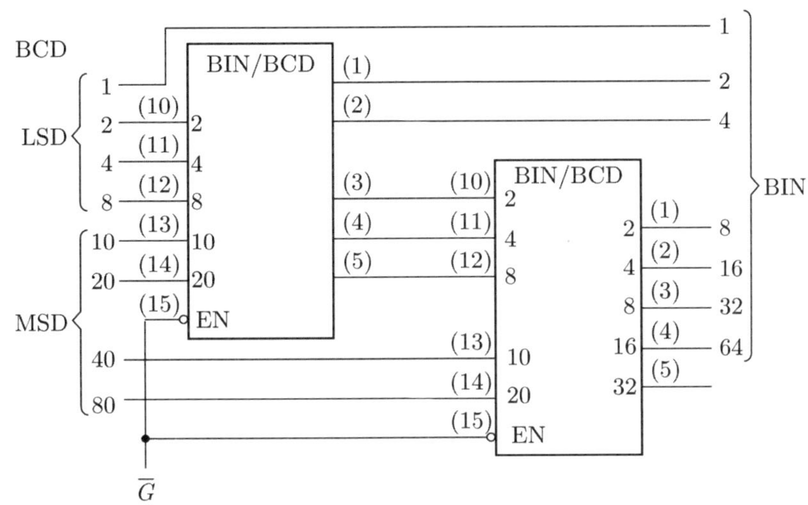

그림 18-12 BCD에서 2진수로의 변환을 위해 확장된 74184

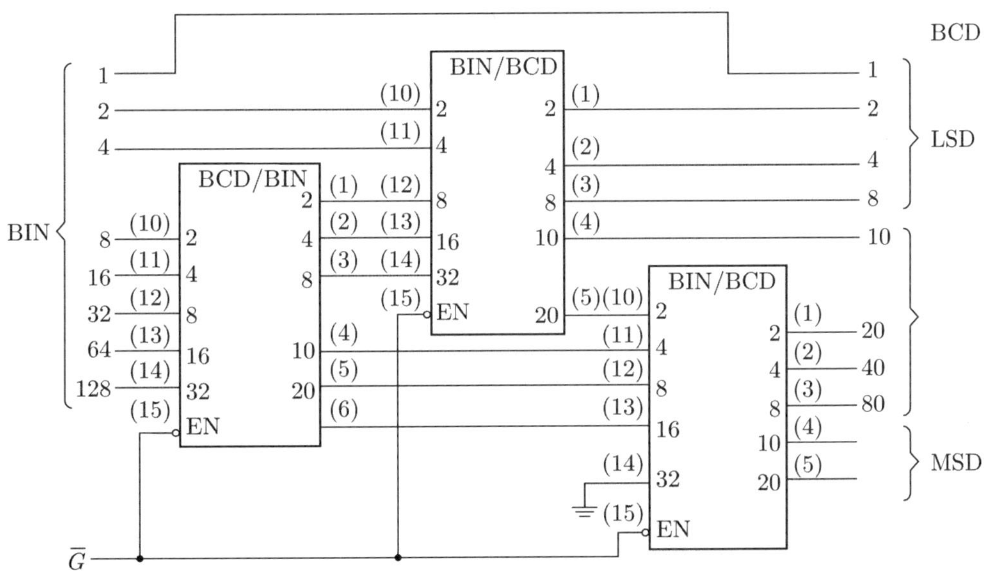

그림 18-13 2진수에서 BCD로의 변환을 위해 확장된 74185

2 ROM의 문제점

조합회로는 때때로 don't care 조건들을 가지며, ROM으로 조합회로를 실현할 경우 don't care 조건은 결코 일어나지 않을 입력 주소이다. don't care항 주소에 대응하는 워드는 프로그래밍할 필요가 없으며 처음 상태로 놓아두게 된다. 따라서 ROM에서 이용할 수 있는 비트 조합들이 전부 사용되는 것은 아니며 안 쓰이는 것들이 있는데 이것은 이용할 수 있는 장치의 낭비라 볼 수 있다.

don't care 조건들의 수가 지나치게 많을 경우 PLA(Programmable Logic Array)로 불리는 LSI 부품을 사용하는 것이 좀 더 경제적이다. PLA는 개념적으로는 ROM과 비슷하나, 변수들 전체를 디코딩하지 않고 ROM처럼 모든 민텀들을 만들지도 않는다. PLA에서 디코더는 AND 게이트들의 집합으로 되어 있고 입력 함수들의 곱의 항을 만들어낸다. PLA 내부에서 AND 게이트들과 OR 게이트들은 그들 사이에 있는 연결고리들이 처음부터 모두 연결되어 있다. 특정 부울함수들은 필요 없는 연결고리들을 끊고 필요한 연결고리들은 그대로 남겨둠으로써 곱의 합(sum of product)을 실현할 수 있다.

18-5 RAM

RAM이라는 용어는 어떤 메모리 주소가 다른 위치의 주소처럼 쉽게 access할 수 있음을 의미하는 Random Access Memory를 나타낸다는 것이다. RAM이라는 용어가 반도체 메모리에 사용되면 일반적으로 ROM에 반대되는 읽기/쓰기 메모리라는 뜻이다. read/write memory를 일반적으로 RAM이라 하므로 RAM이란 용어를 사용한다.

RAM은 컴퓨터에서 프로그램과 데이터의 일시적인 저장을 위해 사용되며, 많은 RAM 주소의 내용은 컴퓨터가 프로그램을 수행함에 따라 읽고 쓰일 것이다. 컴퓨터의 빠른 동작을 위해서는 RAM의 읽기와 쓰기 사이클 시간이 빨라야 한다. RAM의 장점은 빠르게 읽고 쓸 수 있다는 것이고, 단점은 휘발성이어서 전원이 꺼져버리면 저장된 정보를 잃는다는 것이다. 그러나 읽기 또는 쓰기 동작이 발생하지 않는 대기모드에서 아주 적은 양의 전력을 사용하는 CMOS RAM은 주전원이 차단될 때마다 배터리에서 전원을 공급받는다.

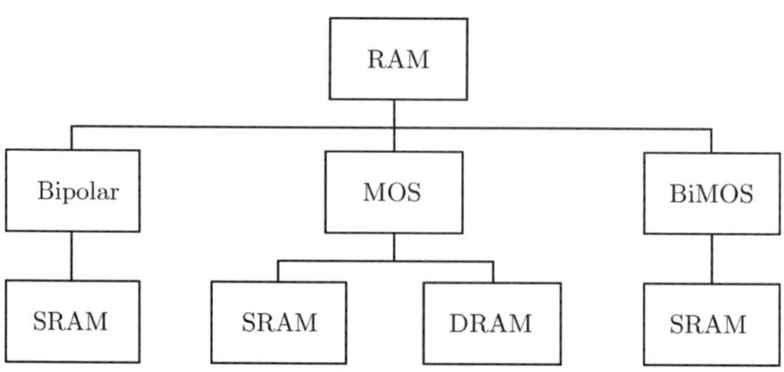

그림 18-14 RAM의 분류

RAM도 bipolar와 MOS 기술에 의하여 만들어지며, bipolar RAM은 모두 SRAM(Static

RAM)이다. SRAM은 메모리로 사용된 소자가 플립플롭이고, DRAM은 데이터를 커패시터에 저장한다. 커패시터에 저장된 데이터가 소멸되지 않게 하려면 주기적으로 refresh해주어야 한다. 그림 18-14에 RAM의 분류를 나타내었다.

1 RAM의 구조

ROM처럼 RAM은 많은 레지스터로 구성되어 있고, 데이터 워드를 저장하고 있으며, 유일한 주소를 갖고 있다고 생각하면 된다. RAM은 1 K, 4 K, 8 K, 16 K, 128 K, 256 K, 1024 K의 워드 용량과 1비트, 4비트, 8비트의 워드 크기를 가지며, 워드 용량과 워드 크기는 메모리 칩을 결합하여 확장할 수 있다.

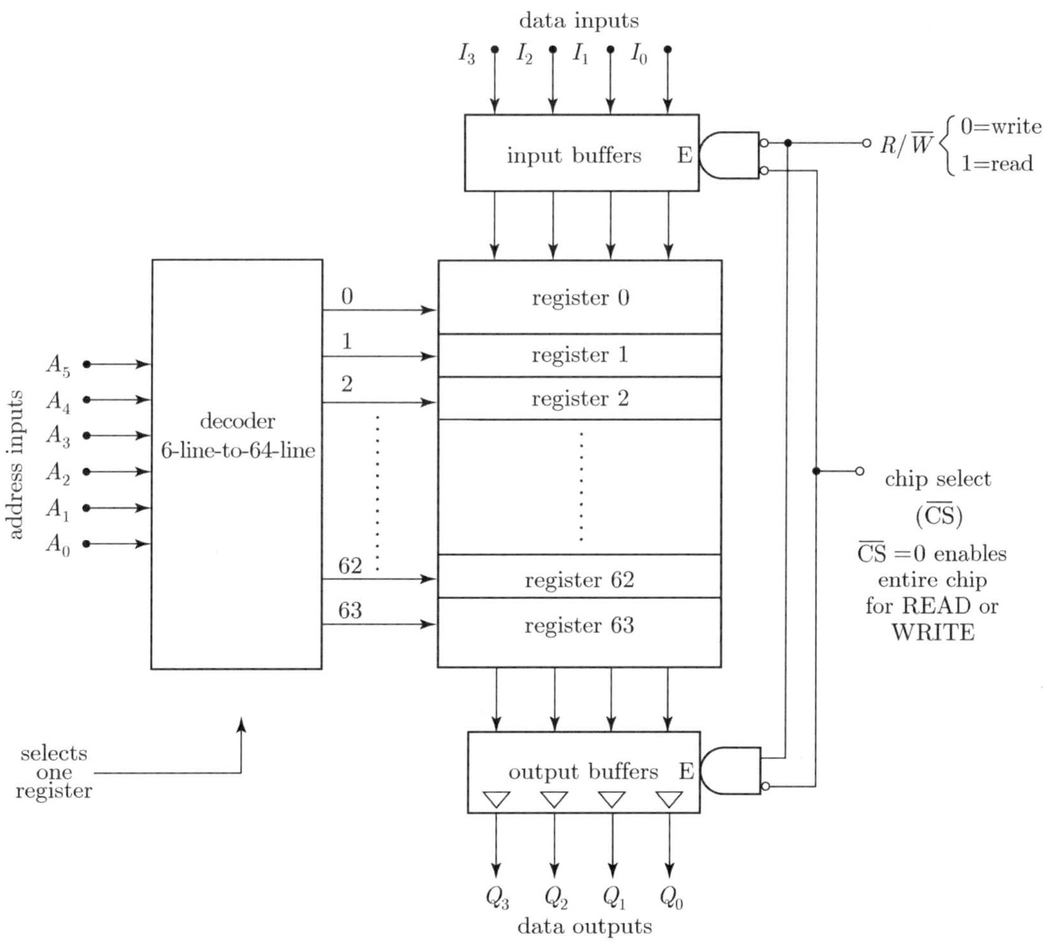

그림 18-15 64×4 RAM의 구조

그림 18-15는 4비트 워드 64개를 저장하는 (64×4 메모리) RAM의 간단한 구조를 나타낸다. 이 워드들은 0에서 63_{10} 사이의 주소를 가지며, 64개의 주소 중 하나를 선택하기 위해 2진 주소 코드가 디코더 회로에 인가된다. $64 = 2^6$이므로 디코더는 6비트 입력 코드를 요구한다. 각 주소 코드는 이에 대응하는 레지스터를 인에이블하는 특별한 디코더 출력을 만든다. 예를 들어, 주소 코드 $A_5A_4A_3A_2A_1 = 100101$을 인가한다고 하자. $100101 = 37_{10}$이므로 디코더 출력 37이 high가 되고, 읽기 또는 쓰기를 위해 레지스터 37을 선택한다.

읽기 또는 쓰기를 위해 주소 코드는 메모리 칩 내의 하나의 레지스터를 선택하며, 선택된 레지스터의 내용을 읽기 위하여 read/write(R/W) 입력은 1이어야 한다. 또한 chip select (CS) 입력은 활성화(이 경우는 0)되어야 한다. R/W=1과 CS=0의 조합에 의해 출력 버퍼가 인에이블되어 선택된 레지스터의 내용이 4개의 데이터 출력에 나타나게 된다. R/W=1은 입력 버퍼를 디스에이블시키므로 읽기 동작 동안에 데이터 입력은 메모리에 아무런 영향을 주지 않는다.

새로운 4비트 워드를 선택된 레지스터에 쓰기 위해서는 R/W와 CS가 0이 되도록 해야 하며, 이 조합에 의해 입력 버퍼가 인에이블되고, 데이터 입력으로 인가된 4비트 워드는 선택된 레지스터에 저장된다. R/W=0은 출력 버퍼를 디스에이블시키고, 3상태이므로 쓰기 동작 동안에 데이터 출력은 high impedance 상태가 된다. 쓰기 동작은 그 주소에 먼저 저장되어 있던 워드를 지워버린다.

대부분 메모리 칩은 모든 칩을 인에이블하거나 디스에이블하는 데 사용되는 하나 이상의 CS 입력을 가진다. 디스에이블 모드에서 모든 데이터 입력과 출력들은 디스에이블되어서 읽거나 쓰기 어느 것도 할 수 없다. 이 모드에서는 메모리의 내용에 아무런 영향을 주지 않는다. 더 큰 메모리를 얻기 위하여 메모리 칩들을 결합할 때 CS 입력의 역할은 확실해지며, 이 입력을 chip enable (CE)이라 한다. CS나 CE 입력이 활성화되어 있을 때 메모리 칩이 선택되었다고 하고, 그렇지 않으면 선택되지 않았다고 한다. 많은 메모리 IC들은 선택되지 않은 상태에서 매우 낮은 전력을 소비하도록 설계되어 있다.

IC 패키지에서 핀을 줄이기 위하여 제조업자들은 공통 입/출력 핀을 이용하여 데이터 입력과 출력 기능을 공유하게 된다. R/W 입력은 이 I/O 핀들의 기능을 제어한다. 읽기 동작 동안에 I/O 핀들은 선택된 주소 위치의 내용을 읽는 데이터 출력으로 동작하며, 쓰기 동작 동안에 I/O 핀들은 인가된 데이터를 써넣는 데이터 입력으로 동작한다. 그림 18-15에 있는 칩을 보면 이것을 알 수 있다. 입/출력 핀을 분리하면 18개의 핀이 필요하고, 4개의 공통 I/O 핀을 사용하면 14핀이 필요하다. 핀 수를 줄이는 것은 워드 크기가 큰 칩인 경우에 매우 유효하다.

2 SRAM

SRAM의 메모리 셀은 본질적으로 회로에 전원 공급을 중단하지 않으면 주어진 상태를 유지하는 플립플롭이다. 콘덴서에 충전시킴으로써 데이터를 저장하는 DRAM(dynamic RAM)은 콘덴서의 방전으로 인해 저장된 데이터는 점차적으로 사라지기 때문에 주기적으로 데이터를 refresh시키는 것이 필수적이다. SRAM에는 양극성, MOS, BiCMOS 기술이 이용될 수 있다. 대부분의 응용에는 NMOS 또는 CMOS RAM을 이용한다. 양극성 셀은 속도 면에서 이점이 있고, MOS 소자는 대용량과 저전력 소비의 이점이 있다. 그림 18-16에 대표적인 양극성 정적 메모리 셀과 NMOS 정적 메모리 셀을 나타내었고, 그림 18-17에 SRAM의 기본적인 구조를 나타내었다. 양극성 셀은 두 개의 양극성 트랜지스터와 두 개의 저항을 포함하고 있으며, 반면에 NMOS 셀은 4개의 N-채널 MOS FET를 포함하고 있다. 양극성 트랜지스터가 MOS FET보다 더 복잡하고, 양극성 셀은 별도의 저항을 필요로 한다. 반면에 MOS 셀은 저항(Q_3, Q_4)으로 MOS FET를 사용하기 때문에, 양극성 셀은 MOS 셀보다 더 넓은 칩 면적이 필요하다. CMOS 메모리 셀은 Q_3와 Q_4 대신에 P-채널 MOS FET를 사용하는 것을 제외하고는 NMOS 셀과 비슷하며, 가장 적은 전력을 소비하지만 칩의 복잡성은 증가한다.

SRAM의 주요 응용 분야는 메모리의 양은 적으나 빠른 속도를 요구하는 분야이다. 많은 마이크로프로세서 제어장치들은 매우 작은 메모리 용량을 요구하며, 디지털 오실로스코프와 논리분석기와 같은 장비들은 매우 빠른 속도의 메모리가 필요한데 이러한 응용 분야에 SRAM이 사용된다. 또한 비디오 그래픽, 캐시 메모리처럼 빠른 속도를 필요로 하는 분야에서 SRAM을 사용한다.

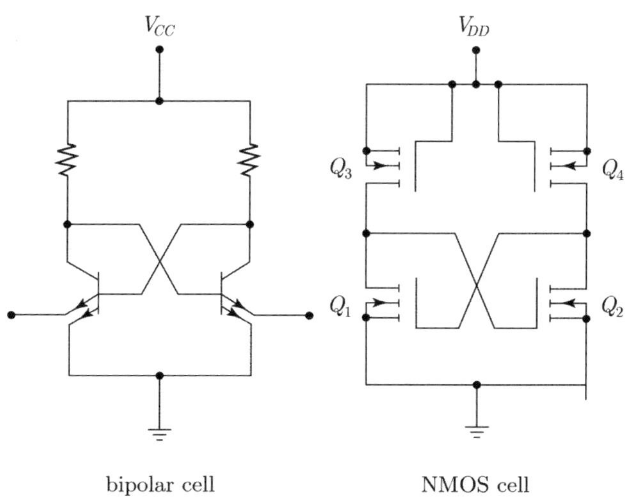

그림 18-16 대표적인 bipolar 및 NMOS SRAM 셀

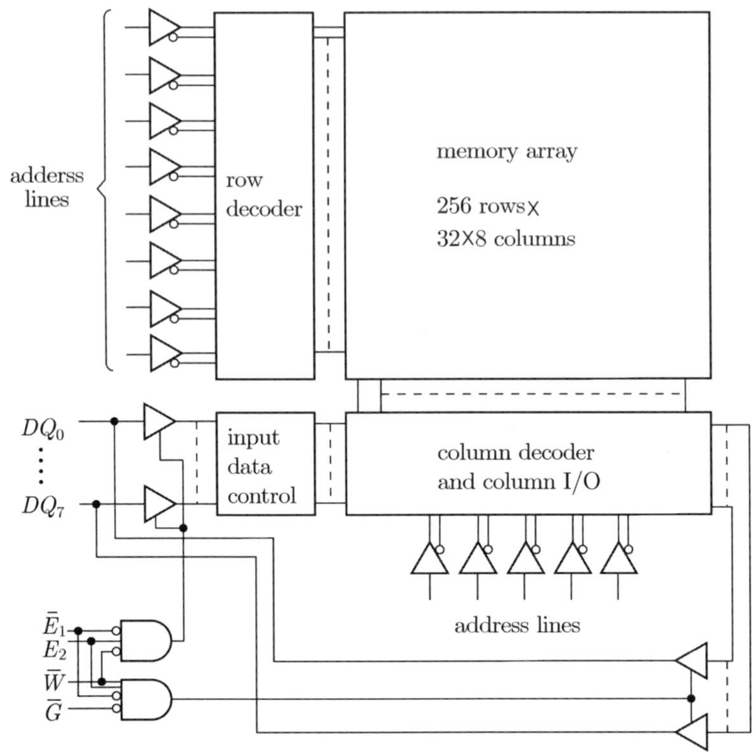

그림 18-17 SRAM MCM6264의 블록도

3 DRAM (dynamic RAM)

DRAM은 MOS 기술을 이용하여 만들며, 용량이 크고, 전력 소모가 적으며, 적당한 동작 속도를 갖는다. 플립플롭에 정보가 저장되어 있는 SRAM과는 달리, 작은 용량의 MOS 콘덴서(수 pF)를 충전하여 0과 1을 저장하고 있다. 이러한 충전은 일정 시간 후에 방전되기 때문에 DRAM은 메모리 셀을 주기적으로 refresh하여야 한다. DRAM 칩 내에서 각 셀은 대체적으로 2 ms, 4 ms, 또는 8 ms 간격으로 refresh되어야 하며, 그렇지 않으면 데이터가 소멸된다.

SRAM과 비교할 때 DRAM의 단점은 refresh하기 위해 외부 지원회로가 필요하다는 것이다. 일부 DRAM 칩은 외부 하드웨어를 요구하지 않는 대신에, 칩 입력 제어신호의 특별한 타이밍을 요구하는 단일 refresh 제어회로를 가지고 있다. 그 외에도 DRAM의 주소 입력은 SRAM보다 더 복잡하고 DRAM을 사용하는 시스템의 설계는 SRAM을 사용하는 것보다 더 복잡하나, 큰 용량과 적은 소비전력 때문에 DRAM 메모리를 사용하게 된다. 그러나 비용, 크기, 전력 소모보다 속도와 복잡도를 줄이는 것이 더 중요한 응용 분야에서는 SRAM이 사용된다. SRAM은 DRAM보다 빠르고 refresh 동작도 필요하지 않으며 설계도 간단하나, DRAM의 용량과 전력 소모 면에서는 SRAM과 비교될 수 없다. 간단한 셀 구조로 DRAM의 밀도는 SRAM 밀도의 4배 정도이기 때문에 메모리 용량의 4배를 단일 기판에 배치할 수 있으며, 동일한 메모리에 대해 1/4의 공간을 요구한다. DRAM 저장의 비트당 비용은 SRAM의 1/5에서 1/4 정도이며, DRAM의 소비전력은 SRAM에 비해 1/6에서 1/2 정도이다.

DRAM은 용량이 크고 전력소비가 적기 때문에, 개인용 마이크로컴퓨터의 중요한 내부 메모리에 사용된다.

DRAM의 내부 구조는 그림 18-18과 같이 단일 비트 셀의 배열로 구성되며, 16,384개의 셀이 128×128로 배치되어 있다. 각 셀은 배열 내에서 특정한 행과 열에 위치해 있다. 14개의 주소 입력들에 의해서 셀이 선택된다. 하위 주소 비트 $Q_0 \sim A_6$는 행을 선택하고, 상위 주소 비트 $A_7 \sim A_{13}$은 열을 선택한다. 각 14비트의 주소는 읽거나 써넣을 특정 셀을 선택한다. 워드 크기가 4비트인 DRAM은 배열에 있는 각 위치가 4개의 셀을 포함하고 있으며, 인가되는 주소가 읽기와 쓰기 동작을 위해 4개의 셀을 동시에 선택하는 것을 제외하고는 그림 18-18과 비슷한 셀 배열을 가지며, 워드 크기가 더 큰 것은 적절한 배열로 몇 개의 칩을 결합함으로써 얻을 수 있다.

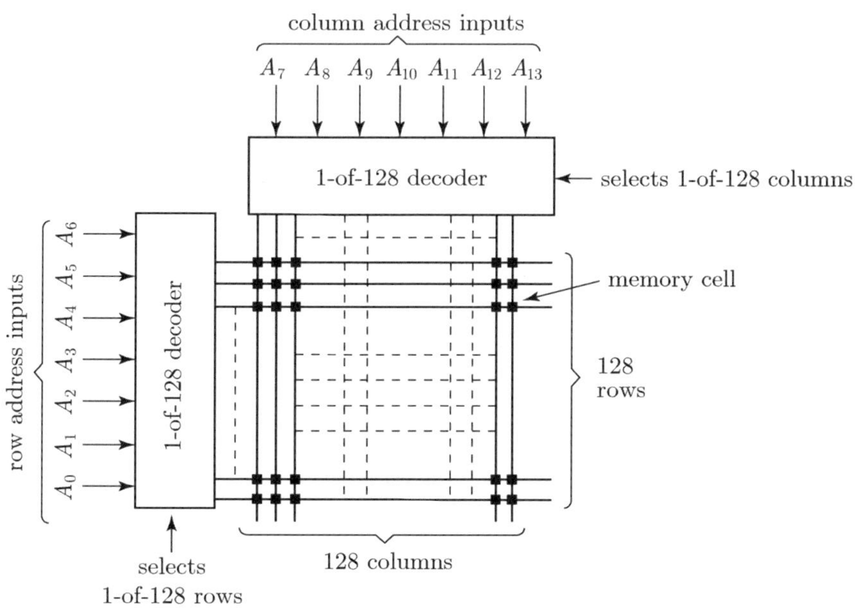

그림 18-18 16K×1 DRAM의 셀 배열

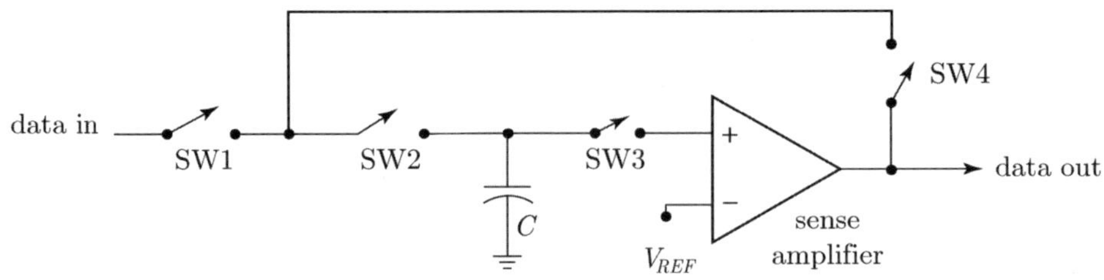

그림 18-19 DRAM 셀

그림 18-19는 DRAM 셀에 관한 회로를 나타내고 있으며, DRAM으로부터 읽고 쓰는 것을 포함하여 기본적인 동작을 설명하는 데 사용하기로 한다. 실제로 모든 스위치는 다양한 주소 디코더의 출력 R/W 신호에 의해 제어되는 MOS FET이며, 콘덴서가 저장 셀이다.

셀에 데이터를 쓰기 위해 SW3과 SW4가 개방되어 있는 동안, 주소 디코더 신호와 R/W 논리에 의해 SW1과 SW2는 닫힌다. 이렇게 C에 입력 데이터가 연결되며, 데이터 입력이 논리 1이면 C는 충전되고, 논리 0이면 방전된다. 스위치가 개방되면 C는 회로 연결이 끊어진다. 이상적으로는 C가 충전을 영구히 유지하지만 끊어져 있는 스위치를 통해 누전 경로가 만들어지므로 스위치가 개방되어 있을 때에도 점진적으로 방전된다.

셀로부터 데이터를 읽기 위해 스위치 SW2, SW3, SW4를 닫고 SW1을 개방하면, 센스 증폭기는 논리가 0인지 1인지를 결정하기 위해 몇 가지 참조값과 전압을 비교하고, 데이터 출력에 대하여 0 V나 5 V를 만든다. 이 데이터 출력은 또한 C에 연결되어 재충전이나 재방전에 의하여 콘덴서 전압을 refresh한다. 다시 말하면 메모리 셀에 있는 데이터 비트를 읽을 때마다 refresh된다.

18-6 플래시 메모리(flash memory)

이상적인 메모리는 저장용량이 크고, 비휘발성이며, 회로/시스템 내에서 읽기/쓰기가 가능하며, 구동 속도가 빠르고, 가격이 저렴한 메모리이다. 종래의 메모리들은 각각 이들 조건 중 하나 또는 그 이상의 특징을 갖고 있으나 단일 기술로는 모든 장점을 가질 수 없는데, 플래시 메모리는 모든 장점을 갖고 있는 메모리라 할 수 있다. 플래시 메모리는 비휘발성, 고밀도의 read/write 메모리이다.

플래시 메모리는 단일 부유 게이트 MOS 트랜지스터 저장 셀을 이용하여 고밀도의 메모리

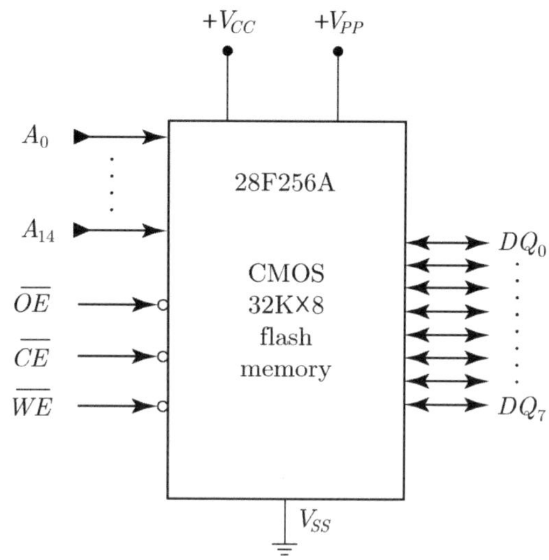

그림 18-20 플래시 메모리의 논리기호

를 구현한다. 데이터 비트는 부유 게이트에 1 또는 0이 저장되는 것에 따라 방전 상태와 충전 상태를 결정하게 된다.

플래시 메모리는 소거와 쓰기 시간이 빠르기 때문에 붙여진 이름이며, 대부분의 플래시 칩은 칩 상의 모든 셀들이 동시에 소거되는 벌크 삭제 동작을 사용한다. 자외선을 사용한 UV EPROM이 20분 정도 걸리는 데 비해 이 벌크 삭제 과정은 수십 초가 소요된다.

새로 개발된 플래시 메모리는 섹터 삭제 모드를 제공하며, 이 모드에서 특정 메모리 배열의 섹터가 동시에 삭제될 수 있다. 이것은 메모리의 일부분만 변경하고자 할 때 모든 셀들을 소거하고 재프로그래밍하는 것을 피할 수 있다. 쓰기 시간은 EPROM이 100μs이고, EEPROM이 5 ms인 데 비해 플래시 메모리는 바이트당 10μs이다.

그림 18-20에 플래시 메모리의 논리기호를 나타내었고, 그림 18-21에 플래시 메모리의 블록도를 나타내었다.

마지막으로 플래시 메모리와 다른 메모리들을 비교해보자.

1 플래시 메모리와 ROM, EPROM, EEPROM

ROM은 고밀도의 비휘발성 소자이나 한번 프로그램되면 저장된 내용을 절대로 바꿀 수 없으며, 초기 프로그램에 많은 시간이 걸리고, 비용도 많이 든다.

EPROM은 고밀도 비휘발성 메모리이나 데이터를 지우기 위해서 시스템으로부터 분리시킨

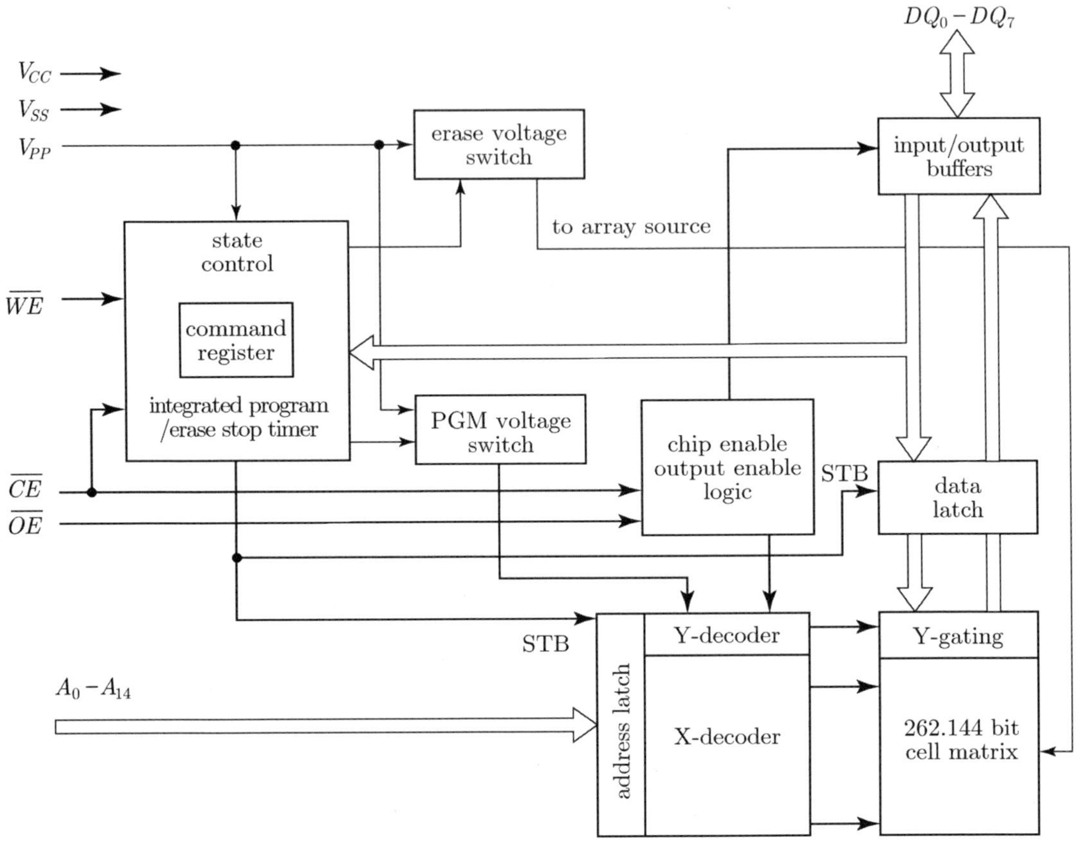

그림 18-21 플래시 메모리의 블록도

후 자외선을 사용해야 하고, 특별한 장치를 사용해야만 재프로그램할 수 있다.

EEPROM은 시스템에서 분리하지 않고도 재프로그램할 수 있으나 ROM이나 EPROM보다 더 복잡한 셀 구조를 가지고 있어 밀도가 높지 않다. 이러한 저밀도성 때문에 ROM이나 EPROM보다 비트당 가격이 더 비싸다.

플래시 메모리는 기본적으로 READ/WRITE 소자이기 때문에 시스템 내에서 쉽게 재프로그램할 수 있다. 플래시 메모리의 밀도는 단일 트랜지스터 셀을 가지고 있는 ROM이나 EPROM과 비슷하며, ROM, EPROM, EEPROM과 마찬가지로 플래시 메모리도 전원이 끊긴 상태에서 데이터를 저장할 수 있는 비휘발성 소자이다.

2 플래시 메모리와 SRAM

SRAM은 휘발성 READ/WRITE 소자이며, 저장된 데이터를 보존하기 위하여 지속적인 전원 공급이 필요하다. 많은 응용에서 주전원이 끊어질 경우 데이터 손실을 방지하기 위하여 예비 배터리를 사용하나 배터리가 고장 날 가능성이 있기 때문에 SRAM에 저장된 데이터의 영구 유지를 보장할 수 없다. SRAM의 메모리 셀은 기본적으로 여러 개의 트랜지스터로 구성된 플립플롭이기 때문에 집적 밀도는 상대적으로 낮다.

플래시 메모리도 READ/WRITE 메모리이기는 하나 SRAM과는 달리 비휘발성이며, 집적도는 SRAM보다 높다.

3 플래시 메모리와 DRAM

DRAM은 휘발성의 고밀도 READ/WRITE 소자이다. 데이터 보존을 위하여 일정한 전원이 필요할 뿐만 아니라 주기적인 재충전이 필요하다. 실제 응용에서는 HDD와 같은 백업 기억장치를 DRAM과 함께 사용해야 한다. DRAM 셀은 트랜지스터 1개와 재충전이 필요한 커패시터로 이루어진 반면, 플래시 메모리 셀은 트랜지스터 1개로만 구성되어 있고, 재충전이 필요 없기 때문에 플래시 메모리의 집적도는 DRAM보다 높다. 일반적으로 플래시 메모리는 등가의 DRAM보다 전력 소모가 적으며, 많은 응용 분야에서 HDD 대신 사용할 수 있다.

Chapter 18 연습문제

1. RAM과 ROM이 Random access 메모리인 이유를 설명하라.

2. 그림 18-22의 32×6 ROM은 6비트 2진수를 대응되는 두 자기 BCD 수로 바꾼다. 이 ROM에 대한 진리표를 구하라.

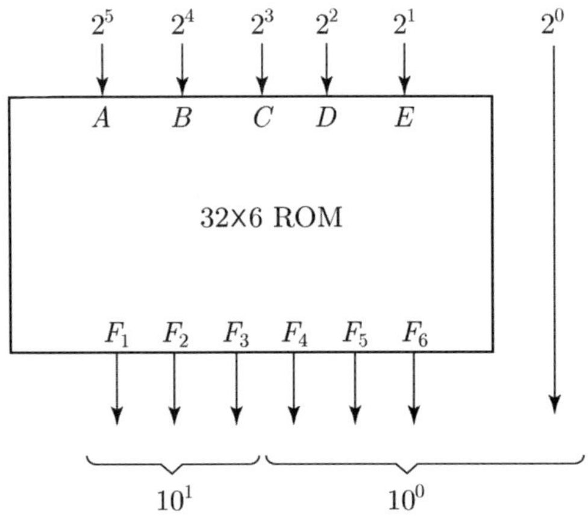

그림 18-22 2진-10진 변환기

3. 그림 18-10(a)처럼, $B_0 = A_0$와 $B_1 = 0$을 이용하여 입력 5비트 수의 2진 제곱을 산출하는 데 32×8 ROM이 사용된다는 것을 증명하라. 회로의 블록도를 그리고 ROM 진리표의 처음 4개와 마지막 4개의 입출력 관계를 작성하라.

4. 다음을 수행하는 데 필요한 ROM의 크기를 구하라.

(1) 빨셈과 덧셈을 선택하는 데 하나의 제어입력을 사용하는 BCD 가산기, 감산기

(2) 두 4비트 수를 곱하는 2진 승산기

(3) 공통으로 선택선들을 사용하는 두 단위로 된 4×1 멀티플렉서

5. ROM과 RAM의 차이점에 대하여 설명하라.

6. DRAM과 SRAM의 차이점에 대하여 설명하라.

7. 12개의 주소라인을 갖는 DRAM의 비트 용량은 얼마인가?

8. 플래시 메모리와 ROM, EPROM 및 EEPROM을 비교하여 설명하라.

9. 플래시 메모리와 DRAM을 비교하여 설명하라.

10. 플래시 메모리와 SRAM을 비교하여 설명하라.

찾아보기

기타

디지털 공학

2014년 3월 5일 1판 1쇄 발행
2017년 2월 5일 1판 2쇄 발행

저 자 ◎ **이두성·고재원·김윤현·도경민·이현구**
발행자 ◎ **조승식**
발행처 ◎ (주) 도서출판 **북스힐**
서울시 강북구 한천로 153길 17
등 록 ◎ 제22-457호

TEL (02) 994-0071(代)
FAX (02) 994-0073
E-MAIL bookswin@unitel.co.kr
www.bookshill.com

값 25,000원

잘못된 책은 교환해 드립니다.

ISBN 978-89-5526-885-0